Übungsbuch zur Finanzmathematik

Jürgen Tietze

Übungsbuch zur Finanzmathematik

Aufgaben, Testklausuren und ausführliche Lösungen

8., verbesserte Auflage

Springer Spektrum

Jürgen Tietze
Fachbereich Wirtschaftswissenschaften
FH Aachen
Aachen, Deutschland
tietze@fh-aachen.de

ISBN 978-3-658-09073-9   ISBN 978-3-658-09074-6 (eBook)
DOI 10.1007/978-3-658-09074-6

Die Deutsche Nationalbibliothek verzeichnet diese Publikation in der Deutschen Nationalbi-
bliografie; detaillierte bibliografische Daten sind im Internet über http://dnb.d-nb.de abrufbar.

Springer Spektrum
© Springer Fachmedien Wiesbaden 2000, 2002, 2004, 2005, 2008, 2010, 2011, 2015
Springer Fachmedien Wiesbaden ist Teil der Fachverlagsgruppe Springer Science+Business Media
(www.springer.com)

Vorwort zur 8. Auflage

Das vorliegende finanzmathematische Übungsbuch dient zweierlei Zielsetzung: Zum einen soll es *(als eigenständiges Übungsbuch)* zur Festigung und Vertiefung des finanzmathematischen Basiswissens und -könnens beitragen, zum anderen aber auch *(in Ergänzung des Lehrbuches*[1] *zur Finanzmathematik)* die Examensvorbereitungen für Hörerinnen und Hörer der Grundvorlesungen in Wirtschafts- und Finanzmathematik sowie Investitionen unterstützen.

Zur Erreichung insbesondere des letztgenannten Ziels enthält die Übungssammlung neben thematisch angeordnetem Übungsmaterial zusätzlich zahlreiche Testklausuren. Sie sind aus Originalklausuren *(Dauer: jeweils 2 Zeitstunden)* entstanden und sollen den Studierenden neben Informationen über Umfang und Schwierigkeitsgrad die Möglichkeit bieten, im Selbsttest innerhalb begrenzter Zeit ihre Kenntnisse und Fertigkeiten in den klassischen Gebieten der Finanzmathematik zu überprüfen *(etwa durch Simulation der Klausursituation zu Hause oder in einer Lerngruppe).*

Viele Aufgaben *(im thematischen Teil der Übungssammlung)* stammen aus dem Lehrbuch „Einführung in die Finanzmathematik"[1]. Der besonders ausführliche Lösungsteil des vorliegenden Übungsbuches dient daher gleichzeitig als *Lösungsbuch* für die im *Lehrbuch* enthaltenen Übungsaufgaben *(und dient ebenfalls als Lösungsbuch für frühere Auflagen des Lehrbuches).* Das hiermit in 8. Auflage vorliegende Übungsbuch wurde erneut sorgfältig durchgesehen, verbessert und an vielen Stellen ergänzt.

Die klassische Finanzmathematik ist – abgesehen von einigen Randproblemen sowie der notwendigen Beherrschung elementarmathematischen Kalküls – letzten Endes die Lehre eines einzigen wesentlichen Grundprinzips *(nämlich des auf dem allgemeinen Verzinsungsvorgang beruhenden „Äquivalenzprinzips")*, dessen Kenntnis und Anwendung hinreichend für eine erfolgreiche Bewältigung der Finanzmathematik ist.

Daher wird in dieser Übungssammlung besonderer Wert auf das grundlegende Äquivalenzprinzip gelegt, etwa dadurch, dass in vielen Fällen gleichartige Problemstellungen lediglich unterschiedlich aufbereitet oder numerisch verändert werden – eben um auch für Bearbeiter, die noch nicht den finanzmathematischen „Durchblick" besitzen, genügend Übungsmaterial bereitzustellen nach dem Erfahrungssatz, demzufolge eine Erkenntnis auch dadurch gewonnen werden kann, dass ein und dieselbe Sache mehrfach und möglichst von verschiedenen Seiten aus betrachtet wird.

Aus demselben Grund wurden die Problemstellungen innerhalb der einzelnen Kapitel nicht immer streng nach sachlichen Gesichtspunkten geordnet. Eine derartige Aufgabenanordnung könnte schon allein aufgrund der logischen Ablauffolge Lösungsansätze liefern, die nicht mit dem gestellten Problem zusammenhängen und die dem Bearbeiter möglicherweise nicht vorhandene Eigenerkenntnisse vortäuschen.

---

[1] Tietze, J.: Einführung in die Finanzmathematik, Springer Spektrum Wiesbaden, 12. Auflage 2015

Zum *Gebrauch* des Übungsbuches:

Die Aufgaben sind kapitelweise durchnummeriert. Zusätzlich zu jeder Aufgabennummer ist in kursiver Schrift die entsprechende Aufgabennummer aus dem Lehrbuch angegeben. So handelt es sich etwa bei „Aufgabe 5.41 *(5.3.60)"* um die laufende Aufgabe 41 aus Kapitel 5 dieses *Übungs*buches und zugleich um die entsprechende Aufgabe 5.3.60 des Finanzmathematik-*Lehr*buches. Da die Reihenfolgen der Aufgaben von Übungs- und Lehrbuch übereinstimmen, dürfte das Auffinden der entsprechenden Aufgaben/Lösungen des Lehrbuches wenig problematisch sein.

Ein * an einer Aufgabe weist auf einen etwas erhöhten Schwierigkeitsgrad hin.

Ein © an einer numerischen Lösung bedeutet, dass ein in der Aufgabe geforderter Vorteilhaftigkeitsvergleich zugunsten der „lachenden" Alternative ausfällt.

Abkürzungen in eckigen Klammern, z.B. [Alt2], beziehen sich auf das Literaturverzeichnis am Schluss des Buches.

Gelegentlich wird in diesem Übungsbuch auf entsprechende Passagen *(Formeln, Definitionen, Regeln, Tabellen, Beispiele, Abbildungen, Bemerkungen)* des Lehrbuches verwiesen, gekennzeichnet durch *(z.B.)* LB (7.4.7) oder LB Tab. 8.8.19 usw.

In einigen wenigen Fällen weicht die Aufgabenstellung einer Aufgabe dieses Übungsbuches von der entsprechenden Aufgabe des Lehrbuches geringfügig ab. Vor einer zeitraubenden Fehlersuche sollten daher zuvor die Aufgabentexte verglichen werden.

Nahezu sämtliche Effektivzinsermittlungen *(insbesondere in Kap. 5 und 6 sowie in den Testklausuren)* erfordern numerische Iterationsverfahren *(etwa die Regula falsi)* zur Lösung der entsprechenden, teils recht komplexen Äquivalenzgleichungen. Ich habe die iterativ gewonnenen Lösungen *(mit einem herkömmlichen elektronischen Taschenrechner)* auf mehr als sechs Nachkommastellen genau ermittelt und danach auf vier bis zwei Nachkommastellen gerundet. Dabei wurden in aller Regel Zwischenergebnisse mit voller Stellenzahl gespeichert und ungerundet weiterverarbeitet.

Je nach Baujahr und Genauigkeit der vom Leser verwendeten Rechengeräte sowie abhängig von der Anzahl bzw. Komplexität der Rechenschritte oder von der Rundung von Zwischenresultaten können beim Bearbeiten leichte Abweichungen von den hier angeführten numerischen Endergebnissen auftreten.

Sollten Sie gröbere Ungenauigkeiten, Ungereimtheiten oder schlicht den einen oder anderen Fehler entdecken, so würde ich mich sehr über Ihre diesbezügliche Rückmeldung freuen, z.B. via E-Mail: tietze@fh-aachen.de – ich werde jeder/jedem von Ihnen antworten und in allen Fällen auch um eine schnelle Antwort bemüht sein.

Zum Schluss gebührt mein Dank dem Verlag Springer Spektrum und hier besondere Frau Ulrike Schmickler-Hirzebruch für ihre stets hilfreiche Unterstützung in den nun schon vielen Jahren erfolgreicher Zusammenarbeit.

Aachen, im März 2015	*Jürgen Tietze*

Inhalt

Abkürzungen, Variablennamen

$\hat{=}$	entspricht	DM	Deutsche Mark
%,‰	Prozent, Promille	360TM	360-Tage-Methode
$1+i$	Zuwachsfaktor	$	Dollar
$1-i$	Abnahmefaktor		
360TM	360-Tage-Methode	e	Eulersche Zahl *(≈ 2,71828183)*
96/7/1	Kreditkonditionen *(Bsp.)*	€	Euro
		eff.	effektiv
A	(äquivalente) Annuität	EG	Europäische Gemeinschaft (EU)
A^+,A^-	Aktie long, Aktie short	e_t	Investitionseinzahlung zum Ende
a.H.	auf Hundert		der Periode t
Abb.	Abbildung	etc.	et cetera (und so weiter)
AG	Aktiengesellschaft, Amtsgericht	EV_I	Endvermögen bei Investition
a_t	Investitionsauszahlung zum	EV_U	Endvermögen bei Unterlassung
	Ende der Periode t	evtl.	eventuell
A_t	Annuität am Ende der Periode t		
		G	Gewinn
BEP	Break Even Point	G_{C^+}	Gewinn der Long-Call-Position
Bsp.	Beispiel		*(analog: $G_{C^-}, G_{P^+}, G_{P^-}, G_{A^+}, G_{A^-}$)*
bzw.	beziehungsweise	gem.	gemäß
		ggf.	gegebenenfalls
c	Dynamik-Faktor *(= $1+i_{dyn}$)*; Quotient zweier aufeinander folgender Glieder einer geometrischen Folge	GL	Gegenleistung
		GmbH	Gesellschaft mit beschränkter Haftung
C^+,C^-	long call, short call		
C_0	(Emissions-) Kurs eines festverzinslichen Wertpapiers	H.J.	Halbjahr
C_0	Kapitalwert einer Investition	i	Prozentsatz, Zinssatz
$C_0(i)$	Kapitalwertfunktion	i*	nomineller Zinssatz eines festverzinslichen Wertpapiers
ca.	circa, ungefähr		
c.p.	ceteris paribus	i.a.	im allgemeinen
C_n	Rücknahmekurs eines festverzinslichen Wertpapiers	i.H.	im Hundert
		$i_{äqu}$	äquivalenter Zinssatz
C_t	aktueller finanzmathematischer Kurs (Preis) eines Wertpapiers	i_d	Tageszinssatz
		i_{dyn}	Steigerungsrate, Dynamikrate
$C_t{}^*$	aktueller Börsenkurs eines festverzinslichen Wertpapiers	i_{eff}	Effektivzinssatz
		i_H	Halbjahreszinssatz
		i_{infl}	Inflationsrate
d	Differenz zweier aufeinander folgender Glieder einer arithmetischen Folge	i_{kon}	konformer Zinssatz
		i_M	Monatszinssatz
		incl.	inklusive (einschließlich)
D	Duration	i_{nom}	nomineller Zinssatz
dC_0	*(kleine)* Kursänderung	insg.	insgesamt
d.h.	das heißt	i_p	Periodenzinssatz
di	*(kleine)* Zinssatzänderung	i_Q	Quartalszinssatz

i_{real}	Realzinssatz		o.a.	oben angeführt, oben angegeben
i_{rel}	relativer Zinssatz		o.ä.	oder ähnlich(es)
i_s	stetiger Zinssatz;		oHG	offene Handelsgesellschaft
	Zinssatz nach Steuern			
ISMA	International Securities Market		p	Prozentfuß, Zinsfuß
	Association		P^+, P^-	long put, short put
i_T	Tilgungssatz		p.a.	pro anno (pro Jahr)
			p_C, p_P	Callwert, Putwert
J.	Jahr		p.d.	pro Tag
			p.H.	pro Halbjahr
K	Grundwert, Bezugsgröße		p.M.	pro Monat
K	Convexity, Konvexität		p.Q.	pro Quartal
K_0	(Anfangs-)Kapital, Barwert,		p^*	nomineller Zinsfuß eines fest-
	Kreditsumme			verzinslichen Wertpapiers
K_0^{∞}	Barwert einer ewigen Rente		PAngV	Preisangabenverordnung
Kap.	Kapitel		Per.	Periode
KG	Kommanditgesellschaft			
K_m	Kontostand, Restschuld		q	Aufzinsungsfaktor $(=1+i)$
K_n	Endkapital, Endwert		q^{-n}	Abzinsungsfaktor
K_n^s	Endkapital nach Steuern		q^n	Aufzinsungsfaktor
kon.	konform		Qu.	Quartal
K_t	Zeitwert einer Zahlung(sreihe)			
	Restschuld am Ende der Periode t		r	interner Zinssatz einer Investition;
K_{t-1}	Restschuld zu Beginn d. Per. t			*(stetiger)* Marktzinssatz
$K_{x,y}$	Realwert eines im Jahr x verfüg-		r	unterjährige Rate, z.B. Monatsrate
	baren Kapitals auf Preisniveau-		R	Rate(nhöhe)
	basis des Jahres y		$\mathbb{R}$	Menge der reellen Zahlen
			R^*	äquivalente Ersatzrate,
l	Liter			Kontoendstand
L	Leistung		R_0	Barwert einer (nachschüssigen)
LB	Lehrbuch „Einführung in die			Rente
	Finanzmathematik" *(siehe Vorwort)*		R_0^{∞}	Barwert einer ewigen Rente
lfd. Nr.	laufende Nummer		rel.	relativ
log, ln	Logarithmus		R_n	Gesamtwert einer Rente am Tag
				der letzten (n-ten) Rate, Endwert
M.	Monat			einer (nachschüssigen) Rente
m.a.W.	mit anderen Worten		R_t	Einzahlungsüberschuss ($= e_t - a_t$)
MD	modifizierte Duration			zum Ende der Periode t
ME	Mengeneinheit			
min	Minute		s	Skontosatz
Mio.	Millionen (10^6)		S	stock price, *(aktueller)* Aktienkurs
Mon.	Monat		Sem.	Semester, Halbjahr
Mrd.	Milliarden (10^9)		s.o.	siehe oben
MWSt.	Mehrwertsteuer		s.u.	siehe unten
			sog.	sogenannte
n	Laufzeit, Terminzahl		σ	Volatilität
N(d)	Funktionswert der Standard-			
	Normalverteilung		t	Laufzeit in Tagen, laufende Num-
nom.	nominell			mer einer (Tilgungs-) Periode

T	*(Rest-)*Laufzeit einer Investition; Tilgungsrate bei Ratentilgung	vs.	versus, gegen
Tab.	Tabelle	X	exercise price, Ausübungspreis, Basispreis einer Option
TDM	tausend DM		
T€	tausend €		
T_t	Tilgung am Ende der Periode t	Z	Prozentwert
TV	Tilgungsverrechnung	Z	Zahlung
		z.B.	zum Beispiel
u.a.	unter anderem, und andere	ZE	Zeiteinheit
usw.	und so weiter	Z_n	Zinsen
		Z_t	Zinsen am Ende der Periode t; Zahlung im Zeitpunkt t
v.H.	vom Hundert		
vgl.	vergleiche	ZV	Zinsverrechnung

Teil I

Aufgaben

1   Voraussetzungen und Hilfsmittel

1.1   Prozentrechnung

Aufgabe 1.1 *(1.1.25)*[1]:

i)   Knüppel kauft in der Buchhandlung Rickermann das „Handbuch der legalen Steu-
ergestaltung" zu € 136,50 *(incl. MWSt.)*. Während der Lektüre stellt er fest, dass
ihm der Buchhändler fälschlicherweise 19% MWSt. berechnet hat *(richtig wären
7% gewesen)*. Daraufhin verlangt er vom Buchhändler eine Richtigstellung.

Welchen Betrag muss ihm der Buchhändler zurückgeben?

ii)   Eine Firma steigerte ihren Umsatz des Jahres 02 in den folgenden drei Jahren um
jeweils 11% *(gegenüber dem Vorjahr)*, musste im Folgejahr einen Umsatzrückgang von 8% hinnehmen, konnte anschließend den Umsatz zwei Jahre lang
konstant halten und erreichte schließlich im nächsten Jahr wieder eine Umsatzsteigerung.

   a)   Um wieviel % pro Jahr *(gegenüber dem jeweiligen Vorjahr)* hat sich der
Umsatz in den Jahren 03 bis 08 durchschnittlich erhöht?

   b)   Wie hoch ist die gesamte prozentuale Umsatzsteigerung bis 08?

   c)   Welche Umsatzsteigerung muss die Firma im Jahr 09 erreichen, um in den
Jahren 03 bis 09 auf eine durchschnittliche Umsatzsteigerung von 5% pro
Jahr zu kommen?

   d)   Welche durchschnittliche Umsatzsteigerung pro Jahr führt zu einer Gesamt-
steigerung von 44% in 7 Jahren?

iii)   Aus dem Jahresbericht der Huber AG: „Der Preisdruck hat sich verschärft.
Gemessen an den Durchschnittspreisen des Jahres 08 ergibt sich für 09 insgesamt
ein Umsatzrückgang von 2,9% *(= 58 Mio. €)*. Im Einkauf glichen sich Verteue-
rungen und Verbilligungen im wesentlichen aus."

   a)   Wie hoch wäre der Gesamtumsatz in 09 ohne diese Preiseinbuße gewesen?

   b)   Wie hoch war der Gesamtumsatz   b1) in 08 ?   b2) in 09 ?

   c)   Um wieviel % lag der Umsatz im Jahr 08 über *(bzw. unter)* dem von 09?

---

[1]   Die in Klammern stehende Aufgaben-Nummer bezieht sich auf die entsprechende Aufgabe im Lehrbuch [Tie3] „Einführung in die Finanzmathematik", siehe auch Vorwort.

iv)   Bei der Wahl zum Stadtrat der Stadt Dornumersiel im Jahr 09 konnte die vom
      Landwirt Onno Ohmsen geführte Ostfriesenpartei *(OP)* endlich mit 8,3% der
      Wählerstimmen die gefürchtete 5-%-Hürde überspringen, nachdem es beim letz-
      ten Mal *(im Jahr 05)* nur zu 4,7% der Wählerstimmen gereicht hatte.

   a)   Um wieviel Prozent hat sich in 09 der Anteil der OP-Wählerstimmen gegen-
        über 05 erhöht?

   b)   Um wieviel Prozent *(bezogen auf das Jahr 09)* darf der Anteil der OP-
        Wählerstimmen bei der nächsten Wahl im Jahr 13 höchstens sinken, damit
        die Partei gerade noch die 5-%-Hürde erreichen kann?

v)   Der Diskontsatz der Bundesbank lag im Jahr 08 im Mittel um 45% unter dem
      entsprechenden Mittelwert des Jahres 07 und um 10% unter dem entsprechenden
      Mittelwert des Jahres 06.

   a)   Man ermittle die prozentuale Veränderung des Diskontsatzmittelwertes in
        07 gegenüber 06.

   b)   Man ermittle die durchschnittliche jährliche Veränderung *(in % p.a. gegen-
        über dem jeweiligen Vorjahr)* des Diskontsatzmittelwertes für die Jahre 07
        bis 08.

vi)   Der Bruttoverkaufspreis eines Computers beträgt nach Abzug von 7% Rabatt,
      3% Skonto und unter Berücksichtigung von 19% Mehrwertsteuer € 5.996,--.
      Man ermittle den Nettowarenwert ohne vorherige Berücksichtigung von MWSt,
      Rabatt und Skonto.

vii) Nach Abzug von 5% Mietminderung *(bezogen auf die Kaltmiete)* wegen undich-
      ter Fenster beträgt der monatlich zu überweisende Betrag € 593,-- *(incl. 80,-- €
      Nebenkosten)*.

   a)   Wie hoch war die im Mietvertrag ursprünglich vereinbarte Kaltmiete?

   b)   Die gesamten Nebenkosten einschl. Heizkosten betragen 80,-- €. Welcher
        Betrag würde sich für die Warmmiete ergeben, wenn die im Mietvertrag
        zunächst vereinbarte Kaltmiete um 20% und die Nebenkosten um 10%
        erhöht würden? Da die Fenster nach wie vor undicht sind, würde auch jetzt
        eine Mietminderung der Kaltmiete um 5% erfolgen.

viii) Der Preis für Benzin *(in €/ l)* erhöhe sich ab sofort um 21,8%.

      Hubers Auto verbraucht durchschnittlich 8 l Benzin pro 100 km. Um wieviel
      Prozent muss Huber seine bisherige durchschnittliche jährliche Fahrleistung *(in
      km/ Jahr)* verringern *(oder vermehren)*, damit sich seine Ausgaben *(in €/ Jahr)*
      für Benzin auch zukünftig nicht ändern?

ix) Buchkremer zahlt beim Händler A für ein Gerät 31.270,-- € *(incl. 19% MWSt)*.

    a) Beim Händler B hätte er einen um 3% höheren Netto-Betrag bezahlt. Wie hoch wäre dann die Rechnung *(brutto)*?

    b) Beim Händler A war das Gerät in den letzten 5 Jahren von Jahr zu Jahr um jeweils 5% p.a. billiger geworden *(netto)*. Wieviel kostete das Gerät vor 5 Jahren incl. 11% MWSt *(= damaliger MWSt-Satz)*?

    c) Wieviel Prozent zahlt Buchkremer jetzt weniger/mehr für das Gerät als vor 5 Jahren *(brutto)*?

    d) Um wieviel Prozent erhöht sich der Preis des Gerätes in 3 Folgejahren durchschnittlich pro Jahr, wenn er im nachfolgenden 1. Jahr um 7,1% zunimmt, im 2. Jahr um 3,9% zunimmt und im 3. Jahr um 2,1% abnimmt?

x) Die Regierung von Transsylvanien hat den Mehrwertsteuersatz von 16% auf 19% erhöht.

    a) Um wieviel Prozent stieg die Mehrwertsteuer (MWSt)?

    b) Wieviel Prozent des gesamten Bruttowarenwertes *(also einschl. MWSt)* entfällt nach der Erhöhung auf die darin enthaltene MWSt?

    c) Bei einem Warengeschäft *(Nettowarenwert 928,-- €)* werden 19% MWSt berechnet. Der Verkäufer gewährt bei Barzahlung 2% Skonto. Man ermittle die unterschiedlichen Rechnungs-Endwerte, wenn

        c1) zuerst die MWSt, dann Skonto
        c2) zuerst Skonto, dann die MWSt berechnet werden.

    d) Bei Berechnung von 16% MWSt lautet der Rechnungsendbetrag bei einem Warengeschäft € 12.499,--. Ermitteln Sie den Rechnungsendbetrag bei einem Mehrwertsteuersatz von 19%.

xi) Der Bruttoverkaufspreis *(d.h. incl. 19% MWSt)* einer Polstermöbelgarnitur beträgt 8.700,-- €.

    a) Welchen Betrag zahlt ein Käufer, wenn er auf den Bruttoverkaufspreis 5% Rabatt und auf den resultierenden Betrag anschließend 2% Skonto erhält?

    b) Welche Mehrwertsteuerbeträge (in €) sind in Rabatt und Skonto enthalten?

Aufgabe 1.2 *(1.1.26)*:

i) Die Kundschaft eines Partnervermittlungsinstitutes hatte am 01.01.05 die folgende Struktur:

        55% Männer;   43% Frauen;   2% sonstige.

Infolge vorausgegangener umfangreicher Werbeaktionen lag am 01.01.05 die Anzahl der Klienten des „schwachen" Geschlechts um 15% niedriger als ein Jahr zuvor, die Anzahl der Klienten des „starken" Geschlechts lag um 28% höher und die der sonstigen Klienten um 60% höher als ein Jahr zuvor.

a) Um wieviel Prozent insgesamt hatte sich der Kundenkreis des Instituts zum 01.01.05 *(gegenüber 01.01.04)* verändert?

b) Wie lautete die prozentuale Verteilung der Kundengruppen am 01.01.04?

ii) Der Schafbestand der Lüneburger Heide besteht aus schwarzen und weißen Schafen. Die Anzahl der schwarzen Schafe stieg im Jahr 10 gegenüber 09 um 10%, die Anzahl der weißen Schafe um 2%.

Im Jahr 10 betrug der Anteil der schwarzen Schafe 15% des Gesamtbestandes an Schafen.

Um wieviel Prozent stieg der Gesamtschafbestand in 10 gegenüber 09?

iii) Von den im Jahr 10 in Deutschland zugelassenen Kraftfahrzeugen waren 70% PKW, 25% LKW, 5% sonstige Kraftfahrzeuge. Im Jahr 10 stieg der PKW-Bestand gegenüber 09 um 10%, der LKW-Bestand um 6% und der Bestand der übrigen Fahrzeuge um 3%.

Um wieviel Prozent ist der Gesamtbestand an Fahrzeugen im Jahr 10 gegenüber 09 gestiegen?

iv) Aus einem Bericht der Huber AG: „Der Auslandsumsatz *(Export)* stieg im Jahre 10 gegenüber dem Jahr 09 um 4,5%, der Inlandsumsatz um 1,9%. Der Exportanteil erreichte in 10 einen Anteil in Höhe von 62,2% des Gesamtumsatzes."

Um wieviel % stieg der Gesamtumsatz der Huber AG im Jahr 10 gegenüber 09?

v) Die Gehälter für Diplom-Kaufleute lagen in im Jahr 10 um 24% höher als in 05 und um 37% höher als in 02.

a) Um wieviel Prozent lagen die Gehälter für Diplom-Kaufleute in 05 höher als in 02?

b) Um wieviel Prozent sind die Gehälter für Diplom-Kaufleute in den Jahren 03–10 durchschnittlich gegenüber dem jeweiligen Vorjahr gestiegen?

vi) Die Huber AG produziert nur rote, gelbe und blaue Luftballons.

Im Jahr 03 wurden 20% weniger gelbe Luftballons als im Jahr 00 hergestellt. Die durchschnittliche jährliche Mehrproduktion von roten Luftballons in 01 bis 03 *(bezogen auf das jeweilige Vorjahr, Basisjahr also 00)* betrug +2,2% p.a. In 00 wurden 300 Millionen und im Jahr 03 360 Millionen blaue Luftballons hergestellt. In 03 machten die roten und blauen Luftballons jeweils genau 30% der Gesamtproduktion aus.

a)   Um wieviel Prozent hat sich die Produktion der roten Luftballons in 03 bezogen auf 00 verändert?

b)   Um wieviel Prozent pro Jahr *(bezogen auf das jeweilige Vorjahr)* hat sich – ausgehend vom Basisjahr 00 – die Gesamtproduktion an Luftballons in 01 bis 03 durchschnittlich verändert?

vii) Die Maschinenbaufabrik Huber AG erzielte in 11 einen Auslandsumsatz, der um 30% über dem Auslandsumsatz 3 Jahre zuvor (08) lag.

Der Anteil des Inlandsumsatzes am Gesamtumsatz lag in 08 bei 59% und in 11 bei 37%.

Um wieviel Prozent sind

a)   der Inlandsumsatz
b)   der Gesamtumsatz

von 08 *(= Basisjahr)* bis 11 *(incl.)* durchschnittlich pro Jahr gestiegen *(bzw. gefallen)*?

viii) Wegen scharfer Konkurrenz kann die Maschinengroßhandlung Huber GmbH & Co. KG eine Maschine nur zu einem Listen-Verkaufspreis von 1.200,-- € ihren Kunden anbieten.

Welcher maximale Einkaufspreis (EK–Preis) beim Fabrikanten ist für die Huber GmbH gerade noch akzeptierbar, wenn sie mit

1)   25%   Kundenrabatt
       (bezogen auf den Listen-Verkaufspreis),
2)   2%   Kundenskonto
       (bezogen auf den Listen-Verkaufspreis abzüglich Kundenrabatt),
3)   8%   Gewinnzuschlag
       (bezogen auf die Summe der Einkaufskosten mit:
       Einkaufskosten := EK-Preis minus 7) minus 6) plus 5) plus 4));
4)   16%   Handlungskostenzuschlag
       (bezogen auf den EK-Preis minus 7) minus 6) plus 5));
5)   29,60 € Bezugskosten,
6)   1%   Lieferskonto
       (bezogen auf den Einkaufspreis abzgl. Großhändlerrabatt)
7)   40%   Großhändlerrabatt des Fabrikanten
       (bezogen auf den – gesuchten – Einkaufspreis (EK-Preis) beim Fabrikanten)

rechnet?

Aufgabe 1.3 *(1.1.27):*

    i)   Anhand der nachstehenden Graphik beantworte man die folgenden Fragen:
          (Daten z. T. geschätzt)

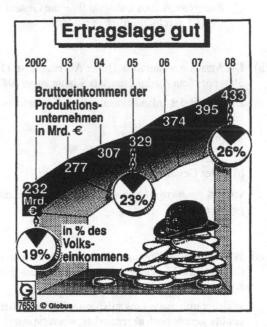

    a)   Wie hoch ist *(in % p. a., bezogen auf das jeweilige Vorjahr)* die durchschnitt-
          liche jährliche Zu-/Abnahme des Bruttoeinkommens der Produktionsunter-
          nehmen in den Jahren 04 bis 08?   *(Basisjahr: 03)*

    b)   Um wieviel Prozent pro Jahr *(bezogen auf das jeweilige Vorjahr)* ist das
          Volkseinkommen in den Jahren 03 bis 08 durchschnittlich gestiegen?
          (Basisjahr: 02)

    ii)   *siehe Testklausur Nr. 5, Aufgabe 1*

    iii) Die Zahl der auf der Erde lebenden Menschen betrug zum 01.01.85 4,8 Milliar-
         den *(Mrd.)*. Laut UNO-Bericht ist die Bevölkerungszahl bis zum 01.01.2000 auf
         6,1 Mrd. Menschen angestiegen, von denen 80% in Entwicklungsländern leben.

         Die durchschnittliche *(diskrete)* Wachstumsrate der Bevölkerung in den Entwick-
         lungsländern betrug im angegebenen Zeitraum 3% pro Jahr.

    a)   Man ermittle die durchschnittliche Wachstumsrate *(in % p. a.)* der Gesamt-
          bevölkerung der Erde im angegebenen Zeitraum.

b)   Wieviel Prozent der Gesamtbevölkerung lebte am 01.01.85 in Entwicklungsländern?

c)   Um wieviel Prozent pro Jahr nahm die Bevölkerung in den *Nicht*entwicklungsländern im betrachteten Zeitraum durchschnittlich zu *(bzw. ab)*?

d)   Es werde unterstellt, dass die durchschnittlichen Wachstumsraten der Bevölkerungen in den Nicht-Entwicklungsländern und in den Entwicklungsländern auch nach dem 01.01.2000 unverändert gültig sind. Wie groß wird die Weltbevölkerung am 01.01.2050 sein? Wieviel Prozent davon wird in den Entwicklungsländern leben?

iv)   *siehe Testklausur Nr. 8, Aufgabe 1*

v)   *siehe Testklausur Nr. 10, Aufgabe 1*

vi)   Anhand der nachstehenden Statistik beantworte man folgende Fragen:

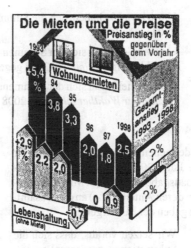

a)   Wie hoch war der prozentuale Gesamtanstieg

    a1)   der Wohnungsmieten

    a2)   der Lebenshaltung *(ohne Miete)*

im Zeitraum 1993–1998? *(Basisjahr also 1992)*

*b)   Im Jahr 1992 gilt: 20% der gesamten Lebenshaltungskosten entfallen auf die Wohnungsmieten.

Man ermittle, um wieviel Prozent sich die gesamte Lebenshaltung *(also incl. Wohnungsmieten)* in der Zeit von 1993 – 1998 durchschnittlich pro Jahr verteuert hat. *(Basisjahr: 1992)*

vii) Anhand der folgenden Wahlergebnisse beantworte man folgende Fragen:

Die Ergebnisse der Parlamentswahlen in Transsylvanien:

	2004	2008
Wahlberechtigte:	44.451.981	42.751.940
Abgegebene Stimmen:	25.234.955	28.098.872
Wahlbeteiligung:	56,8%	65,7%
Ungültige Stimmen:	393.649	251.763
Gültige Stimmen:	24.841.306	27.847.109

Davon entfielen auf:		
Sozialisten	9.294.916 – 37,4 %	11.370.045 – 40,8 %
Konservative	9.306.775 – 37,5 %	10.891.370 – 39,1 %
Vampire	2.104.590 – 8,5 %	2.816.758 – 10,1 %
Liberale	1.192.138 – 4,8 %	1.662.621 – 6,0 %
Grüne	2.024.801 – 8,2 %	893.683 – 3,2 %

a) Um wieviel % haben sich die Stimmen für die Liberalen in 2008 gegenüber 2004 verändert?

b) Um wieviel % hat sich der Stimmenanteil der Liberalen *(%, bezogen auf die Anzahl gültiger Stimmen)* 2008 gegenüber 2004 verändert?

c) Um wieviel % hat sich der Stimmenanteil der Liberalen *(%, bezogen auf die Anzahl der Wahlberechtigten)* 2008 gegenüber 2004 verändert?

viii) In der nebenstehenden Tabelle sind für die Jahre 2000 bis 2005 die Subventionsausgaben der EU (in Mrd. Euro) sowie deren Anteil (in %) an den Gesamtausgaben der EU aufgeführt.

Subventionsausgaben der EU...

Jahr	Subventionen (in Mrd. Euro)	in % der Gesamt-Ausgaben
2000	76,8	22,7%
2001	100,3	29,4%
2002	101,7	27,1%
2003	113,6	29,9%
2004	128,3	30,7%
2005	140,5	31,7%

a) Wir setzen voraus, dass sich die Subventionen prozentual so entwickeln wie im Durchschnitt der Jahre von 2000 bis 2005:

Wie hoch (in Mrd. Euro) werden die Subventionsausgaben im Jahr 2018 sein?

b) Um wieviel Prozent pro Jahr *(bezogen auf das jeweilige Vorjahr)* haben sich die Gesamtausgaben der EU von 2001 *(d.h. Basisjahr 2000)* bis 2005 durchschnittlich verändert?

ix) *siehe Testklausur Nr. 13, Aufgabe 1*

1.2   Lineare Verzinsung und Äquivalenzprinzip

Aufgabe 1.4 *(1.2.23)*:

i)   Eine am 18. Mai in Rechnung gestellte Warenlieferung wurde am 2. Dezember mit 4.768,-- € einschl. 8% p.a. Zinsen bezahlt.

Man ermittle den Rechnungsbetrag und die Zinsen.

ii)   Ein Schuldner überweist seinem Gläubiger am 05.12. Verzugszinsen in Höhe von € 821,37 für einen seit dem 18.04. desselben Jahres ausstehenden Rechnungsbetrag in Höhe von 10.600 €.

Welchem nachschüssigen *(effektiven)* Jahreszinssatz entspricht diese Zinszahlung?

*iii) Bei der fälligen Überprüfung der Steuermoral von Unternehmer Xaver Huber stößt der Beamte der Steuerfahndung auf folgende Zahlungseingänge eines Huberschen Sonderkontos:

74.720 €	am 20.03.
161.600 €	am 06.04.
41.600 €	Datum unleserlich
150.400 €	am 05.06.

Wann wurden die 41.600,-- € gezahlt, wenn das Konto nach dem Zinszuschlag am 30.06. ein Gesamtguthaben *(incl. Zinsen von 4,5% p.a.)* von 431.680,-- € aufwies?

iv)   Hubers Girokonto wird vierteljährlich abgerechnet, Zinssätze: 0,5% p.a. für Guthaben, 15% p.a. für Überziehungen. Am Ende des letzten Vierteljahres wurden Huber 23,21 € Guthabenzinsen sowie 696,30 € Schuldzinsen in Rechnung gestellt.

Wie hoch war der durchschnittliche Kontostand im letzten Vierteljahr? Erklärung?

v)   Ein Bankhaus berechnet für einen kurzfristigen Kredit *(Kreditsumme = Auszahlungsbetrag = 42.000,-- €, Laufzeit: 23.02. - 16.07.)* 9% p.a. Zinsen sowie 0,25% Provision *(bezogen auf die Kreditsumme)*.

Welcher nachschüssige Jahreszinssatz liegt diesem Kredit zugrunde, wenn die Zinsen *(sowie die reine Kapitalrückzahlung (Tilgung) von 42.000,-- €)* am Ende der Laufzeit, die Provision sowie außerdem 50,-- € Bearbeitungsgebühren dagegen zu Beginn der Laufzeit fällig *(und auch bezahlt)* werden?

vi) Ein Kapital in Höhe von € 22.000,-- ist vom 03.01. bis zum 29.12. angelegt. Zinszuschlag erfolgt am 29.12.

Zunächst beträgt der Zinssatz 8% p.a.. Mit Wirkung vom 19.05. steigt er auf 10% p.a. und mit Wirkung vom 02.09. fällt er auf 4% p.a.

a) Wie hoch ist das Kapital am Ende der Laufzeit?

b) Welches Anfangskapital hätte man *(anstelle der 22.000 €)* am 03.01. anlegen müssen, um auf ein Endkapital von genau 100.000 € zu kommen?

vii) Huber leiht sich am 15.03. 9.000,-- € und zahlt am 11.11. 10.000,-- € zurück. Zu welchem Effektivzinssatz erhielt er den Kredit?

Aufgabe 1.5 *(1.2.44)***:**

i) Bei welchem Zinssatz p.a. sind die Beträge 4.850,-- €, fällig am 15.03., und 5.130,-- €, fällig am 20.11., bei linearer Verzinsung äquivalent?

ii) Wann müsste eine Zahlung in Höhe von 20.000,-- € fällig sein, damit sie äquivalent ist zu einer am 05.05.01 fälligen Zahlung in Höhe von

a) 19.500,-- €   **b)** 21.000,-- € ?   *(lineare Zinsen, $i = 12\%$ p.a.)*

Aufgabe 1.6 *(1.2.45)***:**

Das Steuerberatungsbüro Knüppel erwirbt einen Computer zu folgenden Konditionen:
1. Rate fällig bei Lieferung am 04.05.08:   € 50.000,--
2. Rate am 03.08.08:   € 30.000,--
3. Rate am 03.12.08:   € 23.700,-- .

i) Zu welchem Termin kann die nominelle Gesamtschuld in Höhe von € 103.700,-- ohne Zinsvor- bzw. Nachteile bezahlt werden bei

a) $i = 11{,}5\%$ p.a.   **b)** $i = 66{,}75\%$ p.a.?

ii) Knüppel will nur eine einzige Zahlung in Höhe von 102.000,-- € leisten. Wann ist diese Zahlung fällig? ($i = 10\%$ p.a.)

iii) Knüppel will seine Gesamtschuld an seinem Geburtstag (01.09.08) begleichen. Wieviel muss er – bei 10% p.a. – dann zahlen?

iv) Knüppel will statt der vereinbarten Zahlweise am 10.06.08 € 80.000,-- und den Rest am 31.12.08 zahlen. Wieviel muss er dann – bei 10% p.a. – noch zahlen?

v) Knüppel will 3 gleichhohe Raten R am 01.06./01.08./01.10.08 zahlen. Man ermittle die Ratenhöhe bei 10% p.a.

vi) Knüppel zahlt – mit Einwilligung des Verkäufers – 40.000 € am 01.06.08 und 70.000 € am Jahresende 08. Bei welchem Effektivzins sind diese Zahlungen äquivalent zu den ursprünglichen drei Raten?

Hinweis: Lineare Verzinsung; Stichtag (wie immer, wenn nicht ausdrücklich anders gefordert) gleich Tag der letzten Leistung)

Aufgabe 1.7 *(1.2.46)*:

Huber hat am 01.02.06 und am 27.08.06 jeweils eine Rate in Höhe von 40.000,-- € zu zahlen. *(Kalkulationszinssatz: 4% p.a. – lineare Verzinsung)*

i) Huber begleicht die ganze Schuld mit einer einmaligen Zahlung am 15.01.06. Wieviel zahlt er,

  a) wenn als Stichtag der Tag der letzten Rate (27.08.06) gewählt wird?

  b) wenn als Stichtag der Tag der Einmalzahlung (15.01.06) gewählt wird und die beiden Raten getrennt abgezinst werden?

  c) wenn als Stichtag wiederum der 15.01. gewählt wird, aber die beiden Raten zunächst auf den 27.08. aufgezinst und dann gemeinsam abgezinst werden?

  d) wenn zunächst der „mittlere Zahlungstermin" *(= zeitliche Mitte zwischen den beiden betragsgleichen Raten – Zeitzentrum[2])* ermittelt wird und dann der nominelle Gesamtbetrag der beiden Raten (= 80.000) vom Zeitzentrum auf den Stichtag 15.01. abgezinst wird?

  e) wenn die 80.000,-- € vom mittleren Zahlungstermin *(Zeitzentrum)* (vgl. d)) zunächst auf den Tag der letzten Leistung (27.08.06) aufgezinst und dann auf den Stichtag 15.01.06 abgezinst werden?

ii) Huber zahlt in drei nominell gleichhohen Raten am 01.02.06, am 27.08.06 und am 01.10.06. Wie hoch sind die Raten (Stichtag: 01.10.06)?

Aufgabe 1.8 *(1.2.47)*:

Moser erwirbt im Sporthaus Huber eine vollelektronische Trimm-Dich-Anlage. Er könnte den fälligen Kaufpreis in Höhe von 29.995,-- € am 1. März bezahlen oder aber in vier „bequemen Teilraten" zu je 8.995,-- € am 1. März, 1. Juni, 1. September und 1. Dezember desselben Jahres.

Mit welchem Effektivzinssatz (in % p.a.) rechnet das Sporthaus Huber bei dieser Art Kreditgewährung?
(lineare Verzinsung, Stichtag = Tag der letzten vorkommenden Zahlung)

Aufgabe 1.9 *(1.2.48)*:

Huber muss eine Warenlieferung bezahlen. Zahlt er innerhalb von 10 Tagen, so kann er 2% Skonto abziehen, andernfalls ist der Betrag innerhalb von 60 Tagen in voller Höhe zu zahlen. Verzinsung: unterjährig linear, Zinszuschlag nach jedem Jahr.

i) Überzieht Huber das Konto zwecks Skontoerzielung, so berechnet die Bank 15% p.a. Überziehungszinsen. Soll Huber Skontogewährung in Anspruch nehmen?

ii) Welchem linearen nachschüssigen **(a)** Jahreszinssatz **(b)** Quartalszinssatz entspricht das Angebot der Lieferfirma?

iii) Man beantworte die Frage ii), wenn die Zahlungsbedingungen lauten: 3% Skonto bei Zahlung innerhalb 14 Tagen, 30 Tage netto.

---

[2] siehe etwa [Tie3] Kap. 1.2.3

Aufgabe 1.10 *(1.2.49)*:

Das Bankhaus Huber berechnet für einen Kredit in Höhe von € 45.000,-- (Laufzeit: 18.02. bis 04.07.09) 8% p.a. Zinsen sowie 0,25% Provision *(bezogen auf die Kreditsumme).*

Welcher lineare Zinssatz *(„Effektivzinssatz")* liegt diesem Kredit zugrunde, wenn darüber hinaus € 100,-- Kontoführungs- und Bearbeitungsgebühren in Rechnung gestellt werden und

i)   Provisionen und Bearbeitungsgebühren zusammen mit dem Kapital und den Zinsen *(d.h. am Ende der Laufzeit)* fällig sind?

ii)   Provisionen und Bearbeitungsgebühren zu Beginn *(Kapital und Zinsen dagegen – wie immer – am Ende)* der Laufzeit fällig sind?

Aufgabe 1.11 *(1.2.50)*:

Huber muss am 15.02.10 eine Rechnung von 10.000 € begleichen. Er hat 3 Zahlungsmöglichkeiten zur Auswahl *(linearer Kalkulationszinssatz in allen Fällen: 4% p.a.)*:

A: Barzahlung mit 3% Skonto;

B: Anzahlung 5.000,-- € und den Restbetrag (5.000,--) am 15.07.10 zuzüglich Überziehungszinsen in Höhe von 8% p.a.

C: Vier nominell gleichhohe Raten am 15.02.10, 15.04.10, 15.07.10 und 15.10.10, deren Gesamtwert *(bewertet mit dem Kalkulationszinssatz = 4% p.a.)* zum Stichtag 15.07.10 10.300,-- € beträgt *(hier wird ausnahmsweise und bewusst von der Konvention 1.2.33 abgewichen!).*

i)   Wie hoch sind die Raten bei der Zahlungsweise C?

ii)   Vergleichen Sie die Zahlungsweisen am 15.07.10.

iii)   Bei welcher veränderten Anzahlung im Modus B wären die Zahlungsweisen B und C am 15.07.10 äquivalent?

Hinweis:
In diesem Fall: Abweichung von der Stichtags-Konvention 1.2.33 (d.h. in dieser Aufgabenstellung hier gilt ausnahmsweise: Stichtag ≠ Tag der letzten Leistung)!

Aufgabe 1.12 *(1.2.51)*:

Huber kann eine Schuld vereinbarungsgemäß entweder in zwei Raten zu je 5.000,-- €, fällig am 20.02. und 10.05., oder durch eine Einmalzahlung in Höhe von 11.000,-- € begleichen.

i)   Wann wäre die Einmalzahlung *(bei 20% p.a. linear)* fällig?

ii)   Bei welchem *(linearen)* Jahreszins sind beide Zahlungsweisen äquivalent, wenn die 11.000,-- € am 02.12. zu zahlen sind?

iii)   Wie müssten sich die beiden 5.000-€-Raten ändern, wenn die Schuld mit einer Einmalzahlung in Höhe von 12.000,-- € *(statt 11.000,-- €)* am Jahresende *(bei i = 10% p.a. linear)* zurückzahlbar wäre?

Aufgabe 1.13 *(1.2.52)***:**

Am 07.01.10 wird Huber vom Amtsgericht Schlumpfhausen dazu verurteilt, seiner Ex-Gattin jeweils am 07.02.10 und 07.05.10 einen Betrag von 50.000,-- € auszuzahlen. Huber möchte stattdessen lieber drei gleiche Raten in Höhe von jeweils 35.000,-- € am 01.04.10/ 15.10.10/ 27.12.10 zahlen.

i)   Welcher *(lineare)* Effektivzins liegt seinem Angebot zugrunde?

ii)   Welche Zahlungsweise dürfte Frau Huber bevorzugen, wenn sie stets eine Kapitalanlage zu 10% p.a. *(linear)* realisieren kann?

Aufgabe 1.14 *(1.2.67)***:**

i)   Huber schuldet dem Moser noch drei Geldbeträge, die wie folgt fällig sind:
      5.000€ am 18.03.10;   8.000€ am 09.05.10;   7.000€ am 16.09.10.

      Huber möchte die nominelle Gesamtschuld (= 20.000,-- €) auf einmal bezahlen. Zu welchem Termin kann er das ohne Zinsvor-/-nachteile bewerkstelligen? (i = 10% p.a. linear)

      (Hinweis: Als Vergleichsstichtag wähle man den 16.09.10)

ii)   Huber muss im laufenden Kalenderjahr folgende Zahlungen an seinen Gläubiger Moser leisten:
      5.500€ am 09.01.;   7.500€ am 16.03.;   4.000€ am 18.04.;
      8.100€ am 04.09.;   10.000€ am 01.10.;   9.200€ am 20.12.

      Wann kann Huber stattdessen die nominelle Gesamtsumme (= 44.300 €) zahlen, ohne dass sich Zinsvor- oder -nachteile ergeben? (i = 8,75% p.a. linear)

iii) Huber zahlt 12 Monatsraten zu je 1.350,-- €, Fälligkeit am 01.01./ 01.02./ .../ 01.12. Zinssatz: i = 8,125% p.a. linear.

      a)   An welchem Tag könnte er stattdessen (ohne Zinsvor- oder -nachteile) die Gesamtsumme (= 16.200,-- €) auf einmal zahlen?

      b)   Wie ändert sich der mittlere Zahlungstermin, wenn die Raten statt zu Monatsbeginn jeweils erst am Monatsende (= 31.01 ...) fällig sind?

iv)   Man ermittle jeweils den Kontostand am Jahresende *(31.12.)*, wenn folgende Raten zu je 1.000,-- € auf ein Sparkonto *(8% p.a. linear)* eingezahlt werden:

      a)   12 Monatsraten, erste Rate am 31.01.;
      b)   12 Monatsraten, erste Rate am 31.12. des Vorjahres;
      c)   4 Quartalsraten, erste Rate am 31.03. usw.;
      d)   6 Raten im 2-Monatsabstand, erste Rate am 31.01., 2. Rate am 31.03. usw.

Aufgabe 1.15 *(1.2.68)*:

i)   Computerhändler Huber kauft einen Posten Farbmonitore, der vereinbarte Listen-
      preis beträgt 70.000,-- €, zahlbar am 19.01.

      Er könnte auch auf folgende Weise bezahlen: Anzahlung am 19.01.: 20% des
      Listenpreises, außerdem, beginnend zwei Monate später *(d.h. am 19.03.)*, 10
      Monatsraten zu je 6.000,-- €.

      Welchem *(linearen)* Effektivzinssatz – bezogen auf die Alternative „Barzahlung"
      – entspricht diese Ratenzahlungsvereinbarung?

ii)   Huber kann seine PKW-Haftpflichtversicherungsprämie auf drei verschiedene
      Arten bezahlen:
      A: Gesamtprämie in einem Betrag sofort;
      B: 2 Halbjahresprämien *(jeweils die halbe Gesamtprämie plus 3%)*, erste Rate
            sofort;
      C: 4 Quartalsprämien *(jeweils ein Viertel der Gesamtprämie plus 5%)*, erste
            Rate sofort.

      a)   Welche Zahlungsweise sollte Huber realisieren, wenn er alle Beträge zu
            15% p.a. *(linear)* fremdfinanzieren kann? *(Stichtag = Tag der letzten vor-
            kommenden Leistung)*

      b)   Wie hoch ist jeweils der *(lineare)* Effektivzins der Alternativen B und C
            bezogen auf den Barzahlungsfall A?

      c)   Wie hoch *(in % der Prämie)* müsste im Fall C der Quartalsratenzuschlag
            gewählt werden, damit sich derselbe *(lineare)* Effektivzins wie bei Halbjah-
            resraten (= B) ergibt *(jedesmal bezogen auf den Barzahlungsfall A)*?

      *(Hinweis: Die Rechnungen gestalten sich angenehmer, wenn man für die Ge-
      samtprämie einen fiktiven Betrag, z.B. 1.000,-- €, unterstellt.)*

iii) Huber soll von seinem Geschäftspartner Knarzel vereinbarungsgemäß die folgen-
      den Zahlungen erhalten:

      10.000€ am 07.03.;   20.000€ am 19.06.;   50.000€ am 11.11.

      a)   Zu welchem Termin könnte Knarzel die nominelle Summe *(= 80.000,-- €)*
            bei i = 12,5% p.a. *(linear)* äquivalent zahlen?

      b)   Knarzel bietet an, anstelle der 3 oben angegebenen Beträge zwei Raten in
            Höhe von jeweils 39.600 € am 10.04. bzw. 10.12. zu zahlen.
            Bei welchem *(linearen)* Effektivzinssatz wäre dieses Angebot äquivalent
            zu den ursprünglichen Zahlungsvereinbarungen?

iv)   Huber ist in Zahlungsschwierigkeiten: Er muss am 18.06. zwei bereits mehrfach
      angemahnte Rechnungen bezahlen:

      Rechnung 1:   5.500 €, fällig am 03.05.
      Rechnung 2:   8.200 €, fällig am 28.04.   *(Verzugszinssatz 8 % p.a.)*

      Moser will Huber aus der Klemme helfen: Wenn Huber bereit sei, am Jahresende
      dem Moser einen Betrag von 15.000 € zu zahlen, so wolle Moser Hubers Schul-
      den einschließlich Verzugszinsen am 18.06. komplett begleichen.

      Welchem effektiven Kreditzinssatz *(bei linearer Verzinsung)* entspricht Mosers
      Angebot?

Aufgabe 1.16 *(1.2.75)***:**

i)   Huber kann sein Kapital in Höhe von 10.000,-- € für neun Monate anlegen. Die
      Verzinsung erfolgt entweder

      a)   zu 11% p.a. *(und nachschüssiger linearer Verzinsung)* oder
      b)   zu 10% p.a. *(und vorschüssiger linearer Verzinsung).*

      (In beiden Fällen sollen die 10.000,-- € in voller Höhe angelegt werden!)

      Man ermittle für beide Alternativen den Endwert nach neun Monaten und gebe
      daraufhin eine Anlageempfehlung für Huber.

ii)   Huber legt am 07.02.10 einen Betrag von 12.000 € auf einem Konto an.

      Die Bank kennt Hubers Vorliebe für ausgefallene Zinsvereinbarungen und bietet
      daher folgende *(lineare)* Verzinsungsmodalitäten an:

      –   Zinssatz bis incl. 22.06.10: 8% p.a.;
      –   Zinssatz ab 23.06.10 bis zum Jahresende: 10% p.a.;
      –   Am 01.10.10 zahlt die Bank außerdem einen Treue-Sonder-Bonus in Höhe
          von 250,-- € auf Hubers Konto.

      a)   Man ermittle den Kontostand zum Jahresende *(vorher **kein** Zinszuschlag-
               termin!)*

      b)   Welchen einheitlichen b1) nachschüssigen b2) vorschüssigen Jahreszins-
               satz hätte ihm eine andere Bank bieten müssen, um – ausgehend vom glei-
               chen Anfangskapital – ebenfalls den unter a) ermittelten Kontostand zum
               Jahresende erreichen zu können?

1.3   Diskontrechnung   *(einschl. Kombinationen mit linearer Verzinsung)*

Aufgabe 1.17 *(1.2.76)*:

i)   Ein Kredit in Höhe von 248.000€ wird bei Fälligkeit durch einen Wechsel abgelöst. Dieser Wechsel ist nach weiteren 3 Monaten fällig, Diskontsatz 5% p.a.

Man ermittle den Betrag des Wechsels *(Wechselsumme)*.

ii)   Eine Bank berechnet beim Diskontieren von Wechseln 8% p.a.

    a)   Welche effektive *(lineare)* Verzinsung ergibt sich, wenn der Wechsel 4 Monate vor Fälligkeit eingereicht und diskontiert wird?

    b)   Welchen Diskontsatz muss die Bank ansetzen, um auf einen *(linearen)* Effektivzinssatz von 9% p.a. zu kommen?

iii)   Kaufmann Alois Huber – zweimal vorbestraft wegen betrügerischen Bankrotts – ist in finanziellen Dingen pingelig geworden.

Als ihm ein Schuldner für eine am 17.08. fällige Schuld in Höhe von 10.000€ am gleichen Tage einen Wechsel über 10.150€, fällig am 03.11., übertragen will, wird er stutzig.

    a)   Reicht dieser Wechsel zur Abdeckung der Schuld? *(Diskontsatz 8% p.a.)*
    b)   Bei welchem Diskontsatz entspricht der Wert des Wechsels am 17.08. genau der Schuldsumme?

iv)   Der Druckereibesitzer Urban Unsinn nimmt am 12.02.10 einen kurzfristigen Kredit in Höhe von € 25.000,-- auf, den er am 31.08.10 incl. 8,5% p.a. Zinsen zurückzahlen muss. Wegen eines Druckerstreiks kann er am 31.08. nicht zahlen und akzeptiert daher einen am selben Tag ausgestellten Wechsel in Höhe von € 27.000,-- *(Diskontsatz: 8% p.a.)*.

An welchem Tag *(aufrunden!)* ist der Wechsel fällig?
(durchgehend lineare Verzinsung, d.h. kein Zinszuschlag am Jahresende!)

v)   Huber ist im Besitz zweier 3-Monats-Wechsel über je € 5.000,-- Wechselsumme. Der eine Wechsel ist am 17.09., der andere am 06.10. ausgestellt. Am 29.10. bietet er beide Wechsel seinem Gläubiger Moser an, um damit eine seit dem 28.07. fällige Rechnung (€ 9.500,-- zuzüglich lineare Verzugszinsen 12% p.a.) zu begleichen.

Wird Moser auf Hubers Angebot eingehen? (Diskont 9% p.a.)

vi)   Huber schuldet dem Moser seit dem 05.03. einen Betrag von € 20.000,-. Am 11.11. ermittelt er seine bis dahin aufgelaufene Restschuld und bezahlt sie mit zwei Wechseln:

Wechsel 1:   Wechselsumme 10.000 €, ausgestellt am 18.09., Laufzeit 90 Tage;

Wechsel 2:   Wird am Zahltag (11.11.) ausgestellt, Laufzeit 60 Tage.

Wie hoch ist die Wechselsumme des 2. Wechsels?

(lin. Verzugszinssatz 12% p.a., Diskontsatz 9% p.a., Stichtag: 11.11.)

Aufgabe 1.18 *(1.2.77)*:

i)   Huber hat an Ohmsen eine Forderung in Höhe von € 18.000,--, fällig am 15.08. Als Anzahlung erhält Huber am 20.06. von Ohmsen zwei 3-Monats-Wechsel über je € 9.000,--. Ein Wechsel ist am 10.06., der andere am 18.06. ausgestellt.

Am 01.08. reicht Huber mit Ohmsens Einverständnis beide Wechsel seiner Bank ein, die diese mit 8% p.a. diskontiert.

Wie groß ist am Fälligkeitstag der Forderung (15.08.) die Restforderung Hubers an Ohmsen (linearer Kalkulationszinssatz: $i = 7\%$ p.a.)?

ii)   Huber hat am 01.02. und am 27.08. jeweils eine Rate in Höhe von 40.000,-- € zu zahlen. *(Diskontsatz: 9,5% p.a.)*

Huber begleicht die Schuld mit zwei Wechseln.

a)   Der erste Wechsel ist ein Dreimonatswechsel, ausgestellt am 01.02., für den die Bank sofort 40.000,-- € auszahlt. Wechselsumme?

b)   Der zweite Wechsel hat die Wechselsumme 40.500,-- €. Dieser Wechsel wird zum 27.08. auf 40.000,- € diskontiert. Wann ist er fällig? *(aufrunden!)*

iii)   Die Emil Häberle KG schuldet der Alois Knorz AG folgende Beträge: 5.700 €,–, fällig am 07.02. sowie 4.300,– €, fällig am 18.04.

Am 02.05. leistet Fa. Häberle eine Anzahlung in Höhe von 5.000,-- € und bittet darum, am 28.05. (Ausstellungstag) einen 3-Monats-Wechsel zu ziehen, um die Restschuld auszugleichen.

Am 01.07. reicht die Knorz AG ihrer Bank den Wechsel zur Diskontierung ein. Welcher Betrag wird ihr (ohne Berücksichtigung von Steuern, Provisionen) gutgeschrieben?

(linearer Verzugszinssatz: 13% p.a.,   Diskontsatz: 11% p.a.,   Stichtag: 28.05.)

iv)   Huber muss bis zum 15.05. eine Schuld von 35.000,-- € begleichen.

Als Anzahlung übergibt Huber am 18.02. einen Wechsel über 8.000,-- €, der am 18.04. fällig ist und vorher vereinbarungsgemäß nicht diskontiert wird.

Am Fälligkeitsdatum (18.04.) zahlt Huber mit einem zweiten Wechsel über 20.000,-- €, den der Empfänger vereinbarungsgemäß erst am 15.05. diskontieren lässt, die diskontierende Bank zahlt am 15.05. dem Einreicher 19.852,22 €.

Die Restschuld wird von Huber vereinbarungsgemäß mit einem 3-Monats-Wechsel, ausgestellt und übergeben am 15.05., beglichen.
(linearer Kalkulationszinssatz: 6,5% p.a.; Diskontsatz: 7% p.a.)

a)   Wann ist der zweite Wechsel fällig?
b)   Wie hoch ist die Restschuld am 15.05.?
c)   Welche Wechselsumme hat der dritte Wechsel?

v)   Huber schuldet dem Moser seit dem 07.06.11 einen Betrag von € 9.900,--.

Am 02.02.12 zahlt Huber mit 2 Drei-Monats-Wechseln, von denen der erste am 07.12.11 ausgestellt ist und über € 6.000,-- lautet, während der andere Wechsel am 15.01.12 ausgestellt ist und über € 5.000,- lautet.

Moser überreicht die Wechsel am gleichen Tag seiner Bank zum Diskontieren (Diskont: 9% p.a.).

a)   Reichen die beiden Wechsel zur Bezahlung von Hubers Schuld, wenn Moser 12% p.a. *(lin.)* Überziehungszinsen berechnet?

b)   Welchen Überziehungszinssatz müsste Moser fordern, damit die Wechsel genau Hubers Schuld abdecken?

(Hinweis: Am 31.12. hier kein Zinszuschlag, da durchgehend lineare Verzinsung!)

Aufgabe 1.19:

Frau B. Schneider ist im Besitz zweier fremder 3-Monats-Wechsel:

Wechsel I: Ausstellungstag: 17.02.; Wechselsumme: €   7.000,--
Wechsel II: Ausstellungstag: 08.03.; Wechselsumme: € 10.000,--

Am 15.04. erhält sie von ihrer Geschäftspartnerin K. Müller-Oestreich – der B.Schneider seit dem 09. November des Vorjahres noch € 15.000,-- *(plus Verzugszinsen)* schuldet – eine letztmalige Zahlungsaufforderung.

Daraufhin lässt B. Schneider am 21.04. beide Wechsel von ihrer Bank diskontieren *(Diskontsatz: 8% p.a.)* und überweist vom Erlös am gleichen Tag der Müller-Oestreich die geforderte Schuldsumme plus die bis dahin angefallenen Verzugszinsen (12% p.a. linear).

Welcher Geldbetrag muss von B. Schneider dafür – außer dem Wechselerlös – noch aufgewendet werden *(bzw. bleibt für sie noch übrig)*?

Aufgabe 1.20:

Timme ist in Zahlungsschwierigkeiten: Er muss am 18.06. zwei bereits angemahnte Rechnungen bezahlen:

Rechnung 1:   5.500 €, fällig am 03.05.
Rechnung 2:   8.200 €, fällig am 28.04.   *(lin. Verzugszinssatz 8% p.a.)*

Ein „guter Freund" will Timme aus der Klemme helfen: Wenn Timme einen 3-Monats-Wechsel akzeptiere, Wechselsumme 15.000 €, Ausstellungstag 18.06., so will der Freund Timmes Schulden incl. der Verzugszinsen sofort komplett begleichen.

Welchen Wechsel-Diskontsatz *(in % p.a.)* muss Timme in diesem Fall tragen?

Aufgabe 1.21:

Am 02.05. lässt Guntermann bei seiner Bank einen Wechsel (Wechselsumme: 30.000 €, ausgestellt am 14.03., Laufzeit 3 Monate) diskontieren.

Die Gutschrift verwendet er, um am gleichen Tage einen Super-Computer mit Zubehör *(d.h. mit Höhenmesser und Radar-Warn-System)* zum Preis von 50.000,-- € zu kaufen.

Zur Finanzierung des Kaufpreisrestes akzeptiert Guntermann einen am gleichen Tage ausgestellten 3-Monatswechsel. Wie hoch ist die Wechselsumme?

(Kalkulationszinssatz: 7% p.a. linear, Diskontsatz: 9% p.a..)

Aufgabe 1.22:

Laetsch will eine am 11.01. fällige Schuld in Höhe von 24.000 € in 3 gleichhohen Raten am 27.02./15.05. und 01.09. begleichen.

i)   Wie hoch ist bei i = 7% p.a. *(linear)* die Höhe einer jeden Rate? *(Stichtag: 01.09.)*

ii)   Abweichend von i) soll nunmehr die Schuld durch 2 auf gleiche Wechselsummen lautende Wechsel erfolgen. Die Wechsel werden am 12.03. bzw. 22.08. ausgestellt und überreicht, Restlaufzeit jeweils noch 2 Monate.
Diskontsatz: 9% p.a.. *(linearer Zinssatz unverändert 7% p.a.)*

Wie lauten die Wechselsummen, wenn

a)   die Wechsel nicht vor Fälligkeit diskontiert werden?   *(Stichtag: 22.10.)*
b)   jeder Wechsel am Tag der Übergabe diskontiert wird?   *(Stichtag: 22.08.)*

Aufgabe 1.23 *(1.2.78)***:**

Bluntsch schuldet dem Knorz noch die folgenden Beträge:

8.700,-- €, fällig am 12.03.   sowie   12.900,-- €, fällig am 21.11.

Bluntsch leistet am 01.06. zunächst eine Anzahlung mit einem 3-Monats-Wechsel, Wechselsumme 11.000,-- €, Ausstellungsdatum 03.04. *(dieser Wechsel wird vereinbarungsgemäß* nicht *vorzeitig diskontiert).*

Am 15.06. begleicht Bluntsch vorzeitig seine Schuld, indem er einen am gleiche Tage ausgestellten Wechsel *(Wechselsumme 10.600,-- €)* akzeptiert *(dieser Wechsel wird vereinbarungsgemäß ebenfalls nicht vor Fälligkeit diskontiert)*.

i)   Welche Laufzeit muss dieser zweite Wechsel haben, damit sich – bezogen auf den Stichtag 21.11. – Leistungen und Gegenleistungen insgesamt genau ausgleichen?

ii)   Man ermittle die Wechsellaufzeit des zweiten Wechsels, wenn jeder Wechsel unmittelbar bei Übergabe *(d. h. am 01.06. bzw. 15.06.)* diskontiert wird.

      (Diskontsatz: 12% p.a.,   linearer Kalkulationszinssatz: 10% p.a.)

Aufgabe 1.24 *(1.2.79)*:

Knörzer schuldet dem Glunz die folgenden Beträge:

2.500,-- €	fällig am	19.04.
7.500,-- €	fällig am	11.05.
3.800,-- €	fällig am	01.08.

Als Anzahlung hat Knörzer dem Glunz die folgenden Wechsel übergeben:

3.000€, fällig am 27.04.   sowie   5.000€, fällig am 19.05.

Über die *nominelle* Restschuldsumme (= 5.800,-- €) wird ein weiterer Wechsel am 19.04. ausgestellt.

Glunz und Knörzer einigen sich darauf, dass keiner der drei Wechsel vor Fälligkeit diskontiert wird.

Wann ist der *(am 19.04. ausgestellte)* Wechsel fällig?

(Diskontsatz: 12,5% p.a.; Überziehungszinssatz *(lin. Kalkulationszins)* 9,5% p.a.).

(Die angegebene Lösung ergibt sich, wenn man die Beträge bzw. Wechselsummen aufzinst – etwa bis zum 01.08.)

2   Exponentielle Verzinsung (Zinseszinsrechnung)

2.1 Reine Zinseszinsrechnung und Äquivalenzprinzip

Aufgabe 2.1:

i)   Auf welchen Betrag *(in Mio. €)* wächst ein Kapital von 1,-- € bei 4,5% p.a. Zinseszinsen in 2000 Jahren an *(ohne bankübliche Rundungen)*?

ii)   Welcher Anzahl goldener Erdkugeln entspricht der unter i) ermittelte Kapital-Endwert, wenn man einen Goldpreis von 35.000 €/kg unterstellt?

   (Erdradius: r = 6.370 km,   Dichte von Gold: ρ = 19,3 g/cm³,
   Kugelvolumen: $V = \frac{4}{3}\pi r^3$)

iii)   Zu Beginn welchen Jahres hatte man das Anfangskapital von 1,-- € anlegen müssen, um Ende des Jahres 2020 über einen Betrag verfügen zu können, der dem Wert von genau einer goldenen Erdkugel entspricht?

Aufgabe 2.2 *(2.1.23)*:

i)   Ein Kapital von 10.000,-- € wird 2 Jahre lang mit 6%, danach 5 Jahre mit 7% und anschließend noch 3 Jahre mit 4% p.a. verzinst.

   a)   Auf welchen Betrag ist es angewachsen?

   b)   Zu welchem durchschnittlichen jährlichen Zinssatz war das Kapital angelegt?

ii)   Innerhalb welcher Zeitspanne verdreifacht sich ein Kapital bei 7,5% p.a. Zinseszinsen?

iii)   Zu welchem Jahreszinssatz müsste man sein Kapital anlegen, um nach 9 Jahren über nominal denselben Betrag verfügen zu können wie am Ende einer vierjährigen Anlage zu 12% p.a.?

iv)   Welchen einmaligen Betrag muss ein Schuldner am 01.01.06 zahlen, um eine Verbindlichkeit zu begleichen, die aus drei nominell gleichhohen Zahlungen von je 8.000,-- € besteht, von denen je eine am 31.12.08, 31.12.10 und 31.12.14 fällig ist? *(i = 7% p.a.)*

v)   Die früheren Bundesschatzbriefe vom Typ B erzielten folgende Jahreszinsen, die jeweils am Jahresende dem Kapital zugeschlagen wurden:

> 1. Jahr: 5,50%
> 2. Jahr: 7,50%
> 3. Jahr: 8,00%
> 4. Jahr: 8,25%
> 5. Jahr: 8,50%
> 6. Jahr: 9,00%
> 7. Jahr: 9,00%.

Man ermittle die durchschnittliche jährliche Verzinsung während der Gesamtlaufzeit *(= 7 Jahre)*.

Aufgabe 2.3 *(2.2.23)*:

i)   Zwei Kapitalbeträge sind vorgegeben: 10.000,-- €, fällig am 01.01.09, und 8.000,-- €, fällig am 01.01.06.

      a)   Welche Zahlung hat den höheren Wert   **a1)** bei 8% p.a.   **a2)** bei 7% p.a.?

      b)   Bei welchem Zinssatz haben beide Zahlungen denselben Wert?

ii)   Zwei Zahlungsreihen A, B sind gegeben *(Zahlungszeitpunkte in Klammern, 1 ZE ≙ 1 Jahr)*

> A: 1.000 *(t = 0)*;   2.000 *(t = 2)*;   5.000 *(t = 6)*
> B: 1.500 *(t = 1)*;   1.000 *(t = 3)*;   3.000 *(t = 4)*;   2.000 *(t = 5)*.

      a)   Welche Zahlungsreihe repräsentiert den höheren Wert
            a1) bei 10% p.a.   **a2)** bei 20% p.a.?

      b)   Bei welchem (eff.) Jahreszinssatz sind beide Zahlungsreihen äquivalent? *(Näherungsverfahren!)* [1]

iii)   Man ermittle den Gesamtwert folgender Zahlungsreihe am Tag der letzten sowie am Tag der ersten Zahlung:

> 10.000 *(01.01.06)*;   30.000 *(01.01.08)*;   40.000 *(01.01.09)*;
> 50.000 *(01.01.12)*;   70.000 *(01.01.17)*.

Zinssätze: 7% p.a. bis zum 31.12.07,
danach   10% p.a. bis zum 31.12.08,   danach 8% p.a.

iv)   Ein Arbeitnehmer soll am 31.12.15 eine Abfindung in Höhe von 100.000,-- € erhalten. Er möchte stattdessen drei nominell gleichhohe Beträge am 01.01.07, 01.01.09, 01.01.12 erhalten. Welchen Betrag kann er *(bei i = 6% p.a.)* jeweils erwarten?

---

[1]   siehe etwa [Tie3] Kap. 5.1. oder [Tie2] Kap. 2.4. bzw. Kap. 5.4.

v)   Beim Verkauf eines Grundstücks gehen folgende Angebote ein:

I)   20.000,-- € sofort, 20.000,-- € nach 2 Jahren,
      30.000,-- € nach weiteren 3 Jahren.

II)   18.000,-- € sofort, 15.000,-- € nach 1 Jahr,
      40.000,-- € nach weiteren 5 Jahren.

a)   Welches Angebot ist für den Verkäufer bei i = 8% p.a. am günstigsten?
b)   Bei welchem effektiven Jahreszinssatz sind beide Angebote äquivalent?
      (Näherungsverfahren, vgl. letzte Fußnote)

vi)   Ein Schuldner muss jeweils 10.000€ am 01.01.05, am 01.01.10 und am 01.01.15
      zahlen. Zu welchem Termin könnte er stattdessen auf äquivalente Weise die
      nominelle Gesamtsumme *(d.h. 30.000,-- €)* auf einmal zahlen? *(i = 13,2% p.a.)*

Aufgabe 2.4 *(2.2.24)*:

Ein Investitionsvorhaben *(Kauf einer Maschine)* erfordert heute die Zahlung eines
Betrages in Höhe von 100.000,-- €.

Die jährlichen Einzahlungsüberschüsse aus diesem Projekt werden wie folgt geschätzt:

Ende 1. Jahr: 10.000,-- €
Ende 2. Jahr: 20.000,-- €
Ende 3. Jahr: 30.000,-- €
Ende 4. Jahr: 30.000,-- €
Ende 5. Jahr: 15.000,-- €.

Am Ende des 5. Jahres kann die Maschine zu 20% des Anschaffungswertes veräußert
werden.

i)   Soll die Maschine gekauft werden, wenn alternative Investitionen eine Verzin-
      sung von 8% p.a. garantieren?

ii)   Die Maschine könnte stattdessen auch gemietet werden. Die Nutzung auf Miet-
      basis erfordert für 5 Jahre Mietzahlungen in Höhe von 20.000,-- €/Jahr *(jeweils
      fällig am Ende eines jeden Nutzungsjahres)*.

      Soll die Maschine gekauft oder gemietet werden bei
      a) 8% p.a.   **b)** 6% p.a.   **c)** 4% p.a.?

Aufgabe 2.5 *(2.2.25)*:

i)   Zwei Zahlungen sind wie folgt fällig: 20.000,-- € am 01.01.05 (0⁰⁰ Uhr!) sowie
      14.000,-- € am 31.12.01 (24⁰⁰ Uhr!).

      a)   Welche Zahlung hat den höheren Wert bei   **a1)** 8% p.a.   **a2)** 20% p.a.?
      b)   Bei welchem Zinssatz haben beide Zahlungen denselben Wert?

ii) Welchen einmaligen Betrag muss Huber am 01.01.04 zahlen, um eine Schuld abzulösen, die aus drei nominell gleichhohen Zahlungen zu je 20.000 € besteht, von denen die erste am 01.01.05, die zweite am 01.01.08 und die letzte am 01.01.14 fällig ist? *(i = 10% p.a.)*

iii) Huber leiht sich von seinem Freund Moser 100.000€. Als Gegenleistung möchte Moser nach einem Jahr 60.000€ und nach einem weiteren Jahr 70.000€.

Welchem *(positiven)* effektivem Zinssatz entspricht dieser Kreditvorgang?

iv) Huber kann sich endlich ein Auto leisten! Den von ihm in die engere Wahl gezogene Porcedes GTXSL 4712i Turbo kann er wie folgt bezahlen:
Anzahlung: 30.000,-- €, nach einem Jahr zweite Zahlung: 20.000,-- €,
Restzahlung: 50.000,-- € nach weiteren 2 Jahren.

Wie hoch ist der Barverkaufspreis am Erwerbstag, wenn der Händler mit 18% p.a. kalkuliert?

v) Man ermittle den Gesamtwert der folgenden Zahlungsreihe am Tag der letzten Zahlung (d.h. am 31.12.10): *(in Klammern: Fälligkeitstermin der jeweiligen Zahlung)*

$$
\begin{array}{ll}
20.000,\text{-- €} & (01.01.00) \\
60.000,\text{-- €} & (31.12.02) \\
80.000,\text{-- €} & (01.01.03) \\
100.000,\text{-- €} & (01.01.06) \\
140.000,\text{-- €} & (31.12.10).
\end{array}
$$

a) Zinssatz 9% p.a. durchgehend;

b) Zinssätze: 7% p.a. bis incl. 31.12.02, danach 10% p.a. bis incl. 31.12.04, danach 8% p.a.

Aufgabe 2.6 *(2.2.26)***:**

i) Huber muss an das Finanzamt die folgenden Steuernachzahlungen leisten:

Am 01.01.04 € 50.000,--, am 01.01.07 € 70.000,--. Stattdessen vereinbart er mit dem Finanzamt als *(äquivalente)* Ersatzzahlungen: 4 gleichhohe Zahlungen (Raten) jeweils am 31.12.04/ 05/ 06/ 09.

Wie hoch ist jede der vier Raten? *(i = 8% p.a.)*

ii) Huber braucht einen Kredit. Welche Kreditsumme wird ihm seine Hausbank am 01.01.05 auszahlen, wenn er bereit ist, als Rückzahlung – beginnend 01.01.08 – 5 Jahresraten zu je 50.000,-- € zu leisten? *(Die Bank rechnet mit einem Kreditzinssatz von 15% p.a.)*

iii)   Huber könnte einen Kredit entweder bei der A-Bank oder bei der B-Bank aufnehmen. *(In beiden Fällen dieselbe Kreditsumme!)*

Die A-Bank verlangt als Rückzahlung:
Nach einem Quartal: 100.000,-- €, nach einem weiteren Quartal 50.000,-- € und
nach zwei weiteren Quartalen 180.000,-- €.

Die B-Bank verlangt als Rückzahlung:
Nach einem Jahr 200.000,-- €, nach einem weiteren halben Jahr 80.000,-- € und
nach drei weiteren Quartalen 90.000,-- €.

Huber rechnet stets mit einem Quartalszinssatz von 4% p.Q. *(und mit vierteljährlichen Zinseszinsen, die Zinsperiode beginne bei Kreditauszahlung).*

Welches Kreditangebot sollte Huber annehmen?

iv)   Huber nimmt einen Kredit bei der Moser-Bank in Höhe von 200.000,-- € auf und
vereinbart die folgenden Rückzahlungen: Nach einem Jahr: 40.000,-- € und
nach einem weiteren Jahr eine Schlusszahlung in Höhe von 240.000,-- €.

a)   War Huber mit diesem Kredit gut beraten, wenn er bei der Shark-Kredit-
bank denselben Kredit *(200.000,– €)* zu einem Zinssatz von 18% p.a. erhalten hätte? Dabei unterstellen wir folgende Rückzahlungen: Nach einem
Jahr 40.000,– € *(wie bei der Moser-Bank)* und nach einem weiteren Jahr
eine Schlusszahlung, die genau der noch vorhandenen Restschuld *(bei 18%
p.a. Zinseszinsen)* entspricht.

b)   Zu welchem Effektivzinssatz *(=Jahreszinssatz, der zur Äquivalenz führt)*
hat Huber den Kredit bei der Moser-Bank erhalten?

2.2   Gemischte, unterjährige, stetige Verzinsung

Aufgabe 2.7 *(2.3.17)*:

i)   Man berechne den Endwert eines heute wertgestellten Kapitals von 100.000,-- €
nach Ablauf von 20 Jahren. Der nominelle Jahreszins betrage 12% p.a. Folgende
Verzinsungskonditionen sollen unterschieden werden *(unterjährig kommen relative Zinsen zur Anwendung)*:

a) jährlicher Zinszuschlag
b) halbjährlicher Zinszuschlag
c) vierteljährlicher Zinszuschlag
d) monatlicher Zinszuschlag
e) täglicher Zinszuschlag.

Man ermittle weiterhin für jede Kondition den effektiven Jahreszins. *(1 Jahr =
360 Zinstage)*

ii)   Man beantworte i), wenn der effektive Jahreszins mit 12% p.a. vorgegeben ist
und unterjährig der konforme Zinssatz *(bitte jeweils angeben)* angewendet wird.

Aufgabe 2.8 *(2.3.18)*:

i) a) Wie hoch muss der konforme Monatszinssatz bei monatlicher Verzinsung sein, wenn ein wertgleicher effektiver Jahreszinssatz von 12% p.a. erreicht werden soll?

  b) Welchem (wertgleichen) effektiven Jahreszinssatz entspricht bei monatlichem Zinszuschlag ein Monatszinssatz von 1% p.M.?

  c) Auf welchen Betrag wachsen 100,-- € in einem Jahr an, wenn bei einem nominellen Zinssatz von 10% p.a. die entsprechenden relativen Zinsen stündlich gezahlt und weiterverzinst werden?   *(Hier: 1 Jahr = 365 Tage!)*

ii) a) Der effektive Jahreszins einer Anlage betrage 8,5% p.a. Wie hoch ist der konforme Quartalszins?

  b) Wie lautet der relative Halbjahreszins bei 8,5% p.a. nominell?

  c) Welcher effektive Jahreszins ergibt sich, wenn nominell mit 9,72% p.a. gerechnet wird und monatlicher Zinszuschlag zum relativen Zinssatz erfolgt?

  d) Eine Anlage wird zweimonatlich zu i_p = 3% p.2M. verzinst, Zinsverrechnung ebenfalls zweimonatlich.

   d1) Wie lautet der nominelle 4-Jahres-Zinssatz?
   d2) Wie lautet der äquivalente *(„effektive")* 2-Jahres-Zinssatz?

iii) Die Knorz-Kredit-GmbH verleiht Kapital zu nominell 24% p.a. Dabei erfolgt der Zinszuschlag allerdings nach jeweils 2 Monaten.

  a) Knorz berechnet für die 2-Monats-Zinsperiode den relativen Zins, d.h. 1/6 des (nom.) Jahreszinses. Welchem effektiven Jahreszins entspricht dies?

  b) Welchen 2-Monats-Zins müsste Knorz anwenden, damit der Kunde effektiv 24% p.a. bezahlt? Welchen nominellen Jahreszins müsste Knorz in diesem Falle fordern?

iv) Auf einem Konto befinden sich am 31.12.01 15.000 €. Im Jahr 02 werden am Ende des 2. Quartals 2.000 € abgehoben und am Ende des 3. Quartals 5.000 € eingezahlt. Der Kontostand Ende 02 beträgt 19.084,50 € .

  a) Bestimmen Sie den angewendeten Jahreszinssatz *(Zinsperiode = Kalenderjahr, unterjährig lineare Zinsen)*.

  b) Berechnen Sie den zu diesem Jahreszinssatz konformen Quartalszinssatz.

  c) Wie hoch ist der zu b) gehörige nominelle Jahreszins?

  d) Wie hoch wäre der effektive Jahreszins, wenn der konforme Quartalszins um 0,05%-Punkte höher wäre als in b)?

Aufgabe 2.9 *(2.3.19)*:

i)   Eine Bank gewährt folgende Festgeldkonditionen:

   a)   Anlage für 30 Tage: 5,28% p.a.
   b)   Anlage für 60 Tage: 5,33% p.a.
   c)   Anlage für 90 Tage: 5,38% p.a.

   (Angegeben ist jeweils der no
   ve Zinsen berechnet. 1 Jahr = 360 Zinstage)

   Welche Geldanlage erbringt den höchsten effektiven Jahreszins?

   (Hinweis: Die jeweils zu berücksichtigende (unterjährige) Zinsperiode ist durch
   die Anlagedauer gegeben. Nach Ablauf jeder (unterj.) Zinsperiode werden die
   entstandenen Zinsen dem Kapital hinzugefügt und das (nun erhöhte) Festgeldka-
   pital zu identischen Konditionen „prolongiert", d.h. erneut angelegt usw.)

ii)   Die Sparkasse Sprockhövel verzinst 60-Tage-Festgelder derzeit mit 5,5% p.a.
     nominell. Nach jeweils 60 Tagen werden die Zinsen *(relativer 2-Monats-Zins-*
     satz!) dem Konto gutgeschrieben. wird das Festgeld „prolongiert", so ergeben
     sich stets weitere 2-Monats-Zinsperioden zum relativen 2-Monats-Zinssatz.

   a)   Huber legt 26.700,-- € auf diese Weise für 2,5 Jahre an. Endkapital?

   b)   Welchen effektiven Jahreszinssatz realisiert Huber?

   c)   Hätte Huber besser 30-Tage-Festgelder zu 5,48% p.a. nominell nehmen
        sollen?   *(1 Jahr = 360 Zinstage)*

Aufgabe 2.10 *(2.3.20)*:

Die Moser GmbH ist mit der Qualität einer Warenlieferung der Huber AG nicht einverstanden. Daher zahlt sie den Kaufpreis in Höhe von 180.000,-- € zunächst auf ein
notariell gesichertes Sperrkonto (Konditionen: 8% p.a. nominell, Zinszuschlag: nach
jedem Quartal zum relativen Zinssatz).

i)   Effektiver Jahreszins?

ii)   Man ermittle den Kontostand nach 9 Monaten.

iii) Nach zwei weiteren Monaten *(d.h. nach insgesamt 11 Monaten)* einigen sich die
     Parteien: Der sich unter ii) ergebende Kapitalbetrag wird sogleich *ohne* weiteren
     Zinszuschlag an die Huber AG ausgezahlt.

     Welchem relativen Verzugszinssatz pro Laufzeit-Monat *(insgesamt also 11 Mo-*
     nate!) entspricht dieses Resultat? *(Die Zinsperiode soll jetzt 1 Jahr betragen, d.h.*
     es ist jetzt mit unterjährig linearen Zinsen zu rechnen!)

iv)   Die kontoführende Bank hatte alternativ zu obiger Regelung die folgenden Kon-
     ditionen angeboten: Monatl. Zinszuschlag zum *(zu 8% p.a.)* konformen Zinssatz.

     Um welchen Betrag wäre die Auszahlung nach 11 Zinseszins-Monaten an die
     Moser AG höher bzw. niedriger gewesen als bei der Vereinbarung unter iii)?

Aufgabe 2.11 *(2.3.32)*:

Eine Unternehmung nimmt kurzfristig 15.000,-- € auf und zahlt diesen Betrag incl. Zinsen und Gebühren nach 15 Tagen mit 15.300,-- € zurück.

Welcher effektiven Verzinsung entspricht dies bei

i)   jährlichem Zinszuschlag
ii)   monatlichem Zinszuschlag
iii) Zinszuschlag alle 15 Tage?   *(1 Jahr = 360 Zinstage)*

Aufgabe 2.12:

Die Erdbevölkerung nimmt jährlich um einen gleichbleibenden Prozentsatz (bezogen auf den Bestand des Vorjahres) zu. Zu Beginn des Jahres 1981 lebten 4,5 Mrd. Menschen auf unserem Planeten, zu Beginn 1991 waren es 5,3 Mrd. Menschen.

i)   Ermitteln Sie die jährliche Wachstumsrate.

ii)   In welchem Jahr wird die Erdbevölkerung – konstante Wachstumsrate vorausgesetzt – erstmalig die 10 Mrd.-Grenze übersteigen?

iii) Welchen Wert müsste die jährliche Wachstumsrate ab dem Jahr 2000 annehmen, damit zu Beginn des Jahres 2010 nur noch 2 Mrd. Menschen auf der Erde leben?

Aufgabe 2.13:

Um neue Sparkunden zur langfristigen Geldanlage zu gewinnen, offeriert die Stadtsparkasse Entenhausen ihr neuentwickeltes Ultra-Plus-2001-System:

Bei einer 10-jährigen Geldanlage werden im ersten Jahr 1%, im zweiten Jahr 2% usw., im 10. Jahr 10% Zinseszinsen gewährt.

Welcher in allen 10 Jahren gleichen durchschnittlichen Verzinsung entspricht dies?

Aufgabe 2.14 *(2.3.33)*:

i)   In den Zahlungsbedingungen heißt es: *„Bei Zahlung innerhalb 12 Tagen 2% Skonto; bei Zahlung innerhalb von 20 Tagen netto Kasse".*

     Man ermittle die Effektivverzinsung dieses Lieferantenkredits für die folgenden alternativen Verzinsungsfiktionen: *(1 Jahr = 360 Zinstage)*

     Zinszuschlag   a) jährlich   b) halbjährlich
                    c) alle 2 Monate   d) nach je 8 Tagen.

ii)   Wie lauten die Effektivverzinsungen bei folgender Skontoklausel: 10 Tage 3% Skonto, 30 Tage netto?

     Zinszuschlagtermine *(1 Jahr = 360 Zinstage)*:

                    a) jährlich   b) nach jedem Quartal
                    c) monatlich   d) nach je 20 Tagen.

Aufgabe 2.15 *(2.3.40)***:**

Ein Kapital K_0 *(z.B. 100 €)* werde zum 01.01.05 *(0^{00} Uhr)* zu 8% p.a. angelegt. An welchem Tag *(= außerordentlicher Zinszuschlagtermin)* tritt Kapitalverdopplung ein, wenn

*i)   gemischte Verzinsung *(unterjährig wird also mit linearer Verzinsung gerechnet)* unterstellt wird und der *(jährlich nur einmal stattfindende)* Zinszuschlag jeweils

    a)   nur am 31.12. *(24^{00} Uhr)*   **b)**   nur am 30.06. *(24^{00} Uhr)* erfolgt?
    (In beiden Fällen soll die 30/360-Methode angewendet werden.)

ii)   unterjährig Tagesverzinsung *(Tageszinssatz relativ zu 8% p.a.)* unterstellt wird?
    (30/360-Methode)

Aufgabe 2.16 *(2.3.41)***:**

Welches Kapital muss man am 24.03.05 *(24^{00})* auf einem Konto anlegen, um am 03.11.13 *(24^{00})* über 100.000,-- € verfügen zu können?

i)   Zinszuschlag 31.12. *(24^{00})*, 30.06. *(24^{00})* zu 5% p.H.; gemischte Verzinsung.

ii)   Zinszuschlag täglich zum konformen Zins *(zu 10% p.a. effektiv)*.
    (1 Jahr = 360 Zinstage)

Aufgabe 2.17 *(2.3.55)***:**

i)   Man ermittle den äquivalenten nominellen stetigen Jahreszinssatz bei folgenden Verzinsungsmodalitäten:

    a)   jährlicher Zinszuschlag mit 8,5% p.a.
    b)   monatlicher Zinszuschlag mit 0,8% p.M.
    c)   stetiger Zinszuschlag mit nominell $i_s = 10^{-8}$% pro Sekunde.
    (1 Jahr = 365 Tage)

ii)   Man ermittle den diskreten effektiven Jahreszinssatz bei Vorliegen eines nominellen, stetigen Zinssatzes von

    a) 9% p.a.   **b)** 2,5% p.Q.   **c)** 0,00002% pro Minute *(1 Jahr = 365 Tage)*

iii)   In welchem Zeitraum nimmt eine Bevölkerung um real 10% zu, wenn man von stetigem Bevölkerungswachstum von nominell 3% p.a. ausgeht?

iv)   Welchen Wert muss die stetige jährliche Wachstumsrate einer Bevölkerung annehmen, damit eine Bevölkerungsverdoppelung alle 100 Jahre stattfindet? Wie lautet die entsprechende diskrete jährliche Wachstumsrate?

v)   Der Holzbestand eines Waldes, der zum Ende des Jahres 02 mit 150.000 m³ geschätzt wurde, betrug Ende 05 nur noch 130.000 m³. Es wird angenommen, dass es sich um einen exponentiellen Abnahmeprozess *("Waldsterben")* handelt.

Man ermittle

a)   die stetige und die diskrete jährliche Abnahmerate;

b)   den Zeitpunkt, zu dem nur noch die Hälfte des Waldes *(bezogen auf den Bestand Ende des Jahres 02)* vorhanden ist.

Aufgabe 2.18 *(2.3.56)*:

i)   Die Bevölkerung von Transsylvanien betrug zum Ende des Jahres 05 noch 65 Mio. Einwohner, Ende 08 waren es 60 Mio. Einwohner.

Unter der Annahme, dass die Bevölkerung stetig abnimmt, ermittle man den Zeitpunkt, zu dem noch genau ein Einwohner das Land Transsylvanien „bevölkert".

ii)   Die Kenntnisse eines Studenten/einer Studentin nehmen im Verlauf des Studiums stetig zu. Der bekannte Psychologe Prof. Dr. Schlaumeyer errechnete jüngst eine durchschnittliche stetige Wachstumsrate von 25% pro Studiensemester.

Unter der Annahme, dass ein Student bzw. eine Studentin zu Beginn seines bzw. ihres Studiums 10 Kenntniseinheiten (KE) besitze, errechne man seinen bzw. ihren Kenntnisstand (in KE) nach Abschluss des 24. Semesters.

Aufgabe 2.19 *(2.3.57)*:

i)   Die Bestände eines Metallwarenlagers nehmen wegen Korrosion stetig um *(nominell)* 8% p.a. ab. Nach welcher Zeit sind 40% des Bestandes vernichtet?

Wieviel Prozent des ursprünglichen Bestandes sind nach Ablauf von zwei Jahren noch brauchbar?

ii)   Am 04. Mai 06 befanden sich im Aachener Raum pro m³ Luft x radioaktive Jod 131-Atome.

An welchem Tag *(Datum !)* war die dadurch hervorgerufene Strahlungsintensität auf 1% *(bezogen auf den Wert am 04.05.06)* abgesunken, wenn die Halbwertzeit 8 Tage beträgt?

Hinweis: Der radioaktive Zerfall verläuft nach dem Gesetz der exponentiellen (stetigen) Abzinsung.

2.3   Abschreibungen

Aufgabe 2.20:

Eine Maschine (Anschaffungswert € 200.000,--) soll in 10 Jahren durch degressive Abschreibung *(vom Buchwert)* auf den Schrottwert von € 10.000,-- abgeschrieben werden.

Wie hoch ist der jährliche Abschreibungs-Prozentsatz vom Buchwert?

Aufgabe 2.21:

Urban Unsinn erwirbt eine fabrikneue Rotationsmaschine, die Anschaffungskosten betragen 850.000,-- €.

Sein Buchhalter ist der Meinung, dass die Maschine während ihrer 10- jährigen Nutzungsdauer geometrisch-degressiv abgeschrieben werden müsse. Als Restwert nach 10 Jahren werden € 25.000,-- veranschlagt.

i)   Ermitteln Sie den Abschreibungsprozentsatz!

ii)   Wie groß ist der Buchwert nach 7 Jahren?

iii) Nach welcher Zeit ist die Maschine auf die Hälfte der Anschaffungskosten abgeschrieben?

iv)   Wie lange müsste man die Maschine mit jährlich 20% abschreiben, bis sich ein Restbuchwert von € 1,-- ergibt?

Aufgabe 2.22:

Bei der digitalen Abschreibung *(arithmetisch-degressive Abschreibung)* stellen die jährlichen Abschreibungsbeträge $a_1, a_2, a_3, \ldots, a_n$ eine arithmetisch fallende Folge dar, deren Summe genau den abzuschreibenden Wert S_n ergibt. *(Die Differenz d der jährlichen Abschreibungsbeträge benachbarter Jahre bleibt somit konstant, der (n+1)-te Abschreibungsbetrag hat den Wert 0.)*

Man ermittle die jährlichen Abschreibungsbeträge bei digitaler Abschreibung, wenn für eine maschinelle Anlage folgende Daten vorliegen:

Anschaffungswert: € 300.000,--

Schrottwert nach einer Lebensdauer von 9 Jahren: € 21.000,--

Aufgabe 2.23:

Eine Maschine mit dem Anschaffungswert € 150.000,-- hat nach der betriebsgewöhnlichen Nutzungsdauer von 12 Jahren noch einen Restwert von € 10.000,--

i)   Man berechne den jährlichen Abschreibungssatz bei degressiver Abschreibung vom Buchwert. Bilanzwert nach 6 Jahren?

ii)   Wie lauten die entsprechenden Bilanzwerte bei linearer *(bzw. digitaler)* Abschreibung?

Aufgabe 2.24:

i)   Man berechne den Restwert einer Anlage (Anschaffungswert € 200.000,--), die 10 Jahre *(= betriebsgewöhnliche Nutzungsdauer)* degressiv mit 20% abgeschrieben wurde.

ii)   Nach welcher Zeit beträgt der Restwert 1,-- €?

iii)   In welchem Jahr lohnt sich der Übergang zu linearer Abschreibung?

Aufgabe 2.25:

Der Anschaffungswert einer Maschine beträgt € 300.000,-- , die betriebsgewöhnliche Nutzungsdauer der Maschine beträgt 15 Jahre.

i)   Man berechne die Höhe des degressiven Abschreibungssatzes bei einem Restwert von

        a) 50.000 €   **b)** 10.000 €   **c)** 1.000 €   **d)** 10 €

ii)   Für die Fälle a) bis d) gebe man an, wieviel Prozent des Anschaffungswertes nach 5 Jahren abgeschrieben sind.

Aufgabe 2.26:

Eine Maschine (Anschaffungswert € 180.000,--) mit einer betriebsgewöhnlichen Nutzungsdauer von 10 Jahren und einem Schrottwert von 10% des Anschaffungswertes werde

        a) digital   **b)** linear   **c)** geometrisch-degressiv

abgeschrieben. Man berechne jeweils die erste Abschreibungsrate und ermittle jeweils den Buchwert nach Ablauf von 6 Jahren.

Aufgabe 2.27:

Nach welcher Zeit hat bei Abschreibung vom Buchwert (Abschreibungssatz 10%) eine Maschine im Werte von € 200.000,-- nur noch den Schrottwert von € 10.000,--?

Aufgabe 2.28:

Eine maschinelle Anlage (Anschaffungsausgabe € 200.000,--) soll geometrisch-degressiv so abgeschrieben werden, dass nach 3 Jahren 60% der Anlage abgeschrieben sind.

i)   Man ermittle den jährlichen Abschreibungs-Prozentsatz.

ii)   Nach welcher Zeit lohnt sich *(bei insgesamt achtjähriger Nutzungsdauer)* der Übergang zu linearer Abschreibung?

Aufgabe 2.29:

In einem Warenlager werden durch Schwund, Korrosion, etc. von 560 t innerhalb eines Jahres 73 t unbrauchbar.

i)   Wie groß ist die jährliche Zerfallrate?

ii)   Nach welcher Zeit sind nur noch 80% des Ausgangsbestands brauchbar?

Aufgabe 2.30:

Der Buchungsautomat von Frau Stippel hat nach 5 Jahren noch einen Wert von € 10.000,--.

i)   Wie groß war der Kaufpreis, wenn 10% jährlich linear abgeschrieben wurden?

ii)   Wie groß war der Kaufpreis, wenn 10% p.a. degressiv abgeschrieben wurde?

Aufgabe 2.31:

Pietsch kauft für seinen Nebenerwerbsbetrieb eine Druckerpresse, Anschaffungswert € 98.000,--, Restwerterlös nach einer betriebsgewöhnlichen Nutzungsdauer von 8 Jahren € 10.000,--.

i)   Pietsch will die Anlage geometrisch-degressiv abschreiben. Ermitteln Sie den jährlichen Abschreibungsprozentsatz.

ii)   In welchem Jahr lohnt sich erstmals der Übergang zu linearer Abschreibung, wenn ein Restwerterlös von 0,-- € angenommen wird und Pietsch zunächst mit 25% p.a. geometrisch-degressiv abschreibt?

Aufgabe 2.32:

Finanzbuchhalter Kuno Knausrig ist als Abschreibungsspezialist bekannt. Den neuen Firmen-LKW (Anschaffungswert € 120.000,--, betriebsgewöhnliche Nutzungsdauer 6 Jahre, Restwerterlös Null) schreibt er mit jährlich 20% geometrisch- degressiv ab.

In welchem Jahr lohnt sich der Übergang zu linearer Abschreibung?

Aufgabe 2.33:

Die Bäckerei Knust & Co. erwirbt eine Brötchenformanlage (Anschaffungskosten € 72.000,--). Nach einer betriebsgewöhnlichen Nutzungsdauer von 12 Jahren wird ein Restwert von 10% der Anschaffungskosten veranschlagt.

i) Ermitteln Sie den jährlichen Abschreibungsprozentsatz bei geometrisch- degressiver Abschreibung sowie den Buchwert nach 7 Jahren.

ii) Man untersuche, ob es günstiger ist, im 8. Jahr weiterhin degressiv abzuschreiben oder aber den zu Beginn des 8. Jahres vorhandenen Buchwert in den restlichen Jahren der Nutzungsdauer linear auf Null abzuschreiben.

Aufgabe 2.34:

Die Bayreuther Festspiel AG muss einen neuen computergesteuerten und hydraulisch angetriebenen Schwan anschaffen, da der bisherige bei der letzten Lohengrin - Aufführung aus den Schienen ins Publikum gesprungen war und irreparable Schäden davongetragen hatte.

Die Anschaffungsausgaben für den neuen Schwan betragen 60.000,-- €.

i) Nach Ablauf von 10 Jahren könnte der Schwan zum dann vorhandenen Buchwert (er wird auf 15% des Anschaffungswertes geschätzt) an das Stadttheater Aachen verkauft werden.

   a) Welche linearen Abschreibungen (in €/Jahr) müssen dazu von der Festspiel AG in den 10 Jahren angesetzt werden?

   b) Welchen degressiven Abschreibungssatz müsste die Festspiel AG stattdessen ansetzen, um nach 10 Jahren auf den o.a. Buchwert zu kommen?

   c) Man ermittle sowohl im Fall a) als auch im Fall b) den Buchwert nach 4 Jahren.

ii) Anstelle von i) will die Festspiel AG den Schwan nunmehr bis zur vollständigen Abschreibung nutzen. Dabei wird eine Gesamt-Lebensdauer von 11 Jahren unterstellt.

Zunächst wird mit dem höchsten zulässigen degressiven Abschreibungssatz *(dreifaches des linearen Satzes, höchstens aber 30% p.a.)* abgeschrieben, später soll zur linearen Abschreibung übergegangen und der dann vorhandene Restwert in der verbleibenden Restnutzungsdauer auf Null abgeschrieben werden.

In welchem Jahr der Nutzungsdauer lohnt sich erstmals der Übergang zu linearer Abschreibung?

Aufgabe 2.35:

Der Landwirt Konstantin Freiherr von Call kauft einen Mähdrescher mit GPS-Ortungs-system und tiefergelegtem Turbo-Dieselmotor, Anschaffungswert 398.990,-- €.

Call will den Mähdrescher 17 Jahre lang nutzen. Er schreibt zunächst mit dem zuläs-sigen Höchstsatz *(dreifaches des linearen Satzes, höchstens aber 30% p.a.)* degressiv ab. In welchem Jahr lohnt sich für Call erstmals der Übergang auf lineare Abschrei-bung?

O im 5. Jahr   O im 10. Jahr   O im 17. Jahr

O im 6. Jahr   O im 11. Jahr   O von Anfang an

O im 7. Jahr   O im 12. Jahr   O nie

O im 8. Jahr   O im 14. Jahr   O alles falsch

Aufgabe 2.36:

Eine Anlage *(Anschaffungswert 1 Mio €)* kann 11 Jahre genutzt werden und wird zunächst mit dem zulässigen Höchstsatz *(dreifaches des linearen Satzes, höchstens aber 30% p.a.)* degressiv abgeschrieben.

In welchem Jahr der Nutzungsdauer lohnt sich erstmalig der Übergang zu linearer Abschreibung?

O im 4. Jahr   O im 3. Jahr   O von Anfang an

O im 8. Jahr   O im 9. Jahr   O nie

O alle vorgegebenen Antwortalternativen sind falsch

Aufgabe 2.37:

Eine Anlage mit dem Anschaffungswert 1 Mio € hat nach 8 Nutzungsjahren bei geometrisch-degressiver Abschreibung den Buchwert 167.772,16 €.

Bei welchem degressiven Abschreibungssatz wird dieser Restwert erreicht?
(nur eine Antwort ist richtig, bitte ankreuzen!)

O 16,77 % p.a.   O 10,40 % p.a.   O 10,00 % p.a.

O 12,50 % p.a.   O 20,00 % p.a.   O alles falsch

Aufgabe 2.38:

Balzer kauft eine vollelektronische global-vernetzende Fakturiermaschine mit Fehlbuchungs-Alarm-Automatik, Anschaffungswert 462.000,-- €. Nach einer Nutzungszeit von 6 Jahren kann er die Maschine zum *(dann vorhandenen)* Buchwert von 84.000,-- € weiterverkaufen.

i)   Wie lautet der jährliche Abschreibungsbetrag bei linearer Abschreibung?

    ◯   62.000 €   ◯   84.000 €   ◯   91.000 €   ◯   77.000 €

    ◯   45.500 €   ◯   63.000 €   ◯   alles falsch

ii)   Wie lautet der jährliche Abschreibungs-Prozentsatz bei *(geometrisch-)* degressiver Abschreibung?

    ◯   75,27%   ◯   7,53%   ◯   23,74%   ◯   2,47%

    ◯   32,86%   ◯   16,67%   ◯   alles falsch

2.4   Inflation und Verzinsung

Aufgabe 2.39 *(2.4.18)***:**

Alfons Huber wird in 35 Jahren *(ab heute gerechnet)* von seiner Versicherungsgesellschaft einen Betrag von 800.000 € erhalten.

Welchem Realwert – auf Basis des heutigen Preisniveaus – entspricht dieser zukünftige Betrag,

i)   wenn die Inflationsrate konstant mit 1,9% p.a. geschätzt wird?

ii)   wenn die Inflationsrate aus Vergangenheitsdaten wie folgt hochgerechnet werden soll:

        Preisindex heute: 122,5
        Preisindex vor 13 Jahren: 87,2

        Annahme: Die jährliche prozentuale Änderung des Preisindex gegenüber dem jeweiligen Vorjahr ist zukünftig identisch mit dem entsprechenden Durchschnitt der letzten 13 Jahre.

Aufgabe 2.40 *(2.4.19)*:

Ein Kapital von 100.000 € wird zu 7% p.a. angelegt, Preissteigerungsrate 4% p.a.

Über welchen Betrag verfügt der Anleger

i)   nach einem Jahr   a)   nominell
                       b)   real − bezogen auf den Anlagetermin?

ii) nach 9 Jahren   a)   nominell
                       b)   real − bezogen auf den Anlagetermin?

iii) Welche Realverzinsung *(% p.a.)* erzielt der Anleger?

Aufgabe 2.41 *(2.4.20)*:

Huber will für sein Alter vorsorgen und rechtzeitig genügend Kapital ansparen, damit er folgendes Ziel erreichen kann:

Am 31.12.09 und am 31.12.16 will er jeweils einen Betrag abheben, der einem inflationsbereinigten Realwert von je 500.000 € *(bezogen auf das Preisniveau Ende 2002)* entspricht. Es wird eine stets konstante durchschnittliche Inflationsrate von 2,3% p.a. angenommen.

Huber will Kapital ansparen und rechnet mit einem Anlagezins von 6% p.a.

i)   Wie hoch müssen seine beiden *(betragsmäßig gleichhohen)* Ansparraten *(am 01.01.2003 und am 01.01.2004)* sein, damit er genau sein Ziel erreicht?

*ii) Angenommen, er spare unter i) jeweils 350.000 € an: Wie hoch darf die *(stets konstante)* durchschnittliche Inflationsrate jetzt höchstens sein, damit er sein Ziel erreichen kann?

Aufgabe 2.42 *(2.4.21)*:

Stippel legt zum 31.12.04 den Betrag von 100.000 € für 11 Jahre an, Zinssatz 7% p.a.

Die Zinsen werden jährlich *(zum Jahresende)* ausgeschüttet und unterliegen einer Kapitalertragsteuer von 31,65% *(30% Zinsabschlag plus 5,5% Solidaritätszuschlag auf die 30%)*, die unmittelbar von den Zinsen einbehalten und an das Finanzamt überwiesen wird. Die verbleibenden Zinsen erhöhen das Kapital und werden im nächsten Jahr mitverzinst usw.

i)   Ermitteln Sie Stippels Kontostand am Ende der Kapitalanlagefrist.

ii) Wie hoch ist der inflationsbereinigte *(bezogen auf den Anlagezeitpunkt)* Realwert seines End-Kontostands, wenn die Inflationsrate in der betreffenden Zeitspanne 2,9% p.a. beträgt?

iii) Mit welcher *(effektiven)* Realverzinsung *(% p.a.)* rentiert sich seine Geldanlage
     a)   ohne Berücksichtigung von Steuern und Inflation?
     b)   mit Berücksichtigung von Steuern, aber ohne Inflation?
     c)   mit Berücksichtigung von Inflation, aber ohne Steuern?
     d)   mit Berücksichtigung von Steuern und Inflation?

Aufgabe 2.43 *(2.4.22)*:

Gegeben seien ein Kalkulationszinssatz i_{nom} sowie eine Inflationsrate i_{infl}. Als Näherungswert für die resultierende Realverzinsung i_{real} werde *(siehe Bemerkung 2.4.17 des Lehrbuches)* die Differenz zwischen Zinssatz und Inflationsrate verwendet, d.h.

$$i_{real} \approx i_{nom} - i_{infl} \quad .$$

Zeigen Sie:

Der prozentuale Fehler dieses Näherungswertes *(bezogen auf den wahren Wert – siehe Beziehung (2.4.15) des Lehrbuches – von i_{real})* stimmt stets genau mit der Inflationsrate i_{infl} überein.

3   Rentenrechnung und Äquivalenzprinzip

3.1   Standardprobleme   (Rentenperiode = Zinsperiode)

Aufgabe 3.1 *(3.4.4)*:

i)   Huber will – beginnend am 01.01.05 – jährlich einen Betrag in Höhe von €
     12.000,-- sparen *(insgesamt 10 Raten)*.

   Seine Hausbank offeriert ihm mehrere unterschiedliche Anlagealternativen *(die
   Zinsperiode betrage stets ein Jahr, die Verzinsung des angewachsenen Kapitals
   zum angegebenen Zinssatz ist auch nach Zahlung der letzten Sparrate weiterhin
   gewährleistet)*:

   a)   i = 6% p.a., zusätzlich erhält er 4% jeder Sparrate ein Jahr nach der jeweili-
        gen Ratenzahlung;

   b)   i = 7% p.a., am Tag d. letzten Rate erhält er einen Bonus in Höhe von 20%
        der letzten Rate;

   c)   Zinsen: 7,5% p.a. *(keine weiteren Gegenleistungen)*.

   Welche Anlagealternative ist für Huber am günstigsten, wenn er am 01.01.15 ein
   möglichst großes Endvermögen besitzen will?

ii)   Huber zahlt, beginnend am 01.01.09 *(=31.12.08)*, pro Jahr € 12.000,-- auf ein
      Konto, insgesamt 20 Raten. Man fasse diese Raten als

      a)   nachschüssig gezahlt
      b)   vorschüssig gezahlt

   auf und bestimme jeweils Endwert und Barwert *(10% p.a.)*.

iii)   Eine Schuld soll mit insgesamt 10 Raten in Höhe von jeweils 3.000,-- €/Jahr
       getilgt werden *(die 1. Rate soll – von heute an gerechnet – nach einem Jahr flie-
       ßen)*. Wie hoch muss bei 6% p.a. der Einmal-Betrag sein, durch den die gesamte
       Schuld auf äquivalente Weise

       a)   heute
       b)   am Tag der 3. Rate *(ohne vorherige Ratenzahlungen)* abgelöst werden kann?

iv)   Zur Tilgung einer Schuld soll ein Schuldner zu Beginn der Jahre 00, 04 und 09 je
      € 10.000,-- zahlen. Stattdessen möchte er die Schuld lieber in 12 gleichen Jahres-
      raten *(beginnend am 01.01.01)* zahlen.

   Auf welchen Betrag lauten die einzelnen Raten? *(i = 7% p.a.)*

Aufgabe 3.2 *(3.4.5)*:

i)   Ein Schuldner soll einen Kredit mit genau 10 Jahresraten zu je 20.000 € *(beginnend 01.01.07)* zurückzahlen, i = 9% p.a. Da er die hohen Jahresraten nicht aufbringen kann, willigt die Bank auf eine Jahresrate von 12.000,-- € ein, allerdings schon beginnend am 01.01.05. Wieviele Jahresraten muss der Schuldner nun zahlen?

ii) Die Bundesregierung beabsichtigt die Vergabe von zinslosen Aufbaukrediten für die Gründung von Unternehmungen zur Entwicklung moderner Technologien.

Die Kreditmodalitäten seien an einem Standardbeispiel erläutert:

Die geförderte Unternehmung erhält 5 Jahre lang *(jeweils am 01.01.)* jährlich je 100.000,-- € als Aufbaukredit. Die Rückzahlung des Aufbaukredits erfolgt in 10 gleichhohen Raten zu je 50.000,-- €/Jahr, von denen die erste Rate genau 4 Jahre nach Erhalt der letzten Kreditrate fällig ist. Nach Zahlung der letzten Rate ist der Kredit vollständig getilgt, Zinsforderungen werden nicht erhoben.

Welcher Betrag wird der geförderten Unternehmung zusätzlich als Zinsgeschenk am Tag der ersten Aufbaukreditrate gewährt, wenn ein Kreditzinssatz von 9% p.a. unterstellt wird, den der Staat *(anstelle des Kreditnehmers)* trägt?

iii) Huber und Moser vergleichen ihre finanziellen Zukunftsaussichten. Folgende Daten legen sie dabei zugrunde:

Huber ist Beamter, er hat noch 35 Berufsjahre sowie 15 Ruhestandsjahre vor sich.

Moser ist Angestellter, auch bei ihm werden noch 35 Berufsjahre plus 15 Rentnerjahre unterstellt.

Moser verdient jährlich 2.500,-- € mehr als Huber, muss aber – im Gegensatz zum Beamten Huber – jährlich 4.200,-- € Rentenversicherungsbeiträge abführen *(während der 35 Berufsjahre)*.

Die Höhe von Pensions-/Altersrente ist bei beiden gleich. Einziger Unterschied: Beamter Huber muss jährlich 7.000,-- € an Steuern abführen *(während der 15 Pensionsjahre)*, Mosers Rente bleibt steuerfrei.

Aus Vereinfachungsgründen wird unterstellt, dass alle Zahlungen jeweils am Jahresende fällig sind.

Welchen Ausgleichsbetrag müsste Beamter Huber zu Beginn des ersten Berufsjahres dem Angestellten Moser *(oder umgekehrt)* übergeben, damit beide Arbeitnehmer wertmäßig gleichgestellt sind? *(Als Kalkulationszinssatz wird 6% p.a. zugrunde gelegt.)*

Aufgabe 3.3 *(3.4.6)*:

i) Huber muss seiner Ex-Gattin 15 Jahresraten zu je 40.000€ *(beginnend 01.01.02)* zahlen *(Zinssatz: 8% p.a.)*.

a) Über welchen Betrag aus diesen Zahlungen verfügt seine Ex-Gattin ein Jahr nach der letzten Ratenzahlung, wenn sie alle Beträge verzinslich (8% p.a.) angelegt hat?

b) Mit welchem Einmalbetrag könnte Huber alle Raten am 01.01.02 auf einmal ablösen?

c) Huber will statt der vereinbarten Raten lieber drei nominell gleichhohe Beträge am 31.12.02, 01.01.06 und 31.12.20 zahlen.
Wie hoch sind diese drei Zahlungen jeweils?

d) Huber möchte anstelle der vereinbarten 15 Raten lieber 25 Raten zahlen, erste Rate am 01.01.04.
Wie groß ist die Ratenhöhe einer solchen äquivalenten 25-maligen Rente?

ii) Witwe Huber unterstützt ihren fleißigen Neffen Alois in jeder Hinsicht – insbesondere finanziert sie sein Wirtschaftsstudium an der Universität Entenhausen. Alois erhält – beginnend mit dem 1. Semester am 01.10.02 – jeweils zu Monatsbeginn einen Betrag von € 850,-- ausgezahlt.
(Witwe Huber rechnet mit monatlichen Zinseszinsen von 0,5% p.M.)

a) Witwe Huber erwartet zunächst eine Gesamtstudiendauer von 8 Semestern *(entspricht 48 Monatsraten)*.
Welche Summe müsste Witwe Huber am 01.10.02 zur Gesamtfinanzierung des Studiums bereitstellen?

b) Witwe Huber zahlt zum 01.10.02 einen Betrag in Höhe von € 50.000,-- auf ihr „Alois-Studien-Konto" *(0,5% p.M.)* ein.
Wieviele Semester könnte Alois damit studieren?

iii) Timme muss am 31.12.05 € 20.000,-- und am 31.12.09 € 50.000,-- an seinen Gläubiger zahlen *(10% p.a.)*. Er erwägt, seine Schuld äquivalent umzuwandeln:

a) Umwandlung in 10-malige Rente, beginnend 01.01.04. Ratenhöhe?

b) Umwandlung in Rente mit R = 5.000,-- €/Jahr, beginnend 01.01.07. Anzahl der Raten? *(dasselbe mit 6.000,-- €/ Jahr !)*.

c) Umwandlung in zwei nominell gleichhohe Beträge zu den ursprünglich vereinbarten Terminen. Höhe dieser Beträge?

d) Umwandlung in eine Rente zu 7.000,-- €/ Jahr, beginnend 01.01.03.
Nachdem 4 Zahlungen geleistet wurden, soll die Restschuld in einem Betrag am 01.01.13 gezahlt werden.
Restschuldbetrag zu diesem Termin?

Aufgabe 3.4 *(3.4.7)*:

i)   Die Reibach oHG verkauft eines ihrer Betriebsgrundstücke. Folgende Angebote
      gehen ein:

      a)   400.000 € sofort, Rest in 10 nachschüssigen Jahresraten zu je 160.000 €.
      b)   1,8 Mio € nach einem Jahr.
      c)   100.000 € sofort, danach alle 2 Jahre 200.000 € (14 mal), danach – begin-
            nend 2 Jahre nach der letzten Rate – jährlich 100.000 € (29 mal).

      Welches Angebot ist für die Verkäuferin bei 6,5% p.a. am günstigsten?

ii)   Für die bahnbrechende Entwicklung eines elektronisch gesteuerten hydrauli-
      schen Drehmomentwandlers mit pneumatisch schließenden Ventilen soll der
      Mechatronik-Ingenieur Robert Riecher in den nächsten 20 Jahren jeweils am
      31.12. € 50.000,-- *(beginnend im Jahr 08)* erhalten. R.R. möchte dagegen lieber
      zwei gleichhohe Zahlungen am 01.01.10 und 01.01.15 erhalten. *(i = 6,5% p.a.)*

      Welche Zahlungen kann er zu diesen Terminen erwarten?

iii) Tante Amanda will ihr Vermögen schon zu Lebzeiten an ihren Neffen Amadeus
      verschenken und verspricht, ihm jeweils zum 01.01.12, 01.01.14 und 01.01.18 €
      100.000,-- zu übertragen.

      Amadeus liebt keine sprunghaften Verhältnisse und möchte daher stattdessen lie-
      ber eine 30- malige Jahresrente, Zahlungsbeginn 31.12.10, haben. Tante Aman-
      da willigt ein.

      Welche Jahresraten wird Amadeus erhalten? *(i = 5% p.a.)*

iv)   Sieglinde Sauerbier zahlt *(beginnend am 01.01.10)* 22 Jahresraten zu je 18.000 €
      zu i = 7,5% p.a. ein, um anschließend eine Rente von 25 Jahresraten *(die 1. Rate
      soll genau 3 Jahre nach der letzten 18.000-€-Rate fließen)* beziehen zu können
      (bei unverändertem Zinssatz).

      Berechnen Sie die Ratenhöhe von Sieglindes Rente.

v)   Der bekannte Schönheitschirurg Prof. Dr. Hackeberg liftete einige Körperpartien
      des Hollywood-Filmstars Anita Rundthal infolge eines bedauerlichen Versehens
      in die falsche Richtung. Der fällige Schadensersatzprozess endete mit einer
      Schadensersatzverpflichtung für Hackeberg in Höhe von 1 Mio. €, zahlbar am
      01.01.05.

      a)   Hackeberg will lieber 20 feste Jahresraten zahlen, erste Rate am 01.01.08.
            Welche Ratenhöhe ergibt sich bei i = 6% p.a.?

      b)   Wieviele Raten muss er zahlen, wenn er bereit ist, stattdessen – beginnend
            31.12.06 – jährlich 100.000,-- € zu zahlen? *(i = 6% p.a.)*

vi) Frau Huber muss ihrem Ex-Gatten 16-mal 20.000,-- €/ Jahr zahlen, erste Zahlung heute.

   a) Mit welchem einmaligen Betrag könnte sie diese Verpflichtung bei 8% p.a. heute ablösen?

   b) Kurz bevor sie die 6. Rate zahlen will, gewinnt sie im Aachener Spielcasino eine größere Summe und möchte nun am Tag der 6. Ratenzahlung ihre Restschuld auf einmal abtragen.

   Welcher Betrag ist dazu erforderlich? *(8% p.a.)*

vii) Welche gleichbleibende jährliche Sparrate muss jemand 20-mal einzahlen *(Kalkulationszinssatz: 6% p.a.)*, um – beginnend mit der 1. Rate 3 Jahre nach der letzten Einzahlung – 25 Raten in Höhe von jeweils € 30.000,-- abheben zu können?

Aufgabe 3.5 *(3.4.8)*:

i) Immobilienmakler Stephan bietet heute ein Mietshaus zum Kauf für 1.200.000,-- € an. Die jährlichen Mieteinnahmen betragen 150.000,-- €, für Instandhaltung, Steuern etc. können pauschal 30.000,-- €/Jahr angesetzt werden. Nach 20 Nutzungsjahren besitzt das Haus einen Wiederverkaufswert von 75% des heutigen Kaufpreises.

Lohnt sich dieses Mietobjekt als Kapitalanlage, wenn sich alternative Investitionen mit 9,5% p.a. verzinsen? *(Alle regelmäßigen – im Zeitablauf unveränderten – jährlichen Zahlungen werden als „nachschüssig" aufgefasst. Beginn des Zinsjahres: „heute".)*

ii) Hubers Erbtante Amalie zeigt sich großzügig: Am 31.12.00/ 31.12.02/ 31.12.07 soll er jeweils 30.000,-- € als Geschenk erhalten.

   a) Huber hätte lieber eine 15-malige Jahresrente, beginnend am 01.01.00. Welche Beträge kann er erwarten? *(8% p.a.)*

   b) Die Tante geht zunächst nicht auf Hubers Vorschlag (vgl. i)) ein. Nachdem sie bereits die erste Schenkungszahlung gemacht hat, willigt sie ein, die beiden Restschenkungen in eine 12- malige Rente – beginnend 01.01.02 – umzuwandeln. Wie lautet die Ratenhöhe? *(8% p.a.)*

iii) Briefmarkensammler Huber ersteigert auf einer Auktion die „Blaue Mauritius" für 650.000€ plus 15% Auktionsgebühr. Er versichert die Marke zu einer Jahresprämie von 10.000 €/Jahr *(die Prämie für das erste Versicherungsjahr ist fällig am Tage des Erwerbs der Marke)*. Nach genau 8 Jahren veräußert er die Marke an den Dorfapotheker Dr. Xaver Obermoser, der dafür insgesamt 1,2 Mio. € zu zahlen bereit ist. Davon soll Huber die erste Hälfte am Tage des Erwerbs, die restlichen 0,6 Mio. € zwei Jahre später erhalten.

a)   Man untersuche, ob Huber mit diesem Geschäft gut beraten war, wenn er sein Geld alternativ zu 5% p.a. hätte anlegen können.

b)   Man stelle die Bedingungsgleichung auf, die Huber lösen müsste, um die effektive Verzinsung seiner Vermögensanlage zu erhalten.

iv)   Witwe Huber verkauft ihr Haus, um ins Altenheim zu ziehen. Der Käufer zahlt vereinbarungsgemäß – beginnend 01.01.06 – jährlich 24.000,-- € für 25 Jahre. Im Februar des Jahres 10 kommen ihr Bedenken. Sie möchte keine weiteren Ratenzahlungen mehr, sondern den äquivalenten Gegenwert aller jetzt noch ausstehenden Zahlungen lieber auf einmal am 01.01.13 erhalten. Der Käufer willigt ein.

Welchen Betrag kann Witwe Huber zum 01.01.13 erwarten *(7% p.a.)*?

v)   Rocco Huber investiert in eine Spielhalle zunächst 10.000,-- €, nach einem Jahr nochmals 20.000,-- €. Am Ende des vierten Jahres wird wegen wiederholter Überschreitung der Sperrstunde eine Ordnungsstrafe von 5.000,-- € fällig.

Aus dem Betrieb der Spielhalle resultieren folgende Einzahlungsüberschüsse:

Ende Jahr 1:   2.000€,
Ende Jahr 2:   4.000€,
danach jährlich *(am Jahresende)* 5.000€ *(8 mal)*.

Am Ende des 10. Jahres seit der Erstinvestition verkauft Huber seinen Anteil für 8.000€.

War die Investition für Huber lohnend, wenn er sein Kapital zu 6% p.a. hätte anlegen können?

Aufgabe 3.6 *(3.4.9)*:

i)   Huber will am 01.01.30 einen Kontostand von 1 Mio. € realisieren. Jährlich spart er – beginnend mit dem 01.01.01 – 33.021,-- € auf einem mit 10% p.a. verzinsten Konto. Wieviele Raten muss er ansparen, um zum 01.01.30 sein Ziel zu erreichen?

ii)   Huber kann zur Zeit über 60.000,-- € verfügen. Er könnte 50.000,-- € *(nicht mehr und nicht weniger)* für genau 5 Jahre mit einer Rendite von 10% p.a. anlegen. Außerdem will er *(„heute")* ein Auto *(Kaufpreis 40.000,-- €)* kaufen. Kalkulationszins: 6% p.a.

Der Autohändler bietet drei mögliche Zahlungsweisen an:
A: Barzahlung von 40.000 €;
B: Anzahlung 10.000 €, dann – *beginnend nach einem Jahr* – 4 Jahresraten zu je 9.000 €;
C: Anzahlung 10.000 €, nach vier Jahren 38.000 €.

a) Welche Zahlungsweise wird Huber ohne Berücksichtigung seiner Geldanlagemöglichkeit bevorzugen?

*b) Ist unter Berücksichtigung der Geldanlagemöglichkeit Zahlungsweise A oder Zahlungsweise C für Huber günstiger? Dazu ermittle man für jede Zahlungsweise *(A und C)* die Höhe von Hubers Endvermögen nach 5 Jahren und vergleiche. Dieser Vergleich soll für die beiden folgenden unterschiedlichen Annahmen b1) und b2) getrennt erfolgen:

b1) Es wird unterstellt, dass eine Geldaufnahme zum Kalkulationszinsfuß für Huber erstmalig nach 4 Jahren möglich ist.

b2) Es wird unterstellt, dass Huber von Anfang an beliebige Beträge zum Kalkulationszinsfuß aufnehmen kann.

iii) Frings will zum 01.01.20 einen Betrag von 500.000 € auf seinem *(zunächst leeren)* Konto *(10% p.a.)* haben, um sich dann eine Segelyacht kaufen zu können.

Dazu zahlt er – beginnend 01.01.05 – jährlich 22.350,-- € auf dieses Konto ein.

a) Wieviele Raten muss er einzahlen, um sein Ziel zu erreichen?

b) Abweichend von a) will er nur 10 Raten zu je 16.000,-- €/Jahr *(wiederum ab 01.01.05)* einzahlen und dafür – beginnend ab 01.01.20 – eine 20-malige Rente in Höhe von 24.000,-- €/Jahr erhalten.

Bei welcher Verzinsung seines Kontos ist dies möglich? *(nur Äquivalenzgleichung angeben, keine Lösung !)*

iv) Der in fossiler Form vorhandene Welt-Energievorrat betrug zu Beginn des Jahres 05 noch 7200 Energie-Einheiten (EE).

Der Weltjahresverbrauch an fossiler Energie betrug 12 EE im Jahr 05 und vergrößert sich nach Expertenschätzung jährlich um 4% gegenüber dem Vorjahreswert.

a) Unter der Annahme, dass die o.a. Daten im Zeitablauf unverändert gültig bleiben, ermittle man den Zeitpunkt *(Jahreszahl)*, in dem die fossilen Energiereserven der Erde erschöpft sein werden.

b) Welchen Wert müsste die durchschnittliche jährliche Zunahme des Energieverbrauchs annehmen, damit der Vorrat noch 150 Jahre *(bezogen auf den 01.01.05)* ausreicht?

v) Aus einer Investition fließen dem Investor jährlich 36.000€ zu, erstmalig zum 01.01.2009, insgesamt 30 Rückflussraten.

a) Man ermittle *(bei exponentieller Verzinsung zu 10% p.a.)* das Zeitzentrum sämtlicher Raten *(Datum!)* und gebe eine ökonomische Interpretation.

b) Man ermittle das Zeitzentrum *(Datum!)*, wenn die Rückflussraten 120.000 €/Jahr betragen bei einer Verzinsung von 8,78% p.a. *(exp. Verzinsung)* und vergleiche den erhaltenen Wert mit dem entsprechenden Zeitzentrum bei durchgehend linearer Verzinsung zu 8,78% p.a.

Aufgabe 3.7:

Finanzbuchhalter Kuno Knausrig kann sich nach einem Lotto-Fünfer mit Zusatzzahl endlich den heißerträumten Maserati 928 Turbo zulegen. Als vorsichtiger Zeitgenosse erkundigt er sich bei einigen Autohändlern nach den Zahlungsmodalitäten. Folgende Angebote holt er ein:

Autohaus Bruch:	Anzahlung € 5.000,--, Rest in 10 Jahresraten zu je € 8.000,--, 1. Rate nach einem Jahr.
Autohaus Rost:	Keine Anzahlung, nach einem Jahr € 20.000,--, nach weiteren 12 Monaten € 50.000,--.
Kaefer & Rossteuscher:	Anzahlung € 10.000,--, danach alle 3 Jahre € 13.500,-- (10 mal).

Welches Angebot ist für Kuno am günstigsten? (i = 7% p.a.)

Aufgabe 3.8 *(3.5.4)***:**

i) Man berechne den Wert der folgenden Zahlungsreihe am Tag der ersten Zahlung sowie 4 Jahre nach der letzten Zahlung:

12 Raten zu je 6.000€/Jahr, beginnend 01.01.00; anschließend 10 Raten zu 8.000€/Jahr, beginnend 31.12.15.

Verzinsung: bis 31.12.11: 7% p.a.;
                     danach bis 31.12.26: 6% p.a.;
                     danach: 7% p.a.

ii) Man ermittle den äquivalenten Gesamtwert der folgenden Zahlungsreihe

a)   2 Jahre vor der ersten Zahlung und
b)   am Tag der letzten Zahlung:

4 Freijahre *(d.h. ohne Zahlungen, Zinssatz 5% p.a.)*, beginnend im Folgejahr: 6 vorschüssige Raten zu je 8.000,-- €/Jahr (6%), anschließend 3 Freijahre (7%), beginnend im Folgejahr: eine vorschüssige Zahlung zu 12.000,-- € (8%), beginnend im Folgejahr: 5 nachschüssige Zahlungen zu je 9.000,-- €/Jahr (6%).

iii) Huber zahlte – beginnend 01.01.10 – 8 Jahresraten zu je 10.000,-- €/Jahr auf ein Konto ein. Beginnend 01.01.20 zahlte er weitere 5 Raten zu je 12.000,-- €/Jahr ein und – beginnend 01.01.26 – weitere 3 Raten zu je 15.000,-- €/Jahr.

Der Zinssatz beträgt 3% p.a. bis 31.12.14, danach 7% p.a. bis zum 31.12.19, danach 9% p.a. bis 31.12.26, danach 10% p.a.

a)   Man ermittle den Gesamtwert aller Zahlungen 2 Jahre nach der letzten Zahlung.

b)   Welchen Einmalbetrag hätte Huber am Tag der ersten Zahlung leisten müssen, um damit sämtliche Zahlungen äquivalent ersetzen zu können?

iv)   Die Huber AG will am 01.01.06 von der Moser KG ein Aktienpaket erwerben. Der Wert dieses Aktienpakets wird von einem Sachverständigen mit 800.000 € zum 01.01.06 beziffert.

Die Huber AG bezweifelt, dass der Wert des Aktienpaketes tatsächlich 800.000 € beträgt. Vielmehr bietet sie der Moser GmbH als Gegenleistung für die Überlassung des Aktienpaketes folgende Zahlungen an:

7 Raten zu je 70.000 €/Jahr, beginnend 01.01.06, sowie danach
8 Raten zu je 90.000 €/Jahr, beginnend 01.01.16.

Dabei wird unterstellt, dass bis zum Jahresende 09 ein Kalkulationszinssatz von 10% p.a. und danach von 14% p.a. gilt.

Wie hoch schätzt die Huber AG den Wert des Aktienpaketes am 01.01.06 ein?

v)   Witwe Bolte will ihr Häuschen verkaufen. Drei Interessenten melden sich und geben jeweils ein Zahlungsangebot ab:

Angebot I: Anzahlung 60.000€, nach drei Jahren 1. Zahlung einer 20-maligen Rente von zunächst 20.000€/Jahr *(12 mal)*, anschließend 16.000 €/Jahr *(8 mal)*.

Angebot II: Nach einem Jahr 80.000€, nach weiteren zwei Jahren 100.000€, nach weiteren drei Jahren 100.000€.

Angebot III: Anzahlung 50.000€, nach 2 Jahren erste Zahlung einer Leibrente in Höhe von 15.000€/Jahr.
(Witwe Bolte ist genau 24 Jahre alt und hat nach Auskunft des statistischen Landesamtes noch eine Restlebenserwartung von 51,5 Jahren. In die Berechnung gehen nur volle Raten ein, die sie – statistisch gesehen – noch erwarten kann.) Welches Angebot ist für Frau Bolte am günstigsten? *(8% p.a.)*

Aufgabe 3.9:

Ein Investitionsvorhaben *(Kauf einer Maschine)* erfordere heute einen Betrag in Höhe von € 100.000,--. Die jährlichen Einnahmeüberschüsse *(jeweils zum Jahresende)* für dieses Projekt in den folgenden 5 Jahren werden wie folgt geschätzt:

1. Jahr: 10.000 € ;   2. Jahr: 20.000 € ;   3. Jahr: 30.000 € ;
4. Jahr: 30.000 € ;   5. Jahr: 15.000 € .

Am Ende des 5. Jahres kann die Maschine zu 20% des Anschaffungswertes veräußert werden.

i)   Soll die Maschine gekauft werden, wenn alternative Investitionen eine Verzinsung von 8% p.a. garantieren?

ii)   Die Nutzung der Maschine auf Mietbasis erfordert jährliche Mietkosten von 20.000 €. Soll die Maschine gekauft oder gemietet werden bei

a) i = 8% p.a.   b) i = 6% p.a.   c) i = 4% p.a. ?

Aufgabe 3.10 *(3.6.10)***:**

i)   Welche ewige Rente kann man ab 01.01.10 ausschütten, wenn das dafür zur Verfügung stehende Kapital am 01.01.06 einen Wert von 2,5 Mio. € hat? *(10% p.a.)*

ii) Wie groß ist am 01.01.05 der äquivalente Wert einer am 01.01.12 einsetzenden ewigen Rente von 700.000,-- €/Jahr (8% p.a.)?

iii) a)   Welche einmalige Zahlung muss man zu Beginn des Jahres 06 leisten, um anschließend – *beginnend 31.12.06* – bis zum Ende des Jahres 26 eine jährliche Rente von € 24.000,-- beziehen zu können? (5,5% p.a.)

    b)   Wie hoch ist das Restguthaben aller noch ausstehenden Raten zu Beginn des Jahres 17?

    c)   Welche ewige Rente – erste Rate Ende 06 – könnte aus dem Anfangskapital bei i = 8% p.a. bezogen werden?

Aufgabe 3.11 *(3.6.11)***:**

i)   Huber muss für den Kauf von Firmenanteilen folgende Abfindungen zahlen:

    100.000,-- € am 01.01.07, 350.000,-- € am 01.01.10 sowie anschließend eine 6- malige Rente von 20.000,-- €/Jahr, erste Rate am 01.01.13.

    Er möchte seine Verpflichtungen gerne äquivalent umwandeln und erwägt folgende Variante:

    Anstelle der o.a. Abfindungszahlungen möchte Huber am 01.01.09 einen Betrag von 200.000,-- € und am 01.01.11 einen Betrag von 100.000,-- € geben und danach eine jährlich zahlbare ewige Rente *(1. Rate am 01.01.15)*.

    Wie hoch müsste die Rate dieser ewigen Rente sein? *(8% p.a.)*

ii) Huber soll vertragsgemäß von seiner Versicherung folgende Leistungen erhalten:

    100.000,-- € am 01.01.00; 200.000,-- € am 01.01.05 sowie eine 10-malige Rente in Höhe von 50.000,-- €/Jahr, erste Rate am 01.01.09.

    Es wird stets mit einem Zinssatz von 7% p.a. gerechnet.

    Nachdem er den ersten Betrag *(100.000 € am 01.01.00)* erhalten hat, beschließt er, die noch ausstehenden Zahlungen in eine ewige Rente umwandeln zu lassen, erste Rate am 01.01.10.

    Wie hoch ist die Rate dieser ewigen Rente?

iii) Am 01.01.05/01.01.06/01.01.09 muss Huber seinen Geschäftspartner Moser jeweils 150.000 € zahlen. Er will stattdessen *(auf äquivalente Weise)* eine Rente zahlen. *(10% p.a.)*

    a)   Die Ratenhöhe sei 30.000 €/Jahr, erste Rate am 01.01.07.
        Wieviele Raten sind zu zahlen?

    b)   Welche ewige Rente, beginnend am 01.01.11, wäre zu zahlen?

iv)   Huber erhält von seinem Geschäftspartner Moser – beginnend 01.01.09 – zu Beginn eines jeden Quartals je 8.000,-- €, letzte Rate am 01.01.15.

   a)   Huber will stattdessen lieber Quartalsraten zu je 16.000,-- €, beginnend 01.01.13. Wieviele Raten kann er erwarten?

   b)   Huber – von seinen zukünftigen Erben liebevoll überredet – ist schließlich der Meinung, dass eine ewige Rente das Beste sei: Wie hoch ist die Quartals-Rate – beginnend 01.01.10 – dieser äquivalenten ewigen Rente? *(Es wird mit vierteljährlichen Zinseszinsen von 2% p.Q. gerechnet!)*

Aufgabe 3.12 *(3.6.12)*:

i)   Hubers Unternehmung erwirtschaftet „auf ewige Zeiten" einen Gewinn von 50 Mio. €/Jahr, erstmalig zum Ende des Jahres 08.

   Zunächst kassiert Allein-Eigentümer Huber die ersten drei Jahresgewinne (zum 31.12.08/09/10). Im Verlauf des Jahres 11 verkauft er seine Unternehmung an Moser.

   Der Käufer Moser ist ab 01.07.11 alleiniger Eigentümer der Unternehmung *(erst von diesem Zeitpunkt an erhält er die sämtlichen noch ausstehenden Gewinne)* und zahlt am 31.12.11 eine erste Kaufpreisrate in Höhe von 150 Mio. €.

   Den Restkaufpreis, der sich nach dem finanzmathematischen Äquivalenzprinzip ergibt, bezahlt er am 31.12.14. *(Kalkulationszinssatz: 8% p.a.)*

   Welchen Betrag muss er zu diesem Zeitpunkt entrichten?

*ii)   Huber verfügt zum 01.01.08 über einen Betrag von 1.000.000,-- €, die er in Form einer Stiftung (= ewige Rente) jährlich an begabte Nachwuchsfinanzmathematiker ausschütten will. Die erste Rate soll am 01.01.11 ausgezahlt werden.

   Bis zum 31.12.13 beträgt der Zinssatz 6% p.a., danach stets 10% p.a.

   Wie hoch ist die jährliche Ausschüttung, wenn – unabhängig von der Zinshöhe – stets die gleiche Summe pro Jahr ausgeschüttet werden soll?

iii)   Die Komponistenwitwe Clara Huber verkauft zum 01.01.01 ihren historischen Flügel, auf dem schon der berühmte Robert Huber gespielt hat, an das Aachener Couven-Museum. Als Gegenleistung erwartet sie 2 Beträge zu je 15.000,-- € am 01.01.02 und 01.01.04 sowie eine ewige Rente in Höhe von 3.600,-- €/Jahr – beginnend 01.01.06.

   a)   Wieviel war der Flügel am 01.01.01 – *aus Sicht der Clara H.* – wert? *(i = 12% p.a.)*

   b)   Das Museum schätzt den Wert des Flügels zum 01.01.01 auf 50.000,-- €. Welchem Effektivzinssatz entsprechen nunmehr die eingangs angegebenen Gegenleistungen an Clara H.?

iv) Huber überlegt, ob er seine Heizungsanlage modernisieren soll. Er müsste dann zum 01.01.03 einen Betrag in Höhe von 15.000,-- € und zum 01.01.04 in Höhe von 20.000,-- € zahlen. Anderenseits spart er durch eine moderne Heizungsanlage erheblich an Heizkosten.

   a) Huber schätzt, dass er pro Jahr *(erstmals zum 01.01.04)* 2.500,-- € an Heizkosten spart. Wie lange muss die neue Heizungsanlage mindestens genutzt werden, damit sich die Modernisierung für Huber lohnt? *(i = 8% p.a.)*

   b) Angenommen, Huber könnte die neue Heizungsanlage auf „ewig" nutzen: Wie hoch müssen dann die jährlich eingesparten Energieausgaben *(erstmals zum 01.01.04)* dann mindestens sein?
   (Es wird ein Kalkulationszinssatz von 8% p.a. angesetzt.)

Aufgabe 3.13 *(3.7.14)*:

i) Bestmann setzt sich am 01.01.06 mit 250.000 €, zu 8% p.a. angelegt, zur Ruhe.

   a) Welche gleichbleibende nachschüssige Rate kann er ab 08 jährlich davon 16 Jahre lang abheben, so dass dann das Kapital aufgebraucht ist?

   b) Welchen Betrag hat er am 01.01.12 noch auf seinem Konto, wenn er ab 06 jährlich vorschüssig 30.000,-- € abgehoben hat?

ii) Zimmermann zahlt – beginnend 01.01.05 – 7 Jahresraten zu je 12.000,-- € auf ein Konto ein. Beginnend 01.01.15 zahlt er weitere 6 Raten zu je 18.000,-- € und – beginnend 01.01.22 – weitere 6 Raten zu je 24.000,-- €/Jahr ein.

   Der Zinssatz beträgt 7% p.a. bis zum 31.12.08, danach 9% p.a. bis zum 31.12.16, danach bis zum 31.12.24 10% p.a., danach 5% p.a.

   a) Man ermittle den Kontostand am 01.01.29.

   b) Man ermittle den Kontostand am 01.01.12.

   c) Durch welchen Einmalbetrag am 01.01.05 könnte man sämtliche Raten äquivalent ersetzen?

iii) Tennisprofi Boris Huber hat in den letzten Jahren – beginnend 01.01.05 – aus seinen Werbeeinnahmen jährlich 1.000.000 € auf sein Konto bei der Bank of Bahamas ein – gezahlt, letzte Rate 01.01.08. Die Verzinsung erfolgt mit 10% p.a.

   Mangels durchschlagender sportlicher Erfolge tritt er mit Wirkung vom 01.01.09 in den Ruhestand und will nun die Früchte seiner Anstrengungen genießen.

   a) Wieviele Jahresraten zu je 600.000,-- €/Jahr kann er – beginnend 31.12.09 – abheben, bis sein Konto erschöpft ist?

   b) Welchen Jahresbetrag – beginnend 31.12.09 – darf er höchstens abheben, damit er insgesamt 60 Jahresraten von seinem Konto abheben kann?

   c) Die Bank of Bahamas bietet ihm eine äquivalente „ewige" Rente, beginnend 01.01.10. Wie hoch ist die Jahresrate dieser ewigen Rente?

iv)   Gegeben sei eine vorschüssige Rente zu je 50.000,-- €/Jahr in den Jahren 00 – 08
      $i = 8\%$ p.a.

   a)   Man ermittle den Endwert und den Barwert dieser Rente.
   b)   Welche jährlich nachschüssige Rente könnte in den Jahren 10 – 20 daraus
        bezogen werden?

v)   Wie hoch muss der Kontostand am 01.01.09 sein, damit – ab 1. Quartal 10 – ge-
      nau 17 nachschüssige Raten zu je 12.000 €/Quartal abgehoben werden können?
      (2% p.Q.)

vi)   Pietsch hat 1 Mio. € zum 01.01.05 auf einem Konto (7%) angelegt. Davon will
      er jährlich nachschüssig – beginnend 08 – 90.000,-- €/Jahr abheben.

   a)   Er beabsichtigt, das Verfahren zunächst 20 Jahre lang durchzuführen. Wel-
        chen Betrag weist sein Konto am 01.01.14 auf?
   b)   Wieviele Raten kann er abheben, bis sein Konto leer ist?
   c)   Man beantworte Frage b), wenn er stets 80.000,-- €/Jahr abhebt.

vii) Am 01.01.01 beträgt Hubers Kontostand € 8.791,-- ($i = 8\%$ p.a.).

      Welchen stets gleichen Betrag muss er – beginnend am 01.01.01 – jährlich hinzu-
      zahlen

   a)   damit er am Tag der 12. Rate über ein Guthaben von € 50.000,-- verfügt?
   b)   damit er *(bei insgesamt 15 Sparraten)* von seinem Konto am 01.01.17,
        01.01. 22 und 01.01.25 jeweils € 30.000,-- abheben kann und sein Restgut-
        haben dann noch (d.h. am 01.01.25) € 10.000,-- beträgt?
   c)   damit er – bei insgesamt 10 Sparraten – beginnend mit dem 01.01.15 eine
        ewige Rente in Höhe von 24.000,-- €/Jahr beziehen kann?

Aufgabe 3.14 *(3.7.15):*

Huber spart für die Zeit nach seiner Pensionierung. Jährlich zum 31.12. überweist er
8.000,-- € auf sein Anlagekonto, erstmalig am 31.12.08, letzte Sparrate am 31.12.19.

Am 01.09.20 wird er pensioniert. Er will dann die Früchte seiner Sparanstrengungen
genießen und – beginnend am 01.01.21 – jährlich 12.000,-- € abheben (6,5% p.a.).

i)   Über welchen Kontostand verfügt er am 01.01.28?

ii)   Wieviele Raten kann er abheben, bis sein Konto erschöpft ist?

iii) Welchen Jahresbetrag *(anstelle von € 12.000,--)* könnte er insgesamt 25-mal
      abheben, so dass dann das Konto leer ist?

iv)   Welche jährlichen Ansparraten *(anstelle von 8.000,-- €)* hätte er zuvor leisten
      müssen, um genau 16 Jahresraten zu je 12.000,-- €/Jahr abheben zu können?

Aufgabe 3.15 *(3.7.16)*:

Huber hat sich im Rahmen eines Sparplans verpflichtet, auf ein Konto der Moser-Bank *(das vierteljährlich mit 1,5% p.Q. abgerechnet wird)* beginnend zum 01.01.00 vierteljährliche Raten zu je 5.000,-- €/Quartal einzuzahlen, letzte Rate am 01.01.03.

i) Wie hoch ist der äquivalente Gesamtwert von Hubers Zahlungen am 01.01.00?

ii) Man ermittle Hubers Kontostand zum 01.01.00.

iii) Man beantworte Frage i), wenn der Zinssatz zunächst 1,5% p.Q. beträgt und mit Wirkungen vom 01.10.01 auf 2% p.Q. steigt.

iv) Huber vereinbart mit der Moser-Kredit-Bank, alle ursprünglich vereinbarten Raten in äquivalenter Weise durch eine 10-malige Rente *(Quartalsraten, erste Rate am 01.07.01)* zu ersetzen. Ratenhöhe? *(1,5% p.Q.)*

v) Alles wie iv) mit folgendem Unterschied: Ratenhöhe der Ersatzrate ist vereinbart mit 6.000,-- €/Quartal. Wie viele dieser Raten sind zu zahlen?

vi) Welche „ewige" Quartalsrente – 1. Rate am 01.01.04 – ist äquivalent zu Hubers ursprünglicher Rente? *(1,5% p.Q.)*

*vii) Huber will *(wie bei vi))* sämtliche ursprünglich vereinbarten Raten äquivalent ersetzen durch eine ewige Vierteljahres-Rente, erste Quartalsrate am 01.01.04. Unterschied: Der Zinssatz betrage zunächst wieder 1,5% p.Q. und steige mit Wirkung vom 01.07.04 auf 2% p.Q.

Wie hoch muss die Rate R dieser äquivalenten ewigen Rente gewählt werden *(dabei soll sich die Ratenhöhe R **nicht** zwischenzeitlich ändern!)*

3.2   Rentenrechnung bei Auseinanderfallen von Renten- und Zinsperiode

Aufgabe 3.16 *(3.8.26)*:

i) Ein Sparer zahlt am Ende eines jeden Vierteljahres, beginnend im Jahr 07, 1.200,-- € auf sein Sparkonto (i = 4,5% p.a.). *(Der Zinszuschlag erfolgt am Jahresende, innerhalb des Jahres werden lineare Zinsen berechnet.)*

Man ermittle den Wert des Guthabens nach Ablauf von 20 Jahren.

ii) Siedenbiedel zahlt am Ende eines jeden ungeraden Monats (d.h. Ende Januar, März, Mai, Juli, September, November, Januar usw.) – beginnend im Jahr 06 – jeweils 2.000,-- € auf sein Sparkonto (i = 4,5% p.a.) ein. *(Der Zinszuschlag erfolgt am Jahresende, innerhalb des Jahres werden lineare Zinsen berechnet.)*

Wie groß ist Siedenbiedels Guthaben am 01.01.28?

iii) Börgerding verkauft auf dringendes Anraten seiner Ehefrau sein Wohnmobil. Drei Kaufpreisangebote gehen ein:

Moser: Anzahlung 6.000,-- €, nach 3 Jahren erste Zahlung einer insgesamt 20- maligen Rente, die sich zusammensetzt aus zunächst 12 Raten zu je 2.000,- €/Jahr und anschließend 8 Raten zu je 1.600,-- €/Jahr.

Obermoser: nach einem Jahr 8.000,-- €, nach weiteren 2 Jahren 10.000,-- €, nach weiteren 3 Jahren € 10.000,--.

Untermoser: Anzahlung 5.000,-- €, nach 3 Jahren erste Rate einer insgesamt 16 Raten umfassenden Rente von je 3.500,-- €/2 Jahre. *(Der zeitliche Abstand zwischen zwei Ratenzahlungen beträgt also 2 Jahre.)*

Es erfolgt jährlicher Zinszuschlag zu 8% p.a.
Welches Angebot ist für Börgerding am günstigsten?

iv) Zimmermann zahlt ein Jahr lang monatlich 50,-- € auf sein Sparkonto *(6,5% p.a.)*. Über welchen Betrag verfügt er am Jahresende, wenn die Zahlungen

a) jeweils am ersten Tag eines Monats *(d.h. „vorschüssig")*
b) jeweils am letzten Tage eines Monats *(d.h. „nachschüssig")*

erfolgten und innerhalb des Jahres *kein* Zinszuschlag erfolgte? *(Innerhalb des Jahres muss also mit linearen Zinsen gerechnet werden!)*

c) Über welche Beträge kann Zimmermann nach Ablauf von insgesamt 5 Jahren verfügen, wenn er das Verfahren nach a) bzw. b) auch in den folgenden vier Jahren weiterführt? *(Dabei erfolgt der Zinszuschlag jeweils nach Ablauf eines vollen Jahres.)*

v) Eine Rente, bestehend aus 52 Quartalsraten zu je 3.000,-- € beginne mit der 1. Rate am 01.04.00. Der Zinszuschlag erfolge jährlich mit 8% p.a. *(Zinsjahr = Kalenderjahr)*.

a) Man ermittle die jährliche Ersatzrate *(bei unterjährig linearer Verzinsung)* mit Hilfe des mittleren Zahlungstermins.

b) Man ermittle den Barwert der Rente am 01.01.00.

*c) Die Rente soll umgewandelt werden in eine Barauszahlung von 50.000,-- € am 01.01.05 und eine ewige Zweimonatsrente, beginnend 01.03.05. *(jährl. Zinszuschlag 8% p.a., innerhalb des Jahres lineare Verzinsung, Zinsjahr = Kalenderjahr)*
Man ermittle den Barwert *(am 01.01.05)* und die Rate dieser ewigen Rente.

vi) Eine Rente besteht aus 40 Raten zu je 6.000,-- € pro Quartal, beginnend am 01.04.01. Die Zinsen betragen 7% p.a, innerhalb des Jahres lineare Verzinsung.

a) Bestimmen Sie den Wert der Rente am Tag der letzten Rate.

b) In welchem Kalenderjahr erreicht der Wert aller bis dahin geleisteten Renten den halben nominellen Gesamtrentenwert?

c) Die Rente soll umgewandelt werden in eine Rente mit monatlichen Raten, beginnend am 01.02.02. Die letzte Rate wird am 31.12.14 gezahlt. Bestimmen Sie die Ratenhöhe *(unterjährig lineare Zinsen!)*.

d) Die Jahresersatzrate einer monatlichen nachschüssigen Rente sei vorgegeben mit R*= 134.064,09 €. Bestimmen Sie die Ersatzrate, wenn die gleichen Raten monatlich vorschüssig gezahlt werden. Zinssatz: 6% p.a.

vii) Man ermittle jeweils den Wert der beiden folgenden Zahlungsreihen

1) am Tag der letzten Zahlung
2) ein Jahr vor der ersten Zahlung:

a) 10 Zahlungen je 7.500,-- € jeweils im Abstand von 3 Jahren, Zinszuschlag jährlich (9 % p.a.).

b) 12 Zahlungen je 4.000,-- €/Jahr *(in Jahresabständen)*, Zinszuschlag vierteljährlich relativ bei nominell 8 % p.a..

Aufgabe 3.17 *(3.8.27)*:

*i) Pietsch soll von seinem Schuldner Weigand – beginnend 01.01.05 – 9 Raten zu je 15.000,-- €/ Jahr erhalten *(Rente 1)*.

Er möchte stattdessen lieber 16 Halbjahresraten, beginnend 01.01.10 *(Rente 2)*.

Mit welcher Ratenhöhe kann er bei Rente 2 rechnen?

Dabei beachte man: Zinsperiode ist das Kalenderquartal, nomineller Jahreszins: 12% p.a. *(d.h. der tatsächlich anzuwendende Quartalszinssatz ist der zu 12% p.a. relative unterjährige Zinssatz)*.

*ii) Call will seinen Oldtimer Marke Trabant 525 GTX verkaufen. Zwei Liebhaber geben jeweils ein Angebot ab:

Balzer: Anzahlung 10.000 €, danach – beginnend mit der ersten Rate nach genau einem Jahr – 60 Monatsraten zu je 500,-- €/Monat.

Weßling: Anzahlung 18.000 €, danach – beginnend mit der 1. Rate nach genau einem halben Jahr – 16 Quartalsraten zu je 1.000,-- €/Quartal.

Welches der beiden Angebote ist für Call günstiger?

Dabei berücksichtige man: Zinsperiode ist ein halbes Jahr, beginnend mit dem Zeitpunkt der Anzahlung. Zinssatz *(nom.)*: 10% p.a. Der Semesterzinssatz ist relativ zum Jahreszinssatz *(innerhalb der Zinsperiode soll hier mit linearer Verzinsung gerechnet werden)*.

iii) Bestmann braucht einen neuen Motor-Rasenmäher. Er kann das Modell seiner Wahl *(ein „Ratzekahl GTI")* entweder kaufen oder mieten. Für die veranschlagte Lebensdauer des Rasenmähers *(10 Jahre)* ergeben sich folgende Daten:

Kauf: Kaufpreis 1.250,-- €, nach 10 Jahren Schrottwert 0 €. Für Inspektionen/Reparaturen muss Bestmann jährlich nachschüssig 100,-- €/Jahr aufbringen.

Miete: Halbjährliche Mietgebühr: 150,-- € *(jeweils zu Beginn des betreffenden Halbjahres zahlbar)*. Reparaturen sind in der Mietgebühr enthalten und verursachen daher keine zusätzlichen Ausgaben.

Soll Bestmann kaufen oder mieten, wenn er sein Geld alternativ zu 7,5% p.a. anlegen könnte?   Man unterscheide dabei folgende Kontoführungsmethoden:

* **a)**   unterjährig lineare Zinsen *(360-Tage-Methode)*
   b)   ICMA-Methode   **c)**   US-Methode.

iv) Karen Müller-Oestreich erwägt, ihr Traumauto zunächst zu leasen und nach zwei Jahren zu kaufen. Die Leasing-Konditionen sehen vor:

Anzahlung *(Leasing-Sonderzahlung)*	€ 15.000,--
monatliche Leasingrate	€ 320,--
(beginnend einen Monat nach Anzahlung)	
Laufzeit:	24 Monate
Restkaufpreis *(zahlbar am Ende der Laufzeit)*	€ 15.000,--

(Die nominelle Summe aller Zahlungen beträgt somit 37.680,-- €)

Alternativ zum Leasing könnte Müller-Oestreich denselben PKW für einen *(sofort fälligen)* Listenpreis von 37.400,-- € abzüglich 10% Nachlass kaufen.

Soll sie kaufen oder leasen, wenn sie mit einem Zins von 10% p.a. rechnet? Dabei unterscheide man die folgenden drei Kontoführungsmethoden:

* **a)**   unterjährig lineare Zinsen *(360-Tage-Methode)*
   b)   ICMA-Methode
   c)   US-Methode.

Aufgabe 3.18 *(3.8.28)*:

i) Das Studium der Betriebswirtschaft am Fachbereich Wirtschaftswissenschaften der Fachhochschule Aachen dauert durchschnittlich 4 Jahre. Wir wollen annehmen, dass eine Studentin während dieser Zeit monatlich 1.320,-- € benötigt.

Gesucht ist derjenige Betrag, der zu Beginn ihres Studiums auf einem Konto bereitstehen müsste, damit sie aus dieser Summe – bei 6% p.a. – ihr Studium genau finanzieren kann.

Weiterhin werden folgende Bedingungen unterstellt:

- Der Beginn des Studiums fällt mit einem Zinszuschlagtermin zusammen;
- Die monatlichen Beträge (1.320,-- €) fließen jeweils zu Monatsbeginn.

Dabei unterscheide man folgende drei Kontoführungsmethoden:

*a) unterjährig lineare Zinsen *(360-Tage-Methode)*
b) ICMA-Methode
c) US-Methode.

*ii) Weigand benötigt einen Personal-Computer (PC) mit temperaturgesteuertem Zufalls-Text-Generator. Beim Modell seiner Wahl bestehen die Möglichkeiten Kauf oder Miete.

Konditionen bei **Kauf:**

Kaufpreisbarzahlung 10.000,-- € im Zeitpunkt t = 0. Für Wartung und Reparatur – beginnend im Zeitpunkt des Kaufs – pro Quartal vorschüssig 200,-- €.
Nach Ablauf von 5 Nutzungsjahren *(und 20 Quartalsraten)* kann der PC einen Restwerterlös von 2.000,-- € erzielen.

Konditionen bei **Miete:**

Keine Anschaffungsauszahlung bei Nutzungsbeginn in t = 0. Die Mietzahlungen betragen 250 €/Monat *(erste Rate einen Monat nach Nutzungsbeginn)* über eine Laufzeit von ebenfalls 5 Jahren. Wartung und Reparaturen sind im Mietpreis enthalten. Nach 5 Jahren fällt der PC an die Lieferfirma zurück.

Welche Alternative ist für Weigand günstiger?

Dabei beachte man: Zinssatz 10% p.a., Zinszuschlag nach jedem Jahr, unterjährig werden lineare Zinsen angesetzt.

iii) Laetsch will sich ein Cabrio mit Wegwerfsperre und eingebautem Parkplatz zulegen. Die Händlerin verlangt entweder Barzahlung *(in Höhe von 26.000,-- €)* oder Ratenzahlung zu folgenden Konditionen:

Anzahlung: 5.000,-- € sowie danach monatliche Raten *(beginnend einen Monat nach Anzahlung)* 627,30 €/Monat, insgesamt 36 Raten.

a) Laetsch kann bei seiner Hausbank einen Kredit zu effektiv 6% p.a. erhalten. Soll er bar bezahlen oder Ratenzahlung in Anspruch nehmen?

*b) Bei welchem Zinssatz p.a. sind Ratenzahlung und Barzahlung für Laetsch äquivalent? *(Näherungsverfahren zur iterativen Gleichungslösung, z.B. Regula falsi, werden als bekannt vorausgesetzt.)* [1]

Man beantworte beide Fragen ***1)** unter Verwendung der 360-Tage-Methode;
                              2) unter Verwendung der ICMA-Methode;
                              3) unter Verwendung der US-Methode.

---

[1] siehe etwa [Tie3], Kap. 5.1.2 oder [Tie2] Kap. 2.4 bzw. Kap. 5.4

iv)   Guntermann benötigt ein neues Telefon mit halbautomatischer Stimmbandkon-
      trollfunktion und integriertem GPS-Satelliten-Ortungssystem. Er könnte das von
      ihm favorisierte Gerät vom Typ „Amadeus TX" entweder bar kaufen *(600,-- € im
      Vertragszeitpunkt)* oder aber mieten *(Miete 11,50 €/Monat, erste Rate 1 Monat
      nach Vertragszeitpunkt fällig)*.

      a)   Wie lange müsste Guntermann das Gerät mindestens nutzen, um sicherzu-
               stellen, dass für ihn „Kauf" besser ist als „Miete"? *(6% p.a.)*

      b)   Es werde unterstellt, dass Guntermann seinen „Amadeus" auf „ewig" nutzt.
               Bei welchem effektivem Jahres-Zinssatz sind beide Alternativen *(d.h. Kauf
               und Miete)* äquivalent?

      Man beantworte beide Fragen   *1) unter Verwendung der 360-Tage-Methode;
                                      2) unter Verwendung der ICMA-Methode;
                                      3) unter Verwendung der US-Methode.

v)   Ex-Studentin Aloisia Huber hat zum 01.01.07 noch 18.000,-- € BaföG-Schulden.
      Sie kann ihre Schuld alternativ auf zwei Arten abtragen:

      A: Reguläre Tilgung: monatliche Rückzahlungen 150,-- € *(beginnend am
                                 31.01.07)* insgesamt 120 Raten *(10 Jahre)*

      B: Vorzeitige Tilgung: Gesamttilgung zum 01.01.07 mit einem Rabatt
                                 von 38% auf den Restschuldbetrag.

      Aloisia rechnet mit 12% p.a. Welche Möglichkeit sollte sie wählen, um – unter
      Berücksichtigung der Verzinsung – möglichst wenig zurückzuzahlen?

      *a) 360-Tage-Methode   **b)** ICMA-Methode   **c)** US-Methode.

vi)   Call will sein Traumauto, einen Bentley CSi 007, leasen. Der Autohändler Theo
      Rost unterbreitet ihm zwei alternative Leasing-Angebote:

      Angebot 1:   Call zahlt bei Vertragsschluss eine Anzahlung *(„Mietsonderzah-
                   lung")* in Höhe von € 5.900,–. Weiterhin zahlt Call – beginnend
                   einen Monat nach Vertragsabschluss – 36 Raten zu je 99,99 €/Mo-
                   nat. Nach Ablauf der 36 Monate seit Vertragsabschluss fällt das
                   Auto an den Händler zurück.

      Angebot 2:   Keine Mietsonderzahlung, dafür 36 Monatsraten zu je 299,99 €,
                   sonst alles wie bei Angebot 1.

      Angenommen, Call finanziere alle Zahlungen fremd zu 18% p.a. *(= Calls Kalku-
      lationszinssatz)*:

      Welches Leasing-Angebot ist für ihn am günstigsten?

      Man beantworte diese Frage   ***a)**   bei Anwendung der 360-Tage-Methode
                                    b)   bei Anwendung der ICMA-Methode.

Aufgabe 3.19 *(3.8.29)*:

i)   Janz verkauft seine Sammlung wertvoller Kuckucksuhren. Die beiden Interessenten R. Ubel und Z. Aster geben je ein Angebot ab:

R. Ubel: Anzahlung 19.000,-- € (heute). Dann – beginnend mit der ersten Rate nach genau 7 Monaten – 18 Monatsraten zu je 1.500,-- €.

Z. Aster: Nach 2 Monaten 1. Rate 15.000,-- €, eine weitere Rate nach weiteren 3 Monaten zu 15.000,-- € und eine Schlussrate zu 15.000,-- € nach weiteren 7 Monaten.

Welches Angebot ist für Janz günstiger? *(Kalkulationszins: 9% p.a.)*.
Man beantworte diese Frage jeweils bei Verwendung der

*a)   360-Tage- Methode   b)   ICMA-Methode .

ii) Frings ist der Meinung, eine Schuld auf zwei alternative Arten an Timme zahlen zu können *(10% p.a. – sämtliche Zahlungen im gleichen Kalenderjahr)*:

Entweder (A):   500,-- € zum 01.01.   sowie   500,-- € zum 01.07.
oder (B):   400,-- € zum 01.04.   sowie   888,-- € zum 01.10.

Timme behauptet *(zu Recht!)*, die beiden Alternativen seien nicht äquivalent, der höhere Wert sei korrekt.

Frings erklärt sich *(nach kurzer Rechnung)* einverstanden und will nun die geringerwertige Zahlungsreihe mit einer Ausgleichszahlung K zum 01.01. so aufbessern, dass dann beide Zahlungsreihen äquivalent sind.

Man ermittle *(10% p.a.)* diese Ausgleichszahlung K. Welche der beiden Zahlungsreihen wird durch diese Ausgleichszahlung aufgebessert *(d.h. erhöht)*?

Man beantworte diese Fragen, wenn

a)   nur mit linearen Zinsen gerechnet werden darf;
b)   nur mit vierteljährlichen Zinseszinsen zum konformen Quartalszins gerechnet werden darf.

iii) Moser kauft einen Mailserver mit ATM-Network-Performance. Der (heutige) Barzahlungspreis beträgt 17.000 €.

Moser könnte den Server auch wie folgt bezahlen:
Anzahlung *(heute)*: 3.000 €, Rest in drei gleichhohen Quartalsraten zu je 5.000 €/Quartal, erste Rate ein Quartal nach der Anzahlung.

a)   Es wird mit linearen Zinsen gerechnet. In welchem Zahlenintervall muss Mosers Kalkulationszinssatz *(in % p.a.)* liegen, damit für ihn Ratenzahlung vorteilhafter als Barzahlung ist?

b)   Abweichend von a) gilt: Mosers Kalkulationszinssatz beträgt stets 15% p.a. Dabei rechnet er weiterhin mit einer Zinsperiode von einem Monat *(beginnend heute)*, der anzuwendende Monatszinssatz ist dabei *konform* zu seinem Jahres-Kalkulationszinssatz.

Ist Barzahlung oder Ratenzahlung die für ihn günstigere Alternative?

c)   Alles wie b), nur sei jetzt der Monatszinssatz *relativ* zum kalkulatorischen Jahreszinssatz. Wie lautet jetzt die vorteilhaftere Zahlungsweise?

iv)   Die Studentin Tanja R. Huber erhält von ihren Eltern vereinbarungsgemäß während ihres Studiums Unterhaltszahlungen in Höhe von 1.600,-- €/Monat, erste Rate am 01.01.05, letzte Rate am 01.01.2009.

Sie will aber aus persönlichen Gründen die kompletten Unterhaltszahlungen äquivalent umwandeln, und zwar in eine Einmalzahlung am 01.01.05 plus zwei weitere Raten zu je 10.000 € am 01.07.07 und 01.04.08.

Wie hoch ist die Einmalzahlung am 01.01.05?

((nom.) Zins: 12% p.a., Zinsperiode = Kalendermonat zum relativen Monatszins)

v)   Der Autohändler Wolfgang K. Rossteuscher bietet Ihnen das neueste Modell der „Nuckelpinne 2.0 GTXLi" zu Sonder-Finanzierungs-Konditionen an:

Anstelle des Barpreises in Höhe von 36.290,-- € zahlen Sie nur 13.293,25 € an, leisten monatlich 198,-- € *(erste Rate nach einem Monat, letzte Rate nach drei Jahren)* und müssen zusätzlich zur letzten Monatsrate noch eine Schlusszahlung in Höhe von 18.309,90 € leisten.

In einer großformatigen Anzeige verspricht Rossteuscher: „Effektivzinssatz nur 3,99% p.a."

Hat Rossteuscher Recht? *(Kontoführung nach ICMA-Methode, d.h. monatliche Zinseszinsen zum (zu 3,99% p.a.) konformen Monats-Zinssatz)*

vi)   Moser muss zu *(ihm zunächst noch unbekannten)* Zeitpunkten des Jahres 2009 zwei Zahlungen zu je 50.000,-- € *(Abstand zwischen den Zahlungen: 1 Monat)* leisten, die – bei 12% p.a. und linearer Verzinsung innerhalb des Kalenderjahres – zum Ende des Jahres 2011 einen Gesamtwert von 134.848,-- € repräsentieren sollen.

Wann *(Datum!)* muss Moser diese beiden Zahlungen leisten *(30/360 Methode)*?

vii)   Moser will 10 Jahre lang einen festen monatlichen Betrag ansparen, um danach auf „ewig" eine monatliche Rente in Höhe von 2.400,-- €/Monat zu erhalten.

*a)   Wie hoch müssen seine Ansparraten sein?

(Zinsperiode: 1 Jahr, beginnend heute; Zinssatz 8% p.a., innerhalb des Jahres lineare Verzinsung; erste Ansparrate nach einem Monat, letzte Ansparrate nach 10 Jahren; erste Rückzahlungsrate einen Monat nach Ablauf der ersten 10 Jahre)

b)   Wie lautet das Ergebnis zu a), wenn die Zinsperiode 1 Monat beträgt und der Monatszinssatz konform zu 8% p.a. ist?

3.3   Renten mit veränderlichen Raten

Aufgabe 3.20 *(3.9.29)*:

i)   Börgerding spart intensiv, um sich endlich ein zweites Wohnmobil für familiäre
      Notfälle leisten zu können. Er will dazu 15 Jahresraten ansparen, Zinssatz 6%
      p.a., erste Rate 2.400 €. Über welchen Konto-Endstand am Tag der letzten Ein-
      zahlung verfügt er, wenn jede Folgerate von Jahr zu Jahr um jeweils 240 € gegen-
      über der Vorjahresrate ansteigt? Höhe der letzten Rate?

ii)   Börgerding will denselben End-Kontostand wie unter i) erreichen, allerdings
      sollen die auf die erste Rate R folgenden Raten um jeweils 3% gegenüber der
      Vorjahresrate ansteigen. Wie hoch muss er die erste Rate R wählen, damit er –
      bei sonst gleichen Daten wie unter i) – sein Ziel erreicht?

iii) Frings erhält von seiner Lebensversicherung zum 01.01.07 sowie zum 01.01.10
      jeweils eine Ausschüttung in Höhe von 400.000 €. Aus diesen beiden Beträgen
      will er *(Zinssatz 5,5% p.a.)* eine 20-malige jährliche Rente beziehen, die erste
      Rate in Höhe von 48.000 € soll zum 01.01.15 abgehoben werden.

      Um **a)**   welchen festen Betrag
          *b)   welchen festen Prozentsatz *(iterative Gleichungslösung notwendig,*
                siehe Kap. 5.1.2 Lehrbuch!)

      müssen sich die Folgeraten von Jahr zu Jahr gegenüber der Vorjahresrate ändern,
      damit die beiden Ausschüttungsbeträge genau für die Finanzierung der Rente
      ausreichen?

iv)   Eine Rente *(n Raten im Jahresabstand)* habe folgende Struktur:

$$
\begin{array}{cccccc}
 & & & & & K_n \\
\hline
R & 2R & 3R & \cdots & (n\text{-}1)R & nR \\
{\scriptstyle(1)} & {\scriptstyle(2)} & {\scriptstyle(3)} & \cdots & {\scriptstyle(n\text{-}1)} & {\scriptstyle(n)}
\end{array}
$$

      Zeigen Sie: Der *(mit dem Jahres-Zinsfaktor q (≠1))* aufgezinste Gesamtwert K_n
      aller Raten am Tag der letzten Rate hat den Wert

$$ K_n = \frac{R}{q-1} \left(\frac{q^{n+1}-1}{q-1} - n - 1 \right). \qquad \text{\textit{(Tipp: Lehrbuch (3.9.11) verwenden!)}} $$

Aufgabe 3.21:

Balzer spart, beginnend 01.01.1999, jährlich € 12.000,--, die letzte Rate erfolgt am
01.01.2020. Der Zinssatz beträgt 8% p.a.

Die durchschnittliche jährliche Preissteigerungsrate betrage 3% p.a..

i)   Welchen Geldbetrag hat Balzer am 01.01.2025 auf seinem Konto?

ii)   Welchem „Realwert" entspricht der nach i) ermittelte Kontostand
      a)   bezogen auf Basis 01.01.1999 ;
      b)   bezogen auf Basis 01.01.2010?

Aufgabe 3.22 *(3.9.63)*:

Wesslinger benötigt zur Durchsetzung seiner bahnbrechenden Gründungs-Idee *(E-Coaching per Internet)* dringend einen Kredit, Kreditsumme K_0 *(gleich Auszahlungs-summe)*. Seine Kreditbank ist einverstanden, verlangt allerdings einen Kreditzins in Höhe von 13% p.a. und fordert die Gesamt-Rückzahlung des Kredits in 10 Jahren.

i)   Laut Geschäftsplan kann Wesslinger – beginnend ein Jahr nach Kreditaufnahme – einen Betrag von 70.000€ zurückzahlen sowie in den 9 Folgejahren jeweils Raten, die gegenüber der jeweiligen Vorjahresrate um 5.000€ geringer werden.

Wie hoch ist die Kreditsumme, die Wesslinger von seiner Bank erhalten wird?

ii)   Alternativ zu i): Wesslinger könnte nach einem Jahr 40.000€ zurückzahlen sowie in den 9 Folgejahren jeweils Raten, die gegenüber der Vorjahresrate um 6.000€ höher ausfallen.

a)   Wie hoch ist jetzt die Kreditsumme, die Wesslinger von seiner Bank erhalten wird?

b)   Wie müssten die *(jährlich gleichen)* Steigerungsbeträge der einzelnen Folge-Raten ausfallen, damit sich dieselbe Kreditsumme ergibt wie unter i)?

c)   Angenommen, er könnte *(abweichend vom Vorhergehenden)* in den 9 Folgejahren einen von Jahr zu Jahr um 10% höheren Betrag als im Vorjahr zurückzahlen:

c1)   Wie hoch ist jetzt die Kreditsumme, die Wesslinger von seiner Bank erhalten wird?

c2)   Mit welcher ersten Rückzahlungsrate *(statt 40.000)* müsste er beginnen, wenn die Bank nun eine jährliche Steigerung der Folgeraten von 7% p.a. fordert, dafür aber bereit ist, ihm einen Kredit von 1 Mio € einzuräumen?

*Aufgabe 3.23 *(3.9.64)*:

Pietschling hat im Spielcasino *(am einarmigen Banditen)* einen Betrag von 250.000€ gewonnen, und möchte daraus „für immer und ewig" eine jährliche Rente – erste Rate sofort – beziehen. Dabei soll diese erste Rate 10.000€ betragen und dann jährlich um 1.000€ steigen.

Nun sucht er eine Bank, die ihm den passenden Anlage-Zinssatz *(welchen?)* bietet.

Aufgabe 3.24 *(3.9.65)*:

Gegeben ist eine 10-malige Rente mit der Ratenhöhe R (in €/Jahr). Verzinsung: 9% p.a., Preissteigerungsrate 5% p.a., Bewertungsstichtag: Tag der letzten Ratenzahlung.

Man ermittle den

i)   nominellen Rentenendwert, wenn gilt: R = 10.000,-- €/Jahr;

ii)   realen Rentenendwert *(inflationsbereinigt bezogen auf 1 Jahr vor der 1. Rate)*, wenn gilt: R = 10.000,-- €/Jahr;

iii) nominellen Renten-Endwert, wenn die erste Rate $10.000 \cdot 1,05 = 10.500,-- €$ beträgt und jede Folgerate 1,05-mal so groß ist wie die vorhergehende Rate *(d.h. die Raten steigen – wie auch die Preise – in Höhe der jährlichen Preissteigerungsrate (= 5% p.a.)*;

iv) realen Rentenendwert *(inflationsbereinigt bezogen auf 1 Jahr vor der 1. Rate)*, wenn die Raten – wie unter iii) beschrieben – gezahlt werden.

v) Zu i) und iii) ermittle man die jeweiligen Rentenbarwerte, bezogen auf 1 Jahr vor der 1. Rate.

Aufgabe 3.25 *(3.9.66)*:

Ulrike Schmickler-Hirzebruch *(USH)* legt jährlich – beginnend 01.01.01 – 20.000 € auf ihr Konto, insgesamt 8 Raten. *(i = 6% p.a., Preissteigerungsrate 4,5% p.a.)*

i) Welchem Realwert *(inflationsbereinigt bezogen auf den 01.01.01)* entspricht am Tag der 8. Rate ihr Guthaben?

ii) Welche nominell gleichhohen Beträge müsste sie jährlich sparen, damit ihr Guthaben am Tag der 8. Rate einem Realwert *(inflationsbereinigt bezogen auf den 01.01.01)* von € 160.000,-- entspricht?

iii) a) Über welchen Betrag verfügt USH am Tag der 8. Rate, wenn sie zum Inflationsausgleich jede Folgerate um 4,5% der vorhergehenden Rate erhöht? *(1. Rate = 20.000 €)*

b) Welchem Realwert *(inflationsbereinigt und bezogen auf den 01.01.01)* entspricht diese Summe?

c) Mit welcher Einmalzahlung am 01.01.01 hätte sie die Rente (nach a)) äquivalent ersetzen können?

Aufgabe 3.26 *(3.9.67)*:

Zur Sicherung seiner Altersrente zahlt Weigand – *beginnend am 01.01.00* – 20 jährliche Raten *(Höhe jeweils R €/Jahr)* auf ein Konto *(i = 8% p.a.)* ein.

3 Jahre nach der letzten Einzahlung *(also am 01.01.22)* soll die erste von insgesamt 12 Abhebungen im Jahresabstand erfolgen, so dass danach das Konto erschöpft ist.

i) Wie hoch muss Weigands Sparrate R sein, damit jede seiner Abhebungen 24.000 € *(d.h. nomineller Betrag = 24.000€/Jahr)* beträgt?

ii) Wie hoch muss Weigands Sparrate R sein, damit jede seiner Abhebungen einen Wert besitzt, der dem Betrag von € 24.000,-- am 01.01.00 *(dem Fälligkeitstermin der ersten Sparrate)* entspricht? Dabei wird eine stets konstante Preissteigerungsrate in Höhe von 5% p.a. unterstellt.

iii) Abweichend vom Vorhergehenden will Weigand – beginnend 01.01.24 – beliebig lange eine Rente von seinen Ersparnissen beziehen können. Dabei soll die erste Abhebung 10.000 € betragen und dann jährlich um immer denselben Prozentsatz gegenüber dem Vorjahr steigen.

a)   Wie groß ist dieser „Dynamik"-Prozentsatz *(auf „ewig")*, wenn Weigands erste Ansparrate 12.000 € *(=R)* beträgt?

b)   Mit welcher Rate R müsste er ansparen, um – bei einer ersten Abhebung am 01.01.24 von 18.000 € – auf „ewig" jährlich eine um 3% höhere Rate als im Vorjahr abheben zu können?

Aufgabe 3.27 *(3.9.68)*:

Nachdem Buchkremer in der Vergangenheit mehrfach empfindliche Fehlinvestitionen in die Aktien der Silberbach AG vorgenommen hatte, sucht er nunmehr finanzielle Solidität beim Rentensparen. Sein Anlageberater stellt ihm zwei Alternativen *(Anlagezinssatz jeweils 6,5% p.a.)* vor:

Alternative 1:   Falls Buchkremer Preisniveau-Stabilität *(d.h. Inflationsrate = Null)* erwarte, komme eine 17malige Rente, Ratenhöhe 12.000 €/Jahr, erste Rate zum 01.01.09 in Frage.

Alternative 2:   Falls Buchkremer dagegen mit Inflation rechne *(Inflationsrate = i_{infl} (p.a.))*, sei eine *(ebenfalls 17malige)* steigende Rente, beginnend ebenfalls mit 12.000 € zum 01.01.09, anzuraten, um am Ende auch über einen angemessenen Realwert der Ersparnisse verfügen zu können. Als jährliche Steigerung der Folgeraten werde 5% p.a. vorgeschlagen.

i)   Wie hoch muss die Inflationsrate i_{infl} bei Alternative 2 sein, damit der inflationsbereinigte Realwert *(bezogen auf den Tag der ersten Rate)* des am Tag der letzten Sparrate verfügbaren End-Kontostandes denselben Wert besitzt wie der verfügbare End-Kontostand bei Alternative 1?

ii)   Buchkremer – für eigenwillige, wenn auch nicht selten zutreffende Prognosen bekannt – erwartet eine mittlere Inflationsrate von 2,3% p.a. und entscheidet sich schließlich für die folgende 3. Alternative:

Beginnend mit der ersten Rate von ebenfalls 12.000 € zum 01.01.09 sollen seine *(insgesamt ebenfalls 17)* Sparraten in den Folgejahren um jeweils denselben konstanten Betrag von der Vorjahresrate abweichen.

Wie muss der jährlich gleiche Änderungsbetrag der Raten ausfallen, damit der inflationsbereinigte Realwert *(bezogen auf den Tag der ersten Rate)* des am Tag der letzten Sparrate verfügbaren End-Kontostandes denselben Wert besitzt wie der verfügbare End-Kontostand bei Alternative 1?

Aufgabe 3.28 *(3.9.69)*:

Mischke möchte sein überschüssiges Kapital in 20 Jahresraten zu je 50.000 €/Jahr anlegen, Zinssatz 6,9% p.a. Mit dem geplanten End-Kontostand K_n am Tag der letzten Einzahlung will er eine mehrjährige Weltreise antreten.

Nachdem er die 1. Rate eingezahlt hat, macht ihn ein Kollege darauf aufmerksam, dass infolge von Inflation/Geldentwertung *(Inflationsrate 2,5% p.a.)* der Rentenendwert weit weniger wert sein wird als es dem dann verfügbaren Geldbetrag K_n entspricht.

Daraufhin beschließt Mischke, seine noch folgenden 19 Sparraten regelmäßig um denselben Prozentsatz gegenüber der Vorjahresrate zu erhöhen.

i)   Angenommen, er erhöhe die Folgeraten jeweils genau um die Inflationsrate: Wie hoch ist der inflationsbereinigte Realwert seines End-Kontostandes, bezogen auf den Tag der 1. Rate?

*ii)   Angenommen, Mischke möchte einen End-Kontostand erreichen, der inflationsbereinigt *(bezogen auf den Tag der 1. Spar-Rate)* mit dem ursprünglich geplanten nominellen End-Kontostand K_n *(d.h. ohne Berücksichtigung der Inflation)* übereinstimmt: Wie hoch muss er dann den jährlichen Steigerungs-Prozentsatz *("Dynamik-Satz")* seiner Anspar-Raten wählen?
(Iterative Gleichungslösung erforderlich!)

Aufgabe 3.29 *(3.9.70)*:

Man ermittle den Einmalbetrag zum 01.01.09, durch den sich die folgende Rente äquivalent ersetzen lässt:

Jährlich 12 nachschüssige Monatsraten, beginnend 31.01.09 mit 100 €. Jede weitere Monatsrate steigt um 0,5% gegenüber der vorhergehenden Rate. Zinssatz: 7,5% p.a., monatliche Zinseszinsen zum konformen Monatszinssatz. Die letzte Monatsrate erfolgt am 30.09.20.

Aufgabe 3.30 *(3.9.71)*:

Lebensversicherungs-Gesellschaften werben gelegentlich mit traumhaften Renditen! Nach entsprechender Beratung durch seinen Makler Huber kauft Roland R. Kaefer eine kapitalbildende Lebensversicherung bei der Gesellschaft Asse&Kuranz AG. Der Vertrag wird wie folgt abgewickelt:

Kaefer zahlt im Jahr 01 vier nachschüssige Quartalsraten zu je 24.125 €.

In den nächsten neun Folgejahren werden ebenfalls je vier nachschüssige Quartalsraten gezahlt, die von Jahr zu Jahr um 5% gegenüber dem Vorjahreswert ansteigen *(innerhalb eines Jahres bleiben die vier Raten unverändert)*.

Am Ende des 10. Jahres *(d.h. zeitgleich mit der letzten Quartalsrate)*, zahlt die Asse & Kuranz AG als äquivalente Ablaufleistung einen Betrag in Höhe von 1.266.000 € an Kaefer aus.

Kaefer freut sich zunächst über die hübsche Summe und ist nun natürlich daran interessiert, die resultierende Kapital-Rendite aus dem Gesamt-Engagement zu erfahren. Als er einen befreundeten Finanzmathematiker deswegen befragt, kann Kaefer das Ergebnis zunächst kaum glauben! Machen Sie daher für Kaefer einige Kontrollrechnungen:

i)   Angenommen, Kaefer hätte sein Kapital alternativ zu 5% p.a. anlegen können. Um welchen Betrag hätte sein Kapital-Endwert über/unter der Ablaufleistung gelegen   a)   bei unterjährig linearer Verzinsung?

                                                                                                          b)   bei unterjährigen Zinseszinsen zum konformen Zinssatz?

ii) Als er empört die Asse&Kuranz AG vom Ergebnis in Kenntnis setzt, wird ihm entgegengehalten, die Versicherungsprämien enthielten zusätzlich einen erheblichen Anteil für die Abdeckung des zwischenzeitlichen Sterbe-Risikos.

Daraufhin erkundigt sich Kaefer nach den üblichen Prämien für eine Risiko-Lebensversicherung und erhält folgende Information: Eine passende entsprechende Risiko-Lebensversicherung für 10 Jahre hätte im ersten Jahr 3.140 € *(d.h. vier gleiche nachschüssige Quartalsraten zu je 785 €)* an Prämien gekostet. In den 9 Folgejahren hätten auch diese Raten um 5% p.a. angehoben werden müssen *(jeweils vier gleiche nachschüssige Quartalsraten pro Jahr)*.

Daraufhin bereinigt Kaefer seine ursprünglichen Prämienzahlungen um den enthaltenen Betrag der Risiko-Lebensversicherung. Beantworten Sie nunmehr unter Berücksichtigung der reduzierten Prämien die Fragen nach i)! Der Zinssatz für die Alternativ-Anlage beträgt jetzt 6% p.a.

*iii) Ermitteln Sie Kaefers Effektivverzinsung nach der ICMA-Methode unter Berücksichtigung der ersparten Risiko-Lebensversicherungsprämien.
(Iterative Gleichungslösung erforderlich!)

Aufgabe 3.31 *(3.9.72)*:

Bestmann will sich endlich zur Ruhe setzen und nunmehr sorgenfrei sein Leben genießen. Da der letzte Aktien-Crash seine Nerven und seine Finanzen arg strapaziert hat, verkauft er bei nächstbester Gelegenheit seinen gesamten noch vorhandenen Aktienbestand und legt den Erlös *(750.000 €)* zum 01.01.02 bei der Aachener&Hamburger Schifffahrtskasse *(7% p.a., unterjährig exponentielle Verzinsung zum konformen Zinssatz – ICMA-Methode)* an.

Mit Kassen-Filialleiter Huber wird folgender Rentenplan erarbeitet:

Bestmann erhält – weil er auch für seine Nachkommen ein für alle Mal vorsorgen will – eine ewige monatliche Rente, erste Rate am 31.01.02 in Höhe von R [€]. Der Rentenplan sieht weiterhin vor, dass jede weitere Monatsrate gegenüber der vorhergehenden Monatsrate um einen im Zeitablauf festen Prozentsatz zunimmt.

i) a) Angenommen, der monatliche Steigerungssatz betrage 0,1% p.m.:
Wie hoch ist die erste Rate für Bestmann? Mit welcher Monatsrate kann er Ende des Jahres 2015 rechnen?

b) Man beantworte die Fragen von a), wenn der Steigerungssatz 0,6% p.m. beträgt.

ii) Angenommen, seine erste Rate soll 1.200 € betragen: Um wieviel Prozent erhöhen sich jetzt die Raten monatlich? Welche Monatsrate erhalten seine Nachkommen Ende des Jahres 2100?

4 Tilgungsrechnung

4.1 Standardprobleme der Tilgungsrechnung

Aufgabe 4.1 *(4.1.13)*:

Ein Kredit in Höhe von 200.000,-- € soll durch zwei jeweils im Jahresabstand folgende Zahlungen äquivalent ersetzt *(d.h. verzinst und getilgt)* werden, vgl. Zahlungsstrahl:

Man ermittle den zur Äquivalenz führenden *(Effektiv-)* Zinssatz und stelle mit diesem Zinssatz einen entsprechenden Tilgungsplan auf.

Aufgabe 4.2 *(4.2.4)*:

Ein Kredit *(K$_0$ = 350.000,-- €)* soll mit 10% p.a. verzinst werden. Folgende Tilgungen werden vereinbart:

Ende Jahr 1:	70.000,-- €	Ende Jahr 4:	63.000,-- €
Ende Jahr 6:	224.500,-- €	Ende Jahr 7:	Resttilgung.

Am Ende des 3. und 5. Jahres erfolgen keinerlei Zahlungen des Schuldners, vielmehr erfolgt Ende des 5. Jahres eine Neuverschuldung um 175.000,-- €. In allen anderen Jahren *(außer 3. und 5. Jahr)* werden neben den vereinbarten Tilgungen zusätzlich die fälligen Zinsen bezahlt.

Man stelle einen Tilgungsplan auf.

Aufgabe 4.3 *(4.2.30)*:

Ein Kredit in Höhe von 500.000,-- € ist innerhalb von 5 Jahren vollständig *(incl. Zinsen)* zurückzuzahlen, i = 8% p.a.

Man stelle für jede der folgenden Kreditkonditionen einen Tilgungsplan auf:

i)   Tilgung in einem Betrag am Ende des 5. Jahres; Zinszahlungen jährlich, erstmals ein Jahr nach Kreditaufnahme;

ii) Rückzahlung incl. angesammelter Zinsen in einem Betrag am Ende des 5. Jahres *(vorher erfolgen also keinerlei Rückzahlungen !)*;

iii)   Ratentilgung;

iv)   Annuitätentilgung;

v)   Tilgungsvereinbarungen: Ende des ersten Jahres werden nur die Zinsen gezahlt;
      Ende des zweiten Jahres erfolgen überhaupt keine Zahlungen; Ende des dritten
      und vierten Jahres: jeweils Tilgung 200.000,-- € *(plus Zinszahlung)*; Ende des 5.
      Jahres: Zinsen plus Resttilgung.

Aufgabe 4.4 *(4.2.31)*:

Ein Kredit von 150.000,-- € soll mit 10 gleichhohen Jahresraten *(Annuitäten)*, Kreditzinssatz 9% p.a., verzinst und getilgt werden. Die erste Annuität wird ein Jahr nach
Kreditaufnahme fällig. Man ermittle *(ohne Tilgungsplan)*

i)   die Annuität,

ii)   die Tilgung zum Ende des letzten Jahres,

iii) die Restschuld nach 5 Jahren,

iv)   die Tilgung Ende des 8. Jahres,

v)   die Gesamtlaufzeit, wenn die Annuität vorgegeben ist mit
      a) 14.000 €/Jahr   **b)** 13.600 €/Jahr   **c)** 13.000 €/Jahr.

vi)   Nach welcher Zeit sind – bei einer Annuität von 13.750,-- €/Jahr – 40% der
      Schuld getilgt? Wieviel Prozent der entsprechenden Gesamtlaufzeit sind dann
      verstrichen?

Aufgabe 4.5 *(4.2.32)*:

Huber nimmt einen Kredit in Höhe von 200.000,-- € auf. Beginnend nach einem Jahr
sollen für Zinsen und Tilgung insgesamt 15.000,-- €/Jahr aufgebracht werden *(Annuitätentilgung)*.

i)   Wie hoch ist die Gesamtlaufzeit des Kredits bei
      a) $i = 5\%$ p.a.   **b)** $i = 7,4\%$ p.a.   **c)** $i = 8\%$ p.a. ?

ii)   Nach wieviel Prozent der Gesamtlaufzeit ist in den drei verschiedenen Fällen a),
      b), c) jeweils ein Viertel der Schuld getilgt?

Aufgabe 4.6 *(4.2.33)*:

Ein Kredit *(100.000,-- €)* soll durch gleiche Annuitäten *(11.000,-- €/Jahr)* bei $i = 10\%$
p.a. zurückgezahlt werden, erste Annuität ein Jahr nach Kreditaufnahme.

Welche Ausgleichszahlung müsste der Kreditnehmer zusätzlich zur ersten Annuität
leisten, damit sich die zunächst *(d.h. ohne die Ausgleichszahlung)* errechnete Gesamtlaufzeit des Kredits auf die nächst kleinere ganzzahlige Jahresanzahl vermindert?

Aufgabe 4.7 *(4.2.34)*:

Alois Huber hat aus einem Lotteriegewinn 20 Jahresraten zu je 120.000,-- € zu erwarten, erste Rate zum 01.01.01.

i)   Wie hoch könnte *(bei 14,5% p.a. Kreditzins)* die Kreditsumme eines Annuitätenkredits sein, den er am 01.01.00 aufnimmt und mit den 20 Raten des Lotteriegewinns zurückzahlt?

ii) Man beantworte Frage i), wenn aus der Lotterie 50 Jahresraten zu erwarten sind, die zur Kreditrückzahlung verwendet werden.

iii) Man beantworte Frage i), wenn die erste der 20 Gewinnraten am 01.01.05 erfolgt und die Verzinsung und vollständige Tilgung des am 01.01.00 aufgenommenen Kredits ausschließlich mit diesen 20 Raten erfolgen soll.

Aufgabe 4.8 *(4.2.35)*:

i)   Gegeben ist die letzte Zeile eines Tilgungsplans für einen Standard-Annuitätenkredit (Annuität in den ersten 19 Jahren: 15.000,-- €/Jahr):

Periode t	Restschuld K_{t-1} (Beginn t)	Zinsen Z_t (Ende t)	Tilgung T_t (Ende t)	Annuität A_t (Ende t)
...	...	...	...	15.000,--
20	10.328,51	774,64	10.328,51	11.103,15

Wie hoch war die ursprüngliche Kreditsumme zu Beginn der Laufzeit?

ii) Gegeben ist folgende Zeile eines Tilgungsplans *(Annuitätenkredit)*:

Periode t	Restschuld K_{t-1} (Beginn t)	Zinsen Z_t (Ende t)	Tilgung T_t (Ende t)	Annuität A_t (Ende t)
.....	492.000,--	41.820,--	.....	60.000,--

a)   Wie hoch war die Restschuld zwei Perioden zuvor?
b)   Wie lautet die letzte Zeile des Tilgungsplanes?

Aufgabe 4.9:

Für den Neubau eines Mietshauses hatte Bauherr Heinrich Müther zum 01.01.15 ein Darlehen in Höhe von 2.000.000,-- € zu 7% Zinseszins aufgenommen. Der jährliche Gewinn aus dem Haus beträgt 300.000,-- €/Jahr, die zur Verzinsung und Tilgung des Darlehens verwendet werden *(dabei erfolgen die jährlichen Rückzahlungen erstmals ein Jahr nach Kreditaufnahme)*.

i)   Nch wievielen Jahren hat der Bau sich amortisiert?

ii) Wie groß ist nach 6 Jahren der Verlust *(bzw. Gewinn)* aus dieser Investition, d.h. der „Kontostand" nach 6 Jahren *(i = 7% p.a.)*?

Aufgabe 4.10 *(4.2.49)*:

i)   Ein Annuitätenkredit besitze den folgenden (realen) Zahlungsstrahl:

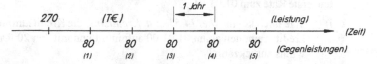

Weitere Zahlungen fließen nicht.

Man ermittle jeweils zu den beiden vorgegebenen *(nom.)* Kreditzinssätzen die passenden weiteren *(äquivalenten)* Konditionen *(Auszahlung, anfängl. Tilgungssatz sowie Kreditsumme)*:

a) Kreditzinssatz *(nom.)*: 12% p.a.   **b)** Kreditzinssatz *(nom.)*: 18% p.a.

und interpretiere das Ergebnis.

ii) Gegeben ist ein Annuitätenkredit mit der Kreditsumme 100.000,-- € und den Konditionen *(bezogen auf die Kreditsumme)*:

        Auszahlung: 96%
        Kreditzinssatz *(nom.)*:   12% p.a.
        Tilgung: 1%   *(zuzüglich ersparte Zinsen)*.

Man ermittle für   **a)** i_{nom} = 14% p.a.   **b)** i_{nom} = 10% p.a.   äquivalente Konditionen *(Kreditsumme, Auszahlung, Tilgung)*, die jeweils denselben Zahlungsstrom *(über die Gesamtlaufzeit)* besitzen wie der ursprüngliche Kredit.

Aufgabe 4.11 *(4.2.51)*:

Für eine Tilgungshypothek in Höhe von € 150.000,-- werden 7% p.a. Zinsen und 1% Tilgung *(zuzüglich ersparter Zinsen)* vereinbart bei jährlich gleich hohen Annuitäten.

i)   Nach welcher Zeit ist die Hypothek getilgt?

ii)   Man ermittle die Restschuld nach Ablauf von 10 Jahren.

iii) Vom Beginn des 11. Jahres an erhöht sich der Zinssatz auf 8,5% p.a. Wie lautet bei gleicher Annuität die 11. Zeile des Tilgungsplans?

iv)   Wie lang ist die Restlaufzeit zu neuen Bedingungen?

Aufgabe 4.12 *(4.2.52)*:

Norbert Nashorn nimmt zwecks Betriebserweiterung bei der Bank ein Darlehen auf und verpflichtet sich, zur Verzinsung und Tilgung der Kreditsumme von 500.000,-- € jährlich 60.000,-- € zu zahlen (i = 7,5% p.a.).

i)   Nach welcher Zeit ist die Schuld getilgt?

ii)   Geben Sie die beiden ersten und die beiden letzten Zeilen des Tilgungsplans an.

iii)   Nach 10 Jahren *(d.h. 10 Annuitäten)* soll durch eine Veränderung der Annuität die Restlaufzeit auf 20 Jahre gestreckt werden bei 7,6% p.a. Zinsen. Wie hoch ist während dieser Restlaufzeit der *(anfängliche)* prozentuale Tilgungsanteil?

Aufgabe 4.13 *(4.2.53)*:

Der Kleinstadtinspektor Gernot Gläntzer hat sich ein Fertighaus gekauft und dafür eine Hypothek in Höhe von 150.000,-- € aufgenommen. Die Hypothekenbank verlangt eine Verzinsung von 9% und eine Tilgung von 1% *(zuzüglich ersparter Zinsen)*.

i)   Man ermittle den Betrag, den Gläntzer jährlich zu zahlen hat.

ii)   Nach welcher Zeit ist die Hypothekenschuld getilgt?

iii)   Geben Sie die beiden ersten und die beiden letzten Zeilen des Tilgungsplans an.

iv)   Man löse die Aufgabenteile i) – iii) für den Fall, dass die Bank ein Disagio in Höhe von 6% der Kreditsumme fordert.

v)   Wie ändert sich in ii) die Tilgungszeit, wenn – bei gleicher Annuität – die Verzinsung 12% p.a. *(statt 9% p.a.)* beträgt?

Aufgabe 4.14 *(4.2.54)*:

Butz schließt mit seiner Kreditbank einen Kreditvertrag zu folgenden Konditionen ab:
Kreditsumme: 100.000,-- €; Auszahlung: 94%; Zinsen: 6% p.a.; Tilgung: 0,5% p.a. zuzüglich ersparte Zinsen.

i)   Man gebe die drei letzten Zeilen des Tilgungsplanes an.

ii)   Man ermittle die Gesamtlaufzeit des Kredites, wenn Butz am Tag der 4. Annuitätszahlung einen zusätzlichen Sondertilgungsbetrag in Höhe von 10.000,-- € leistet, die ursprüngliche Annuität aber unverändert bleibt.

Aufgabe 4.15 *(4.2.55)*:

Huber benötigt unbedingt Barmittel in Höhe von 120.000,-- €. Seine Bank offeriert ihm einen Annuitätenkredit zu folgenden Konditionen:
Auszahlung: 96%; Zinsen *(nom.)*: 9,5% p.a.; Tilgung: 1,5% p.a. *(zuzüglich ersparte Zinsen)*.

i)   Wie hoch ist die Kreditsumme?

ii)   Man ermittle die Laufzeit bis zur vollständigen Tilgung, wenn im ersten Jahr von Huber weder Zins- noch Tilgungsleistungen erfolgen.

iii)   Wie lautet unter Berücksichtigung von ii) die letzte Zeile des Tilgungsplans?

Aufgabe 4.16 *(4.2.56)*:

Huber will eine Villa kaufen, Barkaufpreis 750.000,-- €. Seine Hausbank will ihm diese Summe über einen Annuitätenkredit zur Verfügung stellen.

Kondititonen: Auszahlung: 96%; Zinsen: 7% p.a. *(nom.)*; Laufzeit bis zur vollständigen Tilgung: genau 30 Jahre *(bzw. Raten)*.

(Zahlung und Verrechnung der Annuität: jährlich (erste Rate ein Jahr nach Vertragsabschluss))

i)   Kurz bevor Huber den Kreditvertrag abschließen kann, erhöht die Bank aus Risikoerwägungen heraus den Kreditzins für Huber auf 12% p.a. *(nom.)*.

Auf welchen Betrag müsste Huber nun den Preis für die Villa herunterhandeln, damit sich für ihn weder Laufzeit noch Annuitätenhöhe des entsprechenden Kredits ändern *(bezogen auf Laufzeit und Annuität vor der Zinserhöhung)*?

ii)   Wie ändert sich das Ergebnis von i), wenn die Kreditauszahlung 100% beträgt?

Aufgabe 4.17 *(4.2.57)*:

Gegeben sei ein Annuitätenkredit mit folgenden Konditionen:

Auszahlung: 92%; Zins *(nom.)*: 9% p.a.; Tilgung: 1% p.a. *(zuzügl. ersparte Zinsen)*.

Die Kreditsumme betrage 200.000,-- €.

Wie lauten die beiden letzten Zeilen des Tilgungsplans, wenn zusätzlich zur 5. regulären Annuität ein Sondertilgungsbetrag in Höhe von 10% der ursprünglichen Kreditsumme geleistet wird? *(Die übrigen Annuitäten sollen unverändert bleiben!)*

Aufgabe 4.18 *(4.2.69)*:

Huber leiht sich von der Kreissparkasse Entenhausen 220.000 €. Die erste Rückzahlungsrate erfolgt nach 4 Jahren in Höhe von 40.000 € *(vorher erfolgen keinerlei Zahlungen von Huber!)*.

Huber zahlt seinen Kredit weiterhin mit jährlich gleichbleibenden Annuitäten in Höhe von 40.000 €/Jahr *(Zinsen incl. Tilgung)* zurück. Die Bank fordert eine Verzinsung von 12% p.a.

i)   Nach welcher Zeit – seit dem Tag der Kreditaufnahme – ist der Kredit vollständig getilgt?

ii)   Man stelle die ersten 6 und die letzten 2 Zeilen des Tilgungsplans auf.

iii)   Wie ändert sich die Abzahlungszeit, wenn Huber in den ersten drei Jahren *(jeweils am Jahresende)* nur die angefallenen Zinsen zahlt *(3 tilgungsfreie Jahre)* und erst dann *(d.h. erstmalig am Ende des vierten Jahres)* wie unter i) mit konstanten Annuitäten von je 40.000 €/Jahr den Kredit *(incl. Zinsen)* zurückzahlt?

Aufgabe 4.19 *(4.2.70)*:

Die Keksfabrik Krümel & Co. KG erhält von der Huber-Kredit-Bank einen Kredit über 200.000 €.

Konditionen: Disagio: 7%   *(d.h. die Krümel KG erhält nur 186.000,-- € in bar);*
                Zinsen: 9% p.a. *(nominell)*
                Tilgung: 3% p.a. *(zuzüglich ersparte Zinsen).*

In den ersten beiden Jahren ist die Krümel KG von jeglicher Zahlungsleistung befreit *(selbstverständlich erhöhen aber die fälligen Zinsen jeweils die Restschuld!)*

Am Ende des dritten Jahres seit Kreditaufnahme wird die erste reguläre Annuität *(9% Zinsen plus 3% Tilgung auf die zu Jahresbeginn vorhandene Restschuld)* geleistet.

i)   Nach welcher Zeit – *seit Kreditaufnahme* – ist der Kredit vollständig getilgt?

ii)   Man stelle die ersten vier sowie die letzten beiden Zeilen des Tilgungsplans auf.

iii) Wie hoch müsste eine einmalige Sondertilgungsleistung sein, die die Krümel KG am Tag der ersten regulären Annuität *zusätzlich* zu leisten hätte, damit die unter i) ermittelte *Gesamt*laufzeit des Kredites *genau 18 Jahre* beträgt? *Alle übrigen Zahlungen und Konditionen bleiben unverändert!*

iv)   Wie müsste sich der Tilgungssatz ändern, damit die Gesamtlaufzeit genau 30 Jahre beträgt? *Alle übrigen Konditionen und Zahlungen bleiben unverändert!*

Aufgabe 4.20 *(4.2.71)*:

Für eine Hypothek über 300.000,-- € werde eine Annuitätentilgung zu folgenden Bedingungen vereinbart: Auszahlung: 98%; Zinssatz: 7,5% p.a.; Tilgung: 2% p.a.

Wie ist die Laufzeit der Hypothek, wenn für das 2. Jahr alle Zahlungen ausgesetzt werden, die ursprüngliche Annuität aber für die folgenden Jahre unverändert bleibt?

Aufgabe 4.21 *(4.2.72)*:

Huber kann einen Kredit *(Kreditsumme 1.200.000,-- €)* erhalten. Auszahlung: 95%; Kreditzins: 10% p.a. (nominell).

i)   Man ermittle die beiden letzten Zeilen des Tilgungsplans, wenn im ersten Jahr Zahlungsaufschub vereinbart ist *(d.h. es erfolgt keinerlei Zahlung von Huber!)* und danach die jährlichen *Tilgungen* stets 40.000,-- € betragen.

ii)   Man ermittle die beiden letzten Zeilen des Tilgungsplans, wenn in den ersten 3 Jahren Tilgungsstreckung vereinbart ist *(d.h. nur die Zinsen gezahlt werden)* und danach Annuitätentilgung mit einem Tilgungssatz von 3% p.a. *(zuzüglich ersparte Zinsen)* erfolgt.

Aufgabe 4.22 *(4.2.73)*:

Das Autohaus Huber & Co. KG benötigt finanzielle Mittel in Höhe von 517.000,-- €
zur Erweiterung des Teilelagers. Die Hausbank will die Mittel zur Verfügung stellen.

Konditionen: Disagio: 6% der Kreditsumme;   Zinsen: 8% p.a.;
                    Tilgung: 2% p.a. *(zuzüglich ersparter Zinsen)*.

i)   Wie hoch muss die Kreditsumme sein, damit die Huber KG über die gewünschte
       Summe von 517.000,-- € verfügen kann?

ii)   Die Bank gewährt 4 tilgungsfreie Jahre, in denen die Annuität nur aus den Zinsen
       besteht. Nach welcher Zeit – bezogen auf die Kreditaufnahme – ist der Kredit
       vollständig getilgt?

iii)   Man gebe die ersten sechs und die beiden letzten Zeilen des Tilgungsplans an.

Aufgabe 4.23 *(4.2.74)*:

Gegeben ist ein Annuitätenkredit *(Kreditsumme 800.000,-- €)*. Als Disagio werden
5% einbehalten, der *(nominelle)* Kreditzins beträgt 9% p.a.

In Höhe des einbehaltenen Disagios wird dem Schuldner ein Tilgungsstreckungsdarlehen zu 11% p.a. für die 3 ersten Jahre eingeräumt. In diesen 3 Jahren bleibt der Hauptkredit zahlungsfrei, nur das Tilgungsstreckungsdarlehen muss während dieser Zeit
vollständig *(in Form einer entsprechenden Annuitätentilgung)* zurückgeführt werden.

Danach erfolgt die normale Tilgung des Hauptkredits mit einer Annuität von 13% auf
die Restschuld zu Beginn des vierten Jahres.

Man ermittle den vollständigen Tilgungsplan.

Aufgabe 4.24 *(4.2.75)*:

Zur Finanzierung einer Produktionsanlage für Halbleiterplatinen erhält die Hubtel AG
einen Annuitätenkredit *(Kreditsumme 1,1 Mio. €)* zu den Konditionen 92/8/2.

Das von der Kreditsumme einbehaltene Disagio wird für die ersten 4 Jahre als Tilgungsstreckungsdarlehen gewährt *(annuitätische Rückzahlung in 4 Jahren bei einer
Verzinsung von 9,5% p.a.)*.

Während der Laufzeit des Tilgungsstreckungsdarlehens werden alle Rückzahlungen
für den Hauptkredit ausgesetzt. Danach wird der *(um die Kreditzinsen angewachsene)*
Hauptkredit annuitätisch getilgt, und zwar in 2 möglichen Alternativen:

i)   mit dem vereinbarten Zinssatz (8%) und einer 10%igen Annuität von der An-
       fangsschuld;

ii)   mit dem vereinbarten Zinssatz (8%) und einer 10%igen Annuität von der zu
       Beginn des 5. Jahres aufgelaufenen Restschuld.

Man jeweils die ersten sechs und die letzten beiden Zeilen des Tilgungsplans an.

Aufgabe 4.25 *(4.2.80)*:

a) Eine Anleihe von 100 Mio. € wird in 20.000 Stücken zu 5.000,-- € ausgegeben und soll in gleichen Annuitäten bei einer Verzinsung von 8% p.a. in 10 Jahren zurückgezahlt sein.

  i) Man gebe den „ungestückelten" Tilgungsplan an.
  ii) Man stelle den Tilgungsplan unter Beachtung der Stückelung auf.

b) Eine Anleihe von 50 Mio. € wird in 50.000 Stücken zu 1.000,-- € ausgegeben und soll in gleichen Annuitäten bei einer Verzinsung von 7% p.a. in 5 Jahren zurückgezahlt sein.

  i) Man gebe den „ungestückelten" Tilgungsplan an.
  ii) Man stelle den Tilgungsplan unter Beachtung der Stückelung auf.

Aufgabe 4.26:

Siedenbiedel will einen Copy-Shop aufziehen und nimmt dazu einen Kredit in Höhe von 500.000 € (= Kreditsumme) auf. Seine Bank offeriert ihm einen Annuitätenkredit zu folgenden Konditionen (Zahlungen, Zins- und Tilgungsverrechnung jährlich):

Auszahlung: 95,5 %;   nom. Zins: 7,5 % p.a.;   Anfangstilgung: 2,5 % p.a.

i) Man ermittle die Höhe der Annuität sowie die Restschuld nach einer (anfänglichen) Laufzeit von 5 Jahren.

ii) Siedenbiedel möchte nun bei unveränderten Annuitäten, unveränderter Auszahlungssumme und unveränderter Restschuld *(nach 5 Jahren, siehe i))* aus steuerlichen Gründen einen nominellen Kreditzinssatz in Höhe von 7% p.a. *(statt 7,5% p.a.)* realisieren.

  Wie müssen jetzt Kreditsumme, Disagio und Tilgungsprozentsatz gewählt werden, damit sich der in i) ermittelte reale Zahlungsstrom auch bei i_{nom} = 7% p.a. ergibt?

4.2 Tilgungsrechnung bei unterjährigen Zahlungen

Aufgabe 4.27:

Die Bausparkasse Entenhausen berechnet für die von ihr vergebenen Kredite nominell 3 % p.a. Zinsen sowie eine Tilgung von nominell 9 % p.a. *(zuzüglich duch fortschreitende Tilgung ersparte Zinsen)*.

Zahlung und Verrechnung der relativen *(anteiligen)* Zinsen und Tilgung erfolgen monatlich, erstmalig einen Monat nach Auszahlung des Kredits.

Nach welcher Zeit ist der Kredit getilgt?

Aufgabe 4.28 *(4.3.12)*:

i)   Ein Kredit, Kreditsumme 99.634,08 €, soll mit Quartalsraten zu je 8.000,-- €/Q. *(1. Rate 1 Quartal nach Kreditaufnahme)* bei i = 18% p.a. zurückgezahlt werden. Nach 4,5 Jahren wird das Konto abgerechnet.

      Man ermittle die noch bestehende Restschuld nach folgenden Kontoführungen:

           *a) 360-Tage-Methode   **b)** Braess   **c)** US   **d)** ICMA .

      Man gebe jeweils den vollständigen Tilgungsplan für das Kreditkonto an.

ii)   Man beantworte i) a) bis d) für eine Kreditsumme K_0 = 100.000,-- €, Quartalsraten zu 4.000,-- €/Quartal bei i = 16% p.a. *(ohne Tilgungsplan)*.

Aufgabe 4.29 *(4.3.13)*:

      Ein Kredit, Kreditsumme 100.000 €, soll mit Quartalsraten zu je 10.000 €/Quartal *(1. Rate Ende 9. Quartal nach Kreditaufnahme)* bei i = 12% p.a. zurückgezahlt werden.

      In den ersten 2 Jahren ist Tilgungsstreckung vereinbart, d.h. in den ersten 8 Quartalen werden nur entstandene Zinsen gezahlt. Nach 4,5 Jahren wird das Konto abgerechnet.

      Man ermittle die noch bestehende Restschuld nach folgenden Kontoführungsmodellen:

           *a) 360-Tage-Methode   **b)** Braess   **c)** US   **d)** ICMA .

      Man gebe jeweils den vollständigen Tilgungsplan für das Kreditkonto an.

Aufgabe 4.30 *(4.3.14)*:

      Ein Kredit, Kreditsumme 100.000,-- €, soll mit Quartalsraten zu je 12.000,-- € *(1. Rate Ende des 9. Quartals nach Kreditaufnahme)* bei i = 10% p.a. zurückgezahlt werden.

      In den ersten 2 Jahren ist ein Zahlungsaufschub vereinbart, d.h. es erfolgt in den ersten 8 Quartalen keinerlei Zahlung. Nach 4,5 Jahren wird das Konto abgerechnet.

      Wie hoch ist die dann noch bestehende Restschuld nach den Kontoführungsmodellen:

           *a) 360-Tage-Methode   **b)** Braess   **c)** US   **d)** ICMA .

      Man gebe jeweils den vollständigen Tilgungsplan für das Kreditkonto an.

Aufgabe 4.31 *(4.3.15)*:

      Ein Kredit mit der Kreditsumme 100.000,-- € soll mit folgenden Gegenleistungen *(Zahlungen)* zurückgezahlt werden:

         Ende 3. Quartal: 10.000,-- €   Ende 6. Quartal: 20.000,-- €
         Ende 12. Quartal: 50.000,-- €   Ende 13. Quartal: 30.000,-- €
         Ende 18. Quartal: Restzahlung, so dass der Kredit vollständig getilgt ist.

      Man ermittle diese Restzahlung *(bei 16% p.a.)* für die Kontoführungsmethoden

           *a) 360-Tage-Methode   **b)** Braess   **c)** US   **d)** ICMA

      und gebe jeweils den vollständigen Tilgungsplan für das Kreditkonto an.

Aufgabe 4.32 *(4.3.16)*:

Ein Kredit mit der Kreditsumme K_0 = 100.000,-- €, soll mit Monatsraten zu 2.000,--
€/Monat bei i = 12% p.a. zurückgezahlt werden *(die 1. Rate ist einen Monat nach
Kreditaufnahme fällig)*.

i)   Man ermittle für die Kontoführungsmethoden

        *a) 360-Tage-Methode   **b)** Braess   **c)** US   **d)** ICMA

    die Restschuld nach 18 Monatsraten.

ii)   Man ermittle für die in i) aufgeführten Kontoführungsmethoden a), c) und d) die
    Gesamtlaufzeit bis zur vollständigen Tilgung.

Aufgabe 4.33 *(4.3.17)*:

Ein Kredit, Kreditsumme 100.000,-- €, soll mit monatlichen Raten bei i = 12% p.a.
zurückgezahlt werden *(erste Rate 1 Monat nach Kreditaufnahme)*. Welche Monatsrate
ist zu wählen, damit das Konto nach 18 Monaten ausgeglichen ist?

Man beantworte diese Frage für folgende Kontoführungsmodelle:

        *a) 360-Tage-Methode   **b)** Braess   **c)** US   **d)** ICMA .

Aufgabe 4.34 *(4.3.18)*:

Ein Kredit soll mit 18 Monatsraten zu 6.000,-- €/Monat bei i = 12% p.a. zurückgezahlt
werden *(erste Rate einen Monat nach Kreditaufnahme)*. Bei welcher Kreditsumme
reichen die 18 Monatsraten gerade aus, um den Kredit vollständig *(incl. Zinsen)* zurückzuführen?

Man beantworte diese Frage für folgende Kontoführungsmodelle:

        *a) 360-Tage-Methode   **b)** Braess   **c)** US   **d)** ICMA .

Aufgabe 4.35 *(4.3.19)*:

Ein Annuitätenkredit *(nom. Jahreszins: i_{nom} ; Anfangstilgung: i_T (p.a.))* werde mit gleichen Monatsraten zurückgezahlt. Die Monatsrate betrage ein Zwölftel der Jahresleistung. Die Zins- und Tilgungsverrechnung erfolge ebenfalls monatlich, der Monatszins
sei relativ zu i_{nom}, d.h. US-Methode.

i)   Zeigen Sie: Bei gegebener Gesamtlaufzeit n *(in Monaten)* ist die dazu passende
    Anfangstilgung i_T *(p.a.)* gegeben durch

$$i_T = \frac{i_{nom}}{\left(1 + \frac{i_{nom}}{12}\right)^n - 1}$$
    *(Tipp: Äquivalenzgleichung für die
    Gesamtlaufzeit n aufstellen
    und nach i_T umformen!)*

ii)   Huber will seinen Kredit *(Konditionen wie oben angegeben, Zinssatz 8% p.a.
    nominell)* in 15 Jahren vollständig getilgt haben. Wie hoch muss die Anfangstil-
    gung *(p.a.)* sein?

iii) Entwickeln Sie eine Tabelle, die für i_{nom} von 6% bis 9% p.a. *(in 0,5%-Schritten)* und Gesamtlaufzeiten von 10 bis 30 Jahren *(in 5-Jahres-Schritten)* die jeweils dazu passende Anfangstilgung aufweist. *(Tipp: Teil i) verwenden! Wenn's zu langweilig wird: Tabellenkalkulation benutzen!)*

Aufgabe 4.36 *(4.4.5)*:

Ein Annuitätenkredit *(Kreditsumme 400.000,-- €)* wird zu folgenden Konditionen abgeschlossen:

Auszahlung: 97%;   Zinsen: 11% p.a.;   Tilgung: 1% p.a. *(zuzüglich ersparter Zinsen)*

Die jährliche Gegenleistung beträgt 48.000,-- €. Sie ist in Teilbeträgen von 4.000,-- € zum jeweiligen Monatsende zu zahlen, erstmalig einen Monat nach Kreditaufnahme. Die Kredit-Zinsen werden jährlich jeweils nach dem Stand der Darlehensschuld zum Schluss des vergangenen Zinsjahres ermittelt und verrechnet, erstmalig ein Jahr nach Kreditaufnahme.

Die sich nach 10 Jahren ergebende Restschuld ist in einem Betrage an den Kreditgeber zu zahlen.

Man ermittle diese Restschuld

i)   nach den angegebenen Kreditbedingungen;

ii) nach einer Kontoführungsmethode, die die *sofortige* Tilgungsverrechnung der geleisteten Monatsraten berücksichtigt, und zwar

   *a)   nach der 360-Tage-Methode;

   b)   nach der US-Methode;

   c)   nach der ICMA-Methode.   Jeweilige „Ersparnis" gegenüber i)?

iii) Man ermittle Gesamtlaufzeit/Ratenanzahl dieses Kredits nach den vier zuvor erwähnten Kontoführungs-Methoden:

   *a)   nach der 360-Tage-Methode;

   b)   nach der US-Methode;

   c)   nach der ICMA-Methode;

   d)   nach den eingangs angeführten Kreditbedingungen   *(d.h. nachschüssige Tilgungsverrechnung)*.

5   Die Ermittlung des Effektivzinssatzes in der Finanzmathematik

5.1   Grundlagen, Standardprobleme

Aufgabe 5.1 *(5.1.13)*:

Gegeben ist ein Kredit mit einer Kreditauszahlung von 100.000,-- €, der mit zwei Raten zu je 70.000,-- € *(zu zahlen jeweils im Abstand von 9 Monaten)* vollständig zurückgeführt ist, siehe Abbildung:

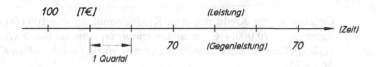

Man ermittle Effektivverzinsung und Vergleichskonto dieses Kredits nach der Kontoführung nach Braess *(siehe etwa [Tie3], Kapitel 4.3.2)*.

(Prinzip der Kontoführung nach Braess: Zinszuschlag jährlich, wobei – im Gegensatz zur 360-Tage-Methode – gebrochene Zinsjahre am Anfang liegen. Unterjährig werden lineare Zinsen (zum relativen Zinssatz) berechnet.)

Aufgabe 5.2:

i)   Maercker leiht sich von ihrem Kollegen Weigand € 15.000,--. Als Rückzahlung will Weigand nach einem Jahr € 7.500,-- und nach einem weiteren Jahr € 12.000,--. Welcher *(positive)* effektive Jahreszins liegt diesen Finanzierungsmodalitäten zugrunde?

ii) Knorz ist professioneller Geldverleiher. Für einen Kredit in Höhe von € 40.000,-- verlangt er 6% Bearbeitungsgebühr *(fällig bei Auszahlung des Kredits)*.

Die Rückzahlung erfolgt in 10 Jahresraten *(beginnend ein Jahr nach Kreditauszahlung)* zu je € 8.000,--/Jahr. Welche Effektivverzinsung ergibt sich für Knorz?

iii)   Der dynamische Jungunternehmer Theo Trichter benötigt zur endgültigen Durch-
       setzung des von ihm entwickelten vollautomatischen Aufrollhosenträgers einen
       Sofortkredit in Höhe von € 400.000,--. Seine Hausbank will die nötigen Mittel
       zur Verfügung stellen und fordert eine Rückzahlung in 8 nachschüssigen Jahres-
       raten zu je € 75.000,--.

       Welche effektive Verzinsung ergibt sich für diesen Kredit, wenn die Bank zu-
       sätzlich eine Sofortprovision in Höhe von 5% der Kreditsumme einbehält?

iv)   Karlo Knast benötigt dringend einen Kredit in Höhe von € 50.000,--. Da er aus
       hier nicht näher zu erläuternden Gründen die Kreditabteilungen der seriösen Ban-
       ken meidet, wendet er sich an die Kreditvermittlung Zaster & Rubel GmbH, die
       folgendes Angebot unterbreitet:

       Kreditsumme € 50.000,--, Rückzahlung in 10 jährlich gleichen Raten zu je €
       10.000,--, erste Rate ein Jahr nach Kreditaufnahme.

       Welche Effektivverzinsung ergibt sich für diesen Kredit?

Aufgabe 5.3 *(5.1.17)*:

Gegeben ist ein Kredit mit einer Kreditauszahlung von 100.000,-- €, der mit zwei
Raten zu je 70.000,-- € *(zu zahlen jeweils im Abstand von 9 Monaten)* vollständig
zurückgeführt ist, siehe Abbildung *(es handelt sich um denselben Kredit wie in Aufgabe 5.1.13)*:

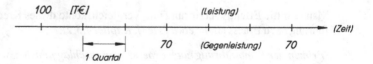

Man ermittle Effektivverzinsung und Vergleichskonto dieses Kredits nach der US-
Kontoführung *(siehe etwa [Tie3], Kapitel 4.3.3)*.

*(Prinzip der US-Kontoführung: Wie ICMA-Methode – d.h. Zinsverrechnung zeit-
gleich mit jeder Zahlung – mit dem einzigen Unterschied, dass anstelle des konformen
der relative unterjährige Zinssatz angewendet wird.)*

Aufgabe 5.4 *(5.1.33)*:

Ein Kredit mit der Auszahlungssumme 100.000,-- € kann auf zwei Arten zurückgezahlt werden *(siehe Abbildung)*:

i)   80.000,-- € nach zwei Jahren, 60.000,-- € nach weiteren 3 Jahren;
ii)   70.000,-- € nach zwei Jahren, 70.000,-- € nach weiteren 3 Jahren:

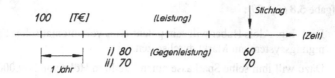

Man ermittle in beiden Fällen den Effektivzinssatz dieses Kredits.

Aufgabe 5.5 *(5.2.17)*:

Huber erwirbt für 1.000,-- € Bermuda-Schatzbriefe mit einer Laufzeit von 6 Jahren, danach Rückzahlung zum Nennwert. Folgende Verzinsung wird gewährt:

1. Jahr:	5,50%	4. Jahr:	8,25%
2. Jahr:	7,50%	5. Jahr:	8,50%
3. Jahr:	8,00%	6. Jahr:	9,00% .

Die fälligen Zinsen werden Huber an jedem Zinszuschlagtermin ausgezahlt *(also **nicht** dem Kapital zugeschlagen).*

Welche Rendite besitzen die Bermuda-Schatzbriefe?

Aufgabe 5.6 *(5.2.18)*:

Huber leiht sich 100.000,-- €. Das Disagio beträgt 4%. Die Bank fordert 8% p.a. Zinsen, die Tilgung soll in 5 gleichen Tilgungsjahresraten, beginnend 1 Jahr nach Kreditaufnahme erfolgen.

i)   Stellen Sie einen Tilgungsplan auf.

ii)   Welche Effektivverzinsung hat dieser Kredit?

iii)   Welche Effektivverzinsung hat der Kredit, wenn in den beiden ersten Jahren keinerlei Zahlungen erfolgen und die entstandene Restschuld in den dann folgenden drei Jahren durch gleiche Tilgungsraten *(d.h. wiederum Ratentilgung)* vollständig zurückgeführt wird?

Aufgabe 5.7 *(5.2.19)*:

Huber nimmt einen Hypothekarkredit auf. Konditionen: 93,5% Auszahlung, Zinssatz 6,5% p.a. *(nom.)*, Tilgung 1,5% p.a. zuzügl. ersparte Zinsen.

i)   Wie hoch ist die Effektivverzinsung über die gesamte Laufzeit?

ii)   Wie lautet der effektive Jahreszins, wenn die Konditionen für 5 Jahre festgeschrieben sind? *(Huber muss dann die noch bestehende Restschuld in einem Betrag zurückzahlen.)*
       Bemerkung: Die Effektivverzinsung bezieht sich jetzt lediglich auf 5 Jahre!

Aufgabe 5.8 *(5.2.20)*:

Dipl.-Ing. Alois Huber will sein patentiertes vollautomatisches Knoblauchpressenrei-nigungssystem am Markt durchsetzen.

Dazu will ihm seine Sparkasse einen Kredit in Höhe von 200.000,-- € zur Verfügung stellen.

Konditionen: Disagio 5%,
                 Zinssatz 8% p.a.,
                 Tilgung 1% p.a. *(zuzügl. ersparte Zinsen).*

Um Hubers Belastung in den ersten Jahren zu mindern, verzichtet die Sparkasse in den ersten drei Jahren auf Tilgungszahlungen und verlangt nur die jeweils *(nachschüssig)* fälligen Zinszahlungen *(„ Tilgungsstreckung").*

Ab dem 4. Jahr setzen die planmäßigen Tilgungen ein.

i)   Nach welcher Zeit *(bezogen auf die Kreditauszahlung)* ist der Kredit vollständig getilgt?

ii)   Man gebe die ersten 5 und die letzten 2 Zeilen des Tilgungsplans an.

iii)   Welche Effektivverzinsung liegt vor?

Aufgabe 5.9:

Scheich Abdul Ibn Sisal, aufgrund der gesunkenen Erdölpreise völlig verarmt, muss sich – um dennoch sein soziales Prestige wahren zu können – eine weitere Nebenfrau zulegen.

Zur Finanzierung des ausgehandelten Kaufpreises (20 Kamele und 3 Ziegen) nimmt er beim Bankhaus Omar & Huber einen Kredit in Höhe von 15.000 US $ zu folgenden Konditionen auf:

Zinssatz: 13% p.a. *(nom.)*; Tilgung: 5% p.a. zuzgl. ersparter Zinsen; das zu Beginn einbehaltene Disagio beträgt 10%.

i)   Wie hoch ist die Effektivverzinsung bei einer Laufzeit von 3 Jahren, wenn am Ende des 3. Jahres die noch vorhandene Restschuld (zusätzlich zur regulären Annuität) in einem Betrag zu zahlen ist?

       (Abdul möchte nämlich gerne nach drei Jahren schuldenfrei sein, um Kreditspiel-raum für die evtl. notwendige Ergänzung seines Harems um eine weitere Neben-frau zu haben.)

ii)   Sollte Abduls derzeitige Finanzmisere jedoch weiter anhalten, so wird er ge-zwungen sein, sich mit seinen bereits vorhandenen Nebenfrauen zu begnügen und den Kredit über dessen gesamte Laufzeit zurückzuzahlen.

       Welche Effektivverzinsung ergibt sich in diesem Fall?

Aufgabe 5.10 *(5.2.21)*:

Huber will, ermutigt durch den allgemeinen Zinsrückgang, ein Haus bauen. Seine Bank bietet ihm zwei Kreditangebote i) und ii) mit unterschiedlichen Konditionen:

i) Zinsen *(nominell)* 6,25% p.a.   Auszahlung: 98%
    Tilgung: 1% p.a. *(zuzüglich ersparter Zinsen)*   Laufzeit: 5 Jahre

ii) Zinsen *(nominell)* 4% p.a.   Auszahlung: 90%
    Tilgung: 2% p.a. *(zuzüglich ersparter Zinsen)*   Laufzeit: 5 Jahre.

Welcher Kredit hat den kleineren Effektivzinssatz, wenn unterstellt wird, dass die am Ende der Laufzeit noch vorhandene Restschuld dann in einem Betrag zur Rückzahlung fällig wird?

Aufgabe 5.11 *(5.2.22)*:

Huber leiht sich von seiner Hausbank 100.000,-- € *(= Kreditsumme)* zu folgenden Konditionen:

Auszahlung: 94%; Zins *(nom.)*: 9% p.a.; Tilgung: 2% p.a. *(zuzügl. ersparte Zinsen)* Konditionen fest für 5 Jahre

Nach Ablauf der Zinsbindungsfrist *(= 5 Jahre)* bietet ihm seine Bank einen Anschlusskredit zu folgenden Konditionen:

Die noch bestehende Restschuld bildet die neue nominelle Kreditsumme. Darauf entfällt ein Disagio von 4%. Zinsen *(nominell)* 12% p.a., Tilgung 1% p.a. zuzügl. ersparte Zinsen. Diese Konditionen bleiben gültig bis zur vollständigen Tilgung des Kredites.
(Zins- und Tilgungsverrechnung erfolgen stets jährlich.)

i)   Man ermittle die Gesamtlaufzeit beider Kredite.

ii) Man ermittle die beiden letzten Zeilen des Tilgungsplans für den zweiten Kredit.

iii) Welche Effektivverzinsung ergibt sich bei gemeinsamer Betrachtung des aus den zwei Teilen bestehenden Gesamtkreditvorganges?

Aufgabe 5.12 *(5.2.23)*:

Alle Geschäfte, die die Huber-Bank tätigt, sollen eine Effektivverzinsung von 10% p.a. bringen.

Der Kunde Moser soll einen Annuitätenkredit zu den folgenden Konditionen erhalten: Zins *(nom.)* 8% p.a., Tilgung: 1% p.a. zuzügl. ersparte Zinsen, die Konditionen sind fest für 7 Jahre *(d.h. nach 7 Jahren ist die Restschuld in einem Betrage fällig.)*

Welches Disagio muss die Huber-Bank fordern?

Aufgabe 5.13 *(5.2.24)*:

Gegeben ist ein Annuitätenkredit mit einer Kreditsumme von 150.000,-- €. Die Auszahlung beträgt 92%, die jährlich zu zahlenden Annuitäten *(erstmalig ein Jahr nach Kreditaufnahme)* betragen 14.250,-- €/Jahr. Zins- und Tilgungsverrechnung erfolgen ebenfalls jährlich.

Nach Zahlung der 28. Rate ist der Kredit vollständig getilgt.

i)   Mit welchem *nominellen* Jahreszins wurde dieser Kredit verzinst?

ii) Man ermittle den effektiven Jahreszins dieses Kredites.

Aufgabe 5.14 *(5.2.25)*:

Die Häberle AG nimmt ein Darlehen in Höhe von nominell 220.000,-- € auf. Kreditkonditionen: Auszahlung 92%; Zinsen *(nom.)*: 6% p.a. *(fest für die Gesamtlaufzeit)*; Tilgung: 1% p.a. *(zuzüglich ersparte Zinsen)*. Die Annuitäten sind jeweils am Jahresende fällig, Zins- und Tilgungsverrechnung erfolgen ebenfalls am Jahresende.

Man ermittle die Effektivverzinsung für diesen Kredit,

i)   wenn die erste Annuität ein Jahr nach Kreditauszahlung fällig ist;

ii) wenn in den ersten 4 Jahren jeweils am Jahresende nur die Zinsen *(aber keine Tilgung)* gezahlt werden *(Tilgungsstreckung, 4 tilgungsfreie Jahre)*, die erste volle Annuität mithin am Ende des 5. Jahres nach Kreditauszahlung fällig ist;

iii) wenn in den ersten drei Jahren überhaupt keine Zahlungen geleistet werden *(3 annuitätenfreie Jahre)*. Die erste Annuität *(nunmehr bezogen auf die um die Zinseszinsen der drei ersten Jahre erhöhte Kreditanfangsschuld)* ist somit am Ende des 4. Jahres fällig.

iv) Man löse die Aufgabenteile i) − iii) für den Fall, dass − abweichend von den o.a. Konditionen − der Kredit 10 Jahre nach Auszahlung *(= Ende der Zinsbindungsfrist)* gekündigt wird und die dann noch vorhandene Restschuld in einem Betrage fällig wird.

Aufgabe 5.15 *(5.2.26)*:

Huber nimmt einen Kredit *(Kreditsumme: 150.000 €)* zum 01.01.00 auf *(Disagio: 7%; nom. Zinssatz: 9% p.a.; Annuitätenkredit)*. Die Rückzahlung soll in 20 gleichen Annuitäten erfolgen, die erste Annuität ist ein Jahr nach Kreditaufnahme fällig.

Unmittelbar nach Zahlung der 13. Annuität nimmt Huber einen Zusatzkredit in Höhe von 120.000,-- € *(= Kreditsumme)* auf, Disagio 5%. Die sich nunmehr ergebende Gesamtschuld soll − in Abänderung der bisherigen Vereinbarungen − in 10 weiteren gleichen Annuitäten *(beginnend nach einem Jahr)* abgezahlt werden.

Welcher Effektivzins liegt dem gesamten Kreditvorgang zugrunde?

Aufgabe 5.16 *(5.2.27)*:

Gegeben ist ein Annuitätenkredit mit einer Auszahlung von 93% und einem nominellen Jahreszins von 9% p.a.
(Annuitäten, Zins- und Tilgungsverrechnung jährlich).

Wie hoch muss der *(anfängliche)* Tilgungssatz *(in% p.a.)* sein, damit sich – bei Vereinbarung einer 5-jährigen Festschreibung der Konditionen – ein Effektivzins von 11% p.a. ergibt?

Aufgabe 5.17 *(5.2.28)*:

Huber braucht dringend Barmittel in Höhe von 120.000,-- €. Von zwei Banken holt er Kreditkonditionen ein:

Bank A: bietet einen Annuitätenkredit zu 96% Auszahlung, 8% p.a. Zinsen *(nom.)* und 2% Tilgung *(zuzügl. ersparte Zinsen)* an. Konditionen fest über die Gesamtlaufzeit.

Bank B: bietet zu einem *(nom.)* Zins von 9% p.a. einen Ratenkredit über 12 Jahre an *(d.h. der Kredit ist nach 12 Jahren vollständig getilgt.)*. Hier erfolgt die Auszahlung zu 100%.

(Bei beiden Banken erfolgen Zahlungen, Zins- und Tilgungsverrechnungen jährlich, erstmals ein Jahr nach Kreditauszahlung.)

i)   Man gebe für den Kredit von Bank A die beiden letzten Zeilen des Tilgungsplans an.

ii)   Man ermittle den Effektivzins des Kredites der Bank B.

Aufgabe 5.1 *(5.2.29)*:

Huber leiht sich 200.000,-- € *(= Kreditsumme)*.

Die Bank verlangt ein Disagio von 8%.

Darüber hinaus werden folgende Gegenleistungen vereinbart: 2 Jahre Tilgungsstreckung, danach *(mit einer Ausnahme, s.u.)* jährliche Tilgungen von 40.000,-- €/Jahr *(nur im letzten Jahr erfolgt eine evtl. abweichende Resttilgung)*.

Die fälligen Zinsen (8% p.a.) werden in jedem Jahr bezahlt.

Einzige Ausnahme: Am Ende des 6. Jahres seit Kreditaufnahme werden überhaupt keine Zahlungen geleistet *(also weder Zinsen noch Tilgung)*.

i)   Man gebe den Tilgungsplan an.

ii)   Wie lautet der effektive Jahreszins dieses Kredits?

Aufgabe 5.19 *(5.2.30)*:

Kreditnehmer Huber benötigt einen Annuitäten-Kredit, bei dem er 350.000 € ausgezahlt bekommt. Die Konditionen sollen für 10 Jahre festgeschrieben werden. Jährlich kann er – erstmalig ein Jahr nach Kreditaufnahme – 40.000,-- € für Verzinsung und Tilgung € aufbringen.

Er vereinbart mit der Bank einen – auf 10 Jahre bezogenen – effektiven Jahreszins von 9,50% p.a. *(Zahlungen, Zins- und Tilgungsverrechnung jährlich)*.

i)   Man ermittle Auszahlung, Nominalzinssatz, Anfangstilgung und Tilgungsplan, wenn kein Disagio einbehalten wird. Wie hoch ist die Restschuld am Ende der Zinsbindungsfrist?

ii)   Man beantworte i), wenn Huber aus steuerlichen Gründen ein Disagio von 8% mit der Kreditbank vereinbart.

iii)   Man ermittle mit dem unter ii) wirksamen Effektivzins das Vergleichskonto.

Aufgabe 5.20 *(5.2.31)*:

Huber benötigt zum Bau eines Geschäftshauses Barmittel in Höhe von 1,5 Mio. €. Seine Bank bietet ihm folgenden Standard-Annuitätenkredit *(d.h. Zahlungen, Zins- u. Tilgungsverrechnung jährlich)*:

                Auszahlung: 91%
                (nom.) Verzinsung: 8% p.a.
                Anfangstilgung: 1%
                Zinsbindungsdauer: 10 Jahre.

i)   Möglichkeit A: Die Bank legt die Kreditsumme derart fest, dass Huber die 1,5 Mio. € als Auszahlung erhält. Man ermittle den effektiven Jahreszins des Kredits sowie den Tilgungsplan.

ii)   Möglichkeit B: Die Bank legt als Kreditsumme 1,5 Mio. € fest und gewährt zusätzlich in Höhe des Disagiobetrages ein Tilgungsstreckungsdarlehen *(Auszahlung: 100%, Verzinsung: 11% p.a.)*, das zunächst in drei gleichhohen Annuitäten vollständig zurückzuführen ist. Während dieser ersten drei Jahre bleibt der Hauptkredit zahlungsfrei. Auf die zu Beginn des 4. Jahres vorhandene *(durch Zinsansammlung erhöhte)* Restschuld werden sodann in den folgenden 7 Jahren die ursprünglich vereinbarten Konditionen *(d.h. nom. Verzinsung 8% p.a., Anfangstilgung 1%)* angewendet.

      Man ermittle den Tilgungsplan und die Effektivverzinsung des *(aus zwei Teilen bestehenden)* Kredits.

iii)   Mit welchem Zinssatz müsste die Bank das Tilgungsstreckungsdarlehen in ii) ausstatten, damit sich derselbe Effektivzinssatz ergibt wie in i)?

Aufgabe 5.21 *(5.2.32)*:

Huber hat mit seiner Hausbank einen Annuitätenkreditvertrag mit den Konditionen 90/7/1 *(10 Jahre fest)* abgeschlossen, Kreditsumme: 100.000,– €, ausgezahlter Betrag: 90.000,-- € *(alle Zahlungen sowie Zins- und Tilgungsverrechnung erfolgen jährlich)*.

Nach 5 Jahren tilgt Huber die noch bestehende Restschuld vorzeitig und verlangt von der Bank eine Rückerstattung des nicht verbrauchten Disagios.

i)   Welchen Betrag muss die Bank zu diesem Zeitpunkt erstatten, wenn sie mit der Effektivzinsmethode rechnet?

ii)   Man beantworte Frage i), wenn die Konditionen mit 93/9/1 *(5 Jahre fest)* vereinbart worden wären *(Auszahlung also 93.000,-- €)* und der Kredit bereits nach einem Jahr vorzeitig getilgt werden soll.

Aufgabe 5.22:

Jacobs erhält von seiner Hausbank einen Kredit in Höhe von 700.000 € *(= Kreditsumme)*, Kreditzinssatz 10% p.a. Folgende *Tilgungs*beträge werden vereinbart:

Ende Jahr 1:   140.000 €
Ende Jahr 4:   126.000 €
Ende Jahr 6:   449.000 €
Ende Jahr 7:   Resttilgung *(Jahreszählung: seit Zeitpunkt der Kreditaufnahme)*

Hinsichtlich der *Zahlungen* wird folgendes vereinbart:
Am Ende des 3. und 5. Jahres zahlt Jacobs keinen Cent.
Am Ende des 5. Jahres erhält Jacobs einen zusätzlichen Kredit in Höhe von 350.000€ *(= neue Kreditsumme)*. Am Ende aller übrigen Jahre *(d.h. außer Ende 3. und 5. Jahr)* werden neben den vereinbarten Tilgungen zusätzlich die fälligen Zinsen bezahlt.

i)   Geben Sie den Tilgungsplan des Kreditkontos an.

ii)   Ermitteln Sie den Effektivzins dieses Kredits, wobei sowohl die anfängliche Kreditsumme (700.000€) als auch die zusätzliche Kreditsumme (350.000€, Ende Jahr 5) mit 6% Disagio belastet wird *(nur Äquivalenzgleichung, **keine** Lösung!)*.

iii) Der Finanzmathematiker Alois Huber ermittelt einen Effektivzins für den o.a. Kredit gemäß ii) in Höhe von 11,9303023% p.a.
      Kontrollieren Sie diesen Wert durch Aufstellen des Vergleichskontos!

Aufgabe 5.23:

Ein Ratenkredit *(d.h. jährlich gleiche **Tilgungen!**)* habe die Kreditsumme 400.000 €. Der Kredit soll nach 4 Jahren vollständig getilgt sein. Nom. Kreditzinssatz: 20% p.a., Disagio: 8% der Kreditsumme *(Zahlungen, Zins- und Tilgungsverrechnung jährlich)*.

i)   Man ermittle den Effektivzinssatz dieses Kredits *(Tipp: Dieser Zinssatz liegt zwischen 24% und 25% p.a. – Regula falsi anwenden!)*.

ii)   Man stelle das Vergleichskonto mit dem *ersten* unter i) ermittelten Näherungswert für i_{eff} – gerundet auf 3 Nachkommastellen – auf.   Kommentar?

5.2 Effektivzinsermittlung bei unterjährigen Leistungen

Aufgabe 5.24 *(5.3.13)*:

Gegeben ist ein Annuitätenkredit mit einer Kreditsumme von 100.000 €, einem Disagio von 6% und einem *(nominellen)* Kreditzinssatz in Höhe von 10% p.a.

Vereinbarte Rückzahlungen: 3000 €/Quartal *(1. Rate 3 Monate nach Kreditaufnahme)*.

Als anfängliche Laufzeit werden 5 Jahre vereinbart, die sich dann noch ergebende Restschuld ist zusätzlich zur letzten Annuität in einem Betrage zurückzuzahlen.

Die Kreditbank bietet fünf verschiedene Kredit-Varianten für den Kreditnehmer an:

Variante A: Das Kreditkonto wird nach der 360-Tage-Methode abgerechnet *(sofortige Tilgungsverrechnung)*

Variante B: Das Kreditkonto wird nach der ICMA-Methode abgerechnet *(sofortige Tilgungsverrechnung)*

Variante C: Das Kreditkonto wird nach der US-Methode abgerechnet *(sofortige Tilgungsverrechnung)*

Variante D: Das Kreditkonto wird wie folgt abgerechnet: Zins- und Tilgungsverrechnung erfolgen jährlich, $i = 10\%$ p.a. *(nachschüssige Tilgungsverrechng.)*

Variante E: Das Kreditkonto wird wie folgt abgerechnet: Zins- und Tilgungsverrechnung erfolgen halbjährlich, der anzuwendende Semesterzinssatz beträgt 5% p.H. *(nachschüssige Tilgungsverrechnung)*

Man ermittle für jede dieser Kontoführungsvarianten den – auf 5 Jahre bezogenen – Effektivzinssatz nach der

　　　*I: 360-Tage-Methode　　　　II: ICMA-Methode　　　　III: US-Methode.

*Aufgabe 5.25 *(5.3.14)*:

Ein Annuitätenkredit habe die Konditionen 94/10/2 *(Kreditsumme 550.000€)*.

Die sich rechnerisch ergebende Jahresannuität ist in 12 gleichen Teilen *(zu je 1/12 der Jahresleistung)* monatlich fällig, erste Rate einen Monat nach Kreditaufnahme.

Die Tilgungsverrechnung erfolgt dagegen vierteljährlich *(nachschüssige Tilgungsverrechnung)*.

Die Zinsverrechnung erfolgt halbjährlich in zwei Varianten:

a)　　Der Halbjahreszinssatz ist *relativ* zu 10% p.a.　　　*(innerhalb des Semesters:*
b)　　Der Halbjahreszinssatz ist *konform* zu 10% p.a.　　　*jeweils lineare Verzinsung!)*

Man ermittle für jede der Varianten a) und b) den Effektivzinssatz nach der

　　*I)　360-Tage-Methode　　　　sowie　　　**II)** ICMA-Methode,

wenn　　　1) die Konditionen für 5 Jahre festgeschrieben sind;
　　　　　　2) die Konditionen für die Gesamtlaufzeit unverändert bleiben.

(Insgesamt gibt es also 8 Varianten und somit 8 (verschiedene) Effektivzinssätze!)

Aufgabe 5.26:

Siegfried Sauerbier beantragt einen Schnellkredit in Höhe von 150.000 €. Die Geldfix GmbH & Co. KG will den Betrag zur Verfügung stellen und verlangt als Rückzahlung 60 nachschüssige Monatsraten zu je € 6.000,--, sowie eine mit der ersten Rate fällige Bearbeitungsgebühr in Höhe von 2 % der Kreditsumme.

i)   Man ermittle den tatsächlichen *(wertgleichen)* Monatszinssatz *(bei monatlichem Zinszuschlag)*, den Siegfried für diesen Kredit bezahlen muss.

ii)   Welcher effektive Jahreszinssatz liegt diesem Kredit zugrunde

     a)   bei monatlichen Zinseszinsen *(ICMA-Methode, siehe i)*
     b)   nach der US-Methode?

Aufgabe 5.27 *(5.3.44)***:**

Hubers Traum ist der Maserati 007 GTX. Seine Hausbank will ihm einen Ratenkredit von 50.000,-- € gewähren.

Konditionen: Zinsen 0,9% pro Monat, bezogen auf die *ursprüngliche* Kreditsumme. Einmalige Bearbeitungsgebühr: 5% der Kreditsumme; Die Rückzahlung erfolgt in 60 gleichen Monatsraten, beginnend einen Monat nach Kreditauszahlung. Bearbeitungsgebühr, Zinsen und Tilgung werden nominell summiert und in 60 gleiche Monatsraten aufgeteilt.

i)   Man ermittle die Höhe der *(stets gleichen)* Monatsrate.

ii)   Man ermittle den Effektivzinssatz dieses Ratenkredits nach der ICMA-Methode.

Aufgabe 5.28 *(5.3.45)***:**

Man ermittle die Effektivverzinsung *(a) ICMA   b) US)* folgender Ratenkredite:

i)   Laufzeit: 24 Monate; Zinsen: 0,127%p.M. *(jeweils vom Kreditbetrag!)*; Bearbeitungsgebühr: 2%.

ii)   Laufzeit: 18 Monate; (nom.) Summe aller Zinsen: 1,824% der Kreditsumme *(auf 18 Monate linear zu verteilen!)*; Bearbeitungsgebühr: 2%.

iii)   Laufzeit: 47 Monate; Zinsen: 0,43% p.M. *(jeweils vom Kreditbetrag!)*; Bearbeitungsgebühr: 3%.

Aufgabe 5.29 *(5.3.48)***:**

Beim „Bonus-Sparen" zahlt ein Sparer 5 Jahre lang monatlich vorschüssig eine Sparrate von r €/Monat *(z.B. 100,-- €/Monat)* auf sein Sparkonto ein *(6% p.a. Sparzinsen, erster Zinszuschlagtermin ein Jahr nach erster Monatsrate).*

Im 6. Jahr werden vom Sparer keine Zahlungen geleistet. Am Ende des 6. Jahres erhält der Sparer

- seine durch Zins- und Zinseszins angewachsenen Sparbeiträge *(zwischen zwei Zinszuschlagterminen werden lineare Zinsen berechnet)* und zusätzlich

- einen „Bonus" in Höhe von 17% auf die Summe seiner nominell geleisteten Einzahlungen *(Beispiel: Bei r = 100,-- € / Monat hat er nominell $100 \cdot 12 \cdot 5 =$ 6.000,-- € gespart, der Bonus beträgt dann 1.020,-- €)*.

i)   Man ermittle die Effektivverzinsung beim Bonussparen
     *a)   nach der 360-Tage-Methode
     b)   nach der ICMA-Methode.

ii) Zahlt der Sparer zusätzlich zu seinen Sparraten zu Beginn des ersten Jahres eine Sonderzahlung R, so erhält er am Ende des 6. Jahres neben den auf die Sonderzahlung entfallenen Zinseszinsen *(6% p. a.)* ebenfalls einen 17%igen Bonus auf R.

Wie lautet die Effektivverzinsung
     *a)   nach der 360-Tage-Methode
     b)   nach der ICMA-Methode

1)   für r = 500,-- €/Monat und einer einmaligen Sonderzahlung von 1.000,-- €?

2)   für r = 80,-- €/Monat und einer einmaligen Sonderzahlung von 10.000,-- €?

3)   wenn nur eine Sonderzahlung *(in Höhe von R Euro)* zu Beginn des 1. Jahres geleistet wird *(und keine Sparraten eingezahlt werden)*?

Aufgabe 5.30 *(5.3.49)*:

Gegeben ist ein Annuitätenkredit mit den Konditionen 94/10/2 und der Kreditsumme 100.000€. Die Annuitäten werden *(zu je einem Viertel der Jahresannuität)* vierteljährlich gezahlt *(mit sofortiger Tilgungsverrechnung)*, die Zinsverrechnung erfolgt jährlich, d.h. innerhalb des Jahres muss mit linearen Zinsen gerechnet werden.

Die Konditionen sind für fünf Jahre festgeschrieben.

i)   Man ermittle den effektiven Jahreszins dieses Kredits nach der
           a)   ICMA-Methode
          *b)   360-Tage-Methode
           c)   US-Methode.

ii) Man ermittle den effektiven Jahreszins des Kredits zu den oben genannten Konditionen, jedoch bei jährlicher Tilgungsverrechnung, nach der
           a)   ICMA-Methode
          *b)   360-Tage-Methode
           c)   US-Methode.

Aufgabe 5.31 *(5.3.50)*:

Huber nimmt bei seiner Hausbank einen Kredit in Höhe von 400.000,-- € auf. Als äquivalente Rückzahlungen werden vereinbart: 24 Monatsraten zu je 20.000,-- €/Monat, wobei die erste Monatsrate genau einen Monat nach Kreditaufnahme fällig ist.

Außerdem werden von den 400.000,-- € zu Beginn 5% *(als Disagio)* von der Bank einbehalten, so dass sich der Auszahlungsbetrag entsprechend vermindert.

i) Wie lautet der Effektivzinssatz dieses Kredits, wenn die Zinsperiode 1 Jahr beträgt und unterjährig mit linearen Zinsen gerechnet werden muss? *(360-Tage-Methode)*

ii) Wie lautet der Effektivzins dieses Kredits, wenn die Effektivzins-Periode ein Monat *(= 1 Ratenperiode)* beträgt und der Monatszins

   a) konform zum *(eff.)* Jahreszins ist?   *(ICMA-Methode)*
   b) relativ zum *(eff.)* Jahreszins ist?   *(US-Methode)*

Aufgabe 5.32 *(5.3.51)*:

Gegeben sei ein Annuitätenkredit mit den Konditionen 100/10/2, d.h.

   100% Auszahlung, Kredit-Zinsen *(nom.)*: 10% p.a.,
   Anfangstilgung: 2% p.a. *(zuzüglich ersparte Zinsen)*.

Die Kreditbank rechnet den Kredit monatlich ab:

Die Zinsperiode beträgt 1 Monat *(Monatszins = relativer Jahreszins)*; die Tilgungsverrechnung erfolgt sofort mit jeder Rückzahlungs-Rate. Die Annuitäten werden ebenfalls monatlich gezahlt, Monats„annuität" gleich ein Zwölftel der Jahresannuität.

Man ermittle den effektiven Jahreszins dieses Kredits, wenn die Konditionen für 5 Jahre fest vereinbart sind *(a)* *360-Tage-Methode und b) ICMA)*.

Aufgabe 5.33 *(5.3.52)*:

Bankhaus Huber & Co. offeriert seinen Kunden Kredite zu folgenden Konditionen: Auszahlung 92%; *(nom.)* Zins 6% p.a.; Tilgung 3% p.a. *(zuzüglich ersparte Zinsen)*.

Die sich daraus ergebende Annuität ist in 12 gleichen nachschüssigen Monatsraten zu zahlen *(Monatsrate = $\frac{1}{12}$ der Annuität)*, beginnend einen Monat nach Kreditaufnahme.

Tilgungsverrechnung: halbjährlich *(d.h. mit 1,5% p.$\frac{1}{2}$ a. zuzüglich ersparte Zinsen)*.

Ebenfalls halbjährlich werden die Zinsen berechnet *(d.h. Zinsperiode = $\frac{1}{2}$ Jahr, angewendeter Zinssatz 3% p.$\frac{1}{2}$ a.)*.

i) Man ermittle den Effektivzins über die Gesamtlaufzeit *(a)* *360-TM ; b) ICMA)*.

ii) Man ermittle den effektiven Zinssatz *(a)* *360-TM und b) ICMA)*, wenn die Konditionen für 5 Jahre fest bleiben *(die sich nach 5 Jahren ergebende Restschuld wird dabei als dann fällige Gegenleistung des Schuldners betrachtet)*.

Aufgabe 5.34 *(5.3.53)*:

Huber leiht sich 300.000€. Die Rückzahlung erfolgt vereinbarungsgemäß in 37 Quartalsraten zu je 18.000€/Q. Die erste Rate ist genau 2 Jahre nach Kreditaufnahme fällig.

*i)   Wie lautet der Effektivzins dieses Kredits, wenn die Zinsperiode 1 Jahr beträgt und unterjährig mit linearen Zinsen gerechnet werden muss? *(360-T.-Methode)*

ii)   Wie lautet der Effektivzinssatz dieses Kredits, wenn die Zinsperiode ein Quartal *(= Ratenperiode)* beträgt und der Quartalszinssatz konform zum Jahreszins ist? *(ICMA-Methode)*

Aufgabe 5.35 *(5.3.54)*:

Gegeben sei ein Annuitätenkredit mit folgenden Konditionen: Auszahlung 92%; Zins *(nom.)* 9% p.a.; Tilgung 3% p.a. *(zuzüglich ersparte Zinsen)*.

i)   Die ersten beiden Jahre seien gegenleistungsfrei, d.h. es erfolgen keine Zahlungen. Man ermittle den effektiven Jahreszins *(Gesamtlaufzeit – a) *360-Tage-Methode und b) ICMA)* dieses Kredites, wenn die Annuitäten jährlich gezahlt werden und die Zins- und Tilgungsverrechnung ebenfalls jährlich erfolgt.

ii)   Abweichend von i) sollen in den beiden ersten Jahren nur die Zinsen gezahlt werden. Außerdem sollen alle sich ergebenden Zahlungen *(d.h in den ersten beiden Jahren die Zinsen bzw. dann die sich ab dem 3. Jahr ergebenden Annuitäten)* in 12 gleichen Monatsraten *(zu jeweils ein Zwölftel des Jahreswertes)* erfolgen, beginnend einen Monat nach Kreditauszahlung. Die Verrechnung von Zinsen und Tilgung erfolgt dagegen – *wie unter i)* – jährlich.

Man ermittle für eine insgesamt 7-jährige Zinsbindungsfrist den effektiven Jahreszins dieses Kredits *(a) *360-Tage-Methode und **b)** ICMA)*.

Aufgabe 5.36 *(5.3.55)*:

Gegeben ist ein Annuitätenkredit *(Kreditsumme: 100.000,-- €)* mit den Konditionen 94/10/2.

Die Annuitäten werden *(zu je einem Viertel der Jahresannuität)* vierteljährlich gezahlt *(mit sofortiger Tilgungsverrechnung)*, die Zinsverrechnung erfolgt jährlich.

Die Konditionen sind für zwei Jahre festgeschrieben.

i)   Man ermittle den effektiven Jahreszins dieses Kredits *(und zwar **a)** nach der ICMA-Methode) und ***b)** nach der 360-Tage-Methode*.

*ii)   Man gebe für die zweijährige Laufzeit des Kredits den Tilgungsplan des Vergleichskontos *(nach der 360-Tage-Methode)* an.

Dabei gehe man von einer „Kreditsumme" in Höhe der Auszahlung *(= 94.000)* aus, entwickle den Tilgungsplan mit dem unter i)b) ermittelten effektiven Jahreszinssatz *(= 13,85453% p.a.)* und beachte weiterhin, dass zusammen mit der letzten Quartalsrate auch noch die Restschuld $K_2 = 94.855,--€$ fällig ist *(wurde bereits in i) ermittelt)*.

Aufgabe 5.37 *(5.3.56)*:

Gegeben sei ein Annuitätenkredit mit den Konditionen 93/10/2, d.h.

> 93% Auszahlung,
>
> 10% p.a. *(nom.)* Zinsen,
>
> 2% p.a. Anfangstilgung *(zuzüglich ersparte Zinsen)*.

Die Kreditbedingungen sehen weiterhin vor:

– Zinsperiode ist das Quartal *(der Quartalszins ist relativ zum nom. Jahreszins)*;

– Tilgungsverrechnung: vierteljährlich *(d.h. gleichzeitig mit d. Zinsverrechnung)*;

– Die Jahresannuität ist in 12 gleichen Teilen monatlich zu leisten, d.h. Monats„annuität" gleich ein Zwölftel des Jahresannuität;

– Kreditsumme: 100.000,-- €.

i)   Man ermittle für eine 10jährige Festschreibung der Konditionen den effektiven Jahreszins *(nach der ICMA-Tage-Methode)*.

ii)   Man ermittle den Effektivzins über die Gesamtlaufzeit *(nach ICMA-Methode)*.

iii)   Man gebe für den Fall einer 1jährigen Festschreibung der Konditionen den Tilgungsplan des Vergleichskontos *(nach ICMA-Methode)* an.

Dabei gehe man von einer „Kreditsumme" in Höhe der Auszahlung *(= 93.000)* aus und rechne den Tilgungsplan mit dem noch zu ermittelnden effektiven Jahreszinssatz durch und beachte weiterhin, dass zusammen mit der letzten Monatsrate auch noch die Restschuld K_1 fällig ist.

Aufgabe 5.38 *(5.3.57)*:

Gegeben sei ein Annuitätenkredit mit den Konditionen 95/11/1, d.h. 95% Auszahlung, Zins 11% *(nom.)*, Anfangstilgung 1% p.a. *(zuzüglich ersparte Zinsen)*.

Die Kreditbedingungen sehen weiterhin vor:

– Zins- und Tilgungsverrechnung: jährlich

– Die Jahresannuität ist in 6 gleichen Teilen alle zwei Monate *(beginnend zwei Monate nach Kreditauszahlung)* zu leisten, d.h. die 2-Monatszahlung ist gleich einem Sechstel der sich aufgrund der o.a. Konditionen ergebenden jährlichen Annuität.

i)   Man ermittle für eine 3jährige Festschreibung der Konditionen den effektiven Jahreszins *(nach *360-Tage-Methode und ICMA)*.

ii)   Man ermittle den Effektivzins, wenn zunächst zwei Jahre Tilgungsstreckung vereinbart werden und danach die o.a. Konditionen für weitere 5 Jahre festgeschrieben sind. *(*360-Tage-Methode und ICMA)*

Aufgabe 5.39 *(5.3.58)*:

Gegeben ist ein Annuitätenkredit *(Kreditsumme $K_0 = 100.000€$)* mit folgenden Basis-Konditionen:

100 % Auszahlung;   10 % p.a. (nom.) Zinsen;   2 % p.a. Anfangstilgung.

Gesucht sind die Effektivzinssätze nach *360-Tage-Methode und ICMA für die folgenden Kreditvereinbarungen und Kontoführungsmodelle *(in Phase 1)*:

i)   Quartalsraten 3.000 €/Quartal, sofortige Tilgungsverrechnung, sofortige Zinsverrechnung
      a) zum relativen   b) zum konformen Quartalszins ;   Laufzeit: 10 Jahre.

ii)   Monatsraten 1.000 €/Monat; Zins- und Tilgungsverrechnung halbjährlich *(relativer Zinssatz)*, Laufzeit a) 1 Jahr b) Gesamtlaufzeit. Im Fall a) gebe man das Vergleichskonto nach ICMA an.

iii) Halbjahresraten 6.000 €/Semester, Zins- und Tilgungsverrechnung jährlich, Laufzeit: a) 2 Jahre   b) Gesamtlaufzeit.

      *Im Falle a) gebe man das Vergleichskonto nach der 360-Tage-Methode an.

Aufgabe 5.40 *(5.3.59)*:

Man löse Aufgabe 5.39 *(5.3.58)* i) – iii), wenn die Basis-Kreditkonditionen lauten:

93% Auszahlung;   8% p.a. *(nom.)* Zinssatz;   4% p.a. Anfangstilgung.

*Aufgabe 5.41 *(5.3.60)*:

Ein Kreditnehmer benötigt Barmittel in Höhe von 250.000,-- €. Er ist bereit und in der Lage, monatlich 3.000,-- € für eine beliebig lange Laufzeit zurückzuzahlen, erstmalig einen Monat nach Kreditaufnahme.

Mit der Kreditbank wird folgendes vereinbart:

–   Der während der vereinbarten Zinsbindungsfrist von 10 Jahren gültige Effektivzins soll 9% p.a. *(in Phase 2 ermittelt nach der ICMA-Methode)* betragen.

–   Das Kreditkonto *(Phase 1!)* wird monatlich abgerechnet mit dem zum nominellen Jahreszinssatz relativen Monatszinssatz *(die Zins- und Tilgungsverrechnung erfolgt monatlich)*. Das Kreditkonto wird somit nach der US-Methode abgerechnet, der entsprechende nominelle Kredit-Jahreszinssatz ist allerdings nicht vorgegeben *(siehe Aufgabenteil ii)*.

i)   Man ermittle die Restschuld K_{10}, die der Kreditnehmer nach 10 Jahren *(am Ende der Zinsbindungsfrist)* zurückzuzahlen hat.

ii)   Man ermittle den nominellen Jahreszins der disagiofreien Kreditvariante.

iii) Der Kreditnehmer wünscht *(bei unverändertem Zahlungsstrom und somit gleichem Effektivzinssatz)* ein Disagio in Höhe von 5% der Kreditsumme. Wie lauten jetzt Kreditsumme und nomineller Jahreszinssatz?

Aufgabe 5.42 *(5.3.61)*:

Ein Annuitätenkredit besitzt die Basis-Kondition 96/8/1.

Der Kreditnehmer beantragt eine Kreditsumme von 360.000 €, von denen 345.600 € zur Auszahlung kommen.

Das fehlende Disagio in Höhe von 14.400 € wird dem Kreditnehmer als anfängliches Tilgungsstreckungsdarlehen gewährt, dessen Laufzeit 3 Jahre betragen soll bei einer Verzinsung von 10% p.a.

Das Tilgungsstreckungsdarlehen ist in diesen ersten drei Jahren mit 6 Halbjahresraten annuitätisch in voller Höhe zurückzuführen. Die Zins- und Tilgungsverrechnung des Tilgungsstreckungsdarlehens erfolgt halbjährlich unter Anwendung des Halbjahreszinssatzes i_H = 5% p.H.

Während der Tilgungsstreckungszeit ruht der Hauptkredit *(die Restschuld erhöht sich zwischenzeitlich mit i_H = 4% p.H.).*

Die erhöhte Restschuld ist nach vollständiger Rückführung des Tilgungsstreckungsdarlehens mit Halbjahresannuitäten von 4% + 0,5% = 4,5% p.H. *(bezogen auf die Restschuld zu Beginn des 4. Jahres)* zurückzuzahlen, der Zinssatz beträgt – wie auch zuvor – 4% p.H.

i)   Man ermittle für eine Laufzeit *(= Zinsbindungsfrist)* von 8 Jahren *(3 J. + 5 J.)* die Effektivzinssätze *(a) *360-Tage-Methode und b) ICMA)* des Kreditgeschäftes.

ii)   Man beantworte i), wenn der Kreditnehmer anstelle des Tilgungsstreckungsdarlehens eine erhöhte Kreditsumme beantragt und erhalten hätte, die nach Abzug des Disagios auf die gewünschte Auszahlung *(360.000 €)* geführt hätte.

Aufgabe 5.43 *(5.3.62)*:

Ein Annuitätenkredit *(Kreditsumme: 400.000,-- €)* wird zu folgenden Konditionen vereinbart:

Auszahlung: 91%,   *(nom.)* Zinssatz: 6% p.a.,   Anfangstilgung: 1% p.a.

Die Abrechnung des Kreditkontos erfolgt – bei Quartalsraten zu 7.000 €/Quartal – mit sofortiger Zins- und Tilgungsverrechnung *(Zinssatz: 1,5% p.Q.)*, die Zinsbindungsfrist beträgt 5 Jahre.

Nach 2 Jahren und 9 Monaten wird der Kredit vorzeitig durch Zahlung der dann noch vorhandenen Restschuld völlig getilgt.

Wie hoch ist die Disagio-Rückerstattung zu diesem Zeitpunkt *(nach der Effektivzinsmethode)*,

*i)   falls der ursprüngliche Effektivzins nach der 360-Tage-Methode

ii)   falls der ursprüngliche Effektivzins nach der ICMA-Methode

ermittelt wurde?

Aufgabe 5.44 *(5.4.8)*:

Gegeben sind zwei Kreditgeschäfte K1 und K2, bestehend jeweils aus einer Leistung (L) von 100 (T€) und einer genau ein Jahr später fälligen Gegenleistung (GL) in Höhe von 110 (T€). Das Geschäft K2 findet ein halbes Jahr später statt als K1, s. Abbildung:

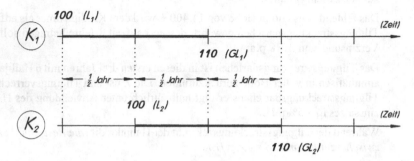

Sowohl K1 wie K2 besitzen jeweils einen Effektivzins *(nach der 360-Tage-Methode sowie ICMA)* von 10% p.a. *(denn 100 (1 + i_{eff}) = 110)*.

Werden die beiden Geschäfte miteinander kombiniert *(etwa aus der Sicht eines Investors, der beide Geschäfte tätigt)*, so ergibt sich für das resultierende Gesamtgeschäft K folgende Zahlungsreihe *(siehe folgende Abbildung)*:

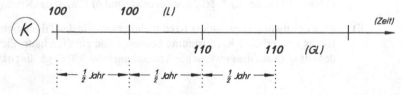

i)   Man ermittle nach der 360-Tage-Methode den Effektivzinssatz für das kombinierte Geschäft und untersuche, ob *(bei 360-TM)* bzw. unter welchen Verzinsungs-Bedingungen zwei Geschäfte mit einer Rendite von jeweils 10% p.a. zu einem kombinierten Gesamtgeschäft mit effektiv 10% p.a. führen.

ii) Man löse i) für den Fall der Effektivzinsberechnung nach der ICMA-Methode.

Aufgabe 5.45:

Call legt Geld wie folgt an: Er zahlt 12 Quartalsraten zu je 4.000 € *(1. Rate „heute")* auf ein Konto ein. Das Konto wird mit 3% p.a. verzinst *(unterjährig lineare Verzinsung, das Zinsjahr beginnt heute, Zinsverrechnung nach jedem vollen Laufzeit-Jahr.)*

Am Ende des 3. Jahres *(von heute an gerechnet)* erhält er seine kompletten Sparbeiträge incl. aller Zinsen zurück. Zugleich erhält er zusätzlich eine Bonus-Zahlung in Höhe von 25%, bezogen auf die nominelle Summe aller 12 Sparraten.

Gesucht ist die Effektivverzinsung von Calls Geldanlage

i) nach der ICMA-Methode   ii) nach der US-Methode.

Aufgabe 5.46:

Die P.Schmitz-Bank bietet Verbraucher-Ratenkredite mit folgenden Konditionen an:

- Auszahlung des Kredits: 100%;
- Zinskosten: 0,4% pro Monat, bezogen auf die *ursprüngliche* Kreditsumme ;
- Bearbeitungsgebühr: 2% der Kreditsumme, monatlich anteilig fällig ;
- Tilgung: in gleichen Monatsraten, linear über die Laufzeit verteilt *(Ratentilgung)*.

Die Rückzahlungen *(Zinsen + anteilige Bearbeitungsgebühr + anteilige Tilgung)* erfolgen in gleichen Monatsraten, erstmals einen Monat nach Kreditauszahlung.

Beispiel: Kreditsumme 30.000 €, Laufzeit: 15 Monate
  ⇒   Zinskosten = 0,4% von 30.000 = 120,– €/Monat
        Bearbeitungsgebühr = (2% von 30.000€)/15 Monate = 40,– €/Monat
        Tilgung = 30.000/15 Monate = 2.000,– €/Monat
  ⇒   gesamte monatliche Rückzahlung = 2.160,– €/Monat.

Ermitteln Sie den Effektivzinssatz *(ICMA-Methode)* eines derartigen Ratenkredits

  i) bei einer Laufzeit von 12 Monaten,   **ii)** bei einer Laufzeit von 48 Monaten.

Aufgabe 5.47:

Die Huber-Bank offeriert einen Bonus-Sparplan, dessen Konditionen aus nebenstehender Anzeige hervorgehen.

Weitere Details zur Klarstellung:

Zinsperiode: 1 Jahr, beginnend mit der 1. Sparrate *(es werden pro Zinsjahr 12 vorschüssige Monatsraten angespart)*

Unterjährig: lineare Verzinsung.

Der jährlich nachschüssig gezahlte Bonus bezieht sich auf die *nominelle* Summe aller in diesem abgelaufenen Jahr eingezahlten Sparbeiträge.

Beispiel: Monatsrate = 100 €. Dann beträgt der Bonus am Ende des 7. Jahres 240 € *(= 20% von 12 · 100,–)* usw.

i) Angenommen, die Sparrate beträgt 200 €/Monat. Wie hoch ist das Endkapital am Ende des 13. Sparjahres?

ii) Ermitteln Sie mit Hilfe der ICMA-Methode die Rendite des Sparplans

a)   bei einer Laufzeit von 5 Jahren,
b)   bei einer Laufzeit von 13 Jahren,
c)   bei einer Laufzeit von 25 Jahren.

Mit Sicherheit ein Vermögen aufbauen!
Der Huber - Sparplan ist hervorragend für Sparer geeignet, die mittel- bis langfristig ein Vermögen aufbauen und sich auf eine sichere Rendite verlassen wollen.

Attraktive Zinsen!
Der Huber-Sparplan belohnt Sie für regelmäßiges Sparen: Sie zahlen monatlich eine Sparrate von mindestens 100 €. Ihr Sparguthaben wird mit stattlichen 2,25% verzinst.

Profitieren Sie von 2,25% Zinsen

Bis zu 100% Bonus!
Zusätzlich erhalten Sie auf die im jeweiligen Sparjahr eingezahlten Sparraten einen garantierten Bonus, der während der Spardauer auf volle 100% ansteigt! Bonus und Zinsen werden am Ende jedes Sparjahres Ihrem Sparguthaben gutgeschrieben und in den Folgejahren mitverzinst.

Kassieren Sie bis zu 100% Bonus zusätzlich!

Spardauer in Jahren	Bonus in Prozent
1	0%
2	1%
3	2%
4	4%
5	8%
6	12%
7	20%
8	25%
9	30%
10	35%
11	40%
12	45%
13	50%
14	50%
15	55%
16	60%
17	65%
18	70%
19	75%
20	80%
21	80%
22	85%
23	90%
24	95%
25	100%

6   Kursrechnung und Renditeermittlung bei festverzinslichen Wertpapieren

Aufgabe 6.1 *(6.1.13)* [1] :

Die Vampir AG benötigt dringend frisches Kapital.

Sie will ein festverzinsliches Wertpapier *(Nominalwert 100)* emittieren, das dem Erwerber während der 10-jährigen Laufzeit eine Effektivverzinsung von 11% garantiert.

Emissionskurs: 97,5%, Rücknahmekurs: 101%.

Mit welchem nominellen Zinssatz muss die Vampir AG das Papier ausstatten?

Aufgabe 6.2 *(6.1.14)***:**

Dem Erwerber einer 6%igen Anleihe mit einer Laufzeit von 10 Jahren wird eine effektive Verzinsung von 9% p.a. zugesichert.

Wie hoch ist der Rücknahmekurs der Anleihe, wenn der Emissionskurs 99% beträgt?

Aufgabe 6.3 *(6.1.15)***:**

Man ermittle den Emissionskurs eines festverzinslichen Wertpapieres mit einer Laufzeit von 15 Jahren, einer nominellen Verzinsung von 8,75% und einem Rücknahmekurs (am Ende der Laufzeit) von 101,5%, wenn das Marktzinsniveau derzeit 4,8% p.a. beträgt *(d.h. ein Erwerber soll mit diesem Papier über die Laufzeit eine Rendite von 4,8% p.a. erzielen)*.

---

[1] Bis zur 4. Auflage des Lehrbuchs „Einführung in die Finanzmathematik" lauteten die Nummern der entsprechenden Aufgaben: *(5.5.13)-(5.5.17)* sowie *(5.5.31)-(5.5.37)*.

Aufgabe 6.4:

Stephan will am Rentenmarkt investieren. Seine Wahl fällt auf ein festverzinsliches Wertpapier *(Nominalwert pro Stück: 100 €)*, das zu einem Kurs von 85% ausgegeben wird. Zum Ende jedes Jahres erhält Stephan 6% Zinsen *(bezogen auf den Nominalwert)*.

Nach 12 Jahren wird das Papier zum Kurs von 102% zurückgenommen.

i) Wie hoch ist bei einer Rendite von 9% p.a. der Kurswert des Papiers

    a) unmittelbar *vor* der 8. Zinszahlung

    b) unmittelbar *nach* der 8. Zinszahlung?

ii) Welche Effektivverzinsung ergibt sich für Stephan bei Kauf des Papiers?

iii) Zu welchem Preis müsste Stephan das Wertpapier zu Beginn des 9. Jahres *(d.h. unmittelbar nach der achten Zinszahlung)* verkaufen, damit für den Erwerber während der Restlaufzeit des Papiers eine Effektivverzinsung von 11% p.a. gewährleistet ist?

Aufgabe 6.5 *(6.1.16)***:**

Welche Rendite erzielt ein Wertpapierkäufer beim Kauf eines festverzinslichen Wertpapiers, das zu 96,57% emittiert wird, wenn folgende Ausstattung gegeben ist:

Laufzeit: 12 Jahre;
nomineller Zins: 7,25% *(erste Zinszahlung 1 Jahr nach Emission)*;
Rücknahmekurs am Ende der Laufzeit: 105%.

a) Näherungsformel   b) exakte Rechnung.

Aufgabe 6.6 *(6.1.17)***:**

Huber will zum 01.01.05 einen Betrag von 120.000 € in voller Höhe in festverzinslichen Wertpapieren anlegen. Seine Wahl fällt auf eine Neu-Emission der Deutschen Bahn AG mit folgenden Konditionen:

Ausgabetag: 01.01.05, Ausgabekurs: 96%, Laufzeit: 11 Jahre.

i) a) Wieviele Stücke im Nennwert von je 50,-- € kann er erwerben?

    b) Welchem Gesamt-Nennwert entspricht seine Wertpapieranlage?

ii) Welchen nominellen Zins wird die Deutsche Bahn gewähren, wenn das Papier am Ende der Laufzeit zum Nennwert zurückgenommen wird und dem Erwerber *(d.h. hier: Huber)* eine Rendite von 10,5% p.a. garantiert werden soll?

iii) Die Deutsche Bahn AG stattet nun *(abweichend von ii))* das Papier mit einem nom. Zins von 8,6% p.a. und einem Rücknahmekurs von 106% aus. Welche Rendite erzielt Huber über die Gesamtlaufzeit?

    a) Näherungsformel   b) exakte Rechnung.

Aufgabe 6.7 *(6.3.8)*:

Spekulant Uwe B. kauft ein festverzinsliches Wertpapier, das derzeit *(„heute")* zu 110,8% notiert wird. Folgende Daten sind bekannt:

- Gesamtlaufzeit *(von Emission bis Rücknahme)*: 13 Jahre
- Restlaufzeit *(Kaufzeitpunkt („heute") bis Rücknahme)*: 5 Jahre
- Zinsausstattung *(nom.)* des Papiers: 6,75% p.a. *(erste Zinsrate für Uwe B. ein Jahr nach Ankaufszeitpunkt)*
- Rücknahmekurs: 101,3%.

Man ermittle Uwes Rendite   i) nach der banküblichen Näherungsformel   ii) exakt.

Aufgabe 6.8 *(6.3.9)*:

Ein festverzinsliches Wertpapier mit dem Nennwert 100 €, einer Laufzeit von 10 Jahren, einem nominellen Zins von 7% p.a. und einem Ausgabekurs von 89% bringt dem Ersterwerber eine Rendite *(= Effektivverzinsung)* von 9,5% p.a.

i)   Wie hoch ist der Rücknahmekurs? *(Rückflüsse werden zum Effektivzins angelegt)*

ii) Das Wertpapier wird unmittelbar nach der 3. Zinszahlung zu einem Kurswert verkauft, der dem Käufer eine Rendite von 10% p.a. garantiert.
Zu welchem Kurswert wird das Papier verkauft?

iii) Im Emissionszeitpunkt kauft Huber das Papier und legt die 10 Zinszahlungen jeweils unmittelbar nach Auszahlung in einem Ratensparvertrag zu 6,5% p.a. an.

a)   Über welches Kapitalvermögen verfügt er am Ende der Laufzeit?
b)   Wie hoch ist jetzt seine Rendite aus der „kombinierten" Anlage?

iv) Wie hoch wäre Hubers Rendite gewesen, wenn er die 10 Zinszahlungen nicht angelegt, sondern unter seinem Kopfkissen versteckt hätte? *(Damit ist eine potentielle oder reale Wiederanlage der Zinszahlungen nicht möglich! Der Rücknahmekurs wird angesetzt, wie unter i) ermittelt.)*

Aufgabe 6.9 *(6.3.10)*:

Der Verlag Plattwurm AG benötigt neues Kapital und will eine 7%ige Anleihe *(Zinsschuld)* ausgeben.

Die Rückzahlung soll nach 12 Jahren zu 102% erfolgen, den Gläubigern soll eine Effektivverzinsung von 7,5% p.a. garantiert werden.

i)   Zu welchem Emissionskurs kommt die Anleihe auf den Markt?

ii) Wie hoch ist der Börsenkurs zwei Jahre vor der Rückzahlung *(Marktzinsniveau 7,5% p.a.)*
a)   unmittelbar *vor* der Zinszahlung?
b)   unmittelbar *nach* der Zinszahlung?

Aufgabe 6.10 *(6.3.11)*:

Huber erwirbt ein festverzinsliches Wertpapier zum finanzmathematischen Kurs *(= Börsenkurs plus Stückzinsen)* von 91%. Die Restlaufzeit beträgt im Kaufzeitpunkt noch genau 11 Jahre, die erste Zinszahlung *(7,5% p.a. nominell)* fällt noch an Huber im Kaufzeitpunkt. Der Rücknahmekurs beträgt 102%.

i)   Man ermittle die Rendite für den Käufer
   a)   mit der banküblichen Näherungsformel
   b)   exakt .

ii) Vor Fälligkeit der 5. Zinszahlung steigt das allgemeine Marktzinsniveau *(und damit der Effektivzins für Käufer dieses Papiers)* auf 15% p.a. Zu welchem Börsenkurs wird das Papier unmittelbar vor der 5. Zinszahlung notiert?

Aufgabe 6.11 *(6.3.12)*:

Eine 6%ige Anleihe *(jährliche Zinszahlung)* wird 4,3 Jahre vor Rücknahme *(die zu 100% erfolgen wird)* an der Börse mit 111,25% notiert.

i)   Man ermittle die Rendite des Papiers zum angegebenen Zeitpunkt.

ii) Wie lautet die Rendite bei halbjährlicher Zinszahlung?

Aufgabe 6.12 *(6.3.13)*:

Ein gesamtfälliges festverzinsliches *(6,5% p.a. nominell)* Wertpapier wird 7,2 Jahre vor Rücknahme *(Rücknahmekurs: 105%)* über die Börse verkauft. Das allgemeine Marktzinsniveau für vergleichbare Papiere liegt bei 9,75% p.a.

i)   Man ermittle Preis, Stückzinsen und Börsenkurs im Verkaufszeitpunkt.

ii) Man beantworte i), wenn die *(nom.)* Zinsen halbjährlich gezahlt werden.

Aufgabe 6.13 *(6.3.14)*:

Ein gesamtfälliges festverzinsliches Wertpapier *(12% p.a., Jahreskupon)* hat eine Restlaufzeit von 4 Jahren, erste Zinszahlung nach einem Jahr, Rücknahme zum Nennwert.

Man ermittle *(unter Berücksichtigung eines im Zeitablauf unveränderten Marktzinsniveaus von effektiv 10% p.a.)* die

a)   finanzmathematischen Kurse
b)   Börsenkurse

für den betrachteten Zeitpunkt sowie nach jedem weiteren Monat des ersten und zweiten Restlaufjahres und vergleiche die beiden Kursfolgen hinsichtlich ihrer Werte und der „Stetigkeit" der Werte.

*Aufgabe 6.14 *(6.3.15)***:**

Am Markt gebe es nur 1-jährige Anleihen,
Zahlungsreihe *(= einjähriger Zero-Bond):*

sowie 2-jährige Kupon-Anleihen,
Zahlungsreihe:

Es ist geplant, einen neuen zweijährigen
Zero-Bond zu emittieren, Zahlungsreihe:

(L) 100
(GL) $C_2 = ?$

*(Sämtliche Leistungen/Gegenleistungen sind
angegeben in % vom Nennwert.
Der Nennwert ist in beliebigen Teil-Beträgen wählbar.)*

Mit welchem

i)   Effektivzins
ii) Rücknahmekurs C_2

muss dieser 2-jährige Zero-Bond ausgestattet werden, damit sich Äquivalenz *(d.h. „Arbitragefreiheit", d.h. keine „Geldpumpe")* zwischen den drei Anleihen ergibt?

*(Hinweis:
Man zerlege die zweijährige Kupon-Anleihe in zwei Zero-Bonds und beachte, dass die
Rendite des dabei auftretenden neuen einjährigen Zerobond bereits bekannt ist.)*

Aufgabe 6.15:

Ein festverzinsliches Wertpapier, Nennwert 500 €, hat eine Gesamtlaufzeit von 5
Jahren, Jahreskupon 8,4%, Rücknahme zu pari.

i)   Wie hoch ist der Emissionskurs, wenn im Emissionszeitpunkt der Marktzinssatz
      für vergleichbare Papiere 5,4% p.a. beträgt?

ii)   Der Kupon *(8,4%)* werde jetzt in zwei gleichen Teilen halbjährlich ausgeschüttet
      (erster Halbjahreskupon 6 Monate nach Emission), Marktzinssatz wie in i).

      a)   Wie hoch ist der Emissionskurs, wenn nach der US-Methode abgezinst
            wird?

      b)   Wie hoch ist der Emissionskurs, wenn nach der ICMA-Methode abgezinst
            wird?

iii) Man beantworte die Fragen in ii), wenn der Kupon vierteljährlich ausgeschüttet
      wird *(Quartalskupon = ein Viertel des Jahreskupons, erster Quartalskupon drei
      Monate nach Emission).*

Aufgabe 6.16:

Eine gesamtfällige 7%ige Anleihe *(Jahres-Kupon, Rücknahme zu pari)*, Gesamtlaufzeit 12 Jahre, wird 8 Jahre und 10 Monate nach Emission verkauft, die Marktrendite beträgt dann 10% p.a.

Man ermittle Preis *("dirty price", Bruttokurs)*, Stückzinsen und Börsenkurs *("clean price", Nettokurs)* im Verkaufszeitpunkt.

Aufgabe 6.17:

Eine 6,8%ige Anleihe besitzt im Kaufzeitpunkt noch eine Restlaufzeit von 5,6 Jahren, die Rücknahme erfolgt zu 103%, pro Jahr existieren zwei Zinstermine *(jeweils mit halbem Jahres-Kupon)*. Der nächste Halbjahreskupon ist 0,1 Jahre nach dem Kaufzeitpunkt fällig *(d.h. die "vollen" Halbjahre liegen "hinten")*.

Der börsennotierte Nettokurs *("clean price", d.h. ohne Stückzinsen)* beträgt im Kaufzeitpunkt 86,80%.

Man ermittle die Rendite des Papiers über die Restlaufzeit *(i_{eff} nach ICMA)*.

7   Aspekte der Risikoanalyse – das Duration-Konzept

Aufgabe 7.1:

Betrachtet wird eine endfällige Kupon-Anleihe mit einer Restlaufzeit von 5 Jahren, Nennwert 100 €, Jahres-Kupon 10 €, Rücknahme zu pari, siehe Abbildung:

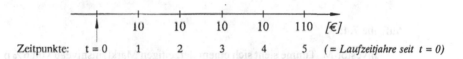

Zeitpunkte: t = 0   1   2   3   4   5   (= *Laufzeitjahre seit t = 0*)

i)   Man ermittle mit Hilfe der stetigen Abzinsung *(der stetige Marktzinssatz sei vorgegeben mit 8% p.a.)* den Kurs C_0 *(Anleihepreis in t = 0)* und die Duration dieser Anleihe *(siehe Lehrbuch Def. 7.1.8)*.

Mit Hilfe der Duration ermittle man *(näherungsweise)* die relative Änderung des Anleihepreises, wenn der stetige Marktzinssatz *(unmittelbar nach t = 0)* um 0,1 %-Punkte zunimmt. Resultierender neuer Kurs?

ii)   Man ermittle mit Hilfe des klassischen Verzinsungskalküls *(der diskrete Marktzinssatz sei vorgegeben mit 8% p.a.)* den Kurs C_0 und die Macaulay-Duration dieser Anleihe *(siehe Lehrbuch Def. 7.1.16 oder (7.2.6))*.

Mit Hilfe der Macaulay-Duration ermittle man *(näherungsweise)* die relative Änderung des Anleihepreises, wenn der diskrete Marktzinssatz *(unmittelbar nach t = 0)* um 0,1 % -Punkte zunimmt. Resultierender neuer Kurs?

Aufgabe 7.2:

Investor J. Stephan habe einen Planungshorizont von 5 Jahren und will 500.000€ für diesen Zeitraum in Wertpapieren anlegen. Der heutige Marktzinssatz betrage 7% p.a.

Zur Auswahl stehen zwei endfällige Kuponanleihen A_1, A_2, erster Kupon nach einem Jahr, Rücknahme zu pari, Nominalwert *(Nennwert)* pro Stück 100 €:

A_1:   Kupon: 8% *(bezogen auf den Nennwert)*;   Restlaufzeit: 4 Jahre
A_2:   Kupon: 6% *(bezogen auf den Nennwert)*;   Restlaufzeit   10 Jahre.

Wie soll der Investor sein Budget auf diese beiden Wertpapiere aufteilen, um gegen *(unmittelbar nach Kauf evtl. stattfindende)* Zinssatzschwankungen geschützt zu sein?

Aufgabe 7.3:

Die Schneider&Schneider KG will für ihren Planungshorizont von 6 Jahren einen Betrag in Höhe von 12 Millionen Euro in festverzinslichen Wertpapieren anlegen. Der aktuelle Marktzinssatz beträgt 5% p.a.

Es stehen für diese Investition nur die folgenden drei Kupon-Anleihen zur Auswahl:

A_1: Kupon: 10% *(bezogen auf den Nennwert)*; Restlaufzeit: 2 Jahre;
A_2: Kupon: 8% *(bezogen auf den Nennwert)*; Restlaufzeit: 6 Jahre;
A_3: Kupon: 7% *(bezogen auf den Nennwert)*; Restlaufzeit: 12 Jahre.

Wie soll die Schneider&Schneider KG ihr Investitions-Budget auf diese drei Wertpapiere aufteilen, um gegen *(unmittelbar nach Kauf evtl. stattfindende)* Zinssatzschwankungen immunisiert zu sein?

Aufgabe 7.4:

Investor M. Timme sieht sich einem derzeitigen Marktzinsniveau von 6% p.a. gegenüber.

Er ist im Besitz einer Nullkupon-Anleihe A_1 sowie zwei endfälligen Kupon-Anleihen A_2, A_3 mit folgenden Ausstattungen, siehe nachstehende Tabelle:

	A_1	A_2	A_3	
Typ	Zerobond	Kupon-Anleihe	Kupon-Anleihe	Σ
Kupon (Z)	-----	8%	5%	
Restlaufzeit (n)	10 Jahre	4 Jahre	9 Jahre	
Rücknahmekurs	100%	100%	100%	
vorhandener Nominalwert	20.000€	50.000€	30.000€	100.000€

Investor M. Timme möchte erreichen, dass sein Portfolio gegenüber Zinssatzschwankungen *(unmittelbar nach t = 0)* immunisiert ist.

Ermitteln Sie die dafür optimale Haltedauer für das Portfolio.

Aufgabe 7.5:

Gegeben sei eine endfällige Kupon-Anleihe, Kupon 8%, Restlaufzeit 20 Jahre, pari-Rücknahme.

Der Marktzins i_0 betrage im Planungszeitpunkt 8% p.a.

Bei kleineren Zinssatz-Schwankungen *(z.B. etwa ±1%-Punkt, d.h. di ≈ ±0,01)* stimmen die Kurs-Funktion $C_0(i)$ und ihre Tangente auf den ersten Blick noch recht gut überein. Allerdings zeigen sich bei näherem Hinsehen auch deutliche Abweichungen zwischen exakter und angenäherter Kursänderung bzw. resultierendem neuen Kurs.

i) Man ermittle für eine Zinssatz-Änderung di = 0,01 mit Hilfe der *(modifizierten)* Duration näherungsweise die relative Kursänderung und daraus den durch die Zinssatzänderung resultierenden Kurs $C_0(9\%)$ und vergleiche ihn mit dem exakten Kurs bei i = 9%.

Wie hoch ist der relative *(prozentuale)* Fehler des mit Hilfe der Duration ermittelten neuen Kurses?

ii) Man ermittle für die gegebenen Ausgangswerte der Kupon-Anleihe den Wert der Convexity und ermittle damit erneut näherungsweise den bei einer Zinssatz- Änderung von + 1%-Punkt resultierenden neuen Kurs $C_0(9\%)$.

Wie hoch ist jetzt der relative Fehler des mit Hilfe von Duration *und* Convexity ermittelten neuen Kurses im Vergleich zum exakten Kurs $C_0(9\%)$?

iii) Man beantworte die Fragen i) und ii), wenn der ursprüngliche Marktzinssatz um einen %-Punkt *sinkt.*

8   Derivative Finanzinstrumente – Futures und Optionen

Aufgabe 8.1 *(8.2.8)*:

Huber will heute die Moser-Aktie auf Termin *(per Forward-Kontrakt)* in 3 Monaten kaufen. Der Termin-Kaufpreis beträgt 129 €, der heutige Kurs der Moser-Aktie steht bei 120 €. Während der nächsten drei Monate fallen keine Dividenden an. Der 3-Monats-Marktzins beträgt 4,5% p.a. *(stetiger Zinssatz, siehe Lehrbuch Bemerkung 8.8.8)*.

i)   Wie könnte Huber aus dieser Konstellation einen risikolosen Gewinn realisieren? Wie hoch müsste der Termin-Kaufpreis angesetzt sein, damit kein „Free Lunch" möglich ist?

ii)   Man beantworte die Fragen zu i), wenn der Terminkaufpreis 116 € beträgt.

Aufgabe 8.2 *(8.2.9)*:

Kartoffelbauer Huber hat sich heute per Vertrag verpflichtet, in 3 Monaten 100.000 kg Kartoffeln zu verkaufen, als Preis wurde der in 3 Monaten herrschende Kartoffelpreis vereinbart.

Der heutige Kartoffelpreis beträgt 0,380 €/kg, der heutige 3-Monats-Futures-Preis für Kartoffeln beträgt 0,375 €/kg.

Bauer Huber möchte sich gegen fallende Kartoffelpreise absichern und agiert nun wie folgt *(short- hedging-Strategie)*:

Er verkauft 3-Monats-Futures-Kontrakte im Gesamtumfang von 100.000 kg Kartoffeln zum Futures-Preis von 0,375 €/kg. Nach drei Monaten will er dann diese Futures-Position durch ein entsprechendes Gegengeschäft glattstellen, wobei unterstellt werden kann, dass der Futures-Preis in drei Monaten *(d.h. im Zeitpunkt der Kontrakterfüllung, somit Restlaufzeit gleich Null)* identisch mit dem dann herrschenden Kartoffel-Kassapreis ist.

i)   Angenommen, nach drei Monaten liegt der Kartoffelpreis bei 0,200 €/kg *(also starker Preisverfall)*: Welchen resultierenden Preis pro kg Kartoffeln realisiert Huber durch die Kombination aus Vertragserfüllung und Glattstellungsgeschäft?

ii)   Angenommen, der Kartoffelpreis sei stark gestiegen und betrage nach drei Monaten 0,500 €/kg: Welchen resultierenden Preis pro kg Kartoffeln realisiert Huber jetzt?

iii)   Beurteilen Sie jeweils die Vorteilhaftigkeit/Unvorteilhaftigkeit von Hubers Strategie!

Aufgabe 8.3 *(8.3.12)*:

Huber kauft einen *(europäischen)* Put auf die Moser-Aktie *(derzeitiger Kurs 126 €)*, Basispreis 120 €, Put-Prämie 9 €.

i)   Skizzieren Sie die Gewinnfunktion G(S) am Fälligkeitstag der Option in Abhängigkeit vom Aktienkurs S.

Bei welchen Kursen wird die Option ausgeübt? Break-Even-Point?
Bei welchen Kursen macht Huber Gewinn/Verlust?

Maximalgewinn *(Höhe und Kurs)*?   Maximalverlust *(Höhe und Kurs)*?

ii) Beantworten Sie Frage i), wenn Huber eine Kaufoption verkauft *(Optionsprämie 12 €, Basispreis 150 €, derzeitiger Aktienkurs 141 €)*.

Aufgabe 8.4 *(8.3.13)*:

Huber beschließt, auf die Moser-Aktie *(derzeitiger Kurs 210)* aus Kompensationserwägungen heraus sowohl einen Call als auch einen Put zu kaufen *(beide Optionen mit identischer Restlaufzeit)*.

Der Call *(Basispreis 225 €)* kostet 15 €, der Put *(Basispreis 200 €)* kostet 20 €.

Ermitteln Sie rechnerisch und graphisch die Gewinnfunktion Hubers am Verfalltag in Abhängigkeit vom dann aktuellen Kurs S der Moser-Aktie.

Beurteilen Sie Hubers Strategie.

Aufgabe 8.5 *(8.3.14)*:

Gegeben sind die folgenden Euro-Kurse in US$:

Kassa-Kurs:	0,9200 $/€
Terminkurs 90 Tage:	0,9100 $/€
Terminkurs 180 Tage:	0,9000 $/€ .

Arbitrageur Huber sieht sich am Optionsmarkt um und entdeckt folgende Options-Gelegenheiten:

i)   Kaufoption *(Call)* auf den Euro, Laufzeit 180 Tage, Basispreis 0,8750 $/€, Prämie: 0,02 $/€;

ii) Verkaufsoption *(Put)* auf den Euro, Laufzeit 90 Tage, Basispreis 0,9250 $/€, Prämie 0,01 $/€.

Wieso kann Arbitrageur Huber jetzt „frohlocken"?

Zeigen Sie, wie Huber zu sicheren *(risikolosen)* Gewinnen kommen kann *(rechnerisch und graphisch)*.

Aufgabe 8.6 *(8.3.16)*:

Investor Alois Huber hat vor einiger Zeit 6000 Moser-Aktien gekauft, damaliger Kaufpreis 150 €. Heute steht der Kurs der Moser-Aktie bei 190 € pro Aktie.

Huber möchte seinen daraus resultierenden Buchgewinn *(240.000 €)* nicht verlieren – andererseits erwartet er in den nächsten 2-3 Monaten noch weitere Kurssteigerungen der Moser-Aktie *(so dass ihm bei einem sofortigen Verkauf des Aktienpakets keinerlei weitere Gewinnchancen verblieben)*.

Am Markt werden folgende Optionen auf die Moser-Aktie gehandelt *(Laufzeit jeweils 3 Monate)*:

(a) Call: Basispreis 190 €,   Optionsprämie 7 € pro Aktie;
(b) Put: Basispreis 190 €,   Optionsprämie 5 € pro Aktie.

Wie könnte Huber – gegen Zahlung einer entsprechenden „Versicherungsprämie" – den größten Teil seines bisherigen Buchgewinns nach Ablauf von 3 Monaten sichern, ohne seine Gewinnchancen bei *(erwartet)* steigenden Kursen einzubüßen? *(Bitte diesmal mit den Gesamtsummen argumentieren!)*

Aufgabe 8.7 *(8.4.17)*:

Unter der Voraussetzung gleicher Basiskurse *(siehe Lehrbuch Bemerkung 8.4.16)* leite man aus dem synthetischen Basisgeschäft (6), d.h.

$$\text{Short Put} = \text{Short Call} + \text{Long Aktie}$$

und seiner Gewinnfunktion $G_{P^-} = G_{C^-} + G_{A^+}$

per „Arithmetik" sämtliche anderen synthetischen Positionen (1) bis (5) her.

Aufgabe 8.8 *(8.4.18)*:

Huber möchte gerne einen Forward-Kontrakt zum Kauf der Moser-AG-Aktie in 6 Monaten zum Terminpreis *(Basispreis)* von 100 € abschließen. An der Börse werden allerdings keine Forwards/Futures, sondern lediglich Optionen auf die Moser-Aktie gehandelt, die Aktie steht derzeit bei 100 €.

Folgende 6-Monats-Optionen auf die Moser-Aktie sind handelbar:

Calls:	Basispreis	95 €,	Optionsprämie 7 €,
	Basispreis	100 €,	Optionsprämie 4 €,
	Basispreis	105 €,	Optionsprämie 2 €.
Puts:	Basispreis	95 €,	Optionsprämie 1 €,
	Basispreis	100 €,	Optionsprämie 3 €,
	Basispreis	105 €,	Optionsprämie 6 €.

i)   Wie kann Huber durch Kombination dieser Optionen einen *„synthetischen"* Forward-Kontrakt konstruieren, der *genau* seinen o.a. Vorstellungen entspricht?

ii)   Welche unterschiedlichen Forward-Kontrakte *(Gewinnfunktion?)* lassen sich aus
       jeweils zwei der o.a. Optionen synthetisieren?
       Welche Kontrakte kommen Hubers Vorstellungen am nächsten?
       Ermitteln Sie für jede Kombination die mit Kontraktabschluss einhergehenden
       Auszahlungen des Investors.

Aufgabe 8.9 *(8.5.14)*:

Huber erwartet für die Moser-Aktie in den nächsten 2 Monaten einen moderaten Kurs-
anstieg und entschließt sich, eine Bull-Call-Price-Spread-Position einzunehmen. Der
aktuelle Kurs der Moser-Aktie liegt bei 250 €.

Dazu kauft er einen at-the-money 60-Tage-Call *(Basispreis 250 €, Optionsprämie 9 €)*
und verkauft zugleich einen in-the-money-Call gleicher Laufzeit zum höheren Basispreis 265 €, Optionsprämie 4 € *(Zinsen bleiben unberücksichtigt)*.

i)   Ermitteln Sie *(rechnerisch)* die Gewinnfunktion G(S) am Ausübungstag in
      Abhängigkeit vom dann aktuellen Aktienkurs S und skizzieren Sie den entspre-
      chenden Graphen der Gewinnfunktion.

ii)   Bei welchen Kursen am Fälligkeitstag operiert Huber mit Gewinn? Ermitteln Sie
      Kurse und Höhe des Maximal-Gewinns. Ermitteln Sie Kurse und Höhe des
      maximalen Verlustes.

iii) Wie ändert sich die Position Hubers *(„positiv" oder „negativ")*, wenn Zinsen
      berücksichtigt werden, z.B. 6% p.a.?

Aufgabe 8.10 *(8.5.15)*:

Die Huber-Aktie notiert zu 100 €. Moser erwartet mehr oder weniger starke Kursab-
nahmen und erwägt, eine Bear-Call-Price-Spread-Position einzunehmen, d.h. einen
Call zu verkaufen und einen zweiten Call mit höherem Basispreis zu kaufen *(alle Calls
mit gleicher Restlaufzeit)*.

Moser kann unter drei hier in Frage kommenden Strategien *(A, B oder C)* wählen:

Strategie A: Beide Calls sind out-of-the-money, und zwar im vorliegenden Fall:
                   Moser verkauft einen Call mit Basispreis 106 *(Prämie 7 €)* und kauft
                   einen Call mit Basispreis 114 *(Prämie 5 €)*.

Strategie B: Der verkaufte Call ist *(leicht)* in-the-money *(hier: Basispreis 96, Prä-
                   mie 10 €)*, der gekaufte Call ist out-of-the-money *(hier: Basispreis
                   104, Prämie 6 €)*.

Strategie C: Beide Calls sind in-the-money, und zwar: Der verkaufte Call hat einen
                   Basispreis von 89, Prämie 17 €, der gekaufte Call hat einen Basispreis
                   von 97, Prämie 11 €.

Ermitteln Sie für jede Strategie am Ausübungstag

i) die Gewinnfunktion G(S) in Abhängigkeit vom Aktienkurs S ;

ii) die Break-Even-Points, den maximalen Gewinn / maximalen Verlust sowie die zugehörigen Kursintervalle;

iii) Welche unterschiedlichen Erwartungshaltungen *(des Investors, hier: Mosers)* spiegeln die einzelnen Strategien wider?

Aufgabe 8.11 *(8.6.6)*:

Die Aktie der Moser AG notiere heute zu 600 €. Huber kauft einen 2-Monats-Call auf die Moser-Aktie *(Prämie 36 €)* und einen 2-Monats-Put *(Prämie 30 €)*.

Beide Optionen sind genau in-the-money, haben also jeweils einen Basispreis von 600 €.

i) Welche Kurserwartungen hegt Huber? Wie nennt man seine Options-Strategie?

ii) Stellen Sie die Gewinnfunktion G(S) am Ausübungstag auf *(Skizze!)*.
In welchen Kursintervallen operiert Huber mit Gewinn, max. Gewinn, max. Verlust? *(Zinsen bleiben unberücksichtigt)*

iii) Beantworten Sie i) und ii), wenn Huber die beiden Optionen *verkauft* hätte.

Aufgabe 8.12 *(8.7.4)*:

Die Aktie der Laetsch AG notiere bei Kontraktabschluss zu 120. Zwei Investoren – C. Lug und S. Mart – verfolgen leicht unterschiedliche Anlage-Strategien mit Options-Kombinationen:

– C. Lug kauft einen out-of-the-money-Call C⁺ *(Basispreis 135; Optionsprämie 20)* sowie einen out- of-the-money-Put P⁺ *(Basispreis 100; Optionsprämie 10)* – Long Combination.

– S. Mart hingegen kauft einen in-the-money-Call C⁺ *(Basispreis 100; Optionsprämie 40)* sowie einen in-the-money-Put P⁺ *(Basispreis 135; Optionsprämie 25)* – Long Strangle.

i) Man ermittle für beide Investoren die Gewinnfunktion G(S) am Ausübungstag in Abhängigkeit vom dann aktuellen Aktienkurs S .
Man skizziere beide Gewinnprofile.

ii) Welche Risikoüberlegungen gelten für die Investoren?

iii) Welche der beiden Strategien *(Long Combination oder Long Strangle)* ist vorteilhafter?

Aufgabe 8.13 *(8.8.24)*:

i)   Man verifiziere die Black-Scholes-Formel für einen *(dividendengeschützen)* europäischen Put

$$p_P = X \cdot e^{-rT} \cdot N(-d_2) - S \cdot N(-d_1)$$

mit $d_1 = \dfrac{\ln (S/X) + (r + 0{,}5\sigma^2) \cdot T}{\sigma \sqrt{T}}$; $d_2 = \dfrac{\ln (S/X) + (r - 0{,}5\sigma^2) \cdot T}{\sigma \sqrt{T}}$ $(= d_1 - \sigma \sqrt{T})$

durch Kombination der Black-Scholes-Formel *(für einen europäischen Call, siehe Lehrbuch (8.8.17))* mit der Put-Call-Parität *(siehe Lehrbuch (8.8.22))*.

Hinweis: Wenn N(d) der Funktionswert der Verteilungsfunktion der Standard-Normalverteilung ist, so gilt bekanntlich:

$$N(-d) = 1 - N(d) \qquad bzw. \qquad N(d) = 1 - N(-d).$$

ii) Analog zu den Überlegungen im Lehrbuch Bemerkung 8.8.21 verifiziere man den in der Abbildung dargestellten typischen Werteverlauf $p_P = p_P(S)$ eines europäischen Put in Abhängigkeit vom jeweils aktuellen Aktienkurs S:

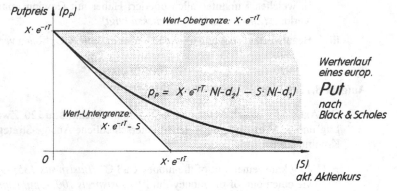

Aufgabe 8.14 *(8.8.26)*:

Huber hat am Aktienmarkt Pech gehabt – die von ihm zu 33 € gekaufte Aktie der Gimmicks AG notiert heute nur noch zu 15 €. Daraufhin beschließt er, eine Verkaufsoption *(Put)* zu erwerben, die ihm gestattet, in einem Jahr seine Aktie zum Einkaufspreis *(33 €)* zu verkaufen *(damit hätte er offenbar seine Verluste kompensiert ...)*. Nach langem Suchen findet er in Moser einen passenden und zum Handel bereiten Optionsverkäufer.

Daten: *(risikoloser)* Marktzinssatz: 5% p.a.; Volatilität der Gimmicks-Aktie: 20% p.a.

i)   Ermitteln Sie die Put-Prämie, die Huber für diese Option bezahlen muss und würdigen Sie daraufhin *(kritisch)* Hubers Verlust-Kompensations-Strategie.

ii) Angenommen, die Gimmicks-Aktie werde als extrem „flatterhaft" eingestuft – erwartete Volatilität 85% p.a. Wie ändert sich die Put-Prämie und damit Hubers Situation?

Aufgabe 8.15 *(8.8.27)*:

Huber muss in drei Monaten eine größere Rechnung in US$ bezahlen. Um das Wechselkursrisiko abzusichern, gleichzeitig aber vom möglicherweise fallenden $-Kurs profitieren zu können, analysiert er zwei unterschiedliche Strategien S1 und S2:

S1:   Terminkauf *(3 Monate)* von US$ zum Kurs von 1,21 €/$ und zusätzlich Kauf eines $-Put *(Restlaufzeit 3 Monate; Basispreis 1,20 €; Optionsprämie 2 europ. Cent);*

S2:   Kauf eines $-Call *(Restlaufzeit 3 Monate, Basispreis 1,20 €, Call-Optionsprämie 3 europ. Cent).*

Huber erwartet, dass in 3 Monaten *(3 Monate* ≙ *0,25 Jahre)* der $-Kurs *entweder* bei 1,10 €/$ *oder* bei 1,30 €/$ steht, *(andere Szenarien bleiben außer Betracht).*

i)   Welche Strategie ist für Huber – gemessen an seinen effektiven Kosten für den $ *(ohne Berücksichtigung von Zinsen)* – bei welchem Szenario günstiger?

ii)   Beantworten Sie Frage i), wenn für die Optionsprämien der jeweilige Fair Value nach Black-Scholes zugrunde gelegt wird *($-Kurs bei Optionskauf 1,19 €; Marktzinsniveau 6% p.a.; $-Volatilität 10% p.a.)* und außerdem Zinsen auf die Optionsprämien zu berücksichtigen sind.

Aufgabe 8.16 *(8.8.29)*:

Der Preis einer 60-Tage-Kaufoption *(europ. Call)* auf die – zur Zeit mit 100 GE notierten – Aktie der Huber AG betrage 8,4564 GE, Basispreis ebenfalls 100 GE. Der risikofreie Marktzinssatz beträgt z.Zt. 5% p.a.

Die aufgrund von Fundamentalanalysen und Vergangenheitsdaten ermittelte Volatilität der Aktie beträgt 40% p.a.

i)   Zeigen Sie, dass die o.a. Call-Prämie eine implizite Volatilität von 50% p.a. unterstellt.

ii)   Ist der o.a. Callpreis *(8,4564 GE/Call)* zu hoch oder zu niedrig angesetzt?

iii) Ermitteln Sie die Callprämie auf der Basis einer Volatilität von 40% p.a.

9   Investitionsrechnung

Aufgabe 9.1 *(9.3.22)* [1] :

Die Huber AG plant eine Anlageinvestition, wobei die folgenden beiden Alternativen möglich sind:

Alternative A: Investitionsauszahlung: 90.000 €.

In den nächsten fünf Jahren werden folgende *(nachschüssige)* Einzahlungsüberschüsse erwartet:

24.000; 32.000; 39.000; 42.000; 50.000 (€).

Alternative B: Investitionsauszahlung: 134.400 €.

In den nächsten fünf Jahren werden folgende *(nachschüssige)* Einzahlungsüberschüsse erwartet:

56.000; 50.000; 36.000; 34.000; 33.000 (€).

i)   Der Kalkulationszinssatz betrage 10% p.a.

Welche Alternative ist für die Huber AG günstiger, wenn als Entscheidungskriterium die Höhe des Kapitalwertes herangezogen wird?

ii)   Man ermittle die internen Zinssätze von A und B und gebe eine Investitionsempfehlung.

iii) Man beantworte i) und ii), wenn die Zahlungsreihen lauten:

A: −100.000; 10.000; 20.000; 30.000; 40.000; 50.000 (€)
B: −100.000; 40.000; 40.000; 30.000; 20.000; 10.000 (€)

und mit einem Kalkulationszins von 5% p.a. operiert wird.

---

[1]   Bis zur 4. Auflage des Lehrbuchs „Einführung in die Finanzmathematik" lauteten die Nummern der entsprechenden Aufgaben: *(5.2.74) ff.*

Aufgabe 9.2 *(9.3.23)*:

Student Pfiffig hat im Spielkasino 120.000 € gewonnen und ist nun auf der Suche nach einer lukrativen Kapitalanlage.

Nach eingehender Markterkundung bieten sich ihm nur die folgenden *(einander ausschließenden)* Investitionsalternativen:

i)   Beteiligung als stiller Gesellschafter mit 90.000 € an einer Unternehmung, die in Alaska Bananen anbaut. Die Rückzahlungsmodalitäten sehen Rückflüsse an den Investor in 6 Jahresraten zu je 19.000 € vor *(wobei die erste Rate nach einem Jahr fällig wird.)*;

ii) Darlehensgewährung in Höhe von 75.000 € an seine Ex-Geliebte Thea, die damit eine Frittenbude eröffnen will. Thea verspricht, in zwei Jahren 100.000 € zurückzuzahlen;

iii) Anlage auf sein Konto zum langfristig *("ewig")* gesicherten Zinssatz von 6% p.a.

iv) Durchführung einer Investition *(Investitionsauszahlung in t = 0: 100.000 €)*, die in den folgenden 7 Jahren die nachstehenden Einzahlungsüberschüsse erwarten lässt:

t	1	2	3	4	5	6	7	
$e_t - a_t$	20.000	25.000	30.000	30.000	25.000	20.000	10.000	(€)

v)   Darlehen in Höhe von 60.000 € an den örtlichen Skatclub zwecks Ausrichtung der Skatweltmeisterschaften, vereinbarte Rückzahlung in vier gleichen Annuitäten *(i = 10% p.a.)* in den ersten vier Jahren *(erste Rückzahlung nach einem Jahr)*.

a)   Man ermittle die interne Verzinsung jeder der fünf Alternativen

    a1) nur unter Berücksichtigung des jeweils eingesetzten Kapitals;

    a2) unter Berücksichtigung des gesamten Kapitals von 120.000 €, wobei nicht eingesetzte Beträge zum langfristig gesicherten Zinssatz für 7 Jahre fest angelegt werden *(vorzeitige Rückzahlung nicht möglich)*;

    a3) unter Berücksichtigung des gesamten Kapitals von 120.000 €, wobei Pfiffig die nicht eingesetzten Beträge an einem sicheren Ort vergräbt und erst nach genau 7 Jahren wieder hervorholt:

    •   Welche Vorteilhaftigkeitsreihenfolge ergibt sich jeweils?
    •   Würden Sie Pfiffig raten, jeweils die Alternative mit dem höchsten internen Zinssatz durchzuführen? *(Begründung!)*

b)   Als Kalkulationszinssatz möge nun der für Pfiffig langfristig gegebene Zinssatz gewählt werden. Wie dürfte Pfiffigs Entscheidung lauten, wenn er seinen Kapitalwert maximieren will?

Aufgabe 9.3 *(9.3.24)*:

Infolge der drastischen Rohölverknappung beschließt die Unternehmensleitung der Schnapsbrennerei Knülle KG, die dringend benötigten Rohstoffe in Form von *(vorhandenen)* Steinkohlereserven auf eigenem Grund und Boden zu fördern.

Zur Wahl stehen zwei unterschiedliche Förderanlagen mit folgenden Zahlungsreihen:

Anlage I: -250; 50; 50; 50; 100; 100; 300   (T€)
Anlage II: -300; 200; 100; 100; 100; 50; 50   (T€) .

Die Finanzierung soll ausschließlich mit Fremdkapital erfolgen.

i)   Ermitteln Sie für die Verhandlung mit den Geldgebern die jeweils maximalen Kreditzinssätze, die die Projekte gerade noch „verkraften" können.

ii)   Die Unternehmensleitung findet schließlich einen Geldgeber, der bereit ist, das geplante Projekt zu 8% p.a. zu finanzieren. Für welche Anlage sollte sich die Unternehmensleitung entscheiden? *(Kapitalwert-Kriterium anwenden!)*

Aufgabe 9.4 *(9.3.25)*:

Theobald Tiger ist auf der Suche nach einer lohnenden Kapitalanlage, die mindestens eine Rendite von 8% p.a. erbringt.

Bei der Analyse von Maklerangeboten für Mietshäuser stellt er fest, dass bei sämtlichen Verkaufsofferten der Kaufpreis *(incl. aller Nebenkosten)* für irgendein Mietshaus identisch ist mit der zwölffachen Netto-Jahresmiete.

i)   Entscheiden Sie durch Ermittlung der Rendite einer derartigen Kapitalanlage, ob Sie den Ansprüchen T.T.'s genügt. Gehen Sie bei Ihren Überlegungen davon aus, dass bei einem derartigen Objekt stets nominale Kapitalerhaltung gegeben ist *(d.h. T.T. ist jederzeit in der Lage, ein gekauftes Mietshaus genau zum Ankaufspreis wieder zu verkaufen).*

ii)   Ist eine Kapitalanlage der genannten Art für T.T. lohnend, wenn er nach 20 Jahren beim Wiederverkauf eines Mietshauses einen Erlös in Höhe von 90% des nominalen ursprünglichen Kaufpreises erzielt?

Aufgabe 9.5 *(9.3.26)*:

Der Fußballnationalspieler Kunibert Klotzfuß könnte sein Kapital zu 10% p.a. anlegen. Da bietet sich ihm eine einmalige Gelegenheit:

Zu einem Kaufpreis von 4,5 Mio. € kann er Eigentümer einer herrlichen Villa werden, für deren Vermietung an den Verein zur Rettung des Hosenträgers er mit jährlichen Einzahlungsüberschüssen von 630.000 €/Jahr rechnen kann.

Nach 8 Jahren allerdings wird das Gebäude im Zuge des Baues einer durch das Grundstück führenden Autobahn abgerissen, die staatliche Enteignungsentschädigung wird dann 2,5 Mio. € betragen.

i)   Ist das Projekt für K.K. lohnend?

ii) Kunibert will nur dann auf das Angebot eingehen, wenn ihm dadurch eine Verzinsung von 15% p.a. garantiert wird. Welchen Kaufpreis wird er daher höchstens akzeptieren?

iii) Der Verkäufer der Villa ist schließlich doch bereit, den Preis auf 3 Mio. € zu senken. Welche interne Verzinsung ergibt sich nun für K.K. bei Annahme des Angebotes, wenn die übrigen Verhältnisse so wie eingangs beschrieben bleiben?

Aufgabe 9.6 *(9.3.27)*:

Die Großbäckerei Paul Popel GmbH & Co. KG erwägt den Kauf einer vollautomatischen Rosinenbrötchen-Backanlage.

Zur Wahl stehen zwei Anlagen *(Lebensdauer jeweils 4 Jahre)* mit folgenden Anschaffungsauszahlungen:

Anlage I: € 98.000 ;   **Anlage II:** € 108.000 .

Die zurechenbaren Einzahlungen belaufen sich bei beiden Anlagen im ersten Jahr auf 75.000 € und steigern sich in jedem weiteren Jahr der Nutzung um 10% des Vorjahreswertes.

Für die mit dem Betrieb der Anlage verbundenen Auszahlungen ergeben sich außer der Anschaffungsauszahlung folgende Werte *(in €)*:

t	1	2	3	4
I: a_t:	68.000	42.000	28.000	45.000
II: a_t:	15.000	25.000	70.000	75.000

Für Anlage I kann nach vier Jahren ein Liquidationserlös in Höhe von 12.000 € erzielt werden, während Anlage II verschrottet werden muss.

i)   Für welche Anlage sollte sich Paul Popel entscheiden, wenn der Kapitalwert als Entscheidungskriterium gilt und mit einem Kalkulationszinssatz von 15% p.a. gerechnet wird?

ii) Wie lautet die Entscheidung, wenn die äquivalente Annuität als Entscheidungskriterium gewählt wird?

iii) Ermitteln Sie die internen Zinssätze beider Investitionsalternativen.

    a) Wie lautet die Entscheidung, wenn ausschließlich der interne Zinssatz als Entscheidungskriterium gewählt wird?

    b) Sollte diese Entscheidung im Widerspruch zur Entscheidung nach i) stehen: Wie ist dieser Widerspruch zu erklären?

Aufgabe 9.7 *(9.3.28)*:

Die miteinander konkurrierenden Produzenten Hubert Halbnagel und Hermann Hammer beabsichtigen beide, in den aussichtsreichen Markt für schmiedeeiserne Gartenzwerge einzusteigen.

Halbnagel erstellt aufgrund umfangreicher Analysen und Prognosen folgende Zahlungsreihe für seine geplante Investition *(in T€)*:

t	0	1	2	3	4
$e_t - a_t$	−1.000	500	1.000	200	800

Halbnagel kann Geld zu 10% p.a. anlegen und aufnehmen.

Sein Konkurrent Hammer bekommt Wind von diesem Plan. Er will auf gar keinen Fall Halbnagel als Mit-Konkurrenten auf diesem Markt. Daher geht er zu Halbnagel und bietet ihm vier *(nachschüssige)* Jahresraten zu je 300.000 €/Jahr für den Fall, dass er *(d.h. also Halbnagel)* seinen Plan fallen lasse und Hammer den Markt für schmiedeeiserne Gartenzwerge allein überlasse.

i)   Wie entscheidet sich Halbnagel unter dem Ziel „Kapitalwertmaximierung"?

ii) Bei welchem Kalkulationszinssatz ist Halbnagel indifferent gegenüber den beiden Alternativen „Gartenzwergproduktion" auf der einen und „Hammers Angebot" auf der anderen Seite?

iii) Wie ändert sich Halbnagels Entscheidung *(Kalkulationszinssatz wie oben: 10% p.a.)*, wenn Hammers Angebot lautet: 1 Mio. € in bar?

Aufgabe 9.8 *(9.3.29)*:

Ignaz Wrobel erwägt, in seiner Garage die vollautomatische Produktion von doppelseitig gespitzten Reißzwecken mit hydraulisch abgedrehtem Teller aufzunehmen *(Weltneuheit)*.

Zur Wahl stehen zwei Produktionsanlagen mit den Anschaffungsauszahlungen 120.000 € *(Typ I)* bzw. 130.000 € *(Typ II)*.

Die Lebensdauer beider Anlagen wird mit 4 Jahren veranschlagt. Danach kann mit Liquidationserlösen in Höhe von 15% der Anschaffungsauszahlungen gerechnet werden.

An laufenden Einzahlungen rechnet Ignaz bei beiden Anlagen mit 40.000 € Ende 1. Jahr und einer Steigerung in den Folgejahren um 20% des jeweiligen Vorjahreswertes.

Die Höhe der sonstigen laufenden Auszahlungen ist in folgender Tabelle wiedergegeben *(in €)*:

Ende t	1	2	3	4
I: a_t	35.000	20.000	11.000	6.000
II: a_t	4.000	10.000	20.000	30.000

i)   Ermitteln Sie für einen Kalkulationszinssatz i = 10% p.a. die Kapitalwerte der
     Investitionsalternativen. Wie lautet nach dem Kapitalwertkriterium Ihre Investi-
     tionsentscheidung?

ii) Welche jährlich gleiche Summe müsste ihm ein Konkurrent 4 Jahre lang mindes-
     tens zahlen, damit Ignaz die Investition unterlässt? *(i = 10% p.a.)*

iii) Ermitteln Sie die internen Zinssätze beider Investitionsalternativen und geben
     Sie an, inwiefern die erhaltenen Werte zutreffende Aussagen über die Vorteilhaf-
     tigkeit der Projekte ermöglichen.

Aufgabe 9.9 *(9.3.30)*:

Huber will in 20 Jahren nach Madagaskar auswandern.

Für den Zeitraum bis dahin sucht er nach einer günstigen Kapitalanlage.

Ein Immobilienmakler unterbreitet ihm folgendes Angebot für den Kauf eines Mietshauses:

   Kaufpreis 1,2 Mio. €;

   jährliche *(nachschüssige)* Netto-Mieteinnahme 100.000 €.

   Bei Kauf werden Maklercourtage von 3% des Kaufpreises *(zuzüglich 16% MwSt.
   auf die Courtage)* sowie Grunderwerbsteuer in Höhe von 3,5% des Kaufpreises
   fällig.

   Sonstige Kosten *(Notar etc.)* entstehen bei Kauf in Höhe von 1% des Kaufpreises.

   Nach 20 Jahren kann mit einem Verkaufserlös in Höhe von 95% des heutigen
   Kaufpreises gerechnet werden.

Wie hoch ist die Effektivverzinsung dieser Kapitalanlage?

Aufgabe 9.10 *(9.3.31)*:

Die Assekurantorix-Versicherungs AG unterbreitet Caesar folgendes Lebensversiche-
rungsangebot:

Caesar zahlt, beginnend heute, jährlich 3.000 € Prämie *(25 mal)*. Nach 12 Jahren
erfolgt eine Gewinnausschüttung an Caesar in Höhe von 10.000 €, nach weiteren 4
Jahren in Höhe von 20.000 €, nach weiteren 4 Jahren in Höhe von 26.000 € und am
Ende des 25. Versicherungsjahres in Höhe von 50.000 €.

i)   Caesar betrachtet die Lebensversicherung ausschließlich als Kapitalanlage. Wä-
     re er mit dieser Anlage gut beraten, wenn er alternativ sein Geld zu 5% p.a.
     anlegen könnte?

ii) Wie hoch ist die Effektivverzinsung dieser Kapitalanlage?

Aufgabe 9.11 *(9.3.32)*:

Münch schließt eine Lebensversicherung *(Versicherungssumme 100.000 €)* ab, Laufzeit 30 Jahre.

Im Versicherungsvertrag verpflichtet er sich, zu Beginn eines jeden Versicherungsjahres eine Versicherungsprämie in Höhe von 3.500 € zu zahlen.

Dafür erhält er *(neben dem Versicherungsschutz)* am Ende des 30. Jahres die Versicherungssumme sowie zusätzlich die kumulierten „Gewinnanteile" in Höhe von weiteren 100.000 € ausbezahlt.

i)   Welche effektive Kapitalverzinsung liegt zugrunde?

ii)   Welche Kapitalverzinsung ergibt sich, wenn sich Münch – beginnend am Ende des 3. Versicherungsjahres – Gewinnanteile in Höhe von 1,6% p.a. der Versicherungssumme ausbezahlen lässt *(letzte Ausschüttung am Ende des 30. Jahres)* und dadurch am Ende der Laufzeit lediglich die Versicherungssumme erhält?

iii) Welche effektive Kapitalverzinsung ergibt sich *(nach Steuern)*, wenn alle Prämien unmittelbar steuerlich absetzbar sind *(Münch unterliegt einem Grenzsteuersatz von 40%)* und die *(wie in Fall i) anzusetzenden)* Rückflüsse steuerfrei sind?

Aufgabe 9.12 *(9.3.33)*:

Joepen schließt mit seiner Hausbank einen Ratensparvertrag ab. Er verpflichtet sich, 6 Jahresraten *(beginnend 01.01.00)* zu je 5.000 € einzuzahlen.

Als Gegenleistung vergütet die Bank 5% p.a. Zinsen *(des jeweiligen Kontostandes)* und zahlt darüber hinaus am Ende eines jeden Sparjahres – d.h. beginnend 31.12.00 – eine zusätzliche Sparprämie in Höhe von 400 € auf Joepens Sparkonto *(insgesamt also ebenfalls 6 Sparprämien)*.

Erst am Tag der letzten Sparprämie kann Joepen über das angesammelte Kapital verfügen.

i)   Über welchen Kontostand verfügt Joepen am 01.01.06?

ii)   Mit welchem Effektivzinssatz hat sich Joepens Kapitaleinsatz verzinst?

iii) Man ermittle den Kapitalwert bei einem Kalkulationszins von 8% p.a. und interpretiere das Ergebnis.

Aufgabe 9.13 *(9.3.34)*:

Agathe erwirbt 10 Platinbarren *(je 1 kg/Barren)* zum Preis von 30.000 €/kg.

Nach drei Jahren verkauft sie zwei Barren für 32.000 €/kg, nach weiteren vier Jahren verkauft sie sechs Barren für 35.000 €/kg und den Rest nach einem weiteren Jahr zu 33.000 €/kg.

Welche Effektivverzinsung erreichte Agathe bei diesem Geschäft?

Aufgabe 9.14 *(9.3.35)*:

Weinsammler R. Schuler ersteigert auf einer Auktion die letzte Flasche des berühmten Château d'Aix la Camelle, 1er Grand Cru Classé, Jahrgang 1875, für 50.000 € plus 15% Versteigerungsgebühr.

Er versichert die Flasche zu einer Jahresprämie von 1.000 €/Jahr *(die Prämie für das erste Versicherungsjahr ist fällig am Tage des Erwerbs der Flasche)*.

Nach sechs Jahren veräußert er die Flasche an den Steuerfahnder M. Knüppel, der dafür 100.000 € zu zahlen bereit ist. Davon soll Schuler eine Hälfte am Tage des Erwerbs, die restlichen 50.000 € zwei Jahre später erhalten.

i)   Welche effektive Verzinsung erzielte Schuler mit seiner Vermögensanlage?

ii) Man untersuche, ob Schuler mit diesem Geschäft gut beraten war, wenn er sein Geld alternativ zu 5% p.a. hätte anlegen können.

Aufgabe 9.15 *(9.3.36)*:

Dagobert Duck beteiligt sich an einer Diamantengrube in Kanada.

Am 01.01.06/ 09/11 investiert er jeweils 90.000 €. Im Laufe des Jahres 12 werden die ersten Diamanten gefunden, so dass D.D. – beginnend 31.12.12 – jährlich Rückflüsse in Höhe von 55.000 €/Jahr erhält.

Nachdem 10 Raten ausgeschüttet sind, wird das Projekt beendet. Zur Rekultivierung des Geländes muss D.D. am 31.12.24 einen Betrag von 50.000 € zahlen

i)   Ist die Investition für D. D. lohnend, wenn er für sein Kapital 8% p.a. Zinsen erzielen kann?

ii) Welche Effektivverzinsung erbringt diese Investition?

iii) Man skizziere die Kapitalwertfunktion und untersuche, für welche Kalkulationszinssätze das Projekt für D.D. lohnend ist.

Aufgabe 9.16 *(9.3.37)*:

Schulte-Zurhausen (S.-Z.) beteiligt sich an einer Bienenfarm auf Grönland.

Trotz des bereits fortschreitenden Treibhauseffektes auf der Erde sind zur Klimatisierung der Bienenstöcke sowie zur Züchtung spezieller, zur Nahrungsaufnahme für die Bienen geeigneter Eisblumen zunächst hohe Investitionen erforderlich, nämlich:

am 01.01.18: 250.000 €   sowie   am 01.01.19: 350.000 €.

Die Gewinnausschüttungen aus dem Honigprojekt werden laut astrologischem Gutachten wie folgt eintreten:

Ende des Jahres:	23	24	25	26	27
Gewinn, bezogen auf insgesamt eingesetztes Nominalkapital	8%	0%	4%	6%	9%

Ende des Jahres 27 will S.-Z. aus dem Projekt ausscheiden; er erhält zu dann zu diesem Zeitpunkt sein volles nominelles Kapital *(600.000 €)* ausgezahlt.

Durch den Schaden, der durch die versehentliche Einschleppung einer Killerbiene verursacht wurde, muss S.-Z. am 01.01.30 noch 50.000 € nachzahlen.

Welche Rendite *(Effektivverzinsung)* erbrachte S.-Z.'s Kapitalanlage?

Aufgabe 9.17 *(9.3.38)*:

Reusch investiert in ein Ölförderungsprojekt.

Am 01.01.00 zahlt er 120.000 € ein, die er nach genau 5 Jahren in nominell gleicher Höhe zurückerhält. Am Ende des ersten Jahres erhält er eine Gewinnausschüttung von 4% auf sein eingesetztes Kapital ausgezahlt.

Die entsprechenden Gewinnauszahlungen für die Folgejahre lauten:

Ende von Jahr	2	3	4	5
Gewinn, bezogen auf das eingesetzte Kapital	5%	7%	0%	12%

Welche Effektivverzinsung erzielt Reuschs Vermögensanlage?

Aufgabe 9.18 *(9.3.39)*:

Willi Wacker erwirbt am 01.01.05 ein Grundstück.

Als Gegenleistung verpflichtet er sich, jährlich – beginnend am 01.01.05 – 14.000 € *(insgesamt 10 mal)* an den Verkäufer zu zahlen. Darüberhinaus muss er eine Restzahlung in Höhe von 150.000 € am 01.01.15 leisten.

i)   Man ermittle Willis „interne" Effektivzinsbelastung, wenn er den Grundstückswert mit 200.000 € zum 01.01.05 veranschlagt.

ii)   Willi möge bereits die ersten drei Raten bezahlt haben.
      Er vereinbart nun mit dem Verkäufer, sämtliche jetzt noch ausstehenden Zahlungen in einem Betrag am 01.01.10 zu zahlen. *(Es erfolgen also keine weiteren Ratenzahlungen mehr!)*
      Wie hoch ist dieser Betrag?   *(i = 6% p.a.)*

Aufgabe 9.19 *(9.3.40)*:

Buchkremer kauft 1.000 Aktien der Silberbach AG, Gesamtpreis 200.000 €.

Infolge zunächst günstiger wirtschaftlicher Entwicklung werden – beginnend ein Jahr nach dem Aktienkauf – an Buchkremer jährlich 8 € pro Aktie an Dividende ausgeschüttet *(insgesamt 5 mal)*.

Im 6. bis 8. Jahr sinkt die Dividende auf 5,50 € pro Aktie, im 9. bis 12. Jahr wird infolge mangelhafter Geschäftspolitik der Silberbach AG keine Dividende ausgeschüttet.

Am Ende des 12. Jahres nach seinem Aktienkauf kann Buchkremer das gesamte Aktienpaket zu einem Preis von 250.000 € an Engeln-Müllges verkaufen.

Man ermittle Buchkremers Rendite.

Aufgabe 9.20 *(9.3.41)*:

Hoepner investiert in eine Telekommunikations-Gesellschaft zur flächendeckenden Einführung von eCommerce-Systemen im Supply Chain Management des Fachhochschulbereichs.

Seine finanziellen Leistungen und die zu erwartenden Gegenleistungen gehen aus folgender Tabelle hervor:

Zeitpunkt	Diese Beträge muss Hoepner leisten	Diese Gegenleistungen kann Hoepner erwarten
31.12.04	200.000 €	---
31.12.05	---	50.000 €
31.12.06	---	70.000 €
31.12.07	100.000 €	---
31.12.08	---	100.000 €
31.12.09	---	30.000 €
	Rückfüsse werden auf das Investitionskonto *(10% p.a.)* gebucht.	sowie *(erste Zahlung* a $0s$ ᴸ⌐° ≡≡α<α< ᴸ< ewige Rente in Höhe von 25.000 €/Jahr.

i) Welche Rendite erzielt Hoepner mit dieser Investition?

ii) Hoepner rechnet stets mit einem Kalkulationszinsfuß von 10% p.a.

Welchem äquivalenten Gewinn bzw. Verlust zum Investitionsbeginn *(31.12.04)* *(= Kapitalwert!)* entspricht diese Investition?

iii) Man stelle den Investitionstilgungsplan *(i = 10% p.a.)* für die ersten 10 Jahre auf. In welchem Jahr hat sich die Investition erstmalig amortisiert?

Aufgabe 9.21:

Focke investiert in eine Goldmine.

Dazu zahlt er am 01.01.15 € 500.000,– und am 01.01.17 € 350.000,– . Folgende Rückflüsse erhält er aus der Investition: 200.000,– € am 01.01.16, danach 300.000,– € am 01.01.18 sowie 450.000,– € am 01.01.20.

i)   Focke rechnet mit einem Kalkulationszinssatz von 4% p.a. Ermitteln Sie den Kapitalwert der Investition und entscheiden Sie damit, ob die Investition für Focke vorteilhaft ist oder nicht.

ii)   Wie hoch ist der interne Zinssatz (= *Rendite* = i_{eff}) dieser Investition? *(Hinweis: Der interne Zinssatz liegt zwischen 3% und 5% p.a.)*

iii) Focke behauptet: „Wenn am 01.01.20 der letzte Rückfluss 615.285,– € *(statt 450.000,– €)* beträgt, so ergibt sich eine Rendite von genau 10% p.a."

Überprüfen Sie diese Behauptung mit Hilfe eines Vergleichskontos!

Testklausuren
Aufgaben

Bemerkungen
zu den Testklausuren

Wie im Vorwort bereits angedeutet, stammen die nachfolgenden Testklausuren aus Originalklausuren *(Dauer: 2 Zeitstunden)* am Fachbereich Wirtschaftswissenschaften der Fachhochschule Aachen und dokumentieren somit den geforderten Leistungsstandard in klassischer Finanzmathematik *(mathematische Grundlagen und ökonomische Anwendungen des finanzmathematischen Äquivalenzprinzips auf zu verzinsende Kapitalströme und Zahlungsvorgänge beliebiger Art)* [1] für angehende Betriebswirte.

Die nachfolgenden Testklausuren sollen dem Studierenden neben Informationen über Umfang und Schwierigkeitsgrad die Möglichkeit bieten, im Selbsttest innerhalb begrenzter Zeit seine Kenntnisse und Fertigkeiten in Wirtschaftsmathematik zu überprüfen *(etwa durch Simulation der Klausursituation zu Hause oder in einer Lerngruppe)*.

Entscheidend für einen Erfolg bei der Bearbeitung der vorliegenden Klausuraufgaben wird dabei *(neben guter Vorbereitung)* die Fähigkeit und Bereitschaft sein, ohne vorherigen Blick auf die Lösungshinweise eine entsprechend lange Zeit konzentriert an den Klausurbeispielen arbeiten zu können und insbesondere den womöglich erkannten eigenen Schwächen auf ihren wahren Grund gehen zu können.

---

[1] Der entsprechende Leistungsstandard für das Gebiet der Wirtschaftsmathematik ist definiert im „Übungsbuch zur angewandten Wirtschaftsmathematik", Verlag Springer Spektrum, Wiesbaden, 9. Aufl. 2014.

Ein Wort noch zum geforderten Umfang der Aufgabenlösungen:

Zur vollständigen Lösung einer Klausur in Finanzmathematik gehören – neben der Beantwortung der ausdrücklich gestellten Fragen *(siehe auch Lösungshinweise zu den Testklausuren)* – aus Sicht des Autors folgende Aspekte:

– Bei jeder Problemlösung muss der Gedankengang erkennbar sein, die mathematischen Formulierungen sollen kurz, aber nachvollziehbar erfolgen. Ein fertiges Ergebnis ohne erkennbare Gedankenführung ist wertlos. Ausnahme: Aufgaben, bei denen die Antwort lediglich angekreuzt werden muss.

– Die gefundenen Lösungen sind verbal zu interpretieren *(unter Verwendung der korrekten Einheiten!)*, die notwendigen ökonomischen Schlussfolgerungen aus den erhaltenen Ergebnissen müssen folgerichtig formuliert werden – kurz, aber eindeutig und klar erkennbar.

– Die Ermittlung des Effektivzinssatzes *(oder der Rendite)* einer Zahlungsreihe, die aus Leistungen und Gegenleistungen besteht, erfordert in aller Regel die Anwendung eines iterativen Näherungsverfahrens zur Gleichungslösung. In Anbetracht der Zeitknappheit ist es in einer Examens-Klausur i.a. ausreichend, mit halbwegs geeigneten Startwerten einen, höchstens aber zwei Iterationsschritte durchzuführen. So kann man einerseits einen brauchbaren Näherungswert gewinnen und andererseits demonstrieren, dass man das Iterationsverfahren technisch beherrscht. In den Lösungshinweisen allerdings sind zu Kontrollzwecken die entsprechenden Resultate auf mehrere Stellen exakt angegeben.

– Zur Genauigkeit der angegebenen Lösungswerte wird weiterhin auf die Ausführungen im Vorwort verwiesen.

Die im zweiten Teil des Übungsbuches angegebenen Lösungshinweise für die Testklausuren sind so ausführlich gehalten, dass jede Problemlösung nachvollziehbar sein dürfte. Dringende Empfehlung: Möglichst ohne den Blick in die Lösungen an die Probleme herangehen, damit der erst durch intensive Beschäftigung mit den Problemstellungen erreichbare Lern- und Übungseffekt sowie eine hinreichende Selbstkontrolle möglich wird.

Weiterhin ist zu beachten, dass die hier angegebenen Lösungshinweise keineswegs als Musterlösungen missverstanden werden dürfen, sondern erst noch den oben aufgeführten ergänzenden Anforderungen genügen müssen, um dem Anspruch einer „vollständigen Lösung" gerecht zu werden.

Bemerkung: *Falls nicht ausdrücklich anders vermerkt, wird bei linearer Verzinsung nach der 30/360-Zählmethode verfahren, d.h. 1 Zinsjahr = 12 Zinsmonate zu je 30 Zinstagen = 360 Zinstage.*

7   Testklausuren

Testklausur Nr. 1

A1: Lothar de M. will seine alte Guarneri-Bratsche verkaufen. Drei Liebhaber melden sich und geben folgende Angebote ab:

Kratz: Anzahlung 5.000 €, nach 2 Jahren erste Zahlung einer Rente von zunächst 6 Raten zu 15.000 €/Jahr, danach 8 Raten zu 8.000 €/Jahr.

Klemm: Nach 2 Jahren € 50.000,--, nach weiteren 3 Jahren € 80.000,--.

Knarz: Anzahlung € 50.000,--, nach einem Jahr erste Rate einer Rente, die aus insgesamt 12 Zahlungen zu je € 9.000,-- besteht, wobei zwischen je zwei Raten ein zeitlicher Abstand von 2 Jahren liegt.

Für welches Angebot sollte Lothar sich entscheiden? (7% p.a.)

A2: Theodor Trichter hat sich verpflichtet, ab 01.01.05 zu Beginn eines jeden Jahres bis zum 01.01.21 *(einschließlich)* € 20.000,-- auf das Konto seiner Ex-Geliebten Thea Ticker einzuzahlen (i = 5% p.a.).

Kurz vor Einzahlung der ersten Rate wandelt er mit Theas Einverständnis die Verpflichtung um in drei gleiche Zahlungen jeweils am 01.01.09/13/16.

Wie hoch müssen diese drei Zahlungen jeweils sein?

A3: Der um seine materielle Zukunft besorgte Staatsdiener Nathan Neerichs zahlte, beginnend am 01.01.1986, jährlich € 14.000,-- *(alle Zahlungen erfolgten zu Jahresbeginn)* bis 2000 einschließlich auf ein Konto (6%) ein.

Infolge unheilbarer Sitzbeschwerden wurde Neerichs zum 01.01.2004 vorzeitig pensioniert. Auf seine Anfrage teilte ihm das Statistische Landesamt mit, dass seine mittlere Lebenserwartung dann noch 30 Jahre beträgt.

Daraufhin beauftragte Neerichs seine Bank, ihm – beginnend am 01.01.2005 – aus seinem Ersparten 30 gleiche Jahresraten *(jeweils zu Jahresbeginn)* so auszuzahlen, dass sich danach ein Kontostand von 0,-- € ergibt.

i)   Ermitteln Sie die Höhe dieser Jahresraten. (i = 6% p.a.)
ii) Angenommen, jede der 30 Jahresraten betrage 36.000 €: Mit welchem Effektivzinssatz wurde Neerichs Konto abgerechnet?

A4: Die Focke-Trucks-GmbH will eine LKW-Halle bauen. Dazu benötigt sie finanzielle Mittel in Höhe von € 470.000,--. Die Hausbank will einen Kredit in Höhe von € 500.000,-- zur Verfügung stellen zu folgenden Konditionen:

9,5% p.a. Zinsen; 2% p.a. Tilgung *(zuzüglich ersparter Zinsen)*. Als Bearbeitungsgebühr/Courtage verlangt die Bank bei Auszahlung des Kredits ein Disagio in Höhe von 6% der Kreditsumme. *(Um den daraus resultierenden Betrag vermindert sich die Kreditauszahlung, so dass die Focke GmbH genau die benötigten € 470.000,-- erhält.)*

In den ersten beiden Jahren braucht die Focke GmbH jeweils nur die Kreditzinsen zu zahlen, die Tilgungszahlungen setzen erstmalig am Ende des 3. Jahres ein. *(2 tilgungsfreie Jahre)*

i)   Nach welcher Zeit seit Kreditauszahlung ist der Kredit vollständig getilgt?
ii) Man gebe die ersten vier und die letzten beiden Zeilen des Tilgungsplans an.
iii) Wie hoch ist die Tilgungsrate am Ende des 14. Jahres seit Kreditaufnahme?
iv) Seniorchef Marcus Focke erkundigt sich bei seiner Hausbank nach der Effektivzinsbelastung für diesen Kredit. Die Bank muss leider passen, da sie zur Zeit keinen Betriebswirt (B.Sc.) beschäftigt. Bitte helfen Sie Herrn Focke!
(nur Äquivalenzgleichung, keine Lösung)

A5: Hoepner hat beim Hunderrennen einen größeren Betrag gewonnen. Davon spart er – beginnend 01.01.2004 – einen Betrag von 18.000,-- €/Jahr *(insgesamt 11 mal)*. Später will er davon eine Altersrente beziehen:

Die erste von insgesamt 20 nominell gleichen Abhebungen *(im Jahresabstand)* soll zum 01.01.2017 erfolgen, danach soll das Konto leer sein.

i)   Wie hoch ist jede der 20 Abhebungen? (9% p.a.)
ii) Welchen Einmalbetrag hätte er zum 01.01.2005 einzahlen müssen, um dieselbe Altersrente beziehen zu können? (9% p.a.)

A6: Der Konsum von Gummibärchen stieg im Jahre 2006 um 0,7% gegenüber dem Vorjahr (2005) und um 2,9% gegenüber dem Vorvorjahr (2004) an.

Um wieviel % veränderte sich der Gummibärchenkonsum in 2005 bzgl. 2004?

A7: Huber will einen Betrag von € 10.000,-- verzinslich anlegen. Er hat die Wahl unter drei verschiedenen Anlageformen:
1. einmaliger Zinszuschlag zum Jahresende von 8,7%.
2. Zinszuschlag *(relative Zinsen)* am Ende jeden Monats bei nominell 8,4% p.a.
3. täglicher Zinszuschlag zu einem Tageszins, der sich relativ zu 8,3% p.a. nominell ergibt *(1 Jahr = 365 Tage)*

i)   Für welche Anlageform sollte Huber sich entscheiden?
ii) Man ermittle für jede der drei Anlageformen den effektiven Jahreszinssatz.

A8: Man ermittle den Gesamtwert der folgenden Zahlungsreihe zum 01.01.2018 sowie zum 01.01.2007:

3 Raten je   7.000,-- €/Jahr – beginnend 01.01.2002, anschließend
5 Raten je   8.000,-- €/Jahr – beginnend 01.01.2006, anschließend
4 Raten je 10.000,-- €/Jahr – beginnend 01.01.2013.

Zinssätze: bis   31.12.05:   10% p.a.
             vom 01.01.06 - 31.12.13: 9% p.a.
             ab   01.01.14:   11% p.a.

Testklausur Nr. 2

A1: Aloisia Huber lässt sich für ihre geplante neue Einbauküche einen Kostenvoranschlag machen. Drei Hersteller geben je ein Angebot für dieselbe Küche ab und fordern als Kaufpreis:

Fa. Gar: Anzahlung bei Lieferung € 5.000,--, Rest in 12 Jahresraten zu je € 2.000,--, beginnend zwei Jahre nach der Lieferung.

Fa. Nix: Ein Jahr nach der Lieferung € 10.000,--, nach weiteren drei Jahren € 15.000,--.

Fa. Gutt: Anzahlung bei Lieferung € 3.000,--, Rest in 36 Monatsraten zu zu je € 750,--, beginnend einen Monat nach der Lieferung.

Welches Angebot ist für Frau Huber am günstigsten?

Dabei berücksichtige man, dass die Küche jeweils zum gleichen Termin geliefert werden soll. *(Außerdem: Zinsen 8% p.a., Zinsperiode = 1 Jahr, beginnend bei Lieferung, bei unterjährigen Zahlungen erfolgt sofortige Zinsverrechnung mit dem konformen unterjährigen Zinssatz (ICMA-Methode).)*

A2: Buchhalter Meyer erhält von seinem Chef als Anerkennung für seine Dienste das Versprechen, am 01.01.09, 01.01.11 und 01.01.16 je eine Zahlung von € 10.000,-- zu erhalten.

i)   Meyer möchte lieber eine 10-malige Rente, Auszahlung in jährlichen Raten, beginnend am 01.01.09. Ratenhöhe? *(10% p.a.)*

ii)   Meyer möchte lieber einen einmaligen Betrag in Höhe von 130.000 € erhalten. Wann kann er damit rechnen? Datum! *(10% p.a.)*

A3: Huber nimmt zum 01.01.09 einen Hypothekarkredit auf. Konditionen:

94% Auszahlung, 7% Zinsen, 1% Tilgung *(zuzüglich ersparter Zinsen)*.

Huber muss die Annuität A, die sich aus den Konditionen ergibt, jeweils in vier gleichen Teilen (d.h. A/4) am Ende eines jeden Quartales zahlen *(die erste Quartalsrate ist 3 Monate nach Kreditaufnahme fällig)*.

Die bankseitige Verrechnung von Zinsen und Tilgung erfolgt aber jährlich, erstmals ein Jahr nach Kreditaufnahme *(„nachschüssige Tilgungsverrechnung")*.

i)   Wie lautet die Effektivverzinsung über die gesamte Laufzeit?

ii)   Wie lautet die Effektivverzinsung für den Fall, dass der Kredit nach Ablauf einer Zinsbindungsfrist von 5 Jahren seitens der Bank gekündigt wird?

(Bemerkung: In beiden Fällen soll zur Ermittlung des Effektivzinssatzes (Phase 2) innerhalb eines jeden Jahres mit exponentieller Verzinsung nach der ICMA-Methode gerechnet werden.)

A4: Pietschmann investiert in eine kanadische Goldmine.

Jeweils am 01.01.10/01.01.12/01.01.16 leistet er eine Zahlung in Höhe von 100.000€.

Beginnend 01.01.11 erhält er jährliche Rückflüsse in Höhe von jeweils 30.000 € *(insgesamt 10 mal)*. Außerdem erhält er am 01.01.22 einen einmaligen Schlussgewinnanteil in Höhe von 80.000 € ausgezahlt.

Ermitteln Sie die Rendite von Pietschmanns Geldanlage!

A5: Man ermittle den Wert der folgenden Zahlungsreihe

   i) zum 01.01.2020   sowie   **ii)** zum 01.01.2004:

            5 Raten zu je 5.000,-- €/Jahr, beginnend 01.01.2004, anschließend
            6 Raten zu je 6.000,-- €/Jahr, beginnend 01.01.2010, anschließend
            4 Raten zu je 7.000,-- €/Jahr, beginnend 01.01.2016.

   Zinssätze:

	bis 31.12.2005:	8% p.a.
01.01.2006 −	31.12.2011:	10% p.a.
01.01.2012 −	31.12.2017:	9% p.a.
	ab 01.01.2018:	7% p.a.

A6: Anzeige im Entenhausener Lokalanzeiger:

       „Baufinanzierung ist Maßarbeit:
       Wir bieten Spitzenkonditionen!
       6,25% p.a. Zinsen
       90% Auszahlung
       Laufzeit 5 Jahre"

Man ermittle die Effektivverzinsung dieses Kredits unter der Annahme, dass es sich dabei um eine Annuitätentilgung bei 1% p.a. Tilgung *(zuzüglich ersparter Zinsen)* handelt und die am Ende der 5-jährigen Laufzeit noch vorhandene Restschuld in einem Betrag fällig wird.

   i)   Annuitäten, Zinsverrechnung und Tilgungsverrechnung jährlich;

   ii)   Annuitäten nach jedem Quartal *(= ein Viertel der jährl. Annuität)*, Zins- und Tilgungsverrechnung jährlich *(d.h. nachschüssige Tilgungsverrechnung)*:

       Man ermittle den Effektivzins   **a)**   nach der ICMA-Methode;
                                                 b)   nach der US-Methode.

A7: Der Preis für Benzin stieg im Jahr 16 um 15% gegenüber 15. Bezogen auf 14 stiegen die Benzinpreise im Jahr 16 sogar um 40%.

Wie hoch war die Preissteigerung im Jahr 15 bezogen auf das Jahr 14 ?

Testklausur Nr. 3

A1: Huber hat seinen Lottogewinn angelegt, Kontostand mit Ablauf des 31.12.08:
500.000€. Drei alternative Verwendungsmöglichkeiten stehen ihm zur Auswahl:

    i)   Gründung einer Stiftung, die – beginnend am 01.01.13 – jährlich eine stets gleich-
bleibende Summe *(für „ewige" Zeiten)* ausschüttet.
Wie hoch ist diese Jahresrate?   (5,5% p.a.)

    ii)   Finanzierung seiner Altersrente: Die erste Jahresrate in Höhe von 48.000 € /Jahr
will er am 01.01.11 abheben.
Wann ist sein Konto leer? *(ungefähres Datum angeben!)*   (5,5% p.a.)

    iii)   Schenkung an seine beiden Neffen: Der eine Neffe soll 400.000€ am 01.01.17
erhalten, der andere Neffe die gleiche Summe am 01.01.20.
Zu welchem Zinssatz müsste Huber – beginnend 01.01.09 – sein Kapital anlegen, damit er diese Schenkungen gerade finanzieren kann?

A2: Aus dem Entenhausener Lokalanzeiger: „...Die deutsche Tochter des japanischen Elek-
tronikkonzerns Syno legte am Montag ihre Bilanz für das abgelaufene Geschäftsjahr
07 vor. Daraus ergibt sich:

- Der Gewinn in 07 schrumpfte gegenüber dem Vorjahr um 72% auf 8,1 Mio. €.
- Der Umsatz in 07 stieg gegenüber dem Vorjahr um 2,3% auf 2,4 Mrd. €.

Im Jahr 06 war dagegen noch ein Umsatzplus von 26,9 Prozent gegenüber dem Vorjahr
zu verzeichnen gewesen."

    i)   Um wieviel Prozent hat die Umsatzrendite *(d.h. der Anteil (in %) des Gewinns
am Umsatz – Beispiel: Umsatz = 200 Mio. €, Gewinn = 10 Mio € ⇒ Umsatzrendite = 10/200 = 5 %)* in 07 gegenüber dem Vorjahr zu- bzw. abgenommen?

    ii)   Um wieviel Prozent pro Jahr hat der Umsatz durchschnittlich in 06 und 07 gegen-
über dem jeweiligen Vorjahr zu- bzw. abgenommen?

A3: Die Pietsch-Software-GmbH will einen Großrechner anschaffen. Dazu benötigt sie finanzielle Mittel in Höhe von € 360.000,--.

    i)   Bei welcher Kreditsumme kann die Pietsch GmbH nach Abzug eines Disagios
von 4% über den gewünschten Betrag *(360.000,-- €)* verfügen?

Weiterhin gelten folgende Konditionen: 8,5% p.a. Zinsen, 1,5% p.a. Tilgung *(zuzüglich ersparte Zinsen)*. In den ersten beiden Jahren braucht die Pietsch GmbH jeweils
nur die Kreditzinsen zu zahlen, die Tilgungszahlungen setzen erstmalig am Ende des
3. Jahres ein *(2 tilgungsfreie Jahre)*.

    ii)   Nach welcher Zeit – bezogen auf die Kreditauszahlung – ist der Kredit getilgt?

    iii)   Man gebe die ersten vier und die letzten 2 Zeilen des Tilgungsplans an.

    iv)   Wie hoch ist die Tilgungsrate am Ende des 15. Jahres seit Kreditaufnahme?

    v)   Seniorchef Wolfram Pietsch erkundigt sich bei seiner Hausbank nach der Ef-
fektivverzinsung für diesen Kredit. Die Bank muss passen, da sie zur Zeit keinen
Dipl.-Kaufmann beschäftigt. Bitte helfen Sie Herrn Pietsch!

A4: Müther ist Sammler alter Automobile.

Auf einer Auktion ersteigert er einen Trabbi, Baujahr 1969 für € 50.000,-- zuzüglich 15% Versteigerungsgebühr. Unmittelbar nach dem Kauf lässt er das Auto einlagern *(jährliche Lagergebühr: 2.500,-- €)*, die erste Lagergebührenzahlung ist am Tage des Erwerbs des Autos fällig.

Am Ende des 8. Jahres seit diesem Ereignis verkauft er das Fahrzeug für € 85.000,--. Der Käufer leistet eine Anzahlung in Höhe von € 50.000,-, der Rest von € 35.000,-- ist nach weiteren zwei Jahren fällig.

i)   Effektivverzinsung? *(nur Äquivalenzgleichung, keine Lösung erforderlich!)*.

ii)   Man untersuche, ob Müther mit diesem Geschäft gut beraten war, wenn er sein Geld alternativ zu 4% p.a. hätte anlegen können.

A5: Fuchs verkauft sein Haus. Der Käufer will 30 Jahresraten (erstmals am 01.01.10) zahlen. Davon betragen die ersten 10 Raten je 16.000,-- €/Jahr, die 11.-19. Rate je 20.000,-- €/Jahr und die restlichen Raten je 25.000,-- €/Jahr.

i)   Welchem Verkehrswert *(Barverkaufspreis)* – bezogen auf den 01.01.10 – entspricht dieses Angebot? (8%)

ii)   Fuchs möchte lieber – beginnend mit dem 01.01.10 – 30 nominell gleichhohe Ratenzahlungen erhalten. Wie groß ist die Höhe der einzelnen Rate? (8%)

A6: Eine Rente besteht aus 52 Quartalsraten zu je 3.000,-- € und beginnt mit der 1. Rate am 01.04.06. *(8% p.a.; unterjährige Zahlungen: sofortige Zinsverrechnung zum relativen unterjährigen Zinssatz, d.h. ICMA-Methode)*

i)   Gesucht ist der Barwert der Rente am 01.01.06.

*ii)   Die ursprüngliche Rente soll umgewandelt werden in eine Barauszahlung von 50.000,-- € am 01.01.2011 und eine ewige Zweimonatsrente, beginnend am 01. 03.2011.

Bestimmen Sie den Barwert *(am 01.01.2011)* und die Rate dieser zweiten Rente.

A7: Stellen Sie sich bitte folgende Situation vor:

Sie sind Eigentümer eines Ein-Familien-Hauses mit Teich und Garten und möchten Ihr Haus auf „Rentenbasis" verkaufen: Als Gegenleistung für die Hingabe Ihres Hauses verlangen Sie vom Käufer, beginnend am 01.01.2010, eine monatliche Rentenzahlung bis an Ihr Lebensende.

Schildern Sie, auf welche Weise Sie die Höhe der Monatsrate ermitteln würden.

Die benötigte Kontoführungsmethode *(ICMA-Methode? US-Methode?)* sowie sämtliche erforderliche Daten *(außer der Ratenhöhe)*, müssen Sie von sich aus exemplarisch vorgeben *(beliebig, aber sinnvoll!)*

Gesucht ist die – auf der Basis Ihrer individuellen Daten ermittelte – Monatsrate, die Sie vom Käufer fordern werden *(Steuern und Subventionen bleiben unberücksichtigt!)*.

Testklausur Nr. 4

A1: Huber will eine antike Kommode verkaufen. Auf seine Zeitungsanzeige gehen zwei Angebote A und B ein:

A: Anzahlung am 01.01.08: € 22.000,--, danach – beginnend 01.01.09 – 6 Jahresraten zu 3.000,-- €/Jahr, anschließend weitere 5 Jahresraten zu 4.000,-- €/Jahr.

B: Am 31.12.08 € 20.000,--, nach weiteren 4 Jahren € 40.000,--.

Der Zinssatz beträgt: bis 31.12.09:   8% p.a.,
                          danach bis 31.12.11:   10% p.a.,
                          danach   9% p.a.

Für welches Angebot sollte Huber sich entscheiden?

A2: Von den Studierenden des Fachbereichs Wirtschaftswissenschaften waren im Wintersemester 15/16 61% männlichen Geschlechtes. Gegenüber dem Sommersemester 15 nahmen im Wintersemester 15/16 die Anzahl der männlichen Kommilitonen um 1,2% ab und die der weiblichen Kommilitonen um 7,3% zu.

Um wieviel Prozent änderte sich im Wintersemester 15/16 die Gesamtanzahl aller Studierenden gegenüber dem Sommersemester 15?

A3: Die Vampir AG braucht dringend frisches Kapital. Dazu emittiert sie eine Anleihe *(festverzinsliches Wertpapier)* zu folgenden Konditionen:

Emissionskurs: 93%; nomineller Zinssatz *(Kupon)*: 8% p.a.
Rücknahmekurs: 102%; Laufzeit: 12 Jahre.

Die Kuponzahlungen erfolgen halbjährlich in Höhe von nominell 4% des Nennwertes.

Welche Effektivverzinsung *("Rendite")* ergibt sich für den Käufer des Wertpapiers, wenn mit halbjährlichen Zinseszinsen gerechnet werden muss und der Halbjahreszinssatz

   i)   konform zum gesuchten Effektivzinssatz ist *(ICMA-Methode)*?
   ii)   relativ zum gesuchten Effektivzinssatz ist *(US-Methode)*?

A4: Aßmann kauft als Kapitalanlage bei einem Antiquitätenhändler eine altrömische Vase für € 50.000,--. Er deponiert die Vase sogleich in einem für 10 Jahre gemieteten Banksafe, Safegebühren 500,-- €/Jahr *(die erste Gebühr ist am Tage des Vasenkaufs fällig)*. Nach genau 10 Jahren veräußert er die Vase an Bieger. Bieger zahlt € 30.000,-- an und will den Restkaufpreis in Form von zwei gleichen Raten zu je 20.000,-- €/Jahr nach je einem weiteren Jahr zahlen.

Welche Effektivverzinsung ergibt sich für Aßmanns Kapitalanlage?

A5: Weigand zahlt – beginnend Ende Januar 17 – monatlich € 100,-- auf ein Konto (letzte Zahlung: 31.12.17).

Seine Bank bietet ihm zwei alternative Verzinsungsmöglichkeiten:

i)   Am Ende eines jeden Monats Zinszuschlag von 1% p.m..

ii) Zinszuschlag am Jahresende (31.12.) in Höhe von 12,6% *(innerhalb eines Jahres werden lineare Zinsen berechnet).*

Für welche Verzinsung sollte sich Weigand entscheiden?

A6: Huber soll einen Kredit mit genau 10 Jahresraten zu je 20.000,-- €/Jahr (beginnend 01.01.18) zurückzahlen (i = 9% p.a.).

Da er die hohen Jahresraten nicht aufbringen kann, willigt die Bank auf eine Jahresrate von 12.000,-- €/Jahr ein *(allerdings schon beginnend am 01.01.16).*

Wieviel Jahresraten muss Huber nun zahlen?

A7: Maercker leiht sich bei ihrer Bank € 100.000,-- *(= Kreditsumme).* Die Kreditkonditionen lauten: Disagio 8% der Kreditsumme, Zinssatz (nom.) 10% p.a.

Maercker soll folgende Tilgungsraten leisten:

am Ende des 1. Jahres: € 10.000,--
am Ende des 2. Jahres: € 20.000,--
am Ende des 3. Jahres: € 30.000,--
am Ende des 4. Jahres: € 40.000,--

(d.h. nach 4 Jahren ist der Kredit vollständig zurückgezahlt!).

i)   Man stelle den Tilgungsplan für das Kreditkonto auf!

ii) Wie lautet die Effektivzinsbelastung für diesen Kredit?

iii) Man rechne das Vergleichskonto (= „effektiver" oder „realer" Tilgungsplan) mit Hilfe des unter ii) ermittelten Effektivzinssatzes durch.

A8: Für einen Annuitätenkredit gelten die Konditionen 93/8,25/2 .

i)   Zugleich mit der 5. Annuitätenzahlung kann die bestehende Restschuld getilgt werden. Mit welcher Gleichung kann der effektive Zinssatz bestimmt werden? *(Lösung nicht erforderlich!)*

ii) Der Kreditnehmer stellt – ohne Berücksichtigung von i) – vor der ersten Zahlung fest, dass er nicht 2% p.a. tilgen kann. Die Bank erlaubt ihm, die Tilgungsdauer *(bezogen auf die ursprüngliche Gesamtlaufzeit)* um 5 Jahre zu verlängern.

Welcher Prozentsatz für die *(Anfangs-)* Tilgung liegt diesem Angebot zugrunde?

Testklausur Nr. 5

A1: Man beantworte anhand folgender Statistik folgende Fragen: *(Bei Änderungswerten gebe man stets die Richtung der Änderung – d. h. Zu- oder Abnahme – an.)*

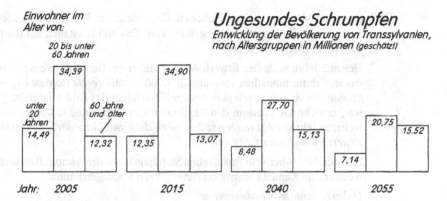

Einwohner im
Alter von:

20 bis unter
60 Jahren

Ungesundes Schrumpfen
Entwicklung der Bevölkerung von Transsylvanien,
nach Altersgruppen in Millionen *(geschätzt)*

Jahr: 2005   2015   2040   2055

i) Um wieviel Prozent wird sich die Gesamtbevölkerung im Jahre 2040 gegenüber 2005 verändert haben?

ii) Wie hoch *(in %)* ist der Anteil der 20- bis unter 60- jährigen an der Gesamtbevölkerung im Jahr 2055?

iii) Um wieviel % pro Jahr *(bezogen auf das Vorjahr)* ändert sich durchschnittlich in den Jahren 2006 bis 2055 die Zahl der Einwohner unter 20 Jahren?

A2: Huber schuldet dem Moser noch die folgenden beiden Beträge:

11.000,-- €, fällig am 09.04.   sowie   17.000,-- €, fällig am 20.05.

Am 02.09. fordert Moser sein Geld incl. Verzugszinsen. Huber zahlt daraufhin (als Anzahlung) am gleichen Tage 20.000,-- € und verspricht, am 31.12. den Rest zu zahlen.

Wie hoch wird diese Zahlung sein?   *(lineare Verzinsung, 11% p. a., Stichtag 31.12.)*

A3: Daniel Düsentrieb benötigt zur Produktion seiner vollautomatischen Schnürsenkelknotmaschine Barmittel in Höhe von 450.000,-- €. Die Volksbank Entenhausen will einen entsprechenden Kredit zur Verfügung stellen zu folgenden Konditionen:
Disagio: 4%;   Zins: 7% p. a.;   Tilgung: 1% p. a. zuzügl. ersparte Zinsen.

i) Bei welcher Kreditsumme bekommt D.D. den gewünschten Betrag ausgezahlt?

ii) Man ermittle die Gesamtlaufzeit des Kredits, wenn in den beiden ersten Jahren nur die Zinsen, aber keine Tilgungen zu zahlen sind.

iii) Man ermittle die vier ersten und die beiden letzten Zeilen des Tilgungsplans.

iv) Man ermittle die Effektivverzinsung des Kredits, wenn dieser nach 10 Jahren gekündigt wird und die noch vorhandene Restschuld dann in einem Betrag zurückgezahlt wird *(dabei beachte man die Zahlungsmodalitäten nach ii)*.

A4: Die Restschuld eines seit langem laufenden Annuitätenkredits (Annuität: 11.000,--
€/Jahr, Zins: 10% p.a.) beträgt zu Beginn des Jahres 2009 noch 24.700,-- €.
Man ermittle die Restschuld 8 Jahre zuvor.

A5: Bei einer Auktion ersteigert Huber ein Ölgemälde von Rembrandt zu 350.000 €. Hinzu kommen die Versteigerungsgebühr von 10% und zusätzlich auf die resultierende
Summe 7% Mehrwertsteuer.

Genau 2 Jahre nach dem Erwerb verleiht Huber das Gemälde an ein privates Museum,
das ihm dafür monatlich vorschüssig 4.000 € zahlt *(erste Rate zu Beginn des ersten
Monats des 3. Jahres seit dem Erwerb)*. Nachdem das Bild 6 Jahre lang ausgeliehen
war, erwirbt das Museum den Rembrandt von Huber zu 240.000 €, die nach einem
weiteren Jahr gezahlt werden sollen *(ohne dass im 7. Jahr der Überlassung des Bildes
weitere Monatsraten fällig werden)*.

Hat sich für Huber vom finanziellen Standpunkt aus die Aktion „Rembrandt" gelohnt,
wenn er sein Kapital anderweitig stets zu 4% p.a. anlegen kann?

Dabei beachte man in diesem Fall:
– Zinsperiode = 1 Jahr, beginnend mit dem Tag der Versteigerung
– innerhalb des Jahres soll mit konformen Zinsen gerechnet werden (ICMA-Methode).

A6: Am 01.01.15 beträgt der Wert eines Grundstücks 400.000 €. Ein Käufer soll dafür als
äquivalente Gegenleistung jährlich 50.000,-- € – beginnend am 01.01.19 – zahlen.
  i)   Wieviele Raten muss der Käufer zahlen?   *(8% p.a.)*
  ii) Der Käufer soll stattdessen 100.000€ am 01.01.16 und 150.000€ am 01.01.19
       zahlen sowie – beginnend mit dem 01.01.27 – eine ewige Rente.
       Wie hoch ist die Jahresrate dieser ewigen Rente?   *(8% p.a.)*
  iii) Der Käufer ist mit dem Gegenwartswert € 400.000,-- nicht einverstanden. Ohne
       dass es darüber zu einer Einigung kommt, bietet er als Gegenleistung für das
       Grundstück: 8 Raten zu je 30.000,-- €/Jahr, beginnend 01.01.15, sowie danach 6
       Raten zu je 40.000,-- €/Jahr, beginnend 01.01.25.
       Der Zinssatz betrage 8% p.a. bis zum 31.12.20, danach 6% p.a.

       Welchem Wert des Grundstücks am 01.01.15 entspricht dieses Angebot?

A7: Janz will wieder mehr lesen. Um nicht andauernd optisch/akustisch verführt zu werden, verkauft er seinen Fernseher und seine Stereoanlage. Zwei Interessenten geben
jeweils ein Angebot ab:

Knösel: Anzahlung (01.01.10): 250,-- €, danach alle zwei Monate – beginnend Ende
          Februar 10 – jeweils 50,-- €, insgesamt 36 Raten *(letzte Rate am 31.12.15)*.

Schripf: Am 01.01.11: 500,-- €, am 01.07.12: 1.500,-- €.

Der Zinszuschlag *(relative Zinsen bei 7% p.a. nominell)* erfolgt halbjährlich, d.h. Ende
Juni und Ende Dezember. Bei Zahlungen innerhalb der Zinsperiode soll mit linearen
Zinsen gerechnet werden. Welches Angebot ist für Janz am günstigsten?

Testklausur Nr. 6

A1: Der Preis für extraleichtes Heizöl lag im Jahr 17 um 40% unter dem entsprechenden Ölpreis von 15 und um 180% über dem entsprechenden Ölpreis von 00.

   i)   Um wieviel % lag der Ölpreis in 15 über *(bzw. unter)* dem des Jahres 00?

   ii)   Wie groß war die durchschnittliche jährliche Ölpreisänderung *(Zu- oder Abnahme in % p.a. gegenüber dem jeweiligen Vorjahr)* in den Jahren 01 bis 17?

A2: Welche Rendite erzielt ein Wertpapierkäufer beim Kauf eines festverzinslichen Wertpapiers, das derzeit zu 79,2% notiert wird, bei folgenden Daten:

    Kurs des Papiers im Emissionszeitpunkt: 98%
    Gesamtlaufzeit *(Emission bis Rücknahme)* des Papiers: 15 Jahre
    Restlaufzeit *(Kaufzeitpunkt bis Rücknahme)* des Papiers: 6 Jahre
    Kupon: $6\frac{3}{4}$ % p.a. *(erste Kuponzahlung für Käufer: 1 Jahr nach Ankauf)*
    Rücknahmekurs *(am Ende der Laufzeit)*: 103,2%

   i)   Man ermittle die angenäherte Rendite des Käufers gemäß Faustformel.

   ii)   Wie lautet die exakte Rendite des Käufers? *(Äquivalenzgleichung, keine Lösg.)*

A3: Die Knofel GmbH will am 01.01.09 von der Huber AG eine Maschinenhalle kaufen. Der Verkehrswert der Halle zum 01.01.09 wird von einem neutralen Sachverständigen mit 800.000 € angegeben.

   i)   Die Knofel GmbH zahlt dafür – beginnend 01.01.12 – jährlich 150.000 €. Wieviele solcher Raten muss die Knofel GmbH zahlen? *(12% p.a.)*

   ii)   Alternativ zu i) könnte die Knofel GmbH am 01.01.11 € 250.000, am 01.01.15 € 200.000 sowie – beginnend mit dem 01.01.19 – eine ewige Rente an die Huber AG zahlen. Jahresrate dieser ewigen Rente? *(12% p.a.)*.

A4: Huber erwartet aus einer Geschäftsbeteiligung eine Rente von 100.000 €/Jahr, beginnend 01.01.11, 20 Raten sowie außerdem zwei Sonderzahlungen, und zwar:
    500.000 € am 01.01.14   und   800.000 € am 01.01.20.

   i)   Er möchte stattdessen lieber am 01.01.10 € 300.000 und – beginnend 01.01.15 – eine 10-malige Rente. Wie hoch ist die Jahresrate dieser Rente? *(i = 8% p.a.)*

   ii)   Er möchte stattdessen lieber eine monatlich zahlbare Rente, beginnend Ende Januar 2011, 15 Jahre lang *(d.h. letzte Rate Ende Dezember 2025)*. Wie hoch ist die Monatsrate? *(8% p.a. nom., innerhalb des Jahres lineare Zinsen, Zinszuschlag jährlich)*.

   iii) Er möchte stattdessen lieber eine Jahresrente von 200.000 €/Jahr, beginnend 01.01.15. Wieviele Raten kann er erwarten? *(8% p.a.)*

A5: Ein Annuitätenkredit wird zu folgenden Konditionen ausgeliehen:
    Kreditsumme: 840.000 €, Auszahlung: 95%, *(nom.)* Zins: 9% p.a.,
    Anfangstilgung: 2% p.a., 3 Jahre Tilgungsstreckung.

Man ermittle die Gesamtlaufzeit des Kredits und die letzte Zeile des Tilgungsplans.

A6: Fabrikant Knörzer könnte eine hydraulische Hebebühne entweder kaufen oder mieten.

Bei Kauf müssen 550.000 € plus 20.000 € Montagekosten gezahlt werden *(und zwar zum 01.01.05)*. Beginnend 01.01.06 sind jährlich 2.000 € an Wartungskosten zahlbar, letzte Zahlung 01.01.12. Am Ende der 8-jährigen Nutzungsdauer kann Knörzer die Anlage zu 40.000 € verkaufen.

Mietet er dagegen die Bühne, so fallen zum 01.01.05 Montagekosten von 20.000 € an sowie − beginnend 01.01.05 − vierteljährliche Mietzahlungen in Höhe von jeweils 25.000€ *(letzte Rate am 01.10.12)*. Wartungskosten sind in den Mietzahlungen enthalten. Am Ende des 8. Nutzungsjahres fällt die Anlage an die Vermieterfirma zurück.

i)   Soll Knörzer kaufen oder mieten, wenn er mit 8% p.a. rechnet? *(Dabei berücksichtige man: Unterjährige Zahlungen werden nach der ICMA-Methode verzinst.*

ii) Bei welchem Jahreszins sind Kauf und Miete für Knörzer gleichwertig? *(ICMA!)*

A7: Wenn sich ein Kapital in 10 Jahren genau verdoppelt, so kann dies *(theoretisch)* wie folgt erreicht werden: *(Wegen unvermeidlicher Rundungsdifferenzen beachte man: Differenzen bis ±0,05% bleiben unberücksichtigt.)*

		ja	**nein**
1.	mit durchgehend linearer Verzinsung von 10% p.a.	O	O
2.	mit halbjährlichen Zinseszinsen von 5% pro Halbjahr	O	O
3.	mit jährlichen Zinseszinsen von 7,177% p.a.	O	O
4.	mit monatlichen Zinseszinsen von 0,5793% p.m.	O	O
5.	mit täglichen Zinseszinsen, Tageszinssatz 0,01899% p.d. *(1 Jahr = 365 Tage)*	O	O
6.	mit vierteljährlichen Zinseszinsen beim nominellen Jahreszins von 6,992% p.a. *(relativer Quartalszins kommt zur Anwendung!)*.	O	O

A8: Eine Rente besteht aus 24 Raten zu je 12.000,-- € pro Quartal, beginnend am 01.04.05. Zinssatz: 7% p.a., unterjährig werden lineare Zinsen berechnet.

i)   Bestimmen Sie den Wert der Rente am Tag der letzten Rate.

ii) In welchem Kalenderjahr erreicht der Wert aller bis dahin geleisteten Raten den halben nominellen Gesamtrentenwert?

iii) Die ursprüngliche Rente soll umgewandelt werden in eine Rente mit monatlichen Raten beginnend am 01.02.06, Verzinsung wie eingangs beschrieben. Die letzte Rate wird am 31.12.2018 gezahlt. Bestimmen Sie die Ratenhöhe.

iv) Die Jahresersatzrate R* einer monatlichen vorschüssigen Rente *(12 Raten)* sei:

$$R^* = 201.286,16 \ €.$$

Bestimmen Sie die Ersatzrate, wenn die gleichen Raten monatlich nachschüssig gezahlt werden. Zinssatz: 8% p.a.

Testklausur Nr. 7

A1: Huber will sich an einer Gesellschaft beteiligen, die in Alaska Ananas züchtet.

Dazu muss er am 01.01.05 und am 01.01.07 jeweils 100.000 € investieren.

Die Erträge aus dieser Beteiligung bestehen aus jährlichen Zahlungen in Höhe von jeweils 40.000 € *(beginnend mit dem 01.01.11, insgesamt 5 Raten)* und anschließend *(d.h. beginnend mit dem 01.01.16)* 10 Raten zu je 20.000 €/Jahr.

Aus dem Verkauf der Ländereien zum Projektabschluss erhält Huber am 01.01.28 eine Schlusszahlung in Höhe von 60.000 €.

Man ermittle Hubers Rendite *(= Effektivverzinsung)* für diese Kapitalanlage.

A2: Der Durchschnittspreis für 2-GB-Speicher-Chips lag im Jahr 08 um 45% unter dem entsprechenden Durchschnittspreis des Jahres 07 und um 10% unter dem Durchschnittspreis des Jahres 06.

i) Man ermittle die prozentuale Veränderung des Durchschnittspreises 07 gegenüber 06.

ii) Man ermittle die durchschnittliche jährliche Veränderung *(in % p.a. gegenüber dem jeweiligen Vorjahr, mit Angabe der Richtung (+/−))* des Durchschnittspreises in den Jahren 07 und 08.

A3: Schmitz will für sich und seine Familie ein Ein-Familien-Reihenhaus mit Garten kaufen. Für die Kaufpreiszahlung bietet ihm der Verkäufer drei Zahlungsalternativen an:

1) 50.000 € am 01.01.15; beginnend am 01.01.17: 10 Raten zu 20.000 €/Jahr, anschließend 10 Raten zu 30.000 €/Jahr.

2) 200.000 € am 01.01.16, 200.000 € am 01.01.23.

3) 150.000 € am 01.01.15, Rest in monatlichen Raten zu jeweils 1.800 € (beginnend am 01.01.16 *(insgesamt 12 Jahre $\triangleq$ 144 Monatsraten)*).

Der Zinssatz betrage bis zum 31.12.20: 8% p.a., danach: 6% p.a..

Welche Alternative sollte Schmitz wählen, damit der Wert seiner Kaufpreiszahlungen möglichst gering ist?

(Hinweis: Unterjährig soll mit linearen Zinsen gerechnet werden!)

A4: Das Bankhaus Dagobert & Co. offeriert seinen Kunden Darlehen zu folgenden Konditionen:

Auszahlung: 92%; Zinsen: 8,5% p.a.; Tilgung: 1% p.a. *(zuzgl. ersparte Zinsen)*

i) Man ermittle für den Fall, dass die Konditionen über die gesamte Laufzeit unverändert bleiben und in den beiden ersten Laufzeitjahren nur die Zinsen, aber keine Tilgung zu zahlen sind *(Tilgungsstreckung)*, die vier ersten und die beiden letzten Zeilen der Tilgungsplans *(Kreditsumme: 80.000 €)*.

ii) Man ermittle die Effektivverzinsung eines derartigen Darlehens *(aber ohne Tilgungsstreckung)*, wenn die Laufzeit 10 Jahre beträgt und dann die noch vorhandene Restschuld in einem Betrag fällig wird.

A5: Eine Studienstiftung sieht für die Förderung von Studentinnen *(für männliche Vertreter der Studierenden gilt analoges)* die folgende *(hier vereinfacht dargestellte)* Darlehensregelung vor:

Die geförderte Studentin erhält als zinsloses Darlehen 4 Jahre lang je 6.000 € pro Jahr *(nachschüssig)*.

Während der darauf folgenden 5 Jahre fließen keine Zahlungen.

Am Ende des darauf folgenden Jahres zahlt die Darlehnsempfängerin *(also die – so hofft man – ehemalige Studentin)* die erste von insgesamt 15 Rückzahlungsraten zu je 1.600 €/Jahr. Damit ist das Förderungsdarlehen komplett abgewickelt, weitere Forderungen werden nicht erhoben.

i) Welchen Betrag müsste die ehemalige Studentin am Tage der letzten Rückzahlungsrate zusätzlich zahlen, um die mit dem Förderungsdarlehen verbundenen Zinsbelastungen (6% p.a.) des Darlehensgebers zu erstatten?

ii) Wieviel Prozent des *(mit 6% p.a. bewerteten)* Darlehenswertes gibt die Stiftung *(durch Gewährung von Zinsfreiheit)* als zusätzliches „Geschenk" an die Förderungsempfängerin?

A6: Huber möchte für sich und seine Nachkommen vorsorgen. Beginnend am 01.01.01 zahlt er jährlich einen festen Betrag auf sein Konto *(7% p.a.)*.

i) Wieviele Raten zu je 20.000 €/Jahr muss er einzahlen, um am 01.01.2016 über einen Kontostand von 200.000 € verfügen zu können? *(Hinweis: Die Rechnung wird erleichtert, wenn als Stichtag ein Jahr vor erster Rate gewählt wird.)*

ii) Huber zahlt insgesamt 12 Raten. Wie hoch müssen diese sein, damit er *(bzw. seine Nachkommen)* – beginnend mit dem 01.01.2016 – eine „ewige" Rente in Höhe von 28.000 €/Jahr beziehen können?

*iii) Huber zahlt insgesamt 12 Raten. Wie hoch müssen diese sein, damit er zunächst am 01.01.2016 einen Betrag von 50.000 € abheben kann und dann noch am 01.01.2020 über einen Betrag verfügt, der einem Realwert von 150.000 € *(bei 3,5% p.a. Preissteigerung, Bezugstermin 01.01.01)* entspricht? *(Zur Kontrolle: Dieser Kontostand beträgt 288.375,20 €.)*

Testklausur Nr. 8

A1: Man beantworte anhand der Außenhandelsstatistik Transsylvaniens folgende Fragen:

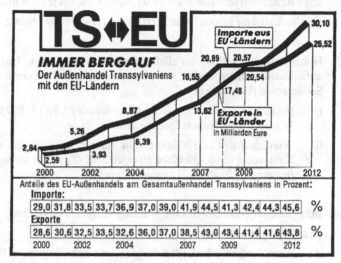

TS◆EU

IMMER BERGAUF
Der Außenhandel Transsylvaniens
mit den EU-Ländern

Importe aus EU-Ländern — 30,10 — 26,52

Exporte in EU-Länder in Milliarden Euro

2,84 — 2,59 — 3,93 — 5,26 — 6,39 — 8,87 — 13,62 — 16,55 — 17,48 — 20,89 — 20,57 — 20,54

2000   2002   2004   2007   2009   2012

Anteile des EU-Außenhandels am Gesamtaußenhandel Transsylvaniens in Prozent:
Importe:

| 29,0 | 31,8 | 33,5 | 33,7 | 36,9 | 37,0 | 39,0 | 41,9 | 44,5 | 41,3 | 42,4 | 44,3 | 45,6 | % |

Exporte

| 28,6 | 30,6 | 32,5 | 33,5 | 32,6 | 36,0 | 37,0 | 38,5 | 43,0 | 43,4 | 41,4 | 41,6 | 43,8 | % |

2000   2002   2004   2007   2009   2012

a) Um wieviel Prozent veränderte sich der transsylvanische Import aus EU-Ländern 2008 gegenüber 2007? *(Zu-/ Abnahme?)*

b) Um wieviel % verminderte *(erhöhte)* sich der Gesamtimport Transsylvaniens *(d. h. Import aus EU- plus Nicht-EU-Ländern)* 2009 gegenüber 2008?

c) Man ermittle die durchschnittliche jährliche Zunahme *(bzw. Abnahme)* in % p.a. des EU-Exportes Transsylvaniens seit 2002 *(Basisjahr)* bis 2012 einschließlich.

A2: Huber schließt mit seiner Bank einen Kreditvertrag zu folgenden Konditionen ab: Kreditsumme: 100.000 €, Auszahlung: 94%, Zinsen: 6% p.a., Tilgung: 0,5% p.a. zuzügl. ersparte Zinsen.

i) Man gebe die drei letzten Zeilen des Tilgungsplanes an.

ii) Man ermittle die Gesamtlaufzeit des Kredites, wenn Huber am Tag der 4. Annuitätszahlung zusätzlich zur normalen Annuität eine Sondertilgung in Höhe von 10.000 € leistet, im weiteren aber die ursprüngliche Annuität unverändert bleibt.

A3: Für eine Hypothek über 300.000,--€ werde eine Annuitätentilgung zu folgenden Bedingungen vereinbart: Auszahlung 98%, Zins 7,5% p.a., Tilgung 2% p.a.

i) Geben Sie die beiden ersten und die beiden letzten Zeilen des Tilgungsplanes an.

ii) Ermitteln Sie den Effektivzins für die ersten 5 Jahre.

iii) Bestimmen Sie die Gesamtlaufzeit der Hypothek, wenn im 2. Jahr keinerlei Zahlungen geleistet werden, die Annuität sich aber dennoch nicht ändert.

A4: Huber schuldet dem Moser 15.000 €, fällig 04.02., sowie 12.000 €, fällig 25.02. Als Anzahlung übergibt er dem Moser am 27.02. € 10.000 und am 15.03. € 8.000.

Am 21.05. mahnt Moser erneut auf Zahlung der Schuld. Daraufhin bezahlt Huber seine Restschuld schließlich am 28.05. und 28.06. mit je einer gleichhohen Rate.

Wie hoch sind die beiden Raten? *(10% p.a., lineare Verzinsung, Stichtag: 28.06.)*

A5: Huber will eine Stiftung für alleinstehende Väter gründen. Um das Stiftungskapital aufzubauen, zahlt er jährlich – beginnend am 01.01.05 – einen festen Betrag auf ein Sonderkonto *(8% p.a.)* ein.

i) Bis zum 31.12.17 sollen *(letzte Rate also am 01.01.17)* 500.000 € angespart sein. Wie hoch muss Hubers Sparrate sein?

ii) Wieviele Raten zu 300.000 €/Jahr muss er ansparen, um am 01.01.2021 einen Kontostand von 5.132.000 € zu erreichen? *(Tipp: Die letzte Sparrate dürfte deutlich vor dem 01.01.2021 zu zahlen sein!)*

A6: Infolge akuter Finanznot möchte Weßling sein Haus verkaufen.

Drei Angebote gehen ein:

A: Anzahlung am 01.01.18: € 40.000,--, danach – beginnend 01.01.21 – 4 Jahresraten zu je € 30.000,--, anschließend weitere 6 Jahresraten zu je € 50.000,--.

B: am 01.01.19: € 150.000,--, am 01.01.22: € 250.000,--.

C: Anzahlung am 01.01.18: € 30.000,--, Rest in 72 Monatsraten *(beginnend am 31.01.18)* zu je € 5.000,--.

Weßling rechnet mit 6% p.a. Zinseszinsen. Bei unterjährigen Zahlungen (Angebot C) wird innerhalb des Jahres mit linearen (relativen) Zinsen gerechnet, Zinszuschlag – wie immer – am Jahresende.

Welches Angebot ist für Weßling am günstigsten?

A7: Huber erwartet von seiner Versicherung zum 01.01.11 und zum 01.01.16 jeweils eine Zahlung in Höhe von € 100.000,--.

Er bittet die Versicherungsgesellschaft, die beiden Beträge in die folgende Zahlungsreihe umzuwandeln:

Beginnend am 01.01.09 jährlich € 20.000,-- *(5 mal)*, danach ab 01.01.16 eine 10-malige Jahresrente *(erste Zahlung am 01.01.16)*.

Wie hoch ist die Rate dieser Jahresrente? *(i = 7% p.a.)*

A8: Welche Rückstellung *(Einmalbetrag)* muss eine Aktiengesellschaft am 31.12.09 bilden, wenn daraus eine 20-malige Jahresrente in Höhe von 24.000,-- €/Jahr – beginnend ab 01.01.16 – bezahlt werden soll? *(i = 6% p.a.)*

Testklausur Nr. 9

A1: Man beantworte anhand nebenstehender Statistik folgende Fragen:

Der wachsende Freizeit-Markt
Pro Jahr hatten Arbeitnehmer durchschnittlich:

i)   Um wieviel Prozent pro Jahr veränderten sich durchschnittlich – ausgehend vom Wert im Jahr 05 – die Ausgaben für Freizeitgüter in den folgenden Jahren bis 23 *(incl.)*?

ii) Um wieviel Prozent insgesamt haben sich die Freizeitausgaben pro Freizeitstunde im Jahr 23 gegenüber 14 verändert?

III) Um wieviel % hat sich insgesamt das Nettoeinkommen eines Arbeitnehmerhaushalts im Jahr 23 gegenüber 05 verändert?

„ ... Im Jahr 05 waren 9,5 Prozent der Nettoeinkommen für Freizeitaktivitäten bestimmt, in 23 waren es schon 12,6 Prozent."

A2: i)   Welchen Ausgabekurs besitzt ein Wertpapier mit dem Nennwert 5,-- €, einer Laufzeit von 11 Jahren, einem Jahreskupon von 8% auf den Nennwert, einem Effektivzins von 6,5% p.a. und dem Rücknahmekurs von 102%?

ii) Welchen Kurswert hat dieses Wertpapier unmittelbar nach der 6. Kuponzahlung, wenn es für die Restlaufzeit einen Effektivzins von 9% p.a. bringen soll?

iii) Ein Käufer des Wertpapiers zum Ausgabezeitpunkt legt sämtliche 11 Kuponzahlungen nicht zinsbringend an, sondern sammelt sie in einer Zigarrenkiste *(damit ist gemeint: Die Kuponzahlungen können – da aus dem Verkehr gezogen – prinzipiell nicht verzinslich angelegt werden)*.
Welches Kapital hat er am Ende der Laufzeit, und wie hoch ist seine Rendite?

A3: Knops muss an die Brösel KG für einen Grundstückskauf folgende Zahlungen leisten:

100.000 € am 01.01.15, 350.000 € am 01.01.18 sowie anschließend eine 6- malige Rente von 20.000 €/Jahr, erste Rate am 01.01.21.

Er möchte seine Verpflichtungen gerne äquivalent umwandeln und erwägt zwei verschiedene Varianten:

i)   Anstelle der o.a. Zahlungen möchte Huber – beginnend 01.01.15 – zunächst 7 Raten zu je 40.000 €/Jahr zahlen und dann eine weitere Rente mit der Jahresrate 50.000 € (1. Rate am 01.01.25). Wieviele dieser Raten muss er leisten? *(8% p.a.)*

ii) Anstelle der o.a. Zahlungen möchte Huber am 01.01.17 einen Betrag in Höhe von 200.000 € und am 01.01.19 einen Betrag von 100.000 € geben und danach eine jährlich zahlbare ewige Rente *(1. Rate am 01.01.23)*.
Wie hoch müsste die Rate dieser ewigen Rente sein?   *(8% p.a.)*

A4: Man beantworte folgende Fragen durch Ankreuzen:

Hinweis zur Bewertung: Jede richtige Antwort wird mit einem Punkt bewertet, jede falsche Antwort führt zum Abzug eines Punktes, eine nicht beantwortete Frage wird mit 0 Punkten bewertet. Eine negative Punktsumme wird aufgewertet auf 0 Punkte. Wegen unvermeidlicher Rundungsdifferenzen beachte man: Wenn die von Ihnen ermittelten Werte innerhalb einer Streubreite von ±0,05% der unten angegebenen Werte liegen, so handelt es sich dabei um übereinstimmende Werte.

richtig   falsch

1. Der Endwert einer Zahlung am 31.12.11 betrage 700.000 €. Dann hat – bei 10% p.a. – diese Zahlung ein Jahr zuvor (d.h. 31.12.10) den Wert 630.000 €.   O   O

2. Um am 31.07. eine Schuld von (dann) 600.000 begleichen zu können, könnte man genau so gut (d.h. auf äquivalente Weise) zum 29.02., 31.07. und 31.12. jeweils € 200.000,-- zahlen *(Zinssatz: 10% p.a.; lineare Verzinsung, Stichtag: 31.12.)*   O   O

3. Wenn der Ankaufskurs eines festverzinslichen Wertpapiers über 100% liegt, so ist die erzielbare Rendite kleiner als die nominelle Verzinsung.   O   O

4. Gegeben ist eine ewige Rente mit der Jahresrate 150.000 €/Jahr. Dann ist – bei 50% p.a. Zinsen – diese ewige Rente äquivalent zu zwei gleichen Zahlungen zu je 180.000 €, von denen die eine ein Jahr vor der ersten Rate und die andere am Tag der 1. Rate fällig ist.   O   O

5. Huber leiht sich 1.000 € aus und zahlt als Gegenleistung nach genau einem Jahr 1.100 € zurück. Zinsperiode: 1 Monat, beginnend im Zeitpunkt der Kreditaufnahme. Dann beträgt der Effektivzins *(nach der ICMA-Methode)* dieses Kredites genau 10% p.a.   O   O

6. Monatliche Zinseszinsen in Höhe von 2% p.m. lassen ein Kapital zum gleichen Endkapital *(etwa nach 2 Jahren)* anwachsen wie halbjährliche exponentielle Verzinsung zum Halbjahres-Zinssatz von 12,616% p.H.   O   O

7. Um effektiv 9% p.a. erzielen zu können, kann eine Bank einen Kapitalbetrag zu nominell 8,68% p.a. ausleihen und mit einer Zinsperiode von 2 Monaten bei relativen Zinsen rechnen (Gesamtrückzahlung incl. Zinsen nach einem Jahr).   O   O

8. Call zahlt in einem Kalenderjahr 9 Monatsraten zu je 3.000 €, und zwar jeweils Ende Januar/Februar/.../September. Dann beträgt sein Kontostand am Jahresende *(bei 10% p.a. und linearer Verzinsung)* 28.575 €.   O   O

9. Ein später fälliger Betrag ist heute umso mehr wert, je kleiner der angewendete Kalkulationszinssatz ist.   O   O

10. Bei steigendem Marktzinsniveau steigen auch die Kurse von festverzinslichen Wertpapieren, weil diese dann höhere Zinsgewinne ermöglichen.   O   O

A5: Die Lausberg GmbH & Co. KG benötigt zur Finanzierung eines Getriebeprüfstandes Barmittel in Höhe von 494.000 €.

Die Hausbank ist bereit, einen entsprechenden Kredit zur Verfügung zu stellen. Konditionen:

Auszahlung: 95%;   Zinsen: 9% p.a.;   Tilgung: 1% p.a. zzgl. ersparte Zinsen

i)   Wie hoch muss die Kreditsumme sein, damit die Lausberg GmbH & Co. KG über den gewünschten Betrag verfügen kann?

ii) Man ermittle die Gesamtlaufzeit des Kredits, wenn für die ersten drei Jahre Tilgungsstreckung vereinbart wird *(d.h. die Lausberg KG braucht in den ersten drei Jahren nur die fälligen Zinsen zu zahlen)*.

iii) Wie lauten die ersten 5 sowie die letzten zwei Zeilen des Tilgungsplans? *(Man beachte ii) !)*

iv) Der Kredit soll nach 8 Jahren gekündigt werden, wobei die dann noch vorhandene Restschuld in einem Betrag zurückgezahlt wird. Wie in ii) ist für die ersten drei Jahre Tilgungsstreckung vereinbart.

Wie lautet die Äquivalenzbeziehung, deren Lösung die Effektivverzinsung des beschriebenen Kreditvorganges liefert?

A6: Kunstsammler Dr. Huber will einen echten Rubens verkaufen. Drei Kunstliebhaber melden sich und geben jeweils ein Angebot ab:

Hals: Anzahlung € 70.000, nach 3 Jahren erste Zahlung einer Rente von zunächst 6 Jahresraten zu 16.000 €/Jahr, danach 8 Jahresraten zu je 19.000 €/Jahr.

van Dyck: Nach 2 Jahren € 100.000, nach weiteren 3 Jahren € 160.000.

Rembrandt: Anzahlung € 100.000, nach einem Jahr erste Rate einer Rente, die aus insgesamt 12 Zahlungen zu je € 18.000 besteht, wobei zwischen zwei Raten ein zeitlicher Abstand von 2 Jahren liegt.

Für welches Angebot sollte Huber sich entscheiden?   *(i = 0,07)*

A7: Xaver Huber (B.Sc.) muss sein BAföG - Darlehen zurückzahlen. Der Darlehensvertrag sieht zwei unterschiedliche Rückzahlungsmodalitäten vor:

a)   Huber könnte – erste Rate in genau 5 Jahren – 10 Raten zu je 3.000 €/Jahr und anschließend 10 Raten zu je 1.000 €/Jahr zahlen.

b)   Huber könnte auch seine gesamte Darlehensschuld begleichen, indem er heute einen Betrag in Höhe von 40% der nominellen Gesamtsumme nach a) zahlt.

i)   Welche Zahlungsweise ist für Huber günstiger, wenn er stets mit einem Zinssatz von 9% p.a. rechnet?

ii) Bei welchem Zinssatz sind beide Alternativen äquivalent?

Testklausur Nr. 10

A1: Die nachstehenden Schaubilder zeigen im Zeitablauf *(von links nach rechts):*

die **Gesamteinnahmen** des Staates
an Mineralölsteuer *(auf Benzin)*

die in **einem Liter Benzin**
enthaltene Mineralölsteuer.

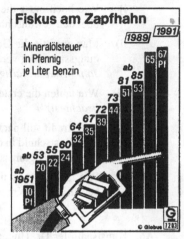

i)   Um wieviel Prozent hat sich der mengenmäßige Benzinverbrauch in 1987 gegenüber 1967 insgesamt erhöht?

ii) Es werde unterstellt, dass sich die Mineralölsteuereinnahmen in Zukunft prozentual pro Jahr so weiterentwickeln wie im Durchschnitt der Jahre seit 1964 bis 1987. Wie hoch werden unter dieser Voraussetzung die Mineralölsteuereinnahmen *[in €]* im Jahr 2019 sein?   *(1 € = 1,95583 DM)*

A2: Huber will eine am 07.03. fällige Schuld in Höhe von 200.000 € durch 3 nominell gleichhohe Raten am 01.09./01.10./31.12. bezahlen *(gleiches Kalenderjahr).*

Wie hoch sind die drei Raten? *(Zinssatz: 12% p.a., lineare Verzinsung)*

A3: Huber kauft ein festverzinsliches Wertpapier zum Kurs von 91%. Die Restlaufzeit beträgt im Kaufzeitpunkt noch genau 11 Jahre, die erste Kuponzahlung *(7,5% p.a. nominell)* fällt noch an Huber im Kaufzeitpunkt. Der Rücknahmekurs beträgt 102%.

i)   Man ermittle die Rendite für den Käufer
    a) Faustformel   **b)** exakt *(nur Äquivalenzgleichung, keine Lösung!)*

ii) Nach Auszahlung des 4. Kupons steigt das allgemeine Marktzinsniveau *(und damit der Effektivzins für Käufer dieses Papiers)* auf 15% p.a. Zu welchem finanzmathematischen Kurs wird das Papier 3 Monate vor der 5. Zinszahlung verkauft?

Wie lautet der entsprechende Börsenkurs des Papiers zu diesem Zeitpunkt?

A4: Man beantworte folgende Fragen durch Ankreuzen:

Hinweis zur Bewertung: Jede richtige Antwort wird mit einem Punkt bewertet, jede falsche Antwort führt zum Abzug eines Punktes, eine nicht beantwortete Frage wird mit 0 Punkten bewertet. Eine negative Punktsumme wird aufgewertet auf 0 Punkte. Wegen unvermeidlicher Rundungsdifferenzen beachte man: Wenn die von Ihnen ermittelten Werte innerhalb einer Streubreite von ±0,05% der unten angegebenen Werte liegen, so handelt es sich dabei um übereinstimmende Werte.

richtig falsch

1. Innerhalb eines Quartals *(=13 Wochen)* werde nur mit linearen   O   O
    Zinsen gerechnet. Der lineare Wochenzins sei 0,5% pro Woche.
    Dann wächst ein Anfangskapital in einem Quartal um 6,5% an.

2. Um am 30.06. eine Schuld von (dann) 900.000,-- begleichen zu   O   O
    können, könnte man genau so gut (d.h. auf äquivalente Weise)
    zum 31.01., 30.06. und 30.11. jeweils € 300.000,-- zahlen *(Zins-
    satz: 10% p.a.; Zinsperiode = Kalenderjahr; Stichtag: 31.12.)*

3. 30% i.H. bezeichnen denselben Betrag wie 75% a.H. *(bezogen auf*   O   O
    jeweils denselben gegebenen Kapitalbetrag)

4. Gegeben ist eine ewige Rente mit der Jahresrate 75.000 €/Jahr.   O   O
    Dann ist – bei 50% p.a. Zinsen – diese ewige Rente äquivalent zu 2
    gleichen Zahlungen zu je 90.000 €, von denen die eine ein Jahr vor
    der ersten Rate und die andere am Tag der ersten Rate fällig ist.

5. Huber leiht sich 500,-- € aus und zahlt als Gegenleistung nach   O   O
    genau einem Jahr 600,-- € zurück. Zinsperiode: 1 Quartal, begin-
    nend im Zeitpunkt der Kreditaufnahme. Dann ist der Effektivzins
    (nach ICMA) dieses Kredites genau 20% p.a..

6. Monatliche Zinseszinsen in Höhe von 1% p.m. führen bei der Anla-   O   O
    ge eines Kapitalbetrages zum gleichen Endkapital (etwa nach 3 Jah-
    ren) wie halbjährliche Verzinsung zum Zinssatz von 6,152% p.H.

7. Um effektiv 6% p.a. erzielen zu können, kann eine Bank einen   O   O
    Kapitalbetrag zu nominell 5,855% p.a. ausleihen und mit einer
    Zinsperiode von 2 Monaten bei relativen Zinsen rechnen (Gesamt-
    rückzahlung incl. Zinsen nach einem Jahr).

8. Huber zahlt in einem Kalenderjahr 9 Monatsraten zu je 600,-- €,   O   O
    und zwar jeweils Ende Januar/Februar/.../September. Dann beträgt
    sein Kontostand am Jahresende *(bei 10% p.a. und linearer Verzin-
    sung)* 5.715,00 €.

9. Ein später fälliger Betrag ist heute umso weniger wert, je kleiner   O   O
    der angewendete Kalkulationszinssatz ist.

10. Bei sinkendem Marktzinsniveau sinken auch die Kurse von festver-   O   O
    zinslichen Wertpapieren, weil diese dann einen geringeren Zins ab-
    werfen.

A5: Die bekannten Hochschullehrer Pietschling & Weßmann haben sich zu einer Unternehmensgründung entschlossen. Zwecks Beweises ihrer revolutionären Führungs- oaching- Hypothesen wollen sie eine Privathochschule gründen.

Zur Finanzierung der Werbeprospekte nehmen sie ein Bankdarlehen in Höhe von € 600.000 *(davon Auszahlung 95%)* auf, das sie jährlich mit € 70.000 *(erstmalig ein Jahr nach Kreditaufnahme)* zurückzuzahlen sich verpflichten.

Die Bank berechnet 7% p.a. Zinsen.

i) Nach welcher Zeit sind P & W schuldenfrei *(aus diesem Darlehen)*?
ii) Geben Sie die beiden ersten und die beiden letzten Zeilen des Tilgungsplans an.
iii) Ermitteln Sie den Effektivzinssatz dieses Kredits.

A6: Die Krings-Kredit GmbH vermittelt Annuitätenkredite zu folgenden Konditionen:

Gesamtlaufzeit: 28 Jahre; Auszahlung: 92%; Tilgung: 1% p.a. *(zuzgl. ersp. Zinsen)*

Welchen nominellen Jahreszins fordert die Krings-Kredit GmbH?

A7: Die Huber KG ist pleite. Auf den persönlich haftenden Gesellschafter Alois Huber kommen hohe Forderungen zu:

Am 31.12.05 muss er € 100.000 und am 31.12.07 € 250.000 zahlen.

Auf seinen Antrag hin beschließt die Gläubigerversammlung eine Umschichtung von Hubers Schuld. Folgende Alternativen werden diskutiert:

i) Anzahlung 150.000 € am 01.01.07, danach eine ewige Rente – beginnend am 01.01.11 – auf das Konto der Schwiegermutter des Hauptgläubigers.
Wie hoch ist die Rate dieser ewigen Rente (bei 8% p.a.)?

ii) Anzahlung 70.000 € am 31.12.04, danach eine am 01.01.08 einsetzende Rente von 30.000 €/Jahr. Wieviele Raten müsste Huber zahlen? *(8% p.a.)*

iii) Schließlich einigt man sich darauf, dass Huber am 01.01.15 eine runde Million € zu zahlen hat.
Mit welchem Effektivzinssatz hat die Gläubigerversammlung gerechnet?

A8: Der Landwirt Alfons Weiß kauft eine Mähmaschine, Anschaffungswert € 231.000. Nach einer Nutzungszeit von 6 Jahren kann er die Maschine zum *(dann vorhandenen)* Buchwert von 42.000 € weiterverkaufen.

i) Wie lautet der jährliche Abschreibungsbetrag bei linearer Abschreibung?

O 31.000€	O 42.000€	O 45.000€	O 38.500€
O 22.750€	O 31.500€	O alles falsch	

ii) Wie lautet der jährliche Abschreibungssatz bei degressiver Abschreibung?

O 75,27%	O 7,53%	O 27,43%	O 2,47%
O 32,86%	O 16,67%	O alles falsch	

Testklausur Nr. 11

A1: Anhand der nachstehenden Statistik beantworte man folgende Fragen:

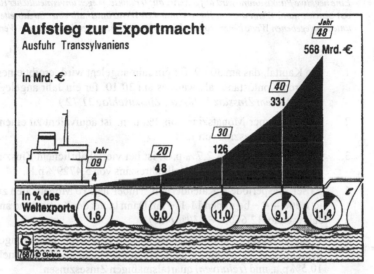

i)   Um wieviel Prozent hat der Export Transsylvaniens wertmäßig – *ausgehend vom Basisjahr 20* – bis incl. 48 durchschnittlich pro Jahr zugenommen?

ii) Um wieviel Prozent hat der Weltexport in 48 – bezogen auf das Jahr 20 – insgesamt wertmäßig zugenommen?

A2: Huber könnte eine Lieferung *(Rechnungsbetrag 50.000 €)* entweder mit einem Nachlass von 10% zum 01.07. *(0.00 Uhr)* zahlen oder in voller Höhe 1,5 Monate später.

Nehmen wir an, Huber zahle erst zum späteren Termin *(und nehme somit den „Lieferantenkredit" für 1,5 Monate in Anspruch)*:

Wie „teuer" *(ausgedrückt im effektiven Jahreszins)* ist dieser Kredit für Huber?
(Dabei wird vorausgesetzt: Zinsperiode = Kalenderquartal, innerhalb eines Quartals lineare Verzinsung, der Quartalszins ist konform zum effektiven Jahreszins!)

A3: Ein festverzinsliches Wertpapier wird zu einem Emissionskurs von 99% ausgegeben. Die Verzinsung erfolgt mit 7% *(nom.)*, Laufzeit: 15 Jahre.

Nach genau drei Laufzeitjahren *(d.h. unmittelbar nach der dritten Zinszahlung)* erwirbt Huber dieses Papier zu einem Kurs von 110%.

Welchen Effektivzins erbringt diese Kapitalanlage für Huber, wenn das Papier am Ende seiner Laufzeit zu 104% zurückgenommen wird?
(Bitte nur die Äquivalenzgleichung angeben, Lösung nicht erforderlich !)

A4: Man beantworte folgende Fragen durch Ankreuzen:

Hinweis zur Bewertung: Jede richtige Antwort wird mit einem Punkt bewertet, jede falsche Antwort führt zum Abzug eines Punktes, eine nicht beantwortete Frage wird mit 0 Punkten bewertet. Eine negative Punktsumme wird aufgewertet auf 0 Punkte. Wegen unvermeidlicher Rundungsdifferenzen beachte man: Wenn die von Ihnen ermittelten Werte innerhalb einer Streubreite von ±0,05 % der unten angegebenen Werte liegen, so handelt es sich dabei um übereinstimmende Werte.

                                                     richtig falsch

1. Ein Kapital, das am 30.09. für ein Jahr angelegt wird, ergibt einen höheren Kontostand, als wäre es am 30.10. für ein Jahr angelegt *(bei gleichem Zinssatz 11% p.a., Zinszuschlag 31.12.)*   O   O

2. Ein konformer Monatszins von 1% p.m. ist äquivalent zu einem effektiven Jahreszins von 12%.   O   O

3. Ein Quartalszins von 2,7% p.Q. ist bei vierteljährlichem Zinszuschlag äquivalent zu einem Halbjahreszins von 5,4729% p.H.   O   O

4. Es sei Zinsperiode = Kalenderjahr. Huber legt 10 Monatsraten zu je 1.200,-- € – beginnend 1.1. – an. Dann lautet der Kontostand am Jahresende: 12.660,-- € *(10% p.a.).*   O   O

5. Wenn man sein Kapital drei Jahre lang zu 12,2% p.a. bei durchgehend linearer Verzinsung anlegt, erhält man mehr als bei nominell 10,5% p.a. und *(relativen)* quartalsmäßigen Zinseszinsen.   O   O

6. Bei monatlichen Zinseszinsen vervierfache sich ein Kapital nach genau 21,5 Jahren. Dann beträgt der effektive Jahreszins 6,66%.   O   O

7. Statt mit einem diskreten Jahreszins von 17% (p.a.) könnte man ein Kapital äquivalent zu 7,85% pro Halbjahr verzinsen   O   O

8. Wenn man ein Kapital um 12,5% vermehrt, erhält man denselben Betrag, als wenn man das eineinhalbfache des ursprünglichen Kapitals um 25% vermindert   O   O

9. Ein festverzinsliches Wertpapier, Emissionskurs 102%, nominelle Verzinsung 7,5% p.a., Laufzeit 12 Jahre, Rücknahmekurs 100%, hat eine Rendite, die geringer ist als die nominelle Verzinsung.   O   O

10. 100.000 €, fällig in einem Jahr, sind bei 12% p.a äquivalent zu 120.000 € heute.   O   O

A5: Alois Huber muss an seinen Gläubiger Xaver Moser vereinbarungsgemäß am 07.03. € 10.000 und am 18.04. € 40.000 zahlen.

Er bezahlt diese Schuld stattdessen auf äquivalente Weise wie folgt:

    am 25.03.: 15.000,– € ; am 03.05.: 12.000,– €
    sowie außerdem 2 *(nominell)* gleichhohe Raten am 15.08./15.09.

Wie hoch sind diese zwei Raten jeweils? *(Kalkulationszins: 9% p.a., lineare Verzinsung; Stichtag = Tag der letzten Zahlung, keine vorherige Zinsverrechnung !)*

A6: Alois Huber siedelt von Aachen nach München um, um dort das Geschäft seines Lebens zu machen: Der Schlossteich von Schloss Nymphenburg steht zum Verkauf - Huber möchte dort einen Ruder- und Tretbootverleih aufmachen.

Für Kaufpreis, Konzession und Erstausstattung benötigt Huber sofort Barmittel in Höhe von 600.000 €.

Seine Hausbank ist bereit, einen passenden Kredit zur Verfügung zu stellen und bietet folgende Konditionen:

> Zinsen: 7 % p.a.
> Auszahlung: 96 %
> Tilgung: 3 % p.a. zuzügl. ersparte Zinsen.

In den beiden ersten Jahren braucht Huber nur die fälligen Zinsen zu zahlen, die erste reguläre Annuität ist am Ende des dritten Jahres nach Kreditaufnahme fällig.

i)   Man ermittle die ersten 4 sowie die letzten 2 Zeilen des Tilgungsplans.

ii) Welche Gleichung müsste Alois H. lösen, um die Effektivverzinsung für seinen Kredit zu ermitteln?

A7: Anlässlich der Geburt seiner Tochter Amanda richtet Huber ein Konto ein, auf das er für ein späteres Studium des Kindes einen monatlichen Sparbetrag S – beginnend einen Monat nach der Geburt – für einen Zeitraum von 19 Jahren einzahlt *(es wird angenommen, dass das Zinsjahr mit der Geburt von Amanda beginnt.)*

Amandas Studium beginnt unmittelbar nach Ablauf des 19. Lebensjahres. Sie soll – erstmals einen Monat später – einen monatlichen gleichbleibenden Auszahlungsbetrag A erhalten, und zwar genau 5 Jahre lang *(d.h. 60 Raten)*.

i)   Angenommen, Hubers Sparbetrag betrage konstant 150 €/Monat: Mit welcher monatlichen Auszahlung kann Amanda später rechnen? *(5% p.a., unterjährig soll mit linearen Zinsen gerechnet werden)*

ii) Angenommen, Amanda benötige später eine Auszahlung von 1.200 €/Monat: Wie groß muss dann Hubers Sparrate sein? *(Die Zinsperiode sei nun ein Monat, Monatszins konform zu 5% p.a.)*

iii) Angenommen, Hubers Sparrate betrage 120 €/Monat, Amandas Auszahlung betrage 1.000 €/Monat: Bei welchem Kalkulationszinssatz reichen Hubers gesparte Beträge gerade aus, um Amandas Studium zu finanzieren?
   a)   US-Methode   b)   ICMA-Methode

A8: Huber soll vertragsgemäß von seiner Versicherung folgende Leistungen erhalten: 100.000 € am 01.01.16 ; 200.000 € am 01.01.21 sowie eine 10-malige Rente in Höhe von 50.000 €/Jahr, erste Rate am 01.01.25. Es wird stets mit einem Zinssatz von 7% p.a. gerechnet.

Nachdem er den ersten Betrag *(= 100.000 am 01.01.16)* erhalten hat, beschließt er, die noch ausstehenden Zahlungen in eine ewige Rente umwandeln zu lassen, erste Rate am 01.01.2026. Wie hoch ist die Rate dieser ewigen Rente?

Testklausur Nr. 12

A1: Anhand der nebenstehenden Statistik beantworte man folgende Fragen:

i) Um wieviel Prozent hat das Geldvermögen eines Haushaltes – ausgehend vom Basisjahr '00 – bis incl. 39 durchschnittlich pro Jahr zugenommen?

VERMÖGENSENTWICKLUNG in TRANSSYLVANIEN

Jahr:	00	20	39
durchschnittliches Geldvermögen (in € pro Haushalt)	1.480	23.530	100.000
Kaufkraft des o.a. Geldvermögens in Preisen des Jahres 00) (in € pro Haushalt)	1.480	15.170	31.660

*ii) Um wieviel Prozent haben sich – ausgehend vom Basisjahr 20 – die Preise in den Jahres 21 bis 39 durchschnittlich pro Jahr erhöht?

A2: Huber will eine am 11.01.fällige Schuld in Höhe von 24.000 € in 3 gleichhohen Raten am 27.02./15.05. und 01.09. begleichen *(lineare Verzinsung)*.

i) Wie hoch ist bei i = 7% p.a. die Höhe einer jeden Rate? *(Stichtag: 01.09.)*
ii) Angenommen, jede der drei Raten betrage 8.500 €. Effektivzins?

A3: Betriebswirt (B.Sc.) Sepp Huberger kann in den nächsten Jahren *(beginnend 01.01.16)* jährlich 30.000 € ansparen *(8% p.a.)*.

Wie oft sollte er dies tun, damit sein *(mit 8% p.a. verzinstes)* Konto am 01.01.2036 einen Kontostand von 500.000,-- € aufweist?

A4: Der Renten-Sparbrief der Stephan-Future-Bank sieht die folgenden Konditionen vor:

Ein Investor tätigt eine einmalige Geldanlage am 01.01.15 in Höhe von 10.000 €. Nach einer Wartezeit von 7 Jahren erhält der Investor eine ewige Rente in Höhe von 350,-- €/Quartal *(d.h. 1. Quartalsrate am 31.03.22)*.

i) Ist diese Investition bei einem Zins von 8% p.a. lohnend? *(Zinsperiode = Kalenderquartal, Quartalszinssatz relativ zu 8% p.a.)*
ii) Man ermittle die Rendite *(ICMA)* des Investors *(nur Äquivalenzgleichung!)*.

A5: Man beantworte folgende Fragen durch Ankreuzen:

Hinweis zur Bewertung: Jede richtige Antwort wird mit einem Punkt bewertet, jede falsche Antwort führt zum Abzug eines Punktes, eine nicht beantwortete Frage wird mit 0 Punkten bewertet. Eine negative Punktsumme wird aufgewertet auf 0 Punkte. Wegen unvermeidlicher Rundungsdifferenzen beachte man: Wenn die von Ihnen ermittelten Werte innerhalb einer Streubreite von ±0,05% der unten angegebenen Werte liegen, so handelt es sich dabei um übereinstimmende Werte.

richtig   falsch

1. Einem effektiven Jahreszins von 450% p.a. entspricht ein konfor-   O   O
    mer Halbjahreszins von 134,52% p.H.

2. Zum Effektivzinssatz 18% p.a. gehört ein konformer Monatszins   O   O
    von 1,3888% p.m.

3. Zu einem nominellen Jahreszins von 7,86% p.a. gehört – bei 2-mo-   O   O
    natlichem Zinszuschlag – ein effektiver Jahreszins von 8,12% p.a.

4. Bei durchgehend linearer Verzinsung von 6,25% p.a. verdreifacht   O   O
    sich ein Kapital in 48 Jahren.

5. Wenn jemand 100 € für 49 Jahre und 9 Monate bei vierteljährli-   O   O
    chem Zinszuschlag zu 4,7% p.Q. anlegt, so wird er zum Millionär.

6. Eine Rente *(Rate: 2.000,-- €)* wird monatlich gezahlt, 1. Rate An-   O   O
    fang Februar, letzte Rate Anfang Dezember. Dann beträgt– bei
    unterjährig linearer Verzinsung zu 8% p.a. – der Gesamtwert aller
    Raten am Ende des Jahres € 22.880,--.

7. Weigand zahlt 8 Raten zu je 20.000,-- €. Zwischen je 2 aufeinan-   O   O
    der folgenden Raten liegen 4 Zinsjahre mit jeweils 5% p.a. Zinses-
    zinsen. Dann beträgt der Gesamtwert aller Raten ein Jahr vor der
    ersten Rate ca. € 84.887.

8. Eine ewige Rente von 60.000 €/Jahr, 1. Rate am 01.01.2020, hat   O   O
    bei 12% p.a. am 01.01.2020 einen Wert von 500.000 €.

A6: Maercker braucht Barmittel in Höhe von 200.000,-- €. Ihre Bank gewährt ihr einen
Annuitätenkredit zu folgenden Konditionen:

> Auszahlung: 96%; *(nom.)* Zinssatz: 8,5% p.a.;
> Tilgung *(zuzgl. ersparte Zinsen)*: 1,5% p.a.

Die sich daraus ergebende jährliche Annuität A muss in 12 gleichen Monatsraten *(zu je
A/12)* – beginnend 1 Monat nach Kreditauszahlung – geleistet werden.

Die Verrechnung von Tilgung und Zinsen erfolgt dagegen jährlich, erstmals ein Jahr
nach Kreditaufnahme *(„nachschüssige Tilgungsverrechnung")*.

Man ermittle für eine 5jährige Zinsbindungsfrist den effektiven Jahreszins dieses Kredites nach der
i)   US-Methode   **ii)**   ICMA-Methode
(nur Äquivalenzgleichungen angeben, keine Lösung !)

A7: Schmitz möchte ein festverzinsliches Wertpapier *(Gesamtlaufzeit: 15 Jahre, Emissionskurs: 97%, nom. Zins: 7% p.a., Rücknahmekurs am Ende der Laufzeit: 102%)*
unmittelbar nach der 4. Kuponzahlung kaufen.

i)   Zu welchem *(finanzmathematischen)* Kurs wird er das Papier höchstens kaufen,
        wenn er eine Mindestrendite von 10% p.a. erwartet?

ii) Angenommen, Schmitz kaufe das Papier zum o.a. Zeitpunkt zu einem *(finanzma-thematischen)* Kurs von 90% und verkauft es unmittelbar vor der drittletzten Kuponzahlung zu einem *(finanzmathematischen)* Kurs von 100%:

Welche Rendite hat ihm sein Wertpapier erwirtschaftet?
(Nur Äquivalenzgleichung angeben, Lösung nicht erforderlich!)

A8: Timme will beim Autohändler Wolfgang K. Rossteuscher einen neuen PKW kaufen.

Der Händler bietet die folgenden beiden Alternativen an:

Entweder

zahlt Timme am 01.01.16 den Listenpreis *(= 52.000 €)* minus 5%

oder

er leistet am 01.01.16 eine Anzahlung von 10.000 € sowie außerdem – beginnend einen Monat später – 24 Monatsraten, die sich wie folgt errechnen:

pro Monat: 0,1% des *(um die Anzahlung verminderten)* Listenpreises
(„Zinskosten") sowie
$\frac{1}{24}$ des *(um die Anzahlung verminderten)* Listenpreises *(„Tilgung")*
sowie den 24. Teil einer Bearbeitungsgebühr von 480 €.

Timme rechnet stets mit 8% p.a. Welche Alternative sollte er vorziehen?
(Innerhalb des Jahres soll mit exponentieller Verzinsung zum konformen Monatszinssatz gerechnet werden.)

A9: Die Kreditbank Knete & Moos bietet Annuitätenkredite zu folgenden Konditionen:

Zins *(nom.)*: 13% p.a.
Tilgung: 2% p.a. *(zuzgl. ersparte Zinsen)*
Konditionen fest für 10 Jahre.

Wie hoch muss die Bank das Disagio festlegen, um in den ersten 10 Jahren einen effektiven Jahreszins von 16% zu erreichen?

Testklausur Nr. 13

A1: Anhand des nebenstehenden Schaubildes beantworte man folgende Fragen:

i) Um wieviel Prozent hat die reale Kaufkraft der Löhne eines Erwerbstätigen im Jahr 18 im Vergleich zu 15 zu- bzw. abgenommen?

(„Kaufkraft" = Lohnniveau dividiert durch Preisniveau, bezogen auf Basisjahr)

ii) Man ermittle die durchschnittliche jährliche Preissteigerungsrate *(in % p.a., bezogen auf das jeweilige Vorjahr)* in den Jahren zwischen 03 und 21.

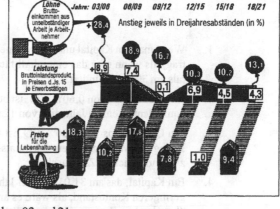

Wenn die Löhne schneller steigen als die Leistung ...

Löhne Bruttoeinkommen aus unselbständiger Arbeit je Arbeitnehmer

Jahre: 03/06   06/09   09/12   12/15   15/18   18/21

Anstieg jeweils in Dreijahresabständen (in %)

+28,4

18,9   16,7

Leistung Bruttoinlandsprodukt in Preisen d. Js. 15 je Erwerbstätigen

+8,9   7,4   0,1   10,3   10,2   13,1   6,9   4,5   4,3

Preise für die Lebenshaltung

+18,3   17,8   10,2   7,8   1,0   9,4

Lesebeispiel:
(jeweils Säule ganz links)

Im Jahr 06   – lagen die Löhne um 28,4% über den Löhnen drei Jahre zuvor (d.h. 03)

– lag die Wirtschaftsleistung je Erwerbstätigen („Leistung") um 8,9 Prozent höher als 3 Jahre zuvor

– lagen die Preise um 18,3% höher als 3 Jahre zuvor **usw.**

A2: Hoever will eine private Musikschule gründen. Für Gebäude und Ersteinrichtung benötigt er Barmittel in Höhe von 798.000,-- €.

Seine Bank stellt ihm die erforderlichen Mittel in Form eines Annuitätenkredites zur Verfügung. Konditionen: Auszahlung: 95%; Zins *(nom.)*: 11% p.a.; Tilgung: 1% p.a. *(zuzügl. ersparte Zinsen)*

Die sich daraus rechnerisch ergebenden Annuitäten sind *(je zur Hälfte)* halbjährlich zu zahlen, erste Rate ein halbes Jahr nach Kreditaufnahme. Zins- und Tilgungsverrechnung erfolgen jährlich, erstmals ein Jahr nach Kreditaufnahme.

i)   Der Kredit werde bis zur vollständigen Tilgung betrachtet. Man gebe die beiden letzten Zeilen des Tilgungsplans an.

ii)   Wie hoch ist der effektive Jahreszins dieses Kredits, wenn die Konditionen nur für 5 Jahre fest vereinbart sind
     a) nach der ICMA-Methode   b) nach der US-Methode ?

A3: Man beantworte folgende Fragen durch Ankreuzen:

Hinweis zur Bewertung: Jede richtige Antwort wird mit einem Punkt bewertet, jede falsche Antwort führt zum Abzug eines Punktes, eine nicht beantwortete Frage wird mit 0 Punkten bewertet. Eine negative Punktsumme wird aufgewertet auf 0 Punkte. Wegen unvermeidlicher Rundungsdifferenzen beachte man: Wenn die von Ihnen ermittelten Werte innerhalb einer Streubreite von ±0,05% der unten angegebenen Werte liegen, so handelt es sich dabei um übereinstimmende Werte.

richtig falsch

1. Wenn man ein Kapital um 15% vermehrt, erhält man denselben Betrag, als wenn man das eineinhalbfache des ursprünglichen Kapitals um 30% vermindert.   O   O

2. Ein Monatszins von 0,60% p.m. ist bei monatlichem Zinszuschlag äquivalent zu einem Jahrezins von 12 x 0,60 = 7,60% p.a.   O   O

3. Ein Quartalszins von 3,60% p.Q. ist bei vierteljährlichem Zinszuschlag äquivalent zu einem 2-Monats-Zins von 2,3858% p.2m. bei zweimonatlichem Zinszuschlag.   O   O

4. Ein Kapital, das am 31.01. für ein Jahr angelegt wird, ergibt einen geringeren Kontostand, als wäre es am 30.06. für ein Jahr angelegt *(bei gleichem Zinssatz 10% p.a., Zinszuschlag 31.12.).*   O   O

5. Wenn man sein Kapital 3 Jahre lang zu 27% p.a. bei durchgehend linearer Verzinsung anlegt, erhält man mehr als bei nom. 21% p.a. und *(relativen)* quartalsmäßigen Zinseszinsen.   O   O

6. Bei halbjährlichen Zinseszinsen verdreifache sich ein Kapital nach genau 17,5 Jahren. Dann beträgt der effektive Jahreszins 6,48%.   O   O

7. Statt mit einem diskreten Jahreszins von 18% p.a. könnte man sein Kapital ebensogut äquivalent zu 4,225% pro Quartal verzinsen.   O   O

8. Es sei Zinsperiode = Kalenderjahr *(unterjährig lineare Verzinsung).* Huber legt 9 Monatsraten zu je 1.200,-- € – beginnend 01.01. – an. Dann lautet der Kontostand am Jahresende: 11.520,-- € *(10% p.a.).*   O   O

9. Ein festverzinsliches Wertpapier mit dem Emissionskurs 98%, einer nominellen Verzinsung von 7,5%, Laufzeit 12 Jahre, und einem Rücknahmekurs von 100% hat eine Rendite, die höher ist als die nominelle Verzinsung.   O   O

A4: Huber muss am 05.01./19.04. jeweils 50.000,-- € an Moser zahlen.

Er will stattdessen auf äquivalente Weise seine Schuld mit der Zahlung von sechs gleichhohen Raten am 05.06. / 05.07 / ... / 05.11. begleichen.

Wie hoch müssen diese Raten sein? *(Kalkulationszins: 7% p.a., lin. Verzinsung)*
(Hinweis: Man wähle als Stichtag (und Zinszuschlagtermin) den Tag der letzten Rate; die zwischenzeitlich entstehenden Zinsen werden separat angesammelt und erst am Stichtag verrechnet. 1 Jahr = 12 Monate zu je 30 Tagen)

A5: Der Balzer-Sparplan-Plus sieht die folgenden Konditionen für den Sparer vor:

Laufzeit: 4 Jahre. Einzahlungen des Sparers: monatlich € 1.000,-- , beginnend am Anfang des ersten Jahres, insgesamt also 48 Raten.

Alle Zahlungen werden mit 5% p.a. verzinst *(Zinsperiode: 1 Jahr, beginnend mit der 1. Monatsrate; unterjährig lineare Zinsen – Sparbuchmodell).*

Am Ende des 4. Jahres erhält der Sparer außer dem Kapital und den aufgelaufenen Zinsen noch einen Bonus in Höhe von 10% seiner insgesamt geleisteten Einzahlungen *(= 48 · 1000 €, d.h. Bonus = 4.800 €).*

Wie hoch ist die Rendite *(nach ICMA-Methode)* des Sparers?
(nur Äquivalenzgleichung, keine Lösung!)

A6: Stephan erwirbt im Emissionszeitpunkt zum Emissionskurs von 97% ein festverzinsliches Wertpapier mit einer Gesamtlaufzeit von 13 Jahren, nomineller Zins: 7% p.a. Unmittelbar vor der 5. Zinszahlung verkauft Stephan das Papier an Schmitz zum *(finanzmathematischen)* Kurs von 88%.

i) Wie hoch muss der Rücknahmekurs *(am Ende der Laufzeit des Papiers)* sein, wenn einem Ersterwerber im Emissionszeitpunkt eine Rendite von 10,5% garantiert wird?

ii) Angenommen, der Rücknahmekurs sei 105%. Welche Rendite aus dem Wertpapier erzielt der Ersterwerber Stephan unter Berücksichtigung des o.a. Verkaufs an Schmitz?

a) Faustformel   b) Äquivalenzgleichung für exakten Wert *(keine Lösung!)*

A7: Gegeben sei ein Annuitätenkredit mit 8% p.a. *(nom.)* Zinsen, Tilgung 1% p.a. *(zuzüglich ersparte Zinsen).* In den beiden ersten Jahren ist Tilgungsstreckung vereinbart, danach werden die Konditionen für weitere 5 Jahre fest vereinbart.

Welches Disagio muss die Bank verlangen, um auf einen effektiven Jahreszins von 10% p.a. zu kommen? *(Annuitäten, Zins- und Tilgungsverrechnung jährlich).*

A8: Zum 01.01.2036 will Siedenbiedel 10 Millionen € auf seinem Konto haben. Dazu spart er – beginnend 01.01.16 – in jedem Quartal € 60.000,-- *(Zinsperiode: 1 Quartal).*
Wieviele Quartalsraten muss er dazu ansparen? *(i_Q = 2% p.Q.)*

Testklausur Nr. 14

A1: **i)** Kupczyk ist ein Liebhaber guten Rotweines. Jahr für Jahr konsumiert er 365 Flaschen *(zu je 0,75 Liter)* seiner französischen Lieblingsmarke „Château d'Aix".

Nach langen Jahren stabiler Weinpreise wurde zum 01.01.15 sein Lieblingstropfen um 19,5% teurer *(u.a. wegen der Mehrwertsteuererhöhung, Reblausbefall im Bordelais, Preisanstieg in der chemischen Industrie usw.)*.

Um wieviel Prozent muss Kupczyk in 15 seinen Weinkonsum einschränken, um nicht mehr dafür auszugeben als in 14?

ii) Huber kann eine fällige Schuld auf zwei Arten bezahlen *(alle Zeitangaben beziehen sich auf dasselbe Kalenderjahr)*:

Entweder: am 05.02.: € 10.000, am 08.04.: € 20.000, am 05.07.: € 30.000
Oder: Drei gleiche Raten am 15.03./15.05./15.07.

Wie hoch müssen diese drei Raten gewählt werden, damit beide Zahlungsweisen bei 10% p.a. äquivalent sind? *(lineare Verzinsung, Stichtag: 15.07.)*

A2: Jacobs kauft einen digitalen Camcorder mit Mausantrieb und Motivklingel. Den fälligen Rechnungsbetrag (€ 6.684,48 + 19% MWSt.) könnte er entweder innerhalb von 12 Tagen unter Abzug von 2,5% Skonto oder aber innerhalb von 30 Tagen ohne Abzug zahlen.

Unterstellen wir, Jacobs zahle zum spätestmöglichen Termin unter Skontoabzug: Welchen effektiven Jahreszins kann er dadurch – im Vergleich zur spätestmöglichen Zahlung ohne Skontoabzug – realisieren? *(Zinsperiode = 1 Quartal, beginnend im Zeitpunkt der Zahlung unter Skontoabzug)*

A3: Die Janz AG emittiert ein festverzinsliches Wertpapier zu folgenden Konditionen:

- Emissionskurs: 95%
- nom. Zins: 7,5% p.a.
- Laufzeit: 13 Jahre
- Rücknahmekurs: 101%.

Unmittelbar nach Auszahlung der 7. Zinsrate wird der Kurs des Papiers mit 80% *(„Tageskurs")* notiert.

i) Wie hoch ist die Rendite für jemanden, der das Papier im Emissionszeitpunkt gekauft und unmittelbar nach der 7. Zinszahlung zum Tageskurs verkauft hat?

a) Näherungsformel   **b)** exakter Wert

ii) Angenommen, die Janz AG hätte zum Emissionszeitpunkt jedem Ersterwerber eine Rendite über die Gesamtlaufzeit von 9% p.a. garantieren wollen: Mit welchem Rücknahmekurs *(statt 101%)* hätte sie das Papier ausstatten müssen?

A4:   Man beantworte folgende Fragen durch Ankreuzen:

Hinweis zur Bewertung: Jede richtige Antwort wird mit einem Punkt bewertet, jede falsche Antwort führt zum Abzug eines Punktes, eine nicht beantwortete Frage wird mit 0 Punkten bewertet. Eine negative Punktsumme wird aufgewertet auf 0 Punkte. Wegen unvermeidlicher Rundungsdifferenzen beachte man: Wenn die von Ihnen ermittelten Werte innerhalb einer Streubreite von ±0,05% der unten angegebenen Werte liegen, so handelt es sich dabei um übereinstimmende Werte.

richtig falsch

1.   Der Barwert einer Zahlung am 15.03. betrage 100.000,-- €. Dann lautet – bei linearer Verzinsung zu 12% p.a. – der Endwert am Jahresende 109.500 €.   ○   ○

2.   Um am 30.09. eine Schuld von (dann) 120.000,-- begleichen zu können, könnte man genau so gut (d.h. auf äquivalente Weise) zum 31.07., 30.09. und 30.11. jeweils € 40.000,-- zahlen. *(Zinssatz: 10% p.a.; Zinsperiode = Kalenderjahr; Stichtag: 31.12.)*   ○   ○

3.   25% i.H. bezeichnen denselben Betrag wie 50% a.H. *(bezogen auf jeweils denselben gegebenen Kapitalbetrag).*   ○   ○

4.   51.300,-- €, am 22.07.92 gezahlt, sind *(bei linearer Verzinsung)* äquivalent zu 50.000,-- €, gezahlt am 04.05.92 *(i = 12% p.a.)*   ○   ○

5.   Moser leiht sich 10.000,-- € aus und zahlt als Gegenleistung nach genau einem Jahr 11.000,-- € zurück. Zinsperiode: 1 Quartal, beginnend im Zeitpunkt der Kreditaufnahme. Dann ist der Effektivzins dieses Kredites *(nach ICMA)* genau 10% p.a.   ○   ○

6.   Halbjährliche Zinseszinsen in Höhe von 18% p.H. führen bei der Anlage eines Kapitalbetrages stets *(d.h. am Ende eines beliebigen Halbjahres)* zum gleichen Endkapital wie bei monatlichem Zinszuschlag zum Monatszinssatz von 2,797%.   ○   ○

7.   Um effektiv 12% p.a. erzielen zu können, kann eine Bank ihre Kredite zu nominell 11,44% p.a. ausleihen und mit einer Zinsperiode von 2 Monaten bei relativen Zinsen rechnen.   ○   ○

8.   Huber zahlt in einem Kalenderjahr 9 Monatsraten zu je 100,-- €, und zwar jeweils Ende Januar/Februar/.../September. Dann beträgt sein Kontostand am Jahresende *(bei 10% p.a. und linearer Verzinsung)* 952,50 €.   ○   ○

9.   Ein später fälliger Betrag ist heute umso mehr wert, je höher der Kalkulationszins ist.   ○   ○

10.   Bei steigendem Marktzinsniveau steigen auch die Kurse von festverzinslichen Wertpapieren, weil die laufenden Kupons bei Wiederanlage auch einen entsprechend höheren Zins realisieren.   ○   ○

A5: Call braucht einen Kredit, seine Hausbank bietet folgende Konditionen:

Auszahlung: 94%; Zins (nom.) 8% p.a.; Tilgung: 2% p.a. *(zuzügl. ersparte Zinsen)*

Die sich ergebende Annuität ist *(zu je einem Viertel)* in 4 Quartalsraten zu zahlen, beginnend ein Quartal nach Kreditaufnahme. Zins- und Tilgungsverrechnung dagegen erfolgen jährlich *(nachschüssige Tilgungsverrechnung)*.

i) Man ermittle die beiden letzten Zeilen des Tilgungsplans, wenn Call nach Abzug des Disagios eine Barauszahlung in Höhe von 225.600,-- € erhält.

ii) Abweichend von i) wird ein Jahr Tilgungsstreckung vereinbart. *(Auch die sich während der Tilgungsstreckungszeit ergebende Jahreszahlung ist in vier gleichen Teilen nach jedem Quartal fällig!)* Außerdem wird festgelegt, dass die Konditionen für nur insgesamt 6 Jahre (d.h. 1 Jahr Tilgungsstreckung plus 5 „reguläre" Jahre) gelten sollen.

Wie hoch ist der effektive Jahreszins für diesen Kredit

a) nach der ICMA-Methode   b) nach der US-Methode?

(nur Äquivalenzgleichungen für i_{eff}, keine Lösung!)

A6: Der mittellose Geiger Amadeus Weigand verkauft seine wertvolle Stradivari-Violine zum 01.01.16 an den japanischen Industriellen Hitsuito Kamasutra.

i) Amadeus W. schätzt den Wert seines Instrumentes zum 01.01.16 auf € 700.000. Hitsuito K. will als Gegenleistungen am 01.01.17 € 400.000 und – beginnend 01.01.21 – jährlich einen festen Betrag „auf ewig" zahlen. Wie hoch muss – bei 6% p.a. – dieser feste jährliche Betrag sein?

ii) Angenommen, Hitsuito K. zahlt – abweichend von i) – insgesamt nur 20 Raten zu je 50.000 €/Jahr (beginnend 01.01.18). Amadeus nimmt den Schätzwert für sein Instrument (= 700.000 €) zum 01.01.16 bei seiner Bank auf und überlässt der Bank als Gegenleistung sämtliche Zahlungen des Hitsuito K.

Bei welchem Kreditzinssatz reichen diese 20 Raten gerade aus, um den Kredit von Amadeus W. zu verzinsen und zu tilgen?
(nur Äquivalenzgleichung, keine Lösung!)

A7: Maercker nimmt einen Kredit (Kreditsumme = 300.000,-- €) auf. Die jährlichen Tilgungsbeträge betragen 50.000,-- €/Jahr, nomineller Zinssatz: 9% p.a.
(Zahlungen, Zins- und Tilgungsverrechnung erfolgen jährlich)

Wie hoch ist der Effektivzinssatz dieses Kredits, wenn die Auszahlung 92% beträgt?
(nur Äquivalenzgleichung angeben, keine Lösung erforderlich!)

Testklausur Nr. 15

A1: Betrachtet werden die Studierenden am Fachbereich Wirtschaftswissenschaften:

Die Zahl der Studenten lag in 15 um 10% höher als in 12. Die Gesamtzahl aller Studierenden war in 12 um 18% geringer als in 15. In 15 waren 45% aller Studierenden weiblich.

i) Um wieviel % lag die Zahl der Studentinnen in 15 über/unter der in 12?

ii) Um wieviel Prozent pro Jahr *(bezogen auf das jeweilige Vorjahr)* hat sich – ausgehend vom Basisjahr 12 – die Gesamtzahl aller Studierenden in den Jahren 13 bis 15 durchschnittlich erhöht bzw. erniedrigt?

A2: Frau Stippel könnte eine Warenlieferung entweder innerhalb von 8 Tagen unter Abzug von 2,5% Skonto *(bezogen auf den Rechnungsbetrag)* bezahlen oder aber innerhalb von 28 Tagen netto *(d. h. den vollen Rechnungsbetrag)*.

i) Bei welchem *(fiktiven)* Jahreszinssatz i_{eff} sind beide Zahlungsweisen äquivalent? *(Dabei wird vorausgesetzt, dass Frau Stippel stets zum spätestmöglichen Termin bezahlt.)*

Zinsperiode für i_{eff}: 1 Quartal = 90 Tage, beginnend im Zeitpunkt der Zahlung mit Skontoabzug; innerhalb jeder Zinsperiode: lineare Verzinsung.

ii) Wie sollte Frau Stippel sich entscheiden, wenn sie ihr Geld stets zu 12% p.Q. anlegen kann? (ausführliche Begründung!)

A3: Angenommen, Sie haben die Wahl, eine Schuld mit 3 Raten zu je 20.000 € am 01.02./ 01.03./01.05. zu bezahlen *oder* aber mit 6 Raten zu je 10.000 am 01.01./01.02./ ... / 01.06.

Für welche Zahlungsweise würden Sie sich entscheiden? *(6% p.a., lineare Verzinsung, Stichtag = Tag der letzten Zahlung)* Begründung!

A4: Pietsch nimmt bei seiner Hausbank einen Kredit in Höhe von 250.000 € auf. Als äquivalente Gegenleistungen werden vereinbart: 12 Quartalsraten zu je 25.000 €/Quartal, die erste Rate ist genau 3 Monate nach Kreditaufnahme fällig. Auszahlung: 95%.

i) Wie lautet der Effektivzins dieses Kredits, wenn als Zinsperiode ein Quartal (= *Ratenperiode)* gewählt werden muss und der *(noch zu ermittelnde)* Quartalszins relativ zum Jahreszins ist? *(US-Methode)*

ii) Wie lautet der Effektivzins dieses Kredits, wenn als Zinsperiode ein Quartal (= *Ratenperiode)* gewählt werden muss und der *(noch zu ermittelnde)* Quartalszins konform zum Jahreszins ist? *(ICMA-Methode)*

A5:   Man beantworte folgende Fragen durch Ankreuzen:

Hinweis zur Bewertung: Jede richtige Antwort wird mit einem Punkt bewertet, jede falsche Antwort führt zum Abzug eines Punktes, eine nicht beantwortete Frage wird mit 0 Punkten bewertet. Eine negative Punktsumme wird aufgewertet auf 0 Punkte. Wegen unvermeidlicher Rundungsdifferenzen beachte man: Wenn die von Ihnen ermittelten Werte innerhalb einer Streubreite von ±0,05% der unten angegebenen Werte liegen, so handelt es sich dabei um übereinstimmende Werte.

		richtig	**falsch**
1.	Vorgegeben sind tägliche Zinseszinsen zu 0,1% p.d. Dann ist der äquivalente Quartalszins *(1 Quartal = 90 Tage)* gegeben mit 9% p.Q.	O	O
2.	Eine am 03.05 entstandene Schuld von 10.000 € wird am 24.12. mit 11.000 € beglichen. Dann muss der Verzugszinssatz 10% p.a. betragen haben.	O	O
3.	Wenn der Rücknahmekurs eines festverzinslichen Wertpapiers über 100% liegt, so ist die erzielte Rendite stets größer als die nominelle Verzinsung.	O	O
4.	Focke legt 200.000 € am 18.01. auf ein Konto (10% p.a.). Mit Wirkung vom 19.07. ändert sich der Zinssatz auf 5% p.a. Dann beträgt sein Guthaben am Jahresende exakt 214.500 € *(Zinszuschlag am Jahresende; innerhalb des Jahres: lineare Zinsen)*	O	O
5.	Bei linearen Zinsen sind 22.000 €, fällig am 01.04., äquivalent zu 23.452 €, fällig am 19.10. desselben Jahres *(i = 12% p.a.).*	O	O
6.	Knüppel leiht sich 100.000 € und zahlt nach einem halben Jahr genau 105.000 € als Gegenleistung zurück. Zinsperiode: 1 Quartal, beginnend im Zeitpunkt der Kreditaufnahme. Dann beträgt der Effektivzins *(US-Methode)* dieses Kredits genau 10% p.a.	O	O
7.	Bei vierteljährlicher Zinsverrechnung zum Quartalszinssatz 1,5% p.Q. beträgt der äquivalente Jahreszinssatz 6% p.a.	O	O
8.	Huber zahlt in einem Kalenderjahr 8 Raten zu je 2.500,-- € jeweils am 15.01./ 15.02./ ... /15.08. Dann beträgt sein Kontostand bei Zinszuschlag am Jahresende *(9% p.a., innerhalb des Jahres lineare Verzinsung)* 21.200,-- €.	O	O
9.	Je niedriger der Zinssatz, desto höher fällt der Barwert einer Zahlungsreihe aus.	O	O
10.	Bei fallendem Marktzinsniveau fallen notwendigerweise auch die Kurse von festverzinslichen Wertpapieren.	O	O

A6: Huber erwirbt am 01.01.18 insgesamt 5000 Stücke eines festverzinslichen Wertpapiers *(Nennwert jeweils 5 €)*. Das Papier weist folgende Ausstattung auf:

Emissionstermin: 01.01.14; Emissionskurs: 98%; Gesamtlaufzeit: 15 Jahre
Kupon *(nom. Zins)*: 7% p.a.;   Rücknahme am Laufzeitende zu 100%.

i)   Welchen Betrag *(in €)* wird Huber für die 5000 Stücke insgesamt bezahlen, wenn ihm vom Verkäufer eine Rendite von 9% p.a. garantiert wird *(sofern er das Papier bis zur Rücknahme hält)*? *(Die erste Zinsrate (7%) erhält Huber bereits im Kaufzeitpunkt, d.h. am 01.01.18)*

ii) Erstkäufer Moser hatte dieses Wertpapier im Emissionszeitpunkt erworben und verkauft es nach 6 Jahren und 3 Monaten zu einem Börsenkurs von 110% an Knörzer, der das Papier bis zur Rücknahme hält.

Ermitteln Sie *(nach ICMA)*   **a)** Mosers Rendite   **b)** Knörzers Rendite.
(nur Äquivalenzgleichungen, keine Lösung!)

A7: Die Konditionen der DD-Bank Entenhausen für Annuitätenkredite lauten: 92/11/3.

Wie lauten – bei einer Kreditsumme von 400.000 € – die beiden letzten Zeilen des Tilgungsplans? *(alle Zahlungen, Zins- und Tilgungsverrechnungen jährlich)*

A8: Hoepner erhält von seiner Bank einen Annuitätenkredit zu den Konditionen: Auszahlung 96%; Zins *(nom.)* 8% p.a.; Anfangstilgung 2% p.a.

i)   Wie hoch muss die Kreditsumme gewählt werden, damit Hoepner nach Abzug des Disagios 120.000,-- € ausgezahlt bekommt?

ii) Abweichend vom Vorhergehenden wird ein Jahr Zahlungsaufschub vereinbart, Kreditsumme: 100.000. Man ermittle die drei ersten und die beiden letzten Zeilen des Tilgungsplans.

iii) Abweichend vom Vorhergehenden wird ein Jahr Tilgungsstreckung vereinbart. Außerdem muss stets die sich ergebende Jahresleistung (Annuität) halbiert in zwei gleichen Teilbeträgen halbjährlich gezahlt werden, erstmalig ein halbes Jahr nach Kreditaufnahme. Die Zins- und Tilgungsverrechnung dagegen erfolgt jährlich *(nachschüssige Tilgungsverrechnung)*.

Man ermittle den effektiven Jahreszins *(nach der ICMA-Methode)* dieses Kredites, wenn nach Ablauf des ersten *(tilgungsfreien)* Jahres die Konditionen noch für weitere 5 Jahre festgeschrieben werden.

(nur Äquivalenzgleichung aufstellen, Lösung nicht erforderlich!)

Testklausur Nr. 16

A1: **i)** Im Wintersemester (WS) 08/09 lag die Zahl der Erstsemester-Studierenden mit Berufsausbildung um 12% höher als im WS 04/05 und um 8% niedriger als im WS 06/07.

Um wieviel % lag die Zahl der Erstsemester-Studierenden mit Berufsausbildung im WS 06/07 über bzw. unter der entsprechenden Zahl im WS 04/05?

ii) Die Preise für Wohngebäude sind seit dem Jahr 04 *(= Basisjahr)* bis 19 um insgesamt 75% gestiegen.

Man ermittle die durchschnittliche jährliche Preissteigerung *(für Wohngebäude, gegenüber dem jeweiligen Vorjahr)* in den Jahren 05 bis 19.

A2: Fredebeul will sich an einer Druckwerkstatt zum Bedrucken von T-Shirts beteiligen. Er investiert dazu zum 01.01.16 € 50.000 sowie weitere 40.000 € zum 01.01.17.

Die zugesicherten Rückflüsse aus dieser Investition betragen 20.000 € zum 31.12.17, 30.000 € zum 31.12.19 und danach – stets im Jahresabstand – jeweils 10.000 € *(6 mal)*. Weitere Zahlungen erfolgen nicht.

i) Lohnt sich für Fredebeul diese Investition, wenn er stets mit 10% p.a. kalkuliert?

ii) Man ermittle die Rendite dieser Investition *(= Effektivzinssatz) . (Nur Äquivalenzgleichung, keine Lösung angeben!)*

A3: Weßling hat im Lotto gewonnen *(Jackpot geknackt)* und will das Geld für wohltätige Zwecke verwenden, indem er eine Stiftung für arbeitslose Finanzmathematiker ins Leben ruft. Dazu zahlt er zum 01.01.16 als Stiftungskapital 10 Mio € auf ein Konto *(9% p.a.)* ein.

i) Die erste ausgeschüttete Rate R soll zum 01.01.2020 erfolgen, danach – in gleicher Höhe R – jeweils jährlich „auf ewig".

Wie hoch ist diese Ausschüttungsrate R?

ii) Abweichend von i) will Weßling zunächst 7 Raten – beginnend 01.01.2018 – ausschütten und den Rest danach – beginnend 01.01.2029 – in eine „ewige" Ausschüttung von 1 Mio €/Jahr umwandeln.

Wie hoch muss jede der ersten 7 Raten sein?

iii) Abweichend von i) bzw. ii) will Weßling 6 Jahresraten zu je 2 Mio € – beginnend 01.01.2018 – ausschütten. Der Rest soll vollständig in eine 20- malige Rente zu je 1 Mio €/Jahr umgewandelt werden.

Wann muss die erste Rate dieser Rente ausgeschüttet werden?

A4: Pietschmann will in seinen verbleibenden Berufsjahren Geld für die Zukunftssicherung ansparen. Er zahlt – jeweils zum 01.01./01.04./01.07./01.10. – eines jeden Jahres *(erste Rate: 01.01.2015, letzte Rate 01.01.2019)* einen jeweils gleichhohen Betrag ein *(Zinsperiode = 1 Quartal, 2% p.Q.)*. Danach lässt er das angesparte Kapital noch einige Zeit auf dem Konto liegen.

  i) Wie hoch müssen seine Sparraten sein, damit er zum 01.01.2029 über 1 Mio € verfügen kann?

  ii) Abweichend vom Vorhergehenden zahlt er zu Beginn jedes Quartals 50.000 € ein, beginnend *(wie oben)* mit dem 01.01.15, letzter Ratentermin aber noch ungewiss. Wieviele dieser Raten müsste er einzahlen, damit er zum 01.01.2034 genau über 1,875 Mio € verfügen kann?

A5: Das H. & M. Bankhaus bietet einem Kunden einen Annuitätenkredit über eine Kreditsumme von 200.000 € an.

  Konditionen: 94% Auszahlung, nom. Zins: 13% p.a., Anfangstilgung: 2%.

  Im ersten Jahr erfolgen keinerlei Rückzahlungen, im zweiten Jahr wird Tilgungsstreckung vereinbart, am Ende des dritten Jahres erfolgt die erste reguläre Annuität *(13% Zins + 2% Tilgung, bezogen auf die Restschuld zu Beginn des dritten Jahres)*

  i) Wie lauten die beiden letzten Zeilen des Tilgungsplans? *(Zahlungen, Zins- und Tilgungsverrechnungen jährlich)*

  ii) Wie lautet der effektive Jahreszins dieses Kredits? *(Nur Äquivalenzgleichung, keine Lösung)*

A6: Huber leiht sich 500.000 € *(= Kreditsumme)*. Die Bank verlangt ein Disagio von 7% sowie als weitere Gegenleistungen monatlich 5.000 €, beginnend einen Monat nach Kreditauszahlung, insgesamt 10 Jahre lang, d.h. 120 Raten.

  Wie lautet der Effektivzins dieses Kredits, wenn als Zinsperiode ein Monat *(= Ratenperiode)* gewählt werden muss und der *(noch zu ermittelnde)* Monatszins konform zum Jahreszins ist? *(ICMA - Methode)*

A7: Börgerding erwirbt trotz Warnung seiner Ehefrau ein Wohnmobil mit integrierter GPS- und Apple-Schnittstelle.

  Er könnte den Kaufpreis heute in bar bezahlen oder aber in 4 gleichen Quartalsraten, erste Rate heute. Bei Ratenzahlung wird die Quartalsrate wie folgt ermittelt:
  Barkaufpreis geteilt durch vier, jede Teilrate wird anschließend um 4% erhöht *(Ratenzuschlag)*.

  Welchem effektiven Jahreszins *(nach ICMA-Methode, d.h. unterjährige Zinseszinsen, konform zum gesuchten effektiven Jahreszinssatz)* entspricht diese Ratenzahlung?

A8:   Man beantworte folgende Fragen durch Ankreuzen:

Hinweis zur Bewertung: Jede richtige Antwort wird mit einem Punkt bewertet, jede falsche Antwort führt zum Abzug eines Punktes, eine nicht beantwortete Frage wird mit 0 Punkten bewertet. Eine negative Punktsumme wird aufgewertet auf 0 Punkte. Wegen unvermeidlicher Rundungsdifferenzen beachte man: Wenn die von Ihnen ermittelten Werte innerhalb einer Streubreite von ±0,05% der unten angegebenen Werte liegen, so handelt es sich dabei um übereinstimmende Werte.

richtig   falsch

1.   Gegeben seinen tägliche Zinseszinsen zu 0,05% p.d. Dann ist der   ○   ○
     äquivalente Monatszins *(1 Mon. = 30 Tage)* gegeben mit 1,5% p.m.

2.   Ein festverzinsliches Wertpapier mit nomineller Verzinsung 7%   ○   ○
     p.a., *(erste Zinszahlung nach einem Jahr)*, Rücknahmekurs nach 4
     Jahren zu 104% und einer Rendite von 8% p.a. hat einen Emissions-
     kurs von 99,628%.

3.   Ein festverzinsliches Wertpapier, Emissionskurs 95%, nom. Zins   ○   ○
     8%, *(erste Zinszahlung nach einem Jahr)*, Laufzeit 10 Jahre, Rück-
     nahme zu 100%, hat nach der näherungsweisen „Faustformel" eine
     Rendite von 8,92% p.a.

4.   Fuchs legt 100.000 € am 01.01. auf ein Konto (12% p.a.). Mit   ○   ○
     Wirkung vom 01.07. ändert sich der Zinssatz auf 8% p.a. Dann
     beträgt sein Guthaben am Jahresende exakt 110.000 € *(Zinszu-*
     schlag am Jahresende; innerhalb des Jahres: lineare Zinsen)

5.   Bei monatlichen Zinseszinsen sind 10.000 €, fällig Ende März,   ○   ○
     äquivalent zu 10.615,20 €, fällig Ende September desselben Jahres
     (i = 12% p.a., unterjährig wird der konforme Zins angewendet).

6.   Mackenstein leiht sich 50.000 € und zahlt nach einem Jahr genau   ○   ○
     58.000 € als Gegenleistung zurück. Zinsperiode: 1 Monat, begin-
     nend im Zeitpunkt der Kreditaufnahme. Dann beträgt der Effektiv-
     zinssatz *(nach der US-Methode)* dieses Kredits genau 16% p.a.

7.   Ein festverzinsliches Wertpapier, Laufzeit 10 Jahre, nom. Zinssatz   ○   ○
     7%, habe einen Emissionskurs von 100% und einen Rücknahme-
     kurs von 100%. Wenn dann der Tageskurs vier Jahre vor Rücknah-
     me bei 120% liegt, so muss das aktuelle Marktzinsniveau höher
     sein als der nominelle Zins des Papiers.

8.   Huber zahlt in einem Kalenderjahr 5 Raten zu je 2.000,-- € jeweils   ○   ○
     am 31.01./29.02./ ... /31.05. Dann beträgt sein Kontostand bei Zins-
     zuschlag am Jahresende *(12% p.a., innerhalb des Jahres lineare*
     Verzinsung) 10.900,-- €.

9.   Die Rendite eines festverzinslichen Wertpapiers ist stets höher als   ○   ○
     der nominelle Zinssatz, mit dem das Papier ausgestattet ist.

10.   Je höher der Zinssatz, desto höher fällt auch der Barwert einer   ○   ○
      Zahlungsreihe aus.

Testklausur Nr. 17

A1: Alois Huber leiht sich 450.000 € *(= Kreditsumme).* Die Bank verlangt ein Disagio von 5% sowie als weitere Gegenleistungen halbjährlich 40.000 €, beginnend sechs Monate nach Kreditauszahlung, insgesamt 9 Jahre lang, d.h. 18 Raten.

i) Wie lautet der Effektivzins dieses Kredits, wenn als Zinsperiode ein Halbjahr *(= Ratenperiode)* gewählt werden muss und der *(noch zu ermittelnde)* Halbjahreszins relativ zum Jahreszins ist?
(US - Methode) – (Nur Äquivalenzgleichung, keine Lösung!)

ii) Wie lautet der Effektivzins dieses Kredits, wenn als Zinsperiode ein Halbjahr *(= Ratenperiode)* gewählt werden muss und der *(noch zu ermittelnde)* Halbjahreszins konform zum Jahreszins ist?
(ICMA - Methode) – (Nur Äquivalenzgleichung, keine Lösung!)

A2: Weigand muss eine Schuld bezahlen, die aus 6 Jahresraten zu je 70.000 € besteht, erste Rate zum 01.01.18. Er will diese Schuld äquivalent umwandeln. Die äquivalenten Zahlungen bestehen aus 3 Raten zu je 40.000 €/Jahr, beginnend 01.01.20, sowie einer ewigen Rente, deren erste Jahresrate am 01.01.27 fällig ist.
Wie hoch ist – bei 8% p.a. – die Rate dieser ewigen Rente?

A3: Jacobs am 01.01.2017 und am 01.01.2019 jeweils 500.000 € von seinem Konto abheben *(nach der 2. Abhebung soll das Konto leer sein).* Zinssatz: 10% p.a.

i) Er will sein Ziel erreichen, indem er 6 Jahresraten zu je 97.800 €/J. anspart. Wann muss die erste Rate eingezahlt werden?

ii) Abweichend von i) will er sein Ziel erreichen durch Jahresraten in Höhe von 66.000 €/J., erste Rate am 01.01.2007. Wieviele Raten muss er einzahlen?

A4: Ein festverzinsliches Wertpapier wird zu folgenden Konditionen auf den Markt gebracht: Emissionskurs: 105%, nom. Zins: 7,2% p.a., Laufzeit: 13 Jahre, Rücknahmekurs nach 13 Jahren: 101%.

i) Stephan kauft ein Stück im Nennwert von 50 € im Emissionszeitpunkt. Er will das Papier genau 5 Jahre halten. Zu welchem Preis *(in €/Stück)* müsste er sein Papier nach 5 Jahren *(und 5 erhaltenen Zinszahlungen)* verkaufen, damit er eine Rendite von 8% p.a. erreicht hat?

ii) Abweichend von i) kauft Stephan das Papier erst unmittelbar nach der 9. Zinszahlung. Welche Rendite kann er erwarten, wenn er für ein Stück im Nennwert von 50 € einen Preis von insgesamt 47,50 € zahlt?
a) Äquivalenzgleichung *(ohne Lösung)*
b) näherungsweise Berechnung der Rendite nach der sog. „Faustformel"

A5: Focke will eine Fabrikhalle errichten und nimmt dazu einen Annuitätenkredit in Höhe von 600.000 € auf *(= Kreditsumme)*. Die Bank bietet zwei alternative Konditionen an:

Kondition A: Auszahlung: 93,5%, nom. Zins: 8% p.a., Anfangstilgung: 1,5% p.a.
Kondition B: Auszahlung: 97,0%, nom. Zins: 9% p.a., Anfangstilgung: 1,0% p.a.

i) Für welche Kondition sollte sich Focke entscheiden? *(finanzmathematische Begründung!) (die Konditionen werden für 5 Jahre festgeschrieben, d.h. Planungszeitraum 5 Jahre)*

ii) Angenommen, Focke entscheide sich für Kondition A: Wie lauten die beiden letzten Zeilen des Tilgungsplans? *(abweichend von i) wird jetzt Gesamtlaufzeit unterstellt)*

iii) Wie lauten *(abweichend von i) bzw. ii))* bei der Kondition B die ersten 7 Zeilen des Tilgungsplans, wenn gilt:
Am Ende des zweiten Jahres werden nur die Zinsen gezahlt, am Ende des 4. Jahres wird *(neben der normalen Annuität)* noch eine zusätzliche Tilgung von 70.000 € geleistet. Am Ende des 5. Jahres erfolgen keinerlei Rückzahlungen. Die Annuität in den Folgejahren entspricht den ursprünglichen Konditionen, d.h. 9% Zinsen, 1% Tilgung *(bezogen auf die Restschuld zu Beginn des 6. Jahres)*.

A6: Die Klecks AG produziert nur blaue und rote Tinte.

In 09 wurden 84.000 ME (Mengeneinheiten) von roter Tinte produziert, das entspricht 20% *mehr* als in 07 und 30% *weniger* als in 05. Die Gesamtproduktion an Tinte stieg in 06 und 07 jeweils um 5% (gegenüber dem jeweiligen Vorjahr) und in 08 und 09 jeweils um 15% (gegenüber dem jeweiligen Vorjahr). 07 wurde genauso viel rote wie blaue Tinte produziert.

i) Wie hoch war in 09 die Produktion von blauer Tinte?

ii) Angenommen, die Gesamtproduktion ändere sich in den Jahren nach 09 jährlich prozentual genau so wie im Jahresdurchschnitt (immer bezogen auf das jeweilige Vorjahr) der Jahre 06 bis 09: Wie hoch wird die Tinten-Gesamtproduktion im Jahr 14 sein?

A7: BWL-Student Heinz G. Heiliger will im Jahr 18 mit Telekom-Aktien spekulieren. Sein Unternehmensberater prognostiziert die folgenden Daten:

H.H. investiert am 06.02. 220.000,-- €. Die Rückflüsse durch günstigen Teil-Verkauf der Aktien sowie Dividendenzahlungen betragen 110.000 € am 22.06. und danach – stets im Monatsabstand – jeweils 24.000 € *(5 mal, erstmals am 15.08.)*. Damit ist die Aktion für H.H. beendet.

i) Lohnt sich für Heinz G. Heiliger die Aktien-Spekulation, wenn er stets mit 8% p.a. kalkuliert? *(Zinsjahr = Kalenderjahr, unterjährig lineare Verzinsung)*

ii) Begründen Sie *(ohne Rechnung!)*, ob sich die Investition für H.H. günstiger oder ungünstiger darstellt, wenn er mit einem *geringeren* Zinssatz als 8% p.a. rechnet.

A8: Man beantworte folgende Fragen durch Ankreuzen:

Hinweis zur Bewertung: Jede richtige Antwort wird mit einem Punkt bewertet, jede falsche Antwort führt zum Abzug eines Punktes, eine nicht beantwortete Frage wird mit 0 Punkten bewertet. Eine negative Punktsumme wird aufgewertet auf 0 Punkte. Wegen unvermeidlicher Rundungsdifferenzen beachte man: Wenn die von Ihnen ermittelten Werte innerhalb einer Streubreite von ±0,05% der unten angegebenen Werte liegen, so handelt es sich dabei um übereinstimmende Werte.

richtig falsch

1. Innerhalb eines Monats *(= 30 Tage)* werde nur mit linearen Zinsen gerechnet. Der lineare Tageszins sei 0,07% pro Tag. Dann wächst ein Anfangskapital von 100 € in einem Monat um 2,1% an. O O

2. Ein festverzinsliches Wertpapier *(Nennwert 100 €, Halbjahreskupon 6 €, nomineller Jahreszins 12% p.a., Emissionskurs 106%)* wird zwei Monate vor einer Kupon-Zahlung verkauft. Dann betragen die Stückzinsen 4 €. O O

3. Ein festverzinsliches Wertpapier, Ankaufskurs 108%, nom. Zins 8%, *(erste Zinszahlung nach einem Jahr),* Restlaufzeit 5 Jahre, Rücknahme zu 103%, hat nach der näherungsweisen „Faustformel" eine Rendite von 8,41% p.a. O O

4. Knorz legt 250.000 € am 31.01. auf ein Konto (12% p.a.). Mit Wirkung vom 01.08. ändert sich der Zinssatz auf 8% p.a. Dann beträgt sein Guthaben am Jahresende exakt 275.000 € *(Zinszuschlag am Jahresende; innerhalb des Jahres: lineare Zinsen)* O O

5. Bei 2-monatlichen Zinseszinsen sind 100 €, fällig Ende Februar, äquivalent zu 104 €, fällig sechs Monate später. *(i = 8% p.a., unterjährig wird der konforme Zins angewendet).* O O

6. Blubb leiht sich 40.000€ und zahlt nach 1 Jahr genau 48.000€ als Gegenleistung zurück. Zinsperiode: 1 Quartal, beginnend im Zeitpunkt der Kreditaufnahme. Dann beträgt der Effektivzins *(nach ICMA)* dieses Kredits genau 20% p.a. O O

7. Um effektiv 15% p.a. erzielen zu können, kann eine Bank einen Kapitalbetrag zu nominell 14,31% p.a. ausleihen und mit einer Zinsperiode von 4 Monaten bei relativen Zinsen rechnen (Gesamtrückzahlung incl. Zinsen nach einem Jahr). O O

8. Hoepner zahlt in einem Kalenderjahr 7 Raten zu je 5.000,-- € jeweils am 15.03./15.04./ ... /15.09. Dann beträgt sein Kontostand bei Zinszuschlag am Jahresende *(12% p.a., innerhalb des Jahres lineare Verzinsung)* 37.275,-- €. O O

9. Die Rendite eines festverzinslichen Wertpapiers ist nie geringer als der nominelle Zinssatz des Papiers. O O

10. Je niedriger der Zinssatz, desto höher fällt der Barwert einer Zahlungsreihe aus. O O

Testklausur Nr. 18

A1: Zur Finanzierung einer Investition nimmt Schmitz einen Annuitätenkredit auf, und zwar zu folgenden Konditionen: Kreditsumme: 400.000 €; Auszahlung: 90%; *(nom.)* Zinsen: 7% p.a.; Anfangstilgung: 3% p.a. *(zuzgl. ersparte Zinsen).*

Das Kreditkonto wird halbjährlich *(zum relativen Halbjahreszins)* abgerechnet, d.h. halbjährliche Zins- und Tilgungsverrechnung.
Ebenfalls halbjährlich erfolgen die Rückzahlungen durch Schmitz, und zwar in halber Höhe der sich aus obigen Konditionen ergebenden Jahresleistung.

    i)   Man gebe die beiden ersten und die beiden letzten Zeilen des Tilgungsplans an.

    ii)   Wie lautet der Effektivzins dieses Kredits, wenn als Zinsperiode ein Halbjahr gewählt werden muss und der *(noch zu ermittelnde)* Halbjahreszins relativ zum *(eff.)* Jahreszinssatz ist *(US-Methode – nur Äquivalenzgleichung, keine Lösung!)*

    iii)   Wie lautet der Effektivzins dieses Kredits, wenn als Zinsperiode ein Halbjahr (= *Ratenperiode)* gewählt werden muss und der *(noch zu ermittelnde)* Halbjahreszins konform zum *(eff.)* Jahreszins ist?
       (ICMA - Methode – nur Äquivalenzgleichung, keine Lösung!)

A2: Ein festverzinsliches Wertpapier wird zu folgenden Konditionen emittiert: Emissionskurs: 102%, Laufzeit: 12 Jahre, Rücknahmekurs nach 12 Jahren: 98%, Rendite: 10% p.a.

    i)   Zu welchem nominellen Zinssatz kommt das Papier auf den Markt?

    ii)   Ein Käufer erwirbt das Papier unmittelbar nach Zahlung der 10. Zinsrate zum Tageskurs von 111%. Außerdem sei – abweichend von obigen Bedingungen – das Papier mit einem nominellen Zinssatz von 9% p.a. ausgestattet.
       Welche Rendite erzielt der Käufer?
       Man beantworte diese Frage   **a)** exakt   **b)** näherungsweise *(„Faustformel")*

A3: BWL-Studentin Amanda Huber tätigt mit ihrer Hausbank das folgende Kreditgeschäft: Am 01.01.17 erhält sie 100.000 €, am 01.01.20 erhält sie weitere 26.300 €.

Als Gegenleistungen werden vereinbart: jeweils 40.000 € am 01.01.18 und 01.01.19 sowie eine Schlusszahlung am 01.01.21 in Höhe von 73.700 €.

Amanda will unbedingt den Effektivzins für dieses Geschäft herausbekommen. Nach mehrmaligem Durchlaufen der Regula falsi meint sie, der Effektivzinssatz betrage genau 10,00% p.a.

Überprüfen Sie bitte den Wahrheitsgehalt von Amandas Aussage

    i)   durch eine Berechnung mit Hilfe des finanzmathematischen Formelapparates

    ii)   durch Aufstellen eines Vergleichskontos *(in Form eines Tilgungsplans)* und begründen Sie kurz Ihre Antwort für i) und ii).

A4:   Man beantworte folgende Fragen durch Ankreuzen:

Hinweis zur Bewertung: Jede richtige Antwort wird mit einem Punkt bewertet, jede falsche Antwort führt zum Abzug eines Punktes, eine nicht beantwortete Frage wird mit 0 Punkten bewertet. Eine negative Punktsumme wird aufgewertet auf 0 Punkte. Wegen unvermeidlicher Rundungsdifferenzen beachte man: Wenn die von Ihnen ermittelten Werte innerhalb einer Streubreite von ±0,05% der unten angegebenen Werte liegen, so handelt es sich dabei um übereinstimmende Werte.

richtig   falsch

1.   Innerhalb eines Halbjahres *(=180 Tage)* werde nur mit linearen Zinsen gerechnet. Der lineare Monatszins sei 0,875% pro Monat. Dann wächst ein Anfangskapital von 97€ in einem Halbjahr um 5,25% an.   ○   ○

2.   Ein festverzinsliches Wertpapier mit nomineller Verzinsung 6,5% p.a., *(erste Zinszahlung nach einem Jahr)*, Rücknahmekurs nach 8 Jahren zu 101% und einer Rendite von 7,5% p.a. hat einen Emissionskurs von 94,70%.   ○   ○

3.   Moser legt 60.000 € am 29.02. auf ein Konto (8% p.a.). Mit Wirkung vom 01.08. ändert sich der Zinssatz auf 12% p.a. Dann beträgt sein Guthaben am Jahresende exakt 66.000 € *(Zinszuschlag am Jahresende; innerhalb des Jahres: lineare Zinsen)*   ○   ○

4.   Bei 2-monatlichen Zinseszinsen sind 200 €, fällig Ende Februar, äquivalent zu 219,81 €, fällig am Jahresende. *(i = 12% p.a., unterjährig wird der konforme Zins angewendet)*.   ○   ○

5.   Ein festverzinsliches Wertpapier, Ankaufskurs 120%, nom. Zins 6%, *(erste Zinszahlung nach einem Jahr)*, Restlaufzeit 8 Jahre, Rücknahme zu 104%, hat nach der näherungsweisen „Faustformel" eine Rendite von 7,00% p.a.   ○   ○

6.   Schulze leiht sich 50.000€ und zahlt nach 1 Jahr genau 58.000€ als Gegenleistung zurück. Zinsperiode: 1 Monat, beginnend im Zeitpunkt der Kreditaufnahme. Dann beträgt der Effektivzins *(nach ICMA)* dieses Kredits genau 16% p.a.   ○   ○

7.   Campelo zahlt in einem Kalenderjahr 7 Raten zu je 5.000,– € jeweils am 15.02./15.03./15.04./15.05./15.06./15.07./15.08. Dann beträgt sein Kontostand bei Zinszuschlag am Jahresende *(12% p.a., innerhalb des Jahres lineare Verzinsung)* 37.725,– €.   ○   ○

8.   Um effektiv 21,00% p.a. erzielen zu können, kann eine Bank einen Kapitalbetrag zu nominell 20,00% p.a. ausleihen und mit einer Zinsperiode von 6 Monaten bei relativen Zinsen rechnen (Gesamtrückzahlung incl. Zinsen nach einem Jahr).   ○   ○

9.   Eine ewige Rente von 100.000 €/Jahr, 1. Rate am 01.01.2021, hat bei 10% p.a. am 01.01.2022 einen Wert von 1 Mio. €.   ○   ○

10.   Wenn der Ankaufskurs eines festverzinslichen Wertpapiers unter 100% liegt, so ist die Rendite stets größer als die nominelle Verzinsung.   ○   ○

A5: Jacobs erhält von seiner Ex-Gattin einen monatlichen Unterhalt in Höhe von 800 € pro Monat, erste Rate am 01.01.15, letzte Rate am 01.01.18.

Er will diese Schuld äquivalent umwandeln. Die äquivalenten Zahlungen bestehen aus zwei Raten zu je 9.507,-- €, fällig am 01.01.15 und 01.02.15 sowie zusätzlich 5 Monatsraten zu je 1.500 €/Monat.

Wann muss die erste dieser fünf Monatsraten gezahlt werden?
((nom.) Zins: 12% p.a., Zinsperiode = Kalendermonat zum relativen Monatszins)

A6: Call kauft eine Couchgarnitur. Der (heutige) Barzahlungspreis beträgt 12.000 €.
Call könnte die Couchgarnitur auch wie folgt bezahlen:
Anzahlung *(heute)*: 2.000 €, Rest in 4 gleichhohen Quartalsraten zu je 2.700 €/Quartal, erste Rate ein Quartal nach der Anzahlung.

i) Zinsperiode: 1 Jahr, beginnend heute, innerhalb der Zinsperiode: lineare Verzinsung. In welchem Bereich muss Calls Kalkulationszinssatz *(in % p.a.)* liegen, damit für ihn Barzahlung vorteilhaft ist?

ii) Man beantworte i), wenn als Zinsperiode 1 Quartal *(beginnend heute)* genommen werden muss und der Quartalszinssatz konform zum Jahreszinssatz ist.

A7: Hoepner gründet eine Hochschule für Web-Marketing. Er kann mit folgenden Einnahmen rechnen: Studiengebühren und staatliche Unterstützungen: 20 Mio € pro Jahr, erstmals zum 01.01.19.

An Ausgaben werden kalkuliert: Am 01.01.15: 100 Mio. € für Gebäude und Ausstattung, am 01.01.21: 20 Mio. € für einen kleinen Erweiterungsbau incl. Ausstattung. An laufenden Ausgaben werden pro Jahr *(erstmals am 01.01.16)* angesetzt: 8 Mio. €/Jahr.

Das Projekt ist befristet bis zum 01.01.26 *(=Zeitpunkt der letzten lfd. Einnahme- und Ausgaberaten)*. Aus dem Verkauf der Gebäude fließen ihm am 01.01.29 einmalig 180 Mio. € zu. Hoepner rechnet stets mit einem Kalkulationszinssatz von 7% p.a.

Würden Sie Hoepner – aus finanziellen Gründen – zu dieser Investition raten?

Testklausur Nr. 19

A1: Huber hat die Wahl zwischen 2 Investitions-Projekten A und B. Er rechnet stets mit einem Kalkulationszinssatz von 6% p.a. Die beiden Investitionsprojekte haben die folgenden Zahlungsreihen (in €) *(Zahlungen im Jahresabstand)*:

Investition A: −1.000.000;   100.000;   400.000;   370.000;   440.000.
Investition B: −1.000.000;   800.000;   100.000;   289.408.

i) Huber ermittelt die folgenden internen Zinssätze r_A, r_B für die beiden Projekte:
Investition A: $r_A = 10\%$ p.a.;   Investition B: $r_B = 12\%$ p.a.

    a) Überprüfen Sie für Investition B die Richtigkeit von Hubers Berechnung!
    b) Welche entscheidungsrelevanten Informationen liefern diese internen Zinssätze für Huber?

ii) Welche Investition ist für Huber vorteilhafter, wenn er den Kapitalwert als Entscheidungskriterium wählt? Im Fall eines Widerspruchs zur Entscheidung nach der Höhe des internen Zinssatzes: Wie ist dieser Widerspruch zu erklären?

A2: Ein festverzinsliches Wertpapier *(Nennwert 50,– €)* habe einen Emissionskurs von 102%, einen Halbjahreskupon in Höhe von 5,4% und eine Gesamtlaufzeit von 12 Jahren. Zugleich mit dem letzten Kupon erfolgt die Rücknahme des Papiers zum Rücknahmekurs 105%.

Knoll will dieses Papier zu einem Zeitpunkt kaufen, in dem es noch eine Restlaufzeit von 3 Jahren und 4 Monaten hat.

i) Ermitteln Sie den Preis (in €/Stück), den Knoll für dies Papier insgesamt zahlen muss, wenn im Kaufzeitpunkt das Marktzinsniveau für vergleichbare Papiere 6% p.a. beträgt *(unterjährige Verzinsungen erfolgen zum konformen Zinssatz)*.

ii) Wie hoch ist der Börsenkurs (%) des Papiers im Kaufzeitpunkt? *(Bitte stets 4 Nachkommastellen!)*

A3: Wie viele Raten zu 800,– €/Monat muss man ansparen, um – beginnend mit der ersten Rate genau 10 Jahre nach der ersten Ansparrate – eine 240-malige Rente von 1.800,– €/Monat beziehen zu können?
(12% p.a., monatliche Zinseszinsen zum relativen Monatszinssatz (US-Methode))

A4: Call muss für den Kauf eines neuen Autos drei Raten zu je 20.000,– € zahlen, und zwar am 17. Februar, 30. Juni und 21. Dezember.

Er will stattdessen (auf äquivalente Weise) mit zwei gleichhohen Raten bezahlen, 1. Rate am 11. September, 2. Rate am 07. Dezember. Gesucht ist die Höhe dieser zwei Raten in den folgenden beiden Fällen:

i) Es muss durchgehend mit linearer Verzinsung zu 5% p.a. gerechnet werden.

ii) Es muss – bei 5% p.a. – mit konformer unterjähriger Verzinsung *(ICMA)* gerechnet werden, Tageszählung wie unter i), d.h. 1 Jahr = 12 Monate zu je 30 Tagen.

A5: Maercker nimmt einen Annuitätenkredit, Kreditsumme 240.000,– €, mit den Konditionen 95/6/2 auf. Mit der Kreditbank wird folgendes vereinbart: Zahlungen, Zins- und Tilgungsverrechnung erfolgen vierteljährlich *(Quartalsrate = ein Viertel der Jahresrate)*. Der Quartalszins ist relativ zum Jahreszins *(US-Methode)*.

Für das erste Quartal ist Tilgungsstreckung vereinbart, d.h. es sind nur die fälligen Quartalszinsen zu zahlen. Danach zahlt Maercker insgesamt nur noch weitere drei „normale" Quartalsraten *(gemäß den oben angegebenen Konditionen)*, zugleich mit der dritten und letzten dieser Quartalsraten wird die noch bestehende Restschuld in einem Betrag gezahlt, so dass der Kredit vollständig zurückgeführt ist.

  i)   Stellen Sie den Tilgungsplan für das Kreditkonto auf.

  ii) Ermitteln Sie den Effektivzinssatz des Kredits nach der ICMA-Methode.
       (Nur Äquivalenzgleichung, keine Lösung!)

  iii) Nach langen Rechnungen mit der Regula falsi stellt Maercker fest: Der Effektivzinssatz seines Kredits *(nach ICMA)* beträgt 11,875173 % p.a.
       Überprüfen Sie diesen Wert mit Hilfe eines Vergleichskontos *(= Effektivkontos)*.

A6: Der Preis für einen Standard-PC ist im Jahr 2015 Quartal für Quartal um 12% *(bezogen auf den Preis am Ende des vorangegangenen Kalender-Quartals)* gesunken. Dabei wurden die Preise jeweils zum Kalender-Quartalsende erhoben. Am Ende des Jahres 2015 kostete ein PC noch 888,– €.

  i)   Wieviel kostete der PC zum Ende des Jahres 2014?

  ii) Angenommen, im Jahr 2016 steige der PC-Preis in jedem Quartal um 12% *(gegenüber dem jeweiligen Vor-Quartal)*.
       Um wieviel Prozent wird dann Ende 2016 der PC teurer/billiger sein als zwei Jahre zuvor *(d.h. als Ende 2014)*?

A7: Huber will eine Stiftung gründen, die – auf „ewige Zeiten" – einen Jahresbetrag in Höhe von 150.000,– €/Jahr ausschüttet, erste Ausschüttung am 31.12.2015.

Zur Finanzierung der Stiftung stehen folgende Beträge zur Verfügung:

  –   ein Konto, Kontostand am 01.01.13: 2 Mio. €

      sowie zusätzlich

  –   weitere Stiftungs-Zuflüsse in Form von 6 Raten zu je 50.000,– €/Jahr, 1. Rate am 01.01.15.

Es wird mit 8% p.a. gerechnet, Zinsverrechnung jährlich.

Nachdem die ersten drei Ausschüttungen erfolgt sind, stellt Huber mit Erstaunen fest, dass das Finanzierungskapital eine höhere ewige Rente ermöglicht.

Daraufhin erhöht er die folgenden jährlichen Ausschüttungen der ewigen Rente auf den maximal möglichen Betrag. Wie hoch ist nun – d.h. ab der vierten Rate – die jährliche Ausschüttung der ewigen Rente?

A8: Bitte beantworten Sie folgende Fragen durch Eintragen des richtigen Wertes in das jeweils vorgesehene Lösungsrechteck. Nebenrechnungen werden **nicht** bewertet!
(Richtige Antwort: 1-3 Punkte je nach Schwierigkeitsgrad; falsche oder fehlende Antwort: 0 Punkte. Bitte alle Antworten auf 2 Nachkommastellen runden!)

1. 1 Euro (€) kostet heute 1,25 $ *(1$ = 1 US-Dollar)*. 1 $ kostete vor 8 Monaten 0,70 €. Dann liegt der Dollarpreis *(in €/$)* heute um ⬚ % über / unter dem entsprechenden Preis vor 8 Monaten.

2. Ein Standard-Annuitätenkredit mit den Konditionen 90/10/2 hat eine Kreditsumme in Höhe von 500.000,– €. Dann beträgt die Tilgung am Ende des 2. Jahres nach Kreditaufnahme ⬚ €.

3. Ein Ratenkredit, Kreditzinssatz 10% p.a., Kreditsumme 800.000,– €, Gesamtlaufzeit 10 Jahre, Disagio 8%, weist nach Ablauf von 6 Jahren eine Restschuld von ⬚ € auf.

4. Ein Zero-Bond – Laufzeit 10 Jahre – habe eine Emissionsrendite von 5% p.a. Die Rücknahme erfolge zu 121%. Dann kann dieser Zero-Bond im Emissionszeitpunkt zu einem Kurs von ⬚ % gekauft werden.

5. Huber leiht sich heute 100.000,– € und zahlt jährlich – 1. Rate 3 Jahre nach Kreditaufnahme – 15.000,– € zurück. Kreditzinssatz: 10% p.a. Dann muss er bis zur vollständigen Tilgung ⬚ Raten zurückzahlen.

6. Huber soll von seiner Versicherung 7 Monatsraten zu je 3.500,– € erhalten, erste Rate am 01.03.2012. Er will stattdessen nur 2 gleichhohe Raten erhalten, erste Rate am 01.03.2012, zweite Rate am 31.12.2012. *(Zinssatz: 12% p.a., unterjährig Verzinsung nach der US-Methode.)*
Dann haben diese beiden Raten eine Höhe von jeweils ⬚ €.

7. Huber muss am 15.05.2021 einen Betrag in Höhe von 20.000,– € an Moser zahlen. Er will stattdessen am 15.05.2021 nur 10.000,– € zahlen und den Rest mit einem Einmal-Betrag am Jahresende 2021 *(8% p.a., unterjährig lineare Verzinsung)*. Dann hat diese Restzahlung eine Höhe von ⬚ €.

8. Huber nimmt heute einen Kredit in Höhe von 50.000,– auf und zahlt nach einem halben Jahr 26.000,– € und nach einem weiteren halben Jahr 33.600,– € zurück. Damit ist der Kredit vollständig getilgt. Dann beträgt der *(nach ICMA ermittelte)* Effektivzins dieses Kredits ⬚ % p.a.

9. Ein festverzinsliches Wertpapier, Emissionskurs 96%, Laufzeit 10 Jahre, Jahreskupon 12%, Rücknahmekurs 106%, hat eine *(mit der Faustformel ermittelte)* Emissionsrendite von ⬚ % p.a.

Testklausur Nr. 20

A1: Bitte beantworten Sie folgende Fragen durch Eintragen des richtigen Wertes in das jeweils vorgesehene Lösungsrechteck. Nebenrechnungen werden nicht bewertet!
(Richtige Antwort: 1-3 Punkte je nach Schwierigkeitsgrad; falsche oder fehlende Antwort: 0 Punkte. Bitte alle Antworten auf 2 Nachkommastellen runden!)

1. Bei vierteljährlicher exponentieller Verzinsung lautet die Äquivalenzgleichung eines Kredits:
$$q^2 - 0,5q - 0,5775 = 0 \quad (q = 1 + i_Q).$$
Dann lautet der effektive Jahreszinssatz nach US-Methode ⬚ % p.a.

2. Eine Anleihe besitzt einen Nennwert von 50 € pro Stück. Der Tageskurs beträgt heute 125%, nächster Kupon in Höhe von 8% in einem Jahr, Restlaufzeit 7 Jahre, Rücknahme zu 100%.
Dann kann man für einen Betrag von 40.000 € heute ⬚ Stücke dieser Anleihe kaufen.

3. Weigand ist 10% kleiner als Mackenstein und 28% kleiner als Timme.
Dann ist Mackenstein ⬚ % größer/kleiner als Timme.

4. Der Aktienkurs *(Stichtag jeweils 31.12.)* der Stippel AG ist Jahr für Jahr um jeweils 25%, bezogen auf den jeweiligen Vorjahreskurs, gesunken . Ende 2024 betrug der Kurs 89,– €. Dann betrug der Kurs am 31.12.2020 ⬚ €.

5. Ein in 7 Jahren und 3 Monaten fälliger Betrag von 100.000 € hat bei stetiger Verzinsung zum stetigen Zinssatz 5,5% p.a. einen Barwert von ⬚ €.

6. Eine Unternehmung muss für einen Mitarbeiter eine 13malige Rente in Höhe von 80.000,– €/Jahr, erste Rate am 01.01.29, bei 4,5% p.a. finanzieren. Dann muss sie zum 01.01.20 dafür eine Rückstellung in Höhe von ⬚ € bilden.

7. Eine Rente, bestehend aus 5 Monats-Raten zu je 10.000,– €, erste Rate zahlbar Anfang August, hat am Jahresende einen Wert von ⬚ €.
(Jahreszinssatz 12% p.a., unterjährig wird nach der US-Methode verzinst)

8. Ein festverzinsliches Wertpapier, Emissionskurs 102%, Laufzeit 10 Jahre, Jahreskupon 6,5%, Rücknahme zu 97%, hat eine *(mit der Faustformel ermittelte)* Emissionsrendite von ⬚ % p.a.

A2: Fredebeul-Krein will ein Wohnhaus kaufen und die Wohnungen vermieten. Die jährlichen Mieteinzahlungen betragen 100.000,– €/Jahr *(erstmalig ein Jahr nach Kauf)*.

Für Instandhaltung, Verwaltung, Abgaben, Steuern usw. muss Fredebeul-Krein Zahlungen in Höhe von 20.000,– €/Jahr aufbringen *(erstmalig ein Jahr nach Kauf)*.

Fredebeul-Krein kann das Wohnhaus nach 12 Jahren zum heutigen Kaufpreis weiterverkaufen. Er rechnet mit einem Kalkulationszinssatz von 7% p.a. und will mit dieser Investition einen Kapitalwert in Höhe von *(mindestens)* 50.000,– € realisieren.

Wie hoch darf dann der Kaufpreis des Wohnhauses *(höchstens)* sein?

A3: Jacobs will ein festverzinsliches Wertpapier mit einer Restlaufzeit von 5 Jahren und 2 Monaten kaufen.

Das Wertpapier hat einen Halbjahres-Kupon in Höhe von 3,6%. Zugleich mit dem letzten Kupon erfolgt die Rücknahme des Papiers zu pari.

Ermitteln Sie den Kurs, den Jacobs für dies Papier insgesamt zahlen muss, wenn im Kaufzeitpunkt das Marktzinsniveau für vergleichbare Papiere 7% p.a. beträgt *(unterjährige Verzinsungen werden zum konformen Zinssatz abgewickelt!)*.

Wie hoch ist der Börsenkurs des Papiers im Kaufzeitpunkt?   *(4 Nachkommastellen)*

A4: Stephan spart fürs Alter: Zum 01.01.16/17/18/19 zahlt er jeweils 60.000,– € auf ein Anlagekonto *(5% p.a.)*, um – beginnend mit der 1. Rate am 01.01.30 – eine Rente in Höhe von 24.000,– €/Jahr abheben zu können.

   i)   Wie viele Raten kann er abheben, bis sein Konto erschöpft ist?

   ii)   Er will stattdessen von seinem Anlagekonto eine äquivalente „ewige" Rente, Ratenhöhe 30.000,– €/Jahr, beziehen. Wann *(ungefähres Datum angeben)* kann er die erste Rate dieser ewigen Rente abheben?

A5: Die Maercker AG muss an das Finanzamt 9 Monatsraten zu je 100.000 € zahlen, erste Rate zum 30.09.2019.

Aufgrund von Liquiditätsengpässen will die Maercker AG stattdessen auf äquivalente Weise zwei gleichhohe Raten – mit Einverständnis des Finanzamts – zum 31.12.2019 und 31.03.2020 zahlen.

Wie hoch müssen diese beiden Raten sein?

Dabei wird ein Zinssatz von 9% p.a. zugrunde gelegt.

Die Zinsverrechnung erfolgt zu jedem Monatsende zum konformen Monatszinssatz *(monatlich konform zu 9% p.a., d.h. ICMA-Methode)*.

A6: Knüppel benötigt 720.000,– € in bar.

Aus steuerlichen Erwägungen heraus wünscht er ein Disagio in Höhe von 10% der *(noch zu ermittelnden)* Kreditsumme. Seine Bank stellt einen passenden Annuitätenkredit zur Verfügung, der ihm nach Abzug des Disagios die gewünschte Bar-Summe liefert.

Folgende Rückzahlungen werden vereinbart:

> Monatliche „Annuitäten" von 20.000 €,
> erste Rate 6 Monate nach Kreditaufnahme,
> letzte Rate am Ende des 4. Jahres nach Kreditaufnahme.

Mit der letzten Rate ist der Kredit vollständig getilgt.

Ermitteln Sie den Effektivzins dieses Kredits nach der ICMA-Methode.

A7: Timme nimmt bei der Privatbank Frings GmbH & Co. KG einen Kredit mit der Kreditsumme 400.000,– € auf.

Das Disagio *(incl. Bearbeitungsgebühr)* beträgt 22.326,15 € und ist im Zeitpunkt der Kreditaufnahme fällig.

Es wird mit einem nominellen Kreditzinssatz von 10% p.a. gerechnet.

Folgende Rückzahlungen werden vereinbart *(die Zeitangaben beziehen sich auf den Zeitpunkt der Kreditaufnahme)*:

Ende Jahr 1:   Timme zahlt nur die Zinsen *(„Tilgungsstreckung")*;
Ende Jahr 2:   Keinerlei Zahlungen von Timme;
Ende Jahr 3:   Timme zahlt 284.000,– € zurück;
Ende Jahr 4:   Timme zahlt soviel zurück, dass der Kredit komplett getilgt ist.

i) Stellen Sie den Tilgungsplan für das Kreditkonto auf.

ii) Nach langen Rechnungen stellt Timme fest: Der Effektivzinssatz seines Kredits beträgt 12% p.a.

Überprüfen Sie diesen Wert durch Aufstellen des *(Effektiv-)* Vergleichskontos.

A8: Der Preis für Dieselöl war – ausgehend vom Preis im Jahr 05 – Jahr für Jahr *(bis 09 incl.)* um 5% gegenüber dem jeweiligen Vorjahr gestiegen.

Im Jahr 10 fiel der Preis um 10% gegenüber 09.

i) Wie groß war die durchschnittliche Preisänderung *(in % p.a., gegenüber dem jeweiligen Vorjahr)* von 06 *(d.h. Basisjahr = 05)* bis 10 incl.?
(Bitte Richtung der Änderung angeben!)

ii) Um wieviel Prozent lag der Dieselpreis in 05 über/unter dem Preis von 08 ?

Testklausur Nr. 21

A1: Schulte-Zurhausen will in Biotechnologie investieren. Dazu müsste er heute eine Auszahlung in Höhe von 150.000,– € *(Investitionsauszahlung)* leisten. Die weiteren mit diesem Projekt verbundenen Zahlungen *(die Einzahlungen erhält Schulte-Z., die Auszahlungen leistet Schulte-Z.)* ergeben sich aus folgender Tabelle:

Ende Jahr	1	2	3	4
Einzahlungen [T€]	30	20	80	160
Auszahlungen [T€]	50	20	10	10

  i) Schulte-Zurhausen rechnet mit einem Kalkulationszinssatz von 12% p.a.
  Ist diese Investition für Schulte-Z. vorteilhaft, wenn der Kapitalwert der Investition als Entscheidungskriterium dient?

  ii) Ermitteln Sie den Internen Zinssatz der Investition und beurteilen Sie damit die Vorteilhaftigkeit der Investition.

A2: i) Schwarze Socken kosten 100% mehr als rote Socken. Rote Socken kosten 60% weniger als gelbe Socken. Um wieviel Prozent liegt dann der Preis von schwarzen Socken über/unter dem Preis von gelben Socken?

  ii) Calls Umsatz *(in Mio €)* hat sich in den vergangenen Jahren wie folgt entwickelt:

Jahr	2011	2012	2013	2014	2015	2016
Umsatz *(in Mio €)*	70	77	63	70	81	84

  a) Um wieviel Prozent pro Jahr *(bezogen auf das jeweilige Vorjahr)* hat sich Calls Umsatz von 2012 *(Basisjahr also 2011)* bis 2014 *(incl.)* durchschnittlich erhöht bzw. erniedrigt?

  b) Angenommen, Calls Umsatz verändere sich nach 2016 so wie im Durchschnitt der Jahre ab 2011 bis 2016 *(durchschnittliche Veränderung in % p.a., bezogen aufs jeweilige Vorjahr, Basisjahr 2011)*. Wie hoch wird dann Calls Umsatz im Jahr 2023 sein?

A3: Schmitz kauft im Emissionszeitpunkt ein festverzinsliches Wertpapier *(Kupon-Anleihe, Nennwert 500 €)* mit folgenden Konditionen: Laufzeit 13 Jahre, Kupon: 6,3% p.a., Emissionskurs 97%.

  i) Wie hoch muss der Rücknahmekurs sein, damit die Emissionsrendite 8% p.a. beträgt?   **a)** exakte Rechnung   **b)** Faustformel

  ii) Es wird jetzt angenommen, dass die Rücknahme zu pari erfolgt, alle übrigen Daten *(außer der Emissionsrendite)* bleiben wie oben angegeben. Schmitz verkauft das Papier 4 Jahre und 8 Monate vor der Rücknahme an Stephan. Das Marktzinsniveau für vergleichbare Papiere betrage dann 9% p.a.

  Ermitteln Sie Börsenkurs, finanzmathematischen Kurs und Stückzinsen zu diesem Zeitpunkt *(unterjährig nach der ICMA-Methode verzinsen!)*.

A4: Man beantworte folgende Fragen durch Ankreuzen:

Hinweis zur Bewertung: Jede richtige Antwort wird mit einem Punkt bewertet, jede falsche Antwort führt zum Abzug eines Punktes, eine nicht beantwortete Frage wird mit 0 Punkten bewertet. Eine negative Punktsumme wird aufgewertet auf 0 Punkte. Wegen unvermeidlicher Rundungsdifferenzen beachte man: Wenn die von Ihnen ermittelten Werte innerhalb einer Streubreite von ±0,05% der unten angegebenen Werte liegen, so handelt es sich dabei um übereinstimmende Werte.

richtig falsch

1. Die Laufzeit eines Annuitätenkredites ist festgelegt durch seine Konditionen *(Kreditzinssatz und anfängl. Tilgungssatz).* Wenn – bei unverändertem anfänglichen Tilgungssatz – der Kreditzinssatz a priori gesenkt wird, so sinkt auch die Gesamtlaufzeit des Kredits. O O

2. Eine Anleihe besitze einen Nennwert von 50 € pro Stück. Der Tageskurs betrage heute 125%, nächster Kupon in Höhe von 8% in einem Jahr, Restlaufzeit 7 Jahre, Rücknahme zu 100%.
Dann kann man für einen Betrag von 40.000 € heute 800 Stücke dieser Anleihe kaufen. O O

3. Pietsch ist 4% kleiner als Weigand. Mackenstein ist 25% größer als Pietsch. Dann ist Mackenstein 20% größer als Weigand. O O

4. Janz will – 1. Rate am 01.01.16 – einen Betrag von 25.000 €/Jahr auf „ewig" ausschütten. Dann benötigt er dazu *(bei 6,25% p.a.)* am 01.01.16 ein Kapital in Höhe von 400.000€. O O

5. Ein Zero-Bond – Laufzeit 9 Jahre – habe eine Emissionsrendite von 5% p.a. Rücknahmekurs: 102%. Dann kann dieser Zero-Bond im Emissionszeitpunkt zum Kurs von 64,4609% gekauft werden. O O

6. Eine Rente besteht aus 5 Raten zu je 10.000 €, zahlbar Ende Februar, Ende April, Ende Juni, Ende August und Ende Oktober. Zinssatz 6% p.a. Unterjährige Raten werden nach der ICMA-Methode verzinst *(d.h. zum relativen unterjährigen Zinssatz).* Dann hat diese Rente am Jahresende einen Wert von 51.483,01€. O O

7. Eine Unternehmung muss für einen Mitarbeiter eine 13malige Rente in Höhe von 80.000,– €/Jahr, erste Rate am 01.01.25, bei 4,5% p.a. finanzieren. Dann muss sie zum 01.01.15 dafür eine Rückstellung in Höhe von mehr als 520.000 € bilden. O O

8. Eine Rente, bestehend aus 4 Monats-Raten zu je 20.000,– €, erste Rate zahlbar Anfang September, hat am Jahresende einen Wert von 81.208,02 € *(Jahreszinssatz 12% p.a., unterjährig wird nach der US-Methode verzinst)* O O

9. Ein Annuitätenkredit mit der Kreditsumme 375.000€ und den Konditionen 95/9/3, hat incl. 3 Jahre Tilgungsstreckung eine Gesamtlaufzeit von ca. 19,09 Jahren. O O

10. Ein festverzinsliches Wertpapier, Emissionskurs 102%, Laufzeit 10 Jahre, Jahreskupon 6,5%, Rücknahme zu 97%, hat eine *(mit der Faustformel ermittelte)* Emissionsrendite von 5,87% p.a. O O

A5: Moser zahlt 4 Monatsraten zu je 80.000 €/Monat *(1. Rate am 01.01.2014)* auf ein Konto *(6% p. a., Verzinsung nach der ICMA-Methode)* eingezahlt.

Das Kapital bleibt auf dem Konto und wird weiterverzinst. Moser will − 1. Rate am 01.01.2020 − aus seinem angesparten Kapital eine Monatsrente in Höhe von 2.800,-- €/Monat beziehen.

Wie viele Raten kann er erwarten, bis sein Konto leer ist? *(6% p. a., ICMA-Methode)*

A6: Bollig nimmt bei seiner Bank einen Annuitätenkredit, Kreditsumme 500.000,--€, auf. Die Auszahlung beträgt 94%. Der nominelle Kreditzinssatz beträgt 8% p.a., die Anfangstilgung beträgt 4% p.a. Das Kreditkonto wird halbjährlich nach der US-Methode abgerechnet *(d. h. der Halbjahreszinssatz ist relativ zum nominellen Jahreszinssatz, die Zins- und Tilgungsverrechnung erfolgt halbjährlich)*.

Die Rückzahlung erfolgt in Halbjahresraten *(Halbjahresrate = halbe Jahres-Annuität, die erste Rate ist 6 Monate nach Kreditaufnahme zu zahlen)*.

i) Stellen Sie für eine anfängliche Laufzeit von 2 Jahren das Kreditkonto *(in Form eines Tilgungsplans)* auf.

ii) Ermitteln Sie für eine anfängliche Laufzeit von 2 Jahren den ICMA-Effektivzins dieses Kredits.

iii) Finanzmathematik-Student Bernd Klauer hat bei ii) einen Effektivzinssatz von 11,8828972% p.a. ermittelt. Bitte überprüfen Sie diesen Wert durch Aufstellen eines Vergleichskontos *(in Form eines Tilgungsplans)*.

A7: Dagobert Duck will sein Kapital *(in Form eines Einmalbetrages)* anlegen. Seine Bank macht ihm folgendes Angebot:

Das Kapitalkonto wird jährlich *(erstmals nach einem Jahr)* abgerechnet. Die jährlichen Zinssätze sind unterschiedlich:

Jahre 1 + 2:	jeweils 1,50% p.a.
Jahr 3:	2,00% p.a.
Jahr 4:	3,00% p.a.
Jahre 5 + 6:	jeweils 4,00% p.a.
Jahr 7:	Zinssatz muss noch verhandelt werden.

i) Wie hoch ist die jährliche Rendite *(in % p.a., auf 4 Nachkommestellen angeben)*, falls Dagobert Duck sein Kapital genau 5 Jahre anlegen will?

ii) Wie müsste man den Zinssatz für das 7. Jahr wählen *(bitte 4 Nachkommastellen angeben)*, damit sich für Dagobert Duck bei einer 7jährigen Kapital-Anlage-Dauer eine jährliche Rendite von 4,5% p.a. ergibt?

A8: Meyer hat heute 350.000,− € zur Verfügung. Er will daraus eine monatliche Rente beziehen, die aus 240 Monatsraten besteht, wobei die erste Monatsrate nach genau 7 Jahren fließen soll. Verzinsung: 4% p.a., monatliche Zinseszinsen zum konformen Monatszinssatz *(ICMA-Methode)*.

Wie hoch ist jede dieser 240 Monatsraten?

Testklausur Nr. 22

A1: Man beantworte folgende Fragen durch Ankreuzen:

Hinweis zur Bewertung: Jede richtige Antwort wird mit einem Punkt bewertet, jede falsche Antwort führt zum Abzug eines Punktes, eine nicht beantwortete Frage wird mit 0 Punkten bewertet. Eine negative Punktsumme wird aufgewertet auf 0 Punkte. Wegen unvermeidlicher Rundungsdifferenzen beachte man: Wenn die von Ihnen ermittelten Werte innerhalb einer Streubreite von ±0,05% der unten angegebenen Werte liegen, so handelt es sich dabei um übereinstimmende Werte.

richtig falsch

1. Wenn Timmes Auto 8,7 Liter Benzin pro 100 km verbraucht, so fährt sein Auto mit einer US-Gallone Benzin 27,0 Meilen weit. *(1 Meile = 1609 m, 1 US-Gallone = 3,78 Liter)*   O   O

2. Bei monatlichen Zinseszinsen sind 24.000 €, fällig Ende März, äquivalent zu 26.129,12 €, fällig am Jahresende. *(i = 12% p.a., unterjährig wird der konforme Zinssatz angewendet)*   O   O

3. 20% i.H., bezogen auf 160,-- €, ergeben denselben Wert wie 40% a.H., bezogen auf 140,-- €.   O   O

4. Ein Kapital in Höhe von 200.000,-- €, angelegt am 01.01.2014, ermöglicht bei 5% p.a. das Abheben einer ewigen Rente von genau 10.500,-- €/Jahr, erste Rate am 01.01.16.   O   O

5. Wenn die Ölpreise jährlich um 10% gegenüber dem Vorjahr steigen, so werden sich die Preise nach Ablauf von 10 Jahren genau verdoppelt haben.   O   O

6. Heinz leiht sich 60.000 und zahlt nach einem Jahr genau 66.000 € zurück. Zinsperiode: 1 Halbjahr beginnend im Zeitpunkt der Kreditaufnahme. Dann beträgt der Effektivzins *(nach der US-Methode)* dieses Kredits genau 10% p.a.   O   O

7. Eine Unternehmung muss für einen Mitarbeiter eine 10malige Rente in Höhe von 50.000,-- €/Jahr, erste Rate am 01.01.23, bei 5,5% p.a. finanzieren. Dann muss sie zum 01.01.12 dafür eine Rückstellung in Höhe von mehr als 225.000 € bilden.   O   O

8. Eine Rente, bestehend aus 7 Monats-Raten zu je 60 €, erste Rate zahlbar Anfang April, hat am Jahresende einen Wert von 445,93 € *(bei monatlichen Zinseszinsen zu 1% p.m.)*.   O   O

9. Ein in 150 Jahren fälliger Betrag von 36 Mio € hat bei 12% p.a. heute einen Wert, der zwischen 149 und 150 Cent liegt.   O   O

10. Ein Kapital werde wie folgt verzinst: Nomineller Jahreszinssatz 180% p.a.; tägliche Zinsverrechnung *(der Tageszinssatz ist relativ zu 180% p.a., 1 Jahr = 360 Zinstage)*. Dann erhält man nach 205 Tagen aus dem Anfangskapital ein Endkapital, das betragsmäßig höher ausfällt, als hätte man das Anfangskapital ein ganzes Jahr angelegt und erst am Jahresende 180% p.a. Zinsen hinzugerechnet.   O   O

A2: Die folgende Tabelle zeigt für den Staat Transsylvanien für verschiedene Jahre die staatlichen Gesamtausgaben *(in Milliarden (Mrd.) €)* für Hochschulen sowie die durchschnittlichen Ausgaben je Hochschulabsolvent *(in €/Absolvent)*:

	2010	2012	2015
Ausgaben für Hochschulen insgesamt *(Mrd. €)*	3,521	3,872	3,701
Ausgaben je Hochschulabsolvent *(€/Absolvent)*	53.587	55.569	62.139

i) Um wieviel Prozent lag die Zahl der Absolventen im Jahr 2015 über/unter der Absolventenzahl im Jahr 2010?

ii) Um wieviel Prozent pro Jahr hat sich *durchschnittlich* die Absolventenzahl in den Jahren 2011 bis 2012 gegenüber dem jeweiligen Vorjahr verändert *(Basisjahr also 2010, bitte Richtung der Änderungen – Zu- oder Abnahme – angeben)*?

A3: Knüppel benötigt zur Pflege seines Rasens einmal pro Jahr einen elektrischen Vertikutierer. Er könnte heute das Modell seiner Wahl kaufen *(Kaufpreis 275,-- €)* oder aber – erstmals heute, dann stets ein weiteres Jahr später – mieten.

Wenn er das Gerät mietet *(morgens abholen, abends zurückbringen)*, fallen jedesmal folgende Kosten an:

– Mietkosten: 15,-- €;

– Fahrtkosten: einfache Entfernung zur Entleihstation: 5 km,
Knüppel rechnet mit PKW-Kosten in Höhe von 30 Cent pro gefahrenem km;

– Lohnkosten *(Knüppel schickt eine Hilfskraft, Stundenlohn: 8,– €/h, der Entleihvorgang dauert incl. Fahrt 45 min., das Zurückbringen dauert incl. Fahrt 30 min., die Arbeitszeit wird minutengenau abgerechnet)*

Knüppel kalkuliert stets mit 4,6% p.a. *(Das Zinsjahr beginnt „heute")*.

Angenommen, Knüppel kaufe das Gerät heute: Nach wieviel Jahren hat sich der Kauf erstmals – im Vergleich zur Miete – gelohnt?

A4: Huber nimmt einen Kredit in Höhe von 80.000 € *(= Kreditsumme)* auf, Auszahlung 95%, Kreditzinsen 10,00% p.a.

Die Rückzahlungen verlaufen unregelmäßig, da Huber nicht wie geplant liquide ist.

Im Einzelnen ergibt sich: Am Ende des ersten Jahres *(seit Kreditaufnahme)* zahlt er 5.000 €, ein Jahr später kann er keinen Cent zurückzahlen. Nach einem weiteren Jahr zahlt er nur die fälligen Zinsen, am Ende des folgenden Jahres kann er *(Lottogewinn!)* neben den fälligen Zinsen auch die gesamte Restschuld tilgen, so dass er dann schuldenfrei ist.

i) Stellen Sie des Tilgungsplan *(„Kreditkonto")* des Kredits auf.

ii) Ermitteln Sie die Gleichung, die Huber lösen müsste, um den Effektivzins des Kredits zu erhalten.

iii) Hubers Rechnung ergibt als exakten Wert einen Effektivzinssatz von 11,51897% p.a. Überprüfen Sie seine Berechnung durch Aufstellen des Vergleichskontos.

A5: Knörzer kauft am 18.02. einen Farb-Laser-Drucker. Er könnte auf drei Arten bezahlen:

a)   Barzahlung am 18.02. in Höhe von   7.489,– €;

b)   Ratenzahlung A: Anzahlung am 18.02.:   1.500,– €
                                 1. Rate am 18.04.:   2.700,– €
                                 2. Rate am 18.06.:   3.400,– €;

c)   Ratenzahlung B: Anzahlung am 18.02.:   2.000,– €
                                 plus 7 Monats-Raten zu je   800,– €/Monat, 1. Rate 18.05.

i)   Für welche Zahlungsweise sollte sich Knörzer entscheiden, wenn er mit 5% p.a. und unterjährigen Zinseszinsen zum relativen Zinssatz *(ICMA)* rechnet?

ii)   Bei welchem Jahres-Zinssatz sind Barzahlung und Ratenzahlung A äquivalent *(unterjährige Zinseszinsen, ICMA-Methode!)*

A6: Balzer investiert in eine neue maschinelle Anlage. Der Investitionsplan sieht folgende Zahlungen vor: Balzer zahlt heute 250.000 € und zwei Jahre später weitere 200.000 €.

An Rückflüssen kann er erwarten: In fünf Jahren *(von heute an gerechnet)* 200.000 €, zwei Jahre später 300.000 € und weitere zwei Jahre später die erste Rate einer fünfmaligen Rente von 100.000 €/Jahr. Zugleich mit der letzten Rate erhält er aus dem Verkauf der Anlage noch weitere 800.000 €.

Balzer rechnet bei Investitionen stets mit einem Kalkulationszinssatz von 20% p.a.

i)   Soll er investieren?

ii)   Bei welchem Jahreszinssatz *(„interner Zins")* sind die von ihm geleisteten Zahlungen äquivalent zu den Rückflüssen? *(Äquivalenzgleichung, keine Lösung!)*

A7: Baumann will einen größeren Betrag für einen guten Zweck stiften. Zwei Alternativen von „ewig" ausschüttenden Stiftungsfonds sind möglich:

Alternative 1:   Erste Ausschüttung *(von „unendlich" vielen)* am 01.01.12
                                  Höhe: 2.400,-- €/Monat *(auf „ewig")*

Alternative 2:   Erste Ausschüttung *(von „unendlich" vielen)* am 01.01.19
                                    Höhe: 3.600,-- €/Monat *(auf „ewig")*

Baumann will das Stiftungskapital am 01.09.11 einzahlen.
Bei welcher Alternative muss er den geringeren Gesamtbetrag stiften, wenn er mit 6% p.a. und monatlicher Verzinsung nach der ICMA-Methode rechnet?

A8: Guntermann hat seinen Prozess gegen das Finanzamt verloren und muss nun drei Steuer-Nachzahlungen wie folgt leisten:

    50.000,– € am 01.01.14;   70.000,– € am 01.01.17;   80.000,– € am 01.01.22.

Guntermann möchte seine Nachzahlungen lieber als Rente *(auf Basis 8% p.a.)* leisten, das Finanzamt ist einverstanden.

i)   Wie hoch muss die Jahres-Rate einer äquivalenten 15mal jährlich zu zahlenden Rente sein, wenn die erste Rate am 01.01.14 fließen soll?

ii)   Abweichend von i) vereinbart Guntermann mit dem Finanzamt folgende Zahlungen: Die von Guntermann zu zahlende äquivalente Rente soll genau 10 Raten umfassen, Ratenhöhe 18.240,– €/Jahr. Wann muss er die erste Rate zahlen?

Teil II

Lösungen*

---

*siehe auch die Bemerkungen zum Gebrauch des Übungsbuches im Vorwort

1 Voraussetzungen und Hilfsmittel

1.1 Prozentrechnung

Aufgabe 1.1 *(1.1.25)* [1]:

i) $\text{Erstattung} = 136{,}50 - \overbrace{\dfrac{136{,}50}{1{,}19}}^{\text{Nettowarenwert}} \cdot 1{,}07 = 13{,}76 \,€$

ii) a) $U_{08} = U_{02} \cdot 1{,}11^3 \cdot 0{,}92 \cdot 1 \cdot 1 \overset{!}{=} U_{02} \cdot (1+i)^6$

(dabei bezeichnet i die gesuchte durchschnittliche jährliche Änderungsrate)

Daraus folgt: $1+i = \sqrt[6]{1{,}11^3 \cdot 0{,}92 \cdot 1 \cdot 1} = 1{,}0390$, d.h. $i = 3{,}90\%\,\text{p.a.}$

b) $1{,}11^3 \cdot 0{,}92 \cdot 1 \cdot 1 = 1{,}2582$, d.h. Umsatzsteigerung insgesamt 25,82%

c) $\sqrt[7]{1{,}11^3 \cdot 0{,}92 \cdot 1 \cdot 1 \cdot (1+i)} = 1{,}05 \Leftrightarrow 1+i = 1{,}1183$, d.h. $i = 11{,}83\%$ in 09

d) $(1+i)^7 = 1{,}44$, d.h. $i = 0{,}0535 = 5{,}35\%\,\text{p.a.}$

iii) a) 58 Mio. € entsprechen 2,9% von U_{08} (d.h. $58 = U_{08} \cdot 0{,}029$), also:

$U_{09} = U_{08} = \dfrac{58\,\text{Mio. €}}{0{,}029} = 2.000\,\text{Mio. €} = 2\,\text{Mrd. €}$ *(falls **ohne** Einbuße)*

b) **b1)** siehe a) **b2)** $U_{09} = 2.000 - 58 = 1.942\,\text{Mio. €} = 1{,}942\,\text{Mrd. €}$

c) $2.000 = 1.942(1+i) \Rightarrow i = 0{,}0299 = 2{,}99\%$ *(in 08 mehr als in 09)*

iv) a) $4{,}7 \cdot (1+i) = 8{,}3 \iff i = \dfrac{8{,}3}{4{,}7} - 1 = 0{,}766 = 76{,}6\%$

b) $8{,}3 \cdot (1+i) = 5 \iff i = \dfrac{5}{8{,}3} - 1 = -0{,}3976 = -39{,}76\%$ *(Abnahme!)*

v) a) Aus $D_{08} = 0{,}55 \cdot D_{07}$ und $D_{08} = 0{,}90 \cdot D_{06}$ folgt: $D_{07} = 1{,}6364 \cdot D_{06}$,
d.h. Steigerung um 63,64% in 07 gegenüber 06

b) $D_{06} \cdot (1+i)^2 = D_{08} = 0{,}90 \cdot D_{06} \Rightarrow 1+i = \sqrt{0{,}90} = 0{,}9487$

$\Rightarrow$ durchschnittliche Abnahme von 5,13% p.a.

vi) Der Bruttoverkaufspreis ($= B$) ergibt sich aus dem Nettowarenwert ($= N$) durch Abzug von 7% Rabatt und 3% Skonto und Zuschlag von 19% MWSt., d.h. es gilt:

$B = N \cdot (1 - 0{,}07) \cdot (1 - 0{,}03) \cdot (1 + 0{,}19) = N \cdot 0{,}93 \cdot 0{,}97 \cdot 1{,}19$, d.h.

$\text{Nettowarenwert} = N = \dfrac{5.996}{0{,}93 \cdot 0{,}97 \cdot 1{,}19} = 5.585{,}47 \,€.$

---

[1] Die in Klammern stehende Aufgaben-Nummer bezieht sich auf die entsprechende Aufgabe im Lehrbuch [Tie3] „Einführung in die Finanzmathematik", Details siehe Vorwort.

vii) **a)** $KM \cdot 0,95 = 593 - 80 \iff KM = \dfrac{513}{0,95} = 540,- €/M.$ *(vertragl. Kaltmiete)*

　　　　b)   gezahlte Warmmiete: $WM = 540 \cdot 1,2 \cdot 0,95 + 80 \cdot 1,1 = 703,60 €$

viii) Angenommen, Huber zahlt bisher für seine jährl. Fahrleistung 100 GE. Nach der Preiserhöhung müsste er für dieselbe Fahrleistung 121,8 GE bezahlen. Er will daher 121,8 GE auf 100 GE verändern: $121,8 \cdot (1+i) = 100$, d.h.

$i = \dfrac{100}{121,8} - 1 = -0,1790$, d.h. um 17,90% muss das neue Budget (121,80) und

damit die jährliche Fahrleistung verringert werden.

(Dabei ist es völlig unerheblich, wie hoch der – als konstant vorausgesetzte – Durchschnittsverbrauch des benutzten Autos ist!)

ix) **a)** $PB_B = \underbrace{\dfrac{31.270}{1,19}}_{\text{Nettowarenwert}} \cdot 1,03 \cdot 1,19 = 31.270 \cdot 1,03 = 32.208,10 €$ *(d.h. wenn sich der Nettowert um 3% erhöht, so auch der Bruttowert)*

　　　　b)   Nettopreis Händler A heute: $P_A = \dfrac{31.270}{1,19} = 26.277,31 €.$
　　　　Der Nettopreis vor 5 Jahren sei: P_{-5}
　　　　Dann gilt: $P_{-5} \cdot 0,95^5 = P_A$, d.h. $P_{-5} = \dfrac{31.270}{1,19} \cdot 0,95^{-5} = 33.959,63$

　　　　d.h. für den Bruttowert PB_{-5} vor 5 Jahren gilt bei 11% MWSt.:
　　　　$PB_{-5} = P_{-5} \cdot 1,11 = 33.959,63 \cdot 1,11 = 37.695,19 €$ *(brutto)*.

　　　　c) $PB_A = 31.270 €$; $PB_{-5} = 37.695,19 €$ *(siehe b))* , d.h.

　　　　$37.695,19 \cdot (1+i) = 31.270 \iff i = -0,1705 = -17,05\%$ *(weniger)*

　　　　d)   Gerätepreis sei P $\Rightarrow$ $P \cdot 1,071 \cdot 1,039 \cdot 0,979 \overset{!}{=} P \cdot (1+i)^3$, d.h.

　　　　$1+i = \sqrt[3]{1,071 \cdot 1,039 \cdot 0,979} \iff i = 0,028954 = +2,8954\% \text{ p.a.}$

x) **a)** $16 \cdot (1+i) = 19 \iff i = 0,1875 = 18,75\%$

　　　　b)   Sei $N = 100 \, GE \Rightarrow B = 119 \, GE$, d.h. $M = MwSt = 19 \, GE \Rightarrow$
　　　　$B \cdot i = M$, d.h. $119 \cdot i = 19 \iff i = 0,1597 = 15,97\%$

　　　　c)   N = Nettowert $(= 928,-)$; B = Bruttowert *(nach MwSt. und Rabatt)*
　　　　　　c1) Erst MwSt., dann Rabatt $\Rightarrow B_1 = (N \cdot 1,19) \cdot 0,98$ ⎫
　　　　　　c2) Erst Rabatt, dann MwSt, $\Rightarrow B_2 = (N \cdot 0,98) \cdot 1,19$ ⎬ $= 1.082,23 €.$
　　　　d.h. der Bruttowert $B = B_1 = B_2$ ist unabhängig von der Reihenfolge der prozentualen Zu-(Abschläge).

　　　　d) $B_{16} = 12.499 = N \cdot 1,16 \iff N = 10.775 \iff B_{19} = N \cdot 1,19 = 12.822,25 €$

xi)   **a)**   Zahlbetrag $= 8.700 \cdot 0,95 \cdot 0,98 = 8.099,70 \, €$

   b)   BR $=$ Brutto-Rabatt $= 8.700 \cdot 0,05 = 435 = NR \cdot 1,19 \iff NR = 365,55$

   d.h. MwSt. im Rabatt $= 365,55 \cdot 0,19 = 69,45 \, €$.

   BSk $=$ Brutto-Skonto $= (8.700 \cdot 0,95) \cdot 0,02 = 165,30 = NSk \cdot 1,19 \iff$

   NSk $= 138,91$, d.h. MwSt. im Skonto $= 138,91 \cdot 0,19 = 26,39 \, €$.

Aufgabe 1.2 *(1.1.26)*:

i)   Die am 01.01.05 vorliegenden prozentualen Anteile kann man deuten als tatsächlich vorhandene Kundenzahlen *(oder ein Vielfaches davon)*, d.h. z.B. 55 Männer, 43 Frauen, 2 sonstige, insgesamt 100 „Personen".

Dabei handelt es sich bei den Frauen um einen verminderten Wert *(15% i.H. Abnahme)*, ansonsten um vermehrte Werte *(Männer: 28% a.H. Zunahme, sonstige: 60% a.H. Zunahme)*. Somit lauten die Grundwerte am 01.01.04:

$$K_M = \frac{55}{1,28} = 42,97; \qquad K_F = \frac{43}{0,85} = 50,59; \qquad K_S = \frac{2}{1,60} = 1,25.$$

a)   Am 01.01.04 waren $K_M + K_F + K_S = 94,81$ „Personen" Institutskunden, diese Zahl wuchs zum 01.01.05 auf 100 an, d.h. $94,81 \cdot (1+i) = 100 \Rightarrow$

$$i = \frac{100}{94,81} - 1 = 0,0548 = 5,48\% \ \textit{(Zunahme)}.$$

b)   Nach dem Ergebnis von a) sind die absoluten Anteile („Prozentwerte") K_M, K_F und K_S auf den „Grundwert" $K = 94,81$ zu beziehen $(i = \frac{Z}{K})$:

Es folgt: $i_M = 45,32\%$, $i_F = 53,36\%$, $i_S = 1,32\%$ *(am 01.01.04)*

ii)   Um die Übersicht nicht zu verlieren, empfiehlt sich eine tabellarische Übersicht sowie die fiktive Vorgabe eines Zahlenwertes, z.B. $G_{10} = 100$ ($G_{10} =$ Gesamtzahl im Jahr 10) und ein analoges Vorgehen wie in Bsp. 1.1.21 des Lehrbuches beschrieben:

	Jahr 09	Jahr 10
Anz. schwarze Schafe	S_{09} $\xrightarrow{+10\%}$	15
Anz. weiße Schafe	W_{09} $\xrightarrow{+2\%}$	85
Gesamtbestand	G_{09}	100 ← *fiktiv vorgewählt*

$$\underbrace{\qquad\qquad}_{+?\%} {}^{\cdot(1+i)}$$

Aus der Tabelle liest man ab:

$S_{09} \cdot 1,10 = 15$, d.h. $S_{09} = 13,\overline{63}$ sowie $W_{09} \cdot 1,02 = 85$, d.h. $W_{09} = 83,\overline{3}$

$\Rightarrow G_{09} = S_{09} + W_{09} = 96,\overline{96}$.   Aus $G_{09} \cdot (1+i) = 100$ erhält man schließlich:

$1+i = 100/96,\overline{96} = 1,03125$, d.h. $i = 3,125\%$.

iii) Annahme: Gesamtbestand in '10: 100 Einheiten

$\Rightarrow$ Gesamtbestand in '09: $\dfrac{70}{1,10} + \dfrac{25}{1,06} + \dfrac{5}{1,03} = 92,0756$ Einheiten

Aus $92,0756 \cdot (1+i) = 100$ folgt: $i = 0,0861 = 8,61\%$ *(gestiegen gegenüber '09)*

iv) Tabelle analog zu ii):

	Jahr 09	Jahr 10
Auslandsumsatz	A_{09} $\xrightarrow{+4,5\%}$	62,2
Inlandsumsatz	I_{09} $\xrightarrow{+1,9\%}$	37,8
Gesamtumsatz	G_{09}	100 $\longleftarrow$ *fiktiv vorgewählt*

$$\underbrace{\qquad\qquad}_{\cdot\,(1+i)}$$

Aus der Tabelle liest man ab: **+?%**

$A_{09} \cdot 1,045 = 62,2 \Rightarrow A_{09} = 59,522$ sowie $I_{09} \cdot 1,019 = 37,8 \Rightarrow I_{09} = 37,095$

$\Rightarrow G_{09} = A_{09} + I_{09} = 96,617$. Aus $G_{09} \cdot (1+i) = 100$ erhält man schließlich:

$1+i = 100/96,617 = 1,0350$, d.h. $i = 3,50\%$ *(Anstieg von G_{10} gegenüber G_{09})*

v) Tabelle wie in Bsp. 1.1.21 Lehrbuch:

	Jahr 02	Jahr 05	Jahr 10
Gehalt	100 *(fiktiv)*	G_{05}	137

a) Aus $G_{05} \cdot 1,24 = 137$ folgt: $G_{05} = 110,4839$

$\underbrace{\qquad}_{+i\,(=?)}\ \underbrace{\qquad}_{+24\%}$

Wegen $100 \cdot (1+i) = 110,4839$ ergibt sich: $i = 0,104839$, d.h. die Gehälter lagen in 05 um 10,4839% höher als in 02.

$+37\%$

b) Die Gehälter lagen im Jahr 10 um 37% über denen in 02. Mit i als durchschnittlicher jährlicher Änderungsrate muss also gelten:

$100 \cdot (1+i)^8 = 100 \cdot 1,37$, d.h. $1+i = \sqrt[8]{1,37} \Rightarrow i = 4,0136\%$ p.a.

vi) Tabelle analog zu Bsp. 1.1.21 Lehrbuch:

Die fehlenden Größen ergeben sich wie folgt:

$R_{00} = \dfrac{360}{1,022^3} = 337,25$

$G_{00} = \dfrac{480}{0,80} = 600$

	Jahr 00	Jahr 03
Rote Luftballons	R_{00} $\xrightarrow{+2,2\%\,\text{p.a.}}$	360 *(30%)*
Gelbe Luftballons	G_{00} $\xrightarrow{-20\%}$	480 *(40%)*
Blaue Luftballons	300	360 *(30%)*
Summe *(Mio. Stück)*	S_{00}	1.200 *(100%)*

und somit: $S_{00} = 337,25+600+300 = 1.237,25$ Mio. Stück.

a) $337,25 \cdot (1+i) = 360 \Rightarrow i = 6,75\%$ *(Mehrproduktion Rot in 03 vs. 00)*

b) $1.237,25 \cdot (1+i)^3 = 1.200 \Rightarrow i = -0,0101 = -1,01\%$ p.a. *(Abnahme p.a.)*

vii)

	Jahr 08	Jahr 11
Auslandsumsatz	41 $\xrightarrow{+30\%}$	A_{11} *(63%)*
Inlandsumsatz	59	I_{11} *(37%)*
Gesamtumsatz	100	G_{11} *(100%)*

fiktiv vorgewählt

Aus der Tabelle liest man ab:

$\Rightarrow \quad A_{11} = 41 \cdot 1,30 = 53,3$

$\Rightarrow \quad G_{11} = A_{11}/0,63 = 84,60$

$\Rightarrow \quad I_{11} = G_{11} \cdot 0,37 = 31,30$

a) Aus $59 \cdot (1+i)^3 = 31,3$ folgt:
$i = -19,05\%$ p.a. *(Abnahme)*

b) Aus $100 \cdot (1+i)^3 = 84,60$ folgt:
$i = -5,42\%$ p.a. *(Abnahme)*

viii)

Verkaufspreis	1.200,--
Rabatt 25% v.H.	−300,--
	900,--
Skonto 2% v.H.	− 18,--
	882,--
Gewinn 8% a.H.	− 65,33
	816,67
HKZ 16% a.H.	− 112,64
	704,03
Bezugskosten	− 29,60
	674,43
Lief.skonto 1% i.H.	+ 6,81
	681,24
Lief.rabatt 40% i.H.	+ 454,16
max. Einkaufspreis	1.135,40

Aufgabe 1.3 *(1.1.27)*:

i) **a)** $277 \cdot (1+i)^5 = 433 \iff 1+i = \sqrt[5]{1,563177}$ d.h. Zunahme $i = 9,35\%$ p.a.

b) Volkseinkommen: $V_{02} = 232/0,19 = 1.221,05$ Mrd €
$V_{08} = 433/0,26 = 1.665,38$ Mrd € $\Rightarrow$

$V_{02} \cdot (1+i)^6 = V_{08} \Rightarrow i = \sqrt[6]{1,363892} -1 = 5,31\%$ p.a. *(durchschnittl. Zunahme)*

ii) *siehe Testklausur Nr. 5, Aufgabe 1*

iii) **a)** $4,8 \cdot (1+i)^{15} = 6,1 \Rightarrow$ i = jährl. Wachstumsrate $= 1,6107\%$ p.a.

b) E_x = Anzahl der in Entwicklungsländern Lebenden (am 1.1.x):
$E_{00} = E_{85} \cdot 1,03^{15} = 6,1 \cdot 0,8 = 4,88$ Mrd. $\Rightarrow E_{85} = 3,1323$ Mrd. $= 4,8 \cdot i$,
d.h. $i = 65,26\%$ der Gesamtbevölkerung lebte am 1.1.85 in Entw. ländern.

c) NE_x = Anzahl der in Nicht-Entwicklungsländern Lebenden (am 1.1.x):
$NE_{00} = 6,1 \cdot 0,2 = 1,22$ Mrd.; $NE_{85} = 4,8 - 3,1323 = 1,6677$ Mrd. *(siehe b))*
$1,6677 \cdot (1+i)^{15} = 1,22 \Rightarrow i = -0,020624 = -2,0624\%$ p.a. *(Abnahme)*

d) $NE_{50} = 1,22 \cdot (1-0,020624)^{50} = 0,4304$ Mrd.   *(Nicht-Entw.l. 1.1.50)*
$E_{50} = 4,88 \cdot 1,03^{50} = 21,3935$ Mrd. *(Bevölk.zahl in Entw.ländern 1.1.50)*

$\Rightarrow$ Gesamt: $G_{50} = E_{50} + NE_{50} = 21,8239$ Mrd.

$\Rightarrow$ $i_E = 21,3935/21,8239 = 0,98028 \approx 98,03\%$ aller Menschen werden
am 01.01.50 in Entwicklungsländern leben.

iv) *siehe Testklausur Nr. 8, Aufgabe 1*

v) *siehe Testklausur Nr. 10, Aufgabe 1*

vi)   Bezeichnungen: W_{9x}:   Wohnungsmieten 199X
                    L_{9x}:   Lebenshaltungskosten *(ohne Miete)* 199X
                    GL_{9x}: Kosten der gesamten Lebenshaltung *(incl. Miete)* 199X

   a)   a1) $W_{98} = W_{92} \cdot 1,054 \cdot 1,038 \cdot 1,033 \cdot 1,02 \cdot 1,018 \cdot 1,025 = W_{92} \cdot 1,202846$
             d.h. Gesamtanstieg der Wohnungsmieten um ca. 20,28% ;

         a2) $L_{98} = L_{92} \cdot 1,029 \cdot 1,022 \cdot 1,02 \cdot 0,993 \cdot 1 \cdot 1,009 = L_{92} \cdot 1,074749$
             d.h. Anstieg der Lebenshaltung *(ohne Mieten)* um ca. 7,47% .

   b)   Es gelten nach Vorgabe folgende Beziehungen:

       $W_{92} = GL_{92} \cdot 0,20 \quad \Rightarrow \quad L_{92} = GL_{92} \cdot 0,80 \quad$ sowie $\quad GL_{9x} = W_{9x}+L_{9x}$.

       Nach a) gilt: $GL_{98} = W_{98}+L_{98} = W_{92} \cdot 1,202846 + L_{92} \cdot 1,074749$
                    $= GL_{92} \cdot 0,80 \cdot 1,202846 + GL_{92} \cdot 0,20 \cdot 1,074749$

       d.h. $GL_{98} = GL_{92} \cdot 1,100368 \overset{!}{=} GL_{92} \cdot (1+i)^6 \quad \Rightarrow$

       $i = \sqrt[6]{1,100368} - 1 = 0,01607 \approx 1,61\%\,\text{p.a.}$ *(durchschnittl. jährl. Zunahme der GL)*

vii) a) $1.192.138 \cdot (1+i) = 1.662.621 \iff i = 0,3947 = +39,47\%$ *(abs. Zunahme)*
   b) $4,8 \cdot (1+i) = 6,0 \iff i = 0,2500 = +25,00\%$ *(Zunahme des Anteils gült. Stimm.)*
   c) $2,6819 \cdot (1+i) = 3,8890 \iff i = 0,4501 = +45,01\%$ *(Zun. Antl. Wahlberecht.)*

viii) a)   Die durchschnittl. jährl. Änderung zwischen 2000 und 2005 sei i
       $\Rightarrow \ 76,8 \cdot (1+i)^5 = 140,5$, d.h. $1+i = 1,1284$
       $\Rightarrow$ Subv$_{18} = 140,5 \cdot 1,1284^{13} \approx 675,6$ Mrd. €

   b) A_x seien die Gesamtausgaben im Jahr x $\quad \Rightarrow$
       $\left.\begin{array}{l} A_{00} = \ 76,8/0,227 = 338,33 \\ A_{05} = 140,5/0,317 = 443,22 \end{array}\right\} \ \Rightarrow \quad 338,33 \cdot (1+i)^5 = 443,22$

       d.h. $i = \sqrt[5]{1,310023} - 1 = 0,05549 \approx 5,55\%\,\text{p.a.}$ *(durchschn. jährl. Zunahme)*

ix)   *siehe Testklausur Nr. 13, Aufgabe 1*

1.2 Lineare Verzinsung und Äquivalenzprinzip

Aufgabe 1.4 *(1.2.23)***:**   *(Wir unterstellen als Zinstage-Zählmethode 30E/360, s. Lehrbuch)*

   i) $4.768 = R \cdot (1+0,08 \cdot \frac{194}{360}) \iff R = 4.570,94\,€ \Rightarrow Z = R \cdot 0,08 \cdot \frac{194}{360} = 197,06\,€$

  ii) $10.600 \cdot i \cdot \frac{227}{360} = 821,37 \quad \Rightarrow \quad i = 0,1229 = 12,29\%\,\text{p.a.}$

 iii)   Wert W_3 der drei datierten Zahlungen am 30.06. incl. Zinsen:
       $W_3 = 74.720(1+0,045 \cdot \frac{100}{360})+161.600(1+0,045 \cdot \frac{84}{360})+150.400(1+0,045 \cdot \frac{25}{360})$
       $= 389.820,80$. Also besitzt die undatierte Zahlung am 30.06. den Wert W:
       W $= 431.680 - 389.820,80 = 41.859,20$ *(incl. Zinsen)*. Also muss gelten *(Laufzeit t)*:
       $41.600(1+0,045 \cdot \frac{t}{360}) = 41.859,20 \iff t = 49,85 \approx 50$ Tage vor dem 30.06.,
       d.h. die 41.600 € wurden am 10.05. eingezahlt.

iv) 23,21 € Guthabenzinsen entsprechen dem folgenden durchschnittl. Guthaben G:

$$G \cdot 0,005 \cdot \frac{90}{360} = 23,21 \quad \text{d.h.} \quad G = 18.568,- € \; ;$$

Entsprechend ermittelt man die durchschnittl. Überziehung Ü:

$$\ddot{U} \cdot 0,15 \cdot \frac{90}{360} = 696,30 \quad \text{d.h.} \quad \ddot{U} = 18.568,- € .$$

Ergebnis: durchschnittl. Guthabenstand G und Schuldenstand Ü sind identisch, d.h. der durchschnittliche saldierte Kontostand betrug 0,– € !

(anschaulich klar, wenn man sich zwei getrennte Konten vorstellt:
Konto 1 (zu 0,5% p.a.) enthalte permanent ein Guthaben von 18.568,– € ;
Konto 2 (zu 15% p.a.) enthalte permanent einen Schuldenstand von 18.568,– € :

⇒ *Es fallen genau die gegebenen Zinsen an, das saldierte Vermögen hat aber*
stets den Wert „ 0")

v) Leistungen (L) und Gegenleistungen (GL) am Zahlenstrahl:

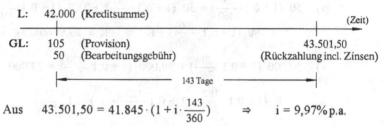

$$\text{Aus} \quad 43.501,50 = 41.845 \cdot (1 + i \cdot \frac{143}{360}) \quad \Rightarrow \quad i = 9,97\% \, \text{p.a.}$$

vi) a) Zinssumme $= 22.000 \cdot (0,08 \cdot \frac{135}{360} + 0,10 \cdot \frac{103}{360} + 0,04 \cdot \frac{118}{360}) = 1.577,89 €.$

⇒ Äquivalentes Endkapital: $K_n = 22.000 + Z_n = 23.577,89 €.$

b) Ansatz: $100.000 = K_0 + K_0 \cdot (0,08 \cdot \frac{135}{360} + 0,10 \cdot \frac{103}{360} + 0,04 \cdot \frac{118}{360})$

Daraus folgt: $K_0 = 93.307,76 €.$

vii) $9.000 \cdot (1 + i \cdot \frac{236}{360}) = 10.000 \quad \Rightarrow \quad i = i_{eff} = 0,1695 = 16,95\% \, \text{p.a.}$

Aufgabe 1.5 *(1.2.44)*:

i) $4.850 \cdot (1 + i \cdot \frac{245}{360}) = 5.130 \quad \Longleftrightarrow \quad i = 0,084831 \approx 8,48\% \, \text{p.a.}$

ii) Idee: Stets den geringeren Betrag linear auf den höheren Betrag aufzinsen!

a) Äquivalenzgleichung: $19.500 \cdot (1 + 0,12 \cdot \frac{t}{360}) = 20.000$

⇒ $t = 76,92$ *(≈ 77)* Tage **nach** dem 05.05., d.h. Fälligkeit am 22.07.01

b) Äquivalenzgleichung: $20.000 \cdot (1 + 0,12 \cdot \frac{t}{360}) = 21.000$

⇒ $t = 150$ Tage **vor** dem 05.05., d.h. Fälligkeit am 05.12.00 .

Aufgabe 1.6 *(1.2.45):*   *(Dringende Empfehlung: Zahlungsstrahl anfertigen!)*

i) $50.000 \cdot (1 + i \cdot \frac{209}{360}) + 30.000 \cdot (1 + i \cdot \frac{120}{360}) + 23.700 = 103.700 \cdot (1 + i \cdot \frac{t}{360})$

⇒ $t = 135,49 \ (\approx 136)$ Tage vor 03.12., d.h. 17.07.08

*(gilt für **jeden** Zinssatz, d.h. a) und b) führen zu identischen Resultaten)*

ii) $50.000 \cdot (1 + i \cdot \frac{209}{360}) + 30.000 \cdot (1 + i \cdot \frac{120}{360}) + 23.700 = 102.000 \cdot (1 + i \cdot \frac{t}{360})$

⇒ $t = 197,75 \ (\approx 198)$ Tage vor 03.12., d.h. 15.05.08

(im Gegensatz zu i) jetzt zinssatzabhängig, da Nominalkapitalia verschieden!)

iii) $50.000 \cdot (1 + 0,1 \cdot \frac{209}{360}) + 30.000 \cdot (1 + 0,1 \cdot \frac{120}{360}) + 23.700 = K \cdot (1 + 0,1 \cdot \frac{92}{360})$

⇒ $K = 104.921,45 \ €$

iv) $50 \cdot (1 + 0,1 \cdot \frac{236}{360}) + 30 \cdot (1 + 0,1 \cdot \frac{147}{360}) + 23,7 \cdot (1 + 0,1 \cdot \frac{27}{360}) =$

    $= 80 \cdot (1 + 0,1 \cdot \frac{200}{360}) + K$ ⇒ $K = 23,93608 \ T€ = 23.936,08 \ €$

v) $50.000 \cdot (1 + 0,1 \cdot \frac{209}{360}) + 30.000 \cdot (1 + 0,1 \cdot \frac{120}{360}) + 23.700 = 107.602,78 =$

    $= R \cdot (1 + 0,1 \cdot \frac{182}{360} + 1 + 0,1 \frac{122}{360} + 1 + 0,1 \cdot \frac{62}{360})$

⇒ $R = 34.691,92 \ €$ pro Rate

vi) $50.000 \cdot (1 + i \cdot \frac{236}{360}) + 30.000 \cdot (1 + i \cdot \frac{147}{360}) + 23.700 \cdot (1 + i \cdot \frac{27}{360}) =$

    $= 40.000 \cdot (1 + i \cdot \frac{209}{360}) + 70.000$ ⇒ $i = 26,71\%$ p.a.

Aufgabe 1.7 *(1.2.46):*   *(Dringende Empfehlung: Zahlungsstrahl anfertigen!)*

i)   a) $K_0 \cdot (1 + 0,04 \cdot \frac{222}{360}) = 40.000 \cdot (1 + 0,04 \cdot \frac{206}{360}) + 40.000$

    ⇒ $K_0 = 78.967,69 \ €$

    b) $K_0 = \dfrac{40.000}{1 + 0,04 \cdot \frac{16}{360}} + \dfrac{40.000}{1 + 0,04 \cdot \frac{222}{360}} = 78.966,10 \ €$

    c)   Resultat wie unter a)   d) $K_0 = \dfrac{80.000}{1 + 0,04 \cdot \frac{119}{360}} = 78.956,03 \ €$
    e)   Resultat wie unter a)

*(für lineare Verzinsung typische (widersprüchliche) Ergebnisse bei Äquivalenz-
untersuchungen: Die Äquivalenz hängt davon ab, welcher Stichtag bzw. welche
Verzinsungswege bis zum Stichtag gewählt werden.)*

ii) $R \cdot (1 + 0,04 \cdot \frac{240}{360}) + R \cdot (1 + 0,04 \cdot \frac{34}{360}) + R =$

$$= 40.000 \cdot (1 + 0,04 \cdot \frac{240}{360}) + 40.000 \cdot (1 + 0,04 \cdot \frac{34}{360})$$

$\Rightarrow$ Ratenhöhe: $R = 26.800,62 \, €$ (pro Rate)

Aufgabe 1.8 *(1.2.47)***:** *(Tipp: mittlerer Zahlungstermin der 4 Raten ist der 16. August!)*

Aus $29.995 \cdot (1 + i \cdot \frac{9}{12}) = 4 \cdot 8.995 \cdot (1 + i \cdot \frac{4,5}{12})$ $\Rightarrow$ $i = i_{\text{eff}} = 66,47\% \, \text{p.a.}$

Aufgabe 1.9 *(1.2.48)***:**

i)   Angenommen, der Rechnungsbetrag laute auf 100.000,-- € *(vor Skonto)*.

Wenn Huber jetzt Skonto in Anspruch nehmen will, muss er einen Kredit in Höhe von 98.000,-- zu 15% p.a aufnehmen *(und kann damit seine Rechnung bezahlen)*. Nach der Skontobezugspanne von 50 Tagen müsste er dann diesen Kredit mit

$$98.000 \cdot (1+0,15 \cdot \frac{50}{360}) = 100.041,67 \, € \quad \text{zurückzahlen.}$$

Es wäre also besser gewesen, auf Skonto zu verzichten und nach 50 Tagen die volle Rechnungssumme in Höhe von *(nur)* 100.000 € zu zahlen.

ii)   a)   Äquivalenzgleichung für i *(Rechnungsbetrag vor Skonto: 100)*:

$$98 \cdot (1 + i \cdot \frac{50}{360}) = 100 \quad \Rightarrow \quad i = 14,6939\% \approx 14,69\% \, \text{p.a.}$$

   b) $i_Q = 0,25 \cdot i = 3,67\% \, \text{p.Q.}$ *(da linear anteiliger Quartalszinssatz)*

iii)   a) $97 \cdot (1 + i \cdot \frac{16}{360}) = 100$ $\Rightarrow$ $i = 0,695876\% \approx 69,59\% \, \text{p.a.}$ **b)** 17,40% p.Q.

Aufgabe 1.10 *(1.2.49)***:**

i)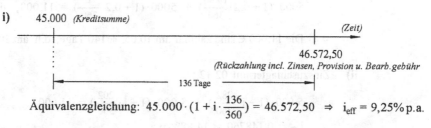

Äquivalenzgleichung: $45.000 \cdot (1 + i \cdot \frac{136}{360}) = 46.572,50$ $\Rightarrow$ $i_{\text{eff}} = 9,25\% \, \text{p.a.}$

ii)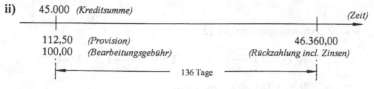

Äquivalenzgleichung: $44.787,50 \cdot (1 + i \cdot \frac{136}{360}) = 46.360$ $\Rightarrow$ $i_{\text{eff}} = 9,29\% \, \text{p.a.}$

Aufgabe 1.11 *(1.2.50)*:

i) $R \cdot (1 + 0,04 \cdot \frac{5}{12}) + R \cdot (1 + 0,04 \cdot \frac{3}{12}) + R + \dfrac{R}{1 + 0,04 \cdot \frac{3}{12}} = 10.300$

   R ausklammern $\Rightarrow$ $R = 2.564,25$ € *(pro Rate)*

ii) A) Barzahlung am 15.02. abzüglich Skonto: 9.700,– €. Stichtag: 15.07. $\Rightarrow$

   $K_A = 9.700 \cdot (1 + 0,04 \cdot \frac{5}{12}) = 9.861,67$ € ;

   B) $K_B = 5.000 \cdot (1 + 0,04 \cdot \frac{5}{12}) + 5.000 \cdot (1 + 0,08 \cdot \frac{5}{12}) = 10.250,–$ € ;

   C) $K_C = 10.300,–$ € *(Vorgabe lt. Aufgabentext)*

   Damit ist Zahlungsalternative A für Huber am günstigsten.

iii) Sei K_0 die *(noch unbekannte)* Anzahlung. Dann folgt:

   $K_0 \cdot (1 + 0,04 \cdot \frac{5}{12}) + (10.000 - K_0) \cdot (1 + 0,08 \cdot \frac{5}{12}) = 10.300$ $\Rightarrow$ $K_0 = 2.000$

   d.h. die Anzahlung müsste 2.000,-- € betragen.

Aufgabe 1.12 *(1.2.51)*:

i)   Zinszuschlagtermin *("Stichtag")* ist der Zahltag der 11.000 €, da dieser sicherlich später liegt als die zweite Rate (10.05.). Daher zinst man die beiden 5.000-€-Raten auf diesen Stichtag auf und vergleicht den erhaltenen Wert mit 11.000 €. Dabei wird die Zahl der Zinstage vom 10.05. bis zum Stichtag mit t bezeichnet:

   $5000 \cdot (1 + 0,2 \cdot \frac{t+80}{360}) + 5000 \cdot (1 + 0,2 \cdot \frac{t}{360}) = 11.000$, d.h. $t = 140$.

   $\Rightarrow$ Die 11.000 € sind zahlbar am 10.05. + 140 Tage, d.h. am 30.09.

ii) Zinszuschlagtermin 02.12.:

   $5.000 \cdot (1 + i \cdot \frac{282}{360}) + 5.000 \cdot (1 + i \cdot \frac{202}{360}) = 11.000$

   $\Rightarrow$ $i_{eff} = 0,148760 \approx 14,88\%$ p.a.

iii) Zinszuschlagtermin 31.12.:

   $R \cdot (1 + 0,1 \cdot \frac{230}{360}) + R \cdot (1 + 0,1 \cdot \frac{310}{360}) = 12.000$

   $\Rightarrow$ $R = 5.581,40$ € *(pro Rate)*

Aufgabe 1.13 *(1.2.52)*:

i) Äquivalenzgleichung *(Stichtag 27.12.)*:

$$50.000 \cdot (1 + i \cdot \frac{320}{360}) + 50.000 \cdot (1 + i \cdot \frac{230}{360}) =$$

$$= \quad 35.000 \cdot (1 + i \cdot \frac{266}{360}) + 35.000 \cdot (1 + i \cdot \frac{72}{360}) + 35.000$$

$$\Rightarrow \quad i_{eff} = 0,114869 \approx 11,49\% \, \text{p.a.}$$

ii) Einsetzen von $i := 0,10$ in die o.a. Wertansätze von Aufgabenteil i) liefert:

Wert der ursprünglichen Forderung *(am 27.12.10)*: 107.638,89 €

Wert von Hubers Angebot *(am 27.12.10)*: 108.286,11 € ☺.

Aufgabe 1.14 *(1.2.67)*:

i) $t = \dfrac{5000 \cdot 178 + 8000 \cdot 127 + 7000 \cdot 0}{20.000} = 95,30 \approx 95 \, \text{Tage vor dem 16.09.}$

⇒ mittlerer Zahlungstermin/Zeitzentrum: 11.06.10

ii) $t = \dfrac{5500 \cdot 341 + 7500 \cdot 274 + 4000 \cdot 242 + 8100 \cdot 106 + 10000 \cdot 79 + 9000 \cdot 0}{44.300} = 147,79 \, \text{Tage,}$

Huber kann die Gesamtsumme 148 Tage vor dem 20.12., d.h. am 22.07. zahlen, ohne dass sich Zinsvor-/nachteile ergeben *(gilt für jeden Kalkulationszinssatz !)*

iii) a) Mittlerer Zahlungstermin: 16.06. (= 01.12. minus 165 Tage)

b) Mittlerer Zahlungstermin: 15.07. (= 30.12. minus 165 Tage)

iv) Mit r werde im folgenden die Ratenhöhe 1.000€ bezeichnet, ein • in der Zahlungsreihe bezeichnet den jeweils zutreffenden mittleren Zahlungstermin *(das Zeitzentrum für die äquivalente Zahlung der nominellen Ratensumme)*:

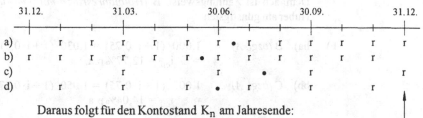

Daraus folgt für den Kontostand K_n am Jahresende:

a) $K_n = 12.000 \cdot (1 + 0,08 \cdot \frac{5,5}{12}) = 12.440,-- €$

b) $K_n = 12.000 \cdot (1 + 0,08 \cdot \frac{6,5}{12}) = 12.520,-- €$

c) $K_n = 4.000 \cdot (1 + 0,08 \cdot \frac{4,5}{12}) = 4.120,-- €$

d) $K_n = 6.000 \cdot (1 + 0,08 \cdot \frac{6}{12}) = 6.240,-- €$

Aufgabe 1.15 *(1.2.68)*:

i)

Äquivalenzgleichung:

$$70.000 \cdot (1 + i \cdot \frac{11}{12}) = 14.000 \cdot (1 + i \cdot \frac{11}{12}) + 60.000 \cdot (1 + i \cdot \frac{4,5}{12})$$

$$\Rightarrow \quad i_{eff} = 13,87\% \, p.a.$$

ii)   Die fiktive Gesamtprämie (Barzahlung A) sei mit 1.000,-- € angenommen. Dann ergeben sich folgende Zahlungsalternativen am Zahlungsstrahl:

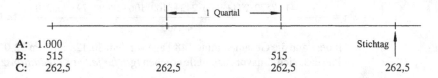

a)   Unterstellt man, dass Huber stets die fälligen Beträge zu 15% p.a. aufnimmt, so muss er - je nach Wahl seiner Zahlungsweise - zum Stichtag die folgenden (aufgezinsten) Endwerte zurückzahlen:

$$A: K_A = 1.112{,}50 \, \text{€}; \qquad B: K_B = 1.107{,}25 \, \text{€}; \qquad C: K_C = 1.109{,}06 \, \text{€}$$

Demnach ist Zahlungsweise B *(Halbjahresraten mit 3% Aufschlag)* für Huber am günstigsten.

b)   ba)   B *(bzgl. A)*: $1.000 \cdot (1 + i \cdot 0,75) = 1.030 \cdot (1 + i \cdot 0,5)$
$$\Rightarrow \quad i_{eff} = 12,77\% \, p.a.$$

bb)   C *(bzgl. A)*: $1.000 \cdot (1 + i \cdot 0,75) = 1.050 \cdot (1 + i \cdot 0,375)$
$$\Rightarrow \quad i_{eff} = 14,04\% \, p.a.$$

c)   Der Quartalsratenaufschlag werde mit j bezeichnet, der resultierende Effektivzins ist gegeben mit 12,77% p.a. (wie bei B). Dann muss folgende Äquivalenzbeziehung gelten:

$$1.000 \cdot (1 + 0,1277 \cdot 0,75) = 1.000 \cdot (1 + j) \cdot (1 + 0,1277 \cdot 0,375)$$

$$\Rightarrow \quad j = 4,57\% \quad \textit{(Quartalsratenaufschlag)}.$$

iii) **a)** $10 \cdot 244 + 20 \cdot 142 = 80 \cdot t \qquad \Rightarrow \qquad t = 66$ Tage vor dem 11.11.

$\Rightarrow \quad 05.09. =$ mittlerer Zahlungstermin

b)

07.03.	10.04.	19.06.	11.11.	10.12.

10.000 | 20.000   50.000

39.600   39.600

$$\Rightarrow \quad 10.000 \cdot (1 + i \cdot \frac{273}{360}) + 20.000 \cdot (1 + i \cdot \frac{171}{360}) + 50.000 \cdot (1 + i \cdot \frac{29}{360})$$

$$= 39.600 \cdot (1 + i \cdot \frac{240}{360}) + 39.600 \qquad \Longleftrightarrow \qquad i = i_{eff} = 15,13\% \, \text{p.a.}$$

iv) Huber müsste am 18.06. folgende Schuldsumme S bezahlen:

$$S = 5500 \cdot (1 + 0,08 \cdot \frac{45}{360}) + 8200 \cdot (1 + 0,08 \cdot \frac{50}{360}) = 13.846,11 \, € \,.$$

Moser verlangt als Gegenleistung für die Schuldübernahme 15.000 € am 31.12.
Äquiv.gleichung: $13.846,11 \cdot (1 + i \cdot \frac{192}{360}) = 15.000 \quad \Longleftrightarrow \quad i = i_{eff} = 15,63\% \, \text{p.a.}$

Aufgabe 1.16 *(1.2.75)*:

i) **a)** Endwert bei 11% p.a. *(nachschüssiger Zinszuschlag)*:
$$K_n = 10.000 \cdot (1 + 0,11 \cdot \frac{9}{12}) \qquad \text{d.h.} \qquad K_n = 10.825,-- \, €$$

b) Endwert $K_n{}^*$ bei 10% p.a. *(vorschüssiger Zinszuschlag)* aus:
$$10.000 = K_n{}^* \cdot (1 - 0,1 \cdot \frac{9}{12}) \qquad \text{d.h.} \qquad K_n{}^* = 10.810,81 \, €$$

$\Rightarrow$ 11% p.a. nachschüssig ist *(etwas)* „besser" als 10% p.a. vorschüssig

ii)

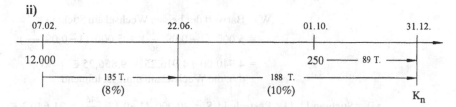

07.02.	22.06.	01.10.	31.12.

12.000   250 —— 89 T. ——

135 T.   188 T.
(8%)   (10%) K_n

a) $K_n = 12.000 \cdot (1 + 0,08 \cdot \frac{135}{360} + 0,10 \cdot \frac{188}{360}) + 250 \cdot (1 + 0,10 \cdot \frac{89}{360})$
$\qquad = 13.242,85 \, €$

b) **b1)** $12.000 \cdot (1 + i \cdot \frac{323}{360}) = 13.242,85 \quad \Rightarrow \quad i = 11,54\% \, \text{p.a.}$ *(nachs.)*

b2) $12.000 = 13.242,85 \cdot (1 - i_v \cdot \frac{323}{360}) \quad \Rightarrow \quad i_v = 10,46\% \, \text{p.a.}$ *(vors.)*

1.3 Diskontrechnung

Aufgabe 1.17 *(1.2.76)*:

i) $248.000 = K_n \cdot (1 - 0,05 \cdot \frac{3}{12})$ $\Rightarrow$ $K_n = 251.139,24\,€$ *(= Wechselsumme)*.

ii) a) $K_0 = K_n \cdot (1 - 0,08 \cdot \frac{4}{12}) \overset{!}{=} \dfrac{K_n}{1 + i \cdot \frac{4}{12}}$ $\Rightarrow$ $i = 8,22\%\,\text{p.a.}$

   b) $K_n \cdot (1 - i \cdot \frac{4}{12}) = \dfrac{K_n}{1 + 0,09 \cdot \frac{4}{12}}$ $\Rightarrow$ $i = 8,74\%\,\text{p.a.}$

iii) a)   Wechselbarwert $K_0 = 10.150 \cdot (1 - 0,08 \cdot \frac{76}{360}) = 9.978,58\,€$,

   d.h. der Wechsel reicht nicht.

   b) $K_0 = 10.000 = 10.150 \cdot (1 - i \cdot \frac{76}{360})$ $\Longleftrightarrow$ $i = 0,0700 = 7,00\%\,\text{p.a.}$

iv) Kreditschuld am 31.08: $KS = 25.000 \cdot (1 + 0,085 \cdot \frac{198}{360}) = 26.168,75\,€$.

   Die Wechselsumme K_n des zeitgleich ausgestellten Wechsels *(Wechselsumme = 27.000 €)* beträgt am 31.08.:

   $K_n = 27.000 \cdot (1 - 0,08 \cdot \frac{t}{360})$ mit der noch unbekannten Wechsellaufzeit t [Tage].

   Am 31.08. muss diese Wechselsumme mit der Kreditschuld übereinstimmen:

   $27.000 \cdot (1 - 0,08 \cdot \frac{t}{360}) = 26.168,75$ $\Longleftrightarrow$ $t = 138,54 \approx 139\,\text{Tage}$,

   d.h. der zur Schuldabdeckung ausreichende äquivalente Wechsel ist 139 Tage nach dem 31.08.10 fällig, d.h. am 19.01.11.

v)   Stichtag 29.10.: $S = \text{Schuldsumme} = 9.500 \cdot (1 + 0,12 \cdot \frac{91}{360}) = 9.788,17\,€$

   $W = \text{Barwert der beiden Wechsel am Stichtag} =$
   $= 5.000 \cdot (1 - 0,09 \cdot \frac{48}{360}) + 5.000 \cdot (1 - 0,09 \cdot \frac{67}{360})$
   $= 4.940,00 + 4.916,25 = 9.856,25\,€$ *(> S)*,
   d.h. die Wechselannahme ist lohnend.

vi) Stichtag 11.11.: Restschuld $S = 20.000 \cdot (1 + 0,12 \cdot \frac{246}{360}) = 21.640,-\,€$.

   Barwert Wechsel 1: $W_1 = 10.000 \cdot (1 - 0,09 \cdot \frac{37}{360}) = 9.907,50\,€$;

   Barwert Wechsel 2: $W_2 = K_n \cdot (1 - 0,09 \cdot \frac{60}{360})$, $K_n = $ gesuchte Wechselsumme.

   Aus der Bedingung: $W_1 + W_2 = S$ folgt:

   $K_n = (21.640,00 - 9.907,50) / (1 - 0,09 \cdot \frac{60}{360}) = 11.911,17\,€$.

Aufgabe 1.18 *(1.2.77)*:

i) Wechselbarwerte der beiden Wechsel am 01.08.:

$$K_{01} = 9.000 \cdot (1 - 0,08 \cdot \frac{39}{360}) = 8.922,- €$$

$$K_{02} = 9.000 \cdot (1 - 0,08 \cdot \frac{47}{360}) = 8.906,- €,$$

insgesamt: $K_0 = K_{01} + K_{02} = 17.828,- €.$

Aufgezinster Wert K_n der Wechselbarwerte am Stichtag 15.08.:

$$K_n = 17.828 \cdot (1 + 0,07 \cdot \frac{14}{360}) = 17.876,53 €, \text{ d.h. } \textit{(da die am Stichtag 15.08. fällige}$$

Forderung 18.000 € beträgt):   Die Restforderung Hubers beträgt = 123,47 € .

ii) a) $40.000 = K_n \cdot (1 - 0,095 \cdot \frac{90}{360})$, d.h. $K_n = 40.973,11 €$ *(Wechselsumme)*

    b) $40.000 = 40.500 \cdot (1 - 0,095 \cdot \frac{t}{360})$ $\Longleftrightarrow$ $t = 46,78 \approx 47,$

        $\Rightarrow$ 47 Tage nach dem 27.08., d.h. am 14.10., ist der Wechsel fällig.

iii) Stichtag 28.05.: Restschuld = aufgezinste Schuld minus aufgezinste Anzahlung

    d.h. $RS = 5.700 \cdot (1 + 0,13 \cdot \frac{111}{360}) + 4.300 \cdot (1 + 0,13 \cdot \frac{40}{360}) - 5.000 \cdot (1 + 0,13 \cdot \frac{26}{360})$

    d.h. Restschuld am 28.05.:   RS = 5.243,64 €.

Diese Restschuld muss durch den Wechselbarwert K_0 ausgeglichen werden, d.h.

$$K_0 = RS = 5.243,64 = K_n \cdot (1 - 0,11 \cdot \frac{90}{360}) \Rightarrow K_n = \text{Wechs.sum.} = 5.391,92 €.$$

Dieser Wechsel wird aber erst zum 01.07. diskontiert und liefert als Barwert (=

Gutschrift): $K_0 = 5.391,92 \cdot (1 - 0,11 \cdot \frac{57}{360}) = 5.298,01 €.$

iv) a)   Am 15.05. gilt: $19.852,22 = 20.000 \cdot (1 - 0,07 \cdot \frac{t}{360})$ $\Longleftrightarrow$ $t = 38,00,$

        d.h. der Wechsel hat noch eine Restlaufzeit von 38 Tagen nach dem 15.05.
und ist daher fällig am 23.06.

    b)   Restschuld am 15.05.: $RS = 35.000 - 8.000 \cdot (1 + 0,065 \cdot \frac{27}{360}) - 19.852,22$
        d.h. RS = 7.108,78 €

    c)   Die Restschuld nach b) wird am 15.5. mit einem 3-Monats-Wechsel bezahlt,
        d.h. der Wechselbarwert K_0 beträgt 7.108,78 €. Es gilt daher:

$$7.108,78 = K_n \cdot (1 - 0,07 \cdot \frac{90}{360}) , \text{ d.h. Wechselsumme } K_n = 7.235,40 €.$$

v) Stichtag 02.02.12:

a) Summe der Wechselbarwerte $K_{01} + K_{02}$ am Stichtag ermitteln:

$$K_{01} = 6.000 \cdot (1 - 0,09 \cdot \frac{35}{360}) = 5.947,50 \, \text{€} ;$$

$$K_{02} = 5.000 \cdot (1 - 0,09 \cdot \frac{73}{360}) = 4.908,75 \, \text{€} ,$$

d.h. $K_{01} + K_{02} = 10.856,25 \, \text{€}$.

Schuldsumme am Stichtag:

$$S = 9.900 \cdot (1 + 0,12 \cdot \frac{235}{360}) = 10.675,50 \, \text{€} \quad (< K_{01} + K_{02}) ,$$

d.h. die beiden Wechsel reichen zum Abdecken der Schuld.

b) Mit den Ergebnissen von **a)** muss für den Überziehungszinssatz i gelten:

$$9.900 \cdot (1 + i \cdot \frac{235}{360}) = 10.856,25 \quad \Longleftrightarrow \quad i = 0,1480 = 14,80\% \, \text{p.a.}$$

Aufgabe 1.19:

Stichtag 21.04.: Summe der Wechselbarwerte $K_{01} + K_{02}$ am Stichtag:

$$K_{01} = 7.000 \cdot (1 - 0,08 \cdot \frac{26}{360}) = 6.959,56 \, \text{€}; \quad K_{02} = 10.000 \cdot (1 - 0,08 \cdot \frac{47}{360}) = 9.895,56 \, \text{€}$$

$$\Rightarrow \quad K_{01} + K_{02} = 16.855,12 \, \text{€} .$$

Schuldsumme am Stichtag: $15.000 \cdot (1 + 0,12 \cdot \frac{162}{360}) = 15.810,00 \, \text{€}$,

d.h. 1.045,12 € bleiben noch für Huber übrig.

Aufgabe 1.20

Stichtag 18.06.: Wechselbarwert: $K_0 = 15.000 \cdot (1 - i \cdot \frac{90}{360})$ *(i = gesuchter Diskontsatz)*

Schuldsumme: $S = 8.200 \cdot (1 + 0,08 \cdot \frac{50}{360}) + 5.500 \cdot (1 + 0,08 \cdot \frac{45}{360}) = 13.846,11 \, \text{€}$

Bedingung zur Schuldenübernahme: $K_0 = S \quad \Longleftrightarrow \quad i = 0,3077 = 30,77\% \, \text{p.a.}$,

ein wahrhaft stolzer Preis für eine freundschaftliche Dienstleistung...

Aufgabe 1.21

Gutschrift aus der Wechseldiskontierung: $K = 30.000 \cdot (1 - 0,09 \cdot \frac{42}{360}) = 29.685,- \text{€}.$

Der Kaufpreisrest 20.315,- € *(= 50.000 – 29.685)* wird über einen Wechsel mit dem Wechselbarwert 20.315,- € finanziert. Dann gilt:

$$20.315 = K_n \cdot (1 - 0,09 \cdot \frac{90}{360}) \qquad \text{d.h.} \qquad K_n = 20.782,61 \, \text{€} \quad \textit{(Wechselsumme)}.$$

Aufgabe 1.22:

i) Es sei R jeweils die Höhe der drei Raten, Stichtag = 01.09. Dann gilt:

$$R \cdot (1+0,07 \cdot \frac{184}{360}) + R \cdot (1+0,07 \cdot \frac{106}{360}) + R = 24.000 \cdot (1+0,07 \cdot \frac{230}{360}) \quad \text{(R ausklammern!)}$$

$$\Longleftrightarrow \quad R = 8.203,58 \text{ € pro Rate}$$

ii) a) Bei Fälligkeit werden die identischen Wechselsummen K_n ausgezahlt, auf den Stichtag *(22.10.)* aufgezinst und mit der aufgezinsten Schuld verglichen. Es gilt:

$$K_n \cdot (1+0,07 \cdot \frac{160}{360}) + K_n = 24.000 \cdot (1+0,07 \cdot \frac{281}{360}) \quad \Longleftrightarrow$$

Wechselsummen: $K_n = 12.461,82 \text{ €}$.

b) Jetzt werden die identischen Wechselbarwerte K_0 *(gleiche Wechselsummen, gleiche Restlaufzeiten $\Rightarrow$ also auch gleiche Wechselbarwerte!)* auf den Stichtag *(22.08.)* aufgezinst und mit der aufgezinsten Schuld verglichen:

$$K_0 \cdot (1+0,07 \cdot \frac{160}{360}) + K_0 = 24.000 \cdot (1+0,07 \cdot \frac{221}{360}) \quad \Longleftrightarrow$$

Wechselbarwerte: $K_0 = 12.323,96 \text{ €}$.

Wegen $\quad 12.323,96 = K_0 = K_n \cdot (1 - 0,09 \cdot \frac{60}{360}) \quad$ folgt für die

Wechselsummen: $\quad K_n = 12.511,64 \text{ €}$.

Aufgabe 1.23 *(1.2.78)*:

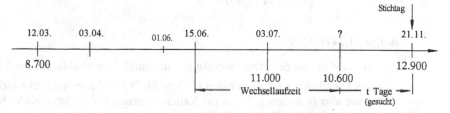

i) **Bemerkung:** *Laut Aufgabenstellung in i) wird keiner der beiden Wechsel vor Fälligkeit diskontiert, d.h. es muss mit den Wechsel**summen** gerechnet werden!*

„Leistung" *(= ursprüngliche Schuld am Stichtag):*

$$8.700 \cdot (1 + 0,10 \cdot \frac{249}{360}) + 12.900 = 22.201,75 \text{ €} \quad (= L)$$

„Gegenleistung" *(= Wert aller Rückzahlungen am Stichtag):*

$$11.000 \cdot (1 + 0,10 \cdot \frac{138}{360}) + 10.600 \cdot (1 + 0,10 \cdot \frac{t}{360}) \quad (= GL)$$

Aus „L = GL" folgt: $22.201,75 = 11.421,67 + 10.600 + 2,9444 \cdot t$

⇒ $t = 61,16 \approx 62$ Tage vor dem 21.11., d.h Verfalltag: 19.09.

⇒   Die Wechsellaufzeit (15.06. – 19.09.) des 2. Wechsels beträgt 94 Tage.

ii)

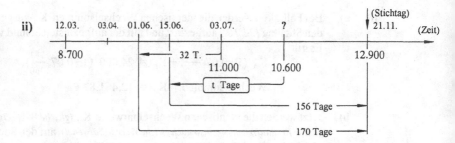

Stichtag 21.11.   ⇒   Äquivalenzgleichung:

$$8.700 \cdot (1 + 0,1 \cdot \frac{249}{360}) + 12.900 = 11.000 \cdot (1 - 0,12 \cdot \frac{32}{360})(1 + 0,1 \cdot \frac{170}{360})$$

$$+ 10.600 \cdot (1 - 0,12 \cdot \frac{t}{360})(1 + 0,1 \cdot \frac{156}{360})$$

⇒ $t = 68,94 \approx 69$ Tage Wechsellaufzeit, d.h. Verfalltag 24.08.

*(zum Vergleich: **ohne** vorherige Diskontierung (vgl. i)) beträgt die Wechsellaufzeit 94 Tage !)*

Aufgabe 1.24 *(1.2.79)*:

Wechselsumme des letzten Wechsels = nominelle Restschuldsumme = 5.800,-- €.

Bei Fälligkeit *(= t Tage vor dem Stichtag 01.08.)* ist dieser Wechsel 5.800,-- € wert, muss also in diesen t Tagen per Kalkulationszins auf die tatsächliche Restschuldsumme von 5.856,21 € *(am 01.08.)* anwachsen

⇒ $t = 36,72 \approx 37$ Tage, d.h. der letzte Wechsel ist am 24.06. fällig.

(Bemerkung: *Einfacher geht's mit Hilfe des Zinszahlenvergleichs (ist hier erlaubt, da nominelle Leistung = nominelle Gegenleistung!), d.h. Zinssätze sind hier ausnahmsweise entbehrlich:*

$$25 \cdot 102 + 75 \cdot 80 = 30 \cdot 94 + 50 \cdot 72 + 58 \cdot t$$
⇒ $t = 36,72,$ *wie oben)*

2 Exponentielle Verzinsung (Zinseszinsrechnung)

2.1 Reine Zinseszinsrechnung und Äquivalenzprinzip

Aufgabe 2.1:

i) $K_{2000} = 1 \cdot 1,045^{2000} = 1,708366 \cdot 10^{38}$ € $= 1,708366 \cdot 10^{32}$ Mio. €

ii) Erdvolumen: $V = 4/3 \cdot \pi \cdot 6370^3$ km^3 $= 1,082697 \cdot 10^{12}$ km^3

Wegen 1 km$^3 = 1000 \cdot 1000 \cdot 1000$ m$^3 = 100000 \cdot 100000 \cdot 100000$ cm$^3 = 10^{15}$ cm^3:
1 km^3 Gold wiegt 10^{15}[cm^3] $\cdot 19,3$[g/cm^3] $= 19,3 \cdot 10^{15}$ g $= 19,3 \cdot 10^{12}$ kg
und kostet daher $19,3 \cdot 10^{12}$[kg] $\cdot 35.000$[€/kg] $= 6,755 \cdot 10^{17}$ €.

Daher kostet *eine* goldene Erdkugel:
$1,082697 \cdot 10^{12}$ [km^3] $\cdot 6,755 \cdot 10^{17}$ [€/km^3] $= 7,313618 \cdot 10^{29}$ €
$= 7,313618 \cdot 10^{23}$ Mio. €

Dividieren wir den unter i) erhaltenen Endwert K_{2000} des einen aufgezinsten Euro durch den Wert *einer* goldenen Erdkugel, so erhalten wir die äquivalente Anzahl ($=$ m) goldener Erdkugeln zu:

$m = 1,708366 \cdot 10^{32}$ [Mio. €] $/ 7,313618 \cdot 10^{23}$ [Mio. €/goldene Erdkugel]
$= 2,335870 \cdot 10^8 = 545 \cdot 10^6 \approx 233,6$ Millionen goldene Erdkugeln ...,

m.a.W.: ein einziger Euro, 2000 Jahre Jahre aufgezinst zu 4,5% p.a., ergibt einen Endwert, der (bei einem Goldpreis von 35.000 €/kg) einem Gegenwert von ca. 233,6 Millionen goldener Erdkugeln entspricht.

iii) Es muss gelten:

$1 \cdot 1,045^n = 7,313618 \cdot 10^{29}$ ($=$ Wert [€] *einer* goldenen Erdkugel, siehe ii))
$\Longleftrightarrow$ $\ln(1,045^n) = \ln(7,313618 \cdot 10^{29})$
$\Longleftrightarrow$ $n \cdot \ln 1,045 = 68,764706$ $\Longleftrightarrow$ $n = 68,764706/0,044017 \approx 1.562$ Jahre

d.h. 1562 Jahre vor Ende 2020 – der eine Euro hätte somit zu Beginn des Jahres 459 zu 4,5% p.a. angelegt werden müssen, um bis Ende 2020 auf den Wert einer goldenen Erdkugel angewachsen zu sein.

Aufgabe 2.2 *(2.1.23)*:   *Def.:* $q := 1+i$

i)   **a)** $K_{10} = 10.000 \cdot 1{,}06^2 \cdot 1{,}07^5 \cdot 1{,}04^3 = 17.726{,}81 \, €$

    b) $10.000 \cdot 1{,}06^2 \cdot 1{,}07^5 \cdot 1{,}04^3 = 10.000 \cdot (1+i_{eff})^{10}$ $\Longleftrightarrow$

        $(1+i_{eff})^{10} = 1{,}772681$ d.h. $i_{eff} = \sqrt[10]{1{,}772681} - 1 = 0{,}0589 = 5{,}89\% \, \text{p.a.}$

ii) $K_n = 3K_0 = K_0 \cdot 1{,}075^n$ $\Longleftrightarrow$ $1{,}075^n = 3$ $\Longleftrightarrow$ $n \cdot \ln 1{,}075 = \ln 3$

    $\Longleftrightarrow$ $n = \ln 3 / \ln 1{,}075 \approx 15{,}19 \, \text{Jahre}$

iii) $K_9 = K_0 \cdot q^9 = K_0 \cdot 1{,}12^4$ $\Longleftrightarrow$ $q^9 = 1{,}12^4$ $\Longleftrightarrow$ $q = \sqrt[9]{1{,}12^4}$ $\Longleftrightarrow$ $i = 5{,}17\% \, \text{p.a.}$

iv) $K_0 = 8.000 \cdot q^{-3} + 8.000 \cdot q^{-5} + 8.000 \cdot q^{-9} = 16.585{,}74 \, €$ *(01.01.06)*

v) $K_7 = K_0 \cdot 1{,}055 \cdot 1{,}075 \cdot 1{,}08 \cdot 1{,}0825 \cdot 1{,}085 \cdot 1{,}09^2 = K_0 \cdot 1{,}7092 = K_0 \cdot q^7$

    $\Longleftrightarrow$ $q^7 = 1{,}7092$ $\Longleftrightarrow$ $q = \sqrt[7]{1{,}7092} = 1{,}0796$ $\Longleftrightarrow$ $i = 7{,}96\% \, \text{p.a.}$

Aufgabe 2.3 *(2.2.23)*:

i)   **a1)** $K_{n1} = 10.000$; $K_{n2} = 8.000 \cdot 1{,}08^3 = 10.077{,}70^{\circledcirc} \, €$ *(8% p.a.)*

    a2) $K_{n1} = 10.000^{\circledcirc}$; $K_{n2} = 8.000 \cdot 1{,}07^3 = 9.800{,}34 \quad €$ *(7% p.a.)*

    d.h. bei 8% p.a. hat die 8.000 €-Zahlung, bei 7% p.a. die 10.000 €-Zahlung
den höheren Wert.

    b) $10.000 = 8.000 \cdot q^3$ $\Longleftrightarrow$ $q = 1+i = \sqrt[3]{1{,}25} = 1{,}0772$ $\Longleftrightarrow$ $i = 7{,}72\% \, \text{p.a.}$,
    d.h. bei 7,72% p.a. haben beide Zahlungen denselben Wert.

ii)   Stichtag z.B. $t = 6$ *(= Tag der letzten Leistung)*:

    a) $i = 10\% \, p.a.$:

        $K_A = 1.000 \cdot 1{,}1^6 + 2.000 \cdot 1{,}1^4 + 5.000 = 9.699{,}76 \, €$
        $K_B = 1.500 \cdot 1{,}1^5 + 1.000 \cdot 1{,}1^3 + 3.000 \cdot 1{,}1^2 + 2.000 \cdot 1{,}1 = 9.576{,}77 \, €$

        $i = 20\% \, p.a.$:

        $K_A = 1.000 \cdot 1{,}2^6 + ... \quad = 12.133{,}18 \, €$,
        $K_B = 1.500 \cdot 1{,}2^5 + ... \quad = 12.180{,}48 \, €$,

        d.h. bei 10% p.a. repräsentiert Zahlungsreihe A, bei 20% p.a. Zahlungs-
reihe B den höheren Wert.

    b)   Die Äquivalenzgleichung lautet:

        $1.000q^6 + 2.000q^4 + 5.000 = 1500q^5 + 1.000q^3 + 3.000q^2 + 2.000q$.
        Lösung mit *(z.B.)* Regula falsi $\Rightarrow$ $q = q_{eff} = 1{,}1533$,
        d.h. bei $i_{eff} = 15{,}33\% \, p.a.$ sind beide Zahlungsreihen äquivalent.

iii) Gesamtwert K_n am Tag der letzten Zahlung *(01.01.17)*:

$K_n = 10.000 \cdot 1{,}07^2 \cdot 1{,}1 \cdot 1{,}08^8 + 30.000 \cdot 1{,}1 \cdot 1{,}08^8 + 40.000 \cdot 1{,}08^8 +$
$+ 50.000 \cdot 1{,}08^5 + 70.000 = 301.894{,}74 \,€$.

Daraus ermittelt man den Barwert K_0 am Tag der ersten Zahlung *(01.01.06)* durch sukzessive Abzinsung von K_n:

$K_0 = 301.894{,}74 \cdot 1{,}08^{-8} \cdot 1{,}1^{-1} \cdot 1{,}07^{-2} = 129.510{,}58 \,€$.

iv) R = Auszahlungsbetrag *(3mal)*. Falls Stichtag (z.B.) 01.01.16, so muss gelten:

$R \cdot 1{,}06^9 + R \cdot 1{,}06^7 + R \cdot 1{,}06^4 = 100.000 \quad \Rightarrow \quad R = 22.443{,}74 \,€$.

v) **a)** Stichtag z.B. „heute", d.h. Zeitpunkt der Anzahlungen *(„sofort")*:

$K_{01} = 20.000 + 20.000 \cdot 1{,}08^{-2} + 30.000 \cdot 1{,}08^{-5} = 57.564{,}27 \,€$;

$K_{02} = 18.000 + 15.000 \cdot 1{,}08^{-1} + 40.000 \cdot 1{,}08^{-6} = 57.095{,}67 \,€$,

d.h. für den Verkäufer ist Angebot I am günstigsten.

b) Stichtag z.B. Tag der letzten Leistung $\Rightarrow$ Äquivalenzgleichung:

$20q^6 + 20q^4 + 30q = 18q^6 + 15q^5 + 40$. Regula falsi *(z.B.)* $\Rightarrow$

Bei $i_{eff} = 6{,}40\%$ p.a. sind beide Angebote äquivalent.

vi) Es sei n die Anzahl der Jahre vom Zahlungstermin bis zum 01.01.15 $\Rightarrow$

$10.000 \cdot 1{,}132^{10} + 10.000 \cdot 1{,}132^5 + 10.000 = 30.000 \cdot 1{,}132^n \quad \Longleftrightarrow$

$1{,}132^n = 2{,}104642 \quad \Longleftrightarrow \quad n = \ln(2{,}104642) / \ln 1{,}132 = 6{,}00$ Jahre,

d.h. am 01.01.09 könnte der Schuldner äquivalent 30.000,-- € zahlen.

Aufgabe 2.4 *(2.2.24)*:

i)

t = 0	1	2	3	4	5
− 100.000	10.000	20.000	30.000	30.000	15.000
					20.000

Wert der Auszahlung *(am Stichtag)*: Stichtag (willkürlich): t = 3
$A_3 = 100.000 \cdot q^3 = 125.971{,}20 \,€$

Wert der Einzahlungen *(am Stichtag)*:
$E_3 = 10.000 \cdot q^2 + 20.000 \cdot q + 30.000 + 30.000 \cdot \dfrac{1}{q} + 35.000 \cdot \dfrac{1}{q^2}$
$= 121.048{,}64 \,€$.

Wegen $E_3 < A_3 \quad \Rightarrow$ Die Investition ist *(bei 8% p.a.)* **nicht** lohnend.

(Zahlenwerte für Stichtag t = 0: $E_0 = 96.092{,}31 €$; $A_0 = 100.000{,}-- €)$
(Zahlenwerte für Stichtag t = 5: $E_5 = 141.191{,}13 €$; $A_5 = 146.932{,}81 €)$

ii) Jetzt soll auf jeden Fall investiert werden, die Entscheidung soll lediglich zwischen Kauf und Miete fallen.

Daher brauchen nur entscheidungsrelevante Daten *(d.h. solche Daten, die für beide Alternativen unterschiedlich sind)* berücksichtigt werden *(z.B. nicht die bei beiden Alternativen in gleicher Höhe anfallenden Einzahlungsüberschüsse)*, siehe Zahlungsstrahl:

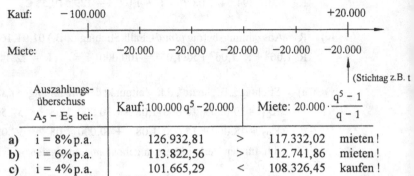

Auszahlungs- überschuss $A_5 - E_5$ bei:	Kauf: $100.000\,q^5 - 20.000$		Miete: $20.000 \cdot \dfrac{q^5 - 1}{q - 1}$	
a) $\quad i = 8\%\,\text{p.a.}$	126.932,81	>	117.332,02	mieten!
b) $\quad i = 6\%\,\text{p.a.}$	113.822,56	>	112.741,86	mieten!
c) $\quad i = 4\%\,\text{p.a.}$	101.665,29	<	108.326,45	kaufen!

Aufgabe 2.5 *(2.2.25)*:

i)   **a)**   Stichtag egal, z.B. 01.01.05 $\Rightarrow$

  a1) $14.000 \cdot 1,08^3 = 17.635,97 < 20.000$
  $\Rightarrow$ die spätere Zahlung ($= 20.000$) ist höherwertig.

  a2) $14.000 \cdot 1,20^3 = 24.192,00 > 20.000$
  $\Rightarrow$ die frühere Zahlung ($= 14.000$) ist höherwertig.

  b)   Äquivalenzgleichung (Stichtag egal, z.B. 01.01.05):

  $14.000 \cdot q^3 = 20.000$ $\Rightarrow$ $q = 1,1262$,   d.h. $i_{eff} = 12,62\%\,\text{p.a.}$

ii) $K_0 = 20.000 \cdot \dfrac{1}{q} + 20.000 \cdot \dfrac{1}{q^4} + 20.000 \cdot \dfrac{1}{q^{10}} = 39.552,95\ \text{€}.$

iii) Stichtag egal, z.B. Tag der letzten (Gegen-)Leistung:

Äquivalenzgleichung: $100.000 \cdot q^2 = 60.000 \cdot q + 70.000$ $\Rightarrow$

  $q^2 - 0,6 \cdot q - 0,7 = 0$ $\Rightarrow$ $q = 0,3 \underset{(-)}{+} 0,8888 = 1,1888;$

  d.h. $i_{eff} = 18,88\%\,\text{p.a.}$

iv) $K_0 = 30.000 + 20.000 \cdot \dfrac{1}{1,18} + 50.000 \cdot \dfrac{1}{1,18^3} = 77.380,70\ \text{€}$

v)

01.01.00		01.01.03		01.01.06			01.01.11

20.000   140.000   100.000   140.000

————— 7% —————|— 10% —|———— 8% ————   Stichtag

a) $i = 0,09$ durchgehend: $K_n = 20.000 \cdot 1,09^{11} + 140.000 \cdot 1,09^8 +$
$$+ 100.000 \cdot 1,09^5 + 140.000 = 624.429,69 \, €.$$

b) $K_n = 20.000 \cdot 1,07^3 \cdot 1,1^2 \cdot 1,08^6 + 140.000 \cdot 1,1^2 \cdot 1,08^6 + 100.000 \cdot 1,08^5$
$$+ 140.000 = 602.793,86 \, €.$$

Aufgabe 2.6 *(2.2.26)*:

i)

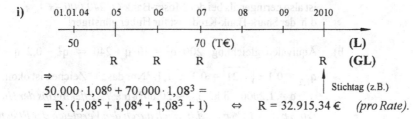

$\Rightarrow$
$$50.000 \cdot 1,08^6 + 70.000 \cdot 1,08^3 =$$
$$= R \cdot (1,08^5 + 1,08^4 + 1,08^3 + 1) \quad \Leftrightarrow \quad R = 32.915,34 \, € \quad \text{(pro Rate)}.$$

ii)

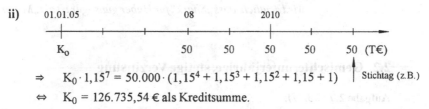

$\Rightarrow \quad K_0 \cdot 1,15^7 = 50.000 \cdot (1,15^4 + 1,15^3 + 1,15^2 + 1,15 + 1)$ | Stichtag (z.B.)

$\Leftrightarrow \quad K_0 = 126.735,54 \, €$ als Kreditsumme.

iii)   Huber erhält: K_0 *(Kreditsumme)*
Huber zahlt:

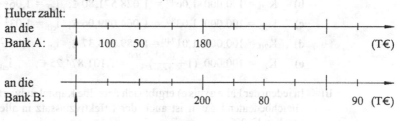

Als Vergleichsstichtag wird *(willkürlich)* der Tag der Kreditauszahlung gewählt:

$\Rightarrow$ Wert der Zahlungen an die A-Bank:
$$\frac{100.000}{1,04} + \frac{50.000}{1,04^2} + \frac{180.000}{1,04^4} = 296.246,41 \, €;$$

$\Rightarrow$ Wert der Zahlungen an die B-Bank:
$$\frac{200.000}{1,04^4} + \frac{80.000}{1,04^6} + \frac{90.000}{1,04^9} = 297.418,81 \, €,$$

d.h. für dieselbe Kreditsumme ist der Rückzahlungswert an die B-Bank höher als an die A-Bank, Huber sollte daher die A-Bank als Kreditgeberin wählen.

iv)

Zahlungsstrahl Shark-Bank:

$$\begin{array}{ccc} & 200 & z.B. \downarrow & (L) \\ \hline & 40 & RS & (GL) \end{array}$$

a) Hubers Restschuld „RS" beträgt bei 18% p.a.:

$$RS = 200.000 \cdot 1,18^2 - 40.000 \cdot 1,18 = 231.280,-- \text{€},$$

ist also geringer als bei der Moser-Bank *(= 240.000,– €)*,
d.h. der Shark-Bank-Kredit ist für Huber günstiger!

b) Äquivalenzgleichung: $200 \cdot q^2 = 40 \cdot q + 240 \Leftrightarrow q^2 - 0,2 \cdot q - 1,2 = 0$

$q_{1,2} = 0,1 \pm \sqrt{1,21} = 0,1 \pm 1,1$. Nur das „+"Zeichen ist ökon. relevant

$\Rightarrow \quad q = 1,2000$ d.h. $i_{eff} = 20,00\%$ p.a. *(= Effektivzins der Huber-Bank).*

(20% p.a. > 18% p.a., d.h. auch durch den Vergleich der Effektivzinssätze wird deutlich, dass „Shark" für Huber günstiger ist als „Moser".)

2.2 Gemischte, unterjährige, stetige Verzinsung

Aufgabe 2.7 *(2.3.17)*:

i)   **a)** $K_{20} = 100.000 \cdot 1,12^{20} = \quad 964.629,31$ €; $i_{eff} = 12,00\%$ p.a.

     b) $K_{20} = 100.000 \cdot 1,06^{40} = 1.028.571,80$ €; $i_{eff} = 1,06^2 - 1 = 12,36\%$ p.a.

     c) $K_{20} = 100.000 \cdot 1,03^{80} = 1.064.089,06$ €; $i_{eff} = 1,03^4 - 1 = 12,55\%$ p.a.

     d) $K_{20} = 100.000 \cdot 1,01^{240} = 1.089.255,37$ €; $i_{eff} = 1,01^{12} - 1 = 12,68\%$ p.a.

     e) $K_{20} = 100.000 \cdot (1 + \frac{0,12}{360})^{7200} = 1.101.874,25$ €; $i_{eff} = 12,7474\%$ p.a.

ii) In jedem der Fälle a) bis e) ergibt sich derselbe Kapitalendwert 964.629,31 €.
Gleichbedeutend damit ist auch der Effektivzinssatz in allen Fällen derselbe,
nämlich 12,00% p.a.

Aufgabe 2.8 *(2.3.18)*:

i)   **a)** $(1 + i_M)^{12} = 1,12 \Rightarrow i_M = \sqrt[12]{1,12} - 1 = 0,009489 = 0,9489\%$ p.m.

     b) $1 + i_{eff} = 1,01^{12} = 1,126825 \quad \Longleftrightarrow \quad i_{eff} = 12,6825\%$ p.a. $\approx 12,68\%$ p.a.

     c) $K_1 = 100 \cdot (1 + \frac{0,10}{8760})^{8760} = 110,517489 \approx 110,52$ €

ii) **a)** $(1 + i_Q)^4 = 1,085 \Rightarrow i_Q = \sqrt[4]{1,085} - 1 = 0,020604 \approx 2,0604\%$ p.Q.

     b) $i_H(rel.) = 8,5\%/2 = 4,25\%$ p.H.

     c) $i_M(rel.) = 9,72/12 = 0,81\%$ p.m. $\quad \Longleftrightarrow \quad 1 + i_{eff} = 1,0081^{12} = 1,101649$

         $\Longleftrightarrow \quad i_{eff} = 10,1649\%$ p.a. $\approx 10,16\%$ p.a.

d)   **d1)** $i_{4a} = 3\% \cdot 24 = 72\%\,\text{p.4a.}$

      d2) $1 + i_{2a} = 1{,}03^{12} = 1{,}425761 \iff i_{2a} = 42{,}5761\% \approx 42{,}58\%\,\text{p.2a.}$

iii)   a)   Zur Anwendung kommt der unterjährige Zins $i_p = 24\%/6 = 4\%\,\text{p.2m.}$

      $\Rightarrow \quad 1 + i_{\text{eff}} = 1{,}04^6 = 1{,}265319 \quad \Rightarrow \quad i_{\text{eff}} = 26{,}5319\% \approx 26{,}53\%\,\text{p.a.}$

  b)   Es gilt lt. Voraussetzung $i_{\text{eff}} = 24\%\,\text{p.a.} \iff 1 + i_{\text{eff}} = 1{,}24 = (1 + i_p)^6$

      $\Rightarrow \quad i_p = {}_{(+)}\sqrt[6]{1{,}24} - 1 = 0{,}036502 = 3{,}6502\% \approx 3{,}65\%\,\text{p.2m.}$

      Daraus folgt für den nominellen Jahreszinssatz: $i_{\text{nom}} = 6 \cdot i_p = 21{,}90\%\,\text{p.a.}$

iv)   a)   Kontostand K_2 am Ende des Jahres 02 bei linearer Verzinsung zu i:

      $K_2 = 15.000 \cdot (1+i) - 2.000 \cdot (1+i \cdot 0{,}5) + 5.000 \cdot (1+i \cdot 0{,}25) \overset{!}{=} 19.084{,}50$

      $\iff \quad 15.250 \cdot i = 1.084{,}50 \quad \iff \quad i = 0{,}071115 \approx 7{,}11\%\,\text{p.a.}$

  b) $(1 + i_Q)^4 = 1{,}0711 \quad \Rightarrow \quad i_Q = \sqrt[4]{1{,}0711} - 1 = 0{,}017320 \approx 1{,}73\%\,\text{p.Q.}$

  c) $i_{\text{nom}} = 4 \cdot i_Q = 4 \cdot 1{,}73\% = 6{,}92\%\,\text{p.a.}$

  d) $i_Q = 1{,}73\% + 0{,}05\% = 1{,}78\%\,\text{p.Q.} \Rightarrow i_{\text{eff}} = 1{,}0178^4 - 1 = 7{,}31\%\,\text{p.a.}$

Aufgabe 2.9 *(2.3.19)*:

i)   a) $1 + i_{\text{eff}} = \left(1 + \dfrac{0{,}0528}{12}\right)^{12} = 1{,}054097 \iff i_{\text{eff}} = 5{,}4097\%\,\text{p.a.}$

  b) $i_{\text{eff}} = \left(1 + \dfrac{0{,}0533}{6}\right)^6 - 1 = 0{,}054498 = 5{,}4498\%\,\text{p.a.}$

  c) $i_{\text{eff}} = \left(1 + \dfrac{0{,}0538}{4}\right)^4 - 1 = 0{,}054895 = 5{,}4895\%\,\text{p.a.}$ *(= höchster Eff.zinssatz)*.

ii)   a) $K_n = 26.700 \cdot \left(1 + \dfrac{0{,}055}{6}\right)^{15} = 30.616{,}44\,€$

  b) $1 + i_{\text{eff}} = \left(1 + \dfrac{0{,}055}{6}\right)^6 = 1{,}056276 \quad \Rightarrow \quad i_{\text{eff}} = 5{,}6276\%\,\text{p.a.}$

  c) $1 + i_{\text{eff}} = \left(1 + \dfrac{0{,}0548}{12}\right)^{12} = 1{,}056198$, d.h. $i_{\text{eff}} = 5{,}6198\%\,\text{p.a.}$,

      ist also kleiner als in b), d.h. besser *nicht* Alternative c) realisieren!

Aufgabe 2.10 *(2.3.20)*:

i) $1 + i_{\text{eff}} = \left(1 + \dfrac{0{,}08}{4}\right)^4 = 1{,}02^4 = 1{,}082432 \quad \Rightarrow \quad i_{\text{eff}} = 8{,}2432\%\,\text{p.a.}$

ii) $K_n = 180.000 \cdot 1{,}02^3 = 191.017{,}44\,€$

iii)   Jahreszinssatz i: $191.017{,}44 = 180.000 \cdot \left(1 + i \cdot \dfrac{11}{12}\right) \Rightarrow i = 6{,}6772\%\,\text{p.a.}$

    $\Rightarrow \quad i_M = i/12 = 0{,}5564\%\,\text{p.m.}$ *(= relativer monatlicher Verzugszinssatz)*

iv) konformer Monatszins i_p: $(1 + i_p)^{12} = 1,08$ _{11}

⇒ $K_n = 180.000 \cdot (1 + i_p)^{11} = 180.000 \cdot 1,08^{\frac{11}{12}} = 193.157,22$

⇒   Diese Auszahlung wäre um $2.139,78$ € höher als in iii) *(bzw. ii))* gewesen.

Aufgabe 2.11 *(2.3.32)*:   *(Voraussetzung: 1 Jahr = 360 Zinstage)*

i)   Zinszuschlag jährlich, d.h. unterjährig wird mit linearer Verzinsung gerechnet:
     300 € entsprechen 2% Zinsen für 15 Tage ⇒ $i_{eff} = 24 \cdot 2\% = 48,0000\%$ p.a.

ii) Monatszinssatz $2 \cdot 2\% = 4\%$ p.m.   ⇒ $i_{eff} = 1,04^{12} - 1 = 60,1032\%$ p.a.

iii) 15-täglicher Zinszuschlag zu je 2%   ⇒ $i_{eff} = 1,02^{24} - 1 = 60,8437\%$ p.a.

Aufgabe 2.12:

i) $4,5 \cdot (1 + i)^{10} = 5,3$ ⇒ $i = (5,3/4,5)^{0,1} - 1 = 0,0164975 \approx 1,65\%$ p.a.

ii) $5,3 \cdot 1,0165^n = 10 \Longleftrightarrow n = \ln(10/5,3)/\ln 1,0165 \approx 38,8$ Jahre seit Beginn 1991,
     d.h. im Jahr 2029

iii) $B_{2000} = 5,3 \cdot 1,0165^9 = 6,141$ Mrd.; $6,141 \cdot (1+i)^{10} = 2$ ⇒ $i \approx -10,6\%$ p.a.
     (d.h. die Erdbevölkerung müsste jährlich um ca. 10,6% abnehmen).

Aufgabe 2.13:

$(1+i)^{10} = 1,01 \cdot 1,02 \cdot \ldots \cdot 1,10 = 1,701821$ ⇒ $i = 1,701821^{0,1} - 1 = 5,46\%$ p.a.

Aufgabe 2.14 *(2.3.33)*:

i)   Die Zahlungsalternativen *(der Rechnungsbetrag sei 100 €)* im vorliegenden Fall
     lauten: 98 € nach 12 Tagen oder 100 € nach 20 Tagen, d.h. 2% Skonto (bezogen
     auf den *späteren* Betrag 100 €) können interpretiert werden als Zinsbetrag in Hö-
     he von 2 €, bezogen auf den früheren Betrag 98 € (!) für eine Laufzeit von 8 Ta-
     gen. Für den 8-Tage-Zeitraum werden $2/98 = 0,020408 = 2,0408\%$ Zinsen erzielt.

     a) $i_{eff} = 45 \cdot 2,0408 = 91,85\%$ p.a.   *(unterjährig lineare Verzinsung !)*

     b) $i_H = 2,0408 \cdot 22,5 = 45,92\%$ p.H.   ⇒ $i_{eff} = 1,4592^2 - 1 \approx 112,9\%$ p.a.

     c) $i_{2m} = 2,0408 \cdot 7,5 = 15,306\%$ p.2m. ⇒ $i_{eff} = 1,15306^6 - 1 \approx 135,0\%$ p.a.

     d) $q_{eff} = 1 + i_{eff} = 1,020408^{45} = 2,4823$ ⇒ $i_{eff} \approx 148,2\%$ p.a.

ii) Die Skontogewährung entspricht einem Zinssatz von $\frac{3}{97} = 3,0928\%$ für 20 Tage.

     a) $i_{eff} = 18 \cdot 3,0928 = 55,6704\%$ p.a. ≈ 55,67% p.a.

     b) $i_Q = 4,5 \cdot 3,0928 = 13,9176\%$ p.Q. ⇒ $i_{eff} = 1,139176^4 - 1 \approx 68,41\%$ p.a.

     c) $i_m = 1,5 \cdot 3,0928 = 4,6392\%$ p.m. ⇒ $i_{eff} = 1,046392^{12} - 1 \approx 72,32\%$ p.a.

     d) $q_{eff} = 1 + i_{eff} = 1,030928^{18} = 1,7302547$ ⇒ $i_{eff} \approx 73,03\%$ p.a.

Aufgabe 2.15 *(2.3.40):*

i)   a)   Um die Größenordnung der Verdopplungszeit n abschätzen zu können, ermittelt man zunächst die Verdopplungszeit bei ausschließlich exponentieller Verzinsung zu 8% p.a.:

Aus $1,08^n = 2$ folgt die Verdopplungszeit: $n = \dfrac{\ln 2}{\ln 1,08} = 9,0065$ Jahre.

Somit werden 9 volle Jahre Zinseszinsen berechnet und für den fehlenden
Rest *(= t Tage)* lineare Zinsen. Die Äquivalenzgleichung *(K₀ = 100)* lautet:

$$200 = 100 \cdot 1,08^9 \cdot (1 + 0,08 \cdot \tfrac{t}{360}) \quad \Rightarrow \quad t = 2,24 \approx 3 \text{ weitere Tage,}$$

d.h. Kapitalverdopplung tritt ein nach 9 Jahren und 3 Tagen,
d.h. am 03. Januar 14.

b)   Die ersten 6 Monate werden linear verzinst und liefern 104 € zum 30.06.05.
Restlaufzeit also noch ca. 8,5 Jahre *(gemäß Abschätzung nach i))*, davon 8
Jahre per Zinseszins und die restlichen t Tage linear. Äquivalenzgleichung

$$200 = 104 \cdot 1,08^8 \cdot (1 + 0,08 \cdot \tfrac{t}{360}) \quad \Rightarrow \quad t = 175,4 \approx 176 \text{ Tage}$$

nach dem 30.06.13, d.h. am 26.12.13 tritt erstmals Kapitalverdopplung ein.

ii)   Tageszinssatz i_d relativ zu 8% p.a., d.h. $i_d = 8\%/360 = \dfrac{0,08}{360}$ $\Rightarrow$

$$200 = 100 \cdot (1+i_d)^n \iff n = \dfrac{\ln 2}{\ln(1+i_d)} = 3.119,51 \approx 3.120 \text{ Tage } = 8J. \, 8M.$$

und daher Kapitalverdopplung am 30. August 13.

Aufgabe 2.16 *(2.3.41):*

i)   Die (gemischte) Verzinsung findet wie folgt statt: 96 Tage (linear) bis zum ersten Zinszuschlag, dann 16 Halbjahre zu 5% p.H. Zinseszinsen, dann 123 Tage
(linear) bis zum Stichtag 03.11.13:

$$K_0 \cdot (1 + 0,05 \cdot \tfrac{96}{180}) \cdot 1,05^{16} \cdot (1 + 0,05 \cdot \tfrac{123}{180}) \overset{!}{=} 100.000$$

$$\Rightarrow \quad K_0 = 43.147,06 \text{ €.}$$

ii)   Für den konformen Tageszins i_d gilt:

$$(1+i_d)^{360} = 1,10 \iff 1+i_d = 1,1^{\frac{1}{360}}$$

Zwischen dem 24.03.05 und dem 03.11.13 liegen 8 Jahre, 7 Monate und 9 Tage,
d.h. 3099 Tage.

Damit folgt: $K_0 \cdot (1 + i_d)^{3099} = K_0 \cdot 1,1^{\frac{3099}{360}} \overset{!}{=} 100.000 \quad \Rightarrow \quad K_0 = 44.022,83 \text{ €.}$

Aufgabe 2.17 *(2.3.55)*:

i) a) $e^{i_s} = 1,085 \quad \Longleftrightarrow \quad i_s = \ln 1,085 \approx 0,081580 = 8,1580\%\,\text{p.a.}$

    b) $q_{eff} = 1,008^{12} = 1,100339 = e^{i_s} \quad \Longleftrightarrow \quad i_s = \ln 1,100339 \approx 9,5618\%\,\text{p.a.}$

    c) $i_s = 10^{-8}\% \cdot 60 \cdot 60 \cdot 24 \cdot 365 = 31.536.000 \cdot 10^{-8}\% = 0,31536\%\,\text{p.a.}$

ii) a) $1 + i_{eff} = e^{0,09} = 1,094174 \quad \Longleftrightarrow \quad i_{eff} \approx 9,4174\%\,\text{p.a.}$

    b) $1 + i_{eff} = e^{0,025} \cdot e^{0,025} \cdot e^{0,025} \cdot e^{0,025} = e^{0,10} \quad \Longleftrightarrow \quad i_{eff} = e^{0,1} - 1 \approx 10,52\%\,\text{p.a.}$

    c) $1 + i_{eff} = e^{0,0000002 \cdot 60 \cdot 24 \cdot 365} = e^{0,10512} = 1,110844,\ \text{d.h. } i_{eff} \approx 11,08\%\,\text{p.a.}$

iii) $B_0 \cdot 1,10 = B_0 \cdot e^{0,03t} \quad \Rightarrow \quad t = (\ln 1,1)\,/\,0,03 = 3,177 \approx 3\,\text{Jahre und 65 Tage}$

iv) a) *(stetig)* $\quad B_0 \cdot 2 = B_0 \cdot e^{100 i_s} \quad \Rightarrow \quad i_s = 0,01 \cdot \ln 2 = 0,6931\%\,\text{p.a.}$

    b) *(diskret)* $\quad B_0 \cdot 2 = B_0 \cdot (1+i)^{100} \quad \Rightarrow \quad i = 2^{0,01} - 1 = 0,6956\%\,\text{p.a.}$

v) a1) $150.000 \cdot e^{3 i_s} = 130.000 \quad \Rightarrow \quad i_s = \frac{1}{3} \cdot \ln \frac{13}{15} = -0,0477 = -4,77\%\,\text{p.a.}$ *(stetig)*

    a2) $150.000 \cdot (1+i)^3 = 130.000 \quad \Rightarrow \quad i = \left(\frac{13}{15}\right)^{\frac{1}{3}} - 1 = -0,04658 \approx -4,66\%\,\text{p.a.}$
                                                                        (diskret)

    b) $130.000 \cdot e^{-i_s t} = 75.000 \quad \Rightarrow \quad t = \frac{1}{-0,0477} \cdot \ln \frac{75}{130} \approx 11,53\,\text{Jahre, d.h. der}$
        Waldbestand ist etwa Mitte des Jahres 17 halbiert.

        (ergibt sich auch mit diskreter Rechnung:
        $75 = 130 \cdot (1 - 0,04658)^t \quad \Rightarrow \quad t = 11,53\,\text{Jahre wie zuvor.})$

Aufgabe 2.18 *(2.3.56)*:

i) Aus $60 = 65 \cdot e^{-i \cdot 3}$ ergibt sich mit $65.000.000 \cdot e^{-i \cdot t} = 1$:
    $t = 674,26 \approx 675$ (seit Ende 05), d.h. im Jahr 680.

ii) $K_{24} = 10 \cdot e^{0,25 \cdot 24} = 4.034,29\,\text{KE}$

Aufgabe 2.19 *(2.3.57)*:

i) $B_n = B_0 \cdot e^{-i_s n}$ *(mit $B_n = 0,6\,B_0$, d.h. noch 60% von B_0 vorhanden)*:

    a) $0,6\,B_0 = B_0 \cdot e^{-0,08 \cdot n} \quad \Rightarrow \quad n = \frac{\ln 0,6}{-0,08} = 6,3853 \approx 6,4\,\text{Jahre}$

    b) $B_2 = B_0 \cdot e^{-0,08 \cdot 2} = 0,8521\,B_0$,

        d.h. nach 2 Jahren sind noch 85,21% von B_0 erhalten.

ii) Halbwertzeit $t = 8$ Tage $\Rightarrow K_t = 0,5 \cdot K_0 = K_0 \cdot e^{-i_s \cdot t} \Longleftrightarrow e^{-8 i_s} = 0,5 \Longleftrightarrow$
    $i_s = -0,125 \cdot \ln 0,5 = 0,086643 = 8,6643\%\,\text{pro Tag}$ *(stetige Zerfallsrate p.d.)*
    Bedingung: $0,01 \cdot K_0 = K_0 \cdot e^{-0,086643 \cdot t} \Longleftrightarrow t = 53,15\,\text{Tage, d.h. am 26.06.06.}$

2.3 Abschreibungen

Aufgabe 2.20:

$$200.000 \cdot (1-i)^{10} = 10.000 \quad \Longleftrightarrow \quad i = 1 - 0,05^{0,1} = 0,2589 = 25,89\% \, \text{p.a.}$$

Aufgabe 2.21:

i) $\quad 850.000 \cdot (1-i)^{10} = 25.000 \quad \Longleftrightarrow \quad i = 1 - (\frac{25.000}{850.000})^{0,1} = 0,2972 = 29,72\% \, \text{p.a.}$

ii) $\quad B_7 = 850.000 \cdot (1-0,2972)^7 = 850.000 \cdot 0,7028^7 = 71.984,87 \, € \, ;$

iii) $\quad 850.000 \cdot 0,7028^n = 425.000 \quad \Longleftrightarrow \quad n = \dfrac{\ln 0,5}{\ln 0,7028} = 1,9654 \approx 2 \, \text{Jahre} \, ;$

iv) $\quad 1 = 850.000 \cdot (1-0,20)^n \quad \Longleftrightarrow \quad n = \dfrac{\ln(1/850.000)}{\ln 0,80} = 61,1848 \approx 62 \, \text{Jahre} .$

Aufgabe 2.22:

Es sei „d" der 9. (und letzte) Abschreibungsbetrag: $a_9 = d$.

Dann muss gelten: $\quad a_8 = 2d; \quad a_7 = 3d; \quad a_6 = 4d \quad ... \text{ usw. } ... \quad a_2 = 8d; \quad a_1 = 9d$

mit $\quad \displaystyle\sum_{i=1}^{9} a_i = 279.000,- € = 9d + 8d + 7d + ... + 2d + d = d \cdot (9+8+...+1) = 45 \cdot d$

Daraus folgt: $\quad d = 279.000/45 = 6.200,- €$.

Somit lauten die Abschreibungsbeträge (in €) in den einzelnen Jahren:

$a_1 = 55.800 \qquad a_2 = 49.600 \qquad a_3 = 43.400 \qquad a_4 = 37.200 \qquad a_5 = 31.000$
$a_6 = 24.800 \qquad a_7 = 18.600 \qquad a_8 = 12.400 \qquad a_9 = 6.200$.

Aufgabe 2.23:

i) $\quad 150.000 \cdot (1-i)^{12} = 10.000 \quad \Longleftrightarrow \quad i = 1 - (1/15)^{1/12} = 0,202019 \approx 20,20\% \, \text{p.a.}$
$B_6 = 150.000 \cdot 0,7980^6 = 38.735,45 \, € .$

Falls der zuvor ermittelte Abschreibungssatz 20,20...% ungerundet *(mit 9 Nach-kommastellen)* weiterverwendet wird, ergibt sich der Bilanzwert € 38.729,83.

ii) Linearer Abschreibungsbetrag: $a = (150.000 - 10.000)/12 = 11.666,67 \, €/\text{Jahr}$
$\Rightarrow \quad B_6 = 150.000 - 6 \cdot 11.666,67 = 80.000 \, € .$

iii) Digitale Abschreibung: 12. (und letzter) Abschreibungsbetrag = d $\quad \Longleftrightarrow$
Summe aller 12 Abschreibungen = $d \cdot (12+11+...+2+1) = 78 \cdot d = 140.000 \, €$.
$\Longleftrightarrow$ Jährliche Abschreibungs-Differenz: $d = 1.794,87 \, €$, 1. Abschreibung $12 \cdot d$.

Summe der ersten 6 Abschreibungen = $d \cdot (12+11+...+7) = 102.307,59 \, €$, d.h.
Buchwert B_6 nach 6 Jahren: $B_6 = 150.000 - 102.307,59 = 47.692,41 \, € .$

Aufgabe 2.24:

i) $B_0 = 200.000 \cdot 0,80^{10} = 21.474,84 \, €$

ii) $200.000 \cdot 0,80^t = 1$ $\Longleftrightarrow$ $t = \dfrac{\ln(1/200.000)}{\ln 0,80} = 54,7 \, \text{Jahre}$

iii) Im fünftletzten Jahr (d.h. hier: im 6. Jahr) der Nutzungsdauer beträgt der lineare Abschreibungssatz 1/5 (= 20%), im viertletzten Jahr (hier: im 7. Jahr) beträgt der lineare Abschreibungssatz 1/4 (= 25%).

Dies bedeutet im vorliegenden Fall: Da der degressive Abschreibungssatz 20% beträgt, führt ein Übergang zur linearen Abschreibung im 6. Jahr zu gleichen und im 7. Jahr zu höheren Abschreibungswerten als bei degressiver Abschreibung.

Aufgabe 2.25:

i)   a) $300.000 \cdot (1-i)^{15} = 50.000$ $\Longleftrightarrow$ $i = 1 - \left(\dfrac{5}{30}\right)^{\frac{1}{15}} = 0,1126 = 11,26\% \, \text{p.a.}$

     b) $300.000 \cdot (1-i)^{15} = 10.000$ $\Longleftrightarrow$ $i = 1 - \left(\dfrac{1}{30}\right)^{\frac{1}{15}} = 0,2029 = 20,29\% \, \text{p.a.}$

     c) $300.000 \cdot (1-i)^{15} = 1.000$ $\Longleftrightarrow$ $i = 1 - \left(\dfrac{1}{300}\right)^{\frac{1}{15}} = 0,3163 = 31,63\% \, \text{p.a.}$

     d) $300.000 \cdot (1-i)^{15} = 10$ $\Longleftrightarrow$ $i = 1 - \left(\dfrac{1}{30.000}\right)^{\frac{1}{15}} = 0,4970 = 49,70\% \, \text{p.a.}$

ii) $B_0 = $ Anschaffungswert ; $B_5 = $ Buchwert nach 5 Jahren. Dann gilt:

$B_5 = B_0 \cdot (1-i)^5$ *(mit i als Abschreibungssatz aus Aufgabenteil i))*
$A_5 = B_0 - B_5$ *(nach 5 Jahren bereits abgeschriebener Wert)*

Verhältnis von abgeschriebenem Wert nach 5 Jahren zum Anschaffungswert:

$\dfrac{B_0 - B_5}{B_0} = 1 - \dfrac{B_5}{B_0} = 1 - \dfrac{B_0 \cdot (1-i)^5}{B_0} = 1 - (1-i)^5$ *(mit 1–i aus Teil i))* $\Rightarrow$

a) $1 - 0,8874^5 = 0,4497 = 44,97\%$ von B_0 nach 5 Jahren abgeschrieben;

b) $1 - 0,7971^5 = 0,6782 = 67,82\%$ von B_0 nach 5 Jahren abgeschrieben;

c) $1 - 0,6837^5 = 0,8506 = 85,06\%$ von B_0 nach 5 Jahren abgeschrieben;

d) $1 - 0,5030^5 = 0,9678 = 96,78\%$ von B_0 nach 5 Jahren abgeschrieben;

Aufgabe 2.26:

a)   Es müssen 162.000 € *(= 180.000 – 18.000)* in 10 Jahren digital abgeschrieben werden. Bezeichnet man mit „d" den 10. und letzten Abschreibungsbetrag, so muss gelten: $d \cdot (10+9+...+2+1) = 162.000$, d.h. $d = 2.945,45 \, €$. $\Rightarrow$

$a_1 = $ 1. Abschreibungsbetrag $= 10 \cdot d = 29.454,55 \, €$;
$B_6 = $ Buchwert nach 6 Jahren $= 180.000 - d \cdot (10+9+...+5) = 47.454,55 \, €$.

b) a_1 *(= a = const.)* $= 162.000/10 = 16.200 \, €/\text{Jahr}$ *(lineare Abschreibung)*;
$B_6 = 180.000 - 6 \cdot 16.200 = 82.800,- € $.

c) degressiver Abschreibungssatz $= i$: $\quad 180.000 \cdot (1-i)^{10} = 18.000 \qquad \Rightarrow$

$1-i = 0,1^{0,1} = 0,794328 \quad$ bzw. $\quad i = 1-0,1^{0,1} = 0,205672 \qquad \Rightarrow$

$a_1 = 180.000 \cdot i = 180.000 \cdot 0,205672 = 37.020,96 \, €$;

$B_6 = 180.000 \cdot (1-i)^6 = 180.000 \cdot 0,794328^6 = 45.213,88 \, €$.

Aufgabe 2.27:

$200.000 \cdot 0,90^t = 10.000 \quad \Longleftrightarrow \quad t = \ln 0,05 / \ln 0,90 = 28,43 \approx 29 \, \text{Jahre}$.

Aufgabe 2.28:

i) $B_3 = 200.000 \cdot (1-i)^3 = 0,4 \cdot 200.000 = 80.000 \qquad \Rightarrow$

$i = 1 - 0,4^{\frac{1}{3}} = 0,263194 \approx 26,32\% \, \text{p.a.}$ *(degress. Abschreibungssatz)*

ii) falls Restlaufzeit 4 Jahre: lin. Satz $= 25\% \, \text{p.a.} < 26,32\%$ *(besser degress.)*
falls Restlaufzeit 3 Jahre: lin. Satz $= 33,3\% \, \text{p.a.} > 26,32\%$,
d.h. Übergang zu linearer Abschreibung erstmals günstig im 6 Jahr.

Aufgabe 2.29:

i) $B_1 = 487 = 560 \cdot (1-i) \qquad \Longleftrightarrow \qquad i = 0,130357 \approx 13,04\% \, \text{p.a.}$

ii) $B_t = B_0 \cdot 0,80 = B_0 \cdot (1-i)^t \qquad \Longleftrightarrow \qquad 0,80 = 0,869643^t \qquad \Longleftrightarrow$
$t = \ln 0,80 / \ln 0,869643 = 1,5976 \approx 1,6 \, \text{Jahre}$.

Aufgabe 2.30:

i) $B_0 - 0,5 \cdot B_0 = 10.000 \qquad \Longleftrightarrow \qquad B_0 = 20.000 \, €$ *(lineare Abschreibung)* ;

ii) $B_5 = B_0 \cdot 0,90^5 = 10.000 \qquad \Longleftrightarrow \qquad B_0 = 16.935,09 \, €$ *(degressive Abschreibung)* .

Aufgabe 2.31:

i) $98.000 \cdot (1-i)^8 = 10.000 \qquad \Rightarrow \qquad i = 0,248210 \approx 24,82\% \, \text{p.a.}$

ii) falls Restlaufzeit 4 Jahre: lin. Satz $= 25\% \, \text{p.a.} =$ degress. Satz *(gleich günstig)*
falls Restlaufzeit 3 Jahre: lin. Satz $= 33,3\% \, \text{p.a.} > 25\%$,
d.h. Übergang zu linearer Abschreibung erstmals günstiger im 6. Jahr.

Aufgabe 2.32:

falls Restlaufzeit 5 Jahre: lin. Satz $= 20\% \, \text{p.a.} =$ degress. Satz *(gleich günstig)*
falls Restlaufzeit 4 Jahre: lin. Satz $= 25\% \, \text{p.a.} > 20\%$,
d.h. Übergang zu linearer Abschreibung erstmals günstiger im 3. Jahr.

Aufgabe 2.33:

i) $72.000 \cdot (1-i)^{12} = 7.200 \qquad \Rightarrow \qquad 1-i = 0,1^{0,1} = 0,825404 \qquad \Longleftrightarrow \qquad i \approx 17,46\% \, \text{p.a.}$
$B_7 = 72.000 \cdot (1-i)^7 = 72.000 \cdot 0,825404^7 = 18.793,10 \, €$.

ii)   Das 8. Nutzungsjahr *(von insg. 12 Jahren)* ist das fünftletzte Jahr und führt daher
(bei Übergang zu lin. A.) zu einem lin. Abschreibungssatz von $1/5 = 20\%$ p.a.
Da der degressive Abschreibungssatz aber nur 17,46% *(< 20%)* beträgt, ist der
Übergang zu lin. Abschreibung im 8. Jahr lohnend.

Aufgabe 2.34:

i)   a)   lin. in 10 Jahren abzuschreiben: 51.000 € *(= 60.000 · 0,85)*, d.h.
jährliche Abschreibungsbeträge: 5.100,– €/Jahr

b) $60.000 \cdot (1 - i)^{10} = 9.000 \quad \Rightarrow \quad i = 1 - 0,15^{0,1} = 0,172803 \approx 17,28\%$ p.a.

c)   Fall a): $B_4 = 60.000 - 4 \cdot 5.100 = 39.600$,– €
Fall b): $B_4 = 60.000 \cdot 0,827197^4 = 28.092,28$ € .

ii)   linearer Abschreibungssatz $= 1/11 = 9,0909\%$ p.a., d.h.
degressiver Abschreibungssatz $= 3 \cdot 9,0909 = 27,27\%$ p.a. *(< 30%)*.

Der Übergang zu linearer Abschreibung ist erstmals im 9. Jahr der Nutzungsdauer günstiger, da bei drei Restlaufjahren gilt *(lin. 33,3% > 27,27% degr.)*.

Aufgabe 2.35:

degressiver Abschreibungssatz: $\dfrac{1}{17} \cdot 3 = 17,65\%$ p.a. *(< 30%)*.

Wegen   16,67% < 17,65% < 20,00%   ⇒   Übergang günstig, falls noch
5 Restlaufjahre   ⇒   Übergang günstig im 13. Jahr *(„alles falsch")*

Aufgabe 2.36:

linearer Abschreibungssatz $= 1/11 = 9,0909\%$ p.a., d.h.
degressiver Abschreibungssatz $= 3 \cdot 9,0909 = 27,27\%$ p.a. *(< 30%)*.

Der Übergang zu linearer Abschreibung ist erstmals im 9. Jahr der Nutzungsdauer günstiger, da bei drei Restlaufjahren gilt *(lin. 33,3% > 27,27% degr.)*.

Aufgabe 2.37:

$167.772,16 = 1.000.000 \cdot (1 - i)^8 \quad \Rightarrow \quad 1 - i = 0,16777216^{0,125} = 0,8000$,
d.h. degressiver Abschreibungssatz: $i = 0,2000 = 20,00\%$ p.a.

Aufgabe 2.38:

i)   linearer Abschreibungsbetrag $= (462.000 - 84.000)/6 = 63.000$ €/Jahr

ii) $462 \cdot (1 - i)^6 = 84 \quad \Rightarrow \quad i = 1 - 0,181818^{1/6} = 24,73\%$ p.a *(d.h. „alles falsch")*.

2.4   Inflation und Verzinsung

Aufgabe 2.39 *(2.4.18)*:

  i) $K_{35,0} = 800.000 \cdot (1+i_{infl})^{-35} = 800.000 \cdot 1,019^{-35} = 413.993,52 \,€$

  ii) $87,2 \cdot (1+i_{infl})^{13} = 122,5 \quad \Rightarrow \quad 1+i_{infl} \approx 1,026491 \quad \Rightarrow \quad K_{35,0} = 320.370,55 \,€$

Aufgabe 2.40 *(2.4.19)*:

  i)   a) $K_1 = 100.000 \cdot 1,07 = 107.000,-- \,€$
       b) $K_{1,0} = K_1 \cdot 1,04^{-1} = 102.884,62 \,€$

  ii) a) $K_9 = 100.000 \cdot 1,07^9 = 183.845,92 \,€$
       b) $K_{9,0} = K_9 \cdot 1,04^{-9} = 129.167,71 \,€$

  iii) $1+i_{real} = 1,07/1,04 = 1,028846154 \quad \Rightarrow \quad i_{real} = 2,8846154 \approx 2,88\% \,\text{p.a.}$

Aufgabe 2.41 *(2.4.20)*:

  i)   Realwert der 1. Abhebung $= K_{09,02} = 500.000 = K_{09} \cdot 1,023^{-7} \quad \Rightarrow$
       1. Abhebung $= K_{09} = 586.272,39 \,€$

       Analog: 2. Abhebung $= K_{16} = K_{16,02} \cdot 1,023^{14} = 687.430,63 \,€.$

       Zum Stichtag 31.12.16 muss also gelten *(R = Ansparraten)*:

       (∗) $(R \cdot 1,06+R) \cdot 1,06^{13} = K_{09} \cdot 1,06^7 + K_{16}$
          $\Rightarrow \quad R = 357.084,08 \,€/\text{Rate}$

  ii) $R = 350.000 \,€; \quad K_{09} = 500.000 \cdot q^7; \quad K_{16} = 500.000 \cdot q^{14} \quad$ *(mit $q = 1+i_{infl}$)*

       Damit folgt aus (∗): $721.000 \cdot 1,6^{13} = 500.000 \cdot q^7 \cdot 1,06^7 + 500.000 \cdot q^{14}$

       $\Rightarrow \qquad q^{14} + 1,5036302 \cdot q^7 - 3,075682551 = 0.$

       Mit der Substitution $x := q^7$, d.h. $x^2 := q^{14}$ erhält man die folgende
       quadratische Gleichung in x:

       $$x^2 + 1,5036302 \cdot x - 3,075682551 = 0$$

       mit der *(einzigen positiven)* Lösung: $x = 1,156301361.$

       Re-Substitution liefert: $q = 1+i_{infl} = \sqrt[7]{1,156...} = 1,02096334,$

       d.h. die Inflationsrate darf höchstens $0,02096 \approx 2,1\% \,\text{p.a.}$ betragen.

Aufgabe 2.42 *(2.4.21)*:

i) Resultierender *(realer)* Anlagezinssatz i_s *(nach Steuern, Steuersatz s)*:
$$i_s = i_{nom} \cdot (1-s) = 0,07 \cdot (1-0,3165) = 0,07 \cdot 0,6835 = 4,7845\% \, p.a.$$
Endkontostand nach Steuern: $K_n^s = 167.212,02 \, €$.

ii) Inflationsbereinigter Realwert $K_{n,0}^s = K_n^s \cdot 1,029^{-11} = 122.095,14 \, €$.

iii) **a)** $i_{eff} = i_{nom} = 7\% \, p.a.$

b) $i_{eff} = i_{nom} \cdot (1-s) = 4,7845\% \, p.a.$

c) $1+i_{real} = 1,07/1,029 = 1,039845$ d.h. $i_{real} \approx 3,9845\% \, p.a.$

d) $1+i_{real} = 1,047845/1,029 = 1,018314$ d.h. $i_{real} \approx 1,8314\% \, p.a.$

Aufgabe 2.43 *(2.4.22)*:

Aus der grundlegenden Beziehung *(siehe auch Lehrbuch (2.4.15))*
$$1+i_{real} = \frac{1+i_{nom}}{1+i_{infl}} \qquad \text{folgt} \qquad (1) \; i_{real} = \frac{i_{nom}-i_{infl}}{1+i_{infl}} \, .$$

Als Näherungswert i^* für i_{real} haben wir angenommen: (2) $i^* = i_{nom} - i_{infl}$.

Dann beträgt der absolute Fehler Δi des Näherungswertes: $\Delta i = i^* - i_{real}$.
Daraus ergibt sich der relative *(prozentuale)* Fehler zu:

(*) $$\frac{\Delta i}{i_{real}} = \frac{i^* - i_{real}}{i_{real}} = \frac{i^*}{i_{real}} - 1 \, .$$

Nun gilt mit den Beziehungen (2) und (1): $\dfrac{i^*}{i_{real}} = \dfrac{i_{nom}-i_{infl}}{\dfrac{i_{nom}-i_{infl}}{1+i_{infl}}} = 1+i_{infl}$,

d.h. für den prozentualen Fehler (*) gilt:

$$\frac{\Delta i}{i_{real}} = \frac{i^*}{i_{real}} - 1 = 1 + i_{infl} - 1 = i_{infl} \, .$$

Somit ist der prozentuale Fehler $\dfrac{\Delta i}{i_{real}}$ des Näherungswertes
identisch mit der Inflationsrate i_{infl} – genau das sollte gezeigt werden.

3   Rentenrechnung und Äquivalenzprinzip

3.1   Standardprobleme (Rentenperiode = Zinsperiode)

Aufgabe 3.1 *(3.4.4)*:

i)   Höhe K_n des Gesamtguthabens am 01.01.15, d.h. 1 Jahr nach der letzten Rate:

a) $K_n = 12.000 \cdot \dfrac{1,06^{10}-1}{0,06} \cdot 1,06 + 480 \cdot \dfrac{1,06^{10}-1}{0,06} = 173.986,49 \, €$

b) $K_n = 12.000 \cdot \dfrac{1,07^{10}-1}{0,07} \cdot 1,07 + 2.400 \cdot 1,07 = 179.971,19 \, €$

c) $K_n = 12.000 \cdot \dfrac{1,075^{10}-1}{0,075} = 182.497,43 \, € \; ☺$

ii) a) $K_n = 12.000 \cdot \dfrac{1,1^{20}-1}{0,1} = 687.299,99 \, €$ *(Endwert nachschüssig)*

   $K_0 = 687.299,99 \cdot 1,1^{-20} = 102.162,76 \, €$ *(Barwert nachschüssig)*

b) $K_n = 12.000 \cdot \dfrac{1,1^{20}-1}{0,1} \cdot 1,1 = 756.029,99 \, €;$ *(Endwert vorschüssig)*

   $K_0 = K_n \cdot 1,1^{-20} = 112.379,04 \, €$ *(Barwert vorschüssig)*

iii) a) $K_0 = 3.000 \cdot \dfrac{1,06^{10}-1}{0,06} \cdot \dfrac{1}{1,06^{10}} = 22.080,26 \, €$ b) $K_0 \cdot 1,06^3 = 26.297,94 \, €$

iv) $R \cdot \dfrac{1,07^{12}-1}{0,07} = 10.000 \cdot 1,07^{12} + 10.000 \cdot 1,07^8 + 10.000 \cdot 1,07^3$ *(Stichtag 01.01.12)*
   (z.B.)

   $\Longleftrightarrow \quad R = 2.904,34 \, €$ pro Rate *(12 Raten)*

Aufgabe 3.2 *(3.4.5)*:

i)   Für den Stichtag 01.01.04 *(z.B.)* lautet die Äquivalenzgleichung:

$$20.000 \cdot \frac{1,09^{10}-1}{0,09} \cdot \frac{1}{1,09^{12}} = 12.000 \cdot \frac{1,09^n-1}{0,09} \cdot \frac{1}{1,09^n}$$

$\Longleftrightarrow \qquad 0,810242114 \cdot 1,09^n = 1,09^n - 1$

$\Longleftrightarrow \qquad 0,189757886 \cdot 1,09^n = 1$

$\Longleftrightarrow \qquad 1,09^n = 5,269873205$

$\Longleftrightarrow \qquad n = \ln 5,269873205 \, / \ln 1,09 = 19,2858$ *(Raten)*,

d.h. es sind 19 Raten zu je 12.000 €/Jahr sowie – am 01.01.24 – eine verminderte Schlussrate in Höhe von 3.535,85 € zu zahlen.

ii)   Zinsvorteil am Tag der ersten Kreditrate = (abgezinster) Wert aller staatlichen
      Leistungen minus (abgezinster) Wert aller Gegenleistungen des Kreditnehmers:

$$K_L - K_{GL} = 100.000 \cdot \frac{1{,}09^5 - 1}{0{,}09} \cdot \frac{1}{1{,}09^4} - 50.000 \cdot \frac{1{,}09^{10} - 1}{0{,}09} \cdot \frac{1}{1{,}09^{17}} = 248.438{,}06 \, €.$$

iii) Barwert $K_{0,H}$ der Mehreinnahmen Hubers gegenüber Moser *(= 4.200 – 2.500
      = 1.700 € p.a. während der ersten 35 Jahre)*:

$$K_{0,H} = 1.700 \cdot \frac{1{,}06^{35} - 1}{0{,}06} \cdot \frac{1}{1{,}06^{35}} = 24.647{,}02 \, € \; ;$$

Barwert $K_{0,M}$ der Mehreinnahmen Mosers gegenüber Huber während der 15
Pensionsjahre *(= 7.000 € p.a.)*:

$$K_{0,M} = 7.000 \cdot \frac{1{,}06^{15} - 1}{0{,}06} \cdot \frac{1}{1{,}06^{50}} = 8.845{,}30 \, € \; ;$$

⇒ Barwert-Saldo *(zugunsten Hubers)* = 24.647,02 – 8.845,30 = 15.801,72 €.

Dieser Wert stellt zu Beginn des 1. Jahres den Wert dar, den Huber per saldo mehr
einnimmt als Moser. Falls Huber somit zu Beginn des 1. Jahres davon die Hälfte
(= 7.900,86 €) an Moser abführt, sind beide wertmäßig gleichgestellt.

Aufgabe 3.3 *(3.4.6)*:

i)   a) $K_n = 40.000 \cdot \dfrac{q^{15} - 1}{q - 1} \cdot q = 1.172.971{,}32 \, €$ (am 01.01.17)

     b) $K_0 = 40.000 \cdot \dfrac{q^{15} - 1}{q - 1} \cdot \dfrac{1}{q^{14}} = 369.769{,}48 \, €$ (am 01.01.02)

     c)
```
     40  40  40  40  40  40  40  40  40  40  40  40  40  40  40    [T€]
     (1) (2) ...                                      ... (14) (15)

    ──┼───┼───┼───┼───┼───┼───┼───┼───┼───┼───┼───┼───┼───┼───┼──────┼────┼───
   01.01.02 │        05                  10                15      │      20   21
            R         R                            Stichtag (z.B.) │        R
```

$$40.000 \cdot \frac{q^{15} - 1}{q - 1} = R \cdot (q^{13} + q^{10} + q^{-5}) \qquad \Rightarrow \qquad R = 195.369{,}45 \, €$$
$$\text{(dreimal)}$$

     d)
```
     40  40  40  40  40  40  40 ...  40  40  40  40  40
     (1)                                          (15)

    ──┼───┼───┼───┼───┼───┼───┼── ... ──┼───┼───┼───┼───┼───┼────.....──┼───┼───┼───┼──
   01.01.02    04
      ↑        R   R   R   R   R  ...  R   R   R   R   R   R   R .... R   R   R   R
  Stichtag    (1) (2) (3) ...              ...    (13) ...            (24) (25)
   (z.B.)      │◄──────────────── 24 (!) Jahre ────────────────►│
```

$$\Rightarrow \quad 40.000 \cdot \frac{q^{15} - 1}{q - 1} \cdot \frac{1}{q^{14}} = R \cdot \frac{q^{25} - 1}{q - 1} \cdot \frac{1}{q^{26}} \quad \Rightarrow \quad R = 37.410{,}72 \, €/\text{Jahr}$$

ii)

850	850	850	. . .	850	850
(1)	(2)	(3)		(47)	(48)

01.10. 01.11. 01.12.
02   02   02   .....

$\longleftarrow$ 47 (!) Monate $\longrightarrow$

$i = 0,5\%$ p.m. $= 0,005$
$q = 1,005$

a) K_0
b) 50.000

a) $K_0 = 850 \cdot \dfrac{q^{48} - 1}{q - 1} \cdot \dfrac{1}{q^{47}} = 36.374,24 \, \text{€}$

b) $50.000 = 850 \cdot \dfrac{q^n - 1}{q - 1} \cdot \dfrac{1}{q^{n-1}} = 850 \cdot \dfrac{q^n - 1}{q - 1} \cdot \dfrac{q}{q^n}$ *(wegen* $q^{n-1} = \dfrac{q^n}{q}$ *)*

Wegen $q = 1,005$ folgt: $50.000 \cdot 0,005 \cdot q^n = 850 \cdot 1,005 \cdot q^n - 850 \cdot 1,005$

$\Longleftrightarrow \quad 250 \cdot q^n = 854,25 \cdot q^n - 854,25 \quad \Longleftrightarrow \quad 604,25 \cdot q^n = 854,25$

$\Longleftrightarrow \quad q^n = 1,413736 \quad \Longleftrightarrow \quad n = \ln 1,413736 \, / \ln 1,005$

$\Longleftrightarrow \quad n = 69,42 \approx 69 \, \text{Monate} \; \widehat{=} \; 11,5 \, \text{Semester.}$

iii) a) $R \cdot \dfrac{1,1^{10} - 1}{0,1} = 20.000 \cdot 1,1^7 + 50.000 \cdot 1,1^3$

$\Rightarrow \quad R = 6.621,17 \, \text{€/Jahr}$

b) Stichtag am besten 1 Jahr vor erster Rate, d.h. am 01.01.06 $\Rightarrow$

$R \cdot \dfrac{1,1^n - 1}{0,1} \cdot \dfrac{1}{1,1^n} = 20.000 + 50.000 \cdot 1,1^{-4}$

mit R = 5.000 bzw. R = 6.000:

b1) $R = 5.000 \, \text{€/Jahr}$: Diese Rate ist für eine Umwandlung zu gering, da sie noch nicht einmal die laufenden Zinsen abdeckt (in der Rechnung tritt der Logarithmus einer negativen Zahl *(ln (–12,0462) ⚡)* auf). Für $R = 5.000 \, \text{€/Jahr}$ ist das gestellte Problem also nicht lösbar.

b2) $R = 6.000 \, \text{€/Jahr}$: $\Rightarrow \quad n = 24,43 \approx 25 \, \text{Raten.}$
(d.h. i.a. 24 volle Raten plus eine verminderte 25. Rate)

c) Äquivalenzgleichung: $R \cdot 1,1^4 + R = 20.000 \cdot 1,1^4 + 50.000$

$\Rightarrow \quad R = 32.174,83 \, \text{€ pro Rate}$ *(insgesamt 2 Raten)*

d) Als Stichtag werde *(z.B.)* der 01.01.13 gewählt, an diesem Tag beträgt die *(noch gesuchte)* Restschuld K_t. Dann muss gelten:

$K_t + 7.000 \cdot \dfrac{1,1^4 - 1}{0,1} \cdot 1,1^7 = 20.000 \cdot 1,1^7 + 50.000 \cdot 1,1^3$

$\Rightarrow \quad K_t = 42.216,37 \, \text{€.}$

Aufgabe 3.4 *(3.4.7)*:

i)   Barwerte *(Termin „sofort")*:

a) $K_0 = 400.000 + 160.000 \cdot \dfrac{1,065^{10}-1}{0,065} \cdot \dfrac{1}{1,065^{10}} = 1.550.212,84 \, €$

b) $K_0 = 1.800.000 \cdot \dfrac{1}{1,065} = 1.690.140,85 \, € ^{☺}$

c) $K_0 = 100.000 + 200.000 \cdot \dfrac{(1,065^2)^{14}-1}{1,065^2-1} \cdot \dfrac{1}{1,065^{28}} + 100.000 \cdot \dfrac{1,065^{29}-1}{0,065} \cdot \dfrac{1}{1,065^{58}}$

$= 1.542.353,16 \, €$.

ii) Stichtag z.B. Tag der letzten 50.000er-Rate;   R = Höhe der Alternativzahlungen:

$\Rightarrow \quad R \cdot q^{18} + R \cdot q^{13} = 50.000 \cdot \dfrac{q^{20}-1}{q-1} \bigg|_{q=1,065} \Longleftrightarrow R = 361.223,33 \, €$ pro Zahlung.

iii) Stichtag z.B. 1.1.11 *(= Zeitpunkt der ersten Ratenzahlung, Höhe R)*:

$R \cdot \dfrac{1,05^{30}-1}{0,05} \cdot \dfrac{1}{1,05^{29}} = 100.000 \cdot (1,05^{-1}+1,05^{-3}+1,05^{-7}) \Rightarrow R = 15.655,09 \, €/Jahr$

iv) Stichtag z.B. Tag der letzten Ratenzahlung:

$18.000 \cdot \dfrac{1,075^{22}-1}{0,075} \cdot 1,075^{27} = R \cdot \dfrac{1,075^{25}-1}{0,075} \Longleftrightarrow R = 97.258,91 \, €/Jahr$

(frühere Auflagen: 84.161,30 €/J.)

v)   a)   Stichtag z.B. Tag der letzten Rate *(= 1.1.27)*:

$1.000.000 \cdot 1,06^{22} = R \cdot \dfrac{1,06^{20}-1}{0,06} \Longleftrightarrow R = 97.960,57 \, €/Jahr.$

b)   Der Bewertungsstichtag ist – wie immer bei Äquivalenzuntersuchungen
und exponentieller Verzinsung – frei wählbar. In diesem Fall empfiehlt sich
allerdings dafür 1 Jahr vor der ersten Rate *(1.1.06)* – die Rechnung ist dann
besonders einfach:

$1.000.000 \cdot 1,06 = 100.000 \cdot \dfrac{1,06^n-1}{0,06} \cdot \dfrac{1}{1,06^n} \Longleftrightarrow 0,636 \cdot 1,06^n = 1,06^n - 1$

$\Longleftrightarrow 1,06^n = 1/0,364 = 2,747253 \Longleftrightarrow n = \ln 2,747253 / \ln 1,06 \approx 17,34$

d.h. 17 volle Raten plus eine (verminderte) 18. Schlussrate.

vi) a) $K_0 = 20.000 \cdot \dfrac{1,08^{16}-1}{0,08} \cdot \dfrac{1}{1,08^{15}} = 191.189,57 \, €$

b)   Restschuld K_0 am Tag der 6. Rate *(11 Raten stehen noch aus)*:

$K_0 = 20.000 \cdot \dfrac{1,08^{11}-1}{0,08} \cdot \dfrac{1}{1,08^{10}} = 154.201,63 \, €$

vii) $R \cdot \dfrac{1,06^{20}-1}{0,06} \cdot 1,06^{27} = 30.000 \cdot \dfrac{1,06^{25}-1}{0,06} \Longleftrightarrow R = 9.278,48 \, €/Jahr.$

Aufgabe 3.5 *(3.4.8)*:

i)

Wert der Auszahlung *(bezogen auf t = 0)*: $A_0 = 1,2$ Mio €

Wert der Einzahlungsüberschüsse *(t = 0)*:

$$E_0 = 120.000 \cdot \frac{q^{20}-1}{q-1} \cdot \frac{1}{q^{20}} + 900.000 \cdot \frac{1}{q^{20}} = 1.204.027,18 \; > \; A_0,$$

also ist die Investition lohnend.

II) a)   Stichtag z. B. Tag der letzten Rate, d. h. 1.1.14   ⇒

$$R \cdot \frac{1,08^{15}-1}{0,08} = 30.000 \cdot 1,08^{13} + 30.000 \cdot 1,08^{11} + 30.000 \cdot 1,08^6$$

⟺   R = 7.334,39 €/Jahr

b) $R \cdot \dfrac{1,08^{12}-1}{0,08} \cdot \dfrac{1}{1,08^{11}} = 30.000 \cdot (1,08^{-1}+1,08^{-6})$ ⇒   R = 5.735,73 €/Jahr

iii) a)   Auf den Tag der Auktion diskontierte Werte:

Leistung Hubers: $650.000 \cdot 1,15 + 10.000 \cdot \dfrac{1,05^8-1}{0,05} \cdot \dfrac{1}{1,05^7} = 815.363,73$ €

Gegenleistung: $600.000 \cdot \dfrac{1}{1,05^8} + 600.000 \cdot 1,05^{-10} = 774.451,57$ €

⇒ nicht lohnend für Huber

b) $747.500 \cdot q^{10} + 10.000 \cdot \dfrac{q^8-1}{q-1} \cdot q^3 = 600.000 \cdot (q^2+1)$;   i = 4,38% p.a.

(Regula falsi)

iv) Stichtag 1.1.13: $K = 24.000 \cdot \dfrac{1,07^{20}-1}{0,07} \cdot \dfrac{1}{1,07^{17}} = 311.474,95$ €

v)   A, E = Wert von Hubers Investitionen bzw. Einnahmen *(am Laufzeitende)*:

$A = 10.000 \cdot 1,06^{10} + 20.000 \cdot 1,06^9 + 5.000 \cdot 1,06^6 = 58.790,65$ €

$E = 2.000 \cdot 1,06^9 + 4.000 \cdot 1,06^8 + 5.000 \cdot \dfrac{1,06^8-1}{0,06} + 8.000 = 67.241,69$ €,

also lohnende Investition.

Aufgabe 3.6 *(3.4.9)***:**

i)   Äquivalenzgleichung: $1.000.000 \cdot \dfrac{1}{1,1^{30}} = 33.021 \cdot \dfrac{1,1^n - 1}{0,1} \cdot \dfrac{1}{1,1^n}$ *(Stichtag 01.01.00)*

$\Longleftrightarrow$ $0,173551841 \cdot 1,1^n = 1,1^n - 1$ $\Longleftrightarrow$ $0,826448159 \cdot 1,1^n = 1$

$\Longleftrightarrow$ $1,1^n = 1,20999725$ $\Longleftrightarrow$ $n = \dfrac{\ln 1,209997}{\ln 1,1} = 1,99998 \approx 2$ Anspar-Raten.

ii) a)   Wert der Zahlungen an den Autohändler (Stichtag: nach 4 Jahren)
         (die eigenen Geldanlagemöglichkeiten bleiben unberücksichtigt):

         A: $K_A = 40.000 \cdot 1,06^4 = 50.499,08 \,€^{\circledcirc}$;

         B: $K_B = 10.000 \cdot 1,06^4 + 9.000 \cdot \dfrac{1,06^4 - 1}{0,06} = 51.996,31 \,€$;

         C: $K_C = 10.000 \cdot 1,06^4 + 38.000 = 50.624,77 \,€$.

     b)   In beiden Fällen *(A und C)* können die Zahlungen für das Auto außer Be-
         tracht bleiben, da das Auto auf jeden Fall gekauft wird und somit in beiden
         Fällen als identisches Vermögensobjekt verbleibt. Für den Endvermögens-
         vergleich einzig relevant sind somit die sonstigen Zahlungen:

     b1) Im Fall A verbleiben nach Barzahlung des Autos noch 20.000 €, die
         zum Kalkulationszinsfuß (6% p.a.) angelegt werden, da kein Kapital
         aufgenommen werden kann, um die 10%-Anlage tätigen zu können.
         Somit ergibt sich als Endvermögen EV_A nach 5 Jahren im Fall A:

         A) $EV_A = 20.000 \cdot 1,06^5 = 26.764,51 \,€$.

         Bei Zahlungsweise C können die nach der Anzahlung noch verblei-
         benden 50.000 € zu 10% p.a. angelegt werden. Dafür müssen die für
         den Autokauf noch fehlenden 38.000 € nach 4 Jahren zum Kalkulati-
         onszinssatz aufgenommen werden und werden aus dem Anlage-Rück-
         fluss ein Jahr später getilgt. Somit verbleibt als Endvermögen EV_C:

         C) $EV_C = 50.000 \cdot 1,1^5 - 38.000 \cdot 1,06 = 40.245,50 \,€^{\circledcirc}$ *(C günstiger)*.

     b2) Jetzt kann bei Zahlungsweise A zu den verbleibenden 20.000 € heute
         ein Betrag von 30.000 € zum Kalkulationszinsfuß aufgenommen wer-
         den und die resultierenden 50.000 € zu 10% p.a. für 5 Jahre angelegt
         werden. Aus dem Rückfluss kann dann nach 5 Jahren der 6%-Kredit
         incl. Zinsen zurückgezahlt werden, als Differenz verbleibt als Endver-
         mögen EV_A im Fall A nach 5 Jahren

         A) $EV_A = 50.000 \cdot 1,1^5 - 30.000 \cdot 1,06^5 = 40.378,73 \,€^{\circledcirc}$ *(A günstiger)*.

         Im Fall C ergibt sich keine Änderung gegenüber der Situation in b1),
         d.h. das Endvermögen EV_C nach 5 Jahren im Fall C beträgt

         C) $EV_C = 50.000 \cdot 1,1^5 - 38.000 \cdot 1,06 = 40.245,50 \,€$.

iii) a)   Äquiv.gleichung: $500.000 \cdot \dfrac{1}{1,1^{16}} = 22.350 \cdot \dfrac{1,1^n - 1}{0,1} \cdot \dfrac{1}{1,1^n}$ *(Stichtag 1.1.04)*

$\Longleftrightarrow\ 0,486866076 \cdot 1,1^n = 1,1^n - 1\ \Longleftrightarrow\ 1,1^n = 1,94880898$

$\Longleftrightarrow\ n = \ln 1,94880898 / \ln 1,1 = 7,000$ Raten.

b)   Äquivalenzgleichung: $16.000 \cdot \dfrac{q^{10} - 1}{q - 1} \cdot q^{25} = 24.000 \cdot \dfrac{q^{20} - 1}{q - 1}$ *(5,86%)*

iv)   Es muss gelten:

$$7.200 = 12 + 12 \cdot 1,04 + 12 \cdot 1,04^2 + \ldots + 12 \cdot 1,04^{n-1} = 12 \cdot \frac{q^n - 1}{q - 1}$$

(mit q = 1,04 *(n: gesuchte Laufzeit seit 05))* $\Rightarrow$

a) $\dfrac{7.200}{12} \cdot 0,04 = 1,04^n - 1\ \Longleftrightarrow\ n = \dfrac{\ln 25}{\ln 1,04} = 82,07 \approx 82$ Jahre, d.h. im Jahr 87.

b)   Äquivalenzgleichung: $7.200 - 12 \cdot \dfrac{q^{150} - 1}{q - 1} = 0$ $\Rightarrow$ $i = 1,58\%$ p.a.
(Regula falsi)

v) a)

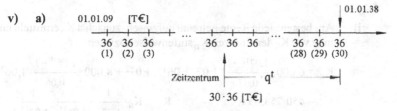

Zahlt man die nominelle Summe aller Raten ($= 30 \cdot 36 = 1080$ T€) im „Zeitzentrum", so muss sich am Stichtag definitionsgemäß derselbe Endwert einstellen wie bei Einzelaufzinsung aller 30 Raten, d.h. es muss gelten *(10% p.a. bei jährlichen Zinseszinsen)*:

$$36 \cdot \frac{1,1^{30} - 1}{0,1} = 30 \cdot 36 \cdot 1,1^t \qquad \text{d.h.} \quad t = 17,854 \text{ Jahre (vor dem Stichtag),}$$

Das Zeitzentrum der Zahlungsreihe ist daher der 26.02.2020 *(nämlich 17 Jahre 308 Tage vor dem 01.01.38).*

b)   Jetzt gilt *(bei exponentieller Verzinsung zu 8,78% p.a.)* analog zu a):

$$120 \cdot \frac{1,0878^{30} - 1}{0,0878} = 30 \cdot 120 \cdot 1,1^t \Rightarrow t = 17,50 \text{ Jahre (vor dem 01.01.38),}$$

d.h. das Zeitzentrum ist der 01.07.2020.

Bei durchgehend linearer Verzinsung liegt das Zeitzentrum *(= mittlerer Zahlungstermin)* in der zeitlichen Mitte aller 30 Raten und daher 14,5 Jahre vor dem 01.01.38 *(d.h. am 01.07.2023)* und somit 3 Jahre später als bei exponentieller Verzinsung *(8,78% p.a.)*.

Aufgabe 3.7:

Vergleich der Barwerte *(auch jeder andere Vergleichsstichtag zulässig!)*:

Bruch: $K_0 = 5.000 + 8.000 \cdot \dfrac{1,07^{10}-1}{0,07} \cdot \dfrac{1}{1,07^{10}} = 61.188,65 \,€^{☺}$;

Rost: $K_0 = 20.000 \cdot \dfrac{1}{1,07} + 50.000 \cdot \dfrac{1}{1,07^2} = 62.363,53 \,€$;

Kaefer &
Rossteuscher: $K_0 = 10.000 + 13.500 \cdot \dfrac{(1,07^3)^{10}-1}{1,07^3-1} \cdot \dfrac{1}{1,07^{30}} = 62.108,01 \,€$.

Aufgabe 3.8 *(3.5.4)*:

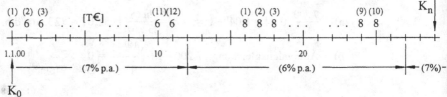

i)   Am besten: Jede Rente getrennt aufzinsen, zunächst K_n ermitteln und zur Ermittlung von K_0 den Endwert K_n stufenweise abzinsen:

$$K_n = 6.000 \cdot \frac{1,07^{12}-1}{0,07} \cdot 1,07 \cdot 1,06^{15} \cdot 1,07^2 + 8.000 \cdot \frac{1,06^{10}-1}{0,06} \cdot 1,06^2 \cdot 1,07^2$$

$$= 450.758,03 \,€ \quad \Rightarrow \quad K_0 = K_n \cdot \frac{1}{1,07^2} \cdot \frac{1}{1,06^{15}} \cdot \frac{1}{1,07^{12}} = 72.942,83 \,€$$

ii) b)   vorziehen, da Rechnung weniger kompliziert. Endwert K_n:

$$K_n = 8.000 \cdot \frac{1,06^6-1}{0,06} \cdot 1,06 \cdot 1,07^3 \cdot 1,08 \cdot 1,06^5 + 12.000 \cdot 1,08 \cdot 1,06^5 +$$

$$+ 9.000 \cdot \frac{1,06^5-1}{0,06} = 172.805,60 \,€$$

a) $K_0 = K_n \cdot 1,06^{-5} \cdot 1,08^{-1} \cdot 1,07^{-3} \cdot 1,06^{-6} \cdot 1,05^{-2} = 62.407,91 \,€$

iii) a)   Endwert K_n 2 Jahre nach letzter Zahlung *(1.1.30)*:

$$K_n = 10.000 \cdot \frac{1,03^6-1}{0,03} \cdot 1,07^5 \cdot 1,09^7 \cdot 1,1^3 +$$

$$+ 10.000 \cdot \frac{1,07^2-1}{0,07} \cdot 1,07^3 \cdot 1,09^7 \cdot 1,1^3 + 12.000 \cdot \frac{1,09^5-1}{0,09} \cdot 1,09^3 \cdot 1,1^3 +$$

$$+ 15.000 \cdot \frac{1,09^2-1}{0,09} \cdot 1,1^3 + 15.000 \cdot 1,1^2 = 466.105,28 \,€$$

b) $K_0 = K_n \cdot 1,1^{-3} \cdot 1,09^{-7} \cdot 1,07^{-5} \cdot 1,03^{-5} = 117.819,04 \,€$

iv)   Wert K_0 des Aktienpaketes am 01.01.06: $K_0 = 70.000 \cdot \dfrac{1,1^5 - 1}{0,1} \cdot \dfrac{1}{1,1^4} +$

$+ 70.000 \cdot \dfrac{1,14^2 - 1}{0,14} \cdot \dfrac{1}{1,14^2} \cdot \dfrac{1}{1,1^4} + 90.000 \cdot \dfrac{1,14^8 - 1}{0,14} \cdot \dfrac{1}{1,14^{13}} \cdot \dfrac{1}{1,1^4} = 518.720,36 \, € \, .$

v)   Barwerte („heute"):

I) $K_0 = 60.000 + 20.000 \cdot \dfrac{1,08^{12} - 1}{0,08} \cdot \dfrac{1}{1,08^{14}} + 16.000 \cdot \dfrac{1,08^8 - 1}{0,08} \cdot \dfrac{1}{1,08^{22}}$
      $= 220.523,55 \, €^{\text{☺}}$

II) $K_0 = 80.000 \cdot \dfrac{1}{1,08} + 100.000 \cdot \dfrac{1}{1,08^3} + 100.000 \cdot \dfrac{1}{1,08^6} = 216.474,26 \, €$

III) $K_0 = 50.000 + 15.000 \cdot \dfrac{1,08^{50} - 1}{0,08} \cdot \dfrac{1}{1,08^{51}} = 219.909.51 \, €$

Aufgabe 3.9:

i)   Barwerte: Auszahlung $= \; 100.000,-- \, €$

Einzahlungen $= \; 10.000 \cdot 1,08^{-1} + 20.000 \cdot 1,08^{-2} + 30.000 \cdot 1,08^{-3} +$
$+ \; 30.000 \cdot 1,08^{-4} + 15.000 \cdot 1,08^{-5} + 20.000 \cdot 1,08^{-5}$
$= \; 96.092,31 \, €$, also besser nicht kaufen.

ii)   Aufzinsung der – einerseits nur bei Kauf bzw. andererseits nur bei Miete – anfallenden Auszahlungen *(also ohne die in beiden Fällen identischen Einzahlungs-überschüsse, die für den Vergleich unwichtig sind)* auf den Stichtag t = 5 ergeben folgende Werte K_5:

	Kauf	Miete	
8 % p.a.:	−126.932,81 €	−117.332,02 €,	also besser mieten
6 % p.a.:	−113.822,56 €	−112.741,86 €,	also besser mieten
4 % p.a.:	−101.665,29 €	−108.326,45 €,	also besser kaufen.

Aufgabe 3.10 *(3.6.10)*:

i)   Sei R die Rate der ewigen Rente. Dann gilt *(Stichtag 1 Jahr vor erster Rate)*

$\dfrac{R}{0,10} = 2.500.00 \cdot 1,1^3 \quad \Longleftrightarrow \quad R = 332.750 \, €/\text{Jahr}$ *(auf „ewig")*

ii) $K_{05} = \dfrac{700.000}{0,08} \cdot \dfrac{1}{1,08^6} = 5.513.984,24 \, €$

iii)   a) $K_{06} = 24.000 \cdot \dfrac{1,055^{21} - 1}{0,055} \cdot \dfrac{1}{1,055^{21}} = 294.605,86 \, €$

b) $K_{17} = 24.000 \cdot \dfrac{1,055^{10} - 1}{0,055} \cdot \dfrac{1}{1,055^{10}} = 180.903,02 \, €$

c) $R = 294.605,86 \cdot 0,08 = 23.568,47 \, €/\text{Jahr}$

Aufgabe 3.11 *(3.6.11)*: Die *(„ ewige")* Ratenhöhe wird mit R bezeichnet. Dann ergibt sich:

i)   Stichtag am besten auf den 1.1.14 legen *(d. h. 1 Jahr vor 1. Rate der ewigen Rente)*

$$\frac{R}{0,08} + 200.000 \cdot 1,08^5 + 100.000 \cdot 1,08^3 = 100.000 \cdot 1,08^7 + 350.000 \cdot 1,08^4 +$$

$$+ 20.000 \cdot \frac{1,08^6 - 1}{0,08} \cdot \frac{1}{1,08^4} \quad \Longleftrightarrow \quad R = 26.844,74 \ \text{€/Jahr} \ \textit{(auf „ewig")}$$

ii) $R = (200.000 \cdot 1,07^4 + 50.000 \cdot \dfrac{1,07^{10} - 1}{0,07} \cdot \dfrac{1}{1,07^9}) \cdot 0,07 = 44.654,46 \ \text{€/Jahr} \ \textit{(„ewig")}$

iii) a)   Stichtag am besten 1 Jahr vor erster Rate, d.h. 1.1.06. Äquivalenzgleichung

$$150.000 \cdot (1,1 + 1 + 1,1^{-3}) = 30.000 \cdot \frac{1,1^n - 1}{0,1} \cdot \frac{1}{1,1^n} \quad \Longleftrightarrow$$

$$1,4256574 \cdot 1,1^n = 1,1^n - 1 \quad \Longleftrightarrow \quad 0,4256574 \cdot 1,1^n = -1 \quad \Longleftrightarrow$$

$$1,1^n = -2,3493 \ldots \ (<0\,!) \quad \Rightarrow \quad \text{keine Lösung!}$$

(hätte man auch ohne Rechnung erkennen können: Schuldzinsen am Tag der ersten Rate (31.500 €) sind höher als die Rückzahlungsrate (30.000 €) ⇒ keine positive Tilgung möglich)

b)   Stichtag am besten 1 Jahr vor 1. Rate der ewigen Rente *(1.1.10)*:

$$\frac{R}{0,10} = 150.000 \cdot (1,1^5 + 1,1^4 + 1,1) \quad \Longleftrightarrow \quad R = 62.619,15 \ \text{€/Jahr}$$

iv)

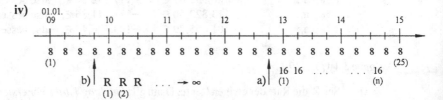

a) $8.000 \cdot \dfrac{1,02^{25} - 1}{0,02} \cdot \dfrac{1}{1,02^9} = 16.000 \cdot \dfrac{1,02^n - 1}{0,02} \cdot \dfrac{1}{1,02^n}$

$\Longleftrightarrow \quad 1,02^n = 1,366149 \quad \Rightarrow \quad n = 15,755$

Es werden 15 volle Raten und eine verminderte 16. Rate fällig.

b)   Gegenwert K_0 der 25 von Moser zu zahlenden Raten am Stichtag b):

$$K_0 = 8.000 \cdot \frac{1,02^{25} - 1}{0,02} \cdot \frac{1}{1,02^{21}} = 169.062,54 \ \text{€}$$

$$\Rightarrow \quad R_\infty = 169.062,54 \cdot 0,02 = 3.381,25 \ \text{€/Quartal} \quad \textit{(auf „ewig")}.$$

Aufgabe 3.12 *(3.6.12)*:

i)   Restkaufpreis K_R am 1.1.15: $K_R = \dfrac{50}{0,08} \cdot 1,08^4 - 150 \cdot 1,08^3 = 661,35$ Mio. €

ii)

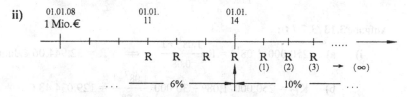

Die ersten vier Raten werden *separat* behandelt als viermalige Rente unter dem Zinssatz 6% p.a., ihr Gesamtwert S_1 am (hier auf den 01.01.14 gelegten) Stichtag beträgt

$$S_1 = R \cdot \frac{1,06^4 - 1}{0,06} \ .$$

Die verbleibenden Raten bilden eine ewige Rente unter dem Zinssatz 10% p.a., ihr Barwert S_2 am Stichtag beträgt

$$S_2 = \frac{R}{0,10} \ .$$

Die Summe $S_1 + S_2$ muss nach dem Äquivalenzprinzip übereinstimmen mit dem zum Stichtag aufgezinsten Stiftungskapital, d.h. es gilt insgesamt die Äquivalenzgleichung

$$R \cdot \frac{1,06^4 - 1}{0,06} + \frac{R}{0,10} = 1.000.000 \cdot 1,06^6 \ .$$

R wird ausgeklammert usw. $\Rightarrow$ $R = 98.682,23$ €/Jahr   *(auf „ewig")*

iii) a)   Wert K_0 des Flügels am 01.01.01 aus der Sicht von Clara H.:

$$K_0 = 15.000 \cdot 1,12^{-1} + 15.000 \cdot 1,12^{-3} + \frac{3600}{0,12} \cdot 1,12^{-4} = 43.135,10 \ € \ .$$

  b)   Äquivalenzgleichung: $50.000 \cdot q^4 = 15.000 \cdot q^3 + 15.000 \cdot q + \dfrac{3.600}{q-1}$

Zur Lösung dieser Gleichung benutzt man ein iteratives Näherungsverfahren, z.B. die Regula falsi *(siehe Kapitel 5.1.2 des Lehrbuches)*.

Damit erhält man auf 2 Nachkommastellen genau: $i_{eff} = q - 1 = 9,87\%$ p.a.

(nimmt man etwa die die Startwerte 12% und 8% (d.h. $q = 1,12$ und $1,08$), so erhält man nach einem Schritt den Näherungswert: $10,11\%$ p.a.)

iv) a)   Äquivalenzgleichung: (Stichtag z.B. 01.01.03)

$$15.000 + 20.000 \cdot \frac{1}{1,08} = 2.500 \cdot \frac{1,08^n - 1}{0,08} \cdot \frac{1}{1,08^n} \quad \Longleftrightarrow$$

$$1,0725926 \cdot 1,08^n = 1,08^n - 1 \quad \Longleftrightarrow \quad 1,08^n = -13,77551 \quad (<0 \ \frac{1}{2})$$

$\Rightarrow$ Die Äquivalenzgleichung besitzt keine reelle Lösung, d.h. es gibt keine Haltbarkeitsdauer, bei der sich die Investition lohnt *(Erklärung siehe b))*.

b)   Mit R seien die jährlichen Einsparungen bezeichnet   ⇒   *(zum 01.01.03):*

$$15.000 + \frac{20.000}{1,08} = \frac{R}{0,08} \quad \Longleftrightarrow \quad R = R_{min} = 2.681,48 \ \text{€/J.} \quad (> 2.500 \,!)$$

Aufgabe 3.13 *(3.7.14)*:

i)   **a)** $250.000 \cdot 1,08^{18} = R \cdot \dfrac{1,08^{16}-1}{0,08} \quad \Longleftrightarrow \quad R = 32.944,06 \ \text{€/Jahr} \ \text{(16mal)}$

   b) $K_{12} = 250.000 \cdot 1,08^6 - 30.000 \cdot \dfrac{1,08^7-1}{0,08} = 129.034,48 \ \text{€}$

   (= Kontostand am 01.01.12 unmittelbar nach Abhebung der 7. Rate)

ii)

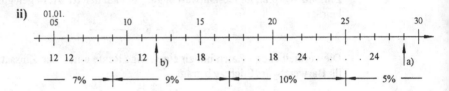

a) $K_n = 12.000 \cdot \dfrac{1,07^5-1}{0,07} \cdot 1,09^8 \cdot 1,1^8 \cdot 1,05^4 + 12.000 \cdot \dfrac{1,09^2-1}{0,09} \cdot 1,09^6 \cdot 1,1^8 \cdot 1,05^4$

$$+ \ 18.000 \cdot \dfrac{1,09^3-1}{0,09} \cdot 1,1^8 \cdot 1,05^4 + 18.000 \cdot \dfrac{1,10^3-1}{0,10} \cdot 1,1^5 \cdot 1,05^4 +$$

$$+ \ 24.000 \cdot \dfrac{1,10^4-1}{0,10} \cdot 1,05^4 + 24.000 \cdot \dfrac{1,05^2-1}{0,05} \cdot 1,05^2 = 927.873,99 \ \text{€}$$

b) $K_n = 12.000 \cdot \dfrac{1,07^5-1}{0,07} \cdot 1,09^3 + 12.000 \cdot \dfrac{1,09^2-1}{0,09} \cdot 1,09 = 116.705,69 \ \text{€}$

(In den „Kontostand" gehen prinzipiell keine zukünftigen Zahlungen ein!)

c)   Man erhält den äquivalenten Rentengesamtwert K_0 zum 01.01.05 durch sukzessives Abzinsen des Rentenendwertes K_n aus a):

$$K_0 = 927.873,99 \cdot 1,05^{-4} \cdot 1,1^{-8} \cdot 1,09^{-8} \cdot 1,07^{-4} = 136.346,26 \ \text{€}.$$

iii)

01.01.						
05	06	07	08	09	10	11

1 Mio   1   1   1   R ...   . R

                                    ↑ z.B.   (1)   (n)

a) $1.000.000 \cdot \dfrac{1,1^4-1}{0,1} \cdot 1,1 = 600.000 \cdot \dfrac{1,1^n-1}{0,1} \cdot \dfrac{1}{q^n} \quad \Longleftrightarrow \quad 0,85085 \cdot 1,1^n = 1,1^n - 1$

$$\Longleftrightarrow \quad 1,1^n = 6,704660 \quad \Longleftrightarrow \quad n = \ln 6,704660 \,/\, \ln 1,1 \approx 19,96 \approx 20 \ \text{Raten}.$$

b) $1.000.000 \cdot \dfrac{1{,}1^4 - 1}{0{,}1} \cdot 1{,}1 = R \cdot \dfrac{1{,}1^{60} - 1}{0{,}1} \cdot \dfrac{1}{q^{60}}$

$\Rightarrow$ $R = 512.192{,}18 \ €/\text{Jahr}$ (60 Raten)

c)   Gesamtwert K_0 des gesparten Kapitals am 01.01.09 *(d.h. 1 Jahr vor erster Rate)*:

$K_0 = 1.000.000 \cdot \dfrac{1{,}1^4 - 1}{0{,}1} \cdot 1{,}1 = 5.105.100{,}-- \ €$

$\Rightarrow$ $R = K_0 \cdot 0{,}10 = 510.510{,}-- \ €/\text{Jahr}$ *(auf „ewig")*.

iv)

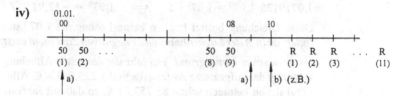

a)   „Endwert" K_n heißt hier: Stichtag 1 Jahr nach letzter Rate

$\Rightarrow$ $K_n = 50.000 \cdot \dfrac{1{,}08^9 - 1}{0{,}08} \cdot 1{,}08 = 674.328{,}12 \ €$

„Barwert" K_0 heißt hier: Stichtag = Tag der ersten Rate

$\Rightarrow$ $K_0 = 50.000 \ \dfrac{1{,}08^9 - 1}{0{,}08} \cdot \dfrac{1}{1{,}08^8} = 337.331{,}95 \ €$ $(-K_n \cdot 1{,}08^{-9})$

b) $50.000 \cdot \dfrac{1{,}08^9 - 1}{0{,}08} \cdot 1{,}08^2 = R \cdot \dfrac{1{,}08^{11} - 1}{0{,}08} \cdot 1{,}08^{-11} \iff R = 102.014{,}01 \ €/\text{J.}$

v)

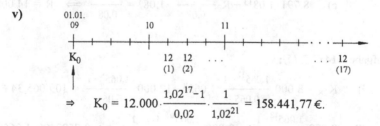

$\Rightarrow$ $K_0 = 12.000 \cdot \dfrac{1{,}02^{17} - 1}{0{,}02} \cdot \dfrac{1}{1{,}02^{21}} = 158.441{,}77 \ €.$

vi)

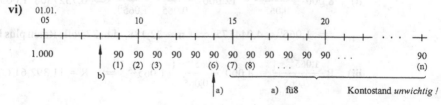

a) $K_6 = 1.000.000 \cdot 1{,}07^9 - 90.000 \cdot \dfrac{1{,}07^6 - 1}{0{,}07} = 1.194.663{,}05 \ €.$

b) Stichtag am besten 1 Jahr vor erster Rate wählen!

$$1.000.000 \cdot 1,07^3 = 90.000 \cdot \frac{1,07^n - 1}{0,07} \cdot \frac{1}{1,07^n}$$

$$\Longleftrightarrow \quad 0,952811 \cdot 1,07^n = 1,07^n - 1$$

$$\Longleftrightarrow \quad 1,07^n = 21,1914 \quad \Longleftrightarrow \quad n = \ln 21,1914 \,/\, \ln 1,07 = 45,132$$

(d.h. 45 volle Raten und eine verminderte 46. Rate)

c) Setzt man in b) 80.000 statt 90.000, so folgt nach analoger Umformung:

$$1,0719126 \cdot 1,07^n = 1,07^n - 1 \quad \Longleftrightarrow \quad 1,07^n = -13,91 \quad (< 0 \; \natural).$$

Diese Gleichung besitzt bzgl. n keine Lösung, da $1,07^n$ stets positiv ist *(oder: da in $\mathbb{R}$ der Logarithmus einer negativen Zahl nicht existiert).*

Ökonomischer Hintergrund: Ein Jahr vor der ersten Abhebung der 80.000 € beträgt das aufgezinste Anfangskapital 1.225.043,-- €. Allein die Zinsen (7%) davon betragen schon 85.753,01 €, so daß mit Jahresraten von nur 80.000,-- €/Jahr das Konto nie erschöpft werden kann, sondern von Jahr zu Jahr anwächst.

vii) a) $8.791 \cdot 1,08^{11} + R \cdot \dfrac{1,08^{12} - 1}{0,08} = 50.000 \quad \Longleftrightarrow \quad R = 1.554,64 \text{ €/Jahr}$

b) $8.791 \cdot 1,08^{24} + R \cdot \dfrac{1,08^{15} - 1}{0,08} \cdot 1,08^{10} - 30.000 \cdot (1,08^8 + 1,08^3 + 1) = 10.000$

$$\Longleftrightarrow \qquad R = 1.323,35 \text{ €/Jahr}$$

c) $8.791 \cdot 1,08^{13} + R \cdot \dfrac{1,08^{10} - 1}{0,08} \cdot 1,08^4 = \dfrac{24.000}{0,08} \quad \Longleftrightarrow \quad R = 14.008,55 \text{ €/Jahr.}$

Aufgabe 3.14 *(3.7.15)***:**

i) $K_{28} = 8.000 \cdot \dfrac{1,065^{12} - 1}{0,065} \cdot 1,065^8 - 12.000 \cdot \dfrac{1,065^8 - 1}{0,065} = 109.065,34 \text{ €}$

ii) $8.000 \cdot \dfrac{1,065^{12} - 1}{0,065} = 12.000 \cdot \dfrac{1,065^n - 1}{0,065} \cdot \dfrac{1}{1,065^n} \quad \Longleftrightarrow \quad 0,7527308 \cdot 1,065^n = 1,065^n - 1$

$$\Longleftrightarrow \quad 1,065^n = 4,044175 \quad \Longleftrightarrow \quad n = 22,188, \text{ d.h. 22 volle Raten plus Restzahlung}$$

iii) $R \cdot \dfrac{1,065^{25} - 1}{0,065} = 8.000 \cdot \dfrac{1,065^{12} - 1}{0,065} \cdot 1,065^{25} \quad \Longleftrightarrow \quad R = 11.392,61 \text{ €/Jahr}$

iv) $R \cdot \dfrac{1,065^{12} - 1}{0,065} = 12.000 \cdot \dfrac{1,065^{16} - 1}{0,065} \cdot \dfrac{1}{1,065^{16}} \quad \Longleftrightarrow \quad R = 6.747,75 \text{ €/Jahr}$

Aufgabe 3.15 *(3.7.16)*:

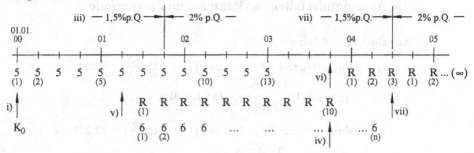

i) $K_0 = 5.000 \cdot \dfrac{1,015^{13}-1}{0,015} \cdot \dfrac{1}{1,015^{12}} = 59.537,53 \; €$

ii)   Kontostand am 01.01.00:   5.000,-- € (!)

iii) $K_0 = 5.000 \cdot \dfrac{1,015^{8}-1}{0,015} \cdot \dfrac{1}{1,015^{7}} + 5.000 \cdot \dfrac{1,02^{5}-1}{0,02} \cdot \dfrac{1}{1,02^{5}} \cdot \dfrac{1}{1,015^{7}} = 59.225,84 \; €$

iv)   Wählt man z.B. als Stichtag den 01.10.03, so lautet die Äquivalenzgleichung:

$$5.000 \cdot \frac{1,015^{13}-1}{0,015} \cdot 1,015^3 = R \cdot \frac{1,015^{10}-1}{0,015} \quad\Longleftrightarrow\quad R = 6.954,84 \; €/\text{Quartal.}$$

v)   Wählt man als Stichtag z.B. den 01.04.01, so lautet die Äquivalenzgleichung:

$$5.000 \cdot \frac{1,015^{13}-1}{0,015} \cdot \frac{1}{1,015^{7}} = 6.000 \cdot \frac{1,015^{n}-1}{0,015} \cdot \frac{1}{1,015^{n}}$$

$\Leftrightarrow\quad 0,160347 \cdot 1,015^n = 1,015^n - 1 \quad \Leftrightarrow\quad 1,015^n = 1,190968$

$\Leftrightarrow\quad n = 11,7383$, d.h. 11 volle plus eine verminderte (Schluss-)Rate.

vi)   Am besten Stichtag auf den 01.10.03 legen:

$$\Rightarrow\quad 5.000 \cdot \frac{1,015^{13}-1}{0,015} \cdot 1,015^3 = \frac{R}{0,015}$$

$\Leftrightarrow\quad R = 1.116,54 \; €/\text{Quartal}$ *(ab 01.01.04 auf „ewig")*

vii)   Stichtag am besten auf den 01.07.04 legen:

Leistung = Wert von Hubers ursprünglichen Raten = $5.000 \cdot \dfrac{1,015^{13}-1}{0,015} \cdot 1,015^6$

Gegenleistung:

a) die drei ersten Raten: $R \cdot \dfrac{1,015^{3}-1}{0,015}$ plus b) die ewige Restrente: $\dfrac{R}{0,02}$ (!)

Gleichsetzen: L = GL liefert *(R ausklammern !)*:
                    R = 1.467,35 €/Quartal *(auf „ewig".)*

3.2 Rentenrechnung bei Auseinanderfallen von Renten- und Zinsperiode

Aufgabe 3.16 *(3.8.26)*:

i)   Jahresersatzrate $R^* = 4 \cdot 1.200 \cdot (1 + 0,045 \cdot \frac{4,5}{12}) = 4.881,- €$ $\Rightarrow$

$$K_{20} = 4.881 \cdot \frac{1,045^{20} - 1}{0,045} = 153.123,91 €$$

ii) Jahresersatzrate $R^* = 4 \cdot 2.000 \cdot (1 + 0,045 \cdot \frac{6}{12}) = 12.270,- €$ $\Rightarrow$

$$K_{22} = 12.270 \cdot \frac{1,045^{22} - 1}{0,045} = 445.442,45 €$$

iii) Barwerte: Moser:
$$K_0 = 6.000 + 2.000 \cdot \frac{1,08^{12} - 1}{0,08} \cdot \frac{1}{1,08^{14}} + 1.600 \cdot \frac{1,08^8 - 1}{0,08} \cdot \frac{1}{1,08^{22}} = 22.052,36 €$$

Obermoser: $K_0 = 8.000 \cdot 1,08^{-1} + 10.000 \cdot 1,08^{-3} + 10.000 \cdot 1,08^{-6} = 21.647,43 €$

Untermoser: $K_0 = 5.000 + 3.500 \cdot \dfrac{1,1664^{16} - 1}{0,1664} \cdot \dfrac{1}{1,08^{33}} = 22.816,28 €$ © *(1,08² = 1,1664)*

iv) a) $R_a^* = 12 \cdot 50 \cdot (1 + 0,065 \cdot \frac{6,5}{12}) = 621,125 €$

b) $R_b^* = 12 \cdot 50 \cdot (1 + 0,065 \cdot \frac{5,5}{12}) = 617,875 €$

ca) $K_5 = R_a^* \cdot \dfrac{1,065^5 - 1}{0,065} = 621,125 \cdot \dfrac{1,065^5 - 1}{0,065} = 3.536,46 €$

cb) $K_5 = R_b^* \cdot \dfrac{1,065^5 - 1}{0,065} = 617,875 \cdot \dfrac{1,065^5 - 1}{0,065} = 3.517,96 €$

v)   a)   Jahres-Ersatzrate: $R^* = 4 \cdot 3.000 \cdot (1 + 0,08 \cdot \frac{4,5}{12}) = 12.360,-- €/Jahr$

b) $K_0 = 12.360 \cdot \dfrac{1,08^{13} - 1}{0,08} \cdot \dfrac{1}{1,08^{13}} = 97.690,67 €$

c)   Am 01.01.05 *(d.h. 2 Monate vor der ersten „ewigen" 2-Monatsrate)* beträgt der Wert K_0 der 52 Quartalsraten minus der Barauszahlung von 50.000:

$$K_0 = 12.000 \cdot (1 + 0,08 \cdot \frac{1,5}{4}) \cdot \frac{1,08^{13} - 1}{0,08} \cdot \frac{1}{1,08^8} - 50.000 = 93.539,65 €.$$

Am Jahresende muss der linear aufgezinste Wert der sechs 2-Monatsraten R eines Jahres gerade 8% von K_0 betragen: $6R \cdot (1 + 0,08 \cdot \frac{5}{12}) = K_0 \cdot 0,08$
d.h. $R = 1.206,96 €$ *(alle 2 Monate auf „ewig")*

vi) a) $K_n = 24.000 \cdot (1 + 0,07 \cdot \frac{1,5}{4}) \cdot \dfrac{1,07^{10} - 1}{0,07} = 340.299,11 €$

b) $24.000 \cdot (1+0,07 \cdot \frac{1,5}{4}) \cdot \frac{1,07^{\,n}-1}{0,07} = 120.000 \quad \Longleftrightarrow \quad 1,07^n - 1 = 0,3410475$

$n = \ln 1,3410475 / \ln 1,07 \approx 4,337$, d.h. in 2005.

c)   Jahres-Ersatzrate der Quartalsraten (s.o.): $R^* = 24.630,- €$ *(erstmals 1.1.02)*

Jahres-Ersatzrate der Monatsraten r: $R^{**} = 12 \cdot r \cdot (1 + 0,07 \cdot \frac{5,5}{12})$

Äquivalenzgleichung: *(erstmals 1.1.03)*

$R^{**} \cdot \frac{1,07^{13}-1}{0,07} = 24.630 \cdot \frac{1,07^{10}-1}{0,07} \cdot 1,07^4 \quad \Longleftrightarrow \quad R^{**} = 22.147,39 €$

$\Longleftrightarrow \quad r = \dfrac{22.147,39}{12 \cdot (1+0,07 \cdot 5,5/12)} = 1.788,24$ €/Monat

d)   Für die Monatsrate r gilt: $12 \cdot r \cdot (1 + 0,06 \cdot \frac{5,5}{12}) = 134.064,09 €$

d.h. $r = 10.873,- €$. Dann lautet die Jahresersatzrate R^* bei vorschüssigen Monatsraten: $R^* = 12 \cdot 10.873 \cdot (1 + 0,06 \cdot \frac{6,5}{12}) = 134.716,47 €$.

vii) a)   1) $K_n = 7.500 \cdot \dfrac{(1,09^3)^{10}-1}{1,09^3-1} = 311.859,47 €$

2) $K_0 = K_n \cdot 1,09^{-28} = 27.926,53 €$

b)   1)   Zur Anwendung kommt ein Zinssatz von 2% p.Q. *(Zinseszins)* ⇒

Der äquivalente Jahreszinsfaktor q lautet: $q = 1+i = 1,02^4$ ⇒

Endwert $K_n = 4.000 \cdot \dfrac{(1,02^4)^{12}-1}{1,02^4-1} = 77.012,19 €$

2) $K_0 = K_n \cdot (1,02^4)^{-12} = K_n \cdot 1,02^{-48} = 29.768,11 €$.

Aufgabe 3.17 *(3.8.27)*:

i)

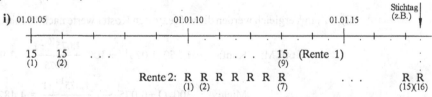

tatsächlich angewendeter Quartalszins: 3% p.Q.   (relativ zu 12% p.a. nominell)

Jahreszinsfaktor für Rente 1: $q_1 = 1,03^4$ ($\approx 1,1255$)
Halbjahreszinsfaktor für Rente 2: $q_2 = 1,03^2$ ($= 1,0609$)

Wählt man als Stichtag z.B. den Tag der letzten Rate von Rente 2, so folgt:

Wert von Rente 1: $K_{n1} = 15.000 \cdot \dfrac{q_1^9 - 1}{q_1 - 1} \cdot 1,03^{18}$

Wert von Rente 2: $K_{n2} = R \cdot \dfrac{q_2^{16} - 1}{q_2 - 1}$.

Äquivalenz   ⇒ $K_{n1} = K_{n2}$ ⇒ $R = 14.933,48$ €/Halbjahr.

ii)   Angebot Balzer („A"):

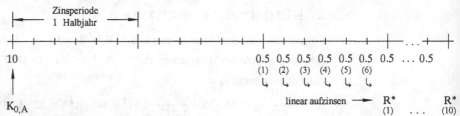

Ersatzrate R^* (pro Halbj.): $R^* = 6 \cdot 500 \cdot (1 + 0,05 \cdot \dfrac{3,5}{6}) = 3.087,50$ €/Halbj.

⇒   Wert des Angebots A am Tag der Anzahlung („heute"):

$$K_{0,A} = 10.000 + 3.087,50 \cdot \frac{1,05^{10} - 1}{0,05} \cdot \frac{1}{1,05^{12}} = 31.624,36 \; €^{\text{☺}}.$$

Angebot Weßling („B"):

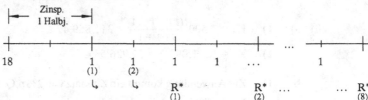

Ersatzrate R^* (pro Halbj.): $R^* = 2 \cdot 1.000 \cdot (1 + 0,05 \cdot \dfrac{3}{4}) = 2.075,00$ €/Halbj.

Wert des Angebots B am Tag der Anzahlung („heute"):

$$K_{0,B} = 18.000 + 2.075 \cdot \frac{1,05^8 - 1}{0,05} \cdot \frac{1}{1,05^9} = 30.772,54 \; €.$$

Somit ist für Call Angebot Balzer („A") günstiger.

iii)   Zum Vergleich werden die aufgezinsten Kostenwerte nach 10 Jahren ermittelt:

a)   360TM: Kauf: $1.250 \cdot 1,075^{10} + 100 \cdot \dfrac{1,075^{10} - 1}{0,075} = 3.991,- €^{\text{☺}}$

Miete: $300 \cdot (1 + 0,075 \cdot \dfrac{9}{12}) \cdot \dfrac{1,075^{10} - 1}{0,075} = 4.482,86 \; €$

b)   ICMA: Kauf: $3.991,- €$ *(jährliche Raten, kein Unterschied zu a))*[☺]

Miete: $150 \cdot \dfrac{(1,075^{0,5})^{20} - 1}{1,075^{0,5} - 1} \cdot 1,075^{0,5} = 4.481,42 \; €$

c)   US: Kauf: $3.991,- €$ *(wie bei a), b), da nur jährliche Raten)*[☺]

Miete: $150 \cdot \dfrac{1,0375^{20} - 1}{0,0375} \cdot 1,0375 = 4.515,83 \; €$.

iv)   Aufgezinste Auszahlungen *(Stichtag: 24 Monate nach Anzahlung):*

   a)   360TM:

   Leasing: $15.000 \cdot 1,1^2 + 3.840 \cdot (1+0,1 \cdot \frac{5,5}{12}) \cdot \frac{1,1^2-1}{0,1} + 15.000 = 41.583,60 \text{ €}$

   Kauf: $33.660 \cdot 1,1^2 = 40.728,60 \text{ €}^{©}$

   b)   ICMA:

   Leasing: $15.000 \cdot q^{24} + 320 \cdot \frac{q^{24}-1}{q-1} + 15.000 = 41.577,24 \text{ €}$ *(mit q = 1,1$^{1/12}$)*

   Kauf: $40.728,60 \text{ €}^{©}$ *(s.o., denn $q^{24} = 1,1^2$)*

   c)   US:

   Leasing: $15.000 \cdot q^{24} + 320 \cdot \frac{q^{24}-1}{q-1} + 15.000 = 41.768,88 \text{ €}$

   Kauf: $33.660 \cdot q^{24} = 41.078,36 \text{ €}^{©}$ *(mit $q = 1 + \frac{0,1}{12}$)*

Aufgabe 3.18 *(3.8.28)*:

i)   **a)** $K_0 = 15.840 \cdot (1 + 0,06 \cdot \frac{6,5}{12}) \cdot \frac{1,06^4-1}{0,06} \cdot \frac{1}{1,06^4} = 56.671,11 \text{ €}.$

   b)   Der konforme Monatszins i_M ergibt sich aus $(1 + i_M)^{12} = 1,06$ $\Rightarrow$

   $K_0 = 1.320 \cdot \frac{1,06^4-1}{i_M} \cdot (1 + i_M)^{-47} = 56.655,22 \text{ €}.$

   c)   Mit dem relativen Monatszinssatz $i_M = 0,5\%$ p.M. ergibt sich:

   $K_0 = 1.320 \cdot \frac{1,005^{48}-1}{0,005} \cdot 1,005^{-47} = 56.487,05 \text{ €}.$

ii)   Aufgezinste Auszahlungen *(Stichtag: Ende der Nutzungsdauer)*

   Kauf: $K_n = 10000 \cdot 1,1^5 + 200 \cdot \frac{q^{20}-1}{q-1} \cdot q - 2000 = 19.290,80 \text{ €}$ *(q=1,1^{0,25})*

   Miete: $K_n = 250 \cdot \frac{q^{60}-1}{q-1} = 19.140,31 \text{ €}^{©}$ *(q = 1,1$^{1/12}$)* $\Rightarrow$ Miete günstiger

   (zum Vergleich die auf t = 0 abgezinsten Werte:

   Kauf: $K_0 = 11.978,07 \text{ €};$ Miete: $K_0 = 11.884,62 \text{ €}^{©}$)

iii)   **a)**   Barwerte *(Stichtag „heute", d.h. Zeitpunkt von Anzahlung/Barkauf):*
   (in allen drei Fällen beträgt der Barzahlungswert 26.000,– €)

   1)   Ratenzahlung (360-Tage-Meth.):

   $5.000 + 7.527,60 \cdot (1+0,06 \cdot \frac{5,5}{12}) \cdot \frac{1,06^3-1}{0,06} \frac{1}{1,06^3} = 25.674,70 \text{ €}^{©}$

   2)   Ratenzahlung (ICMA):

   $5.000 + 627,30 \cdot \frac{q^{36}-1}{q-1} \cdot \frac{1}{q^{36}} = 25.668,88 \text{ €}^{©}$ *(mit q = 1,06$^{1/12}$)*

   3)   Ratenzahlung (US):

   $5.000 + 627,30 \cdot \frac{q^{36}-1}{q-1} \cdot \frac{1}{q^{36}} = 25.619,99 \text{ €}^{©}$ *(mit $q = 1 + \frac{0,06}{12}$)*

b) **1)** 360TM-Äquivalenzgleichung *(Stichtag „heute"):*

$$21.000 = 7.527,60 \cdot (1 + (q-1) \cdot \frac{5,5}{12}) \cdot \frac{q^3 - 1}{q - 1} \cdot \frac{1}{q^3}$$

$\Rightarrow$ $i_{eff} = 4,8975\%$ p.a. *(Regula falsi)*

2) ICMA-Äquivalenzgleichung *(Stichtag „heute"):*

$$21.000 = 627,30 \cdot \frac{q^{36} - 1}{q - 1} \cdot \frac{1}{q^{36}} \qquad (q = Monatszinsfaktor)$$

$\Rightarrow$ $q = 1,00398187$ $\Rightarrow$ $i_{eff} = q^{12} - 1 = 4,8843\%$ p.a.
(Regula falsi)

3) US-Äquivalenzgleichung *(Stichtag „heute"):*
Wie ICMA, daher auch dieselbe Lösung: $q = 1 + i_M = 1,00398187$

$\Rightarrow$ $i_{eff} = 12 \cdot i_M = 0,047782 = 4,7782\%$ p.a. *(aber anderer i_{eff}! ⁄)*

iv) **a)** **1)** 360-Tage-Methode:
$$600 \cdot 1,06^n = 12 \cdot 11,50 \cdot (1 + 0,06 \cdot \frac{5,5}{12}) \cdot \frac{1,06^n - 1}{0,06} \qquad \Longleftrightarrow \qquad n = 5,026$$

d.h. die Nutzungsdauer (ND) muss etwas mehr als 5 Jahre betragen.

2) ICMA-Methode:
Der konforme Monatszinssatz i_M ergibt sich aus $(1 + i_M)^{12} = 1,06$ $\Rightarrow$

$$600 \cdot (1 + i_M)^m = 11,50 \cdot \frac{(1 + i_M)^m - 1}{i_M} \qquad \Longleftrightarrow \qquad m = 60,3358 \text{ Monate},$$

d.h. n = 5,028, also ebenfalls ungefähr 5jährige Mindest-ND.

3) US-Methode: Dieselbe Äquivalenzgleichung wie bei ICMA, nur ist
statt des konformen nunmehr der relative Monatszinssatz $i_M = 0,005 = 0,5\%$ p.M. zu verwenden.

$\Rightarrow$ m = 60,6072 Monate, d.h. 5,05 Jahre,

also ebenfalls etwa 5jährige Mindest-Nutzungsdauer.

b) **1)** $$600 = \frac{138 \cdot (1 + (q-1) \cdot \frac{5,5}{12})}{q - 1} \qquad \Rightarrow \qquad i_{eff} = 25,71\% \text{ p.a. } (360TM)$$

2) $$600 = \frac{11,50}{q - 1} \qquad \Rightarrow \qquad i_{eff} = q^{12} - 1 = 1,0191\overline{6}^{12} - 1 = 25,59\% \text{ p.a.}$$
$$(ICMA)$$

3) $$600 = \frac{11,50}{q - 1} \qquad \Rightarrow \qquad q - 1 = i_M = 0,0191\overline{6}$$
$$\Rightarrow \qquad i_{eff} = 12 \cdot i_M = 23,00\% \text{ p.a. } (US)$$

v)   Wert aller Rückzahlungen nach 10 Jahren *(d.h. zum 01.01.17)*:

    a)   360TM: A: $1.800 \cdot (1+0,12 \cdot \frac{5,5}{12}) \cdot \frac{1,12^{10}-1}{0,12} = 33.325,05 \,€$ ☺

                    B: $11.160 \cdot 1,12^{10} = 34.661,27 \,€$

    b)   ICMA: A: $150 \cdot \frac{(1+i_M)^{120}-1}{i_M} = 33.289,51 \,€$☺   *(1+i_M = 1,12^{\frac{1}{12}})*

                  B: $34.661,27 \,€$ *(wie unter a), da unterjährig konform)*

    c)   US: A: $150 \cdot \frac{1,01^{120}-1}{0,01} = 34.505,80 \,€$☺   *(i_M = 1\% p.M.)*

               B: $11.160 \cdot 1,01^{120} = 36.832,32 \,€$

vi)   Wert aller Zahlungen *(bei 18% p.a.)* am Tag der letzten Rate bei

    a)   360TM: Angebot 1:
$$5.900 \cdot 1,18^3 + 12 \cdot 99,99 \cdot (1+0,18 \cdot \frac{5,5}{12}) \cdot \frac{1,18^3-1}{0,18} = 14.333,97 \,€$$
                Angebot 2:
$$12 \cdot 299,99 \cdot (1+0,18 \cdot \frac{5,5}{12}) \cdot \frac{1,18^3-1}{0,18} = 13.921,18 \,€\,☺\,;$$

    b)   ICMA: konformer Monatszins $1,18^{1/12} - 1 = i_M = 1,388843\% \,p.M.$ ⇢
                Angebot 1:
$$5.900 \cdot 1,18^3 + 99,99 \cdot \frac{1,18^3-1}{1,18^{1/12}-1} = 14.323,41 \,€$$
                Angebot 2:
$$299,99 \cdot \frac{1,18^3-1}{1,18^{1/12}-1} = 13.889,49 \,€☺ \,.$$

Aufgabe 3.19 *(3.8.29)*:

  i)   **a)**   360-Tage-Methode: Barwert *(„heute")* von R. Ubels Angebot:
$$19.000+6 \cdot 1.500 \cdot (1+0,09 \cdot \frac{2,5}{12}) \cdot \frac{1}{1,09}+12 \cdot 1.500 \cdot (1+0,09 \cdot \frac{5,5}{12}) \cdot \frac{1}{1,09^2} =$$
$$= 43.186,88 \,€ \,☺$$

          Barwert von Z. Asters Angebot:
$$[15.000 \cdot (1+0,09 \cdot \frac{10}{12})+15.000 \cdot (1+0,09 \cdot \frac{7}{12})+15.000] \cdot \frac{1}{1,09} = 43.038,99 \,€$$
             (falls alles separat abgezinst: *42.997,62€)*

    b)   ICMA:
        Barwert R. Ubel: $19.000+1.500 \cdot \frac{1,09^{18/12}-1}{1,09^{1/12}-1} \cdot \frac{1}{1,09^2} = 43.172,56 \,€ \,☺$

        Barwert Z. Aster: $15.000 \cdot (\frac{1}{1,09^{2/12}}+\frac{1}{1,09^{5/12}}+\frac{1}{1,09}) = 43.018,51 \,€ \,.$

ii) a) Lineare Verzinsung: Falls Stichtag 01.10., ergeben sich folgende Endwerte:

$K_A = 500 \cdot (1+0,1 \cdot 0,75) + 500 \cdot (1+0,1 \cdot 0,25) = 1.050,- €$

$K_B = 400 \cdot (1+0,1 \cdot 0,5) + 888 = 1.308,- €$, d.h. 258 € mehr als Altern. A.

Barwert dieser Differenz: $\dfrac{258}{1+0,1 \cdot 0,75} = 240 €$ für Alternative A am 01.01.

(falls Stichtag 01.01. und alles einzeln abgezinst wird: 240,10 €).

b) Wegen $(1+i_Q)^4 = 1,1$ folgt: $q = 1+i_Q = 1,024114\% \text{ p.Q.}$

Damit ergeben sich folgende Barwerte:

$K_{0,A} = 500 + 500 \cdot q^{-2} = 976,73 €$; $K_{0,B} = 400 \cdot q^{-1} + 888 \cdot q^{-3} = 1.217,32 €$

⇒ Alternative A muss am 01.01. noch 240,59 € erhalten.

iii) a)   17.000 [€]

Äquivalenzgleichung bei linearer Verzinsung zum eff. Jahreszinssatz i:

$17000(1+i \cdot 0,75) = 3000(1+i \cdot 0,75) + 15000(1+i \cdot 0,25)$

$\Rightarrow \quad i = \dfrac{1000}{6750} = 14,81\% \text{ p.a.}$ *(Äquivalenz von Raten- u. Barzahlung)*

Je höher Hubers Kalkulationszinssatz liegt, desto stärker wiegt beim Aufzinsen die *(frühe)* Barzahlung, desto ungünstiger also Barzahlung.

Daher wird Huber Ratenzahlung dann vorziehen, wenn sein Kalkulationszinssatz höher als 14,81% p.a. ist. *(Man kann auch einen fiktiven Kalkulationszinssatz, z.B. 20% p.a., in die Äquivalenzgleichung einsetzen, um zu sehen, dass der Endwert bei Barzahlung höher liegt als bei Ratenzahlung.)*

b) Konformer Monatszins i_M zu 15% p.a. über $(1+i_M)^{12} = 1,15$.
Entsprechender äquivalenter Quartalszinssatz i_Q über $1+i_Q = (1+i_M)^3$

Endwert der Barzahlung:

$K_n = 17.000(1+i_M)^9 = 18.878,71 €$

Endwert der Ratenzahlung:

$K_n = 3000(1+i_M)^9 + 5000 \cdot \dfrac{(1+i_Q)^3 - 1}{i_Q} = 18.871,23 €$

also Ratenzahlung *(etwas)* günstiger als Barzahlung.

c) Rechnung wie unter b), allerdings mit $i_M = \dfrac{15\%}{12} = 1,25\% \text{ p.M.}$
⇒ $1+i_Q = 1,0125^3$

Endwert der Barzahlung: 19.010,97 €
Endwert der Ratenzahlungen: 18.931,65 €, also Ratenzahlung günstiger.

iv)

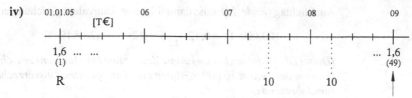

Wert aller Unterhaltszahlungen am Stichtag *($i_M = 1\%\,p.M.$)*:

$$W_U = 1600 \cdot \frac{1{,}01^{49} - 1}{0{,}01} = 100.535{,}73 \, €$$

Wert der von Tanja gewünschten Gegenleistungen am Stichtag:

$$W_{GL} = R \cdot 1{,}01^{48} + 10.000 \cdot 1{,}01^{18} + 10.000 \cdot 1{,}01^{9}$$

Gleichsetzen liefert: $R = 48.155{,}41 \, €$

v)

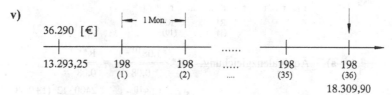

Wenn Rossteuscher Recht hat, müssen bei 3,99% p.a. die Leistung *(Barpreis)* und Gegenleistungen *(Anzahlung plus 36 Monatsraten plus Schlusszahlung)* am Stichtag identisch sein, wobei unterjährige Zahlungen nach der ICMA-Methode aufzuzinsen sind:

(konformer Monatszinsfaktor: $q = 1 + i_M = 1{,}0399^{\frac{1}{12}}$, *d.h.* $q^{36} = 1{,}0399^3$ *)*

Wert der Leistung: $L = 36.290 \cdot 1{,}0399^3 = 40.809{,}54 \, €$

Wert der Gegenleistung:

$$GL = 13.293{,}25 \cdot 1{,}0399^3 + 198 \cdot \frac{1{,}0399^3 - 1}{1{,}033^{1/12} - 1} + 18.309{,}90 = 40.809{,}54 \, €$$

also identische Werte: Rossteuscher hat die Wahrheit gesagt.

vi)

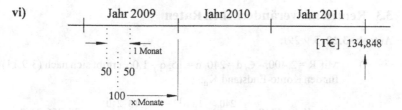

Die beiden Zahlungen zu je 50.000€ im Monatsabstand können äquivalent ersetzt werden durch eine Einmalzahlung von 100.000€ in Monatsmitte *(mittlerer Zahlungstermin)*, da innerhalb des Zinsjahres lineare Verzinsung.

Am Stichtag *(Ende '11)* muss dann folgende Äquivalenzgleichung erfüllt sein:

$$100.000 \cdot (1 + 0{,}12 \cdot \tfrac{x}{12}) \cdot 1{,}12^2 \;=\; 138.848$$

(Dabei ist „x" die noch unbekannte Zeitspanne (in Monaten) zwischen dem Zeitzentrum der beiden 50.000-€-Raten und dem nächsten Zinsverrechnungstermin (am Jahresende).

Lösung der Gleichung: $x = 7{,}5$ Monate vor dem 01.01.2010, d.h. erste Rate 8 Monate, zweite Rate 7 Monate vor dem 01.01.2010 und daher:

Die erste Rate in Höhe von 50.000€ ist am 30.04.2009 fällig.
Die zweite Rate in Höhe von 50.000€ ist am 31.05.2009 fällig.

vii)

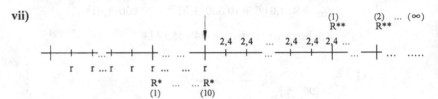

a) Äquivalenzgleichung: $R^* \cdot \dfrac{1{,}08^{10}-1}{0{,}08} \;=\; \dfrac{R^{**}}{0{,}08}$

d.h. $12r \cdot (1 + 0{,}08 \cdot \tfrac{5{,}5}{12}) \cdot \dfrac{1{,}08^{10}-1}{0{,}08} \;=\; \dfrac{2400 \cdot 12 \cdot (1+0{,}08 \cdot \tfrac{5{,}5}{12})}{0{,}08}$

d.h. $r \cdot (1{,}08^{10}-1) = 2400$ und daher: $r = 2.070{,}88 \text{ €/Monat}$.

b) Es sei i_M der zu 8% p.a. konforme Monatszinssatz, d.h. $(1+i_M)^{12} = 1{,}08$.

Dann gilt mit bei monatlichen Zinseszinsen *(Zinsfaktor: $q = 1+i_M$)* die Äquivalenzgleichung:

$$r \cdot \frac{q^{120}-1}{q-1} = \frac{2400}{q-1}   \qquad \text{d.h.} \qquad r \cdot (q^{120}-1) = 2400.$$

Daraus folgt wegen $q^{120} = 1{,}08^{10}$: $r \cdot (1{,}08^{10}-1) = 2400$ wie in a)!

3.3 Renten mit veränderlichen Raten

Aufgabe 3.20 *(3.9.29)*:

i) Mit $R = 2.400{,}-- €$, $d = 240$, $n = 15$, $q = 1{,}06$ ergibt sich nach (3.9.11) Lehrbuch für den Konto-Endstand K_n:

$$K_n = (2400 + \frac{240}{0{,}06}) \cdot \frac{1{,}06^{15}-1}{0{,}06} - \frac{15 \cdot 240}{0{,}06} \;=\; 88.966{,}21 €.$$

Höhe der letzten *(=15.)* Rate: $R_n = R + (n-1) \cdot d = 2.400 + 14 \cdot 240 = 5.760 €$

ii) Mit c = 1,03 folgt aus i) sowie Lehrbuch (3.9.24) für den Konto-Endstand K_n:

$$K_n = 88.966,21 = R \cdot \frac{1,06^{15} - 1,03^{15}}{1,06 - 1,03} \quad \Rightarrow \quad R = 3.182,70 \, € \quad (= 1. \, Rate)$$

iii) **a)** Mit der Beziehung (3.9.10) des Lehrbuchs ergibt sich – bezogen auf den Tag der 20. Rate *(als Stichtag)* – die Äquivalenzgleichung

$$400.000 \cdot (1,055^{27} + 1,055^{24}) = 48.000 \cdot \frac{1,055^{20} - 1}{0,055} + \frac{d}{0,055} \cdot (\frac{1,055^{20} - 1}{0,055} - 20)$$

$$\Rightarrow \quad d = 5.437,43 \, € \text{ p.a.}$$

b) Mit der Beziehung (3.9.24) des Lehrbuchs ergibt sich – bezogen auf den Tag der 20. Rate *(als Stichtag)* – die Äquivalenzgleichung *(mit $c = 1 + i_{dyn}$)*

$$400.000 \cdot (1,055^{27} + 1,055^{24}) = 48.000 \cdot \frac{1,055^{20} - c^{20}}{1,055 - c} \, .$$

Diese Gleichung lässt sich nicht „klassisch" bzgl. c lösen. Die Benutzung eines iterativen Näherungsverfahrens *(z.B. die „Regula falsi", siehe Kap. 5.1.2 des Lehrbuches)* liefert

$$c = 1 + i_{dyn} = 1,073367, \text{ d.h. die Steigerungs-Rate beträgt } 7,34\% \text{ p.a.}$$

iv) Die Differenz zweier aufeinander folgender Raten beträgt stets R, d.h. es handelt sich um eine arithmetisch fortschreitende Rente mit d = R.
Aus der Beziehung (3.9.11) des Lehrbuches folgt somit für den Endwert K_n:

$$K_n = (R + \frac{R}{q-1}) \cdot \frac{q^n - 1}{q-1} - \frac{n \cdot R}{q-1} = \frac{Rq}{q-1} \cdot \frac{q^n - 1}{q-1} - \frac{n \cdot R}{q-1} = \frac{R}{q-1} \cdot (\frac{q^n - 1}{q-1} \cdot q - n)$$

$$= \frac{R}{q-1} \cdot (\frac{q^{n+1} - 1 + 1 - q}{q-1} - n) = \frac{R}{q-1} \cdot (\frac{q^{n+1} - 1}{q-1} - \frac{q-1}{q-1} - n) \, , \text{ d.h.}$$

$$K_n = \frac{R}{q-1} \cdot (\frac{q^{n+1} - 1}{q-1} - n - 1) \, , \text{ wie gezeigt werden sollte } (q \neq 1).$$

Aufgabe 3.21:

i) $K_n = 12000 \cdot \dfrac{1,08^{22} - 1}{0,08} \cdot 1,08^5 = 977.810,01 \, €$

ii) **a)** Realwert, bezogen auf den 01.01.99: $K_n \cdot 1,03^{-26} = 453.405,35 \, €$
b) Realwert, bezogen auf den 01.01.10: $K_n \cdot 1,03^{-15} = 627.619,04 \, €$

Aufgabe 3.22 *(3.9.63)*:

i) Aus der Beziehung (3.9.11) des Lehrbuchs folgt *(mit $R = 70.000$; $d = -5.000$)* für den Wert K_n sämtlicher Gegenleistungen am Tag der 10. *(und letzten)* Rate:

$$K_n = (70.000 - \frac{5000}{0,13}) \cdot \frac{1,13^{10} - 1}{0,13} + \frac{10 \cdot 5000}{0,13} = 965.545,93 \ \euro$$

$\Rightarrow \quad K_0 = K_n \cdot 1,13^{-10} = 284.438,58 \ \euro \quad (= Kreditsumme)$

ii)   **a)**   Analog zu i) folgt mit $R = 40.000$, $d = 6.000$:

$$K_n = (40.000 + \frac{6000}{0,13}) \cdot \frac{1,13^{10} - 1}{0,13} - \frac{10 \cdot 6000}{0,13} = 1.125.393,77 \ \euro$$

$\Rightarrow \quad K_0 = K_n \cdot 1,13^{-10} = 331.527,89 \ \euro \quad (= Kreditsumme)$

b)   *(**Druckfehler** in der Aufgabenstellung der 5. Aufl. des **Lehr**buches: Es soll die Kreditsumme des Aufgabenteils i) erreicht werden!)*

Jetzt ist die Differenz d gesucht, die auf eine Kreditsumme 284.438,58 € führt. Dazu am besten geeignet ist die Beziehung (3.9.10) des Lehrbuchs:

Mit $\qquad K_n = 40.000 \cdot \frac{1,13^{10} - 1}{0,13} + \frac{d}{0,13} \cdot (\frac{1,13^{10} - 1}{0,13} - 10)$

folgt wegen $\quad 284.438,58 = K_0 = K_n \cdot 1,13^{-10}$:

$\qquad\qquad d = 3.531,97 \ \euro/Jahr \ (jährl. Zunahme)$

c1)   Wegen (3.9.24) Lehrbuch gilt für den Endwert K_n am Tag der letzten Rate:

$$K_n = 40.000 \cdot \frac{1,13^{10} - 1,10^{10}}{1,13 - 1,10} \quad \Rightarrow \quad K_0 = K_n \cdot 1,13^{-10} = 314.551,59 \ \euro.$$

c2) $K_0 \cdot 1,13^{10} = K_n = R \cdot \dfrac{1,13^{10} - 1,07^{10}}{1,13 - 1,07} \quad \Rightarrow \quad R = 142.687,23 \ \euro \quad (1. \ Rate)$

Aufgabe 3.23 *(3.9.64)*:

Wenn Pietschling die ersten 10.000 € sofort einbehält, bleiben ihm als Kapital für die ewige Rest-Rente noch 240.000 € übrig. Die erste Folgerate – fällig nach einem Jahr – beträgt dann 11.000€ *(!)* und steigert sich jährlich um $d = 1.000€$.

Mit der Beziehung (3.9.16) des Lehrbuches gilt daher *(q ≠ 1)*

$$240.000 = \frac{R}{q - 1} + \frac{d}{(q - 1)^2} = \frac{11.000}{x} + \frac{1000}{x^2} \qquad (mit \ x := q - 1).$$

Es ergibt sich die quadratische Gleichung: $240x^2 - 11x - 1 = 0$ mit der *(positiven)* Lösung: $x = 0,091414 \ (= q - 1 = i) \quad \Rightarrow \quad i \approx 9,14\% \ p.a. \ (notwendiger Anlagezins)$

Der alternative Lösungsansatz (250.000 ein Jahr abzinsen und dann (3.9.16) anwenden) führt auf die (etwas kompliziertere) Gleichung ($q \neq 1$):

$$\frac{250.000}{q} = \frac{10.000}{q-1} + \frac{1.000}{(q-1)^2} \qquad d.h.$$

$250 \cdot (q-1)^2 = 10 \cdot q(q-1) + q$ *oder (mit* $x := q-1$): $250x^2 = 10 \cdot (x+1) \cdot x + (1+x)$
mit derselben Lösung: $x = i = 0,091414$ *usw.*

Aufgabe 3.24 *(3.9.65):*

i) $K_{10} = 10.000 \cdot \dfrac{1,09^{10} - 1}{0,09} = 151.929,30 \text{ €}$

ii) $K_{10}(\text{real}) = K_{10} \cdot 1,05^{-10} = 93.271,41 \text{ €}$

iii) $K_n = 10.500 \cdot \dfrac{1,09^{10} - 1,05^{10}}{1,09 - 1,05} = 193.848,13 \text{ €}$

iv) $K_n(\text{real}) = K_n \cdot 1,05^{-10} = 119.005,93 \text{ €}$

v)   zu i) $K_0 = 151.929,30 \cdot 1,09^{-10} = 64.176,58 \text{ €}$
      zu iii) $K_0 = 193.848,13 \cdot 1,09^{-10} = 81.883,55 \text{ €}$

Aufgabe 3.25 *(3.9.66):*

i) $K_8 = 20.000 \cdot \dfrac{1,06^8 - 1}{0,06} = 197.949,36 \Rightarrow K_8(\text{real}) = K_8 \cdot 1,045^{-7} = 145.458,82 \text{ €}$

ii) $R \cdot \dfrac{1,06^8 - 1}{0,06} \cdot 1,045^{-7} = 160.000 \qquad \Longleftrightarrow \qquad R = 21.999,35 \text{ €/Jahr}$

iii) a) $K_8 = 20.000 \cdot \dfrac{1,06^8 - 1,045^8}{1,06 - 1,045} = 228.996,62 \text{ €}$

      b) $K_8(\text{real}) = 228.996,62 \cdot 1,045^{-7} = 168.273,23 \text{ €}$

      c) $K_0 = 228.996,62 \cdot 1,06^{-7} = 152.295,83 \text{ €}$.

Aufgabe 3.26 *(3.9.67):*

i)   Stichtag (z.B.) Tag der letzten Abhebung, d.h. 01.01.33. Dann muss gelten

      $R \cdot \dfrac{1,08^{20} - 1}{0,08} \cdot 1,08^{14} = 24.000 \cdot \dfrac{1,08^{12} - 1}{0,08} \qquad \Rightarrow \qquad R = 3.388,48 \text{ €/Jahr}$.

ii)   Die 1. Abhebung beträgt $24.000 \cdot 1,05^{22}$, jede Folge-Abhebung beträgt das 1,05-fache des vorhergehenden Wertes, d.h. mit (3.9.24) des Lehrbuchs folgt:

      $24.000 \cdot 1,05^{22} \cdot \dfrac{1,08^{12} - 1,05^{12}}{1,08 - 1,05} \overset{!}{=} R \cdot \dfrac{1,08^{20} - 1}{0,08} \cdot 1,08^{14} \Rightarrow R = 12.576,02 \text{ €/J.}$
      (Höhe der 20 Ansparraten)

iii)   a)   Das äquivalente Gesamtkapital K_0^∞ für die ewige Rente muss ein Jahr vor
            der ersten Abhebung, d.h. am 01.01.23, bereitstehen, d.h. es muss gelten:

$$12.000 \cdot \frac{1,08^{20}-1}{0,08} \cdot 1,08^4 = K_0^\infty = \frac{R}{q-c} = \frac{10.000}{1,08-c} \quad \textit{(wegen (3.9.31))}.$$

Daraus folgt: $c = 1+i_{dyn} = 1,066615$, d.h. $i_{dyn} \approx 6,66\%\,p.a.$

b)   Aus a) folgt mit S statt 12.000 und 1,03 statt c sowie 18.000 statt 10.000:

$$S \cdot \frac{1,08^{20}-1}{0,08} \cdot 1,08^4 = K_0^\infty = \frac{R}{q-c} = \frac{18.000}{1,08-1,03} \quad \Rightarrow \quad S = 5.782,33 \text{ €/J}.$$

Aufgabe 3.27 *(3.9.68)*:

i)   End-Kontostände am Tag der 17. (und letzten) Rate:

Alternative 1: $K1_n = 12.000 \cdot \dfrac{1,065^{17}-1}{0,065} = 353.916,25$ €

Alternative 2: $K2_n = 12.000 \cdot \dfrac{1,065^{17}-1,05^{17}}{1,065-1,05} = 500.022,44$ € *(mit (3.9.24)LB)*

Realwert $K2_{n,1}$ *(bezogen auf den Tag der 1. Rate)* $\overset{!}{=} K1_n$ $\Rightarrow$

$\dfrac{500.022,44}{(1+i_{infl})^{16}} = 353.916,25$ $\Rightarrow$ $i_{infl} = 0,021835 \approx 2,18\%\,p.a.$

ii)   Nach Lehrbuch (3.9.10) sowie i) muss für Alternative 3 gelten:

$$K3_n = \left\{ 12.000 \cdot \frac{1,065^{17}-1}{0,065} + \frac{d}{0,065} \cdot (\frac{1,065^{17}-1}{0,065} - 17) \right\} \cdot 1,023^{-16} \overset{!}{=} 353.916,25$$

$\Rightarrow$ $d \approx 808,06$ €/Jahr   *(jährl. Änderungsbetrag der Sparraten)*

Aufgabe 3.28 *(3.9.69)*:

i)   End-Kontostand nach (3.9.24) LB: $50.000 \cdot \dfrac{1,069^{20}-1,025^{20}}{1,069-1,025} = 2.453.836,45$ €

Realwert, bezogen auf den Tag der 1. Rate: 1.534.942,71 €.

ii)   Realwert, bezogen auf den Tag der 1. Rate $\overset{!}{=}$ End-Kontostand ohne Zuschläge
                                                    $= 2.027.530,81$ €

$\Rightarrow$ End-Kontostand *mit* Zuschlägen $\overset{!}{=} 2.027.530,81 \cdot 1,025^{19}$,

d.h. mit $c := 1+i_{dyn}$ gilt: $\dfrac{1,069^{20}-c^{20}}{1,069-c} = 3.241.312,50$

Iterative Gleichungslösung *(z.B. Regula falsi)* liefert: $c = 1,058544178$

d.h. der Steigerungs-Prozentsatz muss lauten: $i_{dyn} = c-1 \approx 5,85\%\,p.a.$

Aufgabe 3.29 *(3.9.70):*

Konformer Monats-Zinsfaktor: $q = 1{,}075^{\frac{1}{12}}$. Mit (3.9.24) LB folgt für den Barwert:

$$K_0 = 100 \cdot \frac{1{,}075^{\frac{1}{12} \cdot 141} - 1{,}005^{\,141}}{1{,}075^{\frac{1}{12}} - 1{,}005} \cdot 1{,}075^{-11{,}75} = 13.043{,}63 \text{ €.}$$

Aufgabe 3.30 *(3.9.71):*

i)   In beiden Fällen a) und b) muss zunächst die am Ende des 1. Jahres resultierende
Ersatzrate R *(die sich aus der Summe der aufgezinsten vier Quartalsraten ergibt)*
ermittelt werden. Diese Ersatzrate R erhöht sich dann – über die Vierteljahres-
raten – von Jahr zu Jahr um den Dynamiksatz 5%, Dynamikfaktor also: $c = 1{,}05$.

a) $R = 4 \cdot 24.125 \cdot (1 + 0{,}05 \cdot \frac{1{,}5}{4}) = 98.309{,}375$ *(siehe etwa (1.2.64) LB)*

Da hier Zinssatz und Dynamiksatz gleich sind, lässt sich LB (3.9.24) nicht
anwenden. Mit (3.9.26) LB folgt

$$K_n = R \cdot n \cdot q^{n-1} = 96.500 \cdot (1 + 0{,}05 \cdot \tfrac{1{,}5}{4}) \cdot 10 \cdot 1{,}05^9 = 1.525.101{,}07 \text{ €,}$$

d.h. 259.101,07 mehr als die Ablaufleistung *(= 1.266.000,- €)*
(die Anlage zu 5% p.a. hätte einen um 20,5% höheren Endwert geliefert).

b)   Mit $R = 24.125 \cdot \dfrac{1{,}05 - 1}{1{,}05^{0{,}25} - 1}$ *(= 98.290,99)* gilt mit (3.9.26) LB:

$$K_n = R \cdot n \cdot q^{n-1} = 24.125 \cdot \frac{1{,}05 - 1}{1{,}05^{0{,}25} - 1} \cdot 10 \cdot 1{,}05^9 = 1.524.815{,}82 \text{ €,}$$

d.h. 258.815,82 mehr als die Ablaufleistung *(= 1.266.000,- €)*
(die Anlage zu 5% p.a. hätte einen um 20,4% höheren Endwert geliefert).

ii)   Jede Rate des ersten Jahres wird um 785€ reduziert. Da diese Reduktion nach jedem Jahr ebenfalls um 5% *(wie die Prämien)* steigt, können wir R wie in i) ermitteln, allerdings nun mit 23.340 statt 24.125€ sowie $q = 1{,}06$. Mit (3.9.24) LB gilt

a) $K_n = 93.360 \cdot (1 + 0{,}06 \cdot \frac{1{,}5}{4}) \cdot \dfrac{1{,}06^{10} - 1{,}05^{10}}{1{,}06 - 1{,}05} = 1.546.013{,}72€$ *(+22,1%)*.

d.h. 280.013,72 mehr als die Ablaufleistung *(= 1.266.000,- €)*

b) $K_n = 23.340 \cdot \dfrac{1{,}06 - 1}{1{,}06^{0{,}25} - 1} \cdot \dfrac{1{,}06^{10} - 1{,}05^{10}}{1{,}06 - 1{,}05} = 1.545.600{,}79€$ *(+22,1%)*.

d.h. 279.600,79 mehr als die Ablaufleistung *(= 1.266.000,- €)*

iii)   Da i_{eff} nach der ICMA-Methode berechnet werden soll, muss mit vierteljährli-
       chen Zinseszinsen zum *(noch unbekannten)* konformen Quartalszinssatz i_Q ge-
       rechnet werden. Die 1. Jahres-Ersatzrate R ergibt sich dann zu *(q = 1+i_Q)*:

$$R = 23.340 \cdot \frac{q^4 - 1}{q - 1} \quad \textit{(zu erhöhen um 5\% p.a.).}$$

Damit lautet die Äquivalenzgleichung für q   *(Verwendung von (3.9.24) LB)*:

$$23.340 \cdot \frac{q^4 - 1}{q - 1} \cdot \frac{q^{40} - 1,05^{10}}{q^4 - 1,05} \overset{!}{=} 1.266.000 \quad \textit{(=Ablaufleistung)}$$

Iterative Gleichungslösung *(z.B. Regula falsi)* liefert: $q = 1,004148137$ *(=1+i_Q)*

⇒ $i_{eff} = q^4 - 1 = 0,016696076 \approx 1,67\%$ p.a.   *(= „traumhafte" Rendite ...)*

Aufgabe 3.31 *(3.9.72)*:

i)   a)   Der Betrag von 750.000 € bildet am 01.01.02 das äquivalente Kapital K_0^∞
          zur einen Monat später einsetzenden ewigen Monats-Rente, erste Rate R,
          Dynamikfaktor 1,001 pro Monat, konformer Zinsfaktor $q = 1,07^{1/12}$.
          Mit der Beziehung (3.9.31) des Lehrbuches gilt daher

$$K_0^\infty = \frac{R}{q - c} = \frac{R}{1,07^{1/12} - 1,001} = 750.000 \quad \Rightarrow \quad R = 3.490,61 \text{€}.$$

Jede Folgerate erhöht sich um 0,1% gegenüber der vorhergehenden Rate.
Die letzte Rate des Jahres 15 ist die 168. Monats-Rate, d.h. es muss gelten:

$$R_{168} = R \cdot 1,001^{167} = 4.124,70 \text{ €}.$$

b)   Jetzt beträgt die monatliche Steigerung 0,6%, der konforme Monatszins
     aber nur *(wie bisher)* $1,07^{1/12} - 1 \approx 0,57\%$, d.h. nach den Überlegungen der
     Bemerkung 3.9.30 LB ist eine derartige ewige Rente nicht möglich, viel-
     mehr ist das Kapital nach endlicher Zeit aufgezehrt.

     (Beispiel: Falls die 1. Rate wie unter a) vorliegt, d.h. R = 3.490,61 €,
     *   so folgt aus LB (3.9.30):   n = 208,46 Monate ≈ 17,4 Jahre)*

ii) Mit R = 1.200 *(1. Rate)* ist eine ewige Rente möglich, da diese 1. Rate geringer
     ist als die fälligen Zinsen *(= 4.240,61 €)*. Aus (3.9.31) LB folgt:

$$750.000 = \frac{1.200}{1,07^{1/12} - c} \quad \Rightarrow \quad c = 1,004054145 \quad \text{d.h.} \quad i_{dyn} \approx 0,405\% \text{ p.M.}$$

Jede Folgerate ergibt sich aus der vorhergehenden Rate durch Multiplikation mit
c. Die letzte Rate des Jahres 2100 ist die 1188. Monats-Rate, d.h. es muss gelten:

$$R_{1188} = 1.200 \cdot c^{1187} = 146.183,57 \text{ €} \quad \textit{(!).}$$

4   Tilgungsrechnung

4.1   Standardprobleme der Tilgungsrechnung

Aufgabe 4.1 *(4.1.13)*:

$$200 \cdot q^2 = 156 \cdot q + 94,4 \quad \Leftrightarrow \quad q^2 - 0,78 \cdot q - 0,472 = 0$$
$$q_{1,2} = 0,39 \underset{(-)}{+} 0,79$$

d.h. $q = 1,1800$ d.h. $i_{eff} = 18,00\%$ p.a.

Tilgungsplan *(durchgerechnet mit dem eff. Zinssatz 18% p.a.)*:

Jahr t	Restschuld K_{t-1} *(Beginn t)*	Zinsen Z_t *(Ende t)*	Tilgung T_t *(Ende t)*	Annuität A_t *(Ende t)*
1	200.000,00	36.000,00	120.000,00	156.000,00
2	80.000,00	14.400,00	80.000,00	94.400,00
3	0			

d.h. der Tilgungsplan geht bei Verwendung des Effektivzinssatzes genau auf.

Aufgabe 4.2 *(4.2.4)*:

Per. t	Restschuld K_{t-1} *(Beginn t)*	Zinsen Z_t *(Ende t)*	Tilgung T_t *(Ende t)*	Annuität A_t *(Ende t)*
1	350.000,00	35.000,00	70.000,00	105.000,00
2	280.000,00	28.000,00	0	28.000,00
3	280.000,00	28.000,00	−28.000,00	0
4	308.000,00	30.800,00	63.000,00	93.800,00
5	245.000,00	24.500,00	−199.500,00	−175.000,00
6	444.500,00	44.450,00	224.500,00	268.950,00
7	220.000,00	22.000.00	220.000,00	242.000,00
8	0,00		$\sum T_t = K_0$	

Aufgabe 4.3 *(4.2.30):*

i)

Per. t	Restschuld K_{t-1} *(Beginn t)*	Zinsen Z_t *(Ende t)*	Tilgung T_t *(Ende t)*	Annuität A_t *(Ende t)*
1	500.000,00	40.000,00	0,00	40.000,00
2	500.000,00	40.000,00	0,00	40.000,00
3	500.000,00	40.000,00	0,00	40.000,00
4	500.000,00	40.000,00	0,00	40.000,00
5	500.000,00	40.000,00	500.000,00	540.000,00

ii)

Per. t	Restschuld K_{t-1} *(Beginn t)*	Zinsen Z_t *(Ende t)*	Tilgung T_t *(Ende t)*	Annuität A_t *(Ende t)*
1	500.000,00	40.000,00	−40.000,00	0,00
2	540.000,00	43.200,00	−43.200,00	0,00
3	583.200,00	46.656,00	−46.656,00	0,00
4	629.856,00	50.388,48	−50.388,48	0,00
5	680.244,48	54.419,56	680.244,48	734.664,04

iii)

Per. t	Restschuld K_{t-1} *(Beginn t)*	Zinsen Z_t *(Ende t)*	Tilgung T_t *(Ende t)*	Annuität A_t *(Ende t)*
1	500.000,00	40.000,00	100.000,00	140.000,00
2	400.000,00	32.000,00	100.000,00	132.000,00
3	300.000,00	24.000,00	100.000,00	124.000,00
4	200.000,00	16.000,00	100.000,00	116.000,00
5	100.000,00	8.000,00	100.000,00	108.000,00

iv)

Per. t	Restschuld K_{t-1} *(Beginn t)*	Zinsen Z_t *(Ende t)*	Tilgung T_t *(Ende t)*	Annuität A_t *(Ende t)*
1	500.000,00	40.000,00	85.228,23	125.228,23
2	414.771,77	33.181,74	92.046,49	125.228,23
3	322.725,29	25.818,02	99.410,20	125.228,23
4	223.315,08	17.865,21	107.363,02	125.228,23
5	115.952,06	9.276,17	115.952,06	125.228,23

v)

Per. t	Restschuld K_{t-1} *(Beginn t)*	Zinsen Z_t *(Ende t)*	Tilgung T_t *(Ende t)*	Annuität A_t *(Ende t)*
1	500.000,00	40.000,00	0,00	40.000,00
2	500.000,00	40.000,00	−40.000,00	0,00
3	540.000,00	43.200,00	200.000,00	243.200,00
4	340.000,00	27.200,00	200.000,00	227.200,00
5	140.000,00	11.200,00	140.000,00	151.200,00

Aufgabe 4.4 *(4.2.31)*:

i) $0 = 150.000 \cdot 1,09^{10} - A \cdot \dfrac{1,09^{10} - 1}{0,09}$ $\Rightarrow$ $A = 23.373,01 \ \text{€/Jahr}.$

ii) Die Schlusstilgung T_{10} muss identisch sein mit der Restschuld K_9 zu Beginn des letzten Jahres: $T_{10} = K_9 = 150.000 \cdot 1,09^9 - A \cdot \dfrac{1,09^9 - 1}{0,09} = 21.443,18 \ \text{€}.$

iii) $K_5 = 150.000 \cdot 1,09^5 - 23.373,01 \cdot \dfrac{1,09^5 - 1}{0,09} = 90.912,87 \ \text{€}.$

iv) Restschuld nach 7 J.: $K_7 = 150.000 \cdot 1,09^7 - 23.373,01 \cdot \dfrac{1,09^7 - 1}{0,09} = 59.163,98 \ \text{€}$
  $\Rightarrow$ Tilgung Ende Jahr 8: $T_8 = A - K_7 \cdot 0,09 = 18.048,25 \ \text{€}.$

v) Aus $0 = 150.000 \cdot 1,09^n - A \cdot \dfrac{1,09^n - 1}{0,09}$ folgt:

  $0 = 13.500 \cdot 1,09^n - A \cdot 1,09^n + A$ $\Rightarrow$ *(1,09ⁿ ausklammern...)*

  $(A - 13.500) \cdot 1,09^n = A$ $\Rightarrow$

  $1,09^n = \dfrac{A}{A - 13.500}$

  a) $A = 14.000 \Rightarrow 1,09^n = 28 \Rightarrow n = \ln 28 / \ln 1,09 = 38,67 \ \text{Jahre}$

  b) $A = 13.600 \Rightarrow 1,09^n - 136 \Rightarrow n = \ln 136 / \ln 1,09 = 57,01 \ \text{Jahre}$

  c) $A = 13.000 \Rightarrow 1,09^n = -26 < 0 \ (\not{z}) \Rightarrow$ es gibt keine Schuldentilgung!
  (die Annuität ist kleiner als die Zinsen des ersten Jahres (= 13.500)).

vi) Nach Ablauf der gesuchten Laufzeit „m" muss die Restschuld auf 60% des Anfangswertes, d.h. auf 90 T€ gefallen sein. Die entsprechende Äquivalenzgleichung lautet bei diesem Standardfall daher:

$$90 = 150 \cdot 1,09^m - 13,75 \cdot \dfrac{1,09^m - 1}{0,09}$$

$$\Longleftrightarrow \quad 8,1 = 13,5 \cdot 1,09^m - 13,75 \cdot 1,09^m + 13,75$$

$$\Longleftrightarrow \quad 1,09^m = 22,6 \quad \Longleftrightarrow \quad m = 36,18 \ \text{Jahre} \ \textit{(Raten)}.$$

Da die entsprechende Gesamtlaufzeit „n" 46,50 Jahre *(Raten)* beträgt, folgt:
Nach 77,8% der Gesamtlaufzeit sind *(erst)* 40% des Kredits getilgt.

Aufgabe 4.5 *(4.2.32)*:

i) a) $0 = 200.000 \cdot 1,05^n - 15.000 \cdot \dfrac{1,05^n - 1}{0,05}$ $\Longleftrightarrow$ $0 = -5.000 \cdot 1,05^n + 15.000$
  $\Longleftrightarrow$ $n = \dfrac{\ln 3}{\ln 1,05} = 22,52$ d.h. 22 volle Raten und eine verminderte 23. Rate.

  b) $n = 60,48$, d.h. 60 volle Raten und eine verminderte 61. Rate

c) $1,08^n = -15$ *(< 0 !)* $\Rightarrow$ Diese Gleichung hat keine Lösung.
(Tilgung unmöglich, die Annuitäten decken noch nicht einmal die Zinsen!)

ii)   a)   Restschuld = 75% der Kreditsumme = 150 T€. Für die entsprechende Laufzeit „m" gilt dann

$$150 = 200 \cdot 1,05^m - 15 \cdot \frac{1,05^m - 1}{0,05} \ , \ \text{d.h.} \ \ m = \frac{\ln 1,5}{\ln 1,05} = 8,31 \ \text{Jahre}.$$

Gesamtlaufzeit: 22,52 Jahre *(siehe i)a))*, d.h. nach 36,9% der Gesamtlaufzeit sind 25% des Kredits getilgt.

b)   Nach 68,8% der Gesamtlaufzeit sind *(erst)* 25% des Kredits getilgt.

c)   Keine Tilgung möglich, siehe i) c).

Aufgabe 4.6 *(4.2.33)*:

Gesamtlaufzeit n *(ohne Ausgleichszahlung)*: $n = \dfrac{\ln 11}{\ln 1,1} = 25,1589 \ \text{Jahre};$

Die Ausgleichszahlung S soll nun bewirken, dass die Laufzeit *genau* 25 Jahre beträgt, d.h. dass die Restschuld K_{25} am Tag der 25. Rate Null beträgt.

Ohne die Ausgleichszahlung S beträgt die Restschuld K_{25} am Tag der 25. Rate:

$$K_{25} = 100.000 \cdot 1,1^{25} - 11.000 \cdot \frac{1,1^{25} - 1}{0,10} = 1.652,94 \ \text{€}.$$

Die Restschuld ist somit um diesen Betrag zu hoch, daher muss die Ausgleichszahlung S *(zu zahlen mit der ersten Annuität, d.h. 24 Jahre zuvor)* äquivalent zu K_{25} sein:

$$S \cdot 1,1^{24} = 1.652,94 \quad \Longleftrightarrow \quad S = 1.652,94 \cdot 1,1^{-24} = 167,82 \ \text{€}.$$

Wenn also 167,82 € zusätzlich zur 1. Annuität gezahlt werden, so beträgt die Laufzeit genau 25 Jahre.

Aufgabe 4.7 *(4.2.34)*:

i)   Kreditsumme $K_0 = 120.000 \cdot \dfrac{1,145^{20} - 1}{0,145} \cdot \dfrac{1}{1,145^{20}} = 772.416,14 \ \text{€}$

ii)   Kreditsumme $K_0 = 826.636,61 \ \text{€}$ *(also nur unwesentlich höher als in i)!)*

iii)   Kreditsumme $K_0 = 120.000 \cdot \dfrac{1,145^{20} - 1}{0,145} \cdot \dfrac{1}{1,145^{24}} = 449.396,20 \ \text{€}$.

Aufgabe 4.8 *(4.2.35)*:

i)   Aus dem Tilgungsplan liest man ab:

$$10.328,51 = K_{19} = K_0 \cdot 1,075^{19} - 15.000 \cdot \frac{1,075^{19} - 1}{0,075} \qquad \Rightarrow$$

ursprüngliche Kreditsumme: $K_0 = 152.000,00 \ \text{€}$

ii)   a)   Die Restschuld K_{-2} vor 2 Perioden ergibt sich aus der Überlegung:

$$K_{-2} \cdot 1,085^2 - 60.000 \cdot \frac{1,085^2 - 1}{0,085} = 492.000 \;\Rightarrow\; K_{-2} = 524.198,86 \;€$$

b)   Die Laufzeit n, beginnend bei der abgebildeten Periode t als 1. Periode, ergibt sich über

$$0 = 492.000 \cdot 1,085^n - 60.000 \cdot \frac{1,085^n - 1}{0,085}$$

zu

$$n = \frac{\ln\!\left(\dfrac{60.000}{18.180}\right)}{\ln 1,085} = 14,64 \approx 15 \text{ Jahre}.$$

Die Restschuld K_{14} am Ende der 14. Periode lautet:

$$K_{14} = 492.000 \cdot 1,085^{14} - 60.000 \cdot \frac{1,085^{14} - 1}{0,085} = 35.702,62 \;€.$$

Damit lautet die letzte Zeile des Tilgungsplans:

Per. t	Restschuld K_{t-1} *(Beginn t)*	Zinsen Z_t *(Ende t)*	Tilgung T_t *(Ende t)*	Annuität A_t *(Ende t)*
t + 14	35.702,62	3.034,72	35.702,62	38.737,34

Aufgabe 4.9:

i) $0 - 2.000.000 \cdot 1,07^n - 300.000 \cdot \dfrac{1,07^n - 1}{0,07} \;\Longleftrightarrow\; 1,07^n = 1,875 \;\Longleftrightarrow\; n \approx 9,29$ Jahre

ii)   Restschuld *(„Verlust")* nach 6 J.: $K_6 = 2.000 \cdot 1,07^6 - 300 \cdot \dfrac{1,07^6 - 1}{0,07} = 855,47$ T€

Aufgabe 4.10 *(4.2.49)*:

i)   In beiden Fällen muss gelten *(K₀ = Kreditsumme)*: $K_0 \cdot q^5 - 80.000 \cdot \dfrac{q^5 - 1}{q - 1} = 0$

a) $q = 1,12$ $\Rightarrow$ $K_0 = 288.382,10$ € (Kreditsumme)
$\Rightarrow$ Auszahlung = 270.000 € = 93,63% von K_0.

nom. Zins: 12% p.a. (Vorgabe). Die Annuität beträgt 80.000/288.382,10 = 0,2774 = 27,74% von K_0, also beträgt die Anfangstilgung 15,74% (i_T).

b) $q = 1,18$ $\Rightarrow$ $K_0 = 250.173,68$ € (Kreditsumme)
$\Rightarrow$ Auszahlung = 270.000 € = 107,93% von K_0
(d.h. der Kredit wird über pari ausgezahlt mit einem „Bonus" in Höhe von 7,93% der Kreditsumme zugunsten des Kreditnehmers.)

nom. Zins: 18% p.a. (Vorgabe). Die Annuität beträgt 80.000/250.173,68 = 0,3198 = 31,98% von K_0, also beträgt die Anfangstilgung 13,98% (i_T).

ii) Gesamtlaufzeit n des Kredits: $0 = 100 \cdot 1{,}12^n - 13 \cdot \dfrac{1{,}12^n - 1}{0{,}12}$

$\Longleftrightarrow \qquad\qquad n = \dfrac{\ln 13}{\ln 1{,}12} \approx 22{,}6328$

realer Zahlungsstrom: 96 (T€)

$$\begin{array}{cccc} & 13 & 13 & 13 \\ & (1) & (2) & (n=22{,}6328) \end{array}$$ (Zeit)

a) $i_{nom} = 14\%\,p.a.;$ K_0 : gesucht;   A, n: siehe Zahlungsstrahl

$\Rightarrow \quad K_0 \cdot 1{,}14^n - 13.000 \cdot \dfrac{1{,}14^n - 1}{0{,}14} = 0 \quad \Rightarrow \quad K_0 = 88.071{,}97\ €$

Auszahlungssatz $= 96.000/88.071{,}97 = 109{,}00\%\ (!)$

Annuität $= 13.000 = 88.071{,}97 \cdot (0{,}14 + i_T) \Rightarrow i_T = 0{,}7607\%$ *(Anfangstilgg.)*

b) $i_{nom} = 10\%$ $\Rightarrow$ $K_0 = 13.000 \cdot \dfrac{1{,}10^n - 1}{0{,}10} \cdot \dfrac{1}{1{,}10^n} = 114.964{,}74\ €$

Auszahlungssatz $= 96.000/114.964{,}74 = 0{,}8350 = 83{,}50\%$

Annuität $= 13.000 = 114.964{,}74 \cdot (0{,}10 + i_T) \Rightarrow i_T = 1{,}3078\%$ *(Anfangstilgg.)*

Aufgabe 4.11 *(4.2.51)*:

i) $0 = 150.000 \cdot 1{,}07^n - 12.000 \cdot \dfrac{1{,}07^n - 1}{0{,}07} \quad \Longleftrightarrow \quad n = \dfrac{\ln 8}{\ln 1{,}07} = 30{,}73 \approx 31\ \text{Jahre}$

ii) $K_{10} = 150.000 \cdot 1{,}07^{10} - 12.000 \cdot \dfrac{1{,}07^{10} - 1}{0{,}07} = 129.275{,}33\ €$

iii)

Per. t	Restschuld K_{t-1} *(Beginn t)*	Zinsen Z_t *(Ende t)*	Tilgung T_t *(Ende t)*	Annuität A_t *(Ende t)*
.	...	...	...	...
.	...	...	...	...
11	129.275,33	10.988,40	1.011,60	12.000,00
12	128.263,73	...	...	...

iv) $0 = 129.275{,}33 \cdot 1{,}085^n - 12.000 \cdot \dfrac{1{,}085^n - 1}{0{,}085} \quad \Longleftrightarrow \quad n = \dfrac{\ln 11{,}8624}{\ln 1{,}085} = 30{,}318$

d.h. ca. 31 Jahre Restlaufzeit, also ca. 41 Jahre Gesamtlaufzeit.

Aufgabe 4.12 *(4.2.52)*:

i) $0 = 500.000 \cdot 1{,}075^n - 60.000 \cdot \dfrac{1{,}075^n - 1}{0{,}075} \quad \Longleftrightarrow \quad n = \dfrac{\ln 2{,}\overline{6}}{\ln 1{,}075} = 13{,}562 \approx 14\ \text{Jahre}$

ii)   Tilgungsplan:

Per. t	Restschuld K_{t-1} (Beginn t)	Zinsen Z_t (Ende t)	Tilgung T_t (Ende t)	Annuität A_t (Ende t)
1	500.000,00	37.500,00	22.500,00	60.000,00
2	477.500,00	35.812,50	24.187,50	60.000,00
3	453.312,50	...	...	...
.	...	...	...	...
.	...	...	...	...
13	85.466,12	6.409,96	53.590,04	60.000,00
14	31.876,08	2.390,71	31.876,08	34.266,79
15	0,00			

iii)   Restschuld K_{10} nach 10 Jahren:

$$K_{10} = 500.000 \cdot 1{,}075^{10} - 60.000 \cdot \frac{1{,}075^{10} - 1}{0{,}075} = 181.690{,}53 \ \text{€}.$$

Diese Restschuld soll bei 7,6% p.a. Zinsen durch gleiche Annuitäten A in weiteren 20 Jahren komplett zurückgezahlt werden. Die Bedingung für A lautet:

$$0 = 181.690{,}53 \cdot 1{,}076^{20} - A \cdot \frac{1{,}076^{20} - 1}{0{,}076} \quad \Longleftrightarrow \quad A = 17.958{,}18 \ \text{€/Jahr}.$$

Aus $A = K_{10} \cdot (0{,}076 + i_T)$ folgt: $i_T = 0{,}02284 \approx 2{,}28\%$ *(Anfangstilgung)*.

Aufgabe 4.13 *(4.2.53)*:

i) $A = 150.000 \cdot (0{,}09 + 0{,}01) = 15.000{,}00 \ \text{€/Jahr}$

ii) $0 = 150.000 \cdot 1{,}09^n - 15.000 \cdot \dfrac{1{,}09^n - 1}{0{,}09} \quad \Longleftrightarrow \quad n = \dfrac{\ln 10}{\ln 1{,}09} = 26{,}72 \approx 27 \ \text{Jahre}$

iii)   Tilgungsplan:

Per. t	Restschuld K_{t-1} (Beginn t)	Zinsen Z_t (Ende t)	Tilgung T_t (Ende t)	Annuität A_t (Ende t)
1	150.000,00	13.500,00	1.500,00	15.000,00
2	148.500,00	13.365,00	1.635,00	15.000,00
.	...	...	...	...
.	...	...	...	...
26	22.948,66	2.065,38	12.934,62	15.000,00
27	10.014,04	901,26	10.014,04	10.915,30
28	0,00			

iv)   Das Disagio (= 9.000,00 €) ist – ohne Einfluss auf den Tilgungsplan – zusätzlich bei Kreditaufnahme zahlbar, d.h. die Ergebnisse von i) - iii) bleiben unverändert.

v)   Bei 12% p.a. Zinsen reicht die Annuität (= 15.000,00) nicht aus, um auch nur die laufenden Zinsen (= 18.000,00 im ersten Jahr) zu decken, m.a.W. die Restschuld nimmt **zu**, eine Schuldentilgung ist nicht erreichbar. *(Bei formaler Rechnung ergibt sich wegen „ ln (– 5)" ebenfalls keine (reelle) Lösung!)*

Aufgabe 4.14 *(4.2.54)*:

i) $0 = 100 \cdot 1{,}06^n - 6{,}5 \cdot \dfrac{1{,}06^n - 1}{0{,}06} \iff$ Laufzeit: $n = \dfrac{\ln 13}{\ln 1{,}06} = 44{,}02 \approx 45$ Jahre

Per. t	Restschuld K_{t-1} *(Beginn t)*	Zinsen Z_t *(Ende t)*	Tilgung T_t *(Ende t)*	Annuität A_t *(Ende t)*
.	...	...	...	...
43	12.024,73	721,48	5.778,52	6.500,00
44	6.246,21	374,77	6.125,23	6.500,00
45	120,98	7,26	120,98	128,24

ii) Restschuld K_4 nach vier Jahren *(unter Berücksichtigung der Sondertilgung)*:

$$K_4 = 100.000 \cdot 1{,}06^4 - 6.500 \cdot \frac{1{,}06^4 - 1}{0{,}06} - 10.000 = 87.812{,}69 \text{ €}.$$

Danach müssen noch m Raten zu je 6.500 €/J. *(nachschüssig)* geleistet werden:

$$0 = 87.812{,}69 \cdot 1{,}06^m - 6.500 \cdot \frac{1{,}06^m - 1}{0{,}06} \iff 1{,}06^m = \frac{6.500}{1.231{,}24} \Rightarrow$$

$$\text{Gesamtlaufzeit} = m + 4 = \frac{\ln \dfrac{6.500}{1.231{,}24}}{\ln 1{,}06} + 4 = 32{,}55 \approx 33 \text{ Jahre (Raten)}.$$

Aufgabe 4.15 *(4.2.55)*:

i) Barauszahlung $= 120.000 = 96\%$ der Kreditsumme $K_0 = K_0 \cdot 0{,}96$

$\iff K_0 = 120.000 / 0{,}96 = 125.000{,}00 \text{ €} \ (= Kreditsumme)$

ii) Restschuld K_1 nach dem 1. Jahr: $K_1 = K_0 \cdot 1{,}095 = 136.875{,}- \text{ €} \iff$

Annuität A ab Ende Jahr 2: $A = 136.875 \cdot 0{,}11 = 15.056{,}25$ €/Jahr.

Damit ergibt sich für die Gesamtzahl m der noch zu zahlenden Annuitäten:

$$0 = 136.875 \cdot 1{,}095^m - 15.056{,}25 \cdot \frac{1{,}095^m - 1}{0{,}095} \iff 1{,}095^m = \frac{15.056{,}25}{2.053{,}13} \quad \text{d.h.}$$

$$m = \frac{\ln 7{,}\overline{3}}{\ln 1{,}095} = 21{,}95 \Rightarrow \text{Gesamtlaufzeit} = m + 1 = 22{,}95 \approx 23 \text{ Jahre}.$$

iii) letzte Zeile des Tilgungsplans:

Per. t	Restschuld K_{t-1} *(Beginn t)*	Zinsen Z_t *(Ende t)*	Tilgung T_t *(Ende t)*	Annuität A_t *(Ende t)*
23	13.145,79	1.248,85	13.145,79	14.394,64

Aufgabe 4.16 *(4.2.56)*:

i)   Werte unter Berücksichtigung von **96% Auszahlung**: Die Kreditsumme K_0 beträgt $750.000/0,96 = 781.250$ €. Daraus resultiert bei 7% p.a. eine Annuität A in Höhe von $62.958,13$ €/Jahr *(30 Jahre lang)*.

Nach Erhöhung des Kreditzinssatzes auf 12% p.a. muss – bei unveränderter Annuität und Laufzeit – für die neue Kreditsumme K_0^* gelten:

$$(*) \quad 0 = K_0^* \cdot 1,12^{30} - 62.958,13 \cdot \frac{1,12^{30} - 1}{0,12} \quad \Rightarrow \quad K_0^* = 507.139,30 \text{ €}.$$

Da sich die Auszahlung um das Disagio von 4% vermindert, darf die Villa nun höchstens noch $K_0^* \cdot 0,96 = 486.853,73$ € kosten.

(zum Vergleich hier die Werte bei Anhebung des Zinssatzes auf 14% p.a. (statt 12% p.a.), also Zinssatzverdopplung (bezogen auf 7% p.a. zuvor):

$$K_0^* = 440.874,64 \text{ €}, \, d.h. \, nach \, Abzug \, des \, Disagios: \, 423.239,65 \text{ €}.$$

*Man erkennt erneut, dass bei Anwendung der Zinseszinsmethode keine „linearen" Verhältnisse vorliegen, im vorliegenden Beispiel eine Zinssatzverdopplung somit **nicht** einhergeht mit Preis-(bzw. Kapital-)halbierung.)*

ii)   Die ursprüngliche Kreditsumme und daher auch die Annuität werden nun gegenüber i) mit dem Faktor 0,96 multipliziert, also auch die bei 12% p.a. resultierende neue Kreditsumme, vgl. Gleichung (*). Somit entspricht die neue Kreditsumme (= Auszahlung !) gerade der Auszahlungssumme in i): Das Ergebnis ändert sich gegenüber i) nicht, der Preis der Villa muss auch bei 100% Kreditauszahlung *(und ebenso bei jeder anderen Auszahlung !)* auf $486.853,73$ € reduziert werden.

Aufgabe 4.17 *(4.2.57)*:

Restschuld K_5 nach 5 regulären Annuitäten sowie Sondertilgung:

$$K_5 = 200.000 \cdot 1,09^5 - 20.000 \cdot \frac{1,09^5 - 1}{0,09} - 20.000 = 168.030,58 \text{ €}$$

$\Rightarrow$ Die Restlaufzeit m muss folgender Äquivalenzgleichung genügen:

$$0 = 168.030,58 \cdot 1,09^m - 20.000 \cdot \frac{1,09^m - 1}{0,09} \quad \Longleftrightarrow \quad 1,09^m = \frac{20.000}{4.877,25} = 4,10067$$

$$\Rightarrow \quad m = \frac{\ln 4,10067}{\ln 1,09} = 16,375 \; (\approx 17), \text{ insgesamt somit } 21,375 \; (\approx 22) \text{ J.}$$

Restschuld Ende Jahr 20: $K_{20} = 168.030,58 \cdot 1,09^{15} - 20.000 \cdot \frac{1,09^{15} - 1}{0,09} = 24.830,12$

$\Rightarrow$

Per. t	Restschuld K_{t-1} *(Beginn t)*	Zinsen Z_t *(Ende t)*	Tilgung T_t *(Ende t)*	Annuität A_t *(Ende t)*
21	24.830,12	2.234,71	17.765,29	20.000,00
22	7.064,83	635,83	7.064,83	7.700,66

Aufgabe 4.18 *(4.2.69)*:

i) $0 = 220 \cdot 1,12^3 \cdot 1,12^n - 40 \cdot \dfrac{1,12^n - 1}{0,12}$ $\Longleftrightarrow$ $0 = 37,09 \cdot 1,12^n - 40 \cdot 1,12^n + 40$

$\Longleftrightarrow$ $2,91 \cdot 1,12^n = 40$ $\Longleftrightarrow$ $n = \dfrac{\ln(40/2,91)}{\ln 1,12} = 23,125 \approx 24$ Raten,

d.h. Gesamtlaufzeit $= n+3 = 26,125 \approx 27$ Jahre.

ii)

Per. t	Restschuld K_{t-1} *(Beginn t)*	Zinsen Z_t *(Ende t)*	Tilgung T_t *(Ende t)*	Annuität A_t *(Ende t)*
1	220.000,00	26.400,00	-26.400,00	0,00
2	246.400,00	29.568,00	-29.568,00	0,00
3	275.968,00	33.166,16	-33.166,16	0,00
4	309.084,16	37.090,10	2.909,90	40.000,00
5	306.174,26	36.740,91	3.259,09	40.000,00
6	302.915,17	36.349,82	3.650,18	40.000,00
⋮	⋯	⋯	⋯	⋯
⋮	⋯	⋯	⋯	⋯
26	39.910,82	4.789,30	35.210,70	40.000,00
27	4.700,12	564,01	4.700,12	5.264,13
28	0,00			

iii)   Die Restschuld nach den drei tilgungsfreien Jahren beträgt 220.000,– €, da ja die Zinsen stets gezahlt wurden. Also gilt für die Anzahl n der 40.000 -€-Raten:

$$0 = 220 \cdot 1,12^n - 40 \cdot \frac{1,12^n - 1}{0,12} \Longleftrightarrow 13,6 \cdot 1,12^n = 40 \Longleftrightarrow n = \frac{\ln(40/13,6)}{\ln 1,12} = 9,519$$

d.h. die Gesamtlaufzeit beträgt $n+3 = 12,519 \approx 13$ Jahre

Aufgabe 4.19 *(4.2.70)*:

i)   Restschuld K_2 nach 2 zahlungsfreien Jahren: $K_2 = 200.000 \cdot 1,09^2 = 237.620$ €

$\Rightarrow$ Annuität ab Ende Jahr 3: $A = K_2 \cdot (0,09+0,03) = 28.514,40$ €/J.

Für die Anzahl n der Annuitäten gilt daher: $237.620 \cdot 1,09^n - 28.514,40 \cdot \dfrac{1,09^n - 1}{0,09}$

$\Longleftrightarrow$ $21.385,80 \cdot 1,09^n - 28.514,40 \cdot 1,09^n + 28.514,40$ $\Longleftrightarrow$ $1,09^n = 4$

$\Longleftrightarrow$ $n = \ln 1,04 / \ln 1,09 = 16,086 \approx 16$ Annuitäten, d.h.:

Die Gesamtlaufzeit beträgt $n+2 = 18,086 \approx 18$ Jahre.

ii)   Tilgungsplan:

Per. t	Restschuld K_{t-1} *(Beginn t)*	Zinsen Z_t *(Ende t)*	Tilgung T_t *(Ende t)*	Annuität A_t *(Ende t)*
1	200.000,00	18.000,00	-18.000,00	0,00
2	218.000,00	19.620,00	-19.620,00	0,00
3	237.620,00	21.385,80	7.128,60	28.514,40
4	230.491,40	20.744,23	7.770,17	28.514,40
⋯	⋯	⋯	⋯	⋯

$$\text{N.R.:} \qquad K_{17} = 237.620 \cdot 1{,}09^{15} - 28.514{,}40 \cdot \frac{1{,}09^{15} - 1}{0{,}09} = 28.317{,}77 \,€$$

18	28.317,77	2.548,60	25.965,80	28.514,40
19	2.351,97	211,68	2.351,97	2.563,65

iii) Genau 16 Annuitäten plus Sonderzahlung S müssen zur Restschuld K_2 *(s.o.)* äquivalent sein, d.h. es muss gelten *(Stichtag: Tag der letzten Annuität)*:

$$237.620 \cdot 1{,}09^{16} = 28.514{,}40 \cdot \frac{1{,}09^{16} - 1}{0{,}09} + S \cdot 1{,}09^{15} \quad \Longleftrightarrow \quad S = 645{,}71 \,€.$$

iv) 30 Jahre Laufzeit bedeuten 28 Annuitäten A. Da sich der Tilgungssatz ändert, ist A *(noch)* nicht bekannt und muss zunächst ermittelt werden über die Äquivalenzgleichung

$$237.620 \cdot 1{,}09^{28} = A \cdot \frac{1{,}09^{28} - 1}{0{,}09} \quad \Longleftrightarrow \quad A = 23.489{,}22 \,€/J.$$

Diese Annuität entspricht 9,8852% der Ausgangs-Restschuld K_2 *(= 237.620 €)*. Da der Zinssatz 9% p.a. beträgt, bleiben für den Tilgungssatz noch 0,8852% p.a. *(zuzüglich ersparte Zinsen)*.

Aufgabe 4.20 *(4.2.71)*:

Annuität $= 300.000 \cdot (0{,}075 + 0{,}02) = 28.500{,}- €/J.$

Restschuld nach 1 Jahr: $K_1 = 300.00 \cdot 0{,}98 = 294.000 €$ *(da 2% Tilgung)*.
Restschuld nach 2 Jahren: $K_2 = 294.000 \cdot 1{,}075 = 316.050 €$ *(da Zahlung = 0)*.

Somit gilt für die Anzahl n der Raten ab drittem Jahr:

$$316.050 \cdot 1{,}075^n = 28.500 \cdot \frac{1{,}075^n - 1}{0{,}075} \quad \Longleftrightarrow \quad 4.796{,}25 \cdot 1{,}075^n = 28.500$$

$\Longleftrightarrow$ n = 24,64 Annuitäten, d.h. Gesamtlaufzeit = n+2 = 26,64 $\approx$ 27 Jahre.

Aufgabe 4.21 *(4.2.72)*:

i) $n = \dfrac{1.320.000}{40.000} + 1 = 34$ Jahre $\Rightarrow$ Tilgungsplan *(letzte 2 Zeilen)*:

Per. t	Restschuld K_{t-1} (Beginn t)	Zinsen Z_t (Ende t)	Tilgung T_t (Ende t)	Annuität A_t (Ende t)
⋮	...	...	...	...
33	80.000,00	8.000,00	40.000,00	48.000,00
34	40.000,00	4.000,00	40.000,00	44.000,00

ii) Restschuld K_3 nach drei Jahren: $K_3 = 1.200.000 €$ *(da nur Zinsen gezahlt)*

$\Rightarrow$ Annuität A = 1.200.00 $\cdot$ (0,10+0,03) = 156.000 €/J. *(ab 4. Jahr)*

Für die Anzahl n der Annuitäten gilt: $0 = 1.200.000 \cdot 1,10^n - 156.000 \cdot \dfrac{1,10^n - 1}{0,10}$

$\Longleftrightarrow 36 \cdot 1,1^n = 156 \Longleftrightarrow n = \ln 4,\overline{3}/\ln 1,1 = 15,385$, d.h. Laufzeit $18,385 \approx 19$ J.

⇒   Tilgungsplan *(letzte 2 Zeilen)*:

Per. t	Restschuld K_{t-1} *(Beginn t)*	Zinsen Z_t *(Ende t)*	Tilgung T_t *(Ende t)*	Annuität A_t *(Ende t)*
.	...	...	...	...
18	192.900,60	19.290,06	136.709,94	156.000,00
19	56.190,66	5.619,07	56.190,66	61.809,73

Aufgabe 4.22 *(4.2.73)*:

i) $517.000 = K_0 \cdot 0,94 \Longleftrightarrow K_0 = 517.000/0,94 = 550.000,-$ € *(Kreditsumme)*

ii) Restschuld K_4 nach 4 Jahren: $K_4 = K_0 = 550.000,-$ €, da nur Zinsen gezahlt.

Für die Restlaufzeit n gilt: $0 = 550 \cdot 1,08^n - 55 \cdot \dfrac{1,08^n - 1}{0,08} \Longleftrightarrow 1,08^n = 5$,

$\Longleftrightarrow n = \ln 5/\ln 1,08 = 20,91$, d.h. Gesamtlaufzeit $= n+4 = 24,91 \approx 25$ Jahre.

iii)

Per. t	Restschuld K_{t-1} *(Beginn t)*	Zinsen Z_t *(Ende t)*	Tilgung T_t *(Ende t)*	Annuität A_t *(Ende t)*
1	550.000,00	44.000,00	0,00	44.000,00
2	550.000,00	44.000,00	0,00	44.000,00
3	550.000,00	44.000,00	0,00	44.000,00
4	550.000,00	44.000,00	0,00	44.000,00
5	550.000,00	44.000,00	11.000,00	55.000,00
6	539.000,00	43.120,00	11.880,00	55.000,00
.	...	...	...	...
24	94.091,10	7.527,29	47.472,71	55.000,00
25	46.618,39	3.729,47	46.618,39	50.347,86
26	0,00			

Aufgabe 4.23 *(4.2.74)*:

	Per. t	Restschuld K_{t-1} *(Beginn t)*	Zinsen Z_t *(Ende t)*	Tilgung T_t *(Ende t)*	Annuität A_t *(Ende t)*
(Tilgungs- *streckungs-* *darlehen)*	1	40.000,00	4.400,00	11.968,52	16.368,52
	2	28.031,48	3.083,46	13.285,06	16.368,52
	3	14.746,42	1.622,11	14.746,42	16.368,52
	4	1.036.023,20	93.242,09	41.440,93	134.683,02
	5	994.582,27	89.512,40	45.170,61	134.683,02
(Haupt- *kredit)*	6	949.411,66	85.447,05	49.235,97	134.683,02
	...	...	...	...	...
	16	201.373,08	18.123,58	116.559,44	134.683,02
	17	84.813,64	7.633,23	84.813,64	92.446,87
	18	0,00			

Aufgabe 4.24 *(4.2.75)*:

i)

Per. t	Restschuld K_{t-1} (Beginn t)	Zinsen Z_t (Ende t)	Tilgung T_t (Ende t)	Annuität A_t (Ende t)
1	88.000,00	8.360,00	19.101,54	27.461,54
2	68.898,46	6.545,35	20.916,19	27.461,54
3	47.982,26	4.558,32	22.903,23	27.461,54
4	25.079,04	2.382,51 .	25.079,04	27.461,54
5	1.496.537,86	119.723,03	−9.723,03	110.000,00
6	1.506.260,88	120.500,87	−10.500,87	110.000,00
.	...	...	...	...

(Annuität zu klein, keine Tilgung möglich)

(Die Annuität reicht noch nicht einmal aus, um die laufenden Zinsen zu begleichen. Daher nimmt die Restschuld von Jahr zu Jahr zu, es existiert somit keine „letzte" Zeile des Tilgungsplans!)

ii)

Per. t	Restschuld K_{t-1} (Beginn t)	Zinsen Z_t (Ende t)	Tilgung T_t (Ende t)	Annuität A_t (Ende t)
1	88.000,00	8.360,00	19.101,54	27.461,54
2	68.898,46	6.545,35	20.916,19	27.461,54
3	47.982,26	4.558,32	22.903,23	27.461,54
4	25.079,04	2.382,51	25.079,04	27.461,54
5	1.496.537,86	119.723,03	29.930,76	149.653,79
6	1.466.607,10	117.328,57	32.325,22	149.653,79
.	...	...	...	...
.	...	...	...	...
24	256.019,82	20.481,59	129.172,20	149.653,79
25	126.847,62	10.147,81	126.847,62	136.995,43
26	0,00			

(Tilgungs-streckungs-darlehen)

(Haupt-kredit)

Aufgabe 4.25 *(4.2.80)*:

a)   i)

Jahr t	Restschuld K_{t-1} (Beginn t)	Zinsen Z_t (Ende t)	Tilgung T_t (Ende t)	Annuität A_t (Ende t)
1	100.000.000,00	8.000.000,00	6.902.948,87	14.902.948,87
2	93.097.051,13	7.447.764,09	7.455.184,78	14.902.948,87
3	85.641.866,35	6.851.349,31	8.051.599,56	14.902.948,87
4	77.590.266,79	6.207.221,34	8.695.727,53	14.902.948,87
5	68.894.539,26	5.511.563,14	9.391.385,73	14.902.948,87
6	59.503.153,53	4.760.252,28	10.142.696,59	14.902.948,87
7	49.360.456,95	3.948.836,56	10.954.112,31	14.902.948,87
8	38.406.344,63	3.072.507,57	11.830.441,30	14.902.948,87
9	26.575.903,33	2.126.072,27	12.776.876,60	14.902.948,87
10	13.799.026,73	1.103.922,14	13.799.026,73	14.902.948,87
11	0,00			

a) ii)

Per. t	Restschuld zu Beginn K_{t-1}	Zinsen Z_t	vorläufige Tilgung $A_{norm} - Z_t + q \cdot R_{t-1}$	Tilgung T_t	Annuität A_t	Tilgungs- rückstand R_t	aufgezinster Tilgungsrück- stand d. Vorper. $q \cdot R_{t-1}$
(1)	(2)	(3)	(4) := A_{norm}+ (8)-(3)	(5)	(6) := (3)+(5)	(7):=(4)-(5)	(8)
1	100.000.000	8.000.000	6.902.948,87	6.900.000	14.900.000	2.948,87	
2	93.100.000	7.448.000	7.458.133,65	7.455.000	14.903.000	3.133,65	3.184,78
3	85.645.000	6.851.600	8.054.733,21	8.050.000	14.901.600	4.733,21	3.384,34
4	77.595.000	6.207.600	8.700.460,74	8.700.000	14.907.600	460,74	5.111,87
5	68.895.000	5.511.600	9.391.846,47	9.390.000	14.901.600	1.846,47	497,60
6	59.505.000	4.760.400	10.144.543,05	10.140.000	14.900.400	4.543,05	1.994,18
7	49.365.000	3.949.200	10.958.655,37	10.955.000	14.904.200	3.655,37	4.906,50
8	38.410.000	3.072.800	11.834.096,67	11.830.000	14.902.800	4.096,67	3.947,80
9	26.580.000	2.126.400	12.780.973,27	12.780.000	14.906.400	973,27	4.424,40
10	13.800.000	1.104.000	13.800.000,00	13.800.000	14.904.000	0,00	1.051,13
11	0						

b) i)

Jahr t	Restschuld K_{t-1} *(Beginn t)*	Zinsen Z_t *(Ende t)*	Tilgung T_t *(Ende t)*	Annuität A_t *(Ende t)*
1	50.000.000,00	3.500.000,00	8.694.534,72	12.194.534,72
2	41.305.465,28	2.891.382,57	9.303.152,15	12.194.534,72
3	32.002.313,13	2.240.161,92	9.954.372,80	12.194.534,72
4	22.047.940,32	1.543.355,82	10.651.178,90	12.194.534,72
5	11.396.761,42	797.773,30	11.396.761,42	12.194.534,72
6	0,00			

ii)

Per. t	Restschuld zu Beginn K_{t-1}	Zinsen Z_t	vorläufige Tilgung $A_{norm} - Z_t + q \cdot R_{t-1}$	Tilgung T_t	Annuität A_t	Tilgungs- rückstand R_t	aufgezinster Tilgungsrück- stand d. Vorper. $q \cdot R_{t-1}$
(1)	(2)	(3)	(4):=A_{norm} + (8) - (3)	(5)	(6) := (3) + (5)	(7):=(4)-(5)	(8)
1	50.000.000	3.500.000	8.694.534,72	8.694.000	12.194.000	534,72	
2	41.306.000	2.891.420	9.303.686,87	9.303.000	12.194.420	686,87	572,15
3	32.003.000	2.240.210	9.955.059,68	9.955.000	12.195.210	59,68	734,96
4	22.048.000	1.543.360	10.651.238,58	10.651.000	12.194.360	238,58	63,86
5	11.397.000	797.790	11.397.000,00	11.397.000	12.194.790	0,00	255,28
6	0						

Aufgabe 4.26:

i)   Annuität: $A = (7,5\% + 2,5\%)$ von $500.000 = 500.000 \cdot 0,10 = 50.000,- $ €/Jahr.

Restschuld K_5 nach 5 Jahren:

$$K_5 = 500.000 \cdot 1,075^5 - 50.000 \cdot \frac{1,075^5 - 1}{0,075} = 427.395,11 \text{ €}$$

ii)   Mit i) ergibt sich mit dem Disagio von 4,5% der folgende reale Zahlungsstrom:

(L) 477,5   [T€]

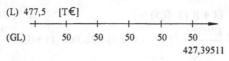

(GL)   50   50   50   50   50

427,39511

Dieser Zahlungsstrom soll auch beim Zinssatz 7% p.a. erhalten bleiben, d.h. die neue Kreditsumme K_0^* muss so gewählt werden,

dass bei Anwendung des nominellen Kreditzinssatz von 7% p.a. mit den 5 Annuitäten zu je 50.000,– € dieselbe Restschuld *(nämlich 427.395,11 €)* resultiert:

$$K_5 = 427.395,11 = K_0^* \cdot 1,07^5 - 50.000 \cdot \frac{1,07^5 - 1}{0,07} \ .$$

Daraus ergibt sich die neue Kreditsumme zu: $K_0^* = 509.736,68 \ €$.

Da die Auszahlung unverändert (= 477.500) bleiben soll, muss gelten:

$$\text{Disagio} = \frac{509.736,68}{477.500} - 1 = 0,0675 = 6,75\% \ .$$

Die Annuität (= 50.000) beträgt $\dfrac{50.000}{509.736,68}$ = 9,81% der neuen Kreditsumme.

Davon entfallen 7 Prozent-Punkte auf den nominellen Zinssatz, so dass für den anfänglichen Tilgungssatz 2,81 Prozent-Punkte verbleiben: Somit beträgt die Tilgung 2,81% p.a. zuzügl. durch fortschreitende Tilgung eingesparte Zinsen.

4.2   Tilgungsrechnung bei unterjährigen Zahlungen

Aufgabe 4.27:

Als Referenz-Kreditsumme K_0 wählt man etwa: $K_0 = 100.000 \ €$.

Die Jahresleistung (12.000 €/Jahr) soll in gleichen monatlichen Beträgen zu je 1.000 €/Monat gezahlt werden, relativer Monatszinssatz: $i_M = 0,25\%$ p.M.

Damit ergibt sich für die Anzahl n der Monatsraten *(und ebenso der Laufzeitmonate)*:

$$0 = 100.000 \cdot 1,0025^n - 1.000 \cdot \frac{1,0025^n - 1}{0,0025} \quad \Longleftrightarrow \quad n = \frac{\ln(4/3)}{\ln 1,0025} = 115,22 \approx 116 \ \text{Raten.}$$
(Monate)

Aufgabe 4.28 *(4.3.12)*:

i)   Kreditsumme: $K_0 = 99.634,08 \ €$,   „Annuität": A = 8.000 €/Quartal
Zinssatz für Kreditkonto: i = 18 % p.a.;   Laufzeit: 4,5 Jahre

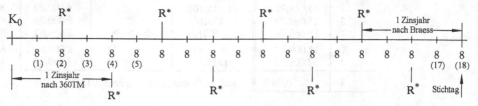

a) **360TM:** $R^* = 8.000 \cdot 4 \cdot (1 + 0,18 \cdot \frac{4,5}{12}) = 34.160,00$ *(R* = Jahresersatzrate,*
identisch für

$K_n = K_0 \cdot 1,18^4 \cdot (1 + 0,18 \cdot 0,5)$ *360TM u. Braess)*

$- 34.160 \cdot \dfrac{1,18^4 - 1}{0,18} \cdot (1 + 0,18 \cdot 0,5) - 16.000 \cdot (1 + 0,18 \cdot \dfrac{1,5}{12}) = 0,01 \approx \mathbf{0 \, \text{€}}$

b) **Braess:**

$K_n = K_0 \cdot (1 + 0,18 \cdot 0,5) \cdot 1,18^4$

$\quad - 16.000 \cdot (1 + 0,18 \cdot \dfrac{1,5}{12}) \cdot 1,18^4 - 34.160 \cdot \dfrac{1,18^4 - 1}{0,18} = \mathbf{675,93 \, \text{€}}$

c) **US:** $i_Q = \dfrac{18}{4} = 4,5\% \, \text{p.Q.}$

$\Rightarrow \qquad K_n = -8.000 \cdot \dfrac{1,045^{18} - 1}{0,045} + K_0 \cdot 1,045^{18} = \mathbf{5.199,08 \, \text{€}}$

d) **ICMA:** $1 + i_Q = \sqrt[4]{1,18}$

$\Rightarrow \qquad K_n = K_0 \cdot (1 + i_Q)^{18} - 8.000 \cdot \dfrac{(1 + i_Q)^{18} - 1}{i_Q} = \mathbf{387,93 \, \text{€}.}$

Stellvertretend für die folgenden Aufgabenlösungen sind für die Fälle a) bis d) die entsprechenden Kreditkonten/Tilgungspläne aufgeführt:

a) **Kreditkonto/Tilgungsplan** *(nach 360TM)*:

Periode: Jahr Qu.	Restschuld (Beginn Qu.)	Quartalszinsen (separat gesammelt)	kumuliert und zum Jahres-ende verrechnet	Tilgung (Ende Qu.)	Zahlung (Ende Qu.)
1 1	99.634,08	(4.483,53)		8.000,00	8.000,00
2	91.634,08	(4.123,53)		8.000,00	8.000,00
3	83.634,08	(3.763,53)		8.000,00	8.000,00
4	75.634,08	(3.403,53)	15.774,13	–7.774,13	8.000,00
2 1	83.408,21	(3.753,37)		8.000,00	8.000,00
2	75.408,21	(3.393,37)		8.000,00	8.000,00
3	67.408,21	(3.033,37)		8.000,00	8.000,00
4	59.408,21	(2.673,37)	12.853,48	–4.853,48	8.000,00
3 1	64.261,69	(2.891,78)		8.000,00	8.000,00
2	56.261,69	(2.531,78)		8.000,00	8.000,00
3	48.261,69	(2.171,78)		8.000,00	8.000,00
4	40.261,69	(1.811,78)	9.407,10	–1.407,10	8.000,00
4 1	41.668,79	(1.875,10)		8.000,00	8.000,00
2	33.668,79	(1.515,10)		8.000,00	8.000,00
3	25.668,79	(1.155,10)		8.000,00	8.000,00
4	17.668,79	(795,10)	5.340,38	2.659,62	8.000,00
5 1	15.009,17	(675,41)		8.000,00	8.000,00
2	7.009,17	(315,41)	990,83	7.009,17	8.000,00
3	0,00	*(d.h. vollständige Tilgung bei 360TM)*			

b)   **Kreditkonto/Tilgungsplan** *(nach Braess)*:

Periode: Jahr Qu.	Restschuld *(Beginn Qu.)*	Quartalszinsen *(separat gesammelt)*	kumuliert und zum Jahres-ende verrechnet	Tilgung *(Ende Qu.)*	Zahlung *(Ende Qu.)*
1 3	99.634,08	(4.483,53)		8.000,00	8.000,00
4	91.634,08	(4.123,53)	8.607,07	−607,07	8.000,00
2 1	92.241,15	(4.150,85)		8.000,00	8.000,00
2	84.241,15	(3.790,85)		8.000,00	8.000,00
3	76.241,15	(3.430,85)		8.000,00	8.000,00
4	68.241,15	(3.070,85)	14.443,41	−6.443,41	8.000,00
3 1	74.684,55	(3.360,80)		8.000,00	8.000,00
... ...	...	...	...	...	...
4 1	53.967,77	(2.428,55)		8.000,00	8.000,00
2	45.967,77	(2.068,55)		8.000,00	8.000,00
3	37.967,77	(1.708,55)		8.000,00	8.000,00
4	29.967,77	(1.348,55)	7.554,20	445,80	8.000,00
5 1	29.521,97	(1.328,49)		8.000,00	8.000,00
2	21.521,97	(968,49)		8.000,00	8.000,00
3	13.521,97	(608,49)		8.000,00	8.000,00
4	5.521,97	(248,49)	3.153,96	4.846,04	8.000,00
6 1	675,93				

c)   **Kreditkonto/Tilgungsplan** *(nach der US-Methode)*:

Periode: Jahr Qu.	Restschuld *(Beginn Qu.)*	Zinsen *(Ende Qu.)*	Tilgung *(Ende Qu.)*	Zahlung *(Ende Qu.)*
1 1	99.634,08	4.483,53	3.516,47	8.000,00
2	96.117,61	4.325,29	3.674,71	8.000,00
3	92.442,91	4.159,93	3.840,07	8.000,00
4	88.602,84	3.987,13	4.012,87	8.000,00
2 5	84.589,96	3.806,55	4.193,45	8.000,00
6	80.396,51	3.617,84	4.382,16	8.000,00
7	76.014,36	3.420,65	4.579,35	8.000,00
8	71.435,00	3.214,58	4.785,42	8.000,00
3 9	66.649,58	2.999,23	5.000,77	8.000,00
... ...	...	...	...	...
4 13	45.255,33	2.036,49	5.963,51	8.000,00
14	39.291,82	1.768,13	6.231,87	8.000,00
15	33.059,95	1.487,70	6.512,30	8.000,00
16	26.547,65	1.194,64	6.805,36	8.000,00
5 17	19.742,30	888,40	7.111,60	8.000,00
18	12.630,70	568,38	7.431,62	8.000,00
19	5.199,08			

d)   Kreditkonto/Tilgungsplan *(nach der ICMA-Methode)*:

Periode: Jahr Qu.	Restschuld (Beginn Qu.)	Zinsen (Ende Qu.)	Tilgung (Ende Qu.)	Zahlung (Ende Qu.)
1 1	99.634,08	4.209,20	3.790,80	8.000,00
2	95.843,28	4.049,06	3.950,94	8.000,00
3	91.892,34	3.882,14	4.117,86	8.000,00
4	87.774,48	3.708,18	4.291,82	8.000,00
2 5	83.482,66	3.526,86	4.473,14	8.000,00
6	79.009,52	3.337,89	4.662,11	8.000,00
7	74.347,41	3.140,93	4.859,07	8.000,00
8	69.488,34	2.935,65	5.064,35	8.000,00
3 9	64.423,98	2.721,70	5.278,30	8.000,00
10	59.145,68	2.498,71	5.501,29	8.000,00
11	53.644,39	2.266,29	5.733,71	8.000,00
12	47.910,68	2.024,07	5.975,93	8.000,00
4 13	41.934,75	1.771,60	6.228,40	8.000,00
14	35.706,35	1.508,47	6.491,53	8.000,00
15	29.214,82	1.234,23	6.765,77	8.000,00
16	22.449,05	948,40	7.051,60	8.000,00
5 17	15.397,45	650,49	7.349,51	8.000,00
18	8.047,94	340,00	7.660,00	8.000,00
19	387,93			

ii)   (analog zu i))

a)   360TM: Restschuld =   94.587,06 €
b)   Braess: Restschuld =   94.846,46 €
c)   US-Methode: Restschuld = 100.000,00 €
d)   ICMA-Methode: Restschuld =   94.475,49 €

(An den Ergebnissen von i) und ii) wird noch einmal in drastischer Weise der Einfluss der Kontoführung deutlich: Bei identischem Zahlungsstrom und identischem Nominalzinssatz ergeben sich je nach Kontoführung erhebliche Unterschiede in der Höhe der Restschuld.)

Aufgabe 4.29 *(4.3.13)*:

Kreditsumme: K_0 = 100.000,-- €, in den beiden ersten Jahren der 4,5 jährigen Laufzeit werden am Ende eines jeden Quartals nur die angefallenen Zinsen gezahlt. Ab dem dritten Jahr: „normale" Annuität, d.h. A = 10.000 €/Quartal.
Zinssatz im Rahmen des Kreditkontos: 12% p.a.

a)   **360TM:** *(Die Zinszahlungen Z_1, Z_2, ... ergeben sich aus dem Tilgungsplan, s.u.)*

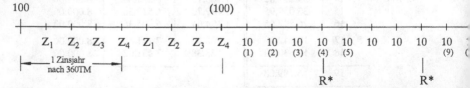

Für die Jahresersatzrate R^* gilt *(gleichlautend für Braess, vgl. auch b))*:

$$R^* = 10.000 \cdot 4 \cdot (1 + 0,12 \cdot \tfrac{4,5}{12}) = 41.800,-- \text{ €}$$

Wegen der Tilgungsstreckung beträgt die Restschuld nach 2 Jahren noch genau $100.000,-- \text{ €}$ $(= K_0)$. Nach weiteren 2,5 Jahren gilt *(analog zu Aufgabe 4.3.12)*:

$$K_n = 100.000 \cdot 1,12^2 \cdot (1 + 0,12 \cdot 0,5) - 41.800 \cdot \frac{1,12^2 - 1}{0,12} \cdot (1 + 0,12 \cdot 0,5)$$
$$- 20.000 \cdot (1 + 0,12 \cdot \tfrac{1,5}{12}) = 18.733,44 \text{ €}.$$

Kreditkonto/Tilgungsplan *(nach 360TM)*:

Periode: Jahr Qu.		Restschuld (Beginn Qu.)	Quartalszinsen (separat gesummelt)	Quartalszinsen kumuliert und zum Jahresende verrechnet	Tilgung (Ende Qu.)	Zahlung (Ende Qu.)
1	1	100.000,00	(3.000,00)		3.000,00	3.000,00
	2	97.000,00	(2.910,00)		2.910,00	2.910,00
	3	94.090,00	(2.822,70)		2.822,70	2.822,70
	4	91.267,30	(2.738,02)	11.470,72	−8.732,70	2.738,02
2	1	100.000,00	(3.000,00)		3.000,00	3.000,00
	2	97.000,00	(2.910,00)		2.910,00	2.910,00
	3	94.090,00	(2.822,70)		2.822,70	2.822,70
	4	91.267,30	(2.738,02)	11.470,72	−8.732,70	2.738,02
3	1	100.000,00	(3.000,00)		10.000,00	10.000,00
	2	90.000,00	(2.700,00)		10.000,00	10.000,00
	3	80.000,00	(2.400,00)		10.000,00	10.000,00
	4	70.000,00	(2.100,00)	10.200,00	−200,00	10.000,00
4	1	70.200,00	(2.106,00)		10.000,00	10.000,00
	2	60.200,00	(1.806,00)		10.000,00	10.000,00
	3	50.200,00	(1.506,00)		10.000,00	10.000,00
	4	40.200,00	(1.206,00)	6.624,00	3.376,00	10.000,00
5	1	36.824,00	(1.104,72)		10.000,00	10.000,00
	2	26.824,00	(804,72)	1.909,44	8.090,56	10.000,00
	3	18.733,44				

(*Kreditkonto nach 360TM*)

b) Braess:

Da das Konto nach 2 Jahren nicht abgerechnet wird (da mitten in der „Braess-Zinsperiode" liegend, vgl. den nachfolgenden Tilgungsplan), starten wir die Berechnung nach der sechsten Zinszahlung ($\cong$ Ende des ersten vollen Braess-Zinsjahres) mit der Restschuld 100.000 und zwei weiteren reinen Zinszahlungen $(3.000,--; 2.910,--)$, ehe – mitten im Zinsjahr – die regulären Quartalsraten einsetzen. Für R^* gilt – wie in a) –: $R^* = 41.800,-- \text{ €/Jahr}$.

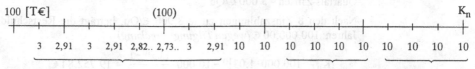

$$\Rightarrow \quad K_n = 100.000 \cdot 1,12^3 - \left(3.000 \cdot (1+0,12 \cdot \tfrac{3}{4}) + 2.910 \cdot (1+0,12 \cdot \tfrac{1}{2})\right.$$
$$\left. + 20.000 \cdot (1+0,12 \cdot \tfrac{1,5}{12})\right) \cdot 1,12^2 - 41.800 \cdot \frac{1,12^2-1}{0,12} = 18.441,27 \ €$$

Kreditkonto/Tilgungsplan *(nach Braess)*:

Periode: Jahr	Qu.	Restschuld (Beginn Qu.)	Quartalszinsen (separat gesammelt)	kumuliert und zum Jahres- ende verrechnet	Tilgung (Ende Qu.)	Zahlung (Ende Qu.)
1	3	100.000,00	(3.000,00)		3.000,00	3.000,00
	4	97.000,00	(2.910,00)	5.910,00	−3.000,00	2.910,00
2	1	100.000,00	(3.000,00)		3.000,00	3.000,00
	2	97.000,00	(2.910,00)		2.910,00	2.910,00
	3	94.090,00	(2.822,70)		2.822,70	2.822,70
	4	91.267,30	(2.738,02)	11.470,72	−8.732,70	2.738,02
3	1	100.000,00	(3.000,00)		3.000,00	3.000,00
	2	97.000,00	(2.910,00)		2.910,00	2.910,00
	3	94.090,00	(2.822,70)		10.000,00	10.000,00
	4	84.090,00	(2.522,70)	11.255,40	−1.255,40	10.000,00
4	1	85.345,40	(2.560,36)		10.000,00	10.000,00
	2	75.345,40	(2.260,36)		10.000,00	10.000,00
	3	65.345,40	(1.960,36)		10.000,00	10.000,00
	4	55.345,40	(1.660,36)	8.441,45	1.558,55	10.000,00
5	1	53.786,85	(1.613,61)		10.000,00	10.000,00
	2	43.786,85	(1.313,61)		10.000,00	10.000,00
	3	33.786,85	(1.013,61)		10.000,00	10.000,00
	4	23.786,85	(713,61)	4.654,42	5.345,58	10.000,00
6	1	18.441,27			*(Kreditkonto nach Braess)*	

c) US-Methode:

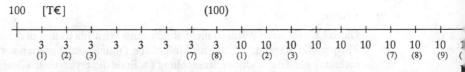

Kennzeichen der US-Methode: Abrechnung des Kontos bei jeder Zahlung, dabei Anwendung des relativen unterjährigen Zinssatzes, hier also: 3% p.Q., m.a.W.: Quartals-Zinsen = 3.000 €/Qu.

Nach den 8 Zinszahlungen zu je 3.000 €/Qu. beträgt die Restschuld nach 2 Jahren: 100.000,00 € *(wegen Tilgungsstreckung)*

$$\Rightarrow \quad K_n = 100.000 \cdot 1,03^{10} - 10.000 \cdot \frac{1,03^{10}-1}{0,03} = 19.752,84 \ €$$

Kreditkonto/Tilgungsplan *(nach der US-Methode)*:

Periode: Jahr Qu.		Restschuld *(Beginn Qu.)*	Zinsen *(Ende Qu.)*	Tilgung *(Ende Qu.)*	Zahlung *(Ende Qu.)*
1	1	100.000,00	3.000,00	0,00	3.000,00
	2	100.000,00	3.000,00	0,00	3.000,00
	3	100.000,00	3.000,00	0,00	3.000,00
	4	100.000,00	3.000,00	0,00	3.000,00
2	5	100.000,00	3.000,00	0,00	3.000,00
	6	100.000,00	3.000,00	0,00	3.000,00
	7	100.000,00	3.000,00	0,00	3.000,00
	8	100.000,00	3.000,00	0,00	3.000,00
3	9	100.000,00	3.000,00	7.000,00	10.000,00
	10	93.000,00	2.790,00	7.210,00	10.000,00
	11	85.790,00	2.573,70	7.426,30	10.000,00
	12	78.363,70	2.350,91	7.649,09	10.000,00
4	13	70.714,61	2.121,44	7.878,56	10.000,00
	14	62.836,05	1.885,08	8.114,92	10.000,00
	15	54.721,13	1.641,63	8.358,37	10.000,00
	16	46.362,76	1.390,88	8.609,12	10.000,00
5	17	37.753,65	1.132,61	8.867,39	10.000,00
	18	28.886,26	866,59	9.133,41	10.000,00
	19	19.752,84	*(Kreditkonto nach der US-Methode)*		

d) ICMA:

ICMA-Methode: Analog zu c), aber mit $i_Q = \sqrt[4]{1,12} - 1 \approx 2,8737\%\,$p.Q., d.h. 8 Zinszahlungen zu je 2.873,73 €/Quartal, Restschuld nach 2 Jahren: 100.000€.

$$\Rightarrow K_n = 100.000 \cdot 1,12^{2,5} - 10.000 \cdot \frac{1,12^{2,5} - 1}{1,12^{0,25} - 1} = 18.778,81 \text{ €}.$$

Kreditkonto/Tilgungsplan *(nach der ICMA-Methode)*:

Periode: Jahr Qu.		Restschuld *(Beginn Qu.)*	Zinsen *(Ende Qu.)*	Tilgung *(Ende Qu.)*	Zahlung *(Ende Qu.)*
1	1	100.000,00	2.873,73	0,00	2.873,73
	2	100.000,00	2.873,73	0,00	2.873,73
	...				
2	5	100.000,00	2.873,73	0,00	2.873,73
	6	100.000,00	2.873,73	0,00	2.873,73
	...				
3	9	100.000,00	2.873,73	7.126,27	10.000,00
	10	92.873,73	2.668,94	7.331,06	10.000,00
	...				
4	13	70.242,49	2.018,58	7.981,42	10.000,00
	14	62.261,07	1.789,22	8.210,78	10.000,00
	...				
5	17	36.914,08	1.060,81	8.939,19	10.000,00
	18	27.974,89	803,92	9.196,08	10.000,00
	19	18.778,81	*(Kreditkonto nach der ICMA-Methode)*		

Aufgabe 4.30 *(4.3.14)*:

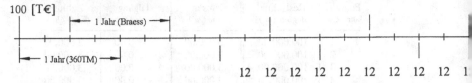

100 [T€]

12   12   12   12   12   12   12   12   12   1

K_n

a)   **360TM:**   Restschuld nach 2 Jahren: $K_2 = 100.000 \cdot 1{,}1^2 = 121.000{,}-- \€$

$$\text{Mit } R^* = 4 \cdot 12.000 \cdot (1 + 0{,}1 \cdot \frac{4{,}5}{12}) = 49.800 \quad \Rightarrow$$

$$K_n = 121.000 \cdot 1{,}1^2 \cdot (1 + 0{,}1 \cdot 0{,}5) - 49.800 \cdot \frac{1{,}1^2 - 1}{0{,}1} \cdot 1{,}05$$

$$- 24.000 \cdot (1 + 0{,}1 \cdot \frac{1{,}5}{12}) = 19.621{,}50 \€.$$

Kreditkonto/Tilgungsplan *(nach 360TM)*:

| Periode: | | Restschuld | Quartalszinsen | | Tilgung | Zahlung |
Jahr	Qu.	*(Beginn Qu.)*	*(separat gesammelt)*	*kumuliert und zum Jahres-ende verrechnet*	*(Ende Qu.)*	*(Ende Qu.)*
1	1	100.000,00	(2.500,00)		0,00	0,00
	2	100.000,00	(2.500,00)		0,00	0,00
	3	100.000,00	(2.500,00)		0,00	0,00
	4	100.000,00	(2.500,00)	10.000,00	−10.000,00	0,00
2	1	110.000,00	(2.750,00)		0,00	0,00
	2	110.000,00	(2.750,00)		0,00	0,00
	3	110.000,00	(2.750,00)		0,00	0,00
	4	110.000,00	(2.750,00)	11.000,00	−11.000,00	0,00
3	1	121.000,00	(3.025,00)		12.000,00	12.000,00
	2	109.000,00	(2.725,00)		12.000,00	12.000,00
	3	97.000,00	(2.425,00)		12.000,00	12.000,00
	4	85.000,00	(2.125,00)	10.300,00	1.700,00	12.000,00
4	1	83.300,00	(2.082,50)		12.000,00	12.000,00
	2	71.300,00	(1.782,50)		12.000,00	12.000,00
	3	59.300,00	(1.482,50)		12.000,00	12.000,00
	4	47.300,00	(1.182,50)	6.530,00	5.470,00	12.000,00
5	1	41.830,00	(1.045,75)		12.000,00	12.000,00
	2	29.830,00	(745,75)	1.791,50	10.208,50	12.000,00
	3	19.621,50			*(Kreditkonto nach 360TM)*	

b)   **Braess:**   Restschuld nach 1,5 Jahren: $115.500{,}00 \€$.

$$\Rightarrow \quad K_n = 115.500 \cdot 1{,}1^3 - 24.000 \cdot (1 + 0{,}1 \cdot \frac{1{,}5}{12}) \cdot 1{,}1^2$$

$$- 49.800 \cdot \frac{1{,}1^2 - 1}{0{,}1} = 19.747{,}50 \€$$

Kreditkonto/Tilgungsplan *(nach Braess)*:

Periode: Jahr Qu.	Restschuld *(Beginn Qu.)*	Quartalszinsen *(separat gesammelt)*	kumuliert und zum Jahres-ende verrechnet	Tilgung *(Ende Qu.)*	Zahlung *(Ende Qu.)*
1 3	100.000,00	(2.500,00)		0,00	0,00
4	100.000,00	(2.500,00)	5.000,00	−5.000,00	0,00
2 1	105.000,00	(2.625,00)		0,00	0,00
2	105.000,00	(2.625,00)		0,00	0,00
3	105.000,00	(2.625,00)		0,00	0,00
4	105.000,00	(2.625,00)	10.500,00	−10.500,00	0,00
3 1	115.500,00	(2.887,50)		0,00	0,00
2	115.500,00	(2.887,50)		0,00	0,00
3	115.500,00	(2.887,50)		12.000,00	12.000,00
4	103.500,00	(2.587,50)	11.250,00	750,00	12.000,00
4 1	102.750,00	(2.568,75)		12.000,00	12.000,00
2	90.750,00	(2.268,75)		12.000,00	12.000,00
3	78.750,00	(1.968,75)		12.000,00	12.000,00
4	66.750,00	(1.668,75)	8.475,00	3.525,00	12.000,00
5 1	63.225,00	(1.580,63)		12.000,00	12.000,00
2	51.225,00	(1.280,63)		12.000,00	12.000,00
3	39.225,00	(980,63)		12.000,00	12.000,00
4	27.225,00	(680,63)	4.522,50	7.477,50	12.000,00
6 1	19.747,50		*(Kreditkonto nach Braess)*		

c)   **US:**   Restschuld nach 2 Jahren $= 100.000 \cdot 1,1^2 = 121.000,00 \,€$

$$\Rightarrow \quad K_n = 121.000 \cdot 1,025^{10} - 12.000 \cdot \frac{1,025^{10}-1}{0,025} = 20.449,65$$

Kreditkonto/Tilgungsplan *(nach der US-Methode)*:

Periode: Jahr Qu.	Restschuld *(Beginn Qu.)*	Zinsen *(verrechnet bei nä. Zahlg., spät. nach 1 J.)*	Tilgung *(Ende Qu.)*	Zahlung *(Ende Qu.)*
1 4	100.000,00	10.000,00	−10.000,00	0,00
2 8	110.000,00	11.000,00	−11.000,00	0,00
3 9	121.000,00	3.025,00	8.975,00	12.000,00
10	112.025,00	2.800,63	9.199,38	12.000,00
11	102.825,63	2.570,64	9.429,36	12.000,00
12	93.396,27	2.334,91	9.665,09	12.000,00
4 13	83.731,17	2.093,28	9.906,72	12.000,00
14	73.824,45	1.845,61	10.154,39	12.000,00
15	63.670,06	1.591,75	10.408,25	12.000,00
16	53.261,81	1.331,55	10.668,45	12.000,00
5 17	42.593,36	1.064,83	10.935,17	12.000,00
18	31.658,19	791,45	11.208,55	12.000,00
19	20.449,65	*(Kreditkonto nach US-Methode)*		

d)   ICMA: Restschuld nach 2 Jahren $= 100.000 \cdot 1{,}1^2 = 121.000{,}00€$

$$\Rightarrow \quad K_n = 121.000 \cdot 1{,}1^{2{,}5} - 12.000 \cdot \frac{1{,}1^{2{,}5}-1}{1{,}1^{0{,}25}-1} = 19.661{,}02$$

Kreditkonto/Tilgungsplan *(nach der ICMA-Methode)*:

Periode: Jahr Qu.		Restschuld *(Beginn Qu.)*	Zinsen *(Ende Qu.)*	Tilgung *(Ende Qu.)*	Zahlung *(Ende Qu.)*
1	1	100.000,00	2.411,37	-2.411,37	0,00
	2	102.411,37	2.469,52	-2.469,52	0,00
	3	104.880,88	2.529,07	-2.529,07	0,00
	4	107.409,95	2.590,05	-2.590,05	0,00
2	5	110.000,00	2.652,51	-2.652,51	0,00
	6	112.652,51	2.716,47	-2.716,47	0,00
	7	115.368,97	2.781,97	-2.781,97	0,00
	8	118.150,94	2.849,06	-2.849,06	0,00
3	9	121.000,00	2.917,76	9.082,24	12.000,00
	10	111.917,76	2.698,75	9.301,25	12.000,00
	11	102.616,51	2.474,46	9.525,54	12.000,00
	12	93.090,97	2.244,77	9.755,23	12.000,00
4	13	83.335,74	2.009,53	9.990,47	12.000,00
	14	73.345,27	1.768,62	10.231,38	12.000,00
	15	63.113,89	1.521,91	10.478,09	12.000,00
	16	52.635,80	1.269,24	10.730,76	12.000,00
5	17	41.905,04	1.010,49	10.989,51	12.000,00
	18	30.915,53	745,49	11.254,51	12.000,00
	19	19.661,02		*(Kreditkonto nach ICMA-Methode)*	

Aufgabe 4.31 *(4.3.15)*:

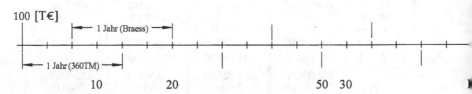

100 [T€]

— 1 Jahr (Braess) —

— 1 Jahr (360TM) —

10   20   50 30

Die Restzahlung entspricht dem Kontostand K_n am Laufzeitende (nach 4,5 Jahren)

a)   360TM:

$$
\begin{aligned}
K_n = 100.000 \cdot 1{,}16^4 \cdot 1{,}08 \ & - \ 10.000 \cdot 1{,}04 \cdot 1{,}16^3 \cdot 1{,}08 \\
& - \ 20.000 \cdot 1{,}08 \cdot 1{,}16^2 \cdot 1{,}08 \\
& - \ 50.000 \cdot 1{,}16 \cdot 1{,}08 \\
& - \ 30.000 \cdot 1{,}12 \cdot 1{,}08 \qquad = \qquad 47.698{,}91 \ €.
\end{aligned}
$$

Kreditkonto/Tilgungsplan *(nach 360TM)*:

Periode: Jahr Qu.	Restschuld *(Beginn Qu.)*	Quartalszinsen *(separat gesammelt)*	kumuliert und zum Jahres- ende verrechnet	Tilgung *(Ende Qu.)*	Zahlung *(Ende Qu.)*
1 1	100.000,00	(4.000,00)		0,00	0,00
2	100.000,00	(4.000,00)		0,00	0,00
3	100.000,00	(4.000,00)		10.000,00	10.000,00
4	90.000,00	(3.600,00)	15.600,00	−15.600,00	0,00
2 1	105.600,00	(4.224,00)		0,00	0,00
2	105.600,00	(4.224,00)		20.000,00	20.000,00
3	85.600,00	(3.424,00)		0,00	0,00
4	85.600,00	(3.424,00)	15.296,00	−15.296,00	0,00
3 1	100.896,00	(4.035,84)		0,00	0,00
2	100.896,00	(4.035,84)		0,00	0,00
3	100.896,00	(4.035,84)		0,00	0,00
4	100.896,00	(4.035,84)	16.143,36	33.856,64	50.000,00
4 1	67.039,36	(2.681,57)		30.000,00	30.000,00
2	37.039,36	(1.481,57)		0,00	0,00
3	37.039,36	(1.481,57)		0,00	0,00
4	37.039,36	(1.481,57)	7.126,30	−7.126,30	0,00
5 1	44.165,66	(1.766,63)		0,00	0,00
2	44.165,66	(1.766,63)	3.533,25	44.165,66	**47.698,91**
3	0,00			*(Kreditkonto nach 360TM)*	

b)   Braess: $K_n = 100.000 \cdot 1,08 \cdot 1,16^4 - 10.000 \cdot 1,12 \cdot 1,16^3 - 20.000 \cdot 1,16^3$
$$- 50.000 \cdot 1,08 \cdot 1,16 - 30.000 \cdot 1,04 \cdot 1,16 \quad = \quad 48.017,10 \ €.$$

Kreditkonto/Tilgungsplan *(nach Braess)*:

Periode: Jahr Qu.	Restschuld *(Beginn Qu.)*	Quartalszinsen *(separat gesammelt)*	kumuliert und zum Jahres- ende verrechnet	Tilgung *(Ende Qu.)*	Zahlung *(Ende Qu.)*
1 3	100.000,00	(4.000,00)		0,00	0,00
4	100.000,00	(4.000,00)	8.000,00	−8.000,00	0,00
2 1	108.000,00	(4.320,00)		10.000,00	10.000,00
......					
4	98.000,00	(3.920,00)	16.080,00	3.920,00	20.000,00
3 1	94.080,00	(3.763,20)		0,00	0,00
......					
4	94.080,00	(3.763,20)	15.052,80	−15.052,80	0,00
4 1	109.132,80	(4.365,31)		0,00	0,00
2	109.132,80	(4.365,31)		50.000,00	50.000,00
3	59.132,80	(2.365,31)		30.000,00	30.000,00
4	29.132,80	(1.165,31)	12.261,25	−12.261,25	0,00
5 1	41.394,05	(1.655,76)		0,00	0,00
......					
4	41.394,05	(1.655,76)	6.623,05	41.394,05	**48.017,10**
6 1	0,00			*(Kreditkonto nach Braess)*	

c)   **US:** Bei Zeiträumen von mehr als einem Jahr zwischen zwei Zahlungen wird das
Konto ein Jahr nach der jeweils letzten Rate erneut abgerechnet:

$$K_n = 100.000 \cdot 1,12 \cdot 1,12 \cdot 1,16 \cdot 1,08 \cdot 1,04 \cdot 1,16 \cdot 1,04$$
$$- 10.000 \cdot 1,12 \cdot 1,16 \cdot 1,08 \cdot 1,04 \cdot 1,16 \cdot 1,04$$
$$- 20.000 \cdot 1,16 \cdot 1,08 \cdot 1,04 \cdot 1,16 \cdot 1,04$$
$$- 50.000 \cdot 1,04 \cdot 1,16 \cdot 1,04$$
$$- 30.000 \cdot 1,16 \cdot 1,04 = \quad 49.204,75 \ \text{€}.$$

Kreditkonto/Tilgungsplan *(nach der US-Methode)*:

Periode: Jahr Qu.	Restschuld *(Beginn Qu.)*	Zinsen *(verrechnet bei nächster Zahlung, spät. nach 1 J.)*	Zinsen *(gesammelt)*	Tilgung *(Ende Qu.)*	Zahlung *(Ende Qu.)*
1 1	100.000,00		(4.000,00)	0,00	0,00
...... 3	100.000,00	12.000,00	(4.000,00)	−2.000,00	10.000,00
...... 2 5	102.000,00		(4.080,00)	0,00	0,00
6	102.000,00	12.240,00	(4.080,00)	7.760,00	20.000,00
3 9	94.240,00		(3.769,60)	0,00	0,00
10	94.240,00	15.078,40	(3.769,60)	−15.078,40	0,00
11	109.318,40		(4.372,74)	0,00	0,00
12	109.318,40	8.745,47	(4.372,74)	41.254,53	50.000,00
4 13	68.063,87	2.722,55	(2.722,55)	27.277,45	30.000,00
5 17	40.786,43	6.525,83	(1.631,46)	−6.525,83	0,00
18	47.312,26	1.892,49	(1.892,49)	47.312,26	**49.204,75**
19	0,00			*(Kreditkonto nach US-Methode)*	

d)   **ICMA:** $K_n = 100.000 \cdot 1,16^{4,5} - 10.000 \cdot 1,16^{3,75} - 20.000 \cdot 1,16^3$
$$- 50.000 \cdot 1,16^{1,5} - 30.000 \cdot 1,16^{1,25} \qquad = \quad 47.763,62 \ \text{€}.$$

Kreditkonto/Tilgungsplan *(nach der ICMA-Methode)*:

Periode: Jahr Qu.	Restschuld *(Beginn Qu.)*	Zinsen *(Ende Qu.)*	Tilgung *(Ende Qu.)*	Zahlung *(Ende Qu.)*
1 1	100.000,00	3.780,20	−3.780,20	0,00
...... 3	107.703,30	4.071,40	5.928,60	10.000,00
...... 2 5	105.621,98	3.992,72	−3.992,72	0,00
6	109.614,70	4.143,65	15.856,35	20.000,00
3 9	100.980,84	3.817,28	−3.817,28	0,00
10	104.798,11	3.961,58	−3.961,58	0,00
11	108.759,69	4.111,33	−4.111,33	0,00
12	112.871,02	4.266,75	45.733,25	50.000,00
4 13	67.137,77	2.537,94	27.462,06	30.000,00
5 17	44.347,41	1.676,42	−1.676,42	0,00
18	46.023,83	1.739,79	46.023,83	**47.763,62**
19	0,00	*(Kreditkonto nach ICMA-Methode)*		

Aufgabe 4.32 *(4.3.16)*:

i)   a)   **360TM** *(„gebrochene"Laufzeit am Ende)*:

$$K_n = 100.000 \cdot 1,12 \cdot 1,06 - 24.000 \cdot (1+0,12 \cdot \frac{5,5}{12}) \cdot 1,06$$

$$- 12.000 \cdot (1+0,12 \cdot \frac{2,5}{12}) = 79.580,80 \; €$$

b)   **Braess** *(„gebrochene"Laufzeit zu Beginn)*:

$$K_n = 100.000 \cdot 1,06 \cdot 1,12 - 12.000 \cdot (1+0,12 \cdot \frac{2,5}{12}) \cdot 1,06$$

$$- 24.000 \cdot (1+0,12 \cdot \frac{5,5}{12}) = 79.624,-- €$$

c)   **US-Methode** *(sofortige Zins-/Tilgungsverrechng., relativer Monatszins)*:

$$K_n = 100.000 \cdot 1,01^{18} - 2000 \cdot \frac{1,01^{18}-1}{0,01} = 80.385,25 \; €$$

d)   **ICMA-Methode** *(wie US, aber mit konformem Monatszinssatz)*

$$K_n = 100.000 \cdot q^{18} - 2000 \cdot \frac{q^{18}-1}{q-1} = 79.473,78 \; €$$

(mit $q = 1+i_M = \sqrt[12]{1,12} = 1,009488793$)

ii)   a)   **360-Tage-Methode:**

$$0 = 100 \cdot 1,12^n - 25,32 \cdot \frac{1,12^n-1}{0,12} \quad \Rightarrow \quad n = 5,668 \, J. \approx 5 \, \text{Jahre} \; 8 \, \text{Mon.}$$

c)   **US:**

$$0 = 100 \cdot 1,01^n - 2 \cdot \frac{1,01^n-1}{0,01} \quad \Rightarrow \quad n = \frac{\ln 2}{\ln 1,01} = 69,66 \, \text{Monate} \approx 5,81 \, J.$$

d)   **ICMA:**

Mit $q = 1+i_M = 1,12^{1/12} = 1,009488793$ folgt:

$$0 = 100 \cdot q^n - 2 \cdot \frac{q^n-1}{q-1} \quad \Rightarrow \quad n = 68,1159 \, \text{Monate} \approx 5,676 \, J. \approx 5 \, J. \; 8 \, M.$$

Aufgabe 4.33 *(4.3.17)*:

a)   360TM: $0 = 100.000 \cdot 1,12 \cdot 1,06 - 12 \cdot r \cdot (1 + 0,12 \cdot \frac{5,5}{12}) \cdot 1,06$

$$- 6 \cdot r \cdot (1 + 0,12 \cdot \frac{2,5}{12}) \quad \Rightarrow \quad r = 6.066,55 \; €/\text{Monat}$$

b)   Braess: $0 = 100.000 \cdot 1,06 \cdot 1,12 - 6 \cdot r \cdot (1 + 0,12 \cdot \frac{2,5}{12}) \cdot 1,12$

$$- 12 \cdot r \cdot (1 + 0,12 \cdot \frac{5,5}{12}) \quad \Rightarrow \quad r = 6.073,26 \; €/\text{Monat}$$

c) US: $0 = 100.000 \cdot 1,01^{18} - r \cdot \dfrac{1,01^{18} - 1}{0,01}$

$\Rightarrow \ r = 6.098,20 \ €/\text{Monat}$

d) ICMA: $0 = 100.000 \cdot 1,12^{1,5} - r \cdot \dfrac{1,12^{1,5} - 1}{1,12^{1/12} - 1}$

$\Rightarrow \ r = 6.069,75 \ €/\text{Monat}$

Aufgabe 4.34 *(4.3.18)*:

a) 360TM: $K_0 \cdot 1,12 \cdot 1,06 = 72.000 \cdot (1 + 0,12 \cdot \dfrac{5,5}{12}) \cdot 1,06$

$+ \ 36.000 \cdot (1 + 0,12 \cdot \dfrac{2,5}{12}) \qquad \Rightarrow \qquad K_0 = 98.902,97 \ €$

b) Braess: $K_0 \cdot 1,06 \cdot 1,12 = 36.000 \cdot (1 + 0,12 \cdot \dfrac{2,5}{12}) \cdot 1,12$

$+ \ 72.000 \cdot (1 + 0,12 \cdot \dfrac{5,5}{12}) \qquad \Rightarrow \qquad K_0 = 98.793,80 \ €$

c) US: $K_0 \cdot 1,01^{18} = 6.000 \cdot \dfrac{1,01^{18} - 1}{0,01} \qquad \Rightarrow \qquad K_0 = 98.389,61 \ €$

d) ICMA: $K_0 \cdot 1,12^{1,5} = 6.000 \cdot \dfrac{1,12^{1,5} - 1}{1,12^{1/12} - 1} \qquad \Rightarrow \qquad K_0 = 98.850,91 \ €$

Aufgabe 4.35 *(4.3.19)*:

i) K_0 sei die Kreditsumme des Annuitätenkredits. Die Rückzahlung erfolgt mit gleichen monatlichen Annuitäten (= 1/12 der Jahresleistung). Das Konto wird nach der US-Methode abgerechnet. Dabei lauten:

– der relative Monatszinssatz: $i = i_m = \dfrac{i_{nom}}{12}$ bzw. $12 \cdot i = i_{nom}$

– die relative Anfangstilgung: $i_t = \dfrac{i_T}{12}$

Somit ergibt sich für die monatliche „Annuität" A_m: $A_m = K_0 \cdot \left(\dfrac{i_{nom}}{12} + \dfrac{i_T}{12} \right)$ (∗)

Damit ergibt sich die Äquivalenzgleichung zur Ermittlung der Gesamtlaufzeit n :

$K_0 (1+i)^n - A_m \cdot \dfrac{(1+i)^n - 1}{i} = 0$ d.h. $K_0 (1+i)^n - K_0 \cdot \left(\dfrac{i_{nom}}{12} + \dfrac{i_T}{12} \right) \cdot \dfrac{(1+i)^n - 1}{i} =$

(mit $i = i_m$ und $12i = i_{nom}$; n in Monaten)

Division durch K_0 und Multiplikation mit 12i liefert:

$12i(1+i)^n = (i_{nom} + i_T) \cdot ((1+i)^n - 1) \qquad \Rightarrow$

$$\Rightarrow \quad \frac{12i \cdot (1+i)^n}{(1+i)^n - 1} = i_{nom} + i_T \quad .$$

Erweiterung von i_{nom} liefert unter Beachtung von $12i = i_{nom}$:

$$i_T = \frac{12i \cdot (1+i)^n}{(1+i)^n - 1} - i_{nom}\frac{(1+i)^n - 1}{(1+i)^n - 1} = \frac{i_{nom}(1+i)^n - i_{nom}(1+i)^n + i_{nom}}{(1+i)^n - 1} \quad \text{d.h.}$$

$$i_T = \frac{i_{nom}}{(1 + \frac{i_{nom}}{12})^n - 1} \qquad \square$$

ii) Annuitätenkredit mit $i_{nom} = 8\%$ p.a. und Gesamtlaufzeit 15 Jahre $\triangleq$ 180 Monatsraten liefert mit der eben hergeleiteten Formel den anfänglichen Tilgungssatz i_T

$$i_T = \frac{0,08}{(1 + \frac{0,08}{12})^{180} - 1} = 0,034678247 \approx 3,47\% \text{ p.a. zuzüglich ersparte Zinsen}$$
$$\textit{(monatl. Raten, US-Methode)}$$

iii) Anfangstilgungen *(% p.a.)* für verschiedene Laufzeiten und verschiedene nominelle Zinssätze *(Annuitätenkredit, monatliche Raten, Kontoführung nach der US-Methode)*

i_{nom} \ Gesamtlaufzeit	10 Jahre 120 Monate	*15 Jahre* *180 Monate*	20 Jahre 240 Monate	25 Jahre 300 Monate	30 Jahre 360 Monate
6% p.a.	7,3225%	4,1263%	2,5972%	1,7316%	1,1946%
6,5% p.a.	7,1258%	3,9533%	2,4469%	1,6025%	1,0848%
7% p.a.	6,9330%	3,7859%	2,3036%	1,4814%	0,9836%
7,5% p.a.	6,7442%	3,6241%	2,1671%	1,3679%	0,8906%
8% p.a.	6,5593%	*3,4678%*	2,0373%	1,2618%	0,8052%
8,5% p.a.	6,3783%	3,3169%	1,9139%	1,1627%	0,7270%
9% p.a.	6,2011%	3,1712%	1,7967%	1,0704%	0,6555%

Aufgabe 4.36 *(4.4.5)*:

i) Die vorgegebenen Kreditbedingungen sehen trotz unterjähriger Zahlungen nur *(verspätete)* jährliche Zins- und Tilgungsverrechnung vor: es handelt sich somit um eine „nachschüssige Tilgungsverrechnung", das Kreditkonto wird mit jährlichen Annuitäten in Höhe von € 48.000,-- abgerechnet, ungeachtet der Tatsache, dass monatlich 4.000 € als Rückzahlungen fließen. Somit lautet die Restschuld K_{10} nach 10 Jahren:

$$K_{10} = 400.000 \cdot 1,11^{10} - 48.000 \cdot \frac{1,11^{10} - 1}{0,11} = 333.111,96 \; \text{€}.$$

ii) a)   360-Tage-Methode:
Jahres-Ersatzrate: $R^* = 48.000 \cdot (1+0{,}11 \cdot \frac{5{,}5}{12}) = 50.420{,}- \text{€/Jahr}$ $\Rightarrow$

$$\Rightarrow \quad K_{10} = 400.000 \cdot 1{,}11^{10} - 50.420 \cdot \frac{1{,}11^{10}-1}{0{,}11} = 292.644{,}70 \text{ €}$$

(d.h. die „Ersparnis" gegenüber i) beträgt 40.467,26 €.)

b)   US-Methode:
relativer Monatszinssatz: $i_M = \frac{1}{12} \cdot 0{,}11$, d.h. $q_M = 1+\frac{1}{12} \cdot 0{,}11$ *(Zinsfaktor)*
und monatliche Zins- und Tilgungsverrechnung liefern nach 10 Jahren:

$$\Rightarrow \quad K_{10} = 400.000 \cdot q_M^{120} - 4.000 \cdot \frac{q_M^{120}-1}{q_M-1} = 327.667{,}31 \text{ €}$$

(d.h. 5.444,65 € weniger als in i))

c)   ICMA-Methode:
konformer Monatszins *(mit $q_M = 1+i_M = \sqrt[12]{1{,}11} = 1{,}008734594$)*
und monatliche Zins- und Tilgungsverrechnung liefern nach 10 Jahren:

$$K_{10} = 400.000 \cdot q_M^{120} - 4.000 \cdot \frac{q_M^{120}-1}{q_M-1} = 400.000 \cdot 1{,}11^{10} - 4.000 \cdot \frac{1{,}11^{10}-1}{1{,}11^{1/12}-1}$$

$$= 293.407{,}10 \text{ €} \quad \text{(d.h. 39.704,86 € weniger als in i))}.$$

iii) a)   Gesamtlaufzeit nach 360TM:
Jahres-Ersatzrate: $R^* = 12 \cdot 4000 \cdot (1+0{,}11 \cdot \frac{5{,}5}{12}) = 50.420{,}-- \text{€}$ $\Rightarrow$
$0 = 400 \cdot 1{,}11^n - 50{,}42 \cdot \frac{1{,}11^n-1}{0{,}11}$ $\Rightarrow$ $n = 19{,}75$ Jahre

b)   Gesamtlaufzeit nach der US-Methode:
Monatszinssatz $i_M = 11\%/12$, d.h. $q = 1{,}0091\overline{6}$ $\Rightarrow$
$0 = 400 \cdot q^n - 4 \cdot \frac{q^n-1}{q-1}$ $\Rightarrow$ $n = 272{,}32$ Monate $\approx 22{,}69$ Jahre

c)   Gesamtlaufzeit nach der ICMA-Methode:
(wie b), aber mit dem Monatszinsfaktor $q = \sqrt[12]{1{,}11} = 1{,}008734594$)
$0 = 400 \cdot q^n - 4 \cdot \frac{q^n-1}{q-1}$ $\Rightarrow$ $n = 237{,}70$ Monate $\approx 19{,}81$ Jahre

d)   Gesamtlaufzeit nach den angegebenen Kreditbedingungen
(nachschüssige Tilgungsverrechnung):
$0 = 400 \cdot 1{,}11^n - 48 \cdot \frac{1{,}11^n-1}{0{,}11}$ $\Rightarrow$ $n = 23{,}81$ Jahre.

5   Die Ermittlung des Effektivzinssatzes in der Finanzmathematik

5.1   Grundlagen, Standardprobleme

Aufgabe 5.1 *(5.1.13)*:

Prinzip der Kontoführung nach Braess:

Zinszuschlag jährlich, wobei gebrochene Zinsjahre am Anfang liegen. Unterjährig lineare Zinsen *(zum relativen Zinssatz).*

Strukturierter Zahlungsstrahl (nach Braess):

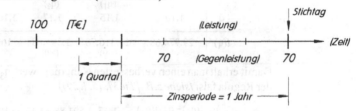

Daraus folgt die Äquivalenzgleichung:

$$100 \cdot (1+i \cdot 0,5) \cdot (1+i) = 70 \cdot (1+i \cdot 0,75) + 70$$

$$\Leftrightarrow \quad 100 \cdot (0,5i^2 + 1,5i + 1) = 52,5i + 140$$

$$\Leftrightarrow \quad i^2 + 1,95i - 0,8 = 0 \quad \text{(quadratische Gleichg., Lösungsformel benutzen)}$$

$\Leftrightarrow$ einzige positive Lösung: $i_{\text{eff}} = 0,3481118623 \approx 34,81\% \,\text{p.a.}$ *(nach Braess)*

$\Leftrightarrow$ relativer Quartalszinssatz: $i_Q = 8,70279656\% \,\text{p.Q.}$

Das entsprechende **Braess-Vergleichskonto** *(durchgerechnet mit dem relativen Quartalszinssatz)* muss genau „aufgehen", siehe nachstehende Kontostaffelrechnung:

Periode: Jahr	Qu.	Restschuld *(Beginn Qu.)*	Zinsen *(separat gesammelt)* $8,70279..\%\,p.Q.$	Zinsen *(kumuliert und zum Jahresende verrechnet)*	Tilgung *(Ende Qu.)*	Zahlung *(Ende Qu.)*
1	3	100.000,00	(8.702,80)		0,00	0,00
	4	100.000,00	(8.702,80)	17.405,59	−17.405,59	0,00
2	1	117.405,59	(10.217,57)		0,00	70.000,00
	2	47.405,59	(4.125,61)		0,00	0,00
	3	47.405,59	(4.125,61)		0,00	0,00
	4	47.405,59	(4.125,61)	22.594,41	47.405,59	70.000,00
3	1	0,00				

Aufgabe 5.2:

i) $15.000\,q^2 - 7.500\,q - 12.000 = 0$ $\Rightarrow$ $i_{eff} = 17,87\%$ p.a. *(quadr. Gleichg.!)*

ii) $f(q) = 37.600\,q^{10} - 8.000 \cdot \dfrac{q^{10} - 1}{q - 1} = 0$ $\Rightarrow$ $i_{eff} = 16,76\%$ p.a.

Gleichungen höheren als zweiten Grades, wie sie in finanzmathematischen Anwendungen häufig vorkommen, werden zweckmäßigerweise mit einem iterativen Näherungsverfahren, vorzugsweise der „Regula falsi" *(siehe z.B. [Tie3], Kap. 5.1.2, insb. Bsp. 5.1.32)* gelöst. Die entsprechende Vorgehensweise wird am vorliegenden Beispiel noch einmal exemplarisch verdeutlicht:

Gesucht ist die Nullstelle $\bar{q}$ der Funktion f: $f(q) = 37.600\,q^{10} - 8.000 \cdot \dfrac{q^{10} - 1}{q - 1}$.

Zur Anwendung der Regula falsi werden zwei Startwerte q_1, q_2 benötigt, deren Funktionswerte $f(q_1)$, $f(q_2)$ unterschiedliches Vorzeichen besitzen.
q_1 und q_2 werden am besten über eine Wertetabelle ermittelt/geschätzt:

		(q_1)	(q_2)	(q_3)
q	1,10	1,15	1,17	1,1673265
f(q)	−29.974,68	−10.316,78 (<0)	1.591,88 (>0)	−160,3854

Damit erhält man einen verbesserten Näherungswert q_3 mit der Iterationsformel der Regula falsi *(siehe z.B. [Tie3], (5.1.29))*:

$$q_3 = \frac{q_1 \cdot f(q_2) - q_2 \cdot f(q_1)}{f(q_2) - f(q_1)} = \frac{1,15 \cdot 1.591,88 - 1,17 \cdot (-10.316,78)}{1.591,88 - (-10.316,78)} = 1,1673265$$

Führt man denselben Iterationsschritt mit q_2 und q_3 durch, so erhält man q_4 mit

$q_4 = 1,16757 \approx 1,1676$, d.h. $i_{eff} = 16,76\%$ p.a. *(auf 2 Dezimalen exakt)*.

iii) $75.000 \cdot \dfrac{q^8 - 1}{q - 1} \cdot \dfrac{1}{q^8} - 380.000 = 0$ $\Rightarrow$ $i_{eff} = 11,44\%$ p.a.

iv) $50.000\,q^{10} = 10.000 \cdot \dfrac{q^{10} - 1}{q - 1}$ $\Rightarrow$ $i_{eff} = 15,10\%$ p.a.

Aufgabe 5.3 *(5.1.17)*:

Prinzip der Kontoführung nach der US-Methode: Zinszuschlag bei jeder Zahlung, wobei zur Aufzinsung der lineare Jahresbruchteilzins i_p verwendet wird *(hier also: Dreivierteljahreszins $i_p = i_{eff} \cdot 0,75$)*.

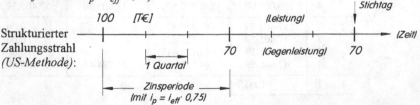

Die US-Äquivalenzgleichung lautet daher:

$$100 \cdot (1+i_p)^2 = 70 \cdot (1+i_p) + 70, \quad \text{d.h.} - \text{mit der Abkürzung } q := 1+i_p:$$

$$\Leftrightarrow \quad q^2 - 0,7q - 0,7 = 0 \quad \Rightarrow \quad \text{einzige positive Lösung: } q = 1,256917857,$$

d.h. $\qquad\qquad\qquad\qquad i_p = 0,256917857 \approx 25,6918\% \, \text{p.} \frac{3}{4}\text{a.}$

und daher: $\quad i_{eff} = \dfrac{i_p}{0,75} = 0,34255714272 \approx 34,26\% \, \text{p.a.}$

Das entsprechende **US-Vergleichskonto** *(durchgerechnet mit dem relativen Dreivier-teljahres-Zinssatz 25,69...%)* muss genau „aufgehen", siehe nachstehendes Konto:

Periode: *(je 9 Mon.)*	Restschuld *(Beginn Per.)*	Zinsen *(Ende Per.)*	Tilgung *(Ende Per.)*	Zahlung *(Ende Per.)*
1	100.000,00	25.691,79	44.308,21	70.000,00
2	55.691,79	14.308,21	55.691,79	70.000,00
3	0			

Aufgabe 5.4 *(5.1.33)*:   100 [T€]

	i)	80	60
	ii)	70	70

i) $100q^5 - 80q^3 - 60 = 0 \quad \Rightarrow \quad i_{eff} = 11,1944\% \approx 11,19\% \, \text{p.a.}$

ii) $100q^5 - 70q^3 - 70 = 0 \quad \Rightarrow \quad i_{eff} = 10,4389\% \approx 10,44\% \, \text{p.a.}$

Aufgabe 5.5 *(5.2.17)*:

$$100q^6 = 5,5q^5 + 7,5q^4 + 8q^3 + 8,25q^2 + 8,5q + 109 \quad \Rightarrow \quad i_{eff} = 7,6618\% \approx 7,66\% \, \text{p.a.}$$

Aufgabe 5.6 *(5.2.18)*:

i)

Jahr t	Restschuld K_{t-1} *(Beginn t)*	Zinsen Z_t *(Ende t)*	Tilgung T_t *(Ende t)*	Annuität A_t *(Ende t)*
1	100.000,00	8.000,00	20.000,00	28.000,00
2	80.000,00	6.400,00	20.000,00	26.400,00
3	60.000,00	4.800,00	20.000,00	24.800,00
4	40.000,00	3.200,00	20.000,00	23.200,00
5	20.000,00	1.600,00	20.000,00	21.600,00
6	0,00			

ii) $96.000q^5 = 28.000q^4 + 26.400q^3 + 24.800q^2 + 23.200q + 21.600 \Rightarrow i_{eff} \approx 9,64\% \, \text{p.a.}$

iii) Restschuld nach 2 Jahren: 116.640€ $\Rightarrow$ Tilgungen 38.880 €/Jahr $\Rightarrow$

$\quad 0 = 96.000q^5 - 48.211,20q^2 - 45.100,80q - 41.990,40$

$\quad \Rightarrow \quad i_{eff} = 9,1365\% \approx 9,14\% \, \text{p.a.}$

Aufgabe 5.7 *(5.2.19)*:

i) $0 = 93,5 \cdot q^{26,5817} - 8 \cdot \dfrac{q^{26,5817}-1}{q-1}$ $\Rightarrow$ $i_{eff} = 7,2124\% \approx 7,21\%\,\text{p.a.}$

ii) $0 = 93,5 \cdot q^5 - 8 \cdot \dfrac{q^5-1}{q-1} - 91,45954$ $\Rightarrow$ $i_{eff} = 8,1855\% \approx 8,19\%\,\text{p.a.}$

Aufgabe 5.8 *(5.2.20)*:

i) $n = 28,54983 + 3 \approx 32\,\text{Jahre}$

ii)

Jahr t	Restschuld K_{t-1} *(Beginn t)*	Zinsen Z_t *(Ende t)*	Tilgung T_t *(Ende t)*	Annuität A_t *(Ende t)*
1	200.000,00	16.000,00	0,00	16.000,00
2	200.000,00	16.000,00	0,00	16.000,00
3	200.000,00	16.000,00	0,00	16.000,00
4	200.000,00	16.000,00	2.000,00	18.000,00
5	198.000,00	15.840,00	2.160,00	18.000,00
⋮	…	…	…	…
	…	…	…	…
31	25.298,46	2.023,88	15.976,12	18.000,00
32	9.322,34	745,79	9.322,34	10.068,12
	0,00			

iii) $0 = 190.000 - 16.000 \cdot \dfrac{q^3-1}{q-1} \cdot \dfrac{1}{q^3} - 18.000 \cdot \dfrac{q^{28,55}-1}{q-1} \cdot \dfrac{1}{q^{31,55}}$

$\Rightarrow$ $i_{eff} = 8,5281\% \approx 8,53\%\,\text{p.a.}$ *(zum Näherungsverfahren Regula falsi siehe Aufgabe 5.2)*

Aufgabe 5.9:

i) $0 = 13.500 \cdot q^3 - 2.700 \cdot \dfrac{q^3-1}{q-1} - 12.444,83$ $\Rightarrow$ $i_{eff} = 17,81\%\,\text{p.a.}$

ii) $0 = 13.500 \cdot q^{10,48} - 2.700 \cdot \dfrac{q^{10,48}-1}{q-1}$ $\Rightarrow$ $i_{eff} = 15,64\%\,\text{p.a.}$

Aufgabe 5.10 *(5.2.21)*:

i) $0 = 98q^5 - 7,25 \cdot \dfrac{q^5-1}{q-1} - 94,33470$ $\Rightarrow$ $i_{eff} = 6,7443\% \approx 6,74\%\,\text{p.a.}$

ii) $0 = 90q^5 - 6 \cdot \dfrac{q^5-1}{q-1} - 89,16736$ $\Rightarrow$ $i_{eff} = 6,5042\% \approx 6,50\%\,\text{p.a.}$ ☺

Aufgabe 5.11 *(5.2.22)*:

i)   Laufzeit 1. Kredit: 5 Jahre ;   Laufzeit 2. Kredit: $n = \dfrac{\ln 13}{\ln 1,12} = 22,63283 \approx 23\,\text{J.}$
     d.h.   Gesamtlaufzeit $\approx 28\,\text{Jahre}$.

ii) Restschuld des 1.Kredits = Kreditsumme des 2. Kredits = 88.030,58 €
⇒ Annuität des 2. Kredits: 11.443,98 €/Jahr. Laufzeit des 2. Kredits siehe i)

Jahr t	Restschuld K_{t-1} (Beginn t)	Zinsen Z_t (Ende t)	Tilgung T_t (Ende t)	Annuität A_t (Ende t)
...	...	...	...	...
22	16.110,71	1.933,29	9.510,69	11.443,98
23	6.600,02	792,00	6.600,02	7.392,02

iii) Äquivalenzgleichung *(Stichtag: Tag der letzten Leistung)*
(die Kreditsumme des 1. Kredites wurde mit $K_0 = 100$ angenommen):

$$94q^{27,63} + 84,51q^{22,63} = 11 \cdot \frac{q^5 - 1}{q - 1} \cdot q^{22,63} + 88,03q^{22,63} + 11,44 \cdot \frac{q^{22,63} - 1}{q - 1}$$

⇒ $i_{eff} = 11,64\%$ p.a.   *(zum Näherungsverfahren Regula falsi siehe Aufgabe 5.2)*

Aufgabe 5.12 *(5.2.23)*:

Für die *(noch unbekannte)* Auszahlung K_0^* muss gelten *(Kreditsumme 100 unterstellt)*:

$$K_0^* \cdot 1,1^7 - 9 \cdot \frac{1,1^7 - 1}{0,1} = K_7 = 91,0772 \quad \Rightarrow \quad K_0^* = 90,5528 \approx 90,55$$

d.h. das Disagio muss 9,45% der Kreditsumme betragen.

Aufgabe 5.13 *(5.2.24)*:

i) Äquivalenzgleichung für den nominellen Jahreszinsfaktor q:

$$0 = 150.000 \cdot q^{28} - 14.250 \cdot \frac{q^{28} - 1}{q - 1} \quad \Rightarrow \quad i_{nom} = 8,5431\% \approx 8,54\% \, p.a.$$

ii) Äquivalenzgleichung für den effektiven Jahreszinsfaktor q:

$$0 = 138.000 \cdot q^{28} - 14.250 \cdot \frac{q^{28} - 1}{q - 1} \quad \Rightarrow \quad i_{eff} = 9,5159\% \approx 9,52\% \, p.a.$$

Aufgabe 5.14 *(5.2.25)*:

Statt mit der realen Kreditsumme (220.000 €) wurde nachfolgend mit der genormten Kreditsumme „$K_0 = 100$" gerechnet:

i) $92 \cdot q^{33,395} - 7 \cdot \dfrac{q^{33,395} - 1}{q - 1} = 0 \quad \Rightarrow \quad i_{eff} = 6,7497\% \approx 6,75\% \, p.a.$

ii)

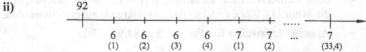

$$\Rightarrow \quad 92 \cdot q^{37,395} - 6 \cdot \frac{q^4 - 1}{q-1} \cdot q^{33,395} - 7 \cdot \frac{q^{33,395}-1}{q-1}$$

$$\Rightarrow \quad i_{eff} = 6,6839\% \approx 6,68\% \, p.a.$$

iii)   92   *(mit A = 8,337112)*

$$\Rightarrow \quad 92 \cdot q^{36,395} - 8,337112 \cdot \frac{q^{33,395}-1}{q-1} = 0 \quad \Rightarrow \quad i_{eff} = 6,5954\% \approx 6,60\% \, p.a.$$

iv)   Wie i) – iii), aber vereinbarte Laufzeit (Zinsbindungsfrist) 10 Jahre:
(Restschuld nach 10 Jahren: 86,819205 (i, ii) bzw. 103,403062 (iii))

i) $92 \cdot q^{10} - 7 \cdot \dfrac{q^{10}-1}{q-1} - 86,819205 = 0 \quad \Rightarrow \quad i_{eff} = 7,2050\% \approx 7,21\% \, p.a.$

ii)   92

$$\Rightarrow \quad 92 \cdot q^{14} - 6 \cdot \frac{q^4 - 1}{q-1} \cdot q^{10} - 7 \cdot \frac{q^{10}-1}{q-1} - 86,819205$$

$$\Rightarrow \quad i_{eff} = 6,9379\% \approx 6,94\% \, p.a.$$

iii)   92   *(mit A = 8,337112)*

$$\Rightarrow \quad 92 \cdot q^{13} - 8,337112 \cdot \frac{q^{10}-1}{q-1} - 103,403062 = 0$$

$$\Rightarrow \quad i_{eff} = 6,8538\% \approx 6,85\% \, p.a.$$

Aufgabe 5.15 *(5.2.26):*

Annuität des ersten Kredits: 16.431,97 €/Jahr $\Rightarrow$ $K_{13} = 82.701,34 \, €$

$\Rightarrow$ neue Restschuld nach 13 Jahren: K_{13} + 120.000 = 202.701,34 €, wobei allerdings nur 114.000 € *(= 95%)* des Zusatzkredits ausgezahlt werden.

$\Rightarrow$ Annuität des zweiten Kredits: 31.584,94 €/Jahr

⇒   Äquivalenzgleichung:

$$139.500q^{23} + 114.000q^{10} = 16.431,97 \cdot \frac{q^{13}-1}{q-1} \cdot q^{10} + 31.584,94 \cdot \frac{q^{10}-1}{q-1}$$

⇒ i_{eff} = 10,0373% ≈ 10,04% p.a.

Aufgabe 5.16 *(5.2.27)*:

Als Kreditsumme kann „100" angenommen werden. Der gesuchte Tilgungssatz i_T ist in der Annuität A enthalten, denn es gilt: A = 100 · (0,09 + i_T) mit i_T als Tilgungssatz.

Somit ergibt sich als Äquivalenzgleichung für die Annuität A

$$93 \cdot 1,11^5 = A \cdot \frac{1,11^5-1}{0,11} + \underbrace{100 \cdot 1,09^5 - A \cdot \frac{1,09^5-1}{0,09}}_{-\ \text{Restschuld } K_5} \qquad \Rightarrow \qquad A = 11,7158$$

⇒   Der anfängliche Tilgungssatz i_T muss daher (wegen i_{nom} = 9% p.a.) 2,72% *(zugl. ersparter Zinsen)* betragen

Aufgabe 5.17 *(5.2.28)*:

i)   Kreditsumme: 125.000,00 €; Gesamtlaufzeit n = 20,91 (≈ 21 J.) ⇒

Jahr t	Restschuld K_{t-1} *(Beginn t)*	Zinsen Z_t *(Ende t)*	Tilgung T_t *(Ende t)*	Annuität A_t *(Ende t)*
...	...	...	...	...
20	21.384,34	1.710,75	10.789,25	12.500,00
21	10.595,09	847,61	10.595,09	11.442,69

ii)   Da Auszahlung = 100% und Zahlungen/Zins- und Tilgungsverrechnung jeweils jährlich ⇒ i_{eff} = i_{nom} = 9,00% p.a. (!)

Aufgabe 5.18 *(5.2.29)*:

i)

Jahr t	Restschuld K_{t-1} *(Beginn t)*	Zinsen Z_t *(Ende t)*	Tilgung T_t *(Ende t)*	Annuität A_t *(Ende t)*
1	200.000,00	16.000,00	0,00	16.000,00
2	200.000,00	16.000,00	0,00	16.000,00
3	200.000,00	16.000,00	40.000,00	56.000,00
4	160.000,00	12.800,00	40.000,00	52.800,00
5	120.000,00	9.600,00	40.000,00	49.600,00
6	80.000,00	6.400,00	−6.400,00	0,00
7	86.400,00	6.912,00	40.000,00	46.912,00
8	46.400,00	3.712,00	40.000,00	43.712,00
9	6.400,00	512,00	6.400,00	6.912,00

ii) $184q^9 = 16q^8 + 16q^7 + 56q^6 + 52,8q^5 + 49,6q^4 + 46,912q^2 + 43,712q + 6,912$

$\Rightarrow \quad i_{eff} = 10,0133\% \approx 10,01\% \text{ p.a.}$

Aufgabe 5.19 *(5.2.30)*:

i) Disagiofreie Variante, daher: Kreditsumme = Auszahlung *(350.000€)* sowie *(da keine unterjährigen Leistungen erfolgen)*: $i_{eff} = i_{nom} = 9,50\%$ p.a.

Tilgung des ersten Jahres: $T_1 = 40.000 - 0,095 \cdot 350.000 = 6.750,-- €$, dieser Wert entspricht einer Anfangstilgung von $1,9286\% \approx 1,93\%$.

Restschuld nach 10 Jahren:

$$K_{10} = 350.000 \cdot 1,095^{10} - 40.000 \cdot \frac{1,095^{10} - 1}{0,095} = 244.968,04 \; €.$$

Tilgungsplan:

Jahr t	Restschuld K_{t-1} *(Beginn t)*	Zinsen Z_t *(Ende t)*	Tilgung T_t *(Ende t)*	Annuität A_t *(Ende t)*
1	350.000,00	33.250,00	6.750,00	40.000,00
2	343.250,00	32.608,75	7.391,25	40.000,00
3	335.858,75	31.906,58	8.093,42	40.000,00
4	327.765,33	31.137,71	8.862,29	40.000,00
5	318.903,04	30.295,79	9.704,21	40.000,00
6	309.198,83	29.373,89	10.626,11	40.000,00
7	298.572,71	28.364,41	11.635,59	40.000,00
8	286.937,12	27.259,03	12.740,97	40.000,00
9	274.196,15	26.048,63	13.951,37	40.000,00
10	260.244,78	24.723,25	15.276,75	40.000,00
11	244.968,04			

ii) Disagio 8% $\Rightarrow$ Kreditsumme $K_0 = \dfrac{350.000}{0,92} = 380.434,78 \; €.$

Da die Auszahlung real 350.000 € beträgt, führt die Anwendung des effektiven Jahreszinses *(= 9,50% p.a.)* im Vergleichskonto nach 10 Jahren auf die Restschuld *(vgl. i))*

$$K_{10} = 350.000 \cdot 1,095^{10} - 40.000 \cdot \frac{1,095^{10} - 1}{0,095} = 244.968,04 \; €.$$

Zu ermitteln ist somit derjenige nominelle Kreditzinssatz i_{nom}, der die Kreditsumme K_0 in 10 Jahren auf diese Restschuld führt. Mit $q = 1 + i_{nom}$ erhält man:

$$380.434,78 \cdot q^{10} - 40.000 \cdot \frac{q^{10} - 1}{q - 1} = 244.968,04$$

mit der Lösung: $\quad i_{nom} = 8,0637\% \approx 8,06\%$ p.a.

$\Rightarrow \quad$ Anfangstilgung: $\quad T_1 = 9.322,96 \; € \; \widehat{=} \; 2,4506\% \approx 2,45\%.$

Tilgungsplan:

Jahr t	Restschuld K_{t-1} (Beginn t)	Zinsen Z_t (Ende t)	Tilgung T_t (Ende t)	Annuität A_t (Ende t)
1	380.434,78	30.677,04	9.322,96	40.000,00
2	371.111,82	29.925,27	10.074,73	40.000,00
3	361.037,09	29.112,87	10.887,13	40.000,00
4	350.149,96	28.234,97	11.765,03	40.000,00
5	338.384,93	27.286,27	12.713,73	40.000,00
6	325.671,20	26.261,08	13.738,92	40.000,00
7	311.932,28	25.153,22	14.846,78	40.000,00
8	297.085,50	23.956,02	16.043,98	40.000,00
9	281.041,52	22.662,29	17.337,71	40.000,00
10	263.703,81	21.264,23	18.735,77	40.000,00
11	244.968,04			

iii)   Das Vergleichskonto ist mit folgenden Daten abzuwickeln:

- Anfangsschuld = Auszahlung = 350.000 €
- Annuität = 40.000 €/Jahr, Laufzeit 10 Jahre
- Restschuld nach 10 Jahren = 244.968,04
- anzuwendender Zinssatz = Effektivzinssatz = 9,50% p.a.

m.a.W.: Das Vergleichskonto ist identisch mit dem Tilgunsplan im Fall i) *(s.o.)*:

Vergleichskonto, abgerechnet mit $i_{eff} = 9,50\%$ p.a.

Jahr t	Restschuld K_{t-1} (Beginn t)	Zinsen Z_t (Ende t)	Tilgung T_t (Ende t)	Annuität A_t (Ende t)
1	350.000,00	33.250,00	6.750,00	40.000,00
2	343.250,00	32.608,75	7.391,25	40.000,00
3	335.858,75	31.906,58	8.093,42	40.000,00
4	327.765,33	31.137,71	8.862,29	40.000,00
5	318.903,04	30.295,79	9.704,21	40.000,00
6	309.198,83	29.373,89	10.626,11	40.000,00
7	298.572,71	28.364,41	11.635,59	40.000,00
8	286.937,12	27.259,03	12.740,97	40.000,00
9	274.196,15	26.048,63	13.951,37	40.000,00
10	260.244,78	24.723,25	15.276,75	40.000,00
11	244.968,04			

Aufgabe 5.20 *(5.2.31)*:

i)   **Fall A):**

Auszahlung 1,5 Mio. €, d.h. Kreditsumme $\dfrac{1.500.000}{0,91}$ = 1.648.351,65 €

⇒   Restschuld nach 10 Jahren: K_{10} = 1.409.562,16 €

Äquivalenzgleichung zur Ermittlung des Effektivzinssatzes:

$$1.500.000 \cdot q^{10} - 148.351,65 \cdot \frac{q^{10}-1}{q-1} - 1.409.562,16 = 0$$

⇒   eff. Jahreszinssatz: i_{eff} = 9,502687% ≈ 9,50% p.a.

(zum Näherungsverfahren Regula falsi
siehe Aufgabe 5.2)

Tilgungsplan *(mit 8% p.a.)*

Jahr t	Restschuld K_{t-1} *(Beginn t)*	Zinsen Z_t *(Ende t)*	Tilgung T_t *(Ende t)*	Annuität A_t *(Ende t)*
1	1.648.351,65	131.868,13	16.483,52	148.351,65
2	1.631.868,13	130.549,45	17.802,20	148.351,65
3	1.614.065,93	129.125,27	19.226,37	148.351,65
4	1.594.839,56	127.587,16	20.764,48	148.351,65
5	1.574.075,08	125.926,01	22.425,64	148.351,65
6	1.551.649,43	124.131,95	24.219,69	148.351,65
7	1.527.429,74	122.194,38	26.157,27	148.351,65
8	1.501.272,47	120.101,80	28.249,85	148.351,65
9	1.473.022,62	117.841,81	30.509,84	148.351,65
10	1.442.512,78	115.401,02	32.950,63	148.351,65
11	1.409.562,16			

Vergleichskonto *(mit 9,502687% p.a.)*

Jahr t	Restschuld K_{t-1} *(Beginn t)*	Zinsen Z_t *(Ende t)*	Tilgung T_t *(Ende t)*	Annuität A_t *(Ende t)*
1	1.500.000,00	142.540,30	5.811,34	148.351,65
2	1.494.188,66	141.988,07	6.363,58	148.351,65
3	1.487.825,08	141.383,36	6.968,29	148.351,65
4	1.480.856,79	140.721,18	7.630,46	148.351,65
5	1.473.226,32	139.996,08	8.355,56	148.351,65
6	1.464.870,76	139.202,08	9.149,57	148.351,65
7	1.455.721,19	138.332,63	10.019,02	148.351,65
8	1.445.702,17	137.380,55	10.971,10	148.351,65
9	1.434.731,07	136.338,00	12.013,65	148.351,65
10	1.422.717,42	135.196,38	13.155,27	148.351,65
11	1.409.562,16			

ii)   **Fall B):**

In Höhe des Disagios *(=135.000 €)* wird ein Tilgungsstreckungsdarlehen *(zu 11% p.a., Laufzeit 3 Jahre)* gewährt.

⇒   Annuität des Tilgungsstreckungsdarlehens: A = 55.243,76 €/Jahr

Restschuld des Hauptkredits *(8% p.a.)* nach drei Jahren:

$K_3 = 1.500.000 \cdot 1,08^3 = 1.889.568,00$ €

⇒   Annuität A* *(= 9% von K_3):*   A* = 170.061,12 €/Jahr

⇒   Restschuld des Hauptkredits nach weiteren 7 Jahren: $K_{10} = 1.720.965,56$ €

Tilgungsplan *(mit 11% bzw. 8% p.a.)*:

Jahr t	Restschuld K_{t-1} (Beginn t)	Zinsen Z_t (Ende t)	Tilgung T_t (Ende t)	Annuität A_t (Ende t)
1	135.000,00	14.850,00	40.393,76	55.243,76
2	94.606,24	10.406,69	44.837,08	55.243,76
3	49.769,16	5.474,61	49.769,16	55.243,76
4	1.889.568,00	151.165,44	18.895,68	170.061,12
5	1.870.672,32	149.653,79	20.407,33	170.061,12
6	1.850.264,99	148.021,20	22.039,92	170.061,12
7	1.828.225,06	146.258,01	23.803,11	170.061,12
8	1.804.421,95	144.353,76	25.707,36	170.061,12
9	1.778.714,59	142.297,17	27.763,95	170.061,12
10	1.750.950,63	140.076,05	29.985,07	170.061,12
11	1.720.965,56			

Äquivalenzgleichung zur Ermittlung des Effektivzinssatzes:

(∗) $$0 = 1.500.000 \cdot q^{10} - 55.243,76 \cdot \frac{q^3-1}{q-1} \cdot q^7 - 170.061,12 \cdot \frac{q^7-1}{q-1} - 1.720.965,56$$

⇒ i_{eff} = 9,255877% ≈ 9,26% p.a. ⇒ **Vergleichskonto** *(Eff.-Konto)*:

Jahr t	Restschuld K_{t-1} (Beginn t)	Zinsen Z_t (Ende t)	Tilgung T_t (Ende t)	Annuität A_t (Ende t)
1	1.500.000,00	138.838,15	−83.594,39	55.243,76
2	1.583.594,39	146.575,55	−91.331,78	55.243,76
3	1.674.926,17	155.029,10	−99.785,34	55.243,76
4	1.774.711,51	164.265,11	5.796,01	170.061,12
5	1.768.915,50	163.728,64	6.332,48	170.061,12
6	1.762.583,03	163.142,51	6.918,61	170.061,12
7	1.755.664,42	162.502,14	7.558,98	170.061,12
8	1.748.105,44	161.802,09	8.258,63	170.061,12
9	1.739.846,80	161.038,08	9.023,04	170.061,12
10	1.730.823,76	160.202,92	9.858,20	170.061,12
11	1.720.965,56	identische Restschuld! *(mit i_{eff} = 9,255877% p.a.)*		

iii) Für das Tilgungsstreckungsdarlehen in ii) muss die Annuität A so bestimmt werden, dass die entsprechende Äquivalenzgleichung (∗) auf den Effektivzinssatz 9,5027% p.a. von i) führt, d.h. für A muss *(mit q = 1,095027)* gelten:

$$0 = 1.500.000 \cdot q^{10} - A \cdot \frac{q^3 - 1}{q - 1} \cdot q^7 - 170.061,12 \cdot \frac{q^7 - 1}{q - 1} - 1.720.965,56$$

mit dem Resultat: A = 65.661,30 €/Jahr

(Annuität des Tilgungsstreckungsdarlehens)

Diese Annuität muss nun – unter Anwendung des noch zu ermittelnden Darlehenszinssatzes i – das Tilgungsstreckungsdarlehen in Höhe von 135.000 € in drei Jahren vollständig abtragen, d.h. mit q = 1+i muss gelten:

$$0 = 135.000 \cdot q^3 - 65.661,30 \cdot \frac{q^3 - 1}{q - 1}$$

Als Lösung ergibt sich: i = 21,5624% ≈ 21,56% p.a.

Dies Ergebnis bedeutet: Der Kreditzins des in ii) gewährten Tilgungsstreckungsdarlehens müsste von 11% p.a. auf 21,56% p.a. angehoben werden, damit der daraus resultierende Effektivzinssatz für den Gesamtkredit dieselbe Höhe *(nämlich 9,5027% p.a.)* erreicht wie die in i) dargestellte Kredit-Alternative, bei der die gewünschte Auszahlung über eine entsprechende Erhöhung der Kreditsumme erreicht wurde.

Aufgabe 5.21 *(5.2.32)*:

i) Der mit dem zunächst abgeschlossenen Kreditvertrag vereinbarte Effektivzins ergibt sich aus der Äquivalenzgleichung

$$90 \cdot q^{10} - 8 \cdot \frac{q^{10} - 1}{q - 1} - 86,183552 = 0 \qquad \text{(in T€)}$$

mit der Lösung: i_{eff} = 8,6044651% p.a.

Nach fünf Jahren beträgt die Restschuld K_5 laut Tilgungsplan:

$$K_5 = 100 \cdot 1,07^5 - 8 \cdot \frac{1,07^5 - 1}{0,07} = 94,24926 \ [T€].$$

Legt man dagegen die Effektivzinsmethode zugrunde, so schuldet der Darlehensnehmer nur eine Restschuld K_5^*, die so bemessen ist, dass der nunmehr 5 Jahre währende Kredit denselben Effektivzins *(nämlich 8,6044651% p.a.)* aufweist wie der ursprünglich vereinbarte Kredit. Für K_5^* muss somit gelten:

$$K_5^* = 90 \cdot 1,086044651^5 - 8 \cdot \frac{1,086044651^5 - 1}{0,086044651} = 88,48005 \ T€,$$

d.h gegenüber der Restschuld lt. Tilgungsplan *(94,24926 T€)* muss der Darlehensnehmer nach der Effektivzinsmethode 5.769,21 € *(≙ Disagioerstattung)* weniger zurückzuzahlen.

ii) $93 \cdot q^5 - 10 \cdot \dfrac{q^5-1}{q-1} - 94{,}01529 = 0$ *(in T€)*

⇒ $i_{eff} = 10{,}9282347\%$ p.a.

$K_1 = 100.000 \cdot 1{,}09 - 10.000 = 99.000{,}00$ €   *(lt. Tilgungsplan)*

$K_1^* = 93.000 \cdot (1+i_{eff}) - 10.000 = 93.163{,}26$ €   *(lt. Eff.zins-Methode)*,

d.h. die Disagio-Erstattung beträgt 5.836,74 €.

Aufgabe 5.22:

i)   Der Tilgungsplan des Kreditkontos lautet:

Per. t	Restschuld K_{t-1} (Beginn t)	Zinsen Z_t (Ende t)	Tilgung T_t (Ende t)	Annuität A_t (Ende t)
1	700.000,00	70.000,00	140.000,00	210.000,00
2	560.000,00	56.000,00	0	56.000,00
3	560.000,00	56.000,00	−56.000,00	0
4	616.000,00	61.600,00	126.000,00	187.600,00
5	490.000,00	49.000,00	−399.000,00	−350.000,00
6	889.000,00	88.900,00	449.000,00	537.900,00
7	440.000,00	44.000.00	440.000,00	484.000,00
8	0,00		$\sum = K_0$	

ii)   Realer Zahlungsstrahl:

658 *(T€)*   329   *(Zeit)*

Leistungen (= Zahlungen, die H. erhält)

210   56   187,6   537,9   484

Gegenleistungen (= Zahlungen, die H. leistet)

Äquiv.gleichung: $0 = 658q^7 - 210q^6 - 56q^5 - 187{,}6q^3 + 329q^2 - 537{,}9q - 484$
Falls Startwerte 1,11/1,12 ⇒ $i_{eff} \approx 11{,}9282706\%$ p.a. *(ex.: 11,9303023% p.a.)*

iii)   Vergleichskonto:

Per. t	Restschuld K_{t-1} (Beginn t)	Zinsen Z_t (Ende t)	Tilgung T_t (Ende t)	Annuität A_t (Ende t)
1	658.000,00	78.501,39	131.498,61	210.000,00
2	526.501,39	62.813,21	−6.813,21	56.000,00
3	533.314,60	63.626,04	−63.626,04	0
4	596.940,64	71.216,82	116.383,18	187.600,00
5	480.557,46	57.331,96	−386.331,96	−329.000,00
6	866.889,42	103.422,53	434.477,47	537.900,00
7	432.411,95	51.588.05	432.411,95	484.000,00
8	0,00	*Vergleichskonto geht auf, also ist i_{eff} korrekt!*		

Aufgabe 5.23:

i)   Die Tilgungen betragen 100 T€ pro Jahr, bei 20% p.a. Zinsen ergeben sich daher
     Annuitäten von 180/160/140/120 T€.

     Somit lautet die Äquivalenzgleichung für q ($= 1+i_{eff}$):

     $$0 = 368q^4 - 180q^3 - 160q^2 - 140q - 120.$$

     Ein Schritt mit der Regula falsi *(Startwerte 1,24/1,25)* liefert: $i_{eff} \approx 24,872\%$ p.a.
     (exakt: $i_{eff} = 24,8739883\%$ p.a.)

ii) Mit dem in i) ermittelten ersten Näherungswert $i_{eff} \approx 24,872\%$ p.a. ergibt sich
     das folgende Vergleichskonto *(„Effektivkonto")*:

Per. t	Restschuld K_{t-1} *(Beginn t)*	Z_t *(24,872%)* *(Ende t)*	Tilgung T_t *(Ende t)*	Annuität A_t *(Ende t)*
1	368.000,00	91.528,96	88.471,04	180.000,00
2	279.528,96	69.524,44	90.475 56	160.000,00
3	189.053,40	47.021,36	92.978,64	140.000,00
4	96.074,77	23.895,72	96.104,28	120.000,00
5	−29,52			

*Die geringe Restschuld-Differenz von 29,52 € (hervorgerufen durch nur einen Iterations-
schritt) ist bei K_0 = 400.000 € vernachlässigbar klein – das Vergleichskonto „geht auf",
i_{eff} ist korrekt ermittelt.*

5.2 Effektivzinsermittlung bei unterjährigen Leistungen

Aufgabe 5.24 *(5.3.13)*:

Zahlungsstrahl des **Kreditkontos** *(Phase 1)*:

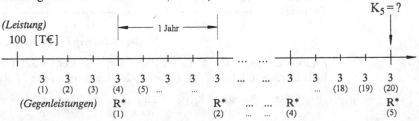

Zur Berechnung des Effektivzinssatzes fehlt noch die Restschuld K_5 nach 5 Jahren,
deren Ermittlung nachfolgend für jede Kredit-Variante erfolgt *(Phase 1)*.
Bemerkung: Die Höhe des Disagios hat keinerlei Einfluss auf die Restschuld!

Variante **A** *(360-Tage-Methode)*:

Jahrsersatzrate R*: $R^* = 12.000(1+0,1 \cdot \frac{4,5}{12}) = 12.450,-- €$

$\Rightarrow \quad K_5 = 100.000 \cdot 1,1^5 - 12.450 \cdot \frac{1,1^5-1}{0,1} = 85.042,51 €$

Variante **B** *(ICMA-Methode)*:

konformer Quartals-Zinsfaktor: $q = 1 + i_Q = 1{,}1^{0{,}25}$, d.h. $q^{20} = 1{,}1^5$

$$\Rightarrow \quad K_5 = 100.000 \cdot 1{,}1^5 - 3.000 \cdot \frac{1{,}1^5 - 1}{1{,}1^{0{,}25} - 1} = 85.097{,}05 \, €$$

Variante **C** *(US-Methode)*:

relativer Quartals-Zinsfaktor: $q = 1 + i_Q = 1{,}025$

$$\Rightarrow \quad K_5 = 100.000 \cdot 1{,}025^{20} - 3.000 \cdot \frac{1{,}025^{20} - 1}{0{,}025} = 87.227{,}67 \, €$$

Variante **D** *(Zins- und Tilgungsverrechnung jährlich)*:

$$\Rightarrow \quad K_5 = 100.000 \cdot 1{,}1^5 - 12.000 \cdot \frac{1{,}1^5 - 1}{0{,}1} = 87.789{,}80 \, €$$

Variante **E** *(Zins- und Tilgungsverrechnung halbjährlich, $i_H = 5\% \, p.H.$)*:

$$\Rightarrow \quad K_5 = 100.000 \cdot 1{,}05^{10} - 6.000 \cdot \frac{1{,}05^{10} - 1}{0{,}05} = 87.422{,}11 \, €.$$

(Ende von Phase 1)

Damit stehen für jede der 5 Kredit-Varianten Anzahl, Höhe und Zeitpunkte sämtlicher Leistungen und Gegenleistungen fest, für jede dieser Varianten kann die Effektivzinsermittlung nach den drei unterschiedlichen Methoden

I) 360TM   II) ICMA   III) US

auf der Basis der *„effektiven Kreditsumme"* *(= Kredit-Auszahlung)* von 94.000 € erfolgen *(Phase 2)*:

Zahlungsstrahl des **Vergleichskontos** *(Phase 2)*:

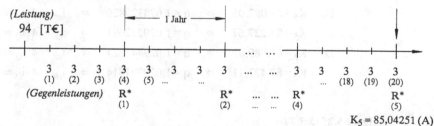

$K_5 = 85{,}04251$ (A)
$K_5 = 85{,}09705$ (B)

(I) i_{eff} nach der 360-Tage-Methode:

$K_5 = 87{,}22767$ (C)

Jahresersatzrate R^* notwendig, da unterjährig
mit linearer Verzinsung gerechnet werden muss:

$K_5 = 87{,}78980$ (D)
$K_5 = 87{,}42211$ (E)

$$R^* = 12.000 \cdot \left(1 + (q-1) \cdot \frac{4{,}5}{12}\right) \quad \text{mit } q = 1 + i_{eff}$$

$\Rightarrow$ 360TM-Äquivalenzgleichung *(Stichtag z. B. Tag der letzten Leistung)*:

$$0 = 94.000 \cdot q^5 - 12.000 \cdot (1+(q-1) \cdot \tfrac{4,5}{12}) \cdot \frac{q^5-1}{q-1} \; - K_5$$

A: $K_5 = 85.042,51$ $\Rightarrow$ $q = 1,118269799$ $\Rightarrow$ $i_{eff} \approx 11,83\%$ p.a.

B: $K_5 = 85.097,05$ $\Rightarrow$ $q = 1,118369158$ $\Rightarrow$ $i_{eff} \approx 11,84\%$ p.a.

C: $K_5 = 87.227,67$ $\Rightarrow$ $q = 1,122219668$ $\Rightarrow$ $i_{eff} \approx 12,22\%$ p.a.

D: $K_5 = 87.789,80$ $\Rightarrow$ $q = 1,123225681$ $\Rightarrow$ $i_{eff} \approx 12,32\%$ p.a.

E: $K_5 = 87.422,11$ $\Rightarrow$ $q = 1,122568101$ $\Rightarrow$ $i_{eff} \approx 12,26\%$ p.a.

(II) i_{eff} nach der ICMA-Methode:

(Quartalszinsfaktor: $q = 1+i_Q$, d.h. $1+i_{eff} = q^4$)

$\Rightarrow$ ICMA-Äquivalenzgleichung *(Stichtag z. B. Tag der letzten Leistung)*:

$$0 = 94.000 \cdot q^{20} - 3.000 \cdot \frac{q^{20}-1}{q-1} \; - K_5$$

A: $K_5 = 85.042,51$ $\Rightarrow$ $q = 1,028307024$ $\Rightarrow$ $i_{eff} = q^4 - 1 \approx 11,81\%$ p.a.

B: $K_5 = 85.097,05$ $\Rightarrow$ $q = 1,028329820$ $\Rightarrow$ $i_{eff} = q^4 - 1 \approx 11,82\%$ p.a.

C: $K_5 = 87.227,67$ $\Rightarrow$ $q = 1,029212091$ $\Rightarrow$ $i_{eff} = q^4 - 1 \approx 12,21\%$ p.a.

D: $K_5 = 87.789,80$ $\Rightarrow$ $q = 1,029442221$ $\Rightarrow$ $i_{eff} = q^4 - 1 \approx 12,31\%$ p.a.

E: $K_5 = 87.422,11$ $\Rightarrow$ $q = 1,029291814$ $\Rightarrow$ $i_{eff} = q^4 - 1 \approx 12,24\%$ p.a.

(III) i_{eff} nach der US-Methode:

(Äquivalenzgleichung wie ICMA mit demselben Zinsfaktor q, lediglich lineare Hochrechnung von i_Q ($= q - 1$) auf den Jahreszinssatz, d.h. $i_{eff} = 4 \cdot i_Q$)

A: $K_5 = 85.042,51$ $\Rightarrow$ $q = 1,028307024$ $\Rightarrow$ $i_{eff} = 4 \cdot i_Q \approx 11,32\%$ p.a.

B: $K_5 = 85.097,05$ $\Rightarrow$ $q = 1,028329820$ $\Rightarrow$ $i_{eff} = 4 \cdot i_Q \approx 11,33\%$ p.a.

C: $K_5 = 87.227,67$ $\Rightarrow$ $q = 1,029212091$ $\Rightarrow$ $i_{eff} = 4 \cdot i_Q \approx 11,68\%$ p.a.

D: $K_5 = 87.789,80$ $\Rightarrow$ $q = 1,029442221$ $\Rightarrow$ $i_{eff} = 4 \cdot i_Q \approx 11,78\%$ p.a.

E: $K_5 = 87.422,11$ $\Rightarrow$ $q = 1,029291814$ $\Rightarrow$ $i_{eff} = 4 \cdot i_Q \approx 11,72\%$ p.a.

Aufgabe 5.25 *(5.3.14)*:

Da kein konkreter Tilgungsplan aufzustellen ist, empfiehlt sich die Verwendung der fiktiven Kreditsumme $K_0 = 100$ (T€) anstelle der unhandlichen Vorgabe 550.000€.

In Phase 1 fehlen für jede der Varianten a), b) noch die Restschuld „K_5" nach 5 Jahren sowie die Gesamtlaufzeit „n", insgesamt also vier Daten.

Zahlungsstrahl des **Kreditkontos** *(Phase 1)*:

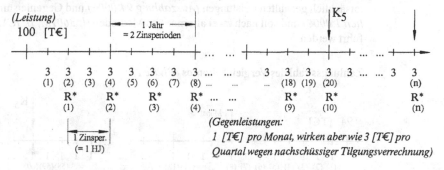

Variante a)   Halbjahreszinssatz $i_H = 5\%$ p.H. *(relativ zu 10% p.a.)*
Variante b)   Halbjahreszinssatz $i_H = \sqrt{1,1} - 1 \approx 4,8809\%$ p.H. *(konform zu 10% p.a.)*

Wegen der vorgegebenen nachschüssigen Tilgungsverrechnung wird das Kreditkonto so abgerechnet, als hätte der Schuldner vierteljährlich 3.000€ *(statt real 1.000€/Monat)* zurückgezahlt, siehe obigen Zahlungsstrahl des Kreditkontos.

Da die Zinsverrechnung halbjährlich stattfindet, müssen die innerhalb des Halbjahres gezahlten Raten *(=3.000€/Quartal)* linear aufgezinst werden. Als äquivalente halbjährliche Ersatzrate R* ergibt sich daher bei

Variante a) $R^* = 6.000 \cdot (1 + i_H \cdot \frac{1,5}{6}) = 6.000 \cdot (1 + 0,05 \cdot 0,25) = 6.075,-- $ €/Halbj.

Variante b) $R^* = 6.000 \cdot (1 + i_H \cdot \frac{1,5}{6}) = 6.000 \cdot (1 + 0,048809... \cdot 0,25) \approx 6.073,21$
                                                                                                      €/Halbj.

Damit ergeben sich Restschuld K_5 und Gesamtlaufzeit n für beide Verzinsungsvarianten wie folgt *(Ende von Phase 1)*:

1a) Restschuld K_5 bei Verzinsungsvariante a):

$$K_5 = 100.000 \cdot 1,05^{10} - 6.075 \cdot \frac{1,05^{10} - 1}{0,05} = 86.478,77 \text{ €}.$$

1b) Restschuld K_5 bei Verzinsungsvariante b):

$$K_5 = 100.000 \cdot (1,1^{0,5})^{10} - 6.073,21 \cdot \frac{1,1^{10} - 1}{1,1^{0,5} - 1} = 85.086,14 \text{ €}.$$

2a) Gesamtlaufzeit n *(in Halbjahren)* bei Verzinsungsvariante a):

$$0 = 100.000 \cdot 1,05^n - 6.075 \cdot \frac{1,05^n - 1}{0,05} \quad \Rightarrow \quad n = 35,49611602 \approx 35,5 \text{ Halbj.}$$
$$\text{\textit{(} \triangleq 17,74806 \text{ Jahre; } \triangleq 212,9767 \text{ Monate)}}$$

2b) Gesamtlaufzeit n *(in Halbjahren)* bei Verzinsungsvariante b) *(mit $q = 1,1^{0,5}$)*:
$$0 = 100.000 \cdot q^n - 6.073,2133 \cdot \frac{q^n - 1}{q - 1} \quad \Rightarrow \quad n = 34,16171806 \approx 34,2 \text{ Halbj.}$$
$$\text{\textit{(} \triangleq 17,08086 \text{ Jahre; } \triangleq 204,9703 \text{ Monate)}}$$

Die sich nun *(Phase 2)* anschließende Effektivzinsermittlung erfolgt auf der Basis der tatsächlich gezahlten Leistungen *(Auszahlung 94.000€)* und Gegenleistungen *(monatlich 1.000€)* und soll nach zwei alternativen Methoden *(I: 360TM, II: ICMA)* durchgeführt werden:

Zahlungsstrahl des **Vergleichskontos** *(Phase 2)*:

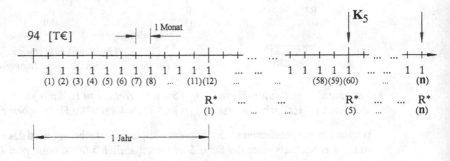

I)   Effektivzinsermittlung nach der 360-Tage-Methode:

Da innerhalb des Zinsjahres lineare Verzinsung erfolgen muss, wird aus den 12 Monatsraten eines Jahres die äquivalente Ersatzrate R* gebildet:

$$R^* = 12 \cdot 1000 \cdot (1+(q-1) \cdot \tfrac{5,5}{12}) \quad \text{mit} \quad q = 1+i_{eff} \;.$$

Damit ergeben sich *(entsprechend den o.a. Varianten 1a/b, 2a/b)* folgende Äquivalenzgleichungen und Effektivzinssätze:

1a) $94 \cdot q^5 = 12.000 \cdot (1+(q-1) \cdot \tfrac{5,5}{12}) \cdot \dfrac{q^5-1}{q-1} + 86.478,77$

$\Rightarrow \quad q = 1,122275998 \quad \Rightarrow \quad i_{eff} = 12,23\% \,\text{p.a.}$

1b) $94 \cdot q^5 = 12.000 \cdot (1+(q-1) \cdot \tfrac{5,5}{12}) \cdot \dfrac{q^5-1}{q-1} + 85.086,14$

$\Rightarrow \quad q = 1,119730155 \quad \Rightarrow \quad i_{eff} = 11,97\% \,\text{p.a.}$

2a) $94 \cdot q^{17,748...} = 12.000 \cdot (1+(q-1) \cdot \tfrac{5,5}{12}) \cdot \dfrac{q^{17,748...}-1}{q-1}$

$\Rightarrow \quad q = 1,114875209 \quad \Rightarrow \quad i_{eff} = 11,49\% \,\text{p.a.}$

2b) $94 \cdot q^{17,0808...} = 12.000 \cdot (1+(q-1) \cdot \tfrac{5,5}{12}) \cdot \dfrac{q^{17,0808...}-1}{q-1}$

$\Rightarrow \quad q = 1,112520715 \quad \Rightarrow \quad i_{eff} = 11,25\% \,\text{p.a.}$

II)   Effektivzinsermittlung nach der ICMA-Methode:

Zinsverrechnung mit jeder Zahlung, d.h. es muss mit monatlichen Zinseszinsen gerechnet werden. Der sich dabei ergebende monatliche Zinssatz i_M ist konform zum *(effektiven)* Jahreszinssatz i_{eff}.

Mit $q = 1 + i_M$ ergeben sich für die o.a. Varianten 1a/b), 2a/b) folgende Äquivalenzgleichungen und Effektivzinssätze:

1a) $0 = 94.000 \cdot q^{60} - 1.000 \cdot \dfrac{q^{60}-1}{q-1} - 86.478{,}77$

$\Rightarrow$ $q = 1{,}00964743$ $\Rightarrow$ $i_{eff} = q^{12} - 1 \approx 12{,}21\%\,\text{p.a.}$

1b) $0 = 94.000 \cdot q^{60} - 1.000 \cdot \dfrac{q^{60}-1}{q-1} - 85.086{,}14$

$\Rightarrow$ $q = 1{,}009456768$ $\Rightarrow$ $i_{eff} = q^{12} - 1 \approx 11{,}96\%\,\text{p.a.}$

2a) $0 = 94.000 \cdot q^{212,976\ldots} - 1.000 \cdot \dfrac{q^{212,976\ldots}-1}{q-1}$

$\Rightarrow$ $q = 1{,}009089788$ $\Rightarrow$ $i_{eff} = q^{12} - 1 \approx 11{,}47\%\,\text{p.a.}$

2b) $0 = 94.000 \cdot q^{204,970\ldots} - 1.000 \cdot \dfrac{q^{204,970\ldots}-1}{q-1}$

$\Rightarrow$ $q = 1{,}008912325$ $\Rightarrow$ $i_{eff} = q^{12} - 1 \approx 11{,}23\%\,\text{p.a.}$

(zum Näherungsverfahren Regula falsi siehe Aufgabe 5.2)

Aufgabe 5.26:

i) $150.000 = 6.000 \cdot \dfrac{q^{60}-1}{q-1} \cdot \dfrac{1}{q^{60}} + 3.000 \cdot \dfrac{1}{q}$

mit $q = 1 + i_M$ $\Rightarrow$ $i_M = 0{,}035862602 \approx 3{,}5863\%\,\text{p.m.}$

ii) **a)** $1 + i_{eff} = 1{,}035863^{12} = 1{,}5263$ $\Rightarrow$ $i_{eff} = 52{,}63\%\,\text{p.a.}$ *(ICMA-Methode)*

     b)   Äquivalenzgleichung wie in i) $\Rightarrow$ identische Lösung für q *(= 1 + i_M)*

$\Rightarrow$ $i_{eff} = 12 \cdot i_M = 43{,}04\%\,\text{p.a.}$ *(US-Methode)*

Aufgabe 5.27 *(5.3.44)*:

i)   Monatsrate *(bezogen auf eine Kreditsumme $K_0 = 100$)*:

$$r = 0,9 + \frac{5}{60} + \frac{100}{60} = 2,65 \ \text{€/Monat} ,$$

d.h. für $K_0 = 50.000$ gilt: $r = 2,65 \cdot 500 = 1.325,-- \ \text{€/Monat}.$

ii)   ICMA – Äquivalenzgleichung *(mit $q := 1 + i_M$ = Monatszinsfaktor)*:

$$0 = 50.000 \cdot q^{60} - 1.325 \cdot \frac{q^{60}-1}{q-1} \qquad \Rightarrow \qquad q = 1,0166758 ,$$

d.h. $i_{eff} = q^{12}-1 = 0,219523 \approx 21,95\% \, \text{p.a.}$

Aufgabe 5.28 *(5.3.45)*:

i)   Monatsrate *(bezogen auf eine Kreditsumme $K_0 = 100$)*:

$$r = 0,127 + \frac{2}{24} + \frac{100}{24} = 4,377 \ \text{€/Monat}$$

a)   ICMA: Mit $q := 1 + i_M$ *(i_M = konformer Monatszinssatz)* lautet die
Äquivalenzgleichung: $0 = 100 \cdot q^{24} - 4,377 \cdot \dfrac{q^{24}-1}{q-1}$

$\Rightarrow$ $i_{eff} = q^{12}-1 = 1,00397788^{12} - 1 = 0,048793 \approx 4,88\% \, \text{p.a.}$ *(ICMA)*

b)   Äquivalenzgleichung wie in a) $\Rightarrow$ identische Lösung für q *($= 1 + i_M$)*
$\Rightarrow$ $i_{eff} = 12 \cdot i_M = 12 \cdot 0,00397788 = 0,047735 \approx 4,77\% \, \text{p.a.}$ *(US)*

ii)   Monatsrate *(bezogen auf Kreditsumme 100)*: $r = 5,768 \ \text{€/Monat}$
$(12 \cdot r = 69,216; \ 6 \cdot r = 34,608)$

a)   ICMA: $0 = 100 \cdot q^{18} - 5,768 \cdot \dfrac{q^{18}-1}{q-1}$ *(q = konf. Monatszinsfaktor)*

$\Rightarrow$ $i_{eff} = q^{12}-1 = 1,003980465^{12} - 1 = 0,048825 \approx 4,88\% \, \text{p.a.}$ *(ICMA)*

b)   Äquivalenzgleichung wie in a) $\Rightarrow$ identische Lösung für q *($= 1 + i_M$)*
$\Rightarrow$ $i_{eff} = 12 \cdot i_M = 12 \cdot 0,003980465 = 0,047766 \approx 4,78\% \, \text{p.a.}$ *(US)*

iii)   Monatsrate *(bezogen auf Kreditsumme 100)*: $r = 2,621489$ €/Monat

$$(12 \cdot r = 31,457872; \quad 11 \cdot r = 28,836383)$$

a)   ICMA: $0 = 100 \cdot q^{47} - 2,621489 \cdot \dfrac{q^{47}-1}{q-1}$ *(q = konf. Monatszinsfaktor)*

$\Rightarrow$ $i_{eff} = q^{12} - 1 = 1,009048^{12} - 1 = 11,4144\% \approx 11,41\%$ p.a. *(ICMA)*

b)   Äquivalenzgleichung wie in a) $\Rightarrow$ identische Lösung für q *(= 1 + i_M)*

$\Rightarrow$ $i_{eff} = 12 \cdot i_M = 12 \cdot 0,009048 \approx 10,86\%$ p.a. *(US)*

Aufgabe 5.29 *(5.3.48)*:

i)   Fiktive Monatsrate: $r = 100$ €/Monat, 60 vorschüssige Monatsraten

$\Rightarrow$ Bonus = 17% von 6.000 = 1.020,-- *(Ende 6. Jahr)*

Bei 6% p.a. und linearen Zinsen wird als Endkapital aller Monatsraten am Ende des 6. Jahres ausgezahlt:

$$K_6 = 1.200 \cdot (1 + 0,06 \cdot \frac{6,5}{12}) \cdot \frac{1,06^5 - 1}{0,06} \cdot 1,06 = 7.403,42 \ €.$$

a)   360TM: $0 = 1.200 \cdot (1 + (q-1) \cdot \dfrac{6,5}{12}) \cdot \dfrac{q^5 - 1}{q - 1} \cdot q - 8.423,42$

$\Rightarrow$ $i_{eff} = 9,7514\% \approx 9,75\%$ p.a.

b)   ICMA: $0 = 100 \cdot \dfrac{q^{60} - 1}{q - 1} \cdot q^{13} - 8.423,42$ *(q = konf. Monatszinsfaktor)*

$\Rightarrow$ $i_{eff} = q^{12} - 1 = 1,007800^{12} - 1 = 9,7724\% \approx 9,77\%$ p.a.

ii)   R = Sonderzahlung zu Laufzeitbeginn $\Rightarrow$ zusätzl. Bonus nach 6 Jahren: $0,17 \cdot R$

1)   Monatsrate: $r = 500,00$ €/M.;   Sonderzahlung: $R = 1.000,00$ €

Endwert der 60 Monatsraten bei 6% p.a.:

$$K_6 = 6.000 \cdot (1 + 0,06 \cdot \frac{6,5}{12}) \cdot \frac{1,06^5 - 1}{0,06} \cdot 1,06 \quad = \quad 37.017,10 \ €$$

Endwert der Sonderzahlung: $1.000 \cdot 1,06^6$ =   1.418,52 €

Bonus auf die Raten: 17% von 30.000   =   5.100,00 €

Bonus auf die Sonderzahlung: 17% von 1.000   =   170,00 €

Gesamtauszahlung nach 6 Jahren: 43.705,62 €

1a)   360TM: $0 = 6.000 \cdot (1 + (q-1) \cdot \dfrac{6,5}{12}) \cdot \dfrac{q^5 - 1}{q - 1} \cdot q + 1.000 \cdot q^6 - 43.705,62$

$\Rightarrow$ $i_{eff} = 9,6475\% \approx 9,65\%$ p.a.

1b) ICMA: $0 = 500 \cdot \dfrac{q^{60}-1}{q-1} \cdot q^{13} + 1.000 \cdot q^{72} - 43.705,62$

$(q = konformer\,Monatszinsfaktor)$

$\Rightarrow\ i_{eff} = q^{12}-1 = 1,007719^{12}-1 = 9,6668\% \approx 9,67\%\,p.a.$

2) Monatsrate: $r = 80,00$ €/M.;   Sonderzahlung: $R = 10.000,00$ €

Endwert der 60 Monatsraten bei 6% p.a :

$K_6 = 960 \cdot (1+0,06 \cdot \dfrac{6,5}{12}) \cdot \dfrac{1,06^5-1}{0,06} \cdot 1,06\qquad = \qquad 5.922,74$ €

Endwert der Sonderzahlung: $10.000 \cdot 1,06^6$ = $14.185,19$ €
Bonus auf die Raten: 17% von 4.800   =   816,00 €
Bonus auf die Sonderzahlung: 17% von 10.000   =   1.700,00 €

Gesamtauszahlung nach 6 Jahren: 22.623,93 €

2a) 360TM: $0 = 960 \cdot (1+(q-1) \cdot \dfrac{6,5}{12}) \cdot \dfrac{q^5-1}{q-1} \cdot q + 10.000 \cdot q^6 - 22.623,93$

$\Rightarrow\ i_{eff} = 8,3690\% \approx 8,37\%\,p.a.$

2b) ICMA: $0 = 80 \cdot \dfrac{q^{60}-1}{q-1} \cdot q^{13} + 10.000 \cdot q^{72} - 22.623,93$

$(q = konformer\,Monatszinsfaktor)$

$\Rightarrow\ i_{eff} = q^{12}-1 = 1,006723^{12}-1 = 8,3721\% \approx 8,37\%\,p.a.$

3) 360-Tage- und ICMA-Methode führen jetzt zum gleichen Resultat, da keine unterjährigen Zahlungen vorhanden sind.

Wenn zu Beginn der Laufzeit nur die Sonderzahlung R geleistet wird, fließen nach 6 Jahren zurück:

Kapital $= R \cdot 1,06^6$ sowie Bonus $= R \cdot 0,17$, so dass die Äquivalenzgleichung für den effektiven Jahreszinsfaktor q ($= 1 + i_{eff}$) lautet:

$0 = R \cdot q^6 - R \cdot (1,06^6 + 0,17)$.

Somit ist in diesem Fall die Höhe R der Sonderzahlung unerheblich für die Höhe des Effektivzinssatzes, und es gilt:

$q^6 = 1,06^6 + 0,17 \quad \Rightarrow \quad q = \sqrt[6]{1,06^6 + 0,17} = 1,080186,$

d.h. $i_{eff} = 8,0186\% \approx 8,02\%\,p.a.$

Aufgabe 5.30 *(5.3.49)*:

i)   Konditionen: Quartalsraten: 3.000,-- €/Quartal, sofortige Tilgungsverrechnung, Zinsverrechnung jährlich.

Daher muss das Kreditkonto *(Phase 1)* unterjährig mit linearen Zinsen abgerechnet werden, um die noch fehlende Restschuld K_5 nach fünf Jahren ermitteln zu können:

⇒   für die Ersatzrate R* *(für Restschuldermittlung)* gilt:

$$R^* = 12.000 \cdot (1 + 0,1 \cdot \frac{4,5}{12}) = 12.450,00 \text{ €/Jahr.}$$

Damit ergibt sich die Restschuld nach 5 Jahren zu:

(*) $K_5 = 100.000 \cdot 1,1^5 - 12.450 \cdot \dfrac{q^5 - 1}{q - 1} = 85.042,51$ €

⇒   „Effektiver"Zahlungsstrahl *(nach Abschluss von Phase 1)*:

i) 85,04251
[*ii) 87,78980*]

a)   **ICMA:** $0 = 94q^{20} - 3 \cdot \dfrac{q^{20} - 1}{q - 1} - 85,04251$

⇒ $q = 1,028307024$ ⇒ $i_{eff} = q^4 - 1 \approx 11,81\% \text{ p.a.}$

b)   **360TM:** $0 = 94q^5 - 12 \cdot (1 + (q-1) \cdot \dfrac{4,5}{12}) \cdot \dfrac{q^5 - 1}{q - 1} - 85,04251$

⇒ $q = 1,118269799$ ⇒ $i_{eff} \approx 11,83\% \text{ p.a.}$

c)   **US:**   Quartalszinsfaktor q wie bei ICMA, i_Q ist jetzt allerdings relativ zu i_{eff}:

⇒ $i_{eff} = 4 \cdot 2,8307024 \approx 11,32\% \text{ p.a.}$

ii)   Tilgungsverrechnung jährlich *(d.h. nachschüssige Tilgungsverrechnung)* Jetzt ergibt sich die Restschuld K_5, indem man in Gl. (*) 12.000 anstelle von 12.450 setzt, d.h. $K_5 = 87.789,80$ €

a) ICMA: $0 = 94q^{20} - 3 \cdot \dfrac{q^{20}-1}{q-1} - 87{,}78980$

⇒ $q = 1{,}029442221$ ⇒ $i_{eff} = q^4 - 1 \approx 12{,}31\%\,p.a.$

b) 360TM: $0 = 94q^5 - 12 \cdot (1+(q-1) \cdot \dfrac{4{,}5}{12}) \cdot \dfrac{q^5-1}{q-1} - 87{,}78980$

⇒ $q = 1{,}123225681$ ⇒ $i_{eff} \approx 12{,}32\%\,p.a.$

c) US: Quartalszinsfaktor q wie bei ICMA, i_Q ist jetzt allerdings
               relativ zu i_{eff}:

⇒ $i_{eff} = 4 \cdot 2{,}9442221 \approx 11{,}78\%\,p.a.$

Aufgabe 5.31 *(5.3.50)*:

i)   380 (!)   *(in T€)*

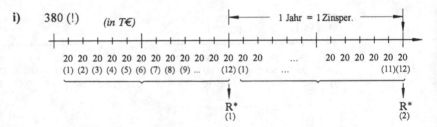

Für die Jahres-Ersatzrate R^* gilt: $R^* = 12 \cdot 20 \cdot (1+(q-1) \cdot \dfrac{5{,}5}{12})$,   [in T€].

Damit lautet die Äquivalenzgleichung für q $(= 1+i_{eff})$: $380 \cdot q^2 = R^* \cdot \dfrac{q^2-1}{q-1}$

⇔ $380 \cdot q^2 - 240 \cdot (1+(q-1) \cdot \dfrac{5{,}5}{12}) \cdot \dfrac{q^2-1}{q-1} = 0$

⇒ $i_{eff} = 26{,}8466 \approx 26{,}85\%\,p.a.$ *(360TM)*

ii)   380 ── ├─ 1 Z.P. = 1 Monat, Monatszins i_M *(in T€)*   z.B. ↓

    20 20 20 20 20 20 20 20 20 ...   20 20 20 20 20   ...   20 20 20 20 20
   (1) (2) (3) (4) (5) (6) (7) (8) (9) ...   (12)(13)   (23)(24)

Mit $q := 1+i_M$ gilt: $380 \cdot q^{24} = 20 \cdot \dfrac{q^{24}-1}{q-1}$

⇒ $q = 1{,}0195996$, d.h. $i_p = 1{,}95996\%\,p.M.$

a) i_p konform zu i_{eff} $\Rightarrow$ $1+i_{eff} = (1+i_p)^{12} = 1{,}262280$,

d.h. $i_{eff} = 26{,}23\%$ p.a. *(ICMA)*

b) i_p relativ zu i_{eff} $\Rightarrow$ $i_{eff} = 12 \cdot i_p = 23{,}5195$,

d.h. $i_{eff} = 23{,}52\%$ p.a. *(US)*

(Frage: Welcher der drei effektiven Zinssätze ist denn nun der „richtige" i_{eff} ??)

Aufgabe 5.32 *(5.3.51)*:

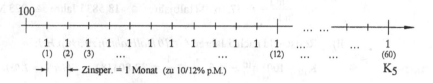

Restschuld K_5 nach 60 Monaten:

$$K_5 = 100 \cdot 1{,}008\overline{3}^{60} - 1 \cdot \frac{1{,}008\overline{3}^{60} - 1}{0{,}008\overline{3}} = 87{,}0938.$$

Damit ergibt sich nach Abschluss von Phase 1 der folgende „effektive" Zahlungsstrahl:

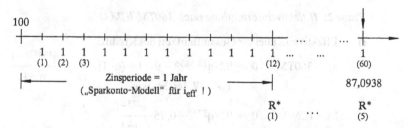

a)   **360TM:**   Innerhalb des Jahres mit linearen (Effektiv-)Zinsen rechnen!

$\Rightarrow$ Jahres-Ersatzrate: $R^* = 12 \cdot (1+(q-1) \cdot \dfrac{5{,}5}{12})$, mit $q = 1 + i_{eff}$.

$\Rightarrow$ Äquivalenzgleichung:

$$0 = 100 \cdot q^5 - 12 \cdot (1+(q-1) \cdot \frac{5{,}5}{12}) \cdot \frac{q^5-1}{q-1} - 87{,}0938$$

$\Rightarrow$ $i_{eff} = 10{,}4828\% \approx 10{,}48\%$ p.a.

b) ICMA: Da Auszahlung = 100%, Zins- und Tilgungsverrechnung sofort mit jeder Rate: Schon in Phase 1 wird die ICMA-Methode angewendet, d.h. der angewendete Monatszinssatz 10%/12 = 0,8$\overline{3}$% p.M. ist konform zum gesuchten effektiven Jahreszins i_{eff}:

$\Rightarrow \quad 1 + i_{eff} = 1,008\overline{3}^{12} = 1,104713,$ d.h. $i_{eff} = 10,4713\% \approx 10,47\%$ p.a.

Aufgabe 5.33 *(5.3.52):*

Phase 1: *(Ermittlung der realen Leistungen/Gegenleistungen* —— *Zahlungsstrahl)*

i) Gesamtlaufzeit:

$n = \dfrac{\ln 3}{\ln 1,03} = 37,1670$ Halbjahre $\ \hat{=}\ $ 18,5835 Jahre $\ \hat{=}\ $ 223 Monate;

ii) Restschuld nach 5 Jahren *(= 10 Halbjahren zu 3% p.H.)*:

$K_{10} = 100 \cdot q^{10} - 4,5 \cdot \dfrac{q^{10}-1}{q-1} = 82,804181 \qquad$ *(mit q = 1,03)*.

$\Rightarrow$ realer Zahlungsstrahl:

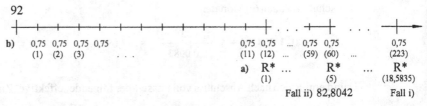

Phase 2: *(Effektivzinsermittlung nach 360TM/ICMA):*

i) Effektivzins über die Gesamtlaufzeit des Kredits:

a) 360TM: $0 = 92 \cdot q^{18,5835} - 9 \cdot (1+(q-1) \cdot \dfrac{5,5}{12}) \cdot \dfrac{q^{18,5835}-1}{q-1}$

$\Rightarrow \quad i_{eff} = 7,4603\%$ p.a.

b) ICMA: $0 = 92 \cdot q^{223} - 0,75 \cdot \dfrac{q^{223}-1}{q-1}$

$\Rightarrow \quad q = 1+i_M = 1,006009 \ \Rightarrow \ i_{eff} = q^{12}-1 = 7,4540\%$ p.a.

ii) Effektivzins für eine Laufzeit von 5 Jahren:

a) 360TM: $0 = 92 \cdot q^5 - 9 \cdot (1+(q-1) \cdot \dfrac{5,5}{12}) \cdot \dfrac{q^5-1}{q-1} - 82,8042$

$\Rightarrow \quad i_{eff} = 8,4749\%$ p.a.

b) ICMA: $0 = 92 \cdot q^{60} - 0,75 \cdot \dfrac{q^{60}-1}{q-1} - 82,8042$

$\Rightarrow \quad q = 1+i_M = 1,00679737 \ \Rightarrow \ i_{eff} = q^{12}-1 = 8,4688\%$ p.a.

Aufgabe 5.34 *(5.3.53)*:

i)   **360-Tage-Methode:**

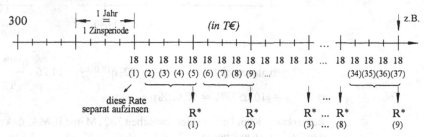

Für die Jahres-Ersatzrate R* gilt: $R^* = 72 \cdot (1+(q-1) \cdot \dfrac{4,5}{12})$

$\Rightarrow \quad 300 \cdot q^{11} = R^* \cdot \dfrac{q^9-1}{q-1} + 18 \cdot q^9$

$\Leftrightarrow \quad 300 \cdot q^{11} - 72 \cdot (1+(q-1) \cdot \dfrac{4,5}{12}) \cdot \dfrac{q^9-1}{q-1} - 18 \cdot q^9 = 0$

$\Rightarrow \quad i_{eff} = 14,1549\% \approx 14,15\% \text{ p.a. } (360TM)$

ii)   **ICMA:**

300   ⊢⟶| |⟵ 1 Zinsper. = 1 Quartal, Quartalszins i_Q *(in T€)*   z.B.

18 18 18 18 18 18 18 18 18 18 18 18 ... 18 18 18 18 18
(1) (2) (3) (4) (5) (6) (7) (8) (9) ...   (34)(35)(36)(37)

Mit $q := 1+i_Q$ gilt: $300 \cdot q^{44} = 18 \cdot \dfrac{q^{37}-1}{q-1}$ $\Rightarrow \quad q = 1,0335888$

$\Rightarrow 1+i_{eff} = 1,0335888^4 = 1,141277$ $\Rightarrow$ $i_{eff} \approx 14,13\% \text{ p.a. } (ICMA)$

Aufgabe 5.35 *(5.3.54)*:

i)   Die 1. Annuität *(Ende 3. Jahr)* muss nach der zu Beginn des 3. Jahres vorhandenen Restschuld K_2 ($= 118,81 = 100 \cdot 1,09^2$) ermittelt werden:

$\Rightarrow \qquad A = 14,26 \quad (= 12\% \text{ von } K_2)$.

Die Gesamtlaufzeit dieses Kredites setzt sich zusammen aus den beiden ersten Jahren *(zahlungsfrei)* plus der Laufzeit n eines 9%/3%-Annuitätenkredites:

$\Rightarrow \qquad n = 16,0865 \ (+ 2)$.

Daher hat der reale Zahlungsstrahl folgendes Aussehen:

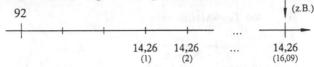

$$0 = 92 \cdot q^{18,0865} - 14,26 \cdot \frac{q^{16,0865} - 1}{q - 1}$$

⇒ Äquivalenzgleichung:

⇒ $i_{eff} = 10,0577\% \approx 10,06\%\,\text{p.a.}$

Bemerkung: Kein Unterschied zwischen 360TM und ICMA, da keine unterjährigen Zahlungen existieren.

ii) Restschuld nach 2 Jahren: $K_2 = 100$ *(denn es werden stets genau die Zinsen gezahlt).* Daher ermittelt sich die Restschuld nach weiteren 5 Jahren aus:

$$K_7 = 100 \cdot 1,09^5 - 12 \cdot \frac{1,09^5 - 1}{0,09} = 82,04587$$

(denn die Bank berücksichtigt hier nur jährliche Verrechnungen aller (unterjährig gezahlten) Beträge!). Beim realen Zahlungsstrahl muss dann allerdings wieder die tatsächliche unterjährige Zahlungsweise berücksichtigt werden:

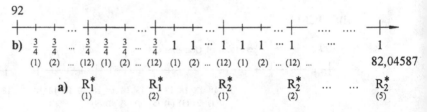

a) **360TM:** Es sind zwei verschiedene Ersatzraten R_1^* und R_2^* zu bilden:

– R_1^* ist die jährliche Ersatzrate für die beiden ersten Jahre, in denen nur Zinsen *(in Höhe von = 0,75 pro Monat = 9% von 100, geteilt durch 12)* gezahlt werden;

– R_2^* ist die jährliche Ersatzrate für das 3. bis 7. Jahr, in denen reguläre Annuitäten in Höhe von 1 pro Monat *(= 12% von K_0, geteilt durch 12)* gezahlt werden.

(Man beachte für die Effektivzinsgleichung: auch der in der Ersatzrate auftretende Zinssatz ist der gesuchte Effektivzinssatz!)

$$0 = 92 \cdot q^7 - 9 \cdot (1+(q-1) \cdot \frac{5,5}{12}) \cdot \frac{q^2-1}{q-1} \cdot q^5 - 12 \cdot (1+(q-1) \cdot \frac{5,5}{12}) \cdot \frac{q^5-1}{q-1} - 82,05$$

⇒ $i_{eff} = 11,3750\% \approx 11,38\%\,\text{p.a.}$

b)   **ICMA:** *(q := 1 + i_M: zu i_eff konformer Monatszinsfaktor)*

$$0 = 92 \cdot q^{84} - 0,75 \cdot \frac{q^{24}-1}{q-1} \cdot q^{60} - 1 \cdot \frac{q^{60}-1}{q-1} - 82,05$$

$$\Rightarrow \quad i_{eff} = q^{12}-1 = 1,009008^{12} - 1 = 11,3621\% \approx 11,36\% \, p.a.$$

Aufgabe 5.36 *(5.3.55)*:

i)   Konditionen: Quartalsraten: 3.000,-- €/Quartal, sofortige Tilgungsverrechnung, Zinsverrechnung jährlich.

Daher muss das Kreditkonto *(Phase 1)* unterjährig mit linearen Zinsen abgerechnet werden, um die noch fehlende Restschuld K_2 nach zwei Jahren ermitteln zu können:

⇒   für die Ersatzrate R* *(für Restschuldermittlung)* gilt:

$$R^* = 12.000 \cdot (1+0,1 \cdot \frac{4,5}{12}) = 12.450,00 \, €/Jahr.$$

Damit ergibt sich die Restschuld nach 2 Jahren zu:

(*) $K_2 = 100.000 \cdot 1,1^2 - 12.450 \cdot \dfrac{q^2-1}{q-1} = 94.855,-- €$

⇒   „Effektiver" Zahlungsstrahl *(nach Abschluss von Phase 1)*:

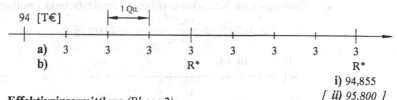

94 [T€]

a)   3   3   3   3   3   3   3   3
b)   R*   R*

i) 94,855

[ii) 95,800]

Effektivzinsermittlung *(Phase 2)*:

a)   **ICMA:** $0 = 94q^8 - 3 \cdot \dfrac{q^8-1}{q-1} - 94,855$

⇒ $i_{eff} = q^4-1 = 13,8358\% \, p.a.$

b)   **360TM:** $0 = 94q^2 - 12 \cdot (1+(q-1) \cdot \dfrac{4,5}{12}) \cdot \dfrac{q^2-1}{q-1} - 94,855$

⇒ $i_{eff} = 13,85453\% \, p.a. \approx 13,85\% \, p.a.$

ii)   Das Vergleichskonto *(= Tilgungsplan)* wird mit den tatsächlichen Leistungen und Gegenleistungen unter Anwendung des ermittelten 360TM-Effektivzinssatzes (hier: 13,85453% p.a.) durchgerechnet.

Die Quartalszinsen sind (Sparkonto-Modell!) mit Hilfe des relativen Quartals-Zinssatzes (= 0,25 · i_{eff}) zu ermitteln und separat ohne Zinseszinseffekt zu sammeln. Erst am Jahresende *(= Zinsverrechnungsstichtag)* werden die kumulierten Zinsen dem Vergleichskonto belastet.

Periode: Jahr Qu.	Restschuld *(Beginn Qu.)*	Quartalszinsen (3,46363%p.Q.) *(separat gesammelt)*	kumuliert und zum Jahres-ende verrechnet	Zahlung *(= Tilgung !)*
1 1	94.000,00	(3.255,81)		3.000,00
2	91.000,00	(3.151,91)		3.000,00
3	88.000,00	(3.048,00)		3.000,00
4	85.000,00	(2.944,09)	12.399,81	3.000,00
2 1	94.399,81	(3.269,66)		3.000,00
2	91.399,81	(3.165,75)		3.000,00
3	88.399,81	(3.061,84)		3.000,00
4	85.399,81	(2.957,94)	12.455,19	3.000,00 + 94.855,00
	0,00			

Damit ist erneut gezeigt, dass der 360TM-Effektivzins tatsächlich Äquivalenz von Leistungen und Gegenleistungen *(auf Basis des Sparkonto-Modells)* bewirkt.

Aufgabe 5.37 *(5.3.56)*:

i)   Zahlungsstrahl Kreditkonto *(Phase 1)* für Restschuldermittlung:

$$(K_n = 100 \cdot 1,025^{40} - 3 \cdot \frac{1,025^{40} - 1}{0,025} = 66,29872 \ T€)$$

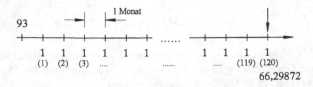

„effektiver" Zahlungsstrahl *(Phase 2)* für Effektivzinsberechnung *(ICMA)*:

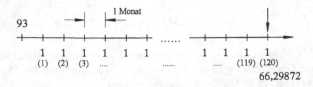

⇒   ICMA-Äquivalenzgleichung:

$$0 = 93 \cdot q^{120} - 1 \cdot \frac{q^{120}-1}{q-1} - 66{,}29872 \qquad \Rightarrow \qquad q = 1{,}009456022$$

⇒ $i_{eff} = q^{12} - 1 = 0{,}1195635 \approx 11{,}96\% \,\text{p.a.}$ *(ICMA)*

(zum Näherungsverfahren Regula falsi siehe Aufgabe 5.2)

ii) Zahlungsstrahl *(Phase 1)* für Laufzeitberechnung *(Gesamtlaufzeit)*:

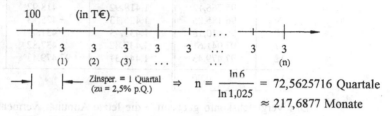

$$\Rightarrow \quad n = \frac{\ln 6}{\ln 1{,}025} = 72{,}5625716 \text{ Quartale}$$
$$\approx 217{,}6877 \text{ Monate}$$

„effektiver" Zahlungsstrahl *(Phase 2)* für Effektivzinsberechnung *(ICMA)*:

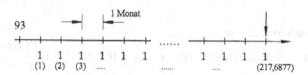

Äquivalenzgleichung: $0 = 93 \cdot q^{217{,}6877} - 1 \cdot \dfrac{q^{217{,}6877}-1}{q-1}$

⇒ $q = 1+i_M = 1{,}00932795$ ⇒ $i_{eff} = q^{12}-1 \approx 0{,}117860 \approx 11{,}79\% \,\text{p.a.}$

iii) Analog zu i) ermittelt man: $K_1 = 97.923{,}74$ € sowie über die Äquivalenzgleichung

$$0 = 93q^{12} - 1 \cdot \frac{q^{12}-1}{q-1} - 97{,}92374 \quad \textit{(mit } q = 1+i_M)$$

den Effektivzinssatz: $i_{eff} = 1{,}01481656^{12} - 1 = 19{,}3027752\% \,\text{p.a.}$

Der Tilgungsplan des ICMA-Vergleichskontos wird mit den tatsächlichen Leistungen und Gegenleistungen sowie sofortiger *(d.h. monatlicher)* Zins- und Tilgungsverrechnung durchkalkuliert. Als Monatszinssatz dient dabei der zum Effektivzinssatz konforme Monatszinssatz $i_M = 1{,}481656\%$ p.M. *(wie er sich als Lösung der obigen Äquivalenzgleichung ergab)*.

Es ergibt sich folgendes Vergleichskonto:

Monat t	Restschuld K_{t-1} *(Beginn Monat t)*	Zinsen *(Ende t)* *(1,481656% p.M.)*	Tilgung T_t *(Ende Monat t)*	Annuität A_t *(Ende Monat t)*
1	93.000,00	1.377,94	– 377,94	1.000,00
2	93.377,94	1.383,54	– 383,54	1.000,00
3	93.761,48	1.389,22	– 389,22	1.000,00
4	94.150,70	1.394,99	– 394,99	1.000,00
5	94.545,69	1.400,84	– 400,84	1.000,00
6	94.946,53	1.406,78	– 406,78	1.000,00
7	95.353,31	1.412,81	– 412,81	1.000,00
8	95.766,12	1.418,92	– 418,92	1.000,00
9	96.185,05	1.425,13	– 425,13	1.000,00
10	96.610,18	1.431,43	– 431,43	1.000,00
11	97.041,61	1.437,82	– 437,82	1.000,00 $(=K_1)$
12	97.479,43	1.444,31	97.479,43	1.000,00 + 97.923,74
13	0,00			

Das Vergleichskonto geht auf – die letzte Annuität, vermehrt um die vorgegebene Restschuld K_1, führt das Konto genau auf Null! Damit ist erneut gezeigt, dass der ermittelte ICMA-Effektivzinssatz tatsächlich Äquivalenz von Leistungen und Gegenleistungen *(auf Basis des ICMA-Modells)* bewirkt.

Aufgabe 5.38 *(5.3.57)*:

i)   Restschuld nach 3 Jahren: $K_3 = 100 \cdot 1,11^3 - 12 \cdot \dfrac{1,11^3 - 1}{0,11} = 96,6579$

a)   360TM: $0 = 95 \cdot q^3 - 12 \cdot (1 + (q-1) \cdot \dfrac{5}{12}) \cdot \dfrac{q^3 - 1}{q - 1} - 96,6579$

⇒ $i_{eff} = 13,8696\% \approx 13,87\%$ p.a.

b)   ICMA: $0 = 95 \cdot q^{18} - 2 \cdot \dfrac{q^{18} - 1}{q - 1} - 96,6579$ $(q = 1 + i_{2M})$

⇒ $i_{eff} = q^6 - 1 = 1,021854^6 - 1 = 13,8503\% \approx 13,85\%$ p.a.

ii)   Restschuld nach 7 Jahren: $K_7 = 100 \cdot 1,11^5 - 12 \cdot \dfrac{1,11^5 - 1}{0,11} = 93,77220$

a)   360-Tage-Methode:

$$0 = 95 \cdot q^7 - 11 \cdot (1+(q-1) \cdot \frac{5}{12}) \cdot \frac{q^2-1}{q-1} \cdot q^5 - 12 \cdot (1+(q-1) \cdot \frac{5}{12}) \cdot \frac{q^5-1}{q-1} - 93,7722$$

$$\Rightarrow \quad i_{eff} = 12,7618\% \approx 12,76\% \, p.a.$$

b)   ICMA: *(q := 1+i$_{2M}$: zu i$_{eff}$ konformer Zwei-Monats-Zinsfaktor)*

$$0 = 95 \cdot q^{42} - \frac{11}{6} \cdot \frac{q^{12}-1}{q-1} \cdot q^{30} - 2 \cdot \frac{q^{30}-1}{q-1} - 93,7722$$

$$\Rightarrow \quad i_{eff} = q^6 - 1 = 1,020196^6 - 1 = 12,7459\% \approx 12,75\% \, p.a.$$

Aufgabe 5.39 *(5.3.58)*:

i)   **a)** $i_Q = 2,50\% \, p.Q.$ *(relativer Quartalszins)*; K_{10}: Restschuld nach 10 Jahren

$$\Rightarrow \quad K_{10} = 100.000 \cdot 1,025^{40} - 3.000 \cdot \frac{1,025^{40}-1}{0,025} = 66.298,72 \text{ €}$$

b) $q := 1 + i_Q = 1,1^{0,25}$ *(i$_Q$ = konformer Quartalszinssatz)*

$$\Rightarrow \quad K_{10} = 100.000 \cdot 1,1^{10} - 3.000 \cdot \frac{1,1^{10}-1}{1,1^{0,25}-1} = 61.095,69 \text{ €}$$

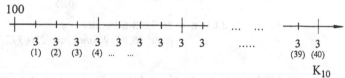

i_{eff}-Ermittlung *(Phase 2)*:

360TM: **a)** $0 = 100.000 \cdot q^{10} - 12.000 \cdot (1+(q-1) \cdot \frac{4,5}{12}) \cdot \frac{q^{10}-1}{q-1} - 66.298,72$

$\Rightarrow \quad i_{eff} = 10,3925\% \approx 10,39\% \, p.a.$

b) $0 = 100.000 \cdot q^{10} - 12.000 \cdot (1+(q-1) \cdot \frac{4,5}{12}) \cdot \frac{q^{10}-1}{q-1} - 61.095,69$

$\Rightarrow \quad i_{eff} = 10,0107\% \approx 10,01\% \, p.a.$

ICMA: **a)**   Rechnung eigentlich überflüssig, da – bei Auszahlung 100% –
in Phase 1 dieselbe Kontoführung *(ICMA)* vorliegt wie sie hier
zur Effektivzinsermittlung anzuwenden ist. Resultat *(notwendigerweise)*:

$i_Q = 2,50\%$ p.Q. *(relativ zu 10,00% p.a., aber konform zu i$_{eff}$, da
ICMA-Methode)*

$\Rightarrow \quad i_{eff} = 1,025^4 - 1 = 10,3813\%$ p.a. $\approx 10,38\%$ p.a.

Wer's nicht glaubt, kann auch die Äquivalenzgleichung lösen:

$$0 = 100.000 \cdot q^{40} - 3.000 \cdot \frac{q^{40}-1}{q-1} - 66.298,72 \ .$$

b) Auch hier – gleiche Begründung wie unter a) – Rechnung überflüssig. Ergebnis jetzt allerdings $i_Q = 2,4113689\%$ p.Q. – wie in Phase 1, d.h. $i_{eff} = 10,00\%$ p.a. *(hier völlige Übereinstimmung der Berechnungsmethoden in Phase 1 und Phase 2)*

Für Regula-falsi-Freaks trotzdem hier die entsprechende Äquivalenzgleichung:

$$0 = 100.000 \cdot q^{40} - 3.000 \cdot \frac{q^{40}-1}{q-1} - 61.095,69 \ .$$

ii) **Phase 1:** Zinsverrechnung halbjährlich mit 5% p.H.
Tilgungsverrechnung halbjährlich, „Annuitäten" 6.000 €/Halbjahr
(„nachschüssige Tilgungsverrechnung", da monatliche Raten)

⇒ **a)** Restschuld K_1 nach einem Jahr:

$$K_1 = 100.000 \cdot 1,05^2 - 6.000 \cdot \frac{1,05^2-1}{0,05} = 97.950,-- \ €$$

⇒ **b)** Gesamtlaufzeit: n Semester, zu ermitteln über:

$$0 = 100.000 \cdot 1,05^n - 6.000 \cdot \frac{1,05^n-1}{0,05} \qquad \Rightarrow \qquad n = \frac{\ln 6}{\ln 1,05}$$

d.h. $n \approx 36,7238$ Semester
(bzw. 18,3619 Jahre bzw. 220,3427 Monate)

Effektivzinssatzermittlung *(Phase 2)*:

a) Laufzeit 1 Jahr:

100.000						1 Monat					
1000	1000	1000	1000	1000	1000	1000	1000	1000	1000	1000	1000
(1)	(2)	(3)	(4)	(5)	(6)	(7)	(8)	(9)	(10)	(11)	(12)

97.950

360TM: $0 = 100.000 \cdot q - 12.000 \cdot (1+(q-1) \cdot \frac{5,5}{12}) - 97.950$

⇒ $i_{eff} = 10,5291\% \approx 10,53\%$ p.a.

ICMA: $0 = 100.000 \cdot q^{12} - 1.000 \cdot \frac{q^{12}-1}{q-1} - 97.950$ *(q := 1 + i_M)*

⇒ $i_{eff} = q^{12}-1 = 1,00836888^{12}-1 = 10,5180\% \approx 10,52\%$ p.a.

ICMA-Vergleichskonto, durchgerechnet mit $i_M = 0,836888\%$ p.M.

Monat t	Restschuld K_{t-1} *(Beginn t)*	Zinsen Z_t *(Ende t)*	Tilgung T_t *(Ende t)*	Annuität A_t *(Ende t)*
1	100.000,00	836,89	163,11	1.000,00
2	99.836,89	835,52	164,48	1.000,00
3	99.672,41	834,15	165,85	1.000,00
4	99.506,56	832,76	167,24	1.000,00
5	99.339,32	831,36	168,64	1.000,00
6	99.170,67	829,95	170,05	1.000,00
7	99.000,62	828,52	171,48	1.000,00
8	98.829,15	827,09	172,91	1.000,00
9	98.656,24	825,64	174,36	1.000,00
10	98.481,88	824,18	175,82	1.000,00
11	98.306,06	822,71	177,29	1.000,00
12	98.128,77	821,23	178,77	1.000,00
1	97.950,00	= Restschuld K_1 , d.h. Vergleichskonto geht auf!		

b) Gesamtlaufzeit *(18,3619 Jahre bzw. 220,3427 Monate, s.o.)*

360TM: $0 = 100.000 \cdot q^{18,36192} - 12.000 \cdot (1+(q-1) \cdot \frac{5,5}{12}) \cdot \frac{q^{18,3619}-1}{q-1}$

$\Rightarrow \quad i_{eff} = 10,6070\% \approx 10,61\%$ p.a.

ICMA: $0 = 100.000 \cdot q^{220,3427} - 1.000 \cdot \frac{q^{220,3427}-1}{q-1}$, $(q := 1+i_M)$.

$\Rightarrow \quad i_{eff} = q^{12}-1 = 1,008426^{12} - 1 = 10,5928\% \approx 10,59\%$ p.a.

iii) Phase 1: Zinsverrechnung jährlich mit 10% p.a.
Tilgungsverrechnung jährlich, „Annuitäten" 12.000 €/Jahr
(„nachschüssige Tilgungsverrechnung", da halbjährliche Raten)

$\Rightarrow$ **a)** Restschuld K_2 nach zwei Jahren:
$$K_2 = 100.000 \cdot 1,1^2 - 12.000 \cdot \frac{1,1^2-1}{0,1} = 95.800,-- €$$

$\Rightarrow$ **b)** Gesamtlaufzeit: n Jahre, zu ermitteln über:
$$0 = 100.000 \cdot 1,1^n - 12.000 \cdot \frac{1,1^n-1}{0,1} \quad \Rightarrow \quad n = \frac{\ln 6}{\ln 1,1}$$
d.h. $\quad n \approx 18,799246$ Jahre *(bzw. 37,598491 Halbjahre)*

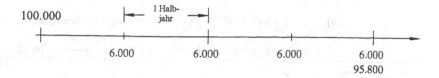

Effektivzinssatzermittlung *(Phase 2)*:

a)   Laufzeit 2 Jahre:

360TM: $0 = 100.000 \cdot q^2 - 12.000 \cdot (1+(q-1) \cdot \frac{3}{12}) \cdot \frac{q^2-1}{q-1} - 95.800$

$\Rightarrow$ $i_{eff} = 10,3123\% \approx 10,31\%\,\text{p.a.}$

Vergleichskonto   *(durchgerechnet mit $i_{eff} = 10,312340\%\,p.a.$)*:

Periode: Jahr Sem.	Restschuld *(Beginn Sem.)*	Semesterzinsen *(separat gesammelt)*	kumuliert und zum Jahres-ende verrechnet	Tilgung *(Ende Sem.)*	Zahlung *(Ende Sem.)*
1 1	100.000,00	(5.156,17)		6.000,00	6.000,00
2	94.000,00	(4.846,80)	10.002,97	−4.002,97	6.000,00
2 1	98.002,97	(5.053,20)		6.000,00	6.000,00
2	92.002,97	(4.743,83)	9.797,03	−3.797,03	6.000,00
3 1	95.800,00	*= Restschuld K_2 , d.h. Vergleichskonto geht auf!*			

ICMA: $0 = 100.000 \cdot q^4 - 6.000 \cdot \frac{q^4-1}{q-1} - 95.800$,   *(q := 1 + i_H)*

$\Rightarrow$ $i_{eff} = q^2 - 1 = 1,050259^2 - 1 = 10,3045\% \approx 10,30\%\,\text{p.a.}$

b)   Gesamtlaufzeit *(18,799246 Jahre bzw. 37,598491 Semester, s.o.)*

360TM: $0 = 100.000 \cdot q^{18,799...} - 12.000 \cdot (1+(q-1) \cdot \frac{3}{12}) \cdot \frac{q^{18,799...}-1}{q-1}$

$\Rightarrow$ $i_{eff} = 10,3928\% \approx 10,39\%\,\text{p.a.}$

ICMA: $0 = 100.000 \cdot q^{37,598...} - 6.000 \cdot \frac{q^{37,598...}-1}{q-1}$,   *(q := 1 + i_H).*

$\Rightarrow$ $i_{eff} = q^2 - 1 = 1,050632^2 - 1 = 10,3828\% \approx 10,38\%\,\text{p.a.}$

(zum Näherungsverfahren Regula falsi siehe Aufgabe 5.2)

Aufgabe 5.40 *(5.3.59)*:

i)   **a)** $i_Q = 2,00\%\,\text{p.Q.}$ *(relativer Quartalszins)*; K_{10}: Restschuld nach 10 Jahren

$\Rightarrow$ $K_{10} = 100.000 \cdot 1,02^{40} - 3.000 \cdot \frac{1,02^{40}-1}{0,02} = 39.598,02\ €$

b) $q := 1 + i_Q = 1,08^{0,25}$ *(i_Q = konformer Quartalszinssatz)*

$\Rightarrow$ $K_{10} = 100.000 \cdot 1,08^{10} - 3.000 \cdot \frac{1,08^{10}-1}{1,08^{0,25}-1} = 36.922,20\ €$

„Effektiver" Zahlungsstrahl *(für Phase 2)*:

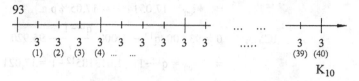

$$360\text{TM:}\quad \textbf{a)}\quad 0 = 93.000 \cdot q^{10} - 12.000 \cdot \left(1+(q-1)\cdot\frac{4,5}{12}\right)\cdot\frac{q^{10}-1}{q-1} - 39.598,02$$

$$\Rightarrow\quad i_{\text{eff}} = 9,7225\% \approx 9,72\%\,\text{p.a.}$$

$$\textbf{b)}\quad 0 = 93.000 \cdot q^{10} - 12.000 \cdot \left(1+(q-1)\cdot\frac{4,5}{12}\right)\cdot\frac{q^{10}-1}{q-1} - 36.922,20$$

$$\Rightarrow\quad i_{\text{eff}} = 9,4840\% \approx 9,48\%\,\text{p.a.}$$

$$\text{ICMA:}\quad \textbf{a)}\quad 0 = 93.000 \cdot q^{40} - 3.000 \cdot \frac{q^{40}-1}{q-1} - 39.598,02 \qquad (q := 1 + i_Q)$$

$$\Rightarrow\quad i_{\text{eff}} = 1,023440^4 - 1 = 9,7108\%\,\text{p.a.} \approx 9,71\%\,\text{p.a.}$$

$$\textbf{b)}\quad 0 = 93.000 \cdot q^{40} - 3.000 \cdot \frac{q^{40}-1}{q-1} - 36.922,20 \qquad (q := 1 + i_Q)$$

$$\Rightarrow\quad i_{\text{eff}} = 1,022884^4 - 1 = 9,4727\%\,\text{p.a.} \approx 9,47\%\,\text{p.a.}$$

ii) Phase 1: Zinsverrechnung halbjährlich mit 4% p.H.
Tilgungsverrechnung halbjährlich, „Annuitäten" 6.000 €/Halbjahr
(„nachschüssige Tilgungsverrechnung", da monatliche Raten)

⇒ **a)** Restschuld K_1 nach einem Jahr:

$$K_1 = 100.000 \cdot 1,04^2 - 6.000 \cdot \frac{1,04^2-1}{0,04} = 95.920,-- \,€$$

⇒ **b)** Gesamtlaufzeit: n Semester, zu ermitteln über:

$$0 = 100.000 \cdot 1,04^n - 6.000 \cdot \frac{1,04^n-1}{0,04} \quad\Rightarrow\quad n = \frac{\ln 3}{\ln 1,04}$$

d.h. $n \approx 28,0110$ Semester
(bzw. 14,0055 Jahre bzw. 168,0661 Monate)

Phase 2:

a) Laufzeit 1 Jahr, „effektiver" Zahlungsstrahl:

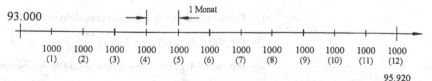

$$360\text{TM:} \quad 0 = 93.000 \cdot q - 12.000 \cdot (1+(q-1) \cdot \frac{5,5}{12}) - 95.920$$

$$\Rightarrow \quad i_{eff} = 17,0514\% \approx 17,05\% \, p.a.$$

$$\text{ICMA:} \quad 0 = 93.000 \cdot q^{12} - 1.000 \cdot \frac{q^{12}-1}{q-1} - 95.920 \qquad (q := 1 + i_M)$$

$$\Rightarrow \quad i_{eff} = q^{12}-1 = 1,013185^{12}-1 = 17,0211\% \approx 17,02\% \, p.a.$$

ICMA-Vergleichskonto, durchgerechnet mit $i_M = 1,318482\% \, p.M.$:

Monat t	Restschuld K_{t-1} *(Beginn t)*	Zinsen Z_t *(Ende t)*	Tilgung T_t *(Ende t)*	Annuität A_t *(Ende t)*
1	93.000,00	1.226,19	−226,19	1.000,00
2	93.226,19	1.229,17	−229,17	1.000,00
3	93.455,36	1.232,19	−232,19	1.000,00
4	93.687,55	1.235,25	−235,25	1.000,00
5	93.922,80	1.238,36	−238,36	1.000,00
6	94.161,16	1.241,50	−241,50	1.000,00
7	94.402,66	1.244,68	−244,68	1.000,00
8	94.647,34	1.247,91	−247,91	1.000,00
9	94.895,25	1.251,18	−251,18	1.000,00
10	95.146,42	1.254,49	−254,49	1.000,00
11	95.400,91	1.257,84	−257,84	1.000,00
12	95.658,76	1.261,24	−261,24	1.000,00
1	95.920,00	*= Restschuld K_1 , d.h. Vergleichskonto geht auf!*		

b)   Gesamtlaufzeit *(14,0055 Jahre bzw. 168,0661 Monate, s.o.)*

$$360\text{TM:} \quad 0 = 93.000 \cdot q^{14,0055} - 12.000 \cdot (1+(q-1) \cdot \frac{5,5}{12}) \cdot \frac{q^{14,0055}-1}{q-1}$$

$$\Rightarrow \quad i_{eff} = 9,886\% \approx 9,89\% \, p.a.$$

$$\text{ICMA:} \quad 0 = 93.000 \cdot q^{168,0661} - 1.000 \cdot \frac{q^{168,0661}-1}{q-1} \quad , \qquad (q := 1 + i_M)$$

$$\Rightarrow \quad i_{eff} = q^{12}-1 = 1,007876^{12}-1 = 9,8715\% \approx 9,87\% \, p.a.$$

iii)   Phase 1:   Zinsverrechnung jährlich mit 8% p.a.
Tilgungsverrechnung jährlich, „Annuitäten" 12.000 €/Jahr
(„nachschüssige Tilgungsverrechnung", da halbjährliche Raten)

$\Rightarrow$ **a)**   Restschuld K_2 nach zwei Jahren:

$$K_2 = 100.000 \cdot 1,08^2 - 12.000 \cdot \frac{1,08^2-1}{0,08} = 91.680,- \, €$$

$\Rightarrow$ **b)**   Gesamtlaufzeit: n Jahre, zu ermitteln über:

$$0 = 100.000 \cdot 1,08^n - 12.000 \cdot \frac{1,08^n-1}{0,08} \quad \Rightarrow \quad n = \frac{\ln 3}{\ln 1,08}$$

d.h. $n \approx 14,2749$ Jahre   *(bzw. 28,5498 Halbjahre)*

"effektiver"Zahlungsstrahl *(für Phase 2):*

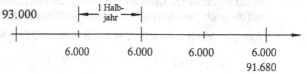

a)   Laufzeit 2 Jahre:

360TM: $0 = 93.000 \cdot q^2 - 12.000 \cdot (1+(q-1) \cdot \frac{3}{12}) \cdot \frac{q^2-1}{q-1} - 91.680$

$\Rightarrow$ $i_{eff} = 12,6436\% \approx 12,64\%\,p.a.$

360TM-Vergleichskonto *(durchgerechnet mit $i_{eff} = 12,643603\%\,p.a.$):*

| Periode: | | Restschuld | Semesterzinsen | | Tilgung | Zahlung |
Jahr	Sem.	*(Beginn Sem.)*	*(separat gesammelt)*	*kumuliert und zum Jahres-ende verrechnet*	*(Ende Sem.)*	*(Ende Sem.)*
1	1	93.000,00	(5.879,28)		6.000,00	6.000,00
	2	87.000,00	(5.499,97)	11.379,24	−5.379,24	6.000,00
2	1	92.379,24	(5.840,03)		6.000,00	6.000,00
	2	86.379,24	(5.460,72)	11.300,76	−5.300,76	6.000,00
3	1	91.680,00	= *Restschuld K_2 , d.h. Vergleichskonto geht auf!*			

ICMA: $0 = 93.000 \cdot q^4 - 6.000 \cdot \frac{q^4-1}{q-1} - 91.680$,   *(q := 1 + i_{II})*

$\Rightarrow$ $i_{eff} = q^2 - 1 = 1,061278^2 - 1 = 12,6310\% \approx 12,63\%\,p.a.$

b)   Gesamtlaufzeit *(14,2749 Jahre bzw. 28,5498 Semester, s.o.)*

360TM: $0 = 93.000 \cdot q^{14,2749} - 12.000 \cdot (1+(q-1) \cdot \frac{3}{12}) \cdot \frac{q^{14,2749}-1}{q-1}$

$\Rightarrow$ $i_{eff} = 9,6829\% \approx 9,68\%\,p.a.$

ICMA: $0 = 93.000 \cdot q^{28,5498} - 6.000 \cdot \frac{q^{28,5498}-1}{q-1}$,   *(q := 1 + i_H)*.

$\Rightarrow$ $i_{eff} = q^2 - 1 = 1,047247^2 - 1 = 9,6726\% \approx 9,67\%\,p.a.$

Aufgabe 5.41 *(5.3.60):*

i)   Die Auszahlung beträgt 250.000,-- €, und zwar unabhängig von der Höhe der Kreditsumme. Der ICMA-Effektivzinssatz ist mit 9% p.a. vorgegeben ebenso wie die tatsächlichen Rückzahlungen *(nämlich 3.000,-- €/Monat für 10 Jahre, d.h. insgesamt 120 Monatsraten, erste Rate einen Monat nach Kreditaufnahme).*

Somit muss der vereinbarte ICMA-Effektivzinssatz „9% p.a." diese Auszahlung in der vereinbarten Laufzeit *(10 Jahre)* mit Hilfe monatlicher Raten von 3.000 € auf die noch gesuchte und zu ermittelnde Restschuld K_{10} zurückführen.

Aus $i_{eff} = 9\%$ p.a. folgt für den konformen *(ICMA!)* Monatszinsfaktor q $(= 1+i_M)$

$$q = 1 + i_M = 1{,}09^{1/12} = 1{,}007207323 \qquad \Rightarrow \qquad q^{120} = 1{,}09^{10} \ (!)$$

Daher muss folgende Äquivalenzgleichung erfüllt sein *(mit $q^{12} = 1{,}09$)*:

$$(*) \qquad 0 = 250.000 \cdot q^{120} - 3.000 \cdot \frac{q^{120}-1}{q-1} - K_{10}$$

$$= 250.000 \cdot 1{,}09^{10} - 3.000 \cdot \frac{1{,}09^{10}-1}{1{,}09^{1/12}-1} - K_{10} \ .$$

Daraus ergibt sich schließlich die gesuchte Restschuld nach 10 Jahren zu

$$K_{10} = 22.684{,}93 \ \text{€}. \qquad \textit{(Restschuld = Leistung minus Gegenleistung)}$$

ii) Bei der jetzt betrachteten disagiofreien Variante sind Kreditsumme und Auszahlung identisch *(= 250.000).*

Somit muss die mit dem nominellen Jahreszins *(und monatlicher Zins- und Tilgungsverrechnung zum relativen Monatszinssatz i_M)* bewertete Zahlungsreihe nach 10 Jahren auf die in i) ermittelte Restschuld 22.684,93 € führen.

Also muss die folgende Gleichung *(mit $q = 1 + i_M$)* erfüllt sein:

$$250.000 \cdot q^{120} - 3.000 \cdot \frac{q^{120}-1}{q-1} \ = \ 22.684{,}93 \ .$$

Diese Gleichung ist aber identisch mit der obigen Gleichung (*), d.h. für q ergibt sich genau der eben verwendete Zinsfaktor $q = 1{,}09^{1/12} = 1{,}007207323$!

Also ist der nominelle Kreditzinssatz i_{nom} gegeben *(wegen Abrechnung des Kreditkontos in Phase 1 nach der US-Methode)* durch

$$i_{nom} = 12 \cdot 0{,}007207323 = 0{,}086487876 \approx 8{,}65\% \, \text{p.a.}$$

iii) Die Auszahlung soll – bei 5% Disagio – wiederum 250.000 € betragen.

Daher muss die Kreditsumme lauten: $K_0 = \dfrac{250.000}{0{,}95} = 263.157{,}89 \, \text{€}.$

Der – noch zu ermittelnde – nominelle Jahreszinssatz i_{nom} muss diese Kreditsumme mit der in Phase 1 vereinbarten Kontoführungsmethode *(= US-Methode)* und monatlichen Raten in Höhe von 3.000 €/Monat in 10 Jahren auf die schon bekannte Restschuld 22.684,93 € zurückführen *(denn der Zahlungsstrom soll sich gegenüber i) nicht ändern!).*

Somit muss mit $q = 1 + i_M := 1 + \frac{i_{nom}}{12}$ gelten:

$$22.684,93 = 263.157,89 \cdot q^{120} - 3.000 \cdot \frac{q^{120} - 1}{q - 1}$$

mit der Lösung: $q = 1,006271706$, d.h. $i_M = 0,6271706 = \frac{i_{nom}}{12}$ und daher

$$i_{nom} = 12 \cdot i_M \approx 7,526\% \, \text{p.a.}$$

(zum Näherungsverfahren Regula falsi siehe Aufgabe 5.2)

Aufgabe 5.42 *(5.3.61)*:

i)   Für die Höhe „a" des Tilgungsstreckungsdarlehens gilt die Gleichung:

$$0 = 14.400 \cdot 1,04^6 - a \cdot \frac{1,05^6 - 1}{0,05} \quad,$$

d.h. $a = 2.837,05 \, €/H.$

Während der 6 Semester des Tilgungsstreckungsdarlehens wächst der Hauptkredit mit 4% p.H. an auf

$$K_3 = 360.000 \cdot 1,04^6 = 455.514,85 \, €.$$

Daraus ergeben sich die ab dem 4. Jahr einsetzenden Halbjahres-Annuitäten A:

$$A = K_3 \cdot 0,045 = 20.498,17 \, €/H.$$

Die sich am Ende des 8. Jahres einstellende Restschuld K_8 ergibt sich somit zu

$$K_8 = 455.514,85 \cdot 1,04^{10} - 20.498,17 \cdot \frac{1,04^{10} - 1}{0,04} = 428.170,05 \, €.$$

Somit ergibt sich der folgende reale Zahlungsstrahl
(Abschluss von Phase 1):

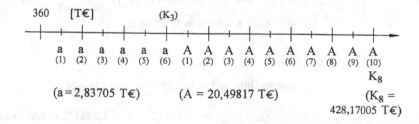

Effektivzinsermittlung *(Phase 2)*:

a) 360TM: *(Zahlenwerte siehe Zahlungsstrahl)*

$$0 = 360.000 \cdot q^8 - 2a \cdot (1+(q-1) \cdot \frac{3}{12}) \cdot \frac{q^3-1}{q-1} \cdot q^5 - 2A \cdot (1+(q-1) \cdot \frac{3}{12}) \cdot \frac{q^5-1}{q-1} - K_8$$

$\Rightarrow \quad i_{eff} = 8{,}7997\% \approx 8{,}80\% \, \text{p.a.}$

b) ICMA: *(Zahlenwerte siehe Zahlungsstrahl)*

$$0 = 360.000 \cdot q^{16} - a \cdot \frac{q^6-1}{q-1} \cdot q^{10} - A \cdot \frac{q^{10}-1}{q-1} - K_8 \quad , \qquad (q = 1 + i_H)$$

$\Rightarrow \quad i_{eff} = q^2 - 1 = 1{,}043057^2 - 1 = 8{,}7969\% \approx 8{,}80\% \, \text{p.a.}$

ii) Die *(erhöhte)* Kreditsumme K_0 lautet: $\quad K_0 = \dfrac{360.000}{0{,}96} = 375.000{,}-- \, €$

$\Rightarrow \quad$ Annuität: $\quad A = 16.875{,}-- \, €/\text{Jahr}$

$\Rightarrow \quad$ Restschuld nach 8 Jahren:

$$K_8 = 375.000 \cdot 1{,}04^{16} - 16.875 \cdot \frac{1{,}04^{16}-1}{0{,}04} = 334.079{,}-- \, €.$$

$\Rightarrow \quad$ realer Zahlungsstrahl *(Ende Phase 1)*

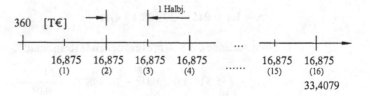

Effektivzinsermittlung *(Phase 2)*:

a) 360-Tage-Methode:

$$0 = 360.000 \cdot q^8 - 33.750 \cdot (1+(q-1) \cdot \frac{3}{12}) \cdot \frac{q^8-1}{q-1} - 334.079$$

$\Rightarrow \quad i_{eff} = 8{,}9297\% \approx 8{,}93\% \, \text{p.a.}$

b) ICMA: *(q = 1 + i_H)*

$$0 = 360.000 \cdot q^{16} - 16.875 \cdot \frac{q^{16}-1}{q-1} - 334.079$$

$\Rightarrow \quad i_{eff} = q^2 - 1 = 1{,}043672^2 - 1 = 8{,}9251\% \approx 8{,}93\% \, \text{p.a.}$

Aufgabe 5.43 *(5.3.62)*:

Nach den vorliegenden Kreditkonditionen beträgt die *(aus dem Tilgungsplan ablesbare)* Restschuld K_m am Tag der vorzeitigen Rückzahlung *(ohne Disagio-Erstattung)*:

$$K_m = 400.000 \cdot 1,015^{11} - 7.000 \cdot \frac{1,015^{11} - 1}{0,015} = 388.136,74 \ \text{€}.$$

i)   Disagio-Erstattung, falls der Effektivzins des ursprünglich vereinbarten Darlehens nach der 360-Tage-Methode ermittelt wurde:

Der Effektivzinssatz des ursprünglich vereinbarten Kredits ergibt sich aus:

$$0 = 364.000 \cdot q^5 - 28.000 \cdot (1 + (q-1) \cdot \frac{4,5}{12}) \cdot \frac{q^5 - 1}{q - 1} - 376.876,33$$

$$\Rightarrow \quad i_{eff} = 8,5351\% \ \text{p.a.}$$

Nach der frühzeitigen Rückzahlung soll sich der Effektivzinssatz für den tatsächlich in Anspruch genommenen Kredit nicht ändern *("Effektivzinsmethode")*, d.h. es ist die „effektive" Restschuld K_m^* nach 2 Jahren und 9 Monaten zu ermitteln, die man erhält, wenn man die tatsächlich geflossenen Beträge mit dem soeben ermittelten Effektivzinssatz i_{eff} *(nach 360TM)* bewertet: *(q := 1 + i_{eff})*

$$K_m^* = 364.000 \cdot (1 + i_{eff})^2 \cdot (1 + i_{eff} \cdot \frac{3}{4}) - 28.000 \cdot (1 + i_{eff} \cdot \frac{4,5}{12}) \cdot \frac{q^2 - 1}{q - 1} \cdot (1 + i_{eff} \cdot \frac{3}{4})$$

$$- 21.000 \cdot (1 + i_{eff} \cdot \frac{3}{12}) = 370.671,08 \ \text{€}.$$

Daher beträgt die resultierende Disagio-Erstattung *(gegenüber der „regulären" Restschuld K_m)* bei Anwendung der Effektivzinsmethode *(nach 360TM)*:

Disagio-Erstattung = 388.136,74 − 370.671,08 = 17.465,66 €.

ii)   Disagio-Erstattung, falls der Effektivzins des ursprünglich vereinbarten Darlehens nach der ICMA-Methode ermittelt wurde:

Der ICMA-Effektivzinssatz des ursprünglich vereinbarten Kredits ergibt sich aus:

$$0 = 364.000 \cdot q^{20} - 7.000 \cdot \frac{q^{20} - 1}{q - 1} - 376.876,33 \quad , \quad (i = 1 + i_Q)$$

$$\Rightarrow \quad i_{eff} = q^4 - 1 = 1,020677^4 - 1 = 8,5308\% \approx 8,53\% \ \text{p.a.}$$

Nach der frühzeitigen Rückzahlung soll genau dieser Effektivzinssatz auch für den tatsächlich in Anspruch genommenen Kredit gelten *("Effektivzinsmethode")*, d.h. es ist die „effektive" Restschuld K_m^* nach 2 Jahren und 9 Monaten zu ermitteln, die man erhält, wenn man die tatsächlich geflossenen Beträge mit dem eben ermittelten Effektivzinssatz i_{eff} *(nach ICMA)* bewertet *(q := 1 + i_Q)*:

$$K_m^* = 364.000 \cdot (1+i_Q)^{11} - 7.000 \cdot \frac{q^{11}-1}{q-1} = 370.427,57 \,€.$$

Daher beträgt die resultierende Disagio-Erstattung *(gegenüber der „regulären"
Restschuld K_m)* bei Anwendung der Effektivzinsmethode *(nach ICMA)*:

Disagio-Erstattung = 388.136,74 – 370.427,57 = 17.709,17 €.

Aufgabe 5.44 *(5.4.8)*:

i)   Bei „Stichtag = Tag der letzten vorkommenden Zahlung" lautet die – zur Ermitt-
     lung des Effektivzinssatzes zu lösende – *(quadratische)* Äquivalenzgleichung
     nach der 360-Tage-Methode:

$$100 \cdot (1+i) \cdot (1+0,5i) + 100 \cdot (1+0,5i)^2 = 110 \cdot (1+0,5i) + 110$$

$$\Leftrightarrow \quad 75i^2 + 195i - 20 = 0 \qquad \text{mit der *(positiven)* Lösung:}$$

$$i = i_{eff} = 9,8809\% \approx 9,88\% \,\text{p.a.}$$

Erstaunlich, dass bei linearer Verzinsung zwei Geschäfte, die jeweils eine Effektivverzinsung von 10% aufweisen, in der – zahlungsstromgleichen – kombinierten Version einen davon unterschiedlichen Effektivzinssatz besitzen.

ii) Mit dem *(zu i_{eff} konformen)* Halbjahreszinssatz i_H lautet die entsprechende Äqui-
     valenzgleichung nach der ICMA-Methode: *(q = 1 + i_H)*

$$\begin{aligned}
& 100 \cdot q^3 + 100 \cdot q^2 = 110 \cdot q + 110 \\
\Rightarrow \quad & 100 \cdot q^2 \cdot (q+1) = 110 \cdot (q+1) \\
\Rightarrow \quad & 100 \cdot q^2 = 110 \\
\Rightarrow \quad & q^2 = 1,1 \qquad \textit{($i_H = 4,8808848\% \,p.H.$)} \\
\Rightarrow \quad & i_{eff} = q^2 - 1 = 10,00\% \,\text{p.a.} \,,
\end{aligned}$$

d.h. der in i) aufgetretene Widerspruch verschwindet vollständig bei Anwendung der ICMA-Methode.

Aufgabe 5.45:

Endkapital K_n am Ende des 3. Jahres = Summe aller *(mit 3% p.a.)* aufgezinsten
Sparbeiträge plus Bonus *(= 25% von 48.000)*:

$$K_n = 16.000 \cdot (1+0,03 \cdot \frac{2,5}{4}) \cdot \frac{1,03^3-1}{0,03} + 12.000 = 62.381,67 \,€.$$

$$\Rightarrow \quad \text{US-/ICMA-Äquivalenzgleichung:} \quad 0 = 4000 \cdot \frac{q^{12}-1}{q-1} \cdot q - 62.381,67 \quad (q=1+i_Q)$$

$$\Rightarrow \quad q = 1,039699469, \quad \text{d.h.} \quad \begin{aligned} i_{eff}\,(ICMA) &= q^4 - 1 = 16,8507\% \,\text{p.a.} \\ i_{eff}\,(US) &= 4 \cdot i_Q = 15,8798\% \,\text{p.a.} \end{aligned}$$

Aufgabe 5.46:

i)   Da bei prozentual gegebenen Konditionen der Effektivzinssatz nicht von der Höhe der Kreditsumme abhängt, kann man mit fiktiven *(und rechentechnisch möglichst angenehm zu handhabenden)* Kreditsummen rechnen.

Bei den hier vorliegenden Laufzeiten *(12 bzw. 48 Monate)* empfiehlt sich daher eine durch 12 bzw. 48 ohne Rest teilbare Kreditsumme, z.B. $K_0 = 12.000\,€$.
(Auch die im Aufgabentext beispielhaft verwendete Kreditsumme 30.000 € eignet sich dafür, sämtliche unten stehenden Zahlungswerte müssen dann mit dem Faktor 2,5 multipliziert werden.)

Für eine (fiktive) Kreditsumme von 12.000 € lauten – bei einer Laufzeit von 12 Monaten – die monatlichen Gegenleistungen wie folgt:

monatl. Zinskosten = 0,4% von 12.000 €	=	48,-- €/Monat
monatl. Bearbeitungsgebühr = (2% v. 12.000 €)/12	=	20,-- €/Monat
monatl. Tilgung = 12.000 €/12	=	1.000,-- €/Monat
	zusammen	1.068,-- €/Monat

Damit ergibt sich für den Kredit der folgende Zahlungsstrahl:

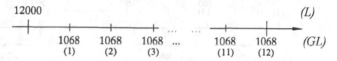

Äquivalenzgleichung für q *(mit $q^{12} = 1+i_{eff}$)* nach der ICMA-Methode:

$$0 = 12000 \cdot q^{12} - 1068 \cdot \frac{q^{12}-1}{q-1} \quad \text{mit der Lösung:} \quad q = 1,010269235$$

$$\Rightarrow \quad i_{eff} = 1,010269235^{12} - 1 \approx 13,04\%\ \text{p.a.}$$

ii) Bei einer Laufzeit von 48 Monaten ergeben sich analog die folgenden Gegenleistungen:

monatl. Zinsen = 0,4% von 12000 €	=	48,-- €/Monat
monatl. Bearbeitungsgebühr = (2% v. 12000 €)/48	=	5,-- €/Monat
monatl. Tilgung = 12000 €/48	=	250,-- €/Monat
	zusammen	303,-- €/Monat

$\Rightarrow$ Äquivalenzgleichung für q *(mit $q^{12} = 1+i_{eff}$)* nach der ICMA-Methode:

$$0 = 12000 \cdot q^{48} - 303 \cdot \frac{q^{48}-1}{q-1} \quad (\text{mit } q = 1+i_M)$$

$\Rightarrow$ $i_{eff} = 1,008137717^{12} - 1 \approx 10,21\%\ \text{p.a.}$

Aufgabe 5.47:

i) Wert R^* der ersten 12 Raten eines jeden Jahres, linear aufgezinst bis zum Jahresende:
$$R^* = 2400 \cdot (1+0,0225 \cdot \frac{6,5}{12}) = 2429,25 \text{ €/Jahr} \quad (= \textit{Jahres-Ersatzrate}).$$

Damit ergibt sich als Endkapital R_{13} aller 156 Sparraten am Ende des 13. Jahres:

$$R_{13} = 2429,25 \cdot \frac{1,0225^{13}-1}{0,0225} = 36.215,92 \text{ €}.$$

Hinzu kommt die Summe B_{13} aller aufgezinsten Bonuszahlungen:
$$B_{13} = 24 \cdot 1,0225^{11} + 48 \cdot 1,0225^{10} + 96 \cdot 1,0225^9 + \dots$$
$$\dots + 1080 \cdot 1,0225 + 1200 = 6.986 \text{ €}.$$

Insgesamt verfügt der Sparer daher am Ende des 13. Jahres über 43.201,92 €.

ii) Die Effektivzins-Berechnung wird nur beispielhaft für den Fall b) *(d.h. Laufzeit
13 Jahre)* durchgeführt, für den die Daten von i) verwendet werden können. Für
die Ermittlung des Effektivzinssatzes ist die Höhe der Sparrate unwichtig, wir
nehmen 200,-- €/Monat deshalb, um die Ergebnisse von i) verwenden zu können.

Der sich am Ende von Phase 1 ergebende reale Zahlungsstrahl lautet dann nach i)

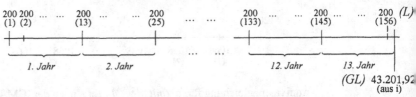

Bei der Ermittlung von i_{eff} nach der ICMA-Methode wird zwischen je zwei Zahlungen eine Zinsperiode zum zu i_{eff} konformen unterjährigen Zinssatz *(hier: Monatszinsfaktor $q = 1+i_m$)* eingeführt. Damit ergibt sich im Fall b) *(d.h. 13 Jahre
Laufzeit)* die folgende Äquivalenzgleichung *(und die daraus gewonnene Lösung)*:

$$0 = 200 \cdot \frac{q^{156}-1}{q-1} \cdot q - 43.201,92 \quad \text{mit der Lösung:} \quad q = 1+i_m = 1,0039534.$$

Daraus folgt *(ICMA!)*: $i_{eff} = 1,0039534^{12} - 1 = 4,8486\% \text{ p.a.}$

Analog ergibt sich für die Fälle a) *(Laufzeit 5 Jahre)* bzw. c) *(Laufzeit 25 Jahre)*:

a) $0 = 200 \cdot \frac{q^{60}-1}{q-1} \cdot q - 13.071,27 \Rightarrow i_{eff} = 1,0027698^{12} - 1 = 3,3749\% \text{ p.a.}$
(5 Jahre)

c) $0 = 200 \cdot \frac{q^{300}-1}{q-1} \cdot q - 113.707,30 \Rightarrow i_{eff} = 1,0038848^{12} - 1 = 4,7627\% \text{ p.a.}$
(25 Jahre)

*(Es ist bemerkenswert, dass trotz der hohen Schluss-Bonuszahlungen bei 25jäh-
riger Laufzeit die 25-Jahres-Rendite geringer ist als bei einer Laufzeit von 13
Jahren!)*

6   Kursrechnung und Renditeermittlung bei festverzinslichen Wertpapieren

Aufgabe 6.1 *(6.1.13)*:

Mit dem Nominalzinsfuß p* gilt: $97,5 = p^* \cdot \dfrac{1,11^{10}-1}{0,11} \cdot \dfrac{1}{1,11^{10}} + \dfrac{101}{1,11^{10}}$

$\Rightarrow \quad i_{nom} = \dfrac{p^*}{100} = 10,5157\% \approx 10,52\% \, \text{p.a.}$

Aufgabe 6.2 *(6.1.14)*:

$99 = 6 \cdot \dfrac{1,09^{10}-1}{0,09} \cdot \dfrac{1}{1,09^{10}} + \dfrac{C_n}{1,09^{10}} \quad \Rightarrow \quad C_n = 143,2114 \approx 143,21.$

Aufgabe 6.3 *(6.1.15)*:

$C_0 = 8,75 \cdot \dfrac{1,048^{15}-1}{0,048} \cdot \dfrac{1}{1,048^{15}} + \dfrac{101,5}{1,048^{15}} = 92,06 + 50,24 = 142,30.$

Aufgabe 6.4:

i)   a)   Kurswert C_{01} unmittelbar *vor* der 8. Zinszahlung:

$C_{01} = 6 \cdot \dfrac{1,09^5-1}{0,09} \cdot \dfrac{1}{1,09^4} + \dfrac{102}{1,09^4} = 97,70\%$

b)   Kurswert C_{02} unmittelbar *nach* der 8. Zinszahlung: $C_{02} = C_{01} - 6 = 91,70\%$

ii) $85 = 6 \cdot \dfrac{q^{12}-1}{q-1} \cdot \dfrac{1}{q^{12}} + 102 \cdot \dfrac{1}{q^{12}} \quad \Rightarrow \quad i_{eff} = 8,11\% \, \text{p.a.}$

iii)   85,81 €/Stück

Aufgabe 6.5 *(6.1.16)*:

a)   Näherungsformel: $i_{eff} \approx \dfrac{0,0725}{0,9657} + \dfrac{1,05-0,9657}{12} = 8,21\% \, \text{p.a.}$

b)   Äquivalenzgleichung: $0 = 96,57 - 7,25 \cdot \dfrac{q^{12}-1}{q-1} \cdot \dfrac{1}{q^{12}} - 105 \cdot \dfrac{1}{q^{12}}$

$\Rightarrow \quad i_{eff} = 7,9684\% \approx 7,97\% \, \text{p.a.}$

Aufgabe 6.6 *(6.1.17)*:

i)   Ein Stück im Nennwert 50,-- € kostet $0,96 \cdot 50 = 48$,-- €. Daher kann er $\dfrac{120.000}{48}$
     $= 2.500$ Stücke kaufen. Gesamt-Nennwert: $2.500 \cdot 50 = 125.000$ €.

ii)   96

$$\begin{array}{ccccccccccc}
\overset{p^*}{\underset{(1)}{}} & \overset{p^*}{\underset{(2)}{}} & \overset{p^*}{\underset{(3)}{}} & \overset{p^*}{\underset{(4)}{}} & \overset{p^*}{\underset{(5)}{}} & \overset{p^*}{\underset{(6)}{}} & \overset{p^*}{\underset{(7)}{}} & \overset{p^*}{\underset{(8)}{}} & \overset{p^*}{\underset{(9)}{}} & \overset{p^*}{\underset{(10)}{}} & \overset{p^*}{\underset{(11)}{}}
\end{array}$$

ii) 100
iii) 106

Aus $\quad 96 = p^* \cdot \dfrac{1,105^{11} - 1}{0,105} \cdot \dfrac{1}{1,105^{11}} + \dfrac{100}{1,105^{11}}\quad$ folgt:

$p^* = 9,8699$,   d.h. $i_{nom} = 9,87\%$ p.a.

iii)   a)   Näherungsformel: $i_{eff} \approx \dfrac{0,086}{0,96} + \dfrac{1,06 - 0,96}{11} = 0,0987 = 9,87\%$ p.a.

       b)   Aus $\quad 96 = 8,6 \cdot \dfrac{q^{11} - 1}{q - 1} \cdot \dfrac{1}{q^{11}} + \dfrac{106}{q^{11}}\quad$ folgt:

$i_{eff} = 9,5347\% \approx 9,53\%$ p.a.

Aufgabe 6.7 *(6.3.8)*:

i) $i_{eff} \approx \dfrac{0,0675}{1,108} + \dfrac{1,013 - 1,108}{5} = 4,19\%$ p.a.

ii)   Äquivalenzgleichung: $\quad 110,8 = 6,75 \cdot \dfrac{q^5 - 1}{q - 1} \cdot \dfrac{1}{q^5} + \dfrac{101,3}{q^5}$

$\Rightarrow \quad i_{eff} = 4,5256\% \approx 4,53\%$ p.a.

Aufgabe 6.8 *(6.3.9)*:

i) $89 = 7 \cdot \dfrac{1,095^{10} - 1}{0,095} \cdot \dfrac{1}{1,095^{10}} + \dfrac{C_n}{1,095^{10}} \quad \Rightarrow \quad C_n = 111,6402 \approx 111,64.$

ii) $C_m = 7 \cdot \dfrac{1,1^7 - 1}{0,1} \cdot \dfrac{1}{1,1^7} + \dfrac{111,64}{1,1^7} = 91,3679 \approx 91,37 \qquad$ (€ pro 100 €
Nennwert)

iii)   a)   Vermögen aus der Anlage $= 7 \cdot \dfrac{1,065^{10} - 1}{0,065} + 111,64 = 206,1010$

       b)   Äquivalenzgleichung: $\quad 89 \cdot q^{10} = 206,1010$

$\Rightarrow \quad q = \sqrt[10]{\dfrac{206,1010}{89}} = 1,087600 \quad \Rightarrow \quad i_{eff} = 8,76\%$ p.a

iv) $89 \cdot q^{10} = 70 + 111,64 \quad \Rightarrow \quad i_{eff} = 2,040899^{0,1} - 1 = 0,073945 \approx 7,39\%$ p.a.

Aufgabe 6.9 *(6.3.10)*:

i) $C_0 = 7 \cdot \dfrac{1{,}075^{12} - 1}{0{,}075} \cdot \dfrac{1}{1{,}075^{12}} + \dfrac{102}{1{,}075^{12}} = 96{,}9721 \approx 96{,}97\,\%$

ii)   a) C_m

$C_m = 7 \cdot \dfrac{1{,}075^3 - 1}{0{,}075} \cdot \dfrac{1}{1{,}075^2} + \dfrac{102}{1{,}075^2}$

$\qquad = 107{,}8329 \approx 107{,}83\,\%.$

Da 7,-- € pro 100 € Nennwert an
Stückzinsen zu zahlen sind:
Börsenkurs = 100,83 € / 100 €
$\qquad\qquad = 100{,}83\,\%$

b) C_m

$C_m = 7 \cdot \dfrac{1{,}075^2 - 1}{0{,}075} \cdot \dfrac{1}{1{,}075^2} + \dfrac{102}{1{,}075^2}$

$\qquad = 100{,}83\,\%$ = Börsenkurs, da keine Stückzinsen anfallen.

a) und b) liefern denselben Börsenkurs !

Aufgabe 6.10 *(6.3.11)*:

i)   Es wird unterstellt, dass es sich beim „Kurs" *(91%)* um den finanzmathematischen Kurs handelt, der bereits die Stückzinsen enthält und somit den wahren Preis des Papiers darstellt.

   a) $i_{eff} \approx \dfrac{0{,}075}{0{,}835} + \dfrac{1{,}02 - 0{,}835}{11} = 10{,}66\%\,\text{p.a.}$

   ($C_0 = 91\% - 7{,}5\% = 0{,}835$!)

   b)   Äquivalenzgleichung(en): $91 = 7{,}5 \cdot \dfrac{q^{12} - 1}{q - 1} \cdot \dfrac{1}{q^{11}} + \dfrac{102}{q^{11}}$

       oder $83{,}5 = 7{,}5 \cdot \dfrac{q^{11} - 1}{q - 1} \cdot \dfrac{1}{q^{11}} + \dfrac{102}{q^{11}}$

   In beiden Fällen lautet die Lösung: $i_{eff} = 10{,}1669\% \approx 10{,}17\%\,\text{p.a.}$

ii)   Jetzt ist der *Börsenkurs* C_t^* *(clean price)* gesucht, der sich aus dem finanzmathematischen Kurs C_t *(d.h. dem Preis (dirty price))* des Papiers ergibt durch Subtraktion der Stückzinsen *(hier: 7,50)*: $C_t^* = C_t - 7{,}50$.

   Äquivalenzgleichung für den finanzmathematischen Kurs C_t *(dirty price)*:

$$C_t = 7{,}5 \cdot \dfrac{1{,}15^8 - 1}{0{,}15} \cdot \dfrac{1}{1{,}15^7} + \dfrac{102}{1{,}15^7} = 77{,}0487 \approx 77{,}05$$

$\Rightarrow \quad C_t^* = 77{,}05 - 7{,}50 = 69{,}55$ *(Börsenkurs unmittelbar vor 5. Zinszahlung)*

Aufgabe 6.11 *(6.3.12)*:

i) C_t^* = Börsenkurs = 111,25 *(clean price)*

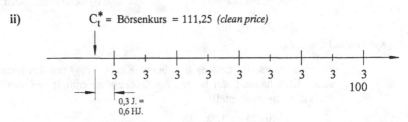

$\Rightarrow$ Stückzinsen: $0,7 \cdot 6 = 4,20$ $\Rightarrow$ *(dirty)* Preis $C_t = C_t^*$+Stückzinsen
                                                                                                    $= 115,45$.

$\Rightarrow$ Äquivalenzgleichung:

$$115,45 = 6 \cdot \frac{q^5 - 1}{q - 1} \cdot \frac{1}{q^{4,3}} + \frac{100}{q^{4,3}}$$

$\Rightarrow$ $i_{eff} = 3,1562\% \approx 3,16\%$ p.a.

ii) C_t^* = Börsenkurs = 111,25 *(clean price)*

$\Rightarrow$ Stückzinsen: $0,4 \cdot 3 = 1,20$
$\Rightarrow$ Preis $= C_t = C_t^* + 1,20 = 112,45$.

$\Rightarrow$ Äquivalenzgleichung: $(q := 1 + i_H$ = Halbjahreszinsfaktor)

$$112,45 = 3 \cdot \frac{q^9 - 1}{q - 1} \cdot \frac{1}{q^{8,6}} + \frac{100}{q^{8,6}}$$ $\Rightarrow$ $q = 1,015894$

$\Rightarrow$ $i_{eff} = q^2 - 1 = 3,2040\% \approx 3,20\%$ p.a.

Aufgabe 6.12 *(6.3.13)*:

i) C_t^*; C_t

                              $i_{eff} = 9,75\%$ p.a.

Preis = finanzmathematischer Kurs C_t = Barwert aller zukünftigen Leistungen:

$$C_t = 6{,}5 \cdot \frac{1{,}0975^8 - 1}{0{,}0975} \cdot \frac{1}{1{,}0975^{7,2}} + \frac{105}{1{,}0975^{7,2}} = 91{,}4363 \quad \textit{(dirty price)}$$

Stückzinsen = $6{,}5 \cdot 0{,}8 = 5{,}20$

$\Rightarrow$ Börsenkurs: $C_t^* = C_t - 5{,}20 = 86{,}2363 \approx 86{,}24$ *(clean price)*

ii) $C_t^* ; C_t$

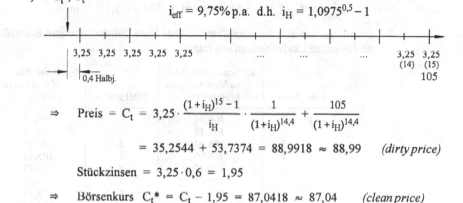

$i_{eff} = 9{,}75\%\,p.a.$ d.h. $i_H = 1{,}0975^{0,5} - 1$

$$\Rightarrow \quad \text{Preis} = C_t = 3{,}25 \cdot \frac{(1+i_H)^{15} - 1}{i_H} \cdot \frac{1}{(1+i_H)^{14,4}} + \frac{105}{(1+i_H)^{14,4}}$$

$$= 35{,}2544 + 53{,}7374 = 88{,}9918 \approx 88{,}99 \quad \textit{(dirty price)}$$

Stückzinsen = $3{,}25 \cdot 0{,}6 = 1{,}95$

$\Rightarrow$ Börsenkurs $C_t^* = C_t - 1{,}95 = 87{,}0418 \approx 87{,}04$ *(clean price)*

Aufgabe 6.13 *(6.3.14)*:

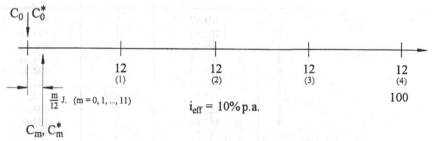

C_m: Preis; C_m^*: Börsenkurs = $C_m -$ Stückzinsen für m Monate $(= \frac{m}{12}$ Jahre$)$

Start: (m = 0) $\Rightarrow$ $C_0 = C_0^* = 12 \cdot \dfrac{1{,}1^4 - 1}{0{,}1} \cdot \dfrac{1}{1{,}1^4} + \dfrac{100}{1{,}1^4}$

(Stückzinsen = 0 wegen m = 0)

$$= 106{,}34 \quad (106{,}3397)$$

Nach Ablauf *eines* Monats fallen *Stückzinsen* von *1,00* € $(= \frac{1}{12} \cdot 12{,}00)$ an, an, nach zwei Monaten 2,00 €, *nach m Monaten m€* (m < 12).

Der finanzmathematische Barwert C_m nach m Monaten beträgt

$$C_m = C_0 \cdot 1{,}1^{\frac{m}{12}} = 106{,}3397 \cdot 1{,}1^{\frac{m}{12}},$$

d.h. der Börsenkurs $C_{m,0}^*$ beträgt nach m Monaten des 1. Jahres

$$C_{m,0}^* = C_0 \cdot 1{,}1^{\frac{m}{12}} - \text{Stückzinsen} = 106{,}34 \cdot 1{,}1^{\frac{m}{12}} - m.$$

Analog ergibt sich für den Börsenkurs nach m Monaten des 2. Jahres:

$$C_{m,1}^* = C_1 \cdot 1{,}1^{\frac{m}{12}} - \text{Stückzinsen} = 104{,}97 \cdot 1{,}1^{\frac{m}{12}} - m.$$

Damit ergeben sich finanzmathematischer Kurs, Stückzinsen und Börsenkurs in den beiden ersten Laufzeitjahren wie folgt:

Jahr	Monat	a) finanzmath. Kurs zu Monatsbeginn (*dirty price*)	Stückzinsen	b) Börsenkurs zu Monatsbeginn (*clean price*)
1	1	106,34	0	106,34
	2	107,19	1	106,19
	3	108,04	2	106,04
	4	108,90	3	105,90
	5	109,77	4	105,77
	6	110,65	5	105,65
	7	111,53	6	105,53
	8	112,42	7	105,42
	9	113,32	8	105,32
	10	114,22	9	105,22
	11	115,13	10	105,13
	12	116,05	11	105,05
2	1	104,97	0	104,97
	2	105,81	1	104,81
	3	106,65	2	104,65
	4	107,51	3	104,51
	5	108,36	4	104,36
	6	109,23	5	104,23
	7	110,10	6	104,10
	8	110,98	7	103,98
	9	111,86	8	103,86
	10	112,75	9	103,75
	11	113,65	10	103,65
	12	114,56	11	103,56
3	1	103,47	0	103,47
	⋮	⋮	⋮	⋮

Man erkennt, dass der finanzmathematische Kurs des Wertpapiers stets im Zeitpunkt der nächsten Kuponfälligkeit einen Sprung nach unten macht, während der *(die Stückzinsen nicht enthaltende)* Börsenkurs einen relativ glatten stetigen Verlauf annimmt, er strebt im Zeitablauf immer mehr dem Wert des Rücknahmekurses *(hier: 100)* zu.

Aufgabe 6.14 *(6.3.15):*

Wir zerlegen die gegebene 2-jährige Kupon-Anleihe

$$
\begin{array}{ll}
\text{(L)} & 100 \\
\text{(GL)} & \quad\quad 8 \quad\quad 108
\end{array}
$$

in zwei „künstliche" Zero-Bonds ZB1 und ZB2:

ZB1 *(1-jährig, Rückzahlung 8)* $\begin{array}{ll}\text{(L)} & C_{01} \\ \text{(GL)} & \quad 8\end{array}$

(mit $C_{01} + C_{02} = 100$*)*

ZB2 *(2-jährig, Rückzahlung 108)* $\begin{array}{ll}\text{(L)} & C_{02} \\ \text{(GL)} & \quad\quad 108\end{array}$

Gesamt-Investition $C_{01} + C_{02}$ für beide Zero-Bonds zusammen: 100€ in t = 0.

Da der 1-jährige Marktzins *(= 5% p. a.)* bekannt ist *(dies wird durch den gegebenen einjährigen Zero-Bond gewährleistet)*, muss – damit keine „Geldpumpe" *(d.h. risikoloser Gewinn, „Arbitrage-Möglichkeit")* entsteht – der Preis C_{01} des ersten Zero-Bond ZB1 so gewählt werden, dass sich nach einem Jahr die um 5% aufgezinste Rückzahlung 8€ ergibt, d.h. C_{01} ergibt sich durch einjährige Abzinsung von 8€ mit 5%:

$$C_{01} = \frac{8}{1,05} = 7,619 \;€.$$

Somit beträgt *(wegen* $C_{01} + C_{02} = 100$*)* der Preis C_{02} des zweijährigen künstlichen Zerobond ZB2:

$$C_{02} = 100 - 7,619 = 92,381€ \quad\quad \text{(Rückzahlung nach 2 Jahren: 108).}$$

Nun muss die Verzinsung des neuen zu emittierenden 2-jährigen Zerobond *(um Arbitrage zu vermeiden)* dieselbe sein wie die des künstlichen zweijährigen Zerobond ZB2. Mit q als Jahreszinsfaktor muss somit gelten

$$92,381 \cdot q^2 = 108.$$

Daraus folgt: $q^2 = 1,169072$ und daher:

i) $i_{eff} = q - 1 = 0,081236 \approx 8,12\% \text{ p.a.}$ sowie

ii)   Rücknahmekurs: $C_2 = 100 \cdot q^2 = 116,91\%$.

Aufgabe 6.15:

i) $$C_0 = 8,4 \cdot \frac{1,054^5 - 1}{0,054} \cdot \frac{1}{1,054^5} + \frac{100}{1,054^5} = 112,85\% \;\text{(alles jährlich)}$$

ii) **a)** $C_0 = 4,2 \cdot \dfrac{1,027^{10}-1}{0,027} \cdot \dfrac{1}{1,027^{10}} + \dfrac{100}{1,027^{10}} = 112,99\%$ *(halbj., US-Methode)*

b) $q_H = \sqrt{1,054}$: $C_0 = 4,2 \cdot \dfrac{q_H^{10}-1}{q_H-1} \cdot \dfrac{1}{q_H^{10}} + \dfrac{100}{q_H^{10}} = 113,33\%$ *(halbj., ICMA)*

iii) **a)** $C_0 = 2,1 \cdot \dfrac{1,0135^{20}-1}{0,0135} \cdot \dfrac{1}{1,0135^{20}} + \dfrac{100}{1,0135^{20}} = 113,07\%$ *(viertelj., US)*

b) $q_Q = \sqrt[4]{1,054}$: $C_0 = 2,1 \cdot \dfrac{q_Q^{20}-1}{q_Q-1} \cdot \dfrac{1}{q_Q^{20}} + \dfrac{100}{q_Q^{20}} = 113,57\%$ *(viertelj., ICMA)*

Aufgabe 6.16:

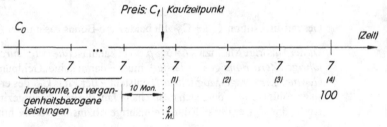

Finanzmathematischer Kurs: $\quad C_t = 7 \cdot \dfrac{1,1^4-1}{0,1} \cdot \dfrac{1}{1,1^{3,1\overline{6}}} + \dfrac{100}{1,1^{3,1\overline{6}}} = 97,97\,€$

Stückzinsen (SZ) für 10 Monate: $\quad SZ = 7 \cdot {}^{10}/_{12} = 5,8\overline{3}\,€$

$\Rightarrow$ Börsenkurs $= C_t - SZ = 92,14\,€$.

Aufgabe 6.17: $\qquad C_t = 86,80 + SZ \qquad\qquad$ *(Nennwert = 100€)*

Stückzinsen *(SZ)* für 0,8 Halbjahre: $\quad SZ = 3,4 \cdot 0,8 = 2,72\,€$

$\Rightarrow$ finanzmath. Kurs *(dirty price)* im Kaufzeitpunkt: $\quad C_t = 86,80 + SZ = 89,52\,€$

$\Rightarrow$ Äquiv.gleichung: $\quad 89,52 = 3,4 \cdot \dfrac{q^{12}-1}{q-1} \cdot \dfrac{1}{q^{11,2}} + \dfrac{103}{q^{11,2}} \qquad$ (mit $q = 1 + i_H$).

Startwerte 1,05/1,06: $\quad q_3 = 1,05194 \Rightarrow i_{eff} = q^2 - 1 = 10,66\%$ p.a. *(exakt: 10,64% p.a.)*

7 Aspekte der Risikoanalyse – das Duration-Konzept

Aufgabe 7.1

i)

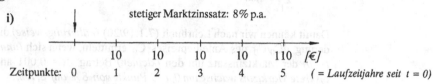

Preis *(= finanzmathematischer Kurs (dirty price))* des Papiers in $t = 0$ *(siehe LB (6.1.6) bei stetiger Verzinsung zu 8% p.a. mit e^i statt $q = 1+i$):*

$$C_0 = (10 \cdot \frac{e^{0,08 \cdot 5} - 1}{e^{0,08} - 1} + 100) \cdot e^{-0,08 \cdot 5} = 106,615575 \approx 106,62 \ €.$$

Wir ermitteln die Duration D nach Def. 7.1.8 Lehrbuch tabellarisch *(mit Hilfe der stetigen Abzinsung):*

Zeitpunkt t	Zahlung Z_t	Barwert $Z_t \cdot e^{-0,08t}$	Zeitpunkt × Barwert $t \cdot Z_t \cdot e^{-0,08t}$
1	10	9,2312	9,2312
2	10	8,5214	17,0429
3	10	7,8663	23,5988
4	10	7,2615	29,0460
5	110	73,7352	368,6760
Summe:		106,6156 $(= C_0)$	447,5949

$\Rightarrow$ Duration D:

$$D = \frac{447,5949}{106,6156} = 4,1982.$$

Damit können wir jetzt nach (7.1.11) LB die relative Änderung des Anleihepreises ermitteln, wenn sich *(unmittelbar nach $t = 0$)* der Marktzinssatz um den *(kleinen)* Betrag di = 0,1 %-Punkte ändert, d.h. di = 0,001. Der stetige Marktzins wachse somit von 8% auf 8,1%.

Dann gilt wegen LB (7.1.11): $\frac{dC_0}{C_0} = - D \cdot di = - 4,1982 \cdot 0,001 = -0,0041982,$

d.h. der Preis C_0 des Papiers müsste um 0,41982% von 106,6156 auf 106,1680 $\approx$ 106,17 € fallen.

Rechnen wir – zur Kontrolle – die Tabelle mit dem veränderten stetigen Marktzinssatz 8,1% p.a. erneut durch, so erhalten wir als neuen Kurs: $C_0 = 106,1690$, also tatsächlich ($\approx$) 106,17 €.

ii)   Beträgt der effektive diskrete Marktzinssatz 8% p.a. *(diskrete Zinsformel, siehe Lehrbuch Bem. 2.3.45 ii)*, so folgt aus LB (6.1.6)

$$(*) \quad C_0 = (10 \cdot \frac{1{,}08^5 - 1}{0{,}08} + 100) \frac{1}{1{,}08^5} = 107{,}98542 \approx 107{,}99 \text{ €}.$$

Ermittlung der Macaulay-Duration D nach Def. 7.1.16:

$$D = \frac{\sum\limits_{t=1}^{5} t \cdot Z_t \cdot 1{,}08^{-t}}{\sum\limits_{t=1}^{5} Z_t \cdot 1{,}08^{-t}} = \frac{1 \cdot 9{,}2593 + 2 \cdot 8{,}5734 + \dots + 5 \cdot 74{,}8641}{9{,}2593 + 8{,}5734 + \dots + 74{,}8641} = 4{,}2037$$

Damit können wir nach Lehrbuch (7.1.19/20) *(näherungsweise)* die relative Änderung dC_0/C_0 des Anleihepreises C_0 ermitteln, wenn sich *(unmittelbar nach t = 0)* der Marktzinssatz um den *(kleinen)* Betrag $di = 0{,}001$ ändert *(d.h. der diskrete Marktzins wachse um 0,1 %-Punkte von 8% auf 8,1%)*:

$$\frac{dC_0}{C_0} = -MD \cdot di = -\frac{D}{1+i} \cdot di = -\frac{4{,}2037}{1{,}08} \cdot 0{,}001 = -0{,}0038923 \, ,$$

d.h. der Preis C_0 des Papiers müsste um 0,38923% von 107,9854 auf 107,5651 $\approx$ 107,57 € fallen *(MD = modifizierte Duration, siehe LB (7.1.21))*.

Ermitteln wir – zur Kontrolle – nach (*) den finanzmathematischen Kurs mit dem veränderten diskreten Marktzinssatz 8,1% p.a. erneut, so erhalten wir $C_0 =$ 106,5662, also tatsächlich wieder ($\approx$) 106,57 €.

Aufgabe 7.2:

Die Gesamt-Duration D_P des Portfolios muss mit dem Planungshorizont T übereinstimmen, d.h. die beiden Papiere müssen in solchen Marktwertanteilen a_1, a_2 gekauft werden, dass die Summe der mit diesen Anteilen gewichteten Einzel-Durations D_1, D_2 gerade die gewünschte Gesamt-Duration $D_P = T = 5$ ergibt.

Nach LB (7.2.9) gilt: $D_1 = 3{,}5847$; $D_2 = 7{,}7093$.

$\Rightarrow$ $a_1 D_1 + a_2 D_2 = D_P = 5$,   d.h. $3{,}5847 \cdot a_1 + 7{,}7093 \cdot a_2 = 5$ *(mit $a_1 + a_2 = 1$)*

Setzt man $a_2 = 1 - a_1$ in diese Gleichung ein, so resultiert:

$a_1 = 0{,}6569$,   d.h.   65,69% des Budgets *(≙ 328.450 €)* entfallen auf Anleihe A_1;
$a_2 = 0{,}3431$,   d.h.   34,31% des Budgets *(≙ 171.550 €)* entfallen auf Anleihe A_2.

Die Preise je 100 € Nominalwert *(Kurse)* C_{01}, C_{02} der beiden Anleihen ergeben sich als Barwertsumme der noch ausstehenden Leistungen und betragen

$$C_{01} = (8 \cdot \frac{1{,}07^4 - 1}{0{,}07} + 100) \frac{1}{1{,}07^4} \approx 103{,}39 \text{ €}; \quad C_{02} = (6 \cdot \frac{1{,}07^{10} - 1}{0{,}07} + 100) \frac{1}{1{,}07^{10}} \approx 92{,}98 \text{ €}$$

Daher wird der Investor $328.450/C_{01} \approx 3177$ Stücke *(je 100 € Nennwert)* von Anleihe A_1 sowie $171.550/C_{02} \approx 1845$ Stücke *(je 100 € Nennwert)* von Anleihe A_2 kaufen.

Aufgabe 7.3:

Gleiche Idee wie in Aufg. 7.2 *(d. h. die drei Papiere müssen in solchen Marktwertanteilen a_1, a_2, a_3 gekauft werden, dass die Summe der mit diesen Anteilen gewichteten Einzel-Durations D_1, D_2, D_3 gerade die mit dem individuellen Planungshorizont übereinstimmende gewünschte Gesamt-Duration $D_P = T = 6$ ergibt).*

Marktzinssatz 5% p.a.;   Planungshorizont 6 Jahre.

Es stehen 3 Wertpapiere A_1, A_2, A_3 zur Auswahl mit folgender Ausstattung:

A_1: Kupon 10%,   Restlaufzeit 2 Jahre $\Rightarrow$ Duration $D_1 = 1,9129$
A_2: Kupon 8%,   Restlaufzeit 6 Jahre $\Rightarrow$ Duration $D_2 = 5,0689$
A_3: Kupon 7%,   Restlaufzeit 12 Jahre $\Rightarrow$ Duration $D_3 = 8,7968$.

Für die drei Anteilswerte a_1, a_2, a_3 *(mit $a_k \geq 0$)* bei Immunisierung muss nun offenbar gelten:

$$a_1 D_1 + a_2 D_2 + a_3 D_3 = 6$$
$$a_1 \quad + a_2 \quad + a_3 \quad = 1.$$

(Voraussetzung (hier erfüllt): Der Planungshorizont liegt zwischen größter und kleinster Duration)

Dieses *(für $D_1 \neq D_2 \neq D_3$ lösbare)* lineare Gleichungssystem besitzt – da bei 3 Variablen nur 2 Gleichungen existieren – beliebig viele Lösungen, die man erhält, indem man für eine Variable, z.B. a_1, einen geeigneten Prozentwert vorgibt und damit das entstehende System löst *(dabei muss allerdings beachtet werden, dass negative Anteilswerte nicht möglich sind, d.h. es muss gelten: $a_k > 0$).*

Gibt man z.B. vor: $a_1 = 0,2$ *(=20%)*, so folgt aus der zweiten Gleichung: $a_2 = 0,8 - a_3$. Setzt man diese beiden Informationen in die erste Gleichung ein, so erhält man:

$a_1 = 0,2$ *(=20%, vorgewählt)*;
$a_2 = 0,3809$ *(=38,09%)*;
$a_3 = 0,4191$ *(=41,91%)*   *(jeweils Budget-Anteile für A_1, A_2, A_3.)*

Gibt man stattdessen etwa vor: $a_1 = 30\%$, so folgt auf demselben Wege: $a_2 = 19,63\%$, $a_3 = 50,37\%$.

Der Investor kann durch geeignete Linearkombination der einzelnen Anleihen jede Duration erzeugen, die zwischen der kleinsten und größten Einzel-Duration liegt.

Aufgabe 7.4:

Der Investor muss die Haltedauer des Portfolios so abstimmen, dass sich Immunisierung gegenüber Zinssatzschwankungen ergibt. Er erreicht dies Ziel, indem er seinen Planungshorizont so wählt, das dieser mit der Gesamt-Duration D_P seines gegebenen Portfolios übereinstimmt.

Die Einzel-Durations der drei Wertpapiere ergeben sich nach LB (7.2.9) bzw. (7.2.10) zu:

$$D_1 = 10 \ (=n) ; \qquad D_2 = 3,5923 ; \qquad D_3 = 7,3993.$$

Die Durations D_k müssen mit den entsprechenden Marktwertanteilen a_k gewichtet und aufsummiert werden, siehe LB (7.3.9).

Zur Ermittlung der a_k benötigt man die Kurse C_{0k} der einzelnen Papiere *(mit Hilfe des aktuellen Marktzinssatzes auf den Planungszeitpunkt $t = 0$ abgezinste zukünftige Zahlungen aus den Papieren je 100 € Nominalwert)*:

$$C_{01} = 100 \cdot 1{,}06^{-10} \approx 55{,}84 \ \text{€}$$

$\Rightarrow$ Marktwert $A_1 = 20.000 \cdot 0{,}5584 = 11.168 \ \text{€}$

$$C_{02} = (8 \cdot \frac{1{,}06^4 - 1}{0{,}06} + 100) \frac{1}{1{,}06^4} \approx 106{,}93 \ \text{€}$$

$\Rightarrow$ Marktwert $A_2 = 50.000 \cdot 1{,}0693 = 53.465 \ \text{€}$

$$C_{03} = (5 \cdot \frac{1{,}06^9 - 1}{0{,}06} + 100) \frac{1}{1{,}06^9} \approx 93{,}20 \ \text{€}$$

$\Rightarrow$ Marktwert $A_3 = 30.000 \cdot 0{,}9320 = 27.960 \ \text{€}$

$\Rightarrow$ <u>Portfolio-Gesamtwert $= 92.593 \ \text{€}$</u>

Daraus ergeben sich folgende Marktwertanteile:

$$a_1 = 0{,}1206; \quad a_2 = 0{,}5774; \quad a_3 = 0{,}3020$$

und daraus die Portfolio-Duration:

$$D_P = 0{,}1206 \cdot 10 + 0{,}5774 \cdot 3{,}5923 + 0{,}3020 \cdot 7{,}3993 = \mathbf{5{,}5148}.$$

Der Investor sollte also für sein Portfolio eine Haltedauer von ca. 5,5 Jahren vorsehen, um sich vor Zinssatzschwankungen *(in $t = 0^+$)* zu schützen.

Aufgabe 7.5:

i) Wir betrachten eine Zinssatz-Schwankung di von $+1$ %-Punkt, d.h. $di = 0{,}01$:

Näherung mit Hilfe der *(modifizierten)* Duration MD:

$D = 10{,}6036$ *(ermittelt mit LB (7.2.9))*

$\Rightarrow$ modifizierte Duration: $\quad MD = 9{,}8181$

$\Rightarrow \dfrac{dC_0}{C_0} = -9{,}8181 \cdot 0{,}01 \approx -0{,}0982 = -9{,}82\%.$

Wegen $C_0(0{,}08) = 100$ *(da Kupon = Marktzinssatz)* gilt für den resultierenden Kurs:

$$C_0(0{,}09) \approx 100 - 9{,}82 = 90{,}18\%.$$

Exakter Kurs $C_0(0{,}09) = (Z \cdot \dfrac{q^n - 1}{q - 1} + C_n) \cdot \dfrac{1}{q^n} = 90{,}87\%,$

d.h. der relative Fehler des Näherungskurses beträgt ca. $-0{,}8\%$.

ii) Convexity K *(nach Lehrbuch (7.4.11) bzw. (7.4.10))*:

$$K = \frac{\sum\limits_{t=1}^{20} t \cdot (t+1) \cdot Z_t \cdot 1{,}08^{-t}}{1{,}08^2 \cdot \sum\limits_{t=1}^{20} Z_t \cdot 1{,}08^{-t}} \qquad (mit: \quad \begin{array}{l} Z_t = 8 \ \ (t<20), \\ Z_{20} = 108 \ ) \end{array}$$

$$= \frac{8 \cdot (1 \cdot 2 \cdot 1{,}08^{-1} + 2 \cdot 3 \cdot 1{,}08^{-2} + \ldots + 19 \cdot 20 \cdot 1{,}08^{-19}) + 20 \cdot 21 \cdot 108 \cdot 1{,}08^{-20}}{1{,}08^2 \cdot (8 \cdot 1{,}08^{-1} + 8 \cdot 1{,}08^{-2} + \ldots + 8 \cdot 1{,}08^{-19} + 108 \cdot 1{,}08^{-20})}$$

$$= 146{,}1258$$

Dann gilt nach LB (7.4.7) für die relative Kursänderung $\frac{dC_0}{C_0}$ bei Änderung des Marktzinses um di *(und wegen MD = 9,8181 siehe i))*:

$$\frac{dC_0}{C_0} = -MD \cdot di + \frac{1}{2} K \cdot (di)^2 = -9{,}8181 \cdot di + 73{,}0629 \cdot (di)^2 \ .$$

Wählen wir als Zinssatzänderung di = +1%-Punkt = 0,01, so folgt:

$$\frac{dC_0}{C_0} = -0{,}098181 + 0{,}00730629 = -0{,}09087 = -9{,}087\%,$$

so dass sich über diese Näherung ein neuer Kurs von $100 \cdot (1 - 0{,}09087) \approx$ 90,91 € ergibt.

Der exakte Kurs $C_0(1{,}09)$ bei Änderung des Zinssatzes von 8% auf 9% beträgt nach i) 90,87 €.

Somit besitzt die unter Verwendung von Duration *und* Convexity durchgeführte Näherung einen relativen Fehler von 0,04% *(gegenüber 0,8% bei ausschließlicher Näherung durch die Duration, siehe Beispiel 7.4.4)*. Der prozentuale Fehler bei zusätzlicher Berücksichtigung der Convexity hat also *(in unserem Beispiel)* um etwa 95% abgenommen.

iii) Die entsprechenden Werte bei di = −0,01 *(d.h. Absinken des Marktzinsniveaus von 8% auf 7%)* lauten *(die Werte von Duration und Convexity können unverändert übernommen werden)*:

Neuer Kurs bei auschließlicher Verwendung der Duration: 109,82
Neuer Kurs $C_0(7\%)$ *(exakt)*   110,59
⇒   relativer Fehler der Näherung: −0,7%;

Neuer Kurs bei Verwendung von Duration und Convexity: 110,55
Neuer Kurs $C_0(7\%)$ *(exakt)*   110,59
⇒   relativer Fehler der Näherung: −0,04%
    (d.h. ähnliche Verbesserung wie unter ii)).

8   Derivative Finanzinstrumente – Futures und Optionen

Aufgabe 8.1 *(8.2.8)*:

i)   Huber leiht sich heute 120 € zu 4,5% p.a. und kauft damit – ebenfalls heute –
     eine Aktie am Kassamarkt. Weiterhin geht er heute einen Forwardkontrakt short,
     d.h. er verpflichtet sich, in 3 Monaten die Aktie zum Terminpreis von 129 € zu
     verkaufen und anzudienen.

     Bei Fälligkeit *(d.h. drei Monate später)* sieht sich Huber in folgender Situation:

     –   Er liefert die bereits in seinem Besitz befindliche Moser-Aktie und erhält
         dafür 129 €.

     –   Andererseits muss er den aufgenommenen Kredit *(120 € für drei Monate)*
         zurückzahlen, Wert incl. Zinsen: $120 \cdot e^{0,045 \cdot 0,25} = 121,36$ €.

     Damit realisiert er insgesamt einen risikolosen Gewinn in Höhe von 7,64 €.

     Dieser „Free Lunch" reduziert sich auf Null, wenn der Terminverkaufspreis der
     Aktie ebenfalls 121,36 € beträgt. Der vorgegebene Forwardpreis von 129 € war
     also zu hoch angesetzt.

ii) Forwardpreis jetzt 116 € – Huber wird heute folgende Aktionen starten:

     Er verkauft heute – durch Wertpapierleihe – eine Aktie leer zu 120 € und legt das
     Geld zu 4,5% p.a. für 3 Monate an. Weiterhin geht er einen Forwardkontrakt ein,
     der ihn verpflichtet, in drei Monaten die Moser-Aktie zu 116 € zu kaufen.

     Bei Fälligkeit des Kontrakts *(d.h. drei Monate später)* kassiert er aus seiner Geld-
     anlage den Betrag $120 \cdot e^{0,045 \cdot 0,25} = 121,36$ €, kauft davon die Aktie *(und gibt
     sie dem Verleiher zurück)* und behält einen positiven Differenzbetrag in Höhe
     von 5,36 € als risikolosen Gewinn zurück.

     Eine derartige Arbitrage wäre ausgeschlossen, wenn der *(jetzt zu niedrig ange-
     setzte)* Terminpreis der Aktie 121,36 € betrüge.

Aufgabe 8.2 *(8.2.9)*:

i)   Aktueller Kartoffelpreis nach drei Monaten: 0,200 €/kg:

     –   Huber erzielt somit durch den Verkauf seiner Kartoffeln einen Erlös von
         20.000 €.

     –   Durch die Glattstellung seiner Futures-Position erhält er zusätzlich 0,375 –
         0,200 = 0,175 €/kg, zusammen also 17.500 €.

     Der Gesamterlös beträgt somit 37.500 €, d.h. 0,375 €/kg, die Hedging-Strategie
     ist in diesem Fall aufgegangen, Huber steht besser da als ohne Hedging.

ii) Aktueller Kartoffelpreis nach drei Monaten: 0,500 €/kg:

- Huber erzielt durch den Verkauf seiner Kartoffeln einen Erlös in Höhe von 50.000 €.

- Durch die Glattstellung der Futures-Position verliert er 0,500 − 0,375 = 0,125 €/kg, insgesamt also also 12.500 €.

Damit realisiert er einen Gesamterlös von 50.000 − 12.500 = 37.500 €, d.h. erneut 0,375 €/kg, die Hedging-Strategie führt somit in diesem Fall zu einem schlechteren Ergebnis als es ohne Hedging eingetreten wäre.

iii) Man erkennt nach dem Vorhergehenden: Je nach Entwicklung des Basiswertes kann eine mit Hilfe von Futures-Positionen aufgebaute Hedging-Strategie zu besserem wie auch schlechterem Gesamtresultat führen als es ohne jede Hedging-Strategie der Fall wäre. Dabei wird die Vermeidung eines großen Verlustes *(bei ungünstiger Entwicklung des Basiswertes)* erkauft durch eine entsprechende Resultatsverschlechterung bei günstiger Entwicklung des Basiswertes.

Aufgabe 8.3 *(8.3.12)*:

i)

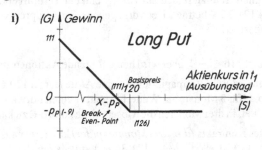

$$G = G(S) = \begin{cases} 111 - S & \text{falls } S < 120 \\ -9 & \text{falls } S \geq 120 \end{cases}$$

Ausübung: $S < 120$
BEP: $S = 111$
Gewinn: $S < 111$
Verlust: $S > 111$
max. Gewinn für $S = 0$: 111€
max. Verlust: begrenzt auf
die Optionsprämie, d.h.
9€ für $S > 120$.

ii)

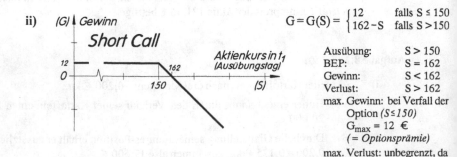

$$G = G(S) = \begin{cases} 12 & \text{falls } S \leq 150 \\ 162 - S & \text{falls } S > 150 \end{cases}$$

Ausübung: $S > 150$
BEP: $S = 162$
Gewinn: $S < 162$
Verlust: $S > 162$
max. Gewinn: bei Verfall der
Option *(S ≤ 150)*
$G_{max} = 12$ €
(= Optionsprämie)

max. Verlust: unbegrenzt, da
$G \rightarrow -\infty$, falls $S \rightarrow \infty$.

Aufgabe 8.4 *(8.3.13)*:

$$G_{C^+} = \begin{cases} -15 & \text{falls } S \le 225 \\ S-240 & \text{falls } S > 225 \end{cases} \qquad G_{P^+} = \begin{cases} 180-S & \text{falls } S \le 200 \\ -20 & \text{falls } S > 200 \end{cases}$$

$$\qquad\qquad\text{(Gewinnfunktion Long Call)} \qquad\qquad\qquad \text{(Gewinnfunktion Long Put)}$$

$$\Rightarrow \quad G = G_{C^++P^+} = G_{C^+} + G_{P^+} = \begin{cases} 165-S & \text{falls} & S \le 200 \\ -35 & \text{falls} & 200 < S \le 225 \\ S-260 & \text{falls} & S > 225 \end{cases}$$

$$\text{(resultierende Kombinations-Gewinnfunktion)}$$

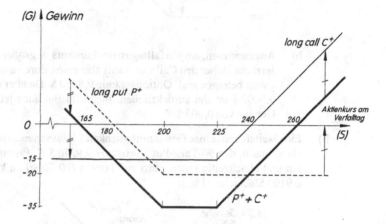

Bei Kursen zwischen 165 und 260 *(am Verfalltag)* operiert Huber mit Verlust *(maximaler Verlust, falls Kurs zwischen 200 und 225 liegt und daher beide Optionen verfallen = Summe der Optionsprämien = 35 €)*.

Angesichts des Kurses von 210 bei Kontraktabschluss geht Hubers Strategie nur auf, wenn der Kurs der Moser-Aktie entweder sehr stark fällt oder aber sehr stark ansteigt – offenbar eine recht risikoreiche Strategie.

Aufgabe 8.5 *(8.3.14)*:

i) Arbitragemöglichkeit 1: Huber kauft den Call *(180 Tage)*, Basiskurs 0,8750 $/€, Optionsprämie 0,02$ und verkauft einen Euro auf Termin *(180 Tage)*, Basiskurs 0,9000 $, siehe Abbildung 1.

a) Angenommen, der Eurokurs am Verfalltag sei *kleiner* als 0,875 $/€: Dann verfällt der Call, Kosten für Huber also 0,02 $ *(= Optionsprämie)*. Der anzudienende Euro muss also am Kassamarkt *(zu 0,875$ oder weniger)* gekauft werden und erbringt bei Andienung 0,9000$, Gewinn somit mindestens $0,9000 - 0,8750 - 0,02 = 0,005$ $/€ *(Maximalgewinn 0,8800 $/€)*.

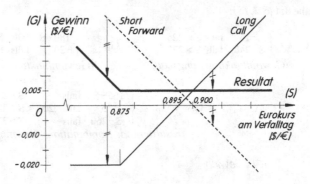

Abb. 1

b)   Angenommen, am Verfalltag ist der Eurokurs S *größer* als 0,875 $/€:
Jetzt übt Huber den Call aus, kauft also einen Euro zu 0,8750 $, seine Ausgaben betragen incl. Optionsprämie 0,8950 $. Da über den Terminverkauf 0,9000 $ an ihn zurückfließen, bleibt für ihn auch jetzt ein *(risikoloser)* Gewinn von 0,005 $/€.

ii) Eine weitere risikolose Gewinnmöglichkeit *(Arbitragemöglichkeit 2)* besteht für Huber darin, den 90-Tage-Put *(Basiskurs 0,9250 $/€, Prämie 0,01 $/€)* zu kaufen und gleichzeitig einen Euro auf Termin *(90 Tage)* zu kaufen, Terminkurs 0,9100 $/€, siehe Abb. 2:

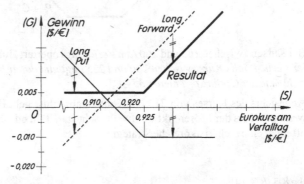

Abb. 2

a)   Angenommen, der Kurs S am Verfalltag ist *kleiner* als 0,9250 $/€:
Dann zahlt Huber für den per Termin gekauften Euro 0,9100 $ und dient ihn durch Ausübung des Put für 0,9250 $ an, Differenzgewinn nach Abzug der Put-Prämie 0,005 $/€ zu Gunsten Hubers.

b)   Ist dagegen der Eurokurs am Verfalltag *größer* als 0,9250 $/€, so lässt Huber den Put verfallen und verkauft den per Termin zu 0,9100 $ gekauften Euro zu *mindestens* 0,9250 $ am Kassamarkt. Nach Abzug der Optionsprämie verbleibt Huber daher *mindestens* ein Gewinn in Höhe von 0,005 $/€ *(mit steigender Tendenz bei steigendem Euro-Kurs).*

Aufgabe 8.6 *(8.3.16)*:

Bei Hubers Zielsetzung *(„Hedging" seines Aktienportefeuilles bei Erwartung steigender Kurse)* und den gegebenen Rahmenbedingungen kommt nur der Kauf eines Put in Frage *(ein Call scheidet aus, da bei – unerwartet – fallenden Kursen keine Versicherungswirkung für den Aktienbestand besteht)*.

Huber kauft also für seine 6.000 Aktien 6.000 Puts *(≙ 60 Kontrakte zu je 100 Puts)*, Gesamtkosten somit 30.000 € *(Basispreis 190 €)*.

Damit befindet sich Huber in folgender Situation:

–   Sein heutiger Buchgewinn von 40€ pro Aktie *(zusammen 240.000€)* bleibt bei *(unerwartet)* fallenden Kursen erhalten, lediglich die Optionsprämie *(5€/Aktie)* schmälert den Gewinn *(um 30.000 €)* ein wenig, sein Mindestgewinn beträgt somit 210.000 €.

Die Optionsprämie in Höhe von 30.000 € stellt somit eine Art Versicherung gegen *(unerwartet)* fallende Kurse dar.

–   Andererseits bleiben ihm bei steigenden Kursen Gewinnchancen, die seine „Versicherungskosten" *(d.h. die Optionsprämie)* ganz oder teilweise kompensieren können: Falls etwa der Kurs von 190 € auf 200 € steigt, so steht der Versicherungsprämie *(30.000 €)* ein Kursgewinn in Höhe von 60.000€ gegenüber.

(Bemerkung: Die beschriebene Hedging-Strategie mit Puts auf Aktien, die sich bereits im Besitz des Investors befinden, heißt auch „protective put"-Strategie.)

Aufgabe 8.7 *(8.4.17)*:

Laut Voraussetzung sind – neben den Restlaufzeiten – auch die Basiskurse identisch. Dann gilt *(mit den Abkürzungen von LB (8.4.1))* z.B. nach Abb. 8.3.15 (LB):

Der Gewinn einer Short-Position *(Aktie: G_{A^-}, Call: G_{C^-}, Put: G_{P^-})* ist identisch mit dem negativen Gewinn der entsprechenden Long-Position, d.h. es gilt

(a) $G_{A^-} = -G_{A^+}$

(b) $G_{C^-} = -G_{C^+}$

(c) $G_{P^-} = -G_{P^+}$.

Die Ausgangsposition wird durch die Gültigkeit der synthetischen Basisgeschäft-Kombination (6) geliefert *(siehe Lehrbuch Abb. 8.4.15)*

(*) $G_{P^-} = G_{C^-} + G_{A^+}$ *(d.h. Short Put = Short Call + Long Aktie)*.

Daraus folgt mit (a), (b) und (c) für die Gewinnfunktionen der übrigen fünf synthetisch nachgebildeten Basisgeschäfte *(die Ordnungs-Ziffern in Klammern, z.B. (4), sind in Anlehnung an die entsprechende Nummerierung im Lehrbuch (im Anschluss an Bem. 8.4.8) gewählt)*:

$$G_{C^-} \underset{(*)}{=} G_{P^-} - G_{A^+} \underset{(a)}{=} G_{P^-} + G_{A^-} \qquad (4)$$

$$G_{A^-} \underset{(4)}{=} G_{C^-} - G_{P^-} \underset{(c)}{=} G_{C^-} + G_{P^+} \qquad (2)$$

$$G_{P^+} \underset{(2)}{=} G_{A^-} - G_{C^-} \underset{(b)}{=} G_{A^-} + G_{C^+} \qquad (5)$$

$$G_{C^+} \underset{(5)}{=} G_{P^+} - G_{A^-} \underset{(a)}{=} G_{P^+} + G_{A^+} \qquad (3)$$

$$G_{A^+} \underset{(3)}{=} G_{C^+} - G_{P^+} \underset{(c)}{=} G_{C^+} + G_{P^-} \qquad (1) \quad .$$

Aufgabe 8.8 *(8.4.18)*:

i) Nach den Ergebnissen von Beispiel 8.4.8 (LB) lässt sich ein Long Forward/Long Future synthetisieren durch Kombination eines Long Call mit einem Short Put mit gleichen Basispreisen, die Gewinnfunktion lautet *(siehe (8.4.9) LB)*:

$$(*) \qquad G_{A^+} = G_{C^+} + G_{P^-} = S - X + p_P - p_C$$

(S: Aktienkurs bei Fälligkeit
X: Basispreis der Optionen
p_P, p_C : Optionsprämien)

Aus (*) wird deutlich, dass der sythetische Forward nur dann den Basispreis X der Optionen annimmt, wenn die Optionsprämien für Call und Put identisch sind. Die vorgegebenen Daten zeigen aber, dass für jeden Basispreis die entsprechenden Optionsprämien differieren. Somit ist ein Long Forward, der *genau* Hubers Vorstellungen entspricht, mit den vorgegebenen Optionen nicht synthetisierbar.

ii) Es lassen sich aus den vorgegebenen Optionen drei Forward-Kontrakte A, B, C synthetisieren, wobei jeweils gleiche Basispreise verwendet werden:

(A) Basispreis: $X = 95$;   Optionsprämien: $p_{P^-} = 1$, $p_{C^+} = 7$

$\underset{(*)}{\Rightarrow}$ $G_{A^+} = S - 95 + 1 - 7 = S - 101$
  Zahlung bei Kontraktabschluss: $7 - 1 = 6$ €   *(Mittelabfluss bei H.)*

(B) Basispreis: $X = 100$;   Optionsprämien: $p_{P^-} = 3$, $p_{C^+} = 4$

$\underset{(*)}{\Rightarrow}$ $G_{A^+} = S - 100 + 3 - 4 = S - 101$
  Zahlung bei Kontraktabschluss: $4 - 3 = 1$ €   *(Mittelabfluss bei H.)*

(C) Basispreis: $X = 105$;   Optionsprämien: $p_{P^-} = 6$, $p_{C^+} = 2$

$\underset{(*)}{\Rightarrow}$ $G_{A^+} = S - 105 + 6 - 2 = S - 101$
  Zahlung bei Kontraktabschluss: $2 - 6 = -4$ €   *(Mittelzufluss bei H.)*

Wir erhalten für alle drei synthetischen Forwards *dieselbe* Gewinnfunktion, nämlich $G_{A^+} = S - 101$. Falls der Aktienkurs bei Fälligkeit den Wert von 101 übersteigt, wird der Forward lukrativ, d.h. Hubers Vorstellungen *(nämlich X = 100)* werden nicht *(ganz)* getroffen.

Unterschied: Bei Strategie (A) und (B) ergibt sich bei Kontraktabschluss ein Mittelabfluss, bei Strategie (C) hingegen ein Mittelzufluss beim Investor Huber.

Aufgabe 8.9 *(8.5.14)*:

i) Die partiellen Gewinnfunktionen lauten

$$G_{C^+} = \begin{cases} -9 & \text{falls } S \le 250 \\ S-259 & \text{falls } S > 250 \end{cases} \qquad G_{C^-} = \begin{cases} 4 & \text{falls } S \le 265 \\ 269-S & \text{falls } S > 265 \end{cases}$$

  (Gewinnfunktion Long Call)   *(Gewinnfunktion Short Call)*

Durch additive Überlagerung erhalten wir für den bull call price spread:

$$\Rightarrow \quad G = G_{C^+ + C^-} = G_{C^+} + G_{C^-} = \begin{cases} -5 & \text{falls} & S \le 250 \\ S-255 & \text{falls} & 250 < S \le 265 \\ 10 & \text{falls} & S > 265 \end{cases}$$

  (resultierende Kombinations-Gewinnfunktion)

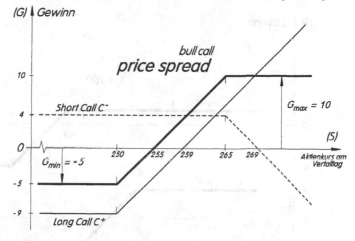

ii) Huber operiert mit Gewinn, wenn der Kurs S am Ausübungstag über 255 liegt. Maximaler Gewinn: 10 €, falls der Kurs 265 oder mehr beträgt. Maximaler Verlust *(= minimaler Gewinn)*: −5 €, falls der Kurs 250 oder weniger beträgt.

iii) Da Huber bei Kontraktabschluss per saldo eine Optionsprämien-Auszahlung in Höhe von 5 € *(= 9 – 4)* leistet, verschlechtert sich seine Position, da er mit Kreditzinsen *(oder entgangenen Anlagezinsen)* rechnen muss.

Aufgabe 8.10 *(8.5.15)*:

i) Nach LB (8.5.9) gilt für den Gewinn G(S) der Bear-Call-Price-Spread-Position:

$$G(S) = \begin{cases} p_1 - p_2 & \text{falls} & S \le X_1 \\ -S + X_1 + p_1 - p_2 & \text{falls} & X_1 < S \le X_2 \\ X_1 - X_2 + p_1 - p_2 & \text{falls} & S > X_2 \end{cases}$$

(S_0: Aktienkurs bei Kontraktabschluss (= 100);   S: Aktienkurs bei Fälligkeit; X_1, X_2: Basispreise Short /Long Call; p_1, p_2: Optionsprämien Short /Long Call)

Damit ergeben sich für die drei Strategien A, B, C folgende Gewinnfunktionen in Abhängigkeit vom Aktienkurs S am Ausübungstag:

(A) $\qquad G_A(S) = \begin{cases} 2 & \text{falls} & S \leq 106 \\ 108-S & \text{falls} & 106 < S \leq 114 \\ -6 & \text{falls} & S > 114 \end{cases}$

(B) $\qquad G_B(S) = \begin{cases} 4 & \text{falls} & S \leq 96 \\ 100-S & \text{falls} & 96 < S \leq 104 \\ -4 & \text{falls} & S > 104 \end{cases}$

(C) $\qquad G_C(S) = \begin{cases} 6 & \text{falls} & S \leq 89 \\ 95-S & \text{falls} & 89 < S \leq 97 \\ -2 & \text{falls} & S > 97 \end{cases}$

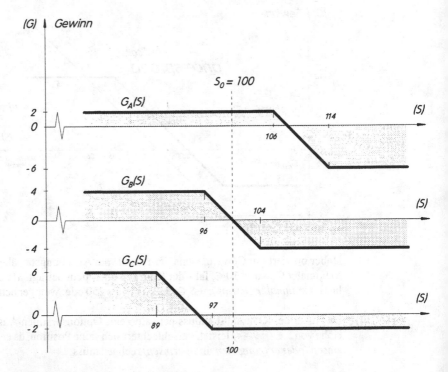

ii)   Break-Even-Points: BEP_A: $S = 108$ *($>S_0$)*
$\qquad\qquad\qquad\qquad\qquad\quad\; \text{BEP}_B$: $S = 100$
$\qquad\qquad\qquad\qquad\qquad\quad\; \text{BEP}_C$: $S = 95$ *($<S_0$)*.

Maximal-Gewinne: Maximal-Verluste:

A: $2 \ €$, falls $S \leq 106 \ €$;   A: $6 \ €$, falls $S \geq 114 \ €$;
B: $4 \ €$, falls $S \leq 96 \ €$;   B: $4 \ €$, falls $S \geq 104 \ €$;
C: $6 \ €$, falls $S \leq 89 \ €$;   C: $2 \ €$, falls $S \geq 97 \ €$.

iii)   Aus der Abbildung sowie den Ergebnissen von ii) folgt:

(A)   Strategie A realisiert ihren *(bescheidenen)* maximalen Gewinn in Höhe von 2 € bereits, wenn der Kurs nicht über 106 € gestiegen ist, d.h. es handelt sich um eine übervorsichtige Bear-Strategie, die sogar *(leichte)* Kurssteigerungen in Betracht zieht. Allerdings darf der Kurs nicht zu stark steigen, damit der *(relativ hohe)* Verlust *(6 €)* vermieden wird.

(B)   Strategie B erscheint ausgewogen „bearisch" zu sein, begrenzter Gewinn *(+4 €)* bei leichten Kursrückgängen und ebenso begrenzter Verlust *(-4 €)* bei leichten Kurssteigerungen sind möglich.

(C)   Strategie C setzt – im Vergleich zu A und B deutlich agressiver – auf stark fallende Kurse mit entsprechend hohem Maximalgewinn. Werden diese Kurse nicht erreicht *(das Risiko ist hier höher als bei A und B)*, so bleibt – quasi als Trost – ein bescheidener Maximalverlust *(-2 €)* und – verglichen mit A und B – ein besonders hoher Kassenzufluss *(17 – 11 = 6 €)* bei Kontraktabschluss, der vom Investor zinsbringend angelegt werden kann.

Aufgabe 8.11 *(8.6.6)*:

i)   Da Kauf von Call *und* Put mit gleichem Basispreis *(600)* und gleicher Restlaufzeit *(2 Monate)*: Long-Straddle-Strategie.

Kurserwartung des Investors: Starke Kursausschläge, gleich welcher Richtung.

ii)   Gewinnfunktion Long Call (C^+), siehe Abb. 8.3.4 (LB):

$$G_{C^+} = \begin{cases} -p_C & \text{für } S \leq X \\ S - X - p_C & \text{für } S > X \end{cases} = \begin{cases} -36 & \text{für } S \leq 600 \\ S - 636 & \text{für } S > 600 \end{cases}$$

Gewinnfunktion Long Put (P^+), siehe Abb. 8.3.8 (LB):

$$G_{P^+} = \begin{cases} X - S - p_P & \text{für } S \leq X \\ -p_P & \text{für } S > X \end{cases} = \begin{cases} 570 - S & \text{für } S \leq 600 \\ -30 & \text{für } S > 600 \end{cases}$$

Daraus ergibt sich durch additive Überlagerung die resultierende Long-Straddle-Gewinnfunktion G_{ls} zu *(siehe auch LB (8.6.2))*

$$G_{ls} = \begin{cases} X - S - p_C - p_P & \text{für } S \leq X \\ S - X - p_C - p_P & \text{für } S > X \end{cases} = \begin{cases} 534 - S & \text{für } S \leq 600 \\ S - 666 & \text{für } S > 600 \end{cases}$$

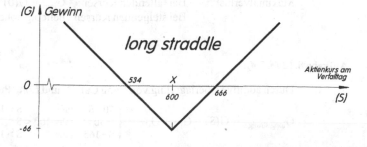

Gewinnzonen: Alle Aktienkurse S mit: S < 534 oder S > 666
Maximalgewinn: Bei fallenden Kursen: G_{max} = G(0) = 534.
                           Bei steigenden Kursen: beliebig hoher Gewinn möglich.
Maximalverlust: Bei Kursstillstand *(S = X = 600)*: G_{min} = − 66.

iii) Jetzt werden die beiden Optionen *ver*kauft, d.h. es handelt sich um die Kombination von Short Call und Short Put mit gleichem Basispreis X *(= 600)* und gleicher Restlaufzeit: Short-Straddle-Strategie.

H. erwartet − möglicherweise im Gegensatz zu den meisten anderen Marktteilnehmern − nur geringe oder keine Kursbewegungen.

Gewinnfunktion Short Call (C⁻), siehe Abb. 8.3.6 (LB):

$$G_{C^-} = \begin{cases} p_C & \text{für } S \le X \\ X - S + p_C & \text{für } S > X \end{cases} = \begin{cases} 36 & \text{für } S \le 600 \\ 636 - S & \text{für } S > 600 \end{cases}$$

Gewinnfunktion Short Put (P⁻), siehe Abb. 8.3.10 (LB):

$$G_{P^-} = \begin{cases} S - X + p_P & \text{für } S \le X \\ p_P & \text{für } S > X \end{cases} = \begin{cases} S - 570 & \text{für } S \le 600 \\ 30 & \text{für } S > 600 \end{cases}$$

Daraus ergibt sich durch additive Überlagerung die resultierende Short-Straddle-Gewinnfunktion G_{ss} zu *(siehe auch LB (8.6.4))*

$$G_{ss} = \begin{cases} S - X + p_C + p_P & \text{für } S \le X \\ X - S + p_C + p_P & \text{für } S > X \end{cases} = \begin{cases} S - 534 & \text{für } S \le 600 \\ 666 - S & \text{für } S > 600 \end{cases}$$

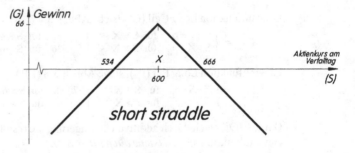

Gewinnzone: Alle Aktienkurse S mit: 534 < S < 666
Maximalgewinn: G_{max} = G(600) = 66.
Maximalverlust: Bei fallenden Kursen: G_{min} = G(0) = − 534.
                           Bei steigenden Kursen: beliebig hoher Verlust möglich.

Aufgabe 8.12 *(8.7.4)*:

i)   Durch additive Überlagerung von Long Call C⁺ und Long Put P⁺ resultiert

$$G_{\text{long strangle}} = G(S) = G_{P^+} + G_{C^+} = \begin{cases} 70 - S & \text{falls} & S \le 100 \\ -30 & \text{falls} & 100 < S \le 135 \\ S - 165 & \text{falls} & S > 135 \end{cases} = G_{\text{long combin.}} \ (!)$$

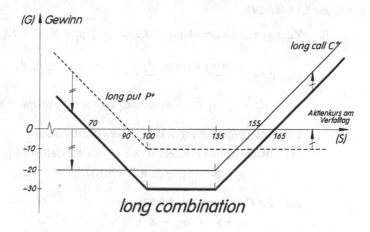

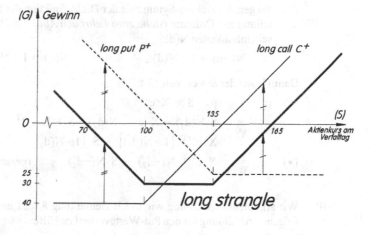

ii)   Beide Strategien weisen im vorliegenden Beispiel dasselbe resultierende Gewinn-
      profil auf. Beide Investoren setzen dabei auf starke Kursschwankungen *(egal in
      welche Richtunge!)*, um in eine der Gewinnzonen zu kommen, dann allerdings
      mit nahezu unbegrenzten Gewinnchancen.

iii) Im Fall unerwarteter Kursstabilität realisiert die Long Combination den Verlust
      ohne Ausübungszwang *(d.h. allein über den ersatzlosen Verlust der beiden Opti-
      onsprämien)*, während beim Long Strangle zum Verlust noch die Transaktionsko-
      sten durch die zweifache Ausübung kommen.

      Als weiterer Nachteil der Long-Strangle-Strategie *(gegenüber der Long-Combi-
      nation-Strategie)* kann man die Tatsache nennen, dass die höheren Anfangs-Aus-
      gaben des Strangle *(für die beiden Optionsprämien)* zu Zinsverlusten bis zum
      Verfalltag/Glattstellungstermin führen können.

Aufgabe 8.13 *(8.8.24)*:

i) Zu *zeigen* ist die Beziehung (8.8.24): $\boxed{p_P = X \cdot e^{-rT} \cdot N(-d_2) - S \cdot N(-d_1)}$

$$\text{mit} \quad d_1 = \frac{\ln{(S/X)} + (r + 0.5\sigma^2) \cdot T}{\sigma\sqrt{T}} \; ; \qquad d_2 = \frac{\ln{(S/X)} + (r - 0.5\sigma^2) \cdot T}{\sigma\sqrt{T}}$$

(d.h. $d_2 = d_1 - \sigma\sqrt{T}$; Bedeutung der Variablen siehe (8.8.17) LB)

Folgende *Voraussetzungen* können verwendet werden:

(a) Black-Scholes Formel LB (8.8.17) für den Call-Wert p_C:

$$p_C = S \cdot N(d_1) - X \cdot e^{-rT} \cdot N(d_2)$$

(b) Put-Call-Parity LB (8.8.22):

$$p_P + S = p_C + X \cdot e^{-rT}$$

(c) Wegen der Achsen-Symmetrie der Dichtefunktion der Standardnormalverteilung zur Ordinate *(siehe etwa Lehrbuch Abb. 8.8.16)* gilt für die Wahrscheinlichkeiten N(d):

$$N(-d) = 1 - N(d) \qquad \text{bzw.} \qquad N(d) = 1 - N(-d).$$

Damit lautet der *Beweis* von (8.8.24):

$$\begin{aligned}
p_P &\underset{(b)}{=} p_C - S + X \cdot e^{-rT} \\
&\underset{(a)}{=} S \cdot N(d_1) - X \cdot e^{-rT} \cdot N(d_2) - S + X \cdot e^{-rT} \\
&= X \cdot e^{-rT} \cdot \left[1 - N(d_2)\right] - S \cdot \left[1 - N(d_1)\right] \\
(*) \quad &\underset{(c)}{=} X \cdot e^{-rT} \cdot N(-d_2) - S \cdot N(-d_1) \qquad \textit{(genau dies war zu zeigen)}.
\end{aligned}$$

ii) Wir argumentieren analog wie in LB Bemerkung 8.8.21 und nehmen dabei die folgende Abbildung für den Put-Werteverlauf zu Hilfe:

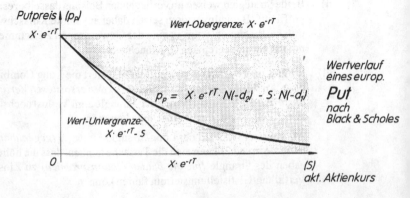

a)   Falls alle zukünftigen Daten sicher sind, so bedeutet dies, dass die Volatilität σ Null werden muss.

Betrachten wir daher den oben hergeleiteten Putwert p_P *(siehe (*))* und bilden seinen Grenzwert für $\sigma \to 0$.

Dazu bilden wir zunächst den Grenzwert von d_1 und d_2 für $\sigma \to 0$
(wegen $d_2 = d_1 - \sigma\sqrt{T}$ sind beide Grenzwerte für $\sigma \to 0$ identisch).

Für d_1 gilt *(s.o.)*:

$$d_1 = \frac{\ln(S/X) + (r + 0,5\sigma^2) \cdot T}{\sigma\sqrt{T}} = \frac{\ln(S/X) + rT + 0,5\sigma^2 \cdot T}{\sigma\sqrt{T}}$$

Wegen $rT \equiv \ln(e^{rT})$ sowie dem ersten Logarithmengesetz L1 *(siehe LB Satz 2.1.13)* folgt daraus:

$$d_1 = \frac{\ln(\frac{S}{X} \cdot e^{rT}) + 0,5\sigma^2 \cdot T}{\sigma\sqrt{T}} = \frac{\ln\frac{S}{Xe^{-rT}} + 0,5\sigma^2 \cdot T}{\sigma\sqrt{T}} = \frac{\ln\frac{S}{Xe^{-rT}}}{\sigma\sqrt{T}} + 0,5 \cdot \sigma \cdot \sqrt{T}$$

Der zweite Term strebt für $\sigma \to 0$ stets gegen Null, beim ersten Term müssen wir eine Fallunterscheidung machen, je nachdem, ob der Zähler positiv oder negativ wird:

a1)   Gilt: $S > X \cdot e^{-rT}$, so ist der obere Bruch größer als Eins, d.h. sein Logarithmus positiv, mithin ist dann der gesamte Bruch stets positiv, d.h. $\lim_{\sigma \to 0} d_1 = +\infty$.

Wegen $\lim_{\sigma \to 0} d_2 = \lim_{\sigma \to 0} d_1 = +\infty$ folgt: $\lim_{\sigma \to 0}(-d_2) = \lim_{\sigma \to 0}(-d_1) = -\infty$

d.h. $\lim_{\sigma \to 0} N(-d_1) = \lim_{\sigma \to 0} N(-d_2) = 0$ *(siehe LB Abb. 8.8.16)*

d.h. $\lim_{\sigma \to 0} p_P = 0$ *(= innerer Wert für $S > Xe^{-rT}$, siehe Abb. $\to$ stimmt!)*

a2)   Gilt: $S < X \cdot e^{-rT}$, so ist der obere Bruch kleiner als Eins, sein Logarithmus somit negativ und damit der gesamte erste Term negativ, d.h. es gilt

$\lim_{\sigma \to 0} d_1 = \lim_{\sigma \to 0} d_2 = -\infty$ d.h. $\lim_{\sigma \to 0}(-d_1) = \lim_{\sigma \to 0}(-d_2) = \infty$

d.h. $\lim_{\sigma \to 0} N(-d_1) = \lim_{\sigma \to 0} N(-d_2) = 1$ *(siehe LB Abb. 8.8.16)*

d.h. $\lim_{\sigma \to 0} p_P = X \cdot e^{-rT} - S$

(= innerer Wert (Untergrenze) für $S < Xe^{-rT}$, siehe Abb. $\to$ stimmt!)

b)   Wenn der Aktienkurs sehr groß wird *(S $\to \infty$)*, so wird der Put auf keinen Fall ausgeübt, d.h. sein Wert muss Null werden.

Untersuchen wir diesbezüglich den oben erhaltenen Black-Scholes-Putwert (*):

Wegen $\lim_{S \to \infty} d_1 = \lim_{S \to \infty} d_2 = \infty$ d.h. $\lim_{S \to \infty}(-d_1) = \lim_{S \to \infty}(-d_2) = -\infty$

folgt: $\lim_{S \to \infty} N(-d_1) = \lim_{S \to \infty} N(-d_2) = 0$ d.h. $\lim_{S \to \infty} p_P = 0$ *(wie erwartet).*

c) Falls der Aktienkurs S immer kleiner wird *(Grenzfall: S→0, d.h. Wertlosigkeit der Aktie)*, so wird der Put mit Sicherheit ausgeübt, sein Wert müsste dem inneren Wert $X \cdot e^{-rT} - S$ *(→Xe^{-rT})* entsprechen.

Untersuchen wir diesbezüglich den oben erhaltenen Black-Scholes-Putwert (∗):

Wegen $\lim\limits_{S\to 0} d_1 = \lim\limits_{S\to 0} d_2 = -\infty$ d.h. $\lim\limits_{S\to 0}(-d_1) = \lim\limits_{S\to 0}(-d_2) = \infty$

folgt $\lim\limits_{S\to 0} N(-d_1) = \lim\limits_{S\to 0} N(-d_2) = 1$

d.h. $\lim\limits_{S\to 0} p_P = \lim\limits_{S\to 0}(X \cdot e^{-rT} - S) = X \cdot e^{-rT}$

(= innerer Wert für S→0, wie erwartet, siehe obige Abb. → stimmt!)

Aufgabe 8.14 *(8.8.26)*:

Mit den vorgegebenen Daten

$$S = 15\ \text{€};\quad X = 33\ \text{€};\quad r = 5\%\,\text{p.a.};\quad T = 1\,\text{Jahr};\quad \sigma = 20\%\,\text{p.a.}$$

erhalten wir zunächst:

$$d_1 = \frac{\ln(S/X) + (r + 0{,}5\sigma^2) \cdot T}{\sigma\sqrt{T}} = \frac{\ln(15/33) + (0{,}05 + 0{,}5 \cdot 0{,}2^2) \cdot 1}{0{,}2 \cdot 1} = -3{,}592287$$

sowie $d_2 = d_1 - \sigma\sqrt{T} = -3{,}792287$

und daraus aus einer 4-stelligen Verteilungsfunktions-Tabelle der Standard-Normalverteilung *(siehe z.B. LB Tab. 8.8.19)*

$$N(-d_1) = 1 - N(d_1) \approx 0{,}9998$$
$$N(-d_2) = 1 - N(d_2) \approx 0{,}9999$$

d.h. der gesuchte Putwert p_P nach Black-Scholes ergibt sich nach LB (8.8.24) zu

$$p_P = X \cdot e^{-rT} \cdot N(-d_2) - S \cdot N(-d_1) = 33 \cdot e^{-0{,}05} \cdot 0{,}9999 - 15 \cdot 0{,}9998 \quad \text{d.h.}$$

$p_P \approx 16{,}39\ \text{€}$ *(die Optionsprämie entspricht dem inneren Wert $Xe^{-rT} - S$).*

Beim Eingehen dieser Long-Put-Position zahlt Huber über die Optionsprämie die komplette Differenz des heutigen Kurses zum *(abgezinsten)* Ausübungspreis – es wäre genauso „günstig", seine Aktien heute zum *(niedrigen)* aktuellen Kurs zu verkaufen und den Verkaufserlös zum risikolosen Marktzinssatz für ein Jahr anzulegen. Hubers „Kompensations-Strategie" war also ein Schlag ins Wasser...

ii) Alles wie eben, allerdings mit höherer Volatilität: $\sigma = 85\%\,\text{p.a.}$ Es ergibt sich:

$$d_1 = -0{,}443773;\quad d_2 = -1{,}293773;\quad N(-d_1) \approx 0{,}6714;\quad N(-d_2) \approx 0{,}9021$$
$$\Rightarrow\quad \text{Putwert nach Black-Scholes:}\quad p_P \approx 18{,}25\ \text{€}.$$

Die Optionsprämie liegt jetzt über dem inneren Wert *(16,39 €)*, da bei der hohen Volatilität trotz des hohen Basispreises eine *(kleine)* Chance besteht, dass der Put ins Geld kommt. Da allerdings Prämie plus Aktienwert *(=33,25 €)* schon heute über dem Ausübungspreis *(33 €)* liegt, wäre H. nicht schlecht beraten, sich die hohe Optionsprämie zu sparen und dafür sein Papier schon heute zu verkaufen...

Aufgabe 8.15 *(8.8.27)*:

i)   (a)   Kurs am Verfalltag: 1,10 €/$

        Strategie S1:

Verpflichtung durch Terminkauf,	Preis	1,21 €/$
Optionsprämie		0,02 €/$
Basispreis für den Put: 1,20 €/$, also ausüben:	Kursgewinn	0,10 €/$

        (und am Markt zu 1,10 €/$ eindecken)

        Der Termin-$ kostet daher per saldo: 1,21 − 0,08 = 1,13 €/$

        Strategie S2:

        Da Basispreis > Marktpreis: Call verfällt   Prämie   0,03 €/$
        Der $ wird am Markt zu 1,10 €/$ gekauft und
        kostet daher incl. Prämie   1,10 + 0,03 = 1,13 €/$

        In beiden Fällen beträgt der Dollarpreis per saldo 1,13 €/$, d.h. bei einem
        Dollarkurs von 1,10 €/$ sind beide Strategien äquivalent.

   (b)   Kurs am Verfalltag: 1,30 €/$

        Strategie S1:
        Da Basispreis < Marktpreis: Put verfällt   Prämie   0,02 €/$
        Der $ wird zum Terminkurs 1,21 €/$ gekauft
        und kostet daher incl. Prämie   1,21 + 0,02 = 1,23 €/$

        Strategie S2:
        Basispreis des Call 1,20 €/$, also ausüben   Preis   1,20 €/$
                Prämie   0,03 €/$
        Dollarpreis incl. Prämie   1,20 + 0,03 = 1,23 €/$

        In beiden Fällen beträgt der Dollarpreis per saldo 1,23 €/$, d.h. bei einem
        Dollarkurs von 1,30 €/$ sind die beiden Strategien ebenfalls äquivalent.

ii)   Analog zum Vorgehen in Aufgabe 8.14 werden die Fair Values nach Black-Scholes ermittelt. Mit den Daten

       $S = 1,19$ €/$; $X = 1,20$ €/$; $r = 6\%$ p.a.; $T = 0,25$ Jahre; $\sigma = 10\%$ p.a.

erhält man: $d_1 = 0,157635$; $d_2 = 0,107635$ und daraus mit LB Tab. 8.8.19:
        $N(d_1)\ =0,5626$; $N(d_2)\ =0,5428$
        $N(-d_1)=0,4374$; $N(-d_2)=0,4572$.

Daraus ergeben sich Callwert p_C und Putwert p_P nach Black-Scholes zu

       $p_C \approx 0,0278$ €/$ sowie $p_P \approx 0,0200$ €/$.

Wählt man als Bewertungsstichtag für den Vorteilhaftigkeitsvergleich den Fälligkeitstag der Optionen, muss man mit den um $T = 0,25$ Jahre aufgezinsten Optionsprämien $p_C(T)$ bzw. $p_P(T)$ rechnen. Man erhält diese Endwerte zu

      $p_C(T) = 0,0278 \cdot e^{0,06 \cdot 0,25} = 0,0282$ €/$ sowie
      $p_P(T) = 0,0200 \cdot e^{0,06 \cdot 0,25} = 0,0203$ €/$.

(a)   Kurs am Verfalltag: 1,1000 €/$

Strategie S1:

Verpflichtung durch Terminkauf	Preis	1,2100 €/$
Optionsprämie *(aufgezinst)*		0,0203 €/$
Put ausüben	Kursgewinn	0,1000 €/$

(und am Markt zu 1,1000 €/$ eindecken)

Der Termin-$ kostet daher per saldo: $1,2100 - 0,0797 = 1,1303$ €/$

Strategie S2:

Call verfällt, *(aufgezinste)* Optionsprämie	0,0282 €/$
Der $ wird am Markt zu 1,1000 €/$ gekauft und	
kostet daher incl. Prämie	$1,1000 + 0,0282 = 1,1282$ €/$

Bei einem Dollarkurs von 1,1000 €/$ ist jetzt Strategie S2 für H. günstiger, da per saldo ein geringerer Dollarpreis resultiert.

(b)   Kurs am Verfalltag: 1,3000 €/$

Strategie S1:

Put verfällt, *(aufgezinste)* Optionsprämie	0,0203 €/$
Der $ wird zum Terminkurs 1,2100 €/$ gekauft	
und kostet daher incl. Prämie	$1,2100 + 0,0203 = 1,2303$ €/$

Strategie S2:

Call aussüben, Dollar-Preis	1,2000 €/$
(aufgezinste) Optionsprämie	0,0282 €/$
Dollarpreis incl. Prämie	$1,2000 + 0,0282 = 1,2282$ €/$

Bei einem Dollarkurs am Verfalltag von 1,3000 €/$ ist ebenfalls Strategie S2 für H. günstiger.

Aufgabe 8.16 *(8.8.29)*:

i)   Daten: S = 100 GE;   X = 100 GE;   r = 5% p.a.;   T = 60 Tage.

Die Call-Optionsprämie nach Black-Scholes ist mit 8,4564 GE vorgegeben.

Behauptung: Es wird eine Volatilität σ in Höhe von 50% p.a. unterstellt *(implizite Volatilität)*.

Zum Nachweis dieser Behauptung ermitteln wir die Black-Scholes-Call-Prämie mit $\sigma = 0,5$ *(mit Hilfe von (8.8.17) LB)*:

$$d_1 = \frac{\ln(S/X) + (r + 0,5\sigma^2) \cdot T}{\sigma\sqrt{T}} = \frac{0 + (0,05 + 0,5 \cdot 0,5^2) \cdot (60/365)}{0,5 \cdot (60/365)^{0,5}} = 0,141905$$

$$\Rightarrow \quad d_2 = d_1 - \sigma\sqrt{T} = -0,060816.$$

Mit Hilfe linearer Interpolation erhalten wir aus Tabelle 8.8.19 LB:

$$N(d_1) \approx 0,55644 \qquad \text{sowie} \qquad N(d_2) \approx 0,47577.$$

Damit folgt aus (8.8.17):

$$p_C = S \cdot N(d_1) - X \cdot e^{-rT} \cdot N(d_2) = 100 \cdot 0,55644 - 100 e^{-0,05 \cdot (60/365)} \cdot 0,47577$$
$$= 8,4564 \text{ GE}.$$

Der Call-Preis ist ebenfalls mit 8,4564 GE vorgegeben, stimmt also genau mit dem errechneten Wert überein. Daher ist die Annahme einer *(impliziten)* Volatilität von 50% gerechtfertigt.

ii)   Da – siehe Bemerkung 8.8.13 LB – der Callpreis c.p. mit steigender Volatilität der zugrunde liegenden Aktie zunimmt, ist die Callprämie – gemessen an den Vergangenheitsschwankungen *(mit σ = 40% p.a.)* – überzogen.

iii) Analog zum Vorgehen in i) erhalten wir mit σ = 40% p.a.

$$N(d_1) - N(0,131769) \approx 0,55241$$
$$N(d_2) = N(-0,030408) \approx 0,48784$$

und damit $p_C \approx 6,8563$ GE, also deutlich weniger als gefordert *(= 8,4564 GE)*.

9   Investitionsrechnung

Aufgabe 9.1 *(9.3.22)*:

i)   Kapitalwert $C_{0,A}$ der Alternative A *(mit q = 1,10)*:

$$C_{0,A} = -90.000 + \frac{24.000}{q} + \frac{32.000}{q^2} + \frac{39.000}{q^3} + \frac{42.000}{q^4} + \frac{50.000}{q^5} = 47.298,37 \ €^{\circledcirc}$$

Kapitalwert $C_{0,B}$ der Alternative B *(mit q = 1,10)*:

$$C_{0,B} = -134.400 + \frac{56.000}{q} + \frac{50.000}{q^2} + \frac{36.000}{q^3} + \frac{34.000}{q^4} + \frac{33.000}{q^5} = 28.591,60 \ €,$$

d.h. Alternative A ist vorzuziehen.

ii)   Interne Zinssätze r_A, r_B *(wir kürzen ab: q := 1+r)* :

A: Äquivalenzgleichung *(Beträge in T€)*:

$$-90 + \frac{24}{q} + \frac{32}{q^2} + \frac{39}{q^3} + \frac{42}{q^4} + \frac{50}{q^5} = 0 \qquad \Rightarrow \quad r_A = 26,5354\% \, \text{p.a.}$$
(Regula falsi)

B: $-134,4 + \dots \ \dots$ $= 0 \qquad \Rightarrow \quad r_B = 19,0424\% \, \text{p.a.}$

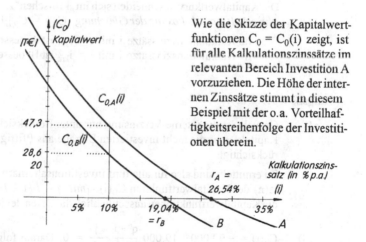

Wie die Skizze der Kapitalwertfunktionen $C_0 = C_0(i)$ zeigt, ist für alle Kalkulationszinssätze im relevanten Bereich Investition A vorzuziehen. Die Höhe der internen Zinssätze stimmt in diesem Beispiel mit der o.a. Vorteilhaftigkeitsreihenfolge der Investitionen überein.

iii)   Kapitalwerte bei 5% p.a. *(Berechnung wie in Teil i) mit geänderten Daten)*:

Kapitalwert A: $C_{0,A} = 25.663,93 \ €^{\circledcirc}$
Kapitalwert B: $C_{0,B} = 24.580,86 \ €$, d.h. Alternative A vorteilhafter.

Interne Zinssätze: $r_A = 12,0058\% \, \text{p.a.}$
                      $r_B = 15,5990\% \, \text{p.a.}^{\circledcirc \, (?)}$

Jetzt stehen die Vorteilhaftigkeitsreihenfolgen *(scheinbar)* im Widerspruch zueinander: Einerseits erwirtschaftet A den höheren Kapitalwert, andererseits verkraftet B den höheren Fremdkapitalzinssatz.

Die Lösung des „Widerspruchs" liefern die Kapitalwertfunktionen $C_0(i)$:

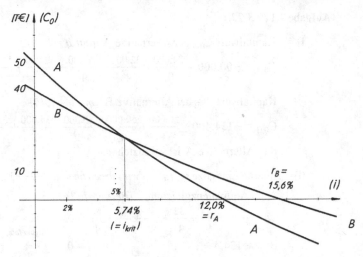

Die Kapitalwertkurven schneiden sich im „kritischen" Zinssatz $i_{krit} = 5,7392\%$
(ihn erhält man als Lösung der Gleichung: $C_{0,A} = C_{0,B}$*)*, d.h.

für Kalkulationszinssätze i mit i < i_{krit} ist A besser als B;
für Kalkulationszinssätze i mit i > i_{krit} ist B besser als A.

Aufgabe 9.2 *(9.3.23):*

a1)   Gesucht ist die interne Verzinsung nur unter Berücksichtigung des *eingesetzten*
Kapitals, d.h. die nicht investierten Beträge aus Pfiffigs Gewinn bleiben unberücksichtigt.

Zu ermitteln sind also für alle fünf Investitionsalternativen i) bis v) die Nullstel-
le(n) der Kapitalwertfunktion $C_0(i)$ *(mit* $q = 1+i = 1+r > 0$*).* Dabei enthalten
die Kapitalwertfunktionen ausschließlich die Daten der jeweiligen Investition.

i) $C_0(i) = -90.000 + 19.000 \cdot \dfrac{q^6-1}{q-1} \cdot \dfrac{1}{q^6} = 0$. Daraus folgt mit *(z.B.)* Regula falsi:

$q = 1+r = 1,072028$, d.h. der interne Zinssatz beträgt $7,2028\% \approx 7,20\%$ p.a.

ii) $C_0(i) = -75.000 + 100.000 \cdot \dfrac{1}{q^2} = 0 \iff q^2 = 1,\overline{3}$, d.h. $q_+ = 1+r = 1,1547$.

Der interne Zinssatz beträgt somit $15,47\%$ p.a.

iii)   Für jede Laufzeit ist der heutige Barwert des Endkapitals identisch mit der Anla-
gesumme, d.h. der Kapitalwert C_0 ist stets Null, m.a.W. der interne Zinssatz ist
identisch mit dem Anlagezinssatz, d.h. 6% p.a.

iv) $C_0(i) = -100.000 + \dfrac{20.000}{q} + \dfrac{25.000}{q^2} + \dfrac{30.000}{q^3} + \dfrac{30.000}{q^4} + \dfrac{25.000}{q^5} + \dfrac{20.000}{q^6} + \dfrac{10.000}{q^7} = 0$

Mit Hilfe etwa der Regula falsi ergibt sich: $q = 1,143027047$, d.h. $r \approx 14,30\%$ p.a.

v) $C_0(i) = -60.000 + A \cdot \dfrac{q^4 - 1}{q - 1} \cdot \dfrac{1}{q^4} = 0$ mit $q = 1,1$, d.h. der interne Zinssatz ist

mit $r = 10\%$ p.a. bereits vorgegeben.

Die insgesamt viermal zu zahlende Annuität A ergibt sich daraus zu:

$A = 60.000 \cdot q^4 \cdot \dfrac{q - 1}{q^4 - 1} = 18.928,25$ €/Jahr.

Es ergeben sich für Fall a1) somit die folgenden internen Zinssätze für die 5 Investitionsalternativen:

	Inv. i)	Inv. ii)	Inv. iii)	Inv. iv)	Inv. v)
interner Zinssatz r :	7,20%	15,47%	6,00%	14,30%	10,00%

Auf den ersten Blick scheint Investition ii) besonders günstig zu sein. Da aber die Vorteilhaftigkeit einer Investition letztlich von der Höhe ihres Kapitalwertes C_0 abhängt, kommt der aktuellen Höhe des Kalkulationszinssatzes die entscheidende Bedeutung zu. Hier zeigt sich, dass Investition iv) bereits bei einem Kalkulationszinssatz von 13,34% oder weniger günstiger ist als Investition ii) *(genauer: 13,3462% p.a.)*. Dieser „Trend" zeigt sich bei den folgenden, eher realistischen Investitionsvarianten noch deutlicher.

Für Investition iv) spricht weiterhin, dass sie für diejenigen internen Zinssätze, für die die Investitionen i), iii) und v) einen Kapitalwert von Null aufweisen (7,20%, 6,00%, 10,00%), einen weitaus höheren Kapitalwert (24.463,92 € bzw. 29.500,46 € bzw. 13.816,92 €) aufweist.

a2) Gesucht ist nun die interne Verzinsung der fünf Investitionsalternativen unter Berücksichtigung des *gesamten zur Verfügung stehenden Kapitals* (= 120.000,– €). Dabei sollen die *nicht* für das betreffende Investionsvorhaben eingesetzten Beträge jeweils für genau 7 Jahre zum langfristig gesicherten Zinssatz (hier: 6% p.a., siehe Investition iii)) angelegt werden.

Bei der Ermittlung der Kapitalwertfunktion ist also zu beachten, dass bei allen fünf Investitionsalternativen der Mittelabfluss zu Investitionsbeginn gleich dem zur Verfügung stehenden Kapital (nämlich 120.000,– €) ist. Nach 7 Jahren fällt dann der Rückfluss aus der Kapitalanlage zu 6% p.a. an.

i) Es werden 30.000,– zu 6% p.a. für 7 Jahre angelegt, der Rest wird wie bei a1) investiert:

$C_0(i) = -120.000 + 19.000 \cdot \dfrac{q^6 - 1}{q - 1} \cdot \dfrac{1}{q^6} + 30.000 \cdot 1,06^7 \cdot \dfrac{1}{q^7} = 0$

Regula falsi: $q = 1,067123565$, d.h. $r = 6,7123565\% \approx 6,71\%$ p.a.

ii) Es werden 45.000,– zu 6% p.a. für 7 Jahre angelegt, der Rest wird wie bei a1)
    investiert:

$$C_0(i) = -120.000 + 100.000 \cdot \frac{1}{q^2} + 45.000 \cdot 1,06^7 \cdot \frac{1}{q^7} = 0$$

Regula falsi: $q = 1,093040033$, d.h. $r = 9,3040033\% \approx 9,30\%$ p.a.

iii) Es werden 120.000,– zu 6% p.a. für 7 Jahre angelegt:

$$C_0(i) = -120.000 + 120.000 \cdot 1,06^7 \cdot \frac{1}{q^7} = 0$$

Man erkennt ohne Rechnung: $q = 1,06$, d.h. $r = 6,00\%$ p.a.

iv) Es werden 20.000,– zu 6% p.a. für 7 Jahre angelegt, der Rest wird wie bei a1)
    investiert:

$$C_0(i) = -120.000 + \frac{20.000}{q} + \frac{25.000}{q^2} + \frac{30.000}{q^3} + \frac{30.000}{q^4} + \frac{25.000}{q^5} + \frac{20.000}{q^6} + \frac{10.000}{q^7} +$$

$$+ 20.000 \cdot 1,06^7 \cdot \frac{1}{q^7} = 0$$

Regula falsi: $q = 1,121603438$, d.h. $r = 12,1603438\% \approx 12,16\%$ p.a.

v) Es werden 60.000,– zu 6% p.a. für 7 Jahre angelegt, der Rest wird wie bei a1)
   investiert:

$$C_0(i) = -120.000 + 18.928,25 \cdot \frac{q^4-1}{q-1} \cdot \frac{1}{q^4} + 60.000 \cdot 1,06^7 \cdot \frac{1}{q^7} = 0$$

Regula falsi: $q = 1,070581034$, d.h. $r = 7,0581034\% \approx 7,06\%$ p.a.

Es ergeben sich für Fall a2) somit die folgenden internen Zinssätze für die 5 Investitionsalternativen:

	Inv. i)	Inv. ii)	Inv. iii)	Inv. iv)	Inv. v)
interner Zinssatz r:	6,71%	9,30%	6,00%	12,16%	7,06%

Investition iv) weist den höchsten internen Zinssatz auf und kann in diesem Fall
als günstigste Investitionsalternative gelten. Wie sich nämlich weiter unten im
Fall b) herausstellen wird, besitzt Investition iv) bei dem derzeitigen „normalen"
Zinssatz (6% p.a.) auch den weitaus höchsten Kapitalwert.

a3)   Gesucht ist nun die interne Verzinsung der fünf Investitionsalternativen unter Be-
      rücksichtigung des *gesamten zur Verfügung stehenden Kapitals* (= 120.000,–
      €). Dabei sollen die *nicht* für das betreffende Investitionsvorhaben eingesetzten
      Beträge nicht angelegt werden, sondern in unveränderter nominaler Höhe erst
      nach 7 Jahren wieder zur Verfügung stehen.

Bei der Ermittlung der Kapitalwertfunktion ist also zu beachten, dass bei allen fünf Investitionsalternativen der Mittelabfluss zu Investitionsbeginn gleich dem zur Verfügung stehenden Kapital (nämlich 120.000,– €) ist. Nach 7 Jahren fällt dann der Rückfluss des Nominalkapitals in Höhe des „vergrabenen" Kapitals an.

i) Es werden 30.000,– zu 0% p.a. für 7 Jahre angelegt *(„vergraben")*, der Rest wird wie bei a1) investiert:

$$C_0(i) = -120.000 + 19.000 \cdot \frac{q^6-1}{q-1} \cdot \frac{1}{q^6} + 30.000 \cdot \frac{1}{q^7} = 0$$

Regula falsi: $q = 1,045095809$, d.h. $r = 4,5095809\% \approx 4,51\%$ p.a.

ii) Es werden 45.000,– zu 0% p.a. für 7 Jahre angelegt *(„vergraben")*, der Rest wird wie bei a1) investiert:

$$C_0(i) = -120.000 + 100.000 \cdot \frac{1}{q^2} + 45.000 \cdot \frac{1}{q^7} = 0$$

Regula falsi: $q = 1,057088324$, d.h. $r = 5,7088324\% \approx 5,71\%$ p.a.

iii) Die 120.000,– € werden komplett zu 6% p.a. für 7 Jahre angelegt, zum „vergraben" bleibt also keinerlei Kapital übrig:

$$C_0(i) = -120.000 + 120.000 \cdot 1,06^7 \cdot \frac{1}{q^7} = 0$$

Man erkennt ohne Rechnung: $q = 1,06$, d.h. $r = 6,00\%$ p.a.

iv) Es werden 20.000,– zu 0% p.a. für 7 Jahre angelegt *(„vergraben")*, der Rest wird wie bei a1) investiert:

$$C_0(i) = -120.000 + \frac{20.000}{q} + \frac{25.000}{q^2} + \frac{30.000}{q^3} + \frac{30.000}{q^4} + \frac{25.000}{q^5} + \frac{20.000}{q^6} + \frac{10.000}{q^7} +$$

$$+ 20.000 \cdot \frac{1}{q^7} = 0$$

Regula falsi: $q = 1,109962669$, d.h. $r = 10,9962669\% \approx 11,00\%$ p.a.

v) Es werden 60.000,– zu 0% p.a. für 7 Jahre angelegt *(„vergraben")*, der Rest wird wie bei a1) investiert:

$$C_0(i) = -120.000 + 18.928,25 \cdot \frac{q^4-1}{q-1} \cdot \frac{1}{q^4} + 60.000 \cdot \frac{1}{q^7} = 0$$

Regula falsi: $q = 1,028296041$, d.h. $r = 2,8296041\% \approx 2,83\%$ p.a.

Es ergeben sich im Fall a3) somit die folgenden internen Zinssätze für die 5 Investitionsalternativen:

	Inv. i)	Inv. ii)	Inv. iii)	Inv. iv)	Inv. v)
interner Zinssatz r :	4,51%	5,71%	6,00%	11,00%	2,83%

Auch jetzt weist Investition iv) den weitaus höchsten internen Zinssatz auf und kann in diesem Fall als günstigste Investitionsalternative gelten. Wie sich nämlich weiter unten im Fall b) herausstellen wird, besitzt Investition iv) bei dem derzeitigen „normalen" Zinssatz (6% p.a.) auch den weitaus höchsten Kapitalwert.

b)   Als Vergleichskriterium soll nunmehr der Kapitalwert $C_0(0,06)$ gelten bei einem Zinssatz von 6% p.a. (langfristig gesicherter Zinssatz, siehe Investition iii)).

Differenzbeträge, die nicht für die jeweils betreffende Investition benötigt werden, werden zum Kalkulationszinssatz angelegt und liefern daher stets den Kapitalwert Null. Daher genügt es, die Kapitalwertfunktion wie unter a1) zu bilden und für $q = 1,06$ d.h. $i = 0,06 = 6\%$ p.a. auszuwerten:

i) $C_0(i) = -90.000 + 19.000 \cdot \dfrac{1,06^6 - 1}{0,06} \cdot \dfrac{1}{1,06^6}$, d.h. $C_0(0,06) = 3.429,16 \, €$.

ii) $C_0(i) = -75.000 + 100.000 \cdot \dfrac{1}{1,06^2}$, d.h. $C_0(0,06) = 13.999,64 \, €$

iii) $C_0(0,06) = -120.000 + 120.000 \cdot 1,06^7 \cdot \dfrac{1}{1,06^7} = 0$ (!)

iv) $C_0(i) = -100.000 + \dfrac{20.000}{q} + \dfrac{25.000}{q^2} + \dfrac{30.000}{q^3} + \dfrac{30.000}{q^4} + \dfrac{25.000}{q^5} + \dfrac{20.000}{q^6} + \dfrac{10.000}{q^7}$,

       d.h. $C_0(0,06) = 29.500,46 \, €$.

v) $C_0(0,06) = -60.000 + 18.928,25 \cdot \dfrac{1,06^4 - 1}{0,06} \cdot \dfrac{1}{1,06^4} = 5.588,39 \, €$

Es ergeben sich für Fall b) somit die folgenden Kapitalwerte bei 6% p.a. für die 5 Investitionsalternativen:

Investition:	i)	ii)	iii)	iv)	v)
Kapitalwerte $C_0(0,06)$:	3.429,16	13.999,64	0	29.500,46	5.588,39

mit der eindeutigen Präferenz für Investition iv).

Aufgabe 9.3 *(9.3.24)*:

i)   Der maximal von einer Investition aus eigener Kraft finanzierbare Fremdkapitalzinssatz ist identisch mit dem internen Zinssatz der Investition, d.h. der Nullstelle r der Kapitalwertfunktion $C_0(i)$ *(Normalinvestitionen wie die vorliegenden besitzen auch nur eine Nullstelle)*:

Anlage I: $C_{0,I}(i) = -250 + \dfrac{50}{q} + \dfrac{50}{q^2} + \dfrac{50}{q^3} + \dfrac{100}{q^4} + \dfrac{100}{q^5} + \dfrac{300}{q^6} = 0$ *(in T€)*

Regula falsi: $q = 1{,}24996328$, d.h. $r_I = 24{,}996328\,\% \approx 25{,}00\%\,\text{p.a.}$

Anlage II: $C_{0,II}(i) = -300 + \dfrac{200}{q} + \dfrac{100}{q^2} + \dfrac{100}{q^3} + \dfrac{100}{q^4} + \dfrac{50}{q^5} + \dfrac{50}{q^6} = 0$ *(in T€)*

Regula falsi: $q = 1{,}335125435$, d.h. $r_{II} = 33{,}5125435\,\% \approx 33{,}51\%\,\text{p.a.}$

Investition II kann daher den höheren Fremdkapitalzinssatz verkraften, der Investor hat somit bei Verhandlungen mit potentiellen Kreditgebern bei Investition II einen nach oben hin größeren Verhandlungsspielraum als bei Investition I. Diese Tatsache allein sagt allerdings noch nichts darüber aus, ob Investition II auch bei einem moderaten Fremdkapitalzinssatz besser ist als Investition I. Daher sollte man zur weiteren Beurteilung der Investitionen ein zusätzliches Kriterium heranziehen, siehe Aufgabenteil ii).

ii)   In diesem Fall *(wie auch in den meisten sonstigen Investitionsvergleichen)* ist das Kapitalwertkriterium besonders aussagekräftig, da – bei vorgegebenem Kalkulationszins – der Kapitalwert den Augenblicks-Vermögenszuwachs des Investors im Vergleich zur Unterlassensalternative *(= Anlage zum Kalkulationszinssatz)* misst. Es ergeben sich für die beiden Investitionsalternativen die folgenden Kapitalwerte *(alle vorkommenden Beträge werden in T€ gemessen)*:

Anlage I:

$$C_{0,I}(0{,}08) = -250 + \frac{50}{1{,}08} + \frac{50}{1{,}08^2} + \frac{50}{1{,}08^3} + \frac{100}{1{,}08^4} + \frac{100}{1{,}08^5} + \frac{300}{1{,}08^6} = 209{,}467 \text{ T€}$$

Anlage II:

$$C_{0,II}(0{,}08) = -300 + \frac{200}{1{,}08} + \frac{100}{1{,}08^2} + \frac{100}{1{,}08^3} + \frac{100}{1{,}08^4} + \frac{50}{1{,}08^5} + \frac{50}{1{,}08^6} = 189{,}343 \text{ T€}$$

Jetzt stehen – analog zu Aufg. 9.1 iii), siehe weiter oben – die Vorteilhaftigkeitsreihenfolgen *(scheinbar)* im Widerspruch zueinander: Einerseits erwirtschaftet Investition I den höheren Kapitalwert, andererseits verkraftet Investition II den höheren Fremdkapitalzinssatz.

Erklärung: Die beiden Kapitalwertfunktionen $C_{0,I}(i)$ und $C_{0,II}(i)$ schneiden sich *(siehe die letzte Abb. weiter oben)* im sog. kritischen Zinssatz i_{krit}, der sich als Lösung der Gleichung $C_{0,I}(i) = C_{0,II}(i)$ ergibt:

$$-250 + \frac{50}{q} + \frac{50}{q^2} + \frac{50}{q^3} + \frac{100}{q^4} + \frac{100}{q^5} + \frac{300}{q^6} = -300 + \frac{200}{q} + \frac{100}{q^2} + \frac{100}{q^3} + \frac{100}{q^4} + \frac{50}{q^5} + \frac{50}{q^6}$$

$\Longleftrightarrow\quad 50q^6 - 150q^5 - 50q^4 - 50q^3 + 50q + 250 = 0$.   Regula falsi $\Rightarrow$

$q = 1{,}111893392$, d.h. $i_{krit} = 11{,}1893392\,\% \approx 11{,}19\%\,\text{p.a.}$

Für Zinssätze oberhalb von i_{krit} ist Investition II besser als Investition I, für Zinssätze unterhalb von i_{krit} *(wie etwa beim Kalkulationszinmssatz 8% p.a.)* ist Investition I besser als Investition II.

Aufgabe 9.4 *(9.3.25)*:

i)   Sei m die Netto-Jahresmiete

     ⇒   Kaufpreis *(in t = 0)* = Verkaufspreis *(nach t Perioden)* = 12m

Es handelt sich offenbar um eine gesamtfällige „Sparanlage" *(Kapital: 12m)*, bei der die Netto-Jahresmiete m genau dem Jahreszins entspricht, d.h. es gilt:

$$\text{Rendite } r = \frac{\text{Zinsen}}{\text{Kapital}} = \frac{m}{12m} = \frac{1}{12} = 0{,}083333 \approx 8{,}33\% \text{ p.a.}$$

Die Rendite r *(= interner Zinsfuß)* ergibt sich ebenso auf formale Weise durch Nullsetzen der Kapitalwertfunktion *(es wird sich zeigen, dass der nicht präzisierbare Verkaufszeitpunkt t beliebig wählbar und somit entbehrlich ist)*:

$$C_0 = -12m + m \cdot \frac{q^t - 1}{q - 1} \cdot \frac{1}{q^t} + 12m \cdot \frac{1}{q^t} \overset{!}{=} 0 \qquad (mit\ q = 1{+}r)$$

$$\Longleftrightarrow \qquad -12 \cdot (q{-}1) \cdot q^t + q^t - 1 + 12 \cdot (q{-}1) = 0$$

$$\Longleftrightarrow \qquad 12 \cdot (q{-}1) \cdot (-q^t + 1) + q^t - 1 = 0$$

$$\Longleftrightarrow \qquad (q^t - 1) \cdot (1 - 12 \cdot (q - 1)) = 0 \ .$$

Wegen $q \neq 1$, $t \neq 0$ ist $q^t - 1 \neq 0$, so dass man durch $q^t - 1$ dividieren kann:

$$\Longleftrightarrow \qquad 1 - 12 \cdot (q - 1) = 0 \quad \Rightarrow \quad 12q = 13 \quad \Rightarrow \quad q = 1{+}r = 1{,}083333$$

d.h. $r \approx 8{,}33\%$ p.a. *(Rendite wie oben).*

ii)   Kapitalwert: $C_0 = -12m + m \cdot \dfrac{1{,}08^{20} - 1}{0{,}08} \cdot \dfrac{1}{1{,}08^{20}} + \dfrac{10{,}8m}{1{,}08^{20}} = 0{,}1353 \cdot m > 0,$

                                                        (m = Netto-Jahresmiete)

     also ist die Kapitalanlage bei 8% p.a. lohnend.

     Interner Zinssatz: $C_0(q) = 0 = -12 + \dfrac{q^{20} - 1}{q - 1} \cdot \dfrac{1}{q^{20}} + \dfrac{10{,}8}{q^{20}} \ \Rightarrow \ q = 1{,}0811764$

                                                               (Regula falsi)

     ⇒ $r = q - 1 = 8{,}1176\% \approx 8{,}12\%$ p.a. > 8% p.a., also lohnend.

Aufgabe 9.5 *(9.3.26)*:

i)   Kapitalwert: $C_0 = -4{,}5 + 0{,}63 \cdot \dfrac{1{,}1^8 - 1}{0{,}1} \cdot \dfrac{1}{1{,}1^8} + 2{,}5 \cdot \dfrac{1}{1{,}1^8} = 0{,}02727196$ Mio €

     d.h. $C_0 = 27.271{,}96$ € (> 0!), also lohnende Investition.

ii)   max. Kaufpreis: $K_0 \leq 0{,}63 \cdot \dfrac{1{,}15^8 - 1}{0{,}15} \cdot \dfrac{1}{1{,}15^8} + 2{,}5 \cdot \dfrac{1}{1{,}15^8} = 3{,}64426699$ Mio€.

iii)   Aus $0 = C_0(r) = -3 + 0{,}63 \cdot \dfrac{q^8 - 1}{q - 1} \cdot \dfrac{1}{q^8} + 2{,}5 \cdot \dfrac{1}{q^8}$ *(mit q = 1+r)* folgt

     $q = 1{,}1999$, d.h. der interne Zinssatz beträgt: $r = 19{,}99\%$ p.a.

Aufgabe 9.6 *(9.3.27):*

i) Zahlungsreihen:

$$t=0 \quad\quad t=1 \quad\quad t=2 \quad\quad t=3 \quad\quad t=4$$

Anlage I: $-98.000;\quad 7.000;\quad 40.500;\quad 62.750;\quad 66.825$ *[€]*

Anlage II: $-108.000;\quad 60.000;\quad 57.500;\quad 20.750;\quad 24.825$ *[€]*

Die Kapitalwerte ergeben sich *(mit q = 1,15)* zu:

$$C_{0,I}(1,15) = -98 + \frac{7}{q} + \frac{40,5}{q^2} + \frac{62,75}{q^3} + \frac{66,825}{q^4} = 18,17733 \text{ T€} = 18.177,33 \text{ €}^{\circledcirc}$$

$$C_{0,II}(1,15) = -108 + \frac{60}{q} + \frac{57,5}{q^2} + \frac{20,75}{q^3} + \frac{24,825}{q^4} = 15,48941 \text{ T€} = 15.489,41 \text{ €}$$

Beide Kapitalwerte sind positiv, d.h. beide Investitionen sind absolut vorteilhaft, der höhere Kapitalwert spricht für Anlage I.

ii) Verrentet man die in i) erhaltenen Kapitalwerte C_0 über die Laufzeit der Investitionen, *(hier: 4 Jahre)* mit Hilfe des Kalkulationszinssatzes *(hier: 15% p.a.)*, so erhält man als Ratenhöhe die „äquivalente Annuität A" der Investitionen:

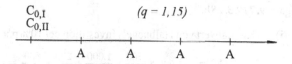

Aus $C_0 \cdot 1,15^4 = A \cdot \dfrac{1,15^4 - 1}{0,15}$ folgt:

$A_I = 6.366,89$ €/Jahr$^{\circledcirc}$ $A_{II} = 5.425,40$ €/Jahr

Der Vergleich der äquivalenten Annuitäten führt *(bei gleichen Laufzeiten)* notwendigerweise zu derselben Vorteilhaftigkeitsreihenfolge wie der Vergleich der Kapitalwerte.

iii) Die internen Zinssätze r_I, r_{II} ergeben sich als Lösung der Äquivalenzgleichungen $C_0(q$

Anlage I: $C_{0,I}(q) = -98 + \dfrac{7}{q} + \dfrac{40,5}{q^2} + \dfrac{62,75}{q^3} + \dfrac{66,825}{q^4} = 0$ *(q = 1+r)*

$\Rightarrow$ $r_I = 21,8587\%$ p.a.

Anlage II: $C_{0,II}(q) = -108 + \dfrac{60}{q} + \dfrac{57,5}{q^2} + \dfrac{20,75}{q^3} + \dfrac{24,825}{q^4} = 0$ *(q = 1+r)*

$\Rightarrow$ $r_{II} = 23,4812\%$ p.a. $^{\circledcirc}$???

Jetzt signalisiert die Höhe der internen Zinssätze eine veränderte Vorteilhaftig-keitsreihenfolge, es scheint einen Widerspruch zu geben hinsichtlich der Vorteil-haftigkeit nach der Höhe der Kapitalwerte:

> Einerseits erwirtschaftet Anlage I den höheren Kapitalwert, anderer-seits erwirtschaftet Anlage II die höhere Rendite, verkraftet also auch einen höheren Fremdkapitalzinssatz als Anlage I.

Klärung des Widerspruchs:
Die Kapitalwertkurven $C_{0,I}(i)$ und $C_{0,II}(i)$ schneiden sich in einem „kritischen" Zinssatz der Höhe 18,1275% p.a.

Man erhält den Zahlenwert i_{krit} als Lösung der Gleichung: $C_{0,I}(q) = C_{0,II}(q)$.

Für $i_{kalk} < i_{krit}$ ist Anlage I vorteilhafter *(siehe die oben ermittelten Kapitalwerte).*

Erst wenn ein Kalkulationszinssatz angesetzt werden muss, der über dem kriti-schen Zinssatz liegt, kehrt sich die Vorteilhaftigkeitsreihenfolge um. Der höhere interne Zinssatz von Anlage II signalisiert, dass diese Anlage II auch einen höhe-ren Fremdkapitalzinssatz als Anlage I verkraften kann. Beim vorliegenden Kal-kulationszinssatz *(15% p.a.)* allerdings liefert Anlage I den höheren Kapitalwert und ist somit als vorteilhafter einzuschätzen.

Aufgabe 9.7 *(9.3.28)*:

i)   Kapitalwert von Halbnagels Investition bei 10% p.a. *(d.h. mit $q = 1,1$)*:

$$C_{0I} = -1.000 + \frac{500}{q} + \frac{1.000}{q^2} + \frac{200}{q^3} + \frac{800}{q^4} = 977,67 \text{ T€}^{☺}$$

Kapitalwert von Hammers Angebot an Halbnagel *(ebenfalls mit $q = 1,1$)*:

$$C_{0II} = 300 \cdot \frac{q^4-1}{q-1} \cdot \frac{1}{q^4} = 950,96 \text{ T€},$$

d.h. Hammer bietet zu wenig, um Halbnagel vom Investitionsplan abzubringen.

ii) Für Halbnagel sind die beiden Angebote dann gleichwertig, wenn sie den-selben Kapitalwert aufweisen, d.h. gesucht ist derjenige Jahreszinssatz, für den gilt:

$$C_{0I}(q) = C_{0II}(q) \ , \qquad \text{d.h.}$$

$$-1.000 + \frac{500}{q} + \frac{1.000}{q^2} + \frac{200}{q^3} + \frac{800}{q^4} = 300 \cdot \frac{q^4-1}{q-1} \cdot \frac{1}{q^4} \qquad \Longleftrightarrow$$

$$-10 \cdot q^4 + 2 \cdot q^3 + 7 \cdot q^2 - q + 5 = 0$$

$$\underset{\text{(Regula falsi)}}{\Rightarrow} \quad i_{eff} = r = 11,2105\% \approx 11,21\% \text{ p.a.}$$

iii) Wegen 1 Mio. € > 977,67 T€ sollte Halbnagel Hammers Angebot annehmen.

Aufgabe 9.8 *(9.3.29)*:

i)   Kapitalwerte $C_{0,I}$, $C_{0,II}$ der Investitionsalternativen Anlage I, II   *(q = 1,1)*:

$$C_{0I} = -120.000 + \frac{5.000}{q} + \frac{28.000}{q^2} + \frac{46.600}{q^3} + \frac{81.120}{q^4} = -1.896,73 \,€ \qquad (< 0) \;\frac{1}{2}!$$

$$C_{0II} = -130.000 + \frac{36.000}{q} + \frac{38.000}{q^2} + \frac{37.600}{q^3} + \frac{58.620}{q^4} = 2.419,92 \,€^{\circledcirc} \quad (> 0)$$

d.h. Anlage I ist absolut unvorteilhaft, es kommt nur Anlage II in Frage.

ii)   Nach i) wird Ignaz allenfalls die 2. Alternative wählen.
Deren äquivalente Annuität A_{II} wird durch Verrentung des Kapitalwerts $C_{0,II}$ auf 4 Jahre ermittelt:

$$2.419,92 \cdot 1,1^4 = A_{II} \cdot \frac{1,1^4-1}{0,1} \iff A_{II} = 2.419,92 \cdot 1,1^4 \cdot \frac{0,1}{1,1^4-1} = 763,41 \,€/J.$$

Genau dieser Betrag – vier Jahre nacheinander zu zahlen – wäre das Mindestangebot eines Konkurrenten, damit Ignaz die Investition unterlässt.

iii)   Interne Zinssätze, ermittelt mit $C_{0,I}(q) = 0$ bzw. $C_{0,II}(q) = 0$ *(siehe i)*, $q = 1+r$):

Anlage I: $r_I = 9,45\%$ p.a.   *(< 10%)*
Anlage II: $r_{II} = 10,79\%$ p.a. $^{\circledcirc}$ *(> 10%)*

Daraus ist lediglich erkennbar, dass bei Normalinvestitionen und einem Kalkulationszinssatz von 10% p.a. *(wie im vorliegenden Fall)* gilt:

Anlage II ist „besser" als die Unterlassung, diese wiederum „besser" als Anlage I.

Aufgabe 9.9 *(9.3.30)*:

$$1.295.760 \cdot q^{20} = 100.000 \cdot \frac{q^{20}-1}{q-1} + 1.140.000$$

$$\Rightarrow \quad q = 1,074379943 \quad \Rightarrow \quad i_{eff} \approx 7,44\% \,p.a.$$

Aufgabe 9.10 *(9.3.31)*:

i)   Wählt man (z.B.) den Stichtag in 25 Jahren, so ergeben sich folgende Endwerte:

$$\text{Leistung } \textit{(Caesar)} = 3.000 \cdot \frac{1,05^{25}-1}{0,05} \cdot 1,05 = 150.340,36 \,€$$

$$\text{Gegenleistung } \textit{(Versicherung)} = 10.000 \cdot 1,05^{13} + 20.000 \cdot 1,05^9 +$$
$$+ 26.000 \cdot 1,05^5 + 50.000 = 133.066,38 \,€,$$

also ist das Angebot der Versicherung *nicht* lohnend für Caesar.

ii) $3.000 \cdot \dfrac{q^{25}-1}{q-1} \cdot q = 10.000 \cdot q^{13} + 20.000 \cdot q^9 + 26.000 \cdot q^5 + 50.000$

$\Rightarrow$ $i_{eff} = 3,74\%$ p.a.   *(Regula falsi)*

(d.h. die Rendite ist kleiner als Caesars Kalkulationszinssatz (5% p.a.), somit ist erneut gezeigt, dass das Angebot der Versicherung für Caesar unvorteilhaft ist.)

Aufgabe 9.11 *(9.3.32)*:

i) $3.500 \cdot \dfrac{q^{30}-1}{q-1} \cdot q = 200.000$ $\Rightarrow$ $i = 3,88\%$ p.a.

ii) $3.500 \cdot \dfrac{q^{30}-1}{q-1} \cdot q = 1.600 \cdot \dfrac{q^{28}-1}{q-1} + 100.000$ $\Rightarrow$ $i = 2,85\%$ p.a.

iii) $2.100 \cdot \dfrac{q^{30}-1}{q-1} \cdot q = 200.000$ $\Rightarrow$ $i = 6,68\%$ p.a.

Aufgabe 9.12 *(9.3.33)*:

i) $K_6 = 5.000 \cdot \dfrac{1,05^6-1}{0,05} \cdot 1,05 + 400 \cdot \dfrac{1,05^6-1}{0,05} = 5.650 \cdot \dfrac{1,05^6-1}{0,05} = 38.430,81\ €$

ii) $5.000 \cdot \dfrac{q^6-1}{q-1} \cdot q = 38.430,81$ $\Rightarrow$ $i = 7,12\%$ p.a.

iii) $C_0(1,08) = -5.000 \cdot \dfrac{1,08^6-1}{0,08} \cdot \dfrac{1}{1,08^5} + 38.430,81 \cdot \dfrac{1}{1,08^6} = -745,62\ €$ $(<0!)$

(entspricht einem entsprechenden Anfangsvermögens**verlust** zu Laufzeitbeginn *(bei Durchführung der Investition)*)

Aufgabe 9.13 *(9.3.34)*:

$300.000 \cdot q^8 = 64.000 \cdot q^5 + 210.000 \cdot q + 66.000$ $\Rightarrow$ $i = 1,97\%$ p.a.

Aufgabe 9.14 *(9.3.35)*:

i) $57.500 \cdot q^8 + 1.000 \cdot \dfrac{q^6-1}{q-1} \cdot q^3 = 50.000 \cdot (q^2+1)$ $\Rightarrow$ $i = 6,95\%$ p.a.

ii)   Werte am Tag der letzten Zahlung:
Schulers Leistung $= 57.500 \cdot 1,05^8 + 1.000 \cdot \dfrac{1,05^6-1}{0,05} \cdot 1,05^3 = 92.827,75\ €$;

Schulers Erlös $= 50.000 \cdot 1,05^2 + 50.000 = 105.125,-\ € > 92.827,75\ €$,

also war der Flaschenhandel eine bei 5% p.a. lohnende Investition für Schuler.

Aufgabe 9.15 *(9.3.36)*: Stichtag *(z.B.)* 01.01.25 und Endwertvergleich:

i) $L = 90.000 \cdot (1,08^{19} + 1,08^{16} + 1,08^{14}) + 50.000 = 1.011.095,36 €$ *(Investition)*

$GL = 55.000 \cdot \dfrac{1,08^{10} - 1}{0,08} \cdot 1,08^3 = 1.003.689,31 €$ *(Rückfluss, also nicht lohnend)*.

ii)   Äquivalenzgleichung *(Stichtag: Tag der letzten Leistung)*:

$$90.000 \cdot (q^{19} + q^{16} + q^{14}) + 50.000 - 55.000 \cdot \dfrac{q^{10} - 1}{q - 1} \cdot q^3 = 0 \quad \Rightarrow \quad i = 7{,}90\% \, \text{p.a.}$$

iii) Die Kapitalwertfunktion $C_0(q)$ mit *(q := 1+i)* lautet:

$$C_0(q) = \left(-90 \cdot (q^{19} + q^{16} + q^{14}) - 50 + 55 \cdot \dfrac{q^{10} - 1}{q - 1} \cdot q^3 \right) \cdot \dfrac{1}{q^{19}}$$

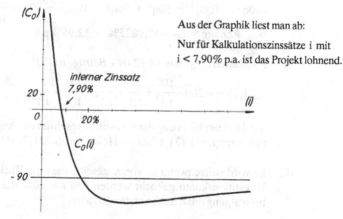

Aus der Graphik liest man ab:

Nur für Kalkulationszinssätze i mit
i < 7,90% p.a. ist das Projekt lohnend.

Aufgabe 9.16 *(9.3.37)*:

Äquivalenzgleichung: $250q^{12} + 350q^{11} + 50 = 48q^6 + 24q^4 + 36q^3 + 654q^2$

$\Rightarrow \qquad i_{eff} = 1{,}95\% \, \text{p.a.}$

Aufgabe 9.17 *(9.3.38)*:

Äquivalenzgleichung: $120.000q^5 - 4.800q^4 - 6.000q^3 - 8.400q^2 - 134.400 = 0$

$\Rightarrow \qquad i_{eff} = 5{,}49\% \, \text{p.a.}$

Aufgabe 9.18 *(9.3.39)*:

i)   Äquivalenzgleichung, bezogen auf den 01.01.15:

$$200.000 \cdot q^{10} - 14.000 \cdot \dfrac{q^{10} - 1}{q - 1} \cdot q - 150.000 = 0 \quad \Rightarrow \quad i_{eff} = 5{,}43\% \, \text{p.a.}$$

ii) $K_{10} = 14.000 \cdot \dfrac{1,06^7 - 1}{0,06} \cdot \dfrac{1}{1,06^4} + 15.000 \cdot \dfrac{1}{1,06^5} = 205.170,60\, €$ *(am 01.01.10)*

Aufgabe 9.19 *(9.3.40)*:

Äquivalenzgleichung *(bezogen auf das Ende des 12. Jahres):*

$$0 = 200.000 \cdot q^{12} - 8.000 \cdot \dfrac{q^5 - 1}{q - 1} \cdot q^7 - 5.500 \cdot \dfrac{q^3 - 1}{q - 1} \cdot q^4 - 250.000$$

$$\Rightarrow \quad i_{eff} = 4,22\%\, \text{p.a.}$$

Aufgabe 9.20 *(9.3.41)*:

i)   Äquivalenzgleichung *(Stichtag 31.12.10; Beträge in T€):*

$$200q^6 + 100q^3 = 50q^5 + 70q^4 + 100q^2 + 30q + \dfrac{25}{q - 1}$$

$$\Rightarrow \quad \text{Rendite} = i_{eff} = 12,9825\% \approx 12,98\%\, \text{p.a.}$$

ii)   Kapitalwert C_0 *(zum 31.12.04 - Beträge in T€):*

$$C_0(1,1) = -200 - \dfrac{100}{1,1^3} + \dfrac{50}{1,1} + \dfrac{70}{1,1^2} + \dfrac{100}{1,1^4} + \dfrac{30}{1,1^5} + \dfrac{25}{0,1} \cdot \dfrac{1}{1,1^6} = 56.22177\, \text{T€},$$

d.h. bei Durchführung der Investition resultiert ein Augenblicks-Gewinn im Planungszeitpunkt (31.12.04) in Höhe von 56.221,77 € für den Investor.

iii)   Es wird stillschweigend vorausgesetzt, dass die Rückflüsse unmittelbar auf das Investitionskonto gebucht werden *(mit i = 10% p.a.)*. Dann lautet der Investitionstilgungsplan für die ersten 10 Jahre:

Jahr t	Restschuld K_{t-1} (Beginn t)	Zinsen Z_t (Ende t)	Tilgung T_t (Ende t)	Rückfluss aus der Investition (Ende t)
05	200.000,00	20.000,00	30.000,00	50.000,00
06	170.000,00	17.000,00	53.000,00	70.000,00
07	117.000,00	11.700,00	–111.700,00	–100.000,00
08	228.700,00	22.870,00	77.130,00	100.000,00
09	151.570,00	15.157,00	14.843,00	30.000,00
10	136.727,00	13.672,70	–13.672,70	0,00
11	150.399,70	15.039,97	9.960,03	25.000,00
12	140.439,67	14.043,97	10.956,03	25.000,00
13	129.483,64	12.948,36	12.051,64	25.000,00
14	117.432,00	11.743,20	13.256,80	25.000,00
15	104.175,20	...	...	...

Man erkennt, dass sich die Investition nur sehr langsam amortisiert, nach Ablauf von 10 Jahren ist noch ein von der Investition zu finanzierender Restschuldbetrag von mehr als 100.000 € vorhanden.

Bezeichnet man die Anzahl der Laufzeitjahre ab Ende 14 bis zur erstmaligen Amortisation der Investition mit „n", so gilt *(10,00% p.a.)*:

$$0 = 104.175,20 \cdot 1,1^n - 25.000 \cdot \frac{1,1^n - 1}{0,1}$$

mit der einzigen Lösung: $n = \ln(25000/14582,48) / \ln 1,1 = 5,66 \approx 6$ Jahre,

d.h. Ende des Jahres 20 hat sich die Investition *(nach dann insgesamt 16 Laufzeitjahren)* erstmalig amortisiert.

Aufgabe 9.21:

i) $C_0 = -500 + 200q^{-1} - 350q^{-2} + 300q^{-3} + 450q^{-5} \big|_{q=1,04} = 5,279$ T€ *(> 0)*:

  Der Kapitalwert C_0 ist positiv $\Rightarrow$ Die Investition ist (absolut) vorteilhaft!

ii) Äquivalenzgleichung: $C_0 = f(q) = -500 + 200q^{-1} - 350q^{-2} + 300q^{-3} + 450q^{-5} = 0$

  d.h. es empfiehlt sich, die Regula falsi *(s. z.B. [Tie3], Kap. 5.1.2)* anzuwenden.

  Mit den Startwerten $q_1 = 1,03$ *(f(q₁) = 26,98264)*, $q_2 = 1,05$ *(f(q₂) = -15,24607)* ergibt sich für den ersten Näherungswert q_3 nach der Iterationsvorschrift der Regula falsi:

$$q_3 = \frac{q_1 \cdot f(q_2) - q_2 \cdot f(q_1)}{f(q_2) - f(q_1)} = \frac{1,03 \cdot (-15,24607) - 1,05 \cdot 26,98264}{-15,24607 - 26,98264} = 1,04278 \approx 1,0428$$

  d.h. interner Zinssatz (Rendite): $i_{eff} \approx 4,28\%$ p.a.   *(exakt: 4,25% p.a.)*

iii) Das Vergleichskonto wird mit $i_{eff} = 10\%$ p.a. und einem veränderten letzten Rückfluss *(615.285,– statt 450.000,– €)* durchgerechnet.

  Dabei werden die Auszahlungen des Investors aufgefasst wie eine Kreditaufnahder Investition. Die Rückflüsse aus der Investition stellen dann die Annuitäten dar, die die Verzinsung und Tilgung der „Kredite" *(= Investitionen)* bewirken.

Jahr t	Restschuld K_{t-1} *(Beginn t)*	Zinsen Z_t *(Ende t)*	Tilgung T_t *(Ende t)*	Annuität A_t *(Ende t)*
1	500.000,00	50.000,00	150.000,00	200.000,00
2	350.000,00	35.000,00	– 385.000,00	– 350.000,00
3	735.000,00	73.500,00	226.500,00	300.000,00
4	508.500,00	50.850,00	– 50.850,00	0,00
5	559.350,00	55.935,00	559.350,00	615.285,00
6	0,00			

Das Vergleichskonto *(oder: Effektivkonto)* geht also bei 10% p.a. genau auf, d.h. Investitionen und Rückflüsse sind äquivalent – Rendite daher genau 10% p.a.

Testklausuren
Lösungshinweise

Bemerkungen
zu den Lösungshinweisen
für die Testklausuren

Die Lösungshinweise für die Testklausuren sind bewusst recht knapp gehalten, damit der erst durch intensive Beschäftigung mit den Problemstellungen erreichbare Lern- und Übungseffekt ermöglicht wird. Dies bedeutet allerdings auch, dass die hier angegebenen Lösungshinweise keineswegs als Musterlösungen missverstanden werden dürfen, sondern erst noch den im folgenden aufgeführten ergänzenden Anforderungen genügen müssen, um dem Anspruch einer „vollständigen Lösung" gerecht zu werden.

Zur vollständigen Lösung einer Klausur in Finanzmathematik – neben der Beantwortung der ausdrücklich gestellten Fragen *(siehe auch Lösungshinweise zu den Testklausuren)* – gehören aus Sicht des Autors folgende Aspekte:

–   Bei jeder Problemlösung muss der Gedankengang erkennbar sein, die mathematischen Formulierungen sollen kurz, aber nachvollziehbar erfolgen. Ein fertiges Ergebnis ohne erkennbare Gedankenführung ist wertlos. Ausnahme: Aufgaben, bei denen die Antwort lediglich angekreuzt werden muss.

382

– Die gefundenen Lösungen sind verbal zu interpretieren *(unter Verwendung der korrekten ökonomischen Maß-Einheiten!)*, die ökonomischen Schlussfolgerungen aus den erhaltenen Ergebnissen müssen folgerichtig formuliert werden – kurz, aber eindeutig und klar erkennbar.

– Die Ermittlung des Effektivzinssatzes *(oder der Rendite)* einer Zahlungsreihe, die aus Leistungen und Gegenleistungen besteht, erfordert in aller Regel die Anwendung eines iterativen Näherungsverfahrens zur Gleichungslösung. In Anbetracht der Zeitknappheit ist es in einer Examens-Klausur i.a. ausreichend, mit halbwegs geeigneten Startwerten einen, höchstens aber zwei Iterationsschritte durchzuführen. So kann man einerseits einen brauchbaren Näherungswert gewinnen und andererseits demonstrieren, dass man das Iterationsverfahren technisch beherrscht. In den folgenden Lösungshinweisen allerdings sind zu Kontrollzwecken die entsprechenden Resultate auf mehrere Stellen exakt angegeben.

– Zur Genauigkeit der angegebenen Lösungswerte wird weiterhin auf die Ausführungen im Vorwort verwiesen.

Die nachstehend angegebenen Lösungshinweise für die Testklausuren sind so ausführlich gehalten, dass jede Problemlösung nachvollziehbar sein dürfte. Aus jahrelanger Erfahrung heraus sei hier allerdings eine dringende Empfehlung ausgesprochen:

Möglichst ohne den Blick in die Lösungen an die Probleme herangehen, damit der (erst durch intensive Beschäftigung mit den Problemstellungen erreichbare) Lern- und Übungseffekt sowie eine hinreichende Selbstkontrolle ermöglicht werden!

Weiterhin beachte man, dass die nachstehend angegebenen Lösungshinweise keineswegs als Musterlösungen missverstanden werden dürfen, sondern erst noch den oben aufgeführten ergänzenden Anforderungen genügen müssen, um dem Anspruch einer „vollständigen Lösung" gerecht zu werden.

Bemerkung: *Falls nicht ausdrücklich anders vermerkt, wird bei linearer Verzinsung nach der 30/360-Zählmethode verfahren, d.h. 1 Zinsjahr = 12 Zinsmonate zu je 30 Zinstagen = 360 Zinstage.*

10   Testklausuren – Lösungshinweise

Testklausur Nr. 1

L1: Barwertvergleich bei 7% p.a.:

Kratz: $K_0 = 5.000 + 15.000 \cdot \dfrac{1,07^6 - 1}{0,07} \cdot \dfrac{1}{1,07^7} + 8.000 \cdot \dfrac{1,07^8 - 1}{0,07} \cdot \dfrac{1}{1,07^{15}} = 101.569,65 \text{ €}$

Klemm: $K_0 = 50.000 \cdot \dfrac{1}{1,07^2} + 80.000 \cdot \dfrac{1}{1,07^5} = 100.710,83 \text{ €}$

Knarz: $K_0 = 50.000 + 9.000 \cdot \dfrac{1,1449^{12} - 1}{0,1449} \cdot \dfrac{1}{1,07^{23}} = 103.357,34 \text{ €}$ ☺

(mit dem 2-Jahres-Zinsfaktor 1,1449 = 1,07²)

L2: $R \cdot (1,05^{12} + 1,05^8 + 1,05^5) = 20.000 \cdot \dfrac{1,05^{17} - 1}{0,05}$ $\Rightarrow$ $R = 113.594,18 \text{ €/Rate}$

L3: i) Stichtag egal, z.B. Tag der letzten vorkommenden Zahlung: Aus L = GL folgt:

$14.000 \cdot \dfrac{1,06^{15} - 1}{0,06} \cdot 1,06^{34} = R \cdot \dfrac{1,06^{30} - 1}{0,06}$ $\Longleftrightarrow$ $R = 29.887,42 \text{ €/Jahr}$

ii) Äquivalenzgleichung L – GL = 0: $f(q) = 14 \cdot \dfrac{q^{15} - 1}{q - 1} \cdot q^{34} - 36 \cdot \dfrac{q^{30} - 1}{q - 1} = 0$

Regula falsi *(Startwerte z.B.:* $(q_1/f(q_1)) = (1,06/-483,250);$
$\qquad\qquad\qquad\qquad\quad (q_2/f(q_2)) = (1,07/\,109,775))$ $\Rightarrow$

$q_3 = \dfrac{1,06 \cdot 109,775 - 1,07 \cdot (-483,250)}{109,775 - (-483,250)} = 1,0681$, d.h. $i_{\text{eff}} \approx 6,81\% \text{ p.a.}$

(exakt: 6,8524% p.a.)

L4: i) Schuld nach 2 Jahren unverändert *(= 500.000,-)*, da Zinsen gezahlt. Für die Restlaufzeit n gilt:

$0 = 500.000 \cdot 1,095^n - 57.500 \cdot \dfrac{1,095^n - 1}{0,095}$ $\Longleftrightarrow$ $n = \dfrac{\ln 5,75}{\ln 1,095} = 19,274$

d.h. Gesamtlaufzeit = n+2 = 21,274 $\approx$ 22 Jahre.

ii)

Per. t	Restschuld K_{t-1} *(Beginn t)*	Zinsen Z_t *(Ende t)*	Tilgung T_t *(Ende t)*	Annuität A_t *(Ende t)*
1	500.000,--	47.500,--	0	47.500,--
2	500.000,--	47.500,--	0	47.500,--
3	500.000,--	47.500,--	10.000,--	57.500,--
4	490.000,--	46.550,--	10.950,--	57.500,--
...	...	....	...	....
21	66.087,17	6.278,28	51.221,72	57.500,--
22	14.865,45	1.412,22	14.865,45	16.277,67

iii) Schuld K_{13} nach 13 Jahren:　$K_{13} = 500.000 \cdot 1,095^{11} - 57.500 \cdot \dfrac{1,095^{11} - 1}{0,095}$

d.h. $K_{13} = 319.614,82 \, €$　$\Rightarrow$　Zinsen $Z_{14} = K_{13} \cdot 0,095 = 30.363,41 \, €$

Annuität $= 57.500 = Z_{14} + T_{14}$　$\Rightarrow$　Tilgung $T_{14} = 27.136,59 \, €$.

iv)　$470.000 \, q^{21,27} = 47.500 \cdot \dfrac{q^2 - 1}{q - 1} \cdot q^{19,27} + 57.500 \cdot \dfrac{q^{19,27} - 1}{q - 1}$　*($i_{eff} = 10,35\% \, p.a.$)*

L5:　**i)**　$R \cdot \dfrac{1,09^{20} - 1}{0,09} = 18.000 \cdot \dfrac{1,09^{11} - 1}{0,09} \cdot 1,09^{22}$　$\Rightarrow$　$R = 41.139,18 \, €/\text{Jahr}$

　　　ii)　$K_0 = 18.000 \cdot \dfrac{1,09^{11} - 1}{0,09} \cdot \dfrac{1}{1,09^9} = 145.534,44 \, €$　*(am 01.01.2005)*

L6:　Fiktive Annahme:　Gummibärchen-Konsum in 2004 $= G_{04} = 100$.
　　　Daraus folgt:　$G_{06} = 100 \cdot 1,029 = 102,9$　$\Rightarrow$
　　　$G_{05} \cdot 1,007 = 102,9$　$\Leftrightarrow$　$G_{05} = 102,18$, d.h. in '05 um 2,18% höher als in '04.

L7:　**i)** Vorteilhaftigkeitsreihenfolge z.B. über Endwertvergleich nach 1 Jahr:
　　　1)　$K_1 = 10.000 \cdot 1,087 = 10.870,-- \, €$
　　　2)　$K_1 = 10.000 \cdot 1,007^{12} = 10.873,11 \, €^{\circledcirc}$
　　　3)　$K_1 = 10.000 \cdot (1 + 0,083/365)^{365} = 10.865,31 \, €$.

　　　ii) Aus i) ergeben sich unmittelbar die Effektivzinssätze:
　　　1)　8,7000% p.a.;　　2)　8,7311% p.a.$^{\circledcirc}$;　　3)　8,6531% p.a.

L8:

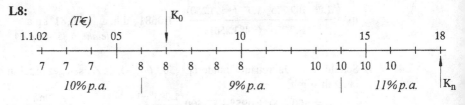

i)　$K_n = 7000 \cdot \dfrac{1,1^3 - 1}{0,1} \cdot 1,1^2 \cdot 1,09^8 \cdot 1,11^4$

　　　　　　$+ \; 8000 \cdot \dfrac{1,09^5 - 1}{0,09} \cdot 1,09^4 \cdot 1,11^4$

　　　　　　$+ \; 10000 \cdot \dfrac{1,09^2 - 1}{0,09} \cdot 1,11^4$

　　　　　　$+ \; 10000 \cdot \dfrac{1,11^2 - 1}{0,11} \cdot 1,11^2$　　　$= \; 245.124,93 \, €$.

ii)　$K_0 = K_n \cdot 1,11^{-4} \cdot 1,09^{-7} = 88.330,38 \, €$.

Testklausur Nr. 2

L1:   Barwerte K_0 am Tag der Lieferung:

Gar: $K_0 = 5.000 + 2.000 \cdot \dfrac{1,08^{12} - 1}{0,08} \cdot \dfrac{1}{1,08^{13}} = 18.955,70 \,€^{☺}$

Nix: $K_0 = 10.000 \cdot \dfrac{1}{1,08} + 15.000 \cdot \dfrac{1}{1,08^4} = 20.284,71 \,€$

Gutt: $K_0 = 3.000 + 750 \cdot \dfrac{q^{36} - 1}{q - 1} \cdot \dfrac{1}{1,08^3} = 27.032,50 \,€$ *(mit $q = 1,08^{1/12}$*

$= 1,00643403)$

L2:   i) $R \cdot \dfrac{1,1^{10} - 1}{0,1} = 10.000 \cdot (1,1^9 + 1,1^7 + 1,1^2)$ $\iff$ $R = 3.461,45 \,€/\text{Jahr}$

ii)   Annahme: „n" Jahre nach dem 01.01.16 *(= Zahlungstermin der dritten 10.000-€-Rate)* mögen die 130.000 € fällig sein: Dann muss gelten:

$10.000 \cdot (1,1^7 + 1,1^5 + 1) \cdot 1,1^n = 130.000$ $\iff$ $n = \ln 2,85136 / \ln 1,1$

d.h. $n = 10,99 \approx 11$ Jahre nach dem 01.01.16, d.h. am 01.01.2027.

L3:   Fiktive Kreditsumme $K_0 = 100$ (T€), Quartals„annuität" $= 2$ T€/Qu.

Da nachschüssige Tilgungsverrechnung angewendet wird, muss zur Ermittlung von Laufzeit/Restschuld mit 7% p.a. und Annuitäten von 8 T€/Jahr gerechnet werden:

i) Für die Gesamtlaufzeit n gilt: $0 = 100 \cdot 1,07^n - 8 \cdot \dfrac{1,07^n - 1}{0,07}$ $\iff$ $n = 30,7343$ J.

ii) Restschuld K_{20} nach 20 Jahren: $K_{20} = 100 \cdot 1,07^{20} - 8 \cdot \dfrac{1,07^{20} - 1}{0,07} = 94,2493$ T€

$\Rightarrow$ ICMA-Äquivalenzgleichungen *(mit $q = 1 + i_Q$; $i_{eff} = q^4 - 1$):*

i) $0 = 94 \cdot q^{122,9372} - 2 \cdot \dfrac{q^{122,9372} - 1}{q - 1}$ *(denn 30,7343 Jahre = 122,9372 Quartale)*

$\Rightarrow$ $q = 1,019230568$ $\Rightarrow$ $i_{eff} \approx 7,92\%$ p.a.   *(Regula falsi)*

ii) $0 = 94 \cdot q^{20} - 2 \cdot \dfrac{q^{20} - 1}{q - 1} - 94,2493$ $\Rightarrow$ $q = 1,0213843$ $\Rightarrow$ $i_{eff} \approx 8,83\%$ p.a.

L4: $100.000 \cdot (q^{12} + q^{10} + q^6) = 30.000 \cdot \dfrac{q^{10} - 1}{q - 1} \cdot q^2 + 80.000$ $\Rightarrow$ $i_{eff} = 6,12\%$ p.a.

L5:

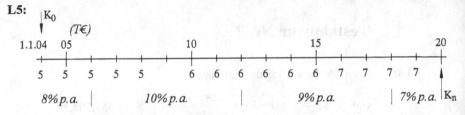

i) $K_n = 5000 \cdot \dfrac{1,08^3 - 1}{0,08} \cdot 1,1^6 \cdot 1,09^6 \cdot 1,07^2$

$\quad\quad + 5000 \cdot \dfrac{1,1^2 - 1}{0,1} \cdot 1,1^4 \cdot 1,09^6 \cdot 1,07^2$

$\quad\quad + 6000 \cdot \dfrac{1,1^3 - 1}{0,1} \cdot 1,09^6 \cdot 1,07^2$

$\quad\quad + 6000 \cdot \dfrac{1,09^3 - 1}{0,09} \cdot 1,09^3 \cdot 1,07^2$

$\quad\quad + 7000 \cdot \dfrac{1,09^3 - 1}{0,09} \cdot 1,07^2$

$\quad\quad + 7000 \cdot 1,07 \quad\quad\quad\quad\quad\quad\quad = 185.789,99\ \text{€}.$

ii) $K_0 = K_n \cdot 1,07^{-2} \cdot 1,09^{-6} \cdot 1,1^{-6} \cdot 1,08^{-2} \quad\quad = 46.826,55\ \text{€}.$

L6: i) $\quad 0 = 90\,q^5 - 7,25 \cdot \dfrac{q^5 - 1}{q - 1} - 94,3347$

$\quad\quad\quad \Rightarrow \quad i = 8,8625\%\ \text{p.a.}$

ii) a) $\quad 0 = 90\,q^{20} - 1,8125 \cdot \dfrac{q^{20} - 1}{q - 1} - 94,3347 \quad\quad (q = 1 + i_Q)$

$\quad\quad\quad\quad \Rightarrow \quad i_{eff} = q^4 - 1 = 1,022080^4 - 1 = 9,1290\%\,\text{p.a.}$

b) Äquivalenzgleichung *(und Lösung $q = 1,022080$)* wie in a)

$\quad\quad\quad \Rightarrow \quad i_{eff} = 4 \cdot i_Q = 4 \cdot 0,022080 = 0,088320 = 8,8320\%\,\text{p.a.}$

L7: Fiktive Annahme: $P_{14} = 100$

Daraus folgt: $\quad P_{16} = 100 \cdot 1,4 = 140 \quad \Rightarrow$

$\quad\quad\quad\quad\quad\quad P_{15} \cdot 1,15 = 140 \quad \Leftrightarrow$

$\quad\quad\quad\quad\quad\quad P_{15} = 121,74$, d.h. in '15 um 21,74% höher als in '14.

Testklausur Nr. 3

L1:   **i)** $R = 500.000 \cdot 1,055^3 \cdot 0,055 = 32.291,64$ €/Jahr   *(auf „ewig")*

   ii) $500.000 \cdot 1,055 \cdot 1,055^n = 48.000 \cdot \dfrac{1,055^n - 1}{0,055}$ *(als Stichtag 01.01.10 gewählt)*

   $\Leftrightarrow$ $1,055^n = \dfrac{48.000}{18.987,50}$ $\Leftrightarrow$ $n \approx 17,32$

   d.h. das Konto ist ca. 17,32 Jahre nach dem 01.01.10, d.h. im April 27 leer.

   iii) $500.000\,q^{11} = 400.000\,q^3 + 400.000$; $i_{eff} = 5,10\%$ p.a.   *(z.B. mit Regula falsi)*

L2:   **i)**   Umsatzrendite in 06 $= \dfrac{8,1\,\text{Mio €} / 0,28}{2,4\,\text{Mrd €} / 1,023} \approx 0,0123 = 1,23\%$

   Umsatzrendite in 07 $= \dfrac{8,1\,\text{Mio €}}{2,4\,\text{Mrd €}} \approx 0,00375 \approx 0,34\%$

   d.h. die Umsatzrendite hat in 07 gegenüber 06 um 72% abgenommen.

   ii) $U_{07} = U_{06} \cdot 1,023 = (U_{05} \cdot 1,269) \cdot 1,023 = U_{05} \cdot 1,298187 = U_{05} \cdot (1+i)^2$
   d.h. $1+i = \sqrt{1,298187} = 1,1394$,

   d.h. durchschnittliche Zunahme um 13,94% p.a.

L3:   **i)** $K_0 = 360.000 / 0,96 = 375.000$ €

   ii) $0 = 100 \cdot 1,085^n - 10 \cdot \dfrac{1,085^n - 1}{0,085}$ *(mit $K_0 = 100$;*
   n = Laufzeit/Ratenanzahl ab Jahr 3)

   $\Leftrightarrow$ $1,085^n = 10/1,5$ $\Leftrightarrow$ $n = 23,25\ (+2) \approx 26$ Jahre/Raten.

   iii)

Per. t	Restschuld K_{t-1} *(Beginn t)*	Zinsen Z_t *(Ende t)*	Tilgung T_t *(Ende t)*	Annuität A_t *(Ende t)*
1	375.000,--	31.875,--	0	31.875,--
2	375.000,--	31.875,--	0	31.875,--
3	375.000,--	31.875,--	5.625,--	37.500,--
4	369.375,--	31.396,88	6.103,13,--	37.500,--
...	...	....	...	...
25	42.924,58	3.648,59	33.851,41	37.500,--
26	9.073,17	771,22	9.073,17	9.844,39

   iv) $T_{15} = 37.500 - (375.000 \cdot 1,085^{12} - 37.500 \cdot \dfrac{1,085^{12} - 1}{0,085}) \cdot 0,085 = 14.971,99$ €

   v) $360.000 \cdot q^{25,25} = 31.875 \cdot \dfrac{q^2 - 1}{q - 1} \cdot q^{23,25} + 37.500 \cdot \dfrac{q^{23,25} - 1}{q - 1}$ $\Rightarrow$ $i_{eff} = 8,98\%$ p.a.

L4:   i) $60.000\, q^{10} + 2.500 \cdot \dfrac{q^7 - 1}{q - 1} \cdot q^3 = 50.000\, q^2 + 35.000$

$\Rightarrow\quad i_{eff} = 1,17\%\,\text{p.a.}$ *(Regula falsi)*

   ii)   Barwertvergleich:

Friedrichs Leistung: $K_0 = 60.000 + 2.500 \cdot \dfrac{1,04^7 - 1}{0,04} \cdot \dfrac{1}{1,04^7} = 75.005,14\,€$

Gegenleistung: $K_0 = 50.000 \cdot 1,04^{-8} + 35.000 \cdot 1,04^{-10} = 60.179,26\,€$,

d.h. das Geschäft war für Friedrichs nicht lohnend.

L5:   i) $K_0 \;=\; 16.000 \cdot \dfrac{1,08^{10} - 1}{0,08} \cdot \dfrac{1}{1,08^9} \;+\; 20.000 \cdot \dfrac{1,08^9 - 1}{0,08} \cdot \dfrac{1}{1,08^{18}}$

$+\; 25.000 \cdot \dfrac{1,08^{11} - 1}{0,08} \cdot \dfrac{1}{1,08^{29}} \;=\; 223.113,16\,€$

   ii) $R \cdot \dfrac{1,08^{30} - 1}{0,08} \cdot \dfrac{1}{1,08^{29}} \;=\; K_0 = 223.113,16$

$\Leftrightarrow\quad R = 18.350,53\ €/\text{Jahr}$

L6:   i)   Mit $q = 1,08^{0,25} = 1,019426547$ lautet der Barwert am 01.01.06:

$K_0 = 3.000 \cdot \dfrac{q^{52} - 1}{q - 1} \cdot \dfrac{1}{q^{52}} = 97.645,05\,€$

   ii)   Am 01.01.11 *(d.h. 2 Monate vor der ersten „ewigen" 2-Monatsrate)* beträgt der Wert K_0 der 52 Quartalsraten minus der Barauszahlung von 50.000:

$K_0 = 3.000 \cdot \dfrac{q^{52} - 1}{q - 1} \cdot \dfrac{1}{q^{32}} \;-\; 50.000 = 93.472,62\,€.$

Daraus ergibt sich die „ewige" 2-Monatsrate R zu

$R = K_0 \cdot i_{2M} = 93.472,62 \cdot (1,08^{\frac{1}{6}} - 1) = 1.206,68\,€.$

L7:   Erforderliche Daten: Verkehrswert des Hauses am 01.01.10 *(z.B. 400.000 €)*, Zinssatz *(z.B. 6% p.a.)*, Laufzeit *(geschätzte Lebenserwartung ab 01.01.10, z.B. 50+ Jahre, d.h. 601 Raten, erste Rate am 01.01.10)*, Kontoführung *(z.B. monatliche Zinseszinsen zum konformen Monatszinssatz (ICMA))*.

Bei obigen Daten folgt für die Ratenhöhe R: *(insg. 601 Raten, erste Rate am 01.01.10)*

$0 = R \cdot \dfrac{q^{601} - 1}{q - 1} - 400.000 \cdot 1,06^{50}$ *(mit $q = 1 + i_M$; $q^{12} = 1,06$, $q = 1,06^{1/12}$)*

d.h. $R = 2.048,25\ €/\text{Monat}.$

Testklausur Nr. 4

L1: Barwerte am 01.01.08:

A: $K_0 = 22.000 + 3.000 \cdot \dfrac{1,08^2-1}{0,08} \cdot \dfrac{1}{1,08^2} + 3.000 \cdot \dfrac{1,10^2-1}{0,10} \cdot \dfrac{1}{1,10^2} \cdot \dfrac{1}{1,08^2}$

$\qquad\qquad + 3.000 \cdot \dfrac{1,09^2-1}{0,09} \cdot \dfrac{1}{1,09^2} \cdot \dfrac{1}{1,10^2} \cdot \dfrac{1}{1,08^2}$

$\qquad\qquad + 4.000 \cdot \dfrac{1,09^5-1}{0,09} \cdot \dfrac{1}{1,09^7} \cdot \dfrac{1}{1,10^2} \cdot \dfrac{1}{1,08^2} = 44.831,50 \,\text{€}^{\,\copyright}$

B: $K_0 = 20.000 \cdot \dfrac{1}{1,08} + 40.000 \cdot \dfrac{1}{1,09} \cdot \dfrac{1}{1,10^2} \cdot \dfrac{1}{1,08^2} = 44.520,15 \,\text{€}$.

L2: Annahme:

Summe Wintersem. 16: $\quad S_{16} = 100 \quad \Rightarrow \quad M_{16} = 61; \; F_{16} = 39$

$\left. \begin{array}{l} M_{15} \cdot (1-0,012) = 61 \quad \Rightarrow \quad M_{15} = 61,74 \\ F_{15} \cdot (1+0,073) = 39 \quad \Rightarrow \quad F_{15} = 36,35 \end{array} \right\} \; \Rightarrow \; S_{15} = 98,09$

Aus $\quad 98,09 \; (1+i) = 100 \quad$ folgt: $\; i = 0,0195$, d.h. Zunahme um $1,95\%$.

L3: i) $\quad 93 = 4 \cdot \dfrac{q^{24}-1}{q-1} \cdot \dfrac{1}{q^{24}} + \dfrac{102}{q^{24}} \; ; \quad q = 1+i_H = \text{Halbjahreszinsfaktor.}$

$\qquad$ Mit Hilfe der Regula falsi folgt: $\quad q = 1,045322 = 1+i_H$

$\qquad$ d.h. $\quad i_{eff} = (1+i_H)^2 - 1 = 9,270\% \, \text{p.a. } (ICMA)$

$\qquad$ ii) Äquivalenzgleichung u. Lösung bezüglich q wie in a), d.h.

$\qquad\qquad i_H = 4,5322\% \, \text{p.H.}$ Daraus folgt: $i_{eff} = 2 \cdot i_H = 9,0644\% \, \text{p.a. } (US)$

L4: $50.000 \cdot q^{12} + 500 \cdot \dfrac{q^{10}-1}{q-1} \cdot q^3 = 30.000 q^2 + 20.000 q + 20.000 \quad \Rightarrow \quad i_{eff} = 2,33\% \, \text{p.a.}$

L5: Endwerte K_1 nach 1 Jahr:

$\qquad$ i) $\quad K_1 = 100 \cdot \dfrac{1,01^{12}-1}{0,01} = 1.268,25 \,\text{€}$

$\qquad$ ii) $\quad K_1 = 12 \cdot 100 \cdot (1+0,126 \cdot \dfrac{5,5}{12}) = 1.269,30 \,\text{€}^{\,\copyright}$

L6:   Stichtag 01.01.2015 *(d.h. 1 Jahr vor der ersten Ratenzahlung)* ist am günstigsten *(aber nicht zwingend vorgeschrieben)* !

Barwertvergleich:

$$12.000 \cdot \frac{1,09^n - 1}{0,09} \cdot \frac{1}{1,09^n} = 20.000 \cdot \frac{1,09^{10} - 1}{0,09} \cdot \frac{1}{1,09^{12}}$$

$\Leftrightarrow \quad 1,09^n = 12.000 / 2.277,09 \quad \Leftrightarrow \quad n = 19,2858 \approx 20 \text{ Raten.}$

L7:   i)

Per. t	Restschuld K_{t-1} (Beginn t)	Zinsen Z_t (Ende t)	Tilgung T_t (Ende t)	Annuität A_t (Ende t)
1	100.000	10.000	10.000	20.000
2	90.000	9.000	20.000	29.000
3	70.000	7.000	30.000	37.000
4	40.000	4.000	40.000	44.000

ii) $92\,q^4 = 20\,q^3 + 29\,q^2 + 37\,q + 44 \quad \Rightarrow \quad i_{eff} = 0,134776573 \approx 13,48\% \text{ p.a.}$

iii)

Per. t	Restschuld K_{t-1} (Beginn t)	Zinsen Z_t (Ende t)	Tilgung T_t (Ende t)	Annuität A_t (Ende t)
1	92.000,--	12.399,44	7.600,56	20.000,--
2	84.399,44	11.375,07	17.624,93	29.000,--
3	66.774,51	8.999,64	28.000,36	37.000,--
4	38.774,15	5.225,85	38.774,15	44.000,--

(im Tilgungsplan wurde die volle Stellenzahl des Effektivzinssatzes benutzt)

L8:   i) $0 = 93\,q^5 - 10,25\,\dfrac{q^5 - 1}{q - 1} - 88,21 \;$;   *(10,1806% p.a.)*

ii)   Die ursprüngliche Gesamtlaufzeit/Ratenanzahl n ergibt sich aus

$$0 = 100 \cdot 1,0825^n - 10,25 \cdot \frac{1,0825^n - 1}{0,0825} \quad \Longleftrightarrow \quad n = \frac{\ln 5,125}{\ln 1,0825} = 20,614 \,.$$

Somit beträgt die neue Gesamtlaufzeit/Ratenanzahl: 25,614 Jahre/Raten.

Daher gilt folgende Äquivalenzgleichung *(mit A als der noch unbekannten Annuität, aus der sich – bei gegebenem Zinssatz 8,25% – der Tilgungsprozentsatz ergibt)*:

$$0 = 100 \cdot 1,0825^{25,614} - A \cdot \frac{1,0825^{25,614} - 1}{0,0825}$$

$\Longleftrightarrow \; A = 9,497 \approx 9,5.$ Davon sind *(wegen $K_0 = 100$)* 8,25 die Kreditzinsen, somit bleiben 1,25 für die Tilgung:

Der Tilgungssatz beträgt daher 1,25% zuzügl. ersparte Zinsen.

Testklausur Nr. 5

L1:   i) $G_{40} = G_{05} \cdot (1+i)$ $\Longleftrightarrow$ $1+i = 51{,}31/61{,}20 = 0{,}8384$

$\Rightarrow$ Abnahme 16,16%

ii) $i = 20{,}75/43{,}41 = 0{,}4780 = 47{,}80\%$

iii) $14{,}49 \cdot (1+i)^{50} = 7{,}14$ $\Longleftrightarrow$ $i = (7{,}14/14{,}49)^{0{,}02} = 0{,}9859 - 1 = -0{,}0141$

d.h. die durchschnittliche jährliche *Abnahme* beträgt 1,41% p.a.

L2:   Die Restzahlung wird durch Aufzinsen und Saldieren aller Zahlungen auf den Stichtag 31.12. ermittelt *(vorher keine Zinsverrechnung!)* und beträgt daher:

$$11.000 \cdot \left(1+0{,}11 \cdot \frac{261}{360}\right) + 17.000 \cdot \left(1+0{,}11 \cdot \frac{220}{360}\right) - 20.000 \cdot \left(1+0{,}11 \cdot \frac{118}{360}\right) = 9.298{,}92 \ €.$$

L3:   i) $K_0 = 450.000 / 0{,}96 = 468.750{,}- €$

ii)   Die Restschuld nach 2 Jahren ist – da die Zinsen stets gezahlt wurden – identisch mit der Kreditsumme K_0. Somit gilt für die Restlaufzeit n:

$$0 = 468.750 \cdot 1{,}07^n - 37.500 \cdot \frac{1{,}07^n - 1}{0{,}07} \quad \Longleftrightarrow \quad n = \ln 8 / \ln 1{,}07 = 30{,}73$$

d.h. die Gesamtlaufzeit beträgt $n+2 = 32{,}73 \approx 33$ Jahre.

iii)

Per. t	Restschuld K_{t-1} *(Beginn t)*	Zinsen Z_t *(Ende t)*	Tilgung T_t *(Ende t)*	Annuität A_t *(Ende t)*
1	468.750,--	32.812,50	0	32.812,50
2	468.750,--	32.812,50	0	32.812,50
3	468.750,--	32.812,50	4.687,50	37.500,--
4	464.062,50	32.484,38	5.015,63	37.500,--
...	...	...	...	...
32	59.313,14	4.151,92	33.348,08	37.500,--
33	25.965,06	1.817,55	25.965,06	27.782,61

iv) Restschuld K_{10} nach 10 Jahren:

$$K_{10} = 468.750 \cdot 1{,}07^8 - 37.500 \cdot \frac{1{,}07^8 - 1}{0{,}07} = 420.657{,}18 \ €$$

$\Rightarrow$ Äquivalenzgleichung *(Stichtag: Tag der letzten Leistung)*:

$$450.000 \cdot q^{10} = 32.812{,}50 \cdot (q+1) \cdot q^8 + 37.500 \cdot \frac{q^8 - 1}{q - 1} + 420.657{,}18 \qquad \textit{(Regula falsi)}$$

$\Rightarrow$ $i_{eff} = 7{,}60\%$ p.a.

L4: $K_8 = 24.700 = K_0 \cdot 1,1^8 - 11.000 \cdot \dfrac{1,1^8 - 1}{0,1}$ $\Rightarrow$ $K_0 = 70.206,92 \,€$.

L5: z.B. Stichtag = „heute", d.h. Tag des Erwerbs:

Barwert von Hubers Zahlungen: $350.000 + \underset{(Gebühr)}{35.000} + \underset{(MWSt.)}{26.950} = 411.950 \,€$

Barwert der Zahlungen an Huber:

$$4000 \cdot \frac{q^{72} - 1}{q - 1} \cdot \frac{1}{q^{95}} + 240\,000 \cdot \frac{1}{q^{108}} = 406.270,33 \,€ \qquad (\textit{mit } q = 1,04^{1/12})$$

also Aktion „Rembrandt" *nicht* lohnend für Huber.

L6: i) $400.000 \cdot 1,08^3 \cdot 1,08^n = 50.000 \cdot \dfrac{1,08^n - 1}{0,08}$ $\Longleftrightarrow$ $n = 21,32 \approx 22 \,\text{Raten}$.

ii) $400.000 \cdot 1,08^{11} = 100.000 \cdot 1,08^{10} + 150.000 \cdot 1,08^7 + \dfrac{R}{0,08}$ *(Stichtag: 1.1.26)*

$\Rightarrow$ $R = 36.775,16 \,€/\text{Jahr}$

iii) $K_0 = 30.000 \cdot \dfrac{1,08^7 - 1}{0,08} \cdot 1,08^{-6} + 30.000 \cdot 1,06^{-1} \cdot 1,08^{-6} +$

$+ \, 40.000 \cdot \dfrac{1,06^6 - 1}{0,06} \cdot 1,06^{-9} \cdot 1,08^{-6} = 290.592,14 \,€$.

L7: Stichtag z.B. 01.01.10:

Knösel: $K_0 = 150 \cdot (1+0,035 \cdot \tfrac{1}{3}) \cdot \dfrac{1,035^{12} - 1}{0,035} \cdot \dfrac{1}{1,035^{12}} + 250 = 1.716,41 \,€$

Schripf: $K_0 = 500 \cdot \dfrac{1}{1,035^2} + 1500 \cdot \dfrac{1}{1,035^5} = 1.729,72 \,€^{\circledcirc}$ *(Schripf günstiger)*

Testklausur Nr. 6

L1: i) p_{00}, p_{15}, p_{17} seien die Preise in den Jahren 00, 15 bzw. 17. Zweckmäßigerweise wählt man *einen* Preis fiktiv vor, z.B. $p_{00} = 100$. Dann gilt:

$$p_{17} = p_{00} \cdot (1 + \tfrac{180}{100}) = 100 \cdot 2,8 = 280 .$$

Wegen $p_{17} = 280 = p_{15} \cdot (1 - 0,40) = p_{15} \cdot 0,60$ folgt:

$$p_{15} = \frac{280}{0,60} = 466,\overline{6} \approx 467 .$$

Also liegt p_{15} um $367\,\%$ über p_{00} *(= 100)* .

ii)   Aus i) ist bekannt: p_{00} (= 100) wächst in 17 Jahren an auf p_{17} (= 280).

Also muss mit der konstanten durchschnittl. jährl. Änderungsrate i gelten:

$$100 \cdot (1+i)^{17} = 280 \iff i = 2{,}8^{1/17} - 1 = 0{,}062438 \approx 6{,}24\% \, \text{p.a.} \, \textit{(Zunahme)}$$

L2: **i)** $i_{eff} \approx \dfrac{0{,}0675}{0{,}792} + \dfrac{1{,}032 - 0{,}792}{6} = 0{,}125227 \approx 12{,}52\% \, \text{p.a.}$

ii) $79{,}2 = 6{,}75 \cdot \dfrac{q^6 - 1}{q - 1} \cdot \dfrac{1}{q^6} + \dfrac{103{,}2}{q^6}$ *(12,2348% p.a.)*

L3: **i)**   Es sei n die Anzahl der Raten. Dann gilt am Tag der n-ten und letzten Rate:

$$0 = 800 \cdot 1{,}12^2 \cdot 1{,}12^n - 150 \cdot \dfrac{1{,}12^n - 1}{0{,}12} \iff n = \dfrac{\ln(150/29{,}5776)}{\ln 1{,}12} = 14{,}3266$$

(d.h. 14 volle Raten + eine verminderte Schlussrate)

ii)   Stichtag *(z.B.)* 01.01.18:

$$800.000 \cdot 1{,}12^9 = 250.000 \cdot 1{,}12^7 + 200.000 \cdot 1{,}12^3 + \dfrac{R}{0{,}12} \iff$$

R = 166.176,85 €/Jahr, beginnend 01.01.19, auf „ewig".

L4: **i)**   Stichtag (z.B.) 01.01.10. Dann lautet die Äquivalenzgleichung:

$$300.000 + R \cdot \dfrac{1{,}08^{10} - 1}{0{,}08} \cdot \dfrac{1}{1{,}08^{14}} = 100.000 \cdot \dfrac{1{,}08^{20} - 1}{0{,}08} \cdot \dfrac{1}{1{,}08^{20}} + \dfrac{500.000}{1{,}08^4} + \dfrac{800.000}{1{,}08^{10}}$$

$$\iff R = 287.885{,}80 \text{ €/Jahr}$$

ii)   r sei die Monatsrate $\Rightarrow$ Jahresersatzrate $R^* = 12 \cdot r \cdot (1 + 0{,}08 \cdot \frac{5{,}5}{12}) = 12{,}44 \cdot r$
Stichtag (z.B.) 01.01.26 *(= Tag der letzten Ersatzrate)*:

$$R^* \cdot \dfrac{1{,}08^{15} - 1}{0{,}08} = 100.000 \cdot \dfrac{1{,}08^{20} - 1}{0{,}08} \cdot \dfrac{1}{1{,}08^4} + 500.000 \cdot 1{,}08^{12} + 800.000 \cdot 1{,}08^6$$

$$\iff R^* = 12{,}44 \cdot r = 217.007{,}98 \iff r = 17.444{,}37 \text{ €/Monat} \, \textit{(180mal)}$$

iii)   Stichtag (z.B.) 01.01.14 *(d.h. 1 Jahr vor der ersten 200.000-€-Rate)*:

$$200.000 \cdot \dfrac{1{,}08^n - 1}{0{,}08} \cdot \dfrac{1}{1{,}08^n} = 100.000 \cdot \dfrac{1{,}08^{20} - 1}{0{,}08} \cdot \dfrac{1}{1{,}08^{16}} + 500.000 + \dfrac{800.000}{1{,}08^6}$$

$$\iff 1{,}08^n - 1 = 0{,}93595353 \cdot 1{,}08^n \iff n = \dfrac{\ln 15{,}6136623}{\ln 1{,}08} = 35{,}7083 \approx$$

L5:   Für die Restlaufzeit n ab Jahr 4 gilt: $0 = 100 \cdot 1{,}09^n - 11 \cdot \dfrac{1{,}09^n - 1}{0{,}09} \iff$

$n = \dfrac{\ln 5{,}5}{\ln 1{,}09} = 19{,}78$, d.h. Gesamtlaufzeit = n+3 = 22,78 $\approx$ 23 Jahre.

Restschuld nach 22 Jahren: $K_{22} = 840.000 \cdot 1{,}09^{19} - 92.400 \cdot \dfrac{1{,}09^{19}-1}{0{,}09} = 66.889{,}90$

Per. t	Restschuld K_{t-1} *(Beginn t)*	Zinsen Z_t *(Ende t)*	Tilgung T_t *(Ende t)*	Annuität A_t *(Ende t)*
...	...	...	...	...
23	66.889,90 $(=K_{22})$	6.020,09	66.889,90	72.909,99

L6: i) Stichtag *(z. B.)* 01.01.13 *(d. h. Ende der Nutzungsdauer)*:

K_n = aufgezinste Auszahlungen *(minus Einzahlungen)*:

bei Kauf:
$K_n = 570.000 \cdot 1{,}08^8 + 2.000 \cdot \dfrac{1{,}08^7-1}{0{,}08} \cdot 1{,}08 - 40.000 = 1.034.303{,}48 \;€ \,^{☺}$

bei Miete:
$K_n = 25.000 \cdot \dfrac{1{,}08^8-1}{1{,}08^{0{,}25}-1} \cdot 1{,}08^{0{,}25} + 20.000 \cdot 1{,}08^8 = 1.153.352{,}93 \;€$ *(ICMA)*

also Kauf günstiger.

ii) Äquivalenzgleichung *(falls Stichtag = 01.01.13; $q = 1+i_{eff}$)*:

$$570.000q^8 + 2000 \,\frac{q^7-1}{q-1} \cdot q - 40.000 = 20.000q^8 + 25.000 \cdot \frac{q^8-1}{q^{0{,}25}-1} \cdot q^{0{,}25}$$

$\Rightarrow \quad q = 1{,}114338074$, d. h. $i_{eff} \approx 11{,}43\%$ p. a. *(Regula falsi)*

L7: 1) ja 2) nein *(denn $1{,}05^{20} > 2$; richtig: $3{,}5265\%$ p. $^1/_2$ a.)* 3) ja 4) ja 5) ja 6) ja

L8: i) Jahresersatzrate $R^* = 48.000 \cdot (1+0{,}07 \cdot \frac{4{,}5}{12}) = 49.260{,}- €$

Stichtag 01.01.11: $\qquad K_n = 49.260 \cdot \dfrac{1{,}07^6-1}{0{,}07} = 352.371{,}10 €$

ii) halber nomineller Gesamtrentenwert $= 0{,}5 \cdot 24 \cdot 12.000 = 144.000 €$.

Bedingung: $49.260 \cdot \dfrac{1{,}07^n-1}{0{,}07} = 144.000 \iff 1{,}07^n = 1{,}2046285$

$\iff$ n = 2,7516, d. h. im 3. Jahr nach dem 1.1.05, also in 2007.

iii) Jahresersatzrate jetzt: $R^* = 12 \cdot r \cdot (1+0{,}07 \cdot \frac{5{,}5}{12})$ *(mit r = Monatsrate)*

$R^* \cdot \dfrac{1{,}07^{13}-1}{0{,}07} = 352.371{,}10 \cdot 1{,}07^8 \iff R^* = 30.060{,}57 \iff r = 2.427{,}18 €/M.$

(aus i))

iv) $R^* = 12 \cdot r \cdot (1+0{,}08 \cdot \frac{6{,}5}{12}) = 201.286{,}16 \iff r = 16.077{,}17 €/M.$ *(vorschüssig)*

Bei *nachschüssiger* Monatsrate r: $\quad R^{**} = 12 \cdot r \cdot (1+0{,}08 \cdot \frac{5{,}5}{12}) = 199.999{,}99 €/J.$

Testklausur Nr. 7

L1: Äquivalenzgleichung *(falls als Stichtag der 01.01.2028 gewählt wurde)*:

$$100 \cdot (q^{23} + q^{21}) = 40 \cdot \frac{q^5 - 1}{q - 1} \cdot q^{13} + 20 \cdot \frac{q^{10} - 1}{q - 1} \cdot q^3 + 60 \qquad \Rightarrow \quad i = 7{,}73\% \,\text{p.a.}$$

L2:   **i)** p_{06}, p_{07}, p_{08} seien die Preise in den Jahren 06, 07 bzw. 08. Zweckmäßigerweise wählt man *einen* Preis fiktiv vor, z.B. $p_{06} = 100$. Dann gilt:

$$p_{08} = p_{06} \cdot (1 - 0{,}10) = 100 \cdot 0{,}90 = 90$$

$$\Rightarrow \quad 90 = p_{08} = p_{07} \cdot (1 - 0{,}45) = p_{07} \cdot 0{,}55 \quad \Rightarrow \quad p_{07} = \frac{90}{0{,}55} = 163{,}64$$

Also liegt p_{07} um $63{,}64\%$ über p_{06} *(= 100)*.

  ii)   Aus i) ist bekannt: p_{06} (= 100) wächst in 2 Jahren an auf p_{08} (= 90).

Also muss mit der konstanten durchschnittl. jährl. Änderungsrate i gelten:

$$100 \cdot (1+i)^2 = 90 \quad \Rightarrow \quad i = \sqrt{0{,}9} - 1 = -0{,}05132 \approx -5{,}13\% \,\text{p.a.} \ \textit{(Abnahme)}$$

L3: Barwerte der Kaufpreisalternativen, bezogen auf den 01.01.2015:

  1) $K_0 = 50.000 + 20.000 \cdot \dfrac{1{,}08^5 - 1}{0{,}08} \cdot \dfrac{1}{1{,}08^6} + 20.000 \cdot \dfrac{1{,}06^5 - 1}{0{,}06} \cdot \dfrac{1}{1{,}06^5} \cdot \dfrac{1}{1{,}08^6} +$

$$+ 30.000 \cdot \frac{1{,}06^{10} - 1}{0{,}06} \cdot \frac{1}{1{,}06^{15}} \cdot \frac{1}{1{,}08^6} = 281.004{,}97 \,\text{€} ^{\circledcirc}$$

  2) $K_0 = 200.000 \cdot \dfrac{1}{1{,}08} + 200.000 \cdot \dfrac{1}{1{,}06^2} \cdot \dfrac{1}{1{,}08^6} = 297.354{,}93 \,\text{€}$

  3) $K_0 = 150.000 + 21.600 \cdot (1 + 0{,}08 \cdot \dfrac{6{,}5}{12}) \cdot \dfrac{1{,}08^5 - 1}{0{,}08} \cdot \dfrac{1}{1{,}08^6} +$

$$+ 21.600 \cdot (1 + 0{,}06 \cdot \frac{6{,}5}{12}) \cdot \frac{1{,}06^7 - 1}{0{,}06} \cdot \frac{1}{1{,}06^7} \cdot \frac{1}{1{,}08^6} = 311.769{,}58 \,\text{€}$$

L4:   **i)**   Laufzeit: $n = \dfrac{\ln 9{,}5}{\ln 1{,}085} + 2 = 29{,}60 \approx 30$ Jahre

Tilgungsplan:

Per. t	Restschuld K_{t-1} *(Beginn t)*	Zinsen Z_t *(Ende t)*	Tilgung T_t *(Ende t)*	Annuität A_t *(Ende t)*
1	80.000,--	6.800,--	0	6.800,--
2	80.000,--	6.800,--	0	6.800,--
3	80.000,--	6.800,--	800,--	7.600,--
4	79.200,--	6.732,--	868,--	7.600,--
...	...	....	....	.....
29	10.916,36	927,89	6.672,11	7.600,--
30	4.244,25	360,76	4.244,25	4.605,01

ii)   Äquivalenzgleichung *(Stichtag = Tag der letzten (10.) Annuität)*:

$$92 \cdot q^{10} - 9,5 \cdot \frac{q^{10} - 1}{q - 1} - 85,1649 = 0 \quad \underset{\text{(Regula falsi)}}{\Longrightarrow} \quad i_{eff} = 9,86\% \, p.a.$$

L5: i)   Nach dem Äquivalenzprinzip müsste *(aus Sicht der Studentin)* gelten:
empfangende Leistungen (L) = gegebene Gegenleistungen (GL) *(6% p.a.)*

d.h. $$6.000 \cdot \frac{1,06^4 - 1}{0,06} \cdot 1,06^{20} = 1.600 \cdot \frac{1,06^{15} - 1}{0,06} + K$$

(K = „Zinsgschenk" am Tag der letzten Rückzahlungsrate)

$$\Longleftrightarrow \quad K = 84.179,92 - 37.241,55 = 46.938,37 \, €$$
$$(= \text{„Zinsgeschenk" am Stichtag})$$

ii)   relatives Zinsgeschenk:

$$\frac{46.938,37}{84.179,92} = 0,5575958 \approx 55,76\% \text{ des Darlehenswertes}$$

L6: i)   Äquivalenzgleichung *(Stichtag: 1 Jahr vor erster Rate)*:

$$20.000 \cdot \frac{1,07^n - 1}{0,07} \cdot \frac{1}{1,07^n} = 200.000 \cdot \frac{1}{1,07^{16}}$$

$$\Longleftrightarrow \quad 1,07^n - 1 = 0,237114219 \cdot 1,07^n$$

$$\Longleftrightarrow \quad n = \frac{\ln 1,310812214}{\ln 1,07} = 4,00 \text{ Raten}$$

ii) $$R \cdot \frac{1,07^{12} - 1}{0,07} \cdot 1,07^3 = \frac{28.000}{0,07} = 400.000 \quad \Longleftrightarrow \quad R = 18.253,07 \, €/\text{Jahr}$$
(beginnend 01.01.2016)

iii)   Einem zum 01.01.01 valutierten Realwert in Höhe von 150.000 € entspricht
bei einer Preissteigerungsrate von 3,5% p.a. am 01.01.20 ein Nominalwert
(= verlangter Kontostand) in Höhe von

$$150.000 \cdot 1,035^{19} = 288.375,20 \, €.$$

Somit muss für die Ratenhöhe R folgende Äquivalenzgleichung gelten:

$$R \cdot \frac{1,07^{12} - 1}{0,07} \cdot 1,07^8 = 50.000 \cdot 1,07^4 + 288.375,20$$

$$\Longleftrightarrow \quad R = 11.514,79 \, €/\text{J}.$$

Testklausur Nr. 8

L1:   **i)** $Im_{07} = 16{,}55$; $Im_{08} = 20{,}89 = 16{,}55 \cdot (1+i)$

$$\Longleftrightarrow \quad i = \frac{20{,}89}{16{,}55} - 1 = +26{,}22\%$$

ii) $G_{08} = \dfrac{20{,}89}{0{,}445} = 46{,}94$; $G_{09} = \dfrac{20{,}57}{0{,}413} = 49{,}81 = 46{,}94 \cdot (1+i)$

$$\Longleftrightarrow \quad i = +6{,}11\%$$

iii) $Ex_{02} = 3{,}93$; $Ex_{12} = 26{,}52$,   d.h. $3{,}93 \cdot (1+i)^{10} = 26{,}52$

$$\Rightarrow \quad i = \left(\frac{26{,}52}{3{,}93}\right)^{0{,}1} - 1 = 0{,}2104 = 21{,}04\% \text{ p.a.} \quad \text{(durchschnittlich p.a.)}$$

L2:   **i)**   Für die Laufzeit/Ratenanzahl n gilt: $0 = 100 \cdot 1{,}06^n - 6{,}5 \cdot \dfrac{1{,}06^n - 1}{0{,}06}$

$$n = \frac{\ln 13}{\ln 1{,}06} = 44{,}02 \approx 45 \text{ Jahre/Raten} \quad \Rightarrow$$

Per. t	Restschuld K_{t-1} *(Beginn t)*	Zinsen Z_t *(Ende t)*	Tilgung T_t *(Ende t)*	Annuität A_t *(Ende t)*
...	...	...	...	...
43	12.024,73	721,48	5.778,52	6.500,--
44	6.246,21	374,77	6.125,23	6.500,--
45	120,98	7,26	120,98	128,24

ii)   Idee: Restschuld K_4 nach 4 Jahren incl. Sonderzahlung berechnen:

$$K_4 = 100.000 \cdot 1{,}06^4 - 6500 \cdot \frac{1{,}06^4 - 1}{0{,}06} - 10.000 = 87.812{,}69 \,€.$$

Diese Restschuld K_4 muss mit weiteren n Raten/Jahren durch jährlich 6.500 € genau abgetragen werden, d.h. es muss für n gelten:

$$0 = 87.812{,}69 \cdot 1{,}06^n - 6.500 \cdot \frac{1{,}06^n - 1}{0{,}06} \quad \Longleftrightarrow \quad 1.231{,}24 \cdot 1{,}06^n = 6.500$$

$$\Longleftrightarrow \quad n = \frac{\ln(6.500/1.231{,}24)}{\ln 1{,}06} = 28{,}55,$$

also Gesamtlaufzeit $32{,}55 \approx 33$ Jahre.

L3:   **i)**   Für die Laufzeit n gilt: $0 = 300.000 \cdot 1{,}075^n - 28.500 \cdot \dfrac{1{,}075^n - 1}{0{,}075} \quad \Longleftrightarrow$

$$n = \frac{\ln 4{,}75}{\ln 1{,}075} = 21{,}54 \approx 22 \text{ Jahre/Raten.} \quad \Rightarrow$$

Per. t	Restschuld K_{t-1} *(Beginn t)*	Zinsen Z_t *(Ende t)*	Tilgung T_t *(Ende t)*	Annuität A_t *(Ende t)*
1	300.000,--	22.500,--	6.000,--	28.500,--
2	294.000,--	22.050,--	6.450,--	28.500,--
...	...	...	...	...
21	40.171,91	3.012,89	25.487,11	28.500,--
22	14.684,81	1.101,36	14.684,81	15.786,17

ii) $98\ q^5 - 9,5 \cdot \dfrac{q^5-1}{q-1} - 88,38 = 0$ $\Rightarrow$ $i_{eff} = 8,0219\%\,\text{p.a.}$

iii)   Restschuld K_2 nach 2 Jahren: $K_2 = 300.000 \cdot 1,075^2 - 28.500 \cdot 1,075$,

d.h. $K_2 = 316.050,-€$. Schuldentilgung in n weiteren Jahren/Raten:

$$316.050 \cdot 1,075^n = 28.500 \cdot \frac{1,075^n-1}{0,075} \iff n = \frac{\ln(28.500/4.796,25)}{\ln 1,075} = 24,64$$

d.h. Gesamtlaufzeit incl. der beiden Anfangsjahre $= 26,64 \approx 27\,\text{Jahre}$.

L4: $R \cdot (1+0,1 \cdot \frac{30}{360}) + R + 10.000 \cdot (1+0,1 \cdot \frac{121}{360}) + 8.000 \cdot (1+0,1 \cdot \frac{103}{360}) =$

$= 15.000 \cdot (1+0,1 \cdot \frac{144}{360}) + 12.000 \cdot (1+0,1 \cdot \frac{123}{360}) \iff R = 4.702,90\,€\,\text{pro Rate}$

L5:   **i)** $R \cdot \dfrac{1,08^n-1}{0,08} \cdot 1,08 = 500.000$ $\iff$ $R = \text{Sparrate} = 21.537,87\,€/\text{Jahr}$.

ii)   Stichtag zweckmäßigerweise 1 Jahr vor 1. Rate wählen, d.h. 01.01.04 :

$$300.000 \cdot \frac{1,08^n-1}{0,08} \cdot \frac{1}{1,08^n} = 5.132.000 \cdot \frac{1}{1,08^{17}} = 1.387.020,26 \iff$$

$$300.000 \cdot (1,08^n-1) = 110.961,62 \cdot 1,08^n \iff n = \frac{\ln 1,5870}{\ln 1,08} = 6,00\,\text{Raten}.$$

L6:   Stichtag: 01.01.18   *(Barwertvergleich, um aktuelle Werte vergleichen zu können)*:

A: $K_0 = 40.000 + 30.000 \cdot \dfrac{1,06^4-1}{0,06} \cdot \dfrac{1}{1,06^6} + 50.000 \cdot \dfrac{1,06^6-1}{0,06} \cdot \dfrac{1}{1,06^{12}} = 305.843,93\,€$

B: $K_0 = 150.000 \cdot \dfrac{1}{1,06} + 250.000 \cdot \dfrac{1}{1,06^4} = 339.532,85\,€^{☺}$

C: $K_0 = 30.000 + 60.000 \cdot (1+0,06 \cdot \frac{5,5}{12}) \cdot \dfrac{1,06^6-1}{0,06} \cdot \dfrac{1}{1,06^6} = 333.153,04\,€$

L7: $R \cdot \dfrac{1,07^{10}-1}{0,07} + 20.000 \cdot \dfrac{1,07^5-1}{0,07} \cdot 1,07^{12} = 100.000 \cdot 1,07^{14} + 100.000 \cdot 1,07^9$

$\iff$ $R = 13.220,77\,€/\text{Jahr}$ *(10mal, erste Rate am 01.01.16)*.

L8: $R \cdot 1,06^{25} = 24.000 \cdot \dfrac{1,06^{20}-1}{0,06}$ $\iff$ $R = 205.703,82\,€$ *(Rückstellungsbetrag)* .

Testklausur Nr. 9

L1:   **i)** $F_{05} = 1.129;\ F_{23} = 5.259 = 1.129 \cdot (1+i)^{18} \Rightarrow i = \left(\dfrac{5.259}{1.129}\right)^{\frac{1}{18}} - 1 = 8,92\%\,\text{p.a.}$

      ii) $f_{14} = \dfrac{2.877}{2.848} = 1,01\ \dfrac{\text{€}}{h}\ ;\qquad f_{23} = \dfrac{5.259}{2.970} = 1,77\ \dfrac{\text{€}}{h}\ :$

           $1,01 \cdot (1+i) = 1,77 \iff i = 0,7525 = +75,25\%.$

      iii) $N_{05} = \dfrac{1.129}{0,095} = 11.884,21\ \text{€}\ ;\qquad N_{23} = \dfrac{5.259}{0,126} = 41.738,10\ \text{€} :$

           $11.884,21 \cdot (1+i) = 41.738,10 \iff i = 2,5121 = +251,21\%.$

L2:   **i)** $C_0 = 8 \cdot \dfrac{1,065^{11} - 1}{0,065} \cdot \dfrac{1}{1,065^{11}} + \dfrac{102}{1,065^{11}} = 112,53\%$

      ii) $C_6 = 8 \cdot \dfrac{1,09^5 - 1}{0,09} \cdot \dfrac{1}{1,09^5} + \dfrac{102}{1,09^5} = 97,41\%$

      iii)   Endwert aller 11 Kupons (da unverzinst): $11 \cdot 8,- = 88$, d.h. Endvermögen $K_{11} = 88 + C_n = 190$. Anfangs-Investition: $C_0 = 112,53$, d.h. für die Rendite $i\ (= i_{\text{eff}})$ gilt:

$$112,53 \cdot (1+i)^{11} = 190 \iff i = \left(\dfrac{190}{112,53}\right)^{\frac{1}{11}} - 1 = 0,0488 = 4,88\%\,\text{p.a.}$$

L3:   **i)**   Falls Stichtag 01.01.24 *(d.h. 1 Jahr vor erster 50.000€-Rate)*:

$$50.000 \cdot \dfrac{1,08^n - 1}{0,08} \cdot \dfrac{1}{1,08^n} + 40.000 \cdot \dfrac{1,08^7 - 1}{0,08} \cdot 1,08^3$$

$$= 100.000 \cdot 1,08^9 + 350.000 \cdot 1,08^6 + 20.000 \cdot \dfrac{1,08^6 - 1}{0,08} \cdot \dfrac{1}{1,08^2} = 881.094,01$$

      $\iff 1,08^n - 1 = 0,69038 \cdot 1,08^n \iff n = \dfrac{\ln 3,22977}{\ln 1,08} = 15,2338$,

      d.h. 15 volle Raten + eine Schlussrate

      ii)   Falls Stichtag 01.01.22 *(d.h. 1 Jahr vor erster Rate der ewigen Rente)*:

$$\underset{\text{(siehe i))}}{\dfrac{R}{0,08} + 200.000 \cdot 1,08^5 + 100.000 \cdot 1,08^3 = 881.094,01} \cdot 1,08^{-2}$$

      $\iff$ Ratenhöhe $R = 26.844,74\ \text{€/Jahr}$ *(auf „ewig")*

L4:   1) nein *(636.363,64)*   2) ja   3) nein *(Einfluss des Rücknahmekurses beachten!)*   4) ja
      5) ja   6) ja   7) ja   8) ja   9) ja   10) nein *(Kurse sind definitionsgemäß abgezinste Werte, steigende Zinsen bewirken stärkere Abzinsungen und daher geringere Kurse)*

L5:   **i)**   Kreditsumme $K_0 = 494.000/0,95 = 520.000 \,€$

        ii)   Laufzeit „n" ab Jahr 4: $0 = 100 \cdot 1,09^n - 10 \cdot \dfrac{1,09^n - 1}{0,09}$

$$\Longleftrightarrow \quad n = 26,719$$

d.h. Gesamtlaufzeit $= n+3 = 29,719 \approx 30$ Jahre.

        iii)

Per. t	Restschuld K_{t-1} (Beginn t)	Zinsen Z_t (Ende t)	Tilgung T_t (Ende t)	Annuität A_t (Ende t)
1	520.000,00	46.800,00	0	46.800,00
2	520.000,00	46.800,00	0	46.800,00
3	520.000,00	46.800,00	0	46.800,00
4	520.000,00	46.800,00	5.200,00	52.000,00
5	514.800,00	46.332,00	5.668,00	52.000,00
...	...	....	....	.....
29	79.555,34	7.159,98	44.840,02	52.000,00
30	34.715,32	3.124,38	34.715,32	37.839,70

        iv)   Restschuld K_8 nach 8 Jahren:

$$K_8 = 520.000 \cdot 1,09^5 - 52.000 \cdot \frac{1,09^5 - 1}{0,09} = 488.879,50 \,€.$$

Wählt man diesen Tag als Stichtag, so lautet die Äquivalenzgleichung für q:

$$494.000 \cdot q^8 = 46.800 \cdot \frac{q^3 - 1}{q - 1} \cdot q^5 + 52.000 \cdot \frac{q^5 - 1}{q - 1} + 488.879,50$$

L6:   Barwerte: Hals: $K_0 = 70.000 + 16.000 \cdot \dfrac{1,07^6 - 1}{0,07} \cdot \dfrac{1}{1,07^8} + 19.000 \cdot \dfrac{1,07^8 - 1}{0,07} \cdot \dfrac{1}{1,07^{16}}$

                                              $= 202.644,14 \,€$

        van Dyck: $K_0 = 100.000 \cdot 1,07^{-2} + 160.000 \cdot 1,07^{-5} = 201.421,66 \,€$

        Rembrandt: $K_0 = 100.000 + 18.000 \cdot \dfrac{1,1449^{12} - 1}{0,1449} \cdot \dfrac{1}{1,07^{23}} = 206.714,67 \,€^{☺}$

L7:   **i)**   Aufgezinste Rückzahlungen *(Stichtag = Tag der letzten Leistung nach a))*:

        a) $K_n = 3.000 \cdot \dfrac{1,09^{10} - 1}{0,09} \cdot 1,09^{10} + 1.000 \cdot \dfrac{1,09^{10} - 1}{0,09} = 123.094,50 \,€^{☺}$

        b) $K_n = 16.000 \cdot 1,09^{24} = 126.577,33 \,€$ $\Rightarrow$ Modell a) günstiger.

        (entsprechende auf „heute" abgezinste Werte: a) $15.559,75^{☺}$ b) $16.000 \,€$)

        ii)   Äquivalenzgleichung *(falls Stichtag wie unter i) gewählt)*:

$$0 = 16.000 \cdot q^{24} - 3.000 \cdot \frac{q^{10} - 1}{q - 1} \cdot q^{10} - 1.000 \cdot \frac{q^{10} - 1}{q - 1} \quad \Rightarrow \quad i_{eff} = 8,70\% \,\text{p.a.}$$

Testklausur Nr. 10

L1:   i) $MS_{67} = 9,4\,\text{Mrd. DM};$ $ms_{67} = 0,35\,\text{DM/L}$

$$\Longleftrightarrow \qquad BV_{67} = \frac{9,4\,\text{Mrd.}}{0,35} = 26,86\,\text{Mrd. L}$$

$MS_{87} = 26,1\,\text{Mrd. DM};$ $ms_{87} = 0,53\,\text{DM/L}$

$$\Longleftrightarrow \qquad BV_{87} = \frac{26,1\,\text{Mrd.}}{0,53} = 49,25\,\text{Mrd. L}$$

$$26,86 \cdot (1+i) = 49,25 \qquad \Longleftrightarrow \qquad i = \frac{49,25}{26,86} - 1 = 0,8336,$$

d.h. Erhöhung um 83,36%.

ii) $MS_{64} = 6,1\,\text{Mrd. DM};$ $MS_{87} = 26,1\,\text{Mrd. DM}$ *(23 Jahre später)*.

Damit gilt: $6,1 \cdot (1+i)^{23} = 26,1$

$$\Longleftrightarrow \quad 1+i = \left(\frac{26,1}{6,1}\right)^{\frac{1}{23}} = 1,065242 \quad (\;=\;\textit{durchschnittlicher Änderungsfaktor p.a.})$$

$$\Rightarrow \quad MS_{2019} = 26,1 \cdot 1,065242^{32} = 197,2\,\text{Mrd. DM}.$$

Mit dem Kurs: $1\,€ = 1,95583\,\text{DM}$, d.h. $1\,\text{DM} = \dfrac{1\,€}{1,95583}$ ergibt sich:

$$MS_{2019} = 197,2\,\text{Mrd. DM} = \frac{197,2}{1,95583}\,\text{Mrd.}\,€ = 100,8\,\text{Mrd.}\,€.$$

L2: $R \cdot (1 + 0,12 \cdot \frac{119}{360}) + R \cdot (1 + 0,12 \cdot \frac{89}{360}) + R = 200.000 \cdot (1 + 0,12 \cdot \frac{293}{360})$

$\Longleftrightarrow$ $R = 71.524,76\,€$ pro Rate *(insg. 3 Raten)*.

L3:   i) a) $i_{\text{eff}} \approx \dfrac{0,075}{0,835} + \dfrac{1,02 - 0,835}{11} = 10,66\%\,\text{p.a.}$ *(C$_O$ = 91% – 7,5% = 83,5% = 0,835 !)*

   b) $91 = 7,5 \cdot \dfrac{q^{12}-1}{q-1} \cdot \dfrac{1}{q^{11}} + \dfrac{102}{q^{11}}$

ii) $C_t = \left(7,5 \cdot \dfrac{1,15^8 - 1}{0,15} + 102\right) \cdot \dfrac{1}{1,15^{7,25}} = 74,4031\%;$ Stückzinsen $= 5,625\%$

d.h. Börsenkurs 68,7781%

L4:   1) ja   2) ja   3) ja   4) ja   5) ja   6) ja   7) ja

8) ja   9) nein *(...„ umso **mehr** wert")*   10) nein *(Kurse sind definitionsgemäß abgezinste Werte, sinkende Zinsen bewirken weniger starke Abzinsungen und daher steigende Kurse)*

L5:   i) $0 = 600.000 \cdot 1{,}07^n - 70.000 \cdot \dfrac{1{,}07^n - 1}{0{,}07} \iff n = \dfrac{\ln 2{,}5}{\ln 1{,}07} = 13{,}5428 \approx 14$ Jahre.

ii)

Per. t	Restschuld K_{t-1} (Beginn t)	Zinsen Z_t (Ende t)	Tilgung T_t (Ende t)	Annuität A_t (Ende t)
1	600.000,--	42.000,--	28.000,--	70.000,--
2	572.000,--	40.040,--	29.960,--	70.000,--
...	...	...	...	...
13	99.123,36	6.938,64	63.061,36	70.000,--
14	36.062,00	2.524,34	36.062,00	38.586,33
15	0			

iii)   Mit der Laufzeit $n = 13{,}54$ aus i) ergibt sich die Äquivalenzgleichung:

$$570 \cdot q^{13,54} = 70 \cdot \frac{q^{13,54} - 1}{q - 1} \quad \text{und daher:} \quad i_{\text{eff}} = 0{,}078872 \approx 7{,}89\% \, \text{p.a.}$$
(Regula falsi)

L6:   Äquivalenzgleichung

(Kreditsumme: 100 ; nom. Zins: i (= q−1)   ⇒   Annuität = 100 · ((q−1) + 0,01)

$$100 \, q^{28} - 100 \cdot ((q-1) + 0{,}01) \cdot \frac{q^{28} - 1}{q - 1} = 0 \quad \Rightarrow \quad i = 8{,}28\% \, \text{p.a. *(nominell)*}$$

L7:   i) $\dfrac{R}{0{,}08} + 150.000 \cdot 1{,}08^3 = 100.000 \cdot 1{,}08^4 + 250.000 \cdot 1{,}08^2$ *(Stichtag 01.01.10)*

⇒   Rate der ewigen Rente: $R = 19.095{,}37$ €/Jahr

ii) $30.000 \cdot \dfrac{1{,}08^n - 1}{0{,}08} \cdot \dfrac{1}{1{,}08^n} + 70.000 \cdot 1{,}08^2 = 100.000 \cdot 1{,}08 + 250.000 \cdot 1{,}08^{-1}$

$1{,}08^n - 1 = 0{,}687556 \cdot 1{,}08^n \iff n = \dfrac{\ln 3{,}200573}{\ln 1{,}08} = 15{,}1158 \approx 15$ Raten.

iii)   Äquivalenzgleichung *(falls z.B. Stichtag: 01.01.2015)* :

$$0 = 100.000 \cdot q^9 + 250.000 \cdot q^7 - 1.000.000 \quad \Rightarrow \quad i_{\text{eff}} = 14{,}75\% \, \text{p.a.}$$
(Regula falsi)

L8:   i)   Abzuschreibender Wert in 6 Jahren: $231.000 - 42.000 = 189.000$ €
⇒   linearer Abschreibungsbetrag $= 189.000/6 = 31.500$ €/Jahr;

ii)   Es muss gelten: $231.000 \cdot (1-i)^6 = 42.000 \Rightarrow 1-i = 0{,}752673 \Rightarrow$
degressiver Abschreibungssatz: $i = 24{,}73\%$ p.a.   *(d.h. „alles falsch")*

Testklausur Nr. 11

L1:   i) $48 \cdot (1+i)^{28} = 568 \Rightarrow 1+i = 1{,}092258 \Rightarrow i = 9{,}23\% \,p.a.$ *(Zunahme)*

ii) $WE = \text{Weltexport: } WE_{20} = \dfrac{48}{0{,}09} = 533{,}\bar{3}; \ WE_{48} = \dfrac{568}{0{,}114} = 4.982{,}456$

$533{,}333 \cdot (1+i) = 4.982{,}456 \Rightarrow i = 8{,}4421 = 834{,}21\% \text{ Zunahme.}$

L2: $90 \cdot (1+i) = 100 \Rightarrow i = 11{,}11\% \text{ für } 1{,}5 \text{ Monate, d.h. Quartalszinssatz: } 22{,}22\%\,p.Q.$
$\Rightarrow$ eff. Jahreszinsfaktor $q = 1{,}2222^4 = 2{,}2314 = 1+i_{eff}$, d.h. $i_{eff} = 123{,}14\%\,p.a.$

L3:   Äquivalenzgleichung für Wertpapierrendite:

$$110 = 7 \cdot \frac{q^{12}-1}{q-1} \cdot \frac{1}{q^{12}} + 104 \cdot \frac{1}{q^{12}} \qquad (\Rightarrow i = 6{,}04\%\,p.a.)$$

L4:   1) ja   2) nein   *(denn $1{,}01^{12} = 1{,}1268 > 1{,}1200$)*   3) ja   4) nein *(denn*
$K_1 = 10 \cdot 1.200 \cdot (1+0{,}1 \cdot \frac{7{,}5}{12}) = 12.750{,}-)$ 5) ja   6) ja   7) nein *(denn*
$1{,}0785^2 = 1{,}1632 < 1{,}1700$ 8) ja   9) ja   10) nein *(denn $100.000 < 134.400$)*

L5: $R \cdot (1+0{,}09 \cdot \frac{30}{360}) + R + 15.000 \cdot (1+0{,}09 \cdot \frac{170}{360}) + 12.000 \cdot (1+0{,}09 \cdot \frac{132}{360}) =$
$= 10.000 \cdot (1+0{,}09 \cdot \frac{188}{360}) + 40.000 \cdot (1+0{,}09 \cdot \frac{147}{360}) \iff R = 11.908{,}59 \text{ € pro Rate}$

L6:   i) Tilgungsplan *(Kreditsumme $= 600.000/0{,}96 = 625.000{,}-€$):*

Die Restschuld nach 2 Jahren ist – da die Zinsen stets gezahlt wurden – identisch
mit der Kreditsumme $K_0 = 625.000$. Somit gilt für die Restlaufzeit n:

$$0 = 625.000 \cdot 1{,}07^n - 62.500 \cdot \frac{1{,}07^n - 1}{0{,}07} \iff n = \ln 3{,}\bar{3}/\ln 1{,}07 = 17{,}79$$

d.h. die Gesamtlaufzeit beträgt $n+2 = 19{,}79 \approx 20$ Jahre.

Per. t	Restschuld K_{t-1} *(Beginn t)*	Zinsen Z_t *(Ende t)*	Tilgung T_t *(Ende t)*	Annuität A_t *(Ende t)*
1	625.000,--	43.750,--	0	43.750,--
2	625.000,--	43.750,--	0	43.750,--
3	625.000,--	43.750,--	18.750,--	62.500,--
4	606.250,--	42.437,50	20.062,50	62.500,--
...	. . .	. . .	. . .	. . .
19	102.099,00	7.146,93	55.353,07	62.500,--
20	46.745,93	3.272,21	46.745,93	50.018,14

ii)   Äquivalenzgleichung *(bezogen auf Laufzeitende n = 19,79)*

$$0 = 600.000 \cdot q^{19,79} - 43.750 \cdot \frac{q^2-1}{q-1} \cdot q^{17,79} - 62.500 \cdot \frac{q^{17,79}-1}{q-1}$$

(Lösung: i = 7,51% p.a.)

L7:   i)   Aus $1.800 \cdot (1+0,05\,\frac{5,5}{12}) \cdot \frac{1,05^{19}-1}{0,05} \cdot 1,05^5 = 12A \cdot (1+0,05\,\frac{5,5}{12}) \cdot \frac{1,05^5-1}{0,05}$

folgt: Auszahlungsrate A = 1.058,06 €/Monat

ii) $S \cdot \frac{q^{228}-1}{q-1} \cdot q^{60} = 1.200 \cdot \frac{q^{60}-1}{q-1}$ mit $q=1+i_M$ und $q^{12} = 1,05$

⇒   Sparbetrag S = 170,12 €/Monat

iii)   a)   *US-Methode:* $120 \cdot \frac{q^{228}-1}{q-1} \cdot q^{60} = 1.000 \cdot \frac{q^{60}-1}{q-1}$ mit $i_{eff} = 12 \cdot (q-1)$.

Daraus ergibt sich mit Hilfe der Regula falsi: q = 1,005107175, d.h.

$i_{eff}\,(US) = 12 \cdot 0,005107175 = 0,061286 \approx 6,13\%\,p.a.$

b)   *ICMA-Methode:* $120 \cdot \frac{q^{228}-1}{q-1} \cdot q^{60} = 1.000 \cdot \frac{q^{60}-1}{q-1}$ mit $1+i_{eff} = q^{12}$.

Lösung zunächst wie unter a): q = 1,005107175 , d.h.

$i_{eff}\,(ICMA) = 1,005107175^{12} - 1 = 0,063037 \approx 6,30\%\,p.a.$

L8:

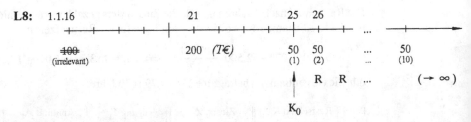

Wert K_0 aller noch ausstehenden Zahlungen *(d.h. **ohne** die am 01.01.16 geflossenen 100.000 € !)* zum 01.01.25 (d.h. 1 Jahr vor der 1. Rate der ewigen Rente):

$$K_0 = 200.000 \cdot 1,07^4 + 50.000 \cdot \frac{1,07^{10}-1}{0,07} \cdot \frac{1}{1,07^9} = 637.920,81 \ €.$$

Damit ergibt sich die Ratenhöhe R der 1 Jahr später einsetzenden ewigen Rente zu:

$$R = K_0 \cdot 0,07 = 44.654,46 \ €/Jahr \ \textit{(auf „ewig")}.$$

Testklausur Nr. 12

L1: i) $GV_{00} = 1.480;\ GV_{39} = 100.000;\ i = $ durchschnittl. jährl. Zuwachsrate

$$\Longleftrightarrow\ 1.480 \cdot (1+i)^{39} = 100.000\ \Longleftrightarrow\ i = \left(\frac{100.000}{1.480}\right)^{1/39} - 1\ =\ 11{,}41\%\ \text{p.a.}$$

ii) Basisjahr '20: Ein Vermögen von 23.530 € hat – bezogen auf das Jahr '20 – auch die Kaufkraft 23.530 €. Die auf Basis '00 bezogene vorgegebene Kaufkraft im Basisjahr '20 in Höhe von 15.170 € muss also zunächst einmal – per Faktor 1,551087673 (= 23.530/15.170) – auf die Kaufkraft 15.170 € und dann ebenfalls auf die 19 Jahre spätere Kaufkraft 31.660 € in '39 angepasst werden:

$$15.170 \cdot 1{,}551087673 = 23.530{,}-\text{€};\quad 31.660 \cdot 1{,}551087673 = 49.107{,}44\ \text{€}$$

Nom. Geldvermögen: 23.530 ——▸ 100.000,00 *(19 Jahre später)*
Kaufkraft *(bzgl. '20)*: 23.530 ——▸ 49.107,44 *(19 Jahre spater)*

Die nominelle Vermögenssumme 100.000 ist also in '39 allein durch Preissteigerung aus der realen Kaufkraftsumme in '39, nämlich 49.107,44 €, entstanden:

$$49.107{,}44 \cdot (1+i_p) = 100.000\ \Longleftrightarrow\ 1+i_p = 2{,}036351\ \Longleftrightarrow\ i_p = 1{,}036351;$$

Insgesamt haben wir also eine Preissteigerung in 19 Jahren um 103,6351%, d.h. mit i als Preissteigerungsrate pro Jahr gilt:

$$(1+i)^{19} = 1+i_p = 2{,}036351\quad \text{d.h.}\quad i = 2{,}036351^{\frac{1}{19}} = 1{,}038139,$$

d.h. die durchschnittliche Preiserhöhung in '21 bis '39 beträgt 3,81% p.a.

L2: i) $$R \cdot (1+0{,}07 \cdot \tfrac{184}{360}) + R \cdot (1+0{,}07 \cdot \tfrac{106}{360}) + R\ =\ 24.000 \cdot (1+0{,}07 \cdot \tfrac{230}{360})$$

$$\Longleftrightarrow\ \text{Ratenhöhe } R = 8.203{,}58\ \text{€};$$

ii) $$8.500 \cdot (1+i \cdot \tfrac{184}{360}) + 8.500 \cdot (1+i \cdot \tfrac{106}{360}) + 8.500\ =\ 24.000 \cdot (1+i \cdot \tfrac{230}{360})$$

$$\Longleftrightarrow\ 1.500 = i \cdot (24.000 \cdot \tfrac{230}{360} - 8.500 \cdot \tfrac{184}{360} - 8.500 \cdot \tfrac{106}{360})$$

$$i = i_{eff} = 0{,}176759 \approx 17{,}68\%\,\text{p.a.}$$

L3: Äquivalenzgleichung: $$30.000 \cdot \frac{1{,}08^n - 1}{0{,}08} \cdot \frac{1}{1{,}08^n} = 500.000 \cdot \frac{1}{1{,}08^{21}}\quad \Longleftrightarrow$$
(Stichtag: 01.01.15)

$$1{,}08^n - 1 = 0{,}264874 \cdot 1{,}08^n\ \Longleftrightarrow\ n = \frac{\ln 1{,}360311}{\ln 1{,}08} = 4{,}00\ \text{Ansparraten erforderlich.}$$

L4: i) Wert der Zahlungen des Investors *("Leistung", z.B. zum 01.01.22):*
$$K_L = 10.000 \cdot 1{,}02^{28} = 17.410{,}24\ \text{€};$$

Wert K_{GL} der Rückflüsse aus der Investition *("Gegenleistung" zum 01.01.22):*

$$K_{GL} = \frac{350}{0,02} = 17.500,- \; €,$$

⇒   die Investition ist für den Investor gerade noch lohnend.

ii)   Äquivalenzgleichung: $10.000 \cdot q^{28} = \dfrac{350}{q-1}$ *(mit $q = 1+i_Q$; $i_{eff} = q^4-1$)*
(Stichtag (z.B.) 01.01.22)

L5:   1) ja   2) ja   3) ja   4) nein *(6,25% · 48 = 300% Zinsen plus Kapital, d.h. Vervierfachung des Kapitals!)* 5) nein *(Endkapital = 100 · 1,047¹⁹⁹ = 931.943,65 < 1 Mio. €)* 6) ja 7) ja 8) nein *(K₀ = (60.000/0,12) · 1,12 = 560.000)*

L6:   Schuld nach 5 Jahren: $K_5 = 200.000 \cdot 1,085^5 - 20.000 \cdot \dfrac{1,085^5-1}{0,085} = 182.223,88$
(jährliche Abrechnung, da nachschüssige Tilgungsverrechnung!)

i)   Äquivalenzgleichung *(US-Methode, mit realem Zahlungsstrom)*:

$$0 = 192.000 \cdot q^{60} - 1.666,\overline{6} \cdot \frac{q^{60}-1}{q-1} - 182.223,88 \quad (q = 1+i_m, \; i_{eff} = 12\, i_m) \; .$$

ii)   Äquivalenzgleichung *(ICMA)*: wie i) , aber mit $q = 1+i_m$, $i_{eff} = q^{12}-1$.

L7:   i) $C_{0,max} = 7 \cdot \dfrac{1,1^{11}-1}{0,1} \cdot \dfrac{1}{1,1^{11}} + \dfrac{102}{1,1^{11}} = 81,22\,\%$ *(maximaler Kaufkurs)*.

ii)   Äquivalenzgleichung: $90 = 7 \cdot \dfrac{q^8-1}{q-1} \cdot \dfrac{1}{q^8} + 100 \cdot \dfrac{1}{q^9}$
(Stichtag = Zeitpunkt des Kaufs)

L8:   Monatsrate: Zinskosten = 0,1% von 42.000,– =   42,– €/Monat
Tilgung   = 42.000 : 24   = 1.750,– €/Monat
Bearbeitungsgebühr = 480 : 24   =   20,– €/Monat
_____
Monatsrate = 1.812,– €/Monat

L = Leistung Timmes bei Ratenzahlung *(Barwert am 01.01.16)*:

$$L = 10.000 + 1.812 \cdot \frac{q^{24}-1}{q-1} \cdot \frac{1}{q^{24}} \quad \text{(mit } q = 1+i_M; \; q^{12} = 1,08; \; q = 1,08^{1/12})$$

$$= 10.000 + 1.812 \cdot \frac{1,08^2-1}{1,08^{1/12}-1} \cdot \frac{1}{1,08^2} = 50.177,32 \; €$$

GL = Timmes alternative (Gegen-) Leistung bei Barzahlung am 01.01.16:
GL = 52.000 · 0,95 = 49.400,– ☺ *(bei 8% p.a. ist Barzahlung günstiger)*.

L9:   Fiktive Kreditsumme: $K_0 = 100$ ⇒ $A = 15$ ⇒ Restschuld K_{10} nach 10 Jahren:
$K_{10} = 100 \cdot 1,13^{10} - 15 \cdot \dfrac{1,13^{10}-1}{0,13} = 63,16$. Mit K_A = Auszahlung = $100 - $ Disagio
wird über 10 Jahre ein Effektivzins von 16% p.a. erreicht, also muss gelten:

$K_A \cdot 1,16^{10} = 15 \cdot \dfrac{1,16^{10}-1}{0,16} + 63,16 = 0 \;\Longleftrightarrow\; K_A = 86,82\% \;\Longleftrightarrow\;$ Disagio = 13,18%.

Testklausur Nr. 13

L1:   **i)**   Kaufkraft '15 $= \dfrac{\text{Lohnniveau '15}}{\text{Preisniveau '15}} = 1$ *(denn auf Basis '15 entsprechen die*

Löhne den Preisen) $\Rightarrow$ Kaufkraft '18 $= \dfrac{\text{Lohnniveau '18}}{\text{Preisniveau '18}} = \dfrac{110,2}{101,0} =$

1,091089, d.h. Kaufkraftsteigerung um ca. 9,11%

ii) $P_{21} = P_{03} \cdot 1,183 \cdot 1,102 \cdot 1,178 \cdot 1,078 \cdot 1,01 \cdot 1,094 = P_{03} \cdot 1,82923$

Dieselbe 82,923%ige Preissteigerung muss sich mit der durchschnittlichen jährlichen Änderungsrate i ergeben *(in 18 Jahren)*:

$P_{21} = P_{03} \cdot (1+i)^{18} = P_{03} \cdot 1,82923$, d.h. $(1+i)^{18} = 1,82923$

d.h. $i = 1,82923^{\frac{1}{18}} - 1 = 0,03412 \approx +3,41\% \text{ p.a.}$ *(im Durchschnitt)*

L2:   **i)**   Kreditsumme: $K_0 = 798.000/0,95 = 840.000 \, €$.

Nachschüssige Tilgungsverrechnung: Die beiden Halbjahresraten *(jeweils 50.400 €)* werden auf dem Kreditkonto wie eine einzige nachschüssige Annuität von 100.800 € aufgefasst:

Für die Gesamtlaufzeit n des Kredits gilt dann:

$0 = 840.000 \cdot 1,11^n - 100.800 \cdot \dfrac{1,11^n - 1}{0,11}$ $\iff$ $8.400 \cdot 1,11^n = 100.800$

$\iff$ $n = \dfrac{\ln 12}{\ln 1,11} = 23,81 \; (\approx\!24\,J.)$ $\Rightarrow$

Per. t	Restschuld K_{t-1} *(Beginn t)*	Zinsen Z_t *(Ende t)*	Tilgung T_t *(Ende t)*	Annuität A_t *(Ende t)*
...	...	...	...	...
23	157.799,80	17.357,98	83.442,02	100.800,00
24	74.357,78	8.179,36	74.357,78	82.537,13

ii)   Es empfiehlt sich, mit einer Kreditsumme von 100 zu rechnen $\Rightarrow$

Restschuld nach 5 Jahren: $K_5 = 100 \cdot 1,11^5 - 12 \cdot \dfrac{1,11^5 - 1}{0,11} = 93,7722$

a)   Äquivalenzgleichung (ICMA) *(Halbjahres-Rate jetzt „6"!)*:

$0 = 95q^{10} - 6 \dfrac{q^{10} - 1}{q - 1} - 93,7722$ *(Regula falsi)*

$\Rightarrow$ $q = 1 + i_H = 1,062187387$ $\Rightarrow$ $i_{eff} = q^2 - 1 \approx 12,82\% \text{ p.a.}$

b)   US-Methode: Äquivalenzgleichung wie bei ICMA, d.h. $i_H = 6,2187\% \text{ p.H.}$

$\Rightarrow$ $i_{eff} = 2 \cdot i_H \approx 12,44\% \text{ p.a.}$

L3: 1) nein *(100 · 1,15 = 115 aber: 150 · 0,70 = 105)* 2) nein *($i_{eff} = 1,006^{12} - 1 = 7,44\%$)*

3) ja   4) ja   5) nein *(3 · 27% = 81% (lin.); $1,0525^{12} - 1 = 84,78\%$)* 6) ja   7) ja

8) ja   9) ja

L4: $6 \cdot R \cdot (1 + 0,07 \cdot \frac{2,5}{12}) = 50.000 \cdot (1 + 0,07 \cdot \frac{10}{12}) + 50.000 \cdot (1 + 0,07 \cdot \frac{196}{360})$ $\Longleftrightarrow$

$R = 17.219,26 \text{ €}$ pro Rate *(sechsmal)*.

L5: Endvermögen des Sparers $= 12.325 \cdot \dfrac{1,05^4 - 1}{0,05} + 4.800 = 57.922,29 \text{ €}$

(mit der Jahresersatzrate $R^* = 12 \cdot 1.000 \cdot (1 + 0,05 \cdot \frac{6,5}{12}) = 12.325,- €$)

Äquivalenzgleichung *(ICMA)*: $1.000 \cdot \dfrac{q^{48} - 1}{q - 1} \cdot q = 57.922,29$ *(mit $1 + i_{eff} = q^{12}$)*

L6: i) $97 = 7 \cdot \dfrac{1,105^{13} - 1}{0,105} \cdot \dfrac{1}{1,105^{13}} + \dfrac{C_n}{1,105^{13}}$ $\Longleftrightarrow$ $C_n = 177,75\%$

ii)   a) $i_{eff} \approx \dfrac{0,07}{0,97} + \dfrac{0,81 - 0,97}{5} = 4,02\%$ p.a.

b) $97 = 7 \cdot \dfrac{q^4 - 1}{q - 1} \cdot \dfrac{1}{q^4} + \dfrac{88}{q^5}$

L7: Fiktive Kreditsumme: $K_0 = 100$; Annuität *(ab Jahr 3)* = 9. Da Tilgungsstreckung, beträgt die Restschuld nach 2 Jahren nach wie vor 100, so dass für die Restschuld K_7 nach 7 Jahren gilt:

$$K_7 = 100 \cdot 1,08^5 - 9 \cdot \dfrac{1,08^5 - 1}{0,08} = 94,13.$$

Äquivalenzgleichung *(mit fiktiver Kreditsumme 100, Disagio = d% von 100 = d)*:

$$(100 - d) \cdot 1,1^7 = 8 \cdot \dfrac{1,1^2 - 1}{0,1} \cdot 1,1^5 + 9 \cdot \dfrac{1,1^5 - 1}{0,1} + 94,13 \quad \Longleftrightarrow \quad \text{Disagio} = 9,62\%.$$

L8: Äquivalenzgleichung: $60.000 \cdot \dfrac{1,02^n - 1}{0,02} \cdot \dfrac{1}{1,02^n} = 10.000.000 \cdot \dfrac{1}{1,02^{81}}$
(Stichtag z.B. 01.01.2015)

$\Longleftrightarrow$ $1,02^n - 1 = 0,67029323 \cdot 1,02^n$

$\Longleftrightarrow$ $n = \dfrac{\ln 3,032998}{\ln 1,02} = 56,03$, d.h. es sind ca. 56 Quartalsraten erforderlich.

Testklausur Nr. 14

L1:   **i)**   alter Preis *(z. B.)* 100   ⇒   neuer Preis für dieselbe Menge: 119,5.

Um wieviel % muss 119,5 verändert werden, um wieder zu 100 zu werden?

$$119,5 \cdot (1+i) = 100,$$

d.h. $i = -0,1632 = -16,32\%$ (Einschränkung).

ii) $3R \cdot (1+0,1 \frac{2}{12}) = 10.000 \cdot (1+0,1 \cdot \frac{160}{360}) + 20.000 \cdot (1+0,1 \cdot \frac{97}{360}) +$

$$+ 10.000 \cdot (1+0,1 \cdot \frac{10}{360})$$

⟺ $R = 20.021,86$ € pro Rate.

L2: $97,5 \cdot (1+i_Q \cdot \frac{18}{90}) = 100$ ⟺ $i_Q = 12,82\%$ p.Q.

                                   ⟺ $i_{eff} = (1+i_Q)^4 - 1 = 62,01\%$ p.a.

L3:   **i) a)** $i_{eff} \approx \frac{0,075}{0,95} + \frac{0,80 - 0,95}{7} = 5,75\%$ p.a.

        b) $95 = 7,5 \cdot \frac{q^7 - 1}{q - 1} \cdot \frac{1}{q^7} + \frac{80}{q^7}$ ⟺ $i_{eff} = 6,0145\%$ p.a.

    ii) $95 = 7,5 \cdot \frac{1,09^{13} - 1}{0,09} \cdot \frac{1}{1,09^{13}} + \frac{C_n}{1,09^{13}}$ ⟺ $C_n = 119,10\%$

L4:   1) ja 2) ja 3) ja 4) ja 5) ja 6) ja 7) ja 8) ja 9) nein *(... je niedriger...)*

10) nein *(Kurse sind definitionsgemäß abgezinste Werte, steigende Zinsen bewirken stärkere Abzinsungen und daher geringere Kurse)*

L5:   **i)**   Kreditsumme $K_0 = 225.600/0,94 = 240.000$ €. Für die Gesamtlaufzeit n muss *(wegen nachschüssiger Tilgungsverrechnung)* die Jahres-Annuität $A = 24.000$ €/J. verwendet werden:

$$0 = 240.000 \cdot 1,08^n - 24.000 \cdot \frac{1,08^n - 1}{0,08}$$

⟺ $4.800 \cdot 1,08^n = 24.000$

⟺ $n = \frac{\ln 5}{\ln 1,08} = 20,91$ (≈ 21 J.)   ⇒

Per. t	Restschuld K_{t-1} *(Beginn t)*	Zinsen Z_t *(Ende t)*	Tilgung T_t *(Ende t)*	Annuität A_t *(Ende t)*
...	...	...	...	...
20	41.057,94	3.284,63	20.715,37	24.000,00
21	20.342,57	1.627,41	20.342,57	21.969,98

ii)   Es empfiehlt sich, mit einer Kreditsumme von 100 zu operieren   ⇒

a)   Restschuld K_6 nach 6 Jahren:

$$K_6 = 100 \cdot 1,08^5 - 10 \cdot \frac{1,08^5 - 1}{0,08} = 88,27 \qquad ⇒$$

$$94 \cdot q^{24} = 2 \cdot \frac{q^4 - 1}{q - 1} \cdot q^{20} + 2,5 \cdot \frac{q^{20} - 1}{q - 1} + 88,27 \quad (q = 1 + i_Q, \ i_{eff} = q^4 - 1 \approx 9,7673\%)$$

b)   Äquivalenzgleichg. für q wie in a)   *(q = 1+i_Q, i_{eff} = 4 · i_Q ≈ 9,4287 % p.a.)*

L6:   **i)**   *(Stichtag z.B. 01.01.20)* $\dfrac{R}{0,06} + 400.000 \cdot 1,06^3 = 700.000 \cdot 1,06^4$

⟺   R = 24.439,65 €/Jahr auf „ewig"

ii) $700.000 \cdot q^{21} = 50.000 \cdot \dfrac{q^{20} - 1}{q - 1}$;   *(3,31% p.a.)*

L7:   Laufzeit = $\dfrac{300.000}{50.000}$ = 6 Jahre   *(**Ratenkredit**, denn Tilgung = const. !)*   ⇒

Per. t	Restschuld K_{t-1} *(Beginn t)*	Zinsen Z_t *(Ende t)*	Tilgung T_t *(Ende t)*	Annuität A_t *(Ende t)*
1	300.000	27.000	50.000	77.000
2	250.000	22.500	50.000	72.500
3	200.000	18.000	50.000	68.000
4	150.000	13.500	50.000	63.500
5	100.000	9.000	50.000	59.000
6	50.000	4.500	50.000	54.500

⇒   Äquivalenzgleichung:

$$276q^6 = 77q^5 + 72,5q^4 + 68q^3 + 63,5q^2 + 59q + 54,5$$

Testklausur Nr. 15

L1: i) Wählt man etwa die Gesamtzahl G_{15} aller Studierenden in 15 fiktiv mit 100 vor, so erhält man in 15 für die weiblichen Studenten $W_{15} = 45$ und für die männlichen Studenten: $M_{15} = 55$.

Wegen $M_{12} \cdot 1{,}10 = M_{15} = 55$ folgt: $M_{12} = 55/1{,}10 = 50$.
Wegen $G_{12} = G_{15} \cdot 0{,}82$ folgt: $G_{12} = 82$ und daher $W_{12} = 82 - 50 = 32$.

Daher gilt für die Veränderungsrate i von $W_{12} \longrightarrow W_{15}$: $32 \cdot (1+i) = 45$
d.h. $i = 45/32 - 1 = 0{,}4063$, d.h. die Zahl der Studentinnen lag in 15 um 40,63% höher als in 12.

ii) $82 \cdot (1+i)^3 = 100 \iff i = \dfrac{100}{82} - 1 = 0{,}0684 \,\hat{=}\, 6{,}84\%$ Zunahme pro Jahr.

L2: i) 20-Tage-Zinssatz: $2{,}5/97{,}5 = 2{,}564\%$

$\Rightarrow$ Quartalszins $i_Q = 2{,}564 \cdot 4{,}5 = 11{,}54\%$ p.Q.

$\Rightarrow$ $i_{eff} = (1+i_Q)^4 = 54{,}77\%$ p.a. *(54,78%, falls i_Q gerundet)*

ii) Wenn Stippel erst später zahlt *(100)*, könnte sie die so ersparten 97,50 für 20 Tage anlegen und erhielte somit 100,10 *(>100)* zurück. „Gewinn": $0{,}10$ ☺

L3: Stichtag 01.06.:   aufgezinste Werte W_A *(3 Raten)* bzw. W_B *(6 Raten)*:

$$W_A = 20.000 \cdot (1+0{,}06 \cdot \tfrac{4}{12}) + 20.000 \cdot (1+0{,}06 \cdot \tfrac{3}{12}) + 20.000 \cdot (1+0{,}06 \cdot \tfrac{1}{12}) = 60.800 \,€$$

$$W_B = 60.000 \cdot (1+0{,}06 \cdot \tfrac{2{,}5}{12}) = 60.750{,}- € ☺$$

L4: i) Äquivalenzgleichung: $0 = 237{,}5 q^{12} - 25 \dfrac{q^{12}-1}{q-1}$ *(mit $q = 1+i_Q$)*

$\iff$ $i_Q = 3{,}79085\%$ p.Q. $\iff$ $i_{eff} = 4 \cdot i_Q \approx 15{,}16\%$ p.a. *(US-Methode)*

ii) Äquivalenzgleichung wie i) , d.h. $q = 1+i_Q = 1{,}0379085$

$\underset{(ICMA)}{\iff}$ $i_{eff} = q^4 - 1 \approx 16{,}05\%$ p.a.

L5: 1) f   *($1{,}001^{90} = 1{,}0941$, d.h. $i_Q = 9{,}41\%$p.Q.)*

2) f   *($10.000 \cdot (1+i \cdot (231/360)) = 11.000$, führt auf $i = 15{,}58\%$p.a.)*

3) f   *(falsch, da der Ankaufskurs nicht berücksichtigt wurde)*

4) r   5) r   6) r

7) f   *($1{,}015^4 = 1{,}0614$, d.h. $i_{eff} = 6{,}14\%$p.a.)*

8) r   9) r

10) f   *(Kurse sind definitionsgemäß abgezinste Werte, steigende Zinsen bewirken stärkere Abzinsungen und daher geringere Kurse.)*

L6:   **i)** $C_0 = 7 \cdot \dfrac{1,09^{12}-1}{0,09} \cdot \dfrac{1}{1,09^{11}} + \dfrac{100}{1,09^{11}} = 93,3896\%$.

5.000 Stücke, jeweils Nennwert 5,– €   ⟶   Gesamtnennwert = 25.000 €

⟺   Kurswert = 25.000 · 0,933896 = 23.347,40 €   *(= Zahlbetrag)*

ii)   Börsenkurs 110%; Stückzinsen = 1,75%, d.h. Bruttokurs 111,75%:

a) $98 = 7 \cdot \dfrac{q^6-1}{q-1} \cdot \dfrac{1}{q^6} + \dfrac{111,75}{q^{6,25}}$ **b)** $111,75 = 7 \cdot \dfrac{q^9-1}{q-1} \cdot \dfrac{1}{q^{8,75}} + \dfrac{100}{q^{8,75}}$

L7:   Man erhält die Gesamtlaufzeit n als Lösung der Äquivalenzgleichung:

$$0 = 400.000 \cdot 1,11^n - 56.000 \cdot \frac{1,11^n-1}{0,11} \qquad \Longleftrightarrow \qquad n = \frac{\ln 4,\overline{6}}{\ln 1,11}$$

d.h. $n = 14,76$ ($\approx$ 15 J.).

Mit der Restschuld $K_{13} = 85.460,35$ ergibt sich:

Per. t	Restschuld K_{t-1} *(Beginn t)*	Zinsen Z_t *(Ende t)*	Tilgung T_t *(Ende t)*	Annuität A_t *(Ende t)*
...	...	...	...	...
14	85.460,35	9.400,64	46.599,36	56.000,00
15	38.860,99	4.274,71	38.860,99	43.135,70

L8:   **i)**   Kreditsumme $K_0 = 120.000/0,96 = 125.000$ €;

ii) $n =$ Restlaufzeit ab Jahr 2: $0 = 108.000 \cdot 1,08^n - 10.800 \cdot \dfrac{1,08^n-1}{0,08}$ ⟺

$n = 20,91$, d.h. Gesamtlaufzeit = $n+1 = 21,91$ ($\approx$ 22 J.)   ⟹

Per. t	Restschuld K_{t-1} *(Beginn t)*	Zinsen Z_t *(Ende t)*	Tilgung T_t *(Ende t)*	Annuität A_t *(Ende t)*
1	100.000,--	8.000,--	−8.000,--	0
2	108.000,--	8.640,--	2.160,--	10.800,--
3	105.840,--	8.467,20	2.332,80	10.800,--
...	...	...	...	...
21	18.476,07	1.478,09	9.321,91	10.800,--
22	9.154,16	732,33	9.154,16	9.886,49

iii)   Es empfiehlt sich, mit einer Kreditsumme von 100 zu arbeiten:
Restschuld nach 1 Jahr = 100, da Zinsen gezahlt wurden.

Restschuld nach weiteren 5 Jahren: $K_6 = 100 \cdot 1,08^5 - 10 \cdot \dfrac{1,08^5-1}{0,08} = 88,27$

Zur Effektivzinsberechnung müssen die tatsächlichen Zahlungsströme
berücksichtigt werden. Die Äquivalenzgleichung für q ($= 1+i_H$) lautet:

$$96 \cdot q^{12} = 4 \cdot \frac{q^2-1}{q-1} \cdot q^{10} + 5 \cdot \frac{q^{10}-1}{q-1} + 88,27 \qquad \textit{(mit } q = 1+i_H \text{ ; } i_{eff} = q^2-1\text{).}$$

Testklausur Nr. 16

L1: i)   Vorgabe fiktiv: $EB_{4/5} = 100$ $\Rightarrow$ $EB_{8/9} = 112$ $\Rightarrow$ $EB_{6/7} \cdot 0{,}92 = 112$

$\Longleftrightarrow EB_{6/7} = 112/0{,}92 = 121{,}74$, d.h. *(da $EB_{4/5} = 100$)*:

im WS 06/07 um 21,74% höher als im WS 04/05.

ii) $P_{04} \cdot (1+i)^{15} = P_{04} \cdot 1{,}75$ $\Longleftrightarrow$ $i = 1{,}75^{\frac{1}{15}} - 1 = 0{,}0380$,

d.h. durchschnittliche Preissteigerung um 3,80% p.a.

L2: i)   Stichtag (z.B.) 01.01.26 *(= Tag der letzten Zahlung; $i = 10\%$ p.a.)*:

$K_{invest} = 50.000 \cdot 1{,}1^{10} + 40.000 \cdot 1{,}1^{9} = 224.005{,}03 \text{ €}$;

$K_{rück} = 20.000 \cdot 1{,}1^{8} + 30.000 \cdot 1{,}1^{6} + 10.000 \cdot \dfrac{1{,}1^{6} - 1}{0{,}1} = 173.174{,}71 \text{ €}$,

d.h. die Investition ist nicht lohnend.

ii)   Äquivalenzgleichung: $0 = 50q^{10} + 40q^{9} - 20q^{8} - 30q^{6} - 10 \cdot \dfrac{q^{6} - 1}{q - 1}$

L3: i) $R = 10.000.000 \cdot 1{,}09^{3} \cdot 0{,}09 = 1.165.526{,}10$ €/Jahr (auf „ewig").

ii) $R \cdot \dfrac{1{,}09^{7} - 1}{0{,}09} \cdot 1{,}09^{4} + \dfrac{1.000.000}{0{,}09} = 10.000.000 \cdot 1{,}09^{12}$ $\Longleftrightarrow$

$R = 1.310.181{,}05$ €/Jahr *(7-mal)*.

iii)   Es sei t die Anzahl der Jahre zwischen der letzten 2-Mio-Zahlung und der ersten 1-Mio-Zahlung. Dann muss gelten:

$(10 \cdot 1{,}09^{7} - 2 \cdot \dfrac{1{,}09^{6} - 1}{0{,}09}) \cdot 1{,}09^{t} = 1 \cdot \dfrac{1{,}09^{20} - 1}{0{,}09} \cdot \dfrac{1}{1{,}09^{19}}$

$\Longleftrightarrow$ $1{,}09^{t} = 3{,}076985$

$\Longleftrightarrow$ $t = \ln 3{,}076985 / \ln 1{,}09 = 13{,}04 \approx 13$,

d.h. die erste Rate zu 1 Mio. € ist fällig Anfang 2036.

L4: i) $R \cdot \dfrac{1{,}02^{17} - 1}{0{,}02} \cdot 1{,}02^{40} = 1.000.000$ $\Longleftrightarrow$ $R = 22.630{,}86$ €/Jahr

ii)   falls Stichtag 1 Quartal vor erster Rate *(d.h. 01.10.14)*:

$50 \cdot \dfrac{1{,}02^{n} - 1}{0{,}02} \cdot \dfrac{1}{1{,}02^{n}} = 1875 \cdot \dfrac{1}{1{,}02^{77}}$ $\Longleftrightarrow$ $1{,}02^{n} - 1 = 0{,}163248 \cdot 1{,}02^{n}$ $\Longleftrightarrow$

$\Rightarrow$ $1{,}02^{n} = 1{,}195097$ $\Rightarrow$ n = 9,00, d.h. 9 Quartalsraten sind einzuzahlen.

L5:   i)   Restschuld K_2 nach 2 Jahren:

$$K_2 = 200.000 \cdot 1,13 = 226.000,- \text{€} \quad \Rightarrow$$

Annuität ab Jahr 3: $A = 226.000 \cdot (0,13+0,02) = 33.900,- \text{€}$ pro Jahr.

Die Laufzeit n ab Jahr 3 erhält man als Lösung der Äquivalenzgleichung:

$$0 = 226.000 \cdot 1,13^n - 33.900 \cdot \frac{1,13^n - 1}{0,13}$$

$\Longleftrightarrow \qquad 4.520 \cdot 1,13^n = 33.900$

$\Longleftrightarrow \qquad n = \ln 7,5 / \ln 1,13 = 16,4862 \approx 16,49$

d.h.   die Gesamtlaufzeit beträgt $n+2 = 16,49+2 \approx 19$ Jahre.

Für die letzten Zeilen des Tilgungsplans benötigen wir die Schuld K_{17}

nach 17 Jahren: $K_{17} = 226.000 \cdot 1,13^{15} - 33.900 \cdot \dfrac{1,13^{15} - 1}{0,13} = 43.313,06$

Damit ergibt sich der Tilgungsplan *(die beiden letzten Zeilen)*:

Per. t	Restschuld K_{t-1} *(Beginn t)*	Zinsen Z_t *(Ende t)*	Tilgung T_t *(Ende t)*	Annuität A_t *(Ende t)*
.	...	...	...	...
18	43.313,06	5.630,70	28.269,30	33.900,00
19	15.043,76	1.955,69	15.043,76	16.999,45

ii)   Äquivalenzgleichung: $188.000 \cdot q^{18,49} = 29.380 \cdot q^{16,49} + 33.900 \cdot \dfrac{q^{16,49} - 1}{q - 1}$

L6:   Äquivalenzgleichung *(ICMA)*: $0 = 465.000 \cdot q^{120} - 5.000 \cdot \dfrac{q^{120} - 1}{q - 1}$; $(q = 1 + i_M)$

$\Longleftrightarrow \quad i_{eff} = q^{12} - 1 = 1,004415^{12} - 1 = 5,4283\% \,\text{p.a.} \approx 5,43\% \,\text{p.a.}$ *(Regula falsi)*

L7:   Als fiktiven Bar-Kaufpreis nehmen wir „400 GE" an. Dann beträgt *(bei Ratenzahlung)* die Quartals-Teilrate: $100 \cdot 1,04 = 104$ GE, erste Rate „heute".

Äquivalenzgleichung: $400 \cdot q^3 = 104 \cdot \dfrac{q^4 - 1}{q - 1}$

$\Longleftrightarrow \quad i_{eff} = q^4 - 1 = 1,026791^4 - 1 \approx 11,15\% \,\text{p.a.}$ *(Regula falsi)*

L8:   1) f *(1,0005³⁰ = 1,015109, d.h. i_M = 1,5109% p.m.)*   2) r   3) r   4) r
5) f *(10.000 · 1,12⁰·⁵ = 10.583,01 €)*   6) r   7) f *(der Marktzins muss kleiner als der nominelle Zins sein, da die Abzinsung zu einem hohen Kurs (>100%) führen muss)*   8) r   9) f *(es kommt auch auf Kauf- und Rücknahmekurs an)*   10) f

Testklausur Nr. 17

L1:   i)   Äquivalenzgleichung *(US-Methode)*:

$$0 = 427,5 \cdot q^{18} - 40 \cdot \frac{q^{18}-1}{q-1} \quad ; \quad (q = 1 + i_H) \quad \text{mit} \quad i_{\text{eff}} = 2 \cdot i_H$$

ii)   Äquivalenzgleichung *(ICMA-Methode)*:

$$0 = 427,5 \cdot q^{18} - 40 \cdot \frac{q^{18}-1}{q-1} \quad ; \quad (q = 1 + i_H) \quad \text{mit} \quad i_{\text{eff}} = q^2 - 1$$

L2:   Stichtag 01.01.26 $\Rightarrow$ $70.000 \cdot \dfrac{1,08^6 - 1}{0,08} \cdot 1,08^3 = 40.000 \cdot \dfrac{1,08^3 - 1}{0,08} \cdot 1,08^4 + \dfrac{R}{0,08}$

$\Rightarrow$ R = 37.617,07 €/Jahr auf „ewig".

L3:   i)   Angenommen, zwischen der ersten Rate *(97,8 T€)* und der ersten Abhebung *(500 T€ am 01.01.17)* liegen n Jahre. Dann muss gelten *(Stichtag z.B. 01.01.17)*:

$$97,8 \cdot \frac{1,10^6 - 1}{0,10} \cdot \frac{1}{1,10^5} \cdot 1,10^n = 500 + 500 \cdot \frac{1}{1,10^2} \quad \Rightarrow \quad n = 7,001991 \approx 7,$$

d.h. die 1. Rate liegt 7 Jahre vor dem 01.01.17, also am 01.01.10.

ii)   Falls Stichtag 1 Jahr vor der ersten Rate *(von n Raten insgesamt)*:

$$66 \cdot \frac{1,1^n - 1}{0,1} \cdot \frac{1}{1,1^n} = (500 \cdot 1,1^2 + 500) \cdot \frac{1}{1,1^{13}} \quad \Rightarrow \quad n = 6,96176 \approx 7 \text{ Raten}$$

L4:   i) $105 = 7,2 \cdot \dfrac{1,08^5 - 1}{0,08} \cdot \dfrac{1}{1,08^5} + \dfrac{C_5}{1,08^5} \quad \Longleftrightarrow \quad C_5 = 112,04\%,$

d.h.   Preis = $50 \cdot C_n = 50 \cdot 1,1204 = 56,02$ € pro Stück *(Nennwert 50,- €)*.

ii)   a) $0 = 95 - 7,2 \cdot \dfrac{q^4 - 1}{q-1} \cdot \dfrac{1}{q^4} - \dfrac{101}{q^4}$

b) $i_{\text{eff}} \approx \dfrac{0,072}{0,95} + \dfrac{1,01 - 0,95}{4} = 0,090789 \approx 9,08\% \text{ p.a.}$

L5:   i)   Vergleich am besten über die Effektivzinssätze, fiktive Kreditsumme: 100

Äqu.gl. A: $0 = 93,5 \cdot q^5 - 9,5 \cdot \dfrac{q^5 - 1}{q-1} - 91,20 \quad \Rightarrow \quad i_{\text{eff}} = 9,76\% \text{ p.a.}$

Äqu.gl. B: $0 = 97 \cdot q^5 - 10 \cdot \dfrac{q^5 - 1}{q-1} - 94,02 \quad \Rightarrow \quad i_{\text{eff}} = 9,80\% \text{ p.a.}$

also Kondition A (etwas) günstiger.

ii)   Für die Gesamtlaufzeit n gilt: $0 = 600.000 \cdot 1,08^n - 57.000 \cdot \dfrac{1,08^n - 1}{0,08} \quad \Longleftrightarrow$

$9.000 \cdot 1,08^n = 57.000 \quad \Longleftrightarrow \quad n = (\ln 6,\overline{3} / \ln 1,08) = 23,98 \approx 24 \text{ Jahre} \quad \Rightarrow$

Per. t	Restschuld K_{t-1} *(Beginn t)*	Zinsen Z_t *(Ende t)*	Tilgung T_t *(Ende t)*	Annuität A_t *(Ende t)*
.	...	...	...	...
23	100.889,20	8.071,14	48.928,86	57.000,00
24	51.960,34	4.156,83	51.960,34	56.117,17

iii)

Per. t	Restschuld K_{t-1} *(Beginn t)*	Zinsen Z_t *(Ende t)*	Tilgung T_t *(Ende t)*	Annuität A_t *(Ende t)*
1	600.000,00	54.000,00	6.000,00	60.000,00
2	594.000,00	53.460,00	0,00	53.460,00
3	594.000,00	53.460,00	6.540,00	60.000,00
4	587.460,00	52.871,40	77.128,60	130.000,00
5	510.331,40	45.929,83	−45.929,83	0,00
6	556.261,23	50.063,51	5.562,61	55.626,12
7	550.698,62	49.562.88	6.063,24	55.626,12

L6:   i) R_{xy}, B_{xy}, G_{xy} : Prod.mengen rote, blaue und gesamte Tinte im Jahr xy.
Aus den gegebenen Informationen liest man ab:

$R_{09} = 84.000 = R_{07} \cdot 1,2 \Rightarrow R_{07} = 70.000 = B_{07} \Rightarrow G_{07} = 140.000$

$\Rightarrow \quad G_{09} = G_{07} \cdot 1,15^2 = 140.000 \cdot 1,15^2 = 185.150$

$\Rightarrow \quad B_{09} = 185.150 - 84.000 = 101.150$ ME blaue Tinte in 09.

ii) $G_{09} = G_{05} \cdot 1,05^2 \cdot 1,15^2 = G_{05} \cdot (1+i)^4$ *(i = durchschnittl. jährl. Änd.rate)*

$\Rightarrow \quad 1+i = (1,05^2 \cdot 1,15^2)^{0,25} = 1,098863$

$\Rightarrow \quad G_{14} = G_{09} \cdot (1+i)^5 = 185.150 \cdot 1,098863^5 = 296.648$ ME Tinte in '14.

L7:   i)   Stichtag 15.12.: H.H.s Leistung = L, H.H's Gegenleistung = GL:

$L = 220.000 \cdot (1+0,08 \cdot \frac{309}{360}) = 235.106,67$ €

$GL = 110.000 \cdot (1+0,08 \cdot \frac{173}{360}) + 120.000 \cdot (1+0,08 \cdot \frac{2}{12}) = 235.828,89$ €[☺],

also eine lohnende Investition für H.H.

ii)   Am besten mit abgezinsten Werten *(Stichtag = Tag der Leistung)* argumentieren: Je geringer der Zinssatz, desto stärker wird die abzuzinsende Gegenleistung gewichtet, während die Einmal-Leistung unverändert bleibt. Da die Gegenleistung *(Rückflüsse aus der Investition)* den nominell höheren Wert aufweist, wird die Investition umso günstiger, je geringer der Zinssatz ist.

L8:   1) r   2) r   3) f *(6,41% p.a.)*   4) f *(273.333,33 €)*   5) f *(103,92 €)*
        6) r   7) r   8) r   9) f *(Kurse beachten!)*   10) r

Testklausur Nr. 18

L1: i) Gesamtlaufzeit $n = \ln 3,\overline{3} / \ln 1,035 = 34,9978 \approx 35$ Halbjahre $\Rightarrow$

H.J. t	Restschuld K_{t-1} (Beginn t)	Zinsen Z_t (Ende t)	Tilgung T_t (Ende t)	Annuität A_t (Ende t)
1	400.000,00	14.000,00	6.000,00	20.000,00
2	394.000,00	13.790,00	6.210,00	20.000,00
.	...	...	...	...
.	...	...	...	...
34	37.952,74	1.328,35	18.671,65	20.000,00
35	19.281,09	674,84	19.281,09	19.955,93
36	0,00			

ii) Äquivalenzgleichung *(US-Methode)*:

$$0 = 360 \cdot q^{35} - 20 \cdot \frac{q^{35}-1}{q-1} \; ; \qquad (q = 1 + i_H ; \; i_{eff} = 2 \cdot i_H)$$

iii) Äquivalenzgleichung *(ICMA-Methode)* wie ii), aber mit: $\quad i_{eff} = q^2 - 1$.

L2: i) $102 = p^* \cdot \dfrac{1,1^{12}-1}{0,1} \cdot \dfrac{1}{1,1^{12}} + \dfrac{98}{1,1^{12}} \quad \Longleftrightarrow \quad p^* = 10,3871\% \,\text{p.a. \textit{(nom.)}}$

ii) a) $111 \cdot q^2 = 9 \cdot q + 107 \;\Rightarrow\; \textit{(quadratische Gleichung!)} \quad i_{eff} = 2,32\%\,\text{p.a.}$

  b) $i_{eff} \approx \dfrac{0,09}{1,11} + \dfrac{0,98-1,11}{2} = 0,016081 \approx 1,61\%\,\text{p.a.}$

L3: i) Wenn Amanda Huber recht hat (d.h. $i_{eff} = 10\%$ p.a.), so muss beim Einsetzen von $q = 1,10$ in die Äquivalenzgleichung eine wahre Aussage resultieren:
$$1000 \cdot 1,1^4 + 263 \cdot 1.1 - 400 \cdot 1,1^3 - 400 \cdot 1,1^2 - 737 = 0$$
(Gleichung ist wahr, also stimmt Amandas Behauptung, d.h. $i_{eff} = 10\%$ p.a.)

ii) Wenn Amanda recht hat, so muss außerdem bei Anwendung von 10% p.a. der reale Tilgungsplan *(Vergleichskonto)* genau aufgehen:

Jahr t	Restschuld K_{t-1} (Beginn t)	Zinsen Z_t (Ende t)	Tilgung T_t (Ende t)	Annuität A_t (Ende t)
17	100.000,00	10.000,00	30.000,00	40.000,00
18	70.000,00	7.000,00	33.000,00	40.000,00
19	37.000,00	3.700,00	−30.000,00	−26.300,00
20	67.000,00	6.700,00	67.000,00	73.700,00
21	0,00	*(Konto geht bei 10% p.a. auf, Amanda hat recht)*		

L4:   1) r   2) r   3) f *(65.000 €)*   4) r   5) f *(3,00% p.a.)*

6) r   7) f *(37.625 €)*   8) r   9) f *(1,21 Mio. €)*   10) f *(der Rücknahmekurs*

bzw. Verkaufskurs muss beachtet werden.)

L5:   Es sei n die Anzahl der Monate zwischen der letzten 1500-€-Rate und der letzten
800-€-Rate *(= 01.01.18 = Stichtag)*. Dann lautet die Äquivalenzgleichung:

$$800 \cdot \frac{1,01^{37}-1}{0,01} = 9.507 \cdot \frac{1,01^{2}-1}{0,01} \cdot 1,01^{35} + 1.500 \cdot \frac{1,01^{5}-1}{0,01} \cdot 1,01^{n}$$

$\Longleftrightarrow$ $n = \ln 1,11561760 / \ln 1,01 = 10,995 \approx 11$ *(Monate vor 01.01.18)*

$\Longleftrightarrow$ 1. Monatsrate ist 15 *(= 11 + 4)* Monate vorher, d.h. am 01.10.16 fällig.

L6:   i)   Stichtag nach einem Jahr. Barzahlung ist dann günstiger als Ratenzahlung,
wenn Endwert Barsumme kleiner als Endwert Ratenzahlungen, d.h. wenn
gilt:

$$10.000 \cdot (1+i) < 10.800 \cdot (1 + i \cdot \frac{4,5}{12}) \,.$$

$\Longleftrightarrow$ $5.950 \cdot i < 800$

$\Longleftrightarrow$ $i < 0,134454 \approx 13,45\%,$

d.h. Barzahlung ist günstiger als Ratenzahlung, wenn der Kalkulationszins
kleiner als 13,45% p.a. ist.

ii)   Äquivalenzgleichung: $0 = 10.000 \cdot q^4 - 2.700 \cdot \dfrac{q^4 - 1}{q - 1}$; $q = 1 + i_Q$

$\Longleftrightarrow$ $i_{eff} = 1,031511^4 - 1 = 13,21\% \, p.a.$ *(Regula falsi)*

Für $i < i_{eff}$ überwiegt der negative Teil *(z.B. durch Einsetzen überprüfen)*,
d.h. für i < 13,21% p.a. ist Barzahlung günstiger als Ratenzahlung.

L7:   aufgezinster Wert A *(in Mio. €)* der Ausgaben am 01.01.29:

$$A = 100 \cdot 1,07^{14} + 8 \cdot \frac{1,07^{11}-1}{0,07} \cdot 1,07^3 + 20 \cdot 1,07^8 = 446,90184 \text{ Mio } € \;;$$

aufgezinster Wert E der Einnahmen am 01.01.29:

$$E = 20 \cdot \frac{1,07^8 - 1}{0,07} \cdot 1,07^3 + 180 = 431,37399 \text{ Mio } €,$$

also sollte man *(aus finanzieller Sicht heraus)* H. von der Investition abraten.

Testklausur Nr. 19

L1: i) a) Kapitalwert von B für $r_B = 12\%$: $C_0(r_B) = -1000 + 800/1,12 + \ldots = 0$, d.h. der interne Zinssatz von 12% p.a. ist korrekt angegeben.

b) Da es sich in beiden Fällen um Normalinvestitionen handelt, deren interne Zinssätze größer sind als der Kalkulationszinssatz ($= 6\%$ p.a.): Beide Investitionen sind absolut vorteilhaft.

Der von den Investitionen aus eigener Kraft finanzierbare Fremdkapitalzinssatz liegt bei B (mit 12% p.a.) höher als bei A (10% p.a.), daher ist B „robuster" als A, was die Höhe des Fremdkapitalzinssatzes angeht. Wenn es also nur darauf ankommt, welche Investition den höheren Fremdkapitalzinssatz „verkraftet", so muss Investition B vorgezogen werden.

ii) Kapitalwerte: $C_{0,A}(1,06) = 109.518,55 \,€^©$
$\qquad\qquad\qquad C_{0,B}(1,06) = 86.709,16 \,€$.

Beide Kapitalwerte sind positiv, d.h. beide Investitionen sind absolut vorteilhaft, allerdings mit deutlichem Vorsprung für Investition A (höherer Vermögenszuwachs). Erklärung des (scheinbaren) Widerspruchs zur Vorteilhaftigkeitsreihenfolge nach der Höhe des internen Zinssatzes, siehe a): Die Kapitalwertkurven schneiden sich bei einem kritischen Zinssatz i_{krit}, der höher ist als der Kalkulationszinssatz 6% p.a. *(siehe auch Aufg. 9.1 iii)*.

L2: i) Kaufkurs $C_t = 5,4 \cdot \dfrac{(1,06^{0,5})^7 - 1}{1,06^{0,5} - 1} \cdot \dfrac{1}{1,06^{3,\overline{3}}} + \dfrac{105}{1,06^{3,3}} = 120,4921\%$

d.h. (da Nennwert 50 €): Kaufpreis $= 50 \cdot C_t = 60,2460$ €/Stück.

ii) Stückzinsen $= {}^2/_6 \cdot 5,4 = 1,8000\%$, d.h. Börsenkurs $= 118,6921\%$.

L3: Bewertungsstichtag z.B.: 1 Monat vor der 1. Sparrate von 800,– €.
Bezeichnet man die Anzahl der Ansparraten mit „n", so folgt:

$$800 \cdot \frac{1,01^n - 1}{0,01} \cdot \frac{1}{1,01^n} = 1800 \cdot \frac{1,01^{240} - 1}{0,01} \cdot \frac{1}{1,01^{360}}$$

$$\Longleftrightarrow \quad 1,01^n - 1 = 0,61915 \cdot 1,01^n \quad \Longleftrightarrow \quad 1,01^n = 2,62571$$

$$\Longleftrightarrow \quad n = \ln 2,62571 / \ln 1,01 \approx 97,017 \approx 97 \text{ Raten}.$$

L4: i) $R \cdot (1 + 0,05 \cdot \dfrac{100}{360}) + R \cdot (1 + 0,05 \cdot \dfrac{14}{360})$

$\qquad\qquad = 20.000 \cdot (1 + 0,05 \cdot \dfrac{304}{360}) + 20.000 \cdot (1 + 0,05 \cdot \dfrac{171}{360}) + 20.000$

d.h. $R = 30.418,91$ € pro Rate.

ii) Mit $q_M = 1 + i_M = 1,05^{\frac{1}{12}} \approx 1,000135537$ ergibt sich:

$$R \cdot 1,05^{\frac{100}{360}} + R \cdot 1,05^{\frac{14}{360}} = 20.000 \cdot (1,05^{\frac{304}{360}} + 1,05^{\frac{171}{360}} + 1) \Leftrightarrow R = 30.418,65 \,€.$$

L5:   **i)**   normale Quartalsrate = $(0,08 \cdot 240.000):4 = 4.800 \, €/\text{Qu.}$; $i_Q = 1,5\% \, \text{p.Q.}$

Kreditkonto:

Qu. t	Restschuld K_{t-1} *(Beginn t)*	Zinsen Z_t *(Ende t)*	Tilgung T_t *(Ende t)*	Annuität A_t *(Ende t)*
1	240.000,00	3.600,00	0	3.600,00
2	240.000,00	3.600,00	1.200,00	4.800,00
3	238.800,00	3.582,00	1.218,00	4.800,00
4	237.582,00	3.563,73	237.582,00	241.145,73
5	0,00			

ii) $0 = 228.000 \cdot q^4 - 3.600 \cdot q^3 - 4.800 \cdot \dfrac{q^2-1}{q-1} \cdot q - 241.145,73$

mit $q = 1 + i_Q$ und $i_{eff} = q^4 - 1$ *(ICMA)*.

[$1 + i_Q = (1 + i_{eff})^{0,25} = 1,11875173^{0,25}$, d.h. $i_Q = 2,8450586 \% \, \text{p.Q.}$]

iii)   Vergleichskonto *(„Effektivkonto")*:

Qu. t	Restschuld K_{t-1} *(Beginn t)*	Zinsen Z_t *(Ende t)*	Tilgung T_t *(Ende t)*	Annuität A_t *(Ende t)*
1	228.000,00	6.486,73	$-2.886,73$	3.600,00
2	230.886,73	6.568,86	$-1.768,86$	4.800,00
3	232.655,60	6.619,19	$-1.819,19$	4.800,00
4	234.474,78	6.670,95	234.474,78	241.145,73
5	0,00			

Das Vergleichskonto geht genau auf, i_{eff} ist also korrekt ermittelt.

L6:   **i)** $P_{2014} \cdot (1 - 012)^4 = 888 \quad \Longleftrightarrow \quad P_{2014} = 1.480,75 \, €.$

ii) $P_{2016} = 888 \cdot 1,12^4 = 1.397,29 \, € = P_{2014} \cdot (1+i) \quad \Longleftrightarrow \quad i = -0,056363$
d.h. Ende '16 um ca. 5,64% billiger als Ende '14.

L7:   Am Tag der 3. Ausschüttung beträgt das noch zur Verfügung stehende Kapital K_0:
$K_0 = 2.000.000 \cdot 1,08^5 + 50.000 \cdot \dfrac{1,08^6-1}{0,08} \cdot \dfrac{1}{1,08^2} - 150.000 \cdot \dfrac{1,08^3-1}{0,08} = 2.766.164,99 \, €.$

Daraus folgt für die Folge-Rate der ewigen Rente: $R = K_0 \cdot 0,08 = 221.293,20 \, €/\text{J.}$

L8:   1.   um 14,29 % höher   6.   12.483,25 €/Rate

2.   11.000,– €   7.   10.500,– €

3.   320.000 €   8. $q_H = 1,12$ *(d.h. $i_H = 12\% \, \text{p.H.})$*

4.   74,28 % $\Rightarrow$ $i_{eff} = q_H^2 - 1 = 25,44 \% \, \text{p.a.}$

5.   17,24 Raten   9.   13,50 % p.a.

Testklausur Nr. 20

L1:   1. $i_{eff} = 4 \cdot (q-1) = 20\% \, p.a.$ 5. $67.115,85 \, €$

2. 640 Stücke   6. $544.707,02 \, €$

3. 20% kleiner   7. $51.520,15 \, €$

4. $281,28 \, €$ 8. $5,87\% \, p.a.$

L2:   Sei K_0 der heutige Kaufpreis des Wohnhauses. Dann ergibt sich mit den vorliegenden Daten folgender Kapitalwert C_0:

$$C_0 = -K_0 + 80.000 \cdot \frac{1,07^{12}-1}{0,07} \cdot \frac{1}{1,07^{12}} + K_0 \cdot \frac{1}{1,07^{12}} \overset{!}{=} 50.000 \ .$$

Daraus ergibt sich als maximaler Kaufpreis K_0: $K_0 = 1.052.927,15 \, €$.

L3:   Mit dem Halbjahres-Zinsfaktor: $q_H = 1,07^{0,5} = 1,034408043$ ergibt sich als finanzmathematischer Kurs C_x im Kaufzeitpunkt:

$$C_x = 3,6 \cdot \frac{(1,07^{0,5})^{11}-1}{1,07^{0,5}-1} \cdot \frac{1}{1,07^{5,\overline{16}}} + \frac{100}{1,07^{5,\overline{16}}} = 103,7514 \%$$

Stückzinsen $= 3,6 \cdot {}^4/_6 = 2,4\%$ $\Rightarrow$ Börsenkurs $C_x^* = C_x - 2,4\% = 101,3514\%$.

L4:   i)   „n" = Anzahl der Raten zu je 24.000,– €/Jahr. Falls als Stichtag 1 Jahr vor der ersten dieser n Raten gewählt wird, muss gelten:

$$24.000 \cdot \frac{1,05^n-1}{0,05} \cdot \frac{1}{1,05^n} = 60.000 \cdot \frac{1,05^4-1}{0,05} \cdot 1,05^{10}$$

$$\Longleftrightarrow \qquad 1,05^n = 8,169\,429\,491... \qquad \Longleftrightarrow$$

$$n = 43,05 \approx 43 \text{ Raten.}$$

ii)   Jetzt ist es sinnvoll, als Stichtag 1 Jahr vor der ersten Rate der ewigen Rente zu wählen! Bezeichnen wir mit „n" die Anzahl der Jahre von der 4. (und letzten) Ansparrate (d.h. 01.01.19) bis zum Stichtag, so lautet die Äquivalenzgleichung:

$$60.000 \cdot \frac{1,05^4-1}{0,05} \cdot 1,05^n \cdot 0,05 \overset{!}{=} 30.000$$

mit der Lösung: $1,05^n = 2,320118326$ d.h. $n \approx 17,25$ Jahre,
die 1. Rate der ewigen Rente muss daher ungefähr 18,25 Jahre nach dem 01.01.19, d.h. etwa zum 01.04.37 erfolgen.

L5: Wir wählen als Stichtag (z.B.) den Tag der letzten 100.000-€-Rate, d.h. den 31.05.2020. Dann lautet die Äquivalenzgleichung für die gesuchte Ratenhöhe R *(wegen ICMA mit* $q = 1 + i_M = 1,09^{1/12} = 1,007207323)$:

$$100 \cdot \frac{q^9 - 1}{q - 1} = R \cdot q^5 + R \cdot q^2 = R \cdot (q^5 + q^2),$$

d.h. $\qquad\qquad$ R = 451.670,17 €/Rate.

L6: Frings erhält: 720.000 €. Frings zahlt: 43 Monatsraten zu je 20.000 €, erste Rate 6 Monate nach Kreditaufnahme. Also gilt für den gesuchten Monatszinsfaktor q *(mit Stichtag z.B. Tag der letzten Rate)*:

$$0 = 720 \cdot q^{48} - 20 \cdot \frac{q^{43} - 1}{q - 1}, \quad q = 1 + i_M.$$

Die Regula falsi liefert: $q = 1,006731618$, d.h. $i_{eff} = q^{12} - 1 \approx 8,3838\%$ p.a.

L7: i) $\quad$ Tilgungsplan des Kreditkontos:

t	Restschuld K_{t-1} *(Beginn t)*	Zinsen Z_t *(Ende t)*	Tilgung T_t *(Ende t)*	Annuität A_t *(Ende t)*
1	400.000,00	40.000,00	0,00	40.000,00
2	400.000,00	40.000,00	−40.000,00	0,00
3	440.000,00	44.000,00	240.000,00	284.000,00
4	200.000,00	20.000,00	200.000,00	220.000,00
5	0,00			

ii) $\quad$ Vergleichskonto *(mit $i_{eff} = 12\%$ p.a.)*

t	Restschuld K_{t-1} *(Beginn t)*	Zinsen Z_t *(Ende t)*	Tilgung T_t *(Ende t)*	Annuität A_t *(Ende t)*
1	377.673,85	45.320,86	−5.320,86	40.000,00
2	382.994,71	45.959,37	−45.959,37	0,00
3	428.954,08	51.474,49	232.525,51	284.000,00
4	196.428,57	23.571,43	196.428,57	220.000,00
5	0,00			

Das Vergleichskonto „geht auf", also wurde i_{eff} korrekt ermittelt!

L8: i) $\quad p_{05} \cdot (1+i)^5 = p_{05} \cdot 1,05^4 \cdot 0,90$, d.h. $i = 0,01812228 \approx 1,81\%$ p.a. höher.

ii) $\quad p_{08} = p_{05} \cdot 1,05^3 = p_{05} \cdot 1,157625 \quad \Longleftrightarrow \quad p_{05} = p_{08} \cdot 0,863837599$,

d.h. der Preis lag in 05 um 13,62% unter dem Preis von 08.

Testklausur Nr. 21

L1: i) Kapitalwert *(in T€)*:

$$C_0(0,12) = -150 - \frac{20}{1,12} + \frac{70}{1,12^3} + \frac{150}{1,12^4} = -22,70481\,T€ \quad (<0)$$

Ein negativer Kapitalwert bedeutet Vermögenseinbuße, Inv. *un*vorteilhaft!

ii) Äquivalenzgleichung = Nullstellengleichung für den Kapitalwert:

$$C_0(q) = 0 = -150 - \frac{20}{q} + \frac{70}{q^3} + \frac{150}{q^4} \qquad (q = 1+i)$$

Regula falsi: $q = 1,075112362$, d.h. interner Zinssatz: $r \approx 7,51\,\%$ p.a.

Auch jetzt: Investition unvorteilhaft, da Normalinvestition mit $r < i_{kalk}$.

L2: i) $S = R \cdot 2$; $R = G \cdot 0,4$ $\iff$ $S = G \cdot 0,4 \cdot 2 = G \cdot 0,8 = G \cdot (1 - 0,20)$
d.h. schwarze Socken kosten 20% weniger als gelbe Socken.

ii) a) $\pm 0\%$ (!)

b)   Mit $70 \cdot (1+i)^5 = 84$ folgt: $U_{2023} = 84 \cdot (1+i)^7 = 108,4259\,\text{Mio €}$.

L3: i) a) $97 = 6,3 \cdot \dfrac{1,08^{13}-1}{0,08} \cdot \dfrac{1}{1,08^{13}} + \dfrac{C_n}{1,08^{13}}$ $\Rightarrow$ $C_n = 128,38\%$

b) $0,08 \approx \dfrac{0,063}{0,97} + \dfrac{C_n - 0,97}{13}$ $\Rightarrow$ $C_n \approx 1,1657 = 116,57\%$

ii)   Finanzmath. Kurs: $C_t = 6,3 \cdot \dfrac{1,09^5-1}{0,09} \cdot \dfrac{1}{1,09^{4,\overline{6}}} + \dfrac{100}{1,09^{4,\overline{6}}} = 92,11\%$

Stückzinsen $= 6,3 \cdot {}^{4}/_{12} = 2,10\%$ $\Rightarrow$ Börsenkurs: $C_t^* = 90,01\%$.

L4:   1) f *(Laufzeit steigt!)*   2) f *(640)*   3) r
4) f *(425.000€ bzw. 400.000 am 01.01.15)*
5) f *(65,75%)*   6) r   7) r   8) f *(82.020€)*   9) r   10) r

L5:   Legt man den Bewertungsstichtag auf den 01.12.19 *(d.h. 1 Monat vor der ersten von „n" 2.800-€-Raten)*, so ergibt sich als Äquivalenzgleichung *(mit* $q = 1,06^{1/12}$):

$$2\,800 \cdot \frac{q^n-1}{q-1} \cdot \frac{1}{q^n} = 80\,000 \cdot \frac{q^4-1}{q-1} \cdot q^{68} \quad \Rightarrow \quad n = 311,448 \approx 312\,\text{Raten}.$$

L6: **i)** Tilgungsplan des Kreditkontos:

Halbj. t	Restschuld K_{t-1} *(Beginn t)*	Zinsen Z_t *(Ende t)*	Tilgung T_t *(Ende t)*	Annuität A_t *(Ende t)*
1	500.000,00	20.000,00	10.000,00	30.000,00
2	490.000,00	19.600,00	10.400,00	30.000,00
3	479.600,00	19.184,00	10.816,00	30.000,00
4	468.784,00	18.751,36	11.248,64	30.000,00
5	457.535,36			

ii) Mit $q = 1+i_H$ *(i_H = Halbjahreszinssatz)* lautet die Äquivalenzgleichung:

$$0 = 470 \cdot q^4 - 30 \cdot \frac{q^4-1}{q-1} - 457,53536 \quad \text{mit der Lösung } \textit{(Regula falsi)}:$$

$$q = 1,057747121 \quad \Rightarrow \quad i_{eff} = q^2 - 1 \approx 11,88\,\%\,\text{p.a.}$$

iii) *(effektives)* Vergleichskonto, abgerechnet mit dem angegebenen Effektivzinssatz 11,8828972 % p.a.

Wegen ICMA ist halbjährlich mit dem konformen Halbjahreszinssatz $i_H = (1+i_{eff})^{0,5} - 1 = 5,7747121\,\%\,\text{p.H.}$ zu rechnen:

Halbj. t	Restschuld K_{t-1} *(Beginn t)*	Zinsen Z_t *(Ende t)*	Tilgung T_t *(Ende t)*	Annuität A_t *(Ende t)*
1	470.000,00	27.141,15	2.858,85	30.000,00
2	467.141,15	26.976,06	3.023,94	30.000,00
3	464.117,20	26.801,43	3.198,57	30.000,00
4	460.918,64	26.616,72	3.383,28	30.000,00
5	457.535,36			

Die aus dem Vergleichskonto resultierende Restschuld stimmt mit der tatsächlichen Restschuld lt. Kreditkonto *(siehe i))* überein, d.h. das Vergleichskonto geht auf, somit ist der Effektivzinssatz korrekt ermittelt worden.

L7: **i)** Für die durchschnittliche jährliche Rendite i der ersten 5 Jahre muss gelten:

$$1,015^2 \cdot 1,02 \cdot 1,03 \cdot 1,04 = (1+i)^5 \quad \Rightarrow \quad i = 2,3954\,\%\,\text{p.a.}$$

ii) Bezeichnen wir mit i_7 den gesuchten Zinssatz des 7. Jahres, so muss gelten:

$$1,015^2 \cdot 1,02 \cdot 1,03 \cdot 1,04^2 \cdot (1+i_7) = 1,045^7 \quad \Rightarrow \quad i_7 = 16,2460\,\%\,\text{p.a.}$$

L8: Wählen wir als Stichtag „heute", so lautet die Äquivalenzgleichung *(für die unbekannte Ratenhöhe R und mit dem zu 4% p.a. konformen Monatszinsfaktor $q = 1+i_M = 1,04^{1/12}$):*

$$350.000 = R \cdot \frac{q^{240}-1}{q-1} \cdot \frac{1}{q^{239}} \cdot \frac{1}{1,04^7} \quad \text{d.h.} \quad R = 2.764,63\,\text{€/Monat.}$$

Testklausur Nr. 22

L1:   1) r   2) r   3) r   4) r   5) f *(7,27 Jahre)*
         6) r   7) f *(220.637,83 €)*   8) r   9) r   10) f *(2,78 < 2,80)*

L2:   i) $A_{2010} = \dfrac{3{,}521 \text{ Mrd. } €}{53\,587 \text{ €/Abs.}} \approx 65\,706 \text{ Absolventen}$

$A_{2015} = \dfrac{3{,}701 \text{ Mrd. } €}{62\,139 \text{ €/Abs.}} \approx 59\,560 \text{ Absolventen}$

Aus $A_{2015} = A_{2010} \cdot (1+i)$ folgt: $i = -0{,}0935\,\%$ *(d.h. Abnahme um 9,35%)*

ii) $A_{2012} = \dfrac{3{,}872 \text{ Mrd. } €}{55\,569 \text{ €/Abs.}} \approx 69\,679 \text{ Absolventen}$

Aus $65\,706 \cdot (1+i)^2 = 69\,679$ folgt: $i = 0{,}029789 \approx 2{,}98\% \text{ p.a. Zunahme}$

L3:   Kosten pro Entleihvorgang = Miete + Fahrtkosten + Lohnkosten
                        = $15{,}-€ + 20 \cdot 0{,}30 € + 1{,}25 \cdot 8 € = 31{,}-€.$

Zahlungsstrahl:

	(L)	275				
(GL)	31	31	31	...	31	
	(0)	(1)	(2)	...	(n)	

(Saldo: L = 244)

Äquivalenzgleichung: $244 \cdot 1{,}046^n = 31 \cdot \dfrac{1{,}046^n - 1}{0{,}046} \Rightarrow n = 10{,}00$

d.h. nach 10 Jahren *(und 11 Entleihvorgängen)* hat sich der Kauf durch Mieteinsparung erstmals amortisiert.

L4:   i)
Kreditkonto:

t	Restschuld K_{t-1} *(Beginn t)*	Zinsen Z_t *(Ende t)*	Tilgung T_t *(Ende t)*	Annuität A_t *(Ende t)*
1	80.000,00	8.000,00	– 3.000,00	5.000,00
2	83.000,00	8.300,00	– 8.300,00	0,00
3	91.300,00	9.130,00	0,00	9.130,00
4	91.300,00	9.130,00	91.300,00	100.430,00
5	0,00			

ii) $0 = 76 \cdot q^4 - 5 \cdot q^3 - 9{,}13 \cdot q - 100{,}43$ $(q = 1 + i_{eff})$

iii)
Vergleichskonto:

t	Restschuld K_{t-1} *(Beginn t)*	Zinsen Z_t *(Ende t)*	Tilgung T_t *(Ende t)*	Annuität A_t *(Ende t)*
1	76.000,00	8.754,42	– 3.754,42	5.000,00
2	79.754,42	9.186,89	– 9.186,89	0,00
3	88.941,30	10.245,12	– 1.115,12	9.130,00
4	90.056,43	10.373,57	90.056,43	100.430,00
5	0,00	Vergleichskonto geht auf, i_{eff} korrekt ermittelt!		

L5:   i)   Barwert-Vergleich zum 18.02.:

        a) $K_{0,a} = 7.489,- €$ *(da Barzahlung)*.

           Mit $q = 1,05^{\frac{1}{12}} = 1,004074124$ folgt weiterhin:

        b) $K_{0,b} = 1.500 + 2.700 \cdot q^{-2} + 3.400 \cdot q^{-4} = 7.523,29 €$

        c) $K_{0,c} = 2.000 + 800 \cdot \dfrac{q^7-1}{q-1} \cdot \dfrac{1}{q^9} = 7.465,22 €^{©}$

   ii)   Stichtag beliebig wählbar, z.B. 18.02. Dann lautet die Äquivalenzgleichung

$$7489 = 1500 + 2700 \cdot q^{-2} + 3400 \cdot q^{-4} \iff 5989q^4 - 2700q^2 + 3400 = 0$$

          Daraus folgt *(quadratische Gleichung in $x := q^2$ oder Regula falsi)*:

          $q = 1,00591888$ und daher: $i_{eff} = q^{12} - 1 = 0,073385 \approx 7,34\,\%$ p.a.

L6:   i)   Kapitalwert: $C_0(0,20) = -250 - \dfrac{200}{q^2} + \dfrac{200}{q^5} + \dfrac{300}{q^7} + 100 \cdot \dfrac{q^5-1}{q-1} \cdot \dfrac{1}{q^{13}} + \dfrac{800}{q^{13}}$

          ($q = 1+i = 1,2$)

                                       $= -80,46570$ T€, also Investition unvorteilhaft.

   ii)   Äquivalenzgleichung: $0 = -250 - \dfrac{200}{q^2} + \dfrac{200}{q^5} + \dfrac{300}{q^7} + 100 \cdot \dfrac{q^5-1}{q-1} \cdot \dfrac{1}{q^{13}} + \dfrac{800}{q^{13}}$

L7:   Stiftungsbetrag am 01.09.11: K_0; $q = 1+i_M = 1,06^{1/12} \approx 1,004867551$

           Alternative 1: $K_0 = \dfrac{2400}{q-1} \cdot \dfrac{1}{q^3} = 485.930,62 €$

           Alternative 2: $K_0 = \dfrac{3600}{q-1} \cdot \dfrac{1}{q^{87}} = 484.757,42 €^{©}$.

L8:   i)   Stichtag z.B. 01.01.14, d.h. Tag der 1. Rentenrate, Höhe „R". Es folgt:

$$R \cdot \frac{1,08^{15}-1}{0,08} \cdot \frac{1}{1,08^{14}} = 50.000 + 70.000 \cdot \frac{1}{1,08^3} + 80.000 \cdot \frac{1}{1,08^8}$$

          d.h. R = 16.095,41 €/Jahr.

   ii)   Stichtag jetzt am besten: Tag der 1. Rentenrate, Höhe 18.240,- € *(dies Datum ist noch nicht bekannt!)*. Bezeichnet man die Zeitspanne *(in Jahren)* zwischen dem 01.01.14 und diesem Tag der 1. Rentenrate mit „n", so folgt:

$$(50.000 + 70.000 \cdot \frac{1}{1,08^3} + 80.000 \cdot \frac{1}{1,08^8}) \cdot 1,08^n = 18.240 \cdot \frac{1,08^{10}-1}{0,08} \cdot \frac{1}{1,08^9} .$$

          Daraus ergibt sich: $n = -1,537729 \approx -1,5$ Jahre,   d.h. die 1. Rate muss ca. 1,5 Jahre *vor* dem 01.01.14, d.h. etwa zum 01.07.12 erfolgen.

Formelanhang [1] *(zu den Grundlagen der klassischen Finanzmathematik)*

Folgen und Reihen

arithmetisch: $\qquad a_1, a_2, \ldots, a_n \quad$ mit $\quad a_k = a_{k-1} + d \qquad (d = const.)$

- n-tes Folgenglied: $\quad a_n = a_1 + (n-1) \cdot d$

- Summe S_n der ersten n Folgenglieder:
$$S_n = a_1 + a_2 + \ldots + a_n = \frac{a_1 + a_n}{2} \cdot n = n \cdot a_1 + \frac{n \cdot (n-1)}{2} \cdot d$$

geometrisch: $\qquad a_1, a_2, \ldots, a_n \quad$ mit $\quad a_k = a_{k-1} \cdot q \qquad (q = const.)$

- n-tes Folgenglied: $\quad a_n = a_1 \cdot q^{n-1}$

- Summe S_n der ersten n Folgenglieder:
$$S_n = a_1 + a_1 q + a_1 q^2 + \ldots + a_1 q^{n-1} = a_1 \cdot \frac{q^n - 1}{q - 1} = a_1 \cdot \frac{1 - q^n}{1 - q}$$
  (q ≠ 1)

$$\text{(Falls } q = 1: \quad S_n = a_1 + a_1 + \ldots + a_1 = n a_1)$$

Prozentrechnung $\quad$ *(K: Grundwert; $\quad$ i: Prozentsatz; $\quad$ p: Prozentfuß mit $i = \dfrac{p}{100}$)*

- Prozentwert Z: $\qquad\qquad\qquad Z = K \cdot i \qquad\qquad\qquad$ *i: Änderungssatz,*
- um p% vermehrter Wert K^+: $\qquad K^+ = K + Z = K \cdot (1+i) \qquad$ *Änderungsrate*
- um p% verminderter Wert K^-: $\quad K^- = K - Z = K \cdot (1-i) \qquad$ *q: Änderungsfaktor*
$\qquad\qquad\qquad\qquad\qquad\qquad\qquad\qquad\qquad\qquad\qquad\qquad\qquad (= 1 \pm i)$

Rückschluss auf den Grundwert K:

$$K = \frac{Z}{i} \quad \text{bzw.} \quad K = \frac{K^+}{1+i} \quad \text{bzw.} \quad K = \frac{K^-}{1-i}$$

Lineare Verzinsung

(K_0: Anfangskapital, Barwert; $\quad$ i : Zinssatz (pro Zinsperiode)
n : Laufzeit von K_0 (in Zinsperioden))
(für die Laufzeit sind auch Bruchteile von Zinsperioden möglich!)

- Zinsen Z_n: $\qquad\qquad\qquad Z_n = K_0 \cdot i \cdot n \qquad\qquad\qquad$ *(Zinszuschlag nachschüssig!)*

- Endkapital K_n: $\qquad\qquad \boxed{K_n = K_0 \cdot (1 + i \cdot n)} \quad = K_0 + Z_n$

- mittlerer Zahlungstermin *(auch: Zeitzentrum, mittlerer Verfalltag)* für die *(nominelle)* Summe K $(= K_1 + K_2 + \ldots + K_n)$ von n Zahlungen $K_1, K_2, \ldots, K_n$, die zum gewählten Stichtag die *(nichtnegativen)* Laufzeiten $t_1, t_2, \ldots, t_n$ *(bis zum Stichtag)* besitzen:

---

[1] Nähere Erläuterungen und Ergänzungen siehe etwa [Tie3].

$$t = \frac{K_1 t_1 + K_2 t_2 + \ldots + K_n t_n}{K_1 + K_2 + \ldots + K_n} \qquad \begin{array}{l} \textit{(t bedeutet die Laufzeit} \\ \textit{von K bis zum Stichtag)} \end{array}$$

(Bei „punktsymmetrischem" Zahlungsstrahl: Der mittlere Zahlungstermin liegt bei linearer Verzinsung im gemeinsamen „Schwerpunkt" aller Zahlungen.)

Das im Zeitzentrum gezahlte Gesamtkapital K liefert per Aufzinsung am Stichtag denselben Kontostand wie die n einzeln aufgezinsten Einzelzahlungen $K_1, \ldots, K_n$.

Stichtags-Konvention bei linearer Verzinsung:

Da bei linearer Verzinsung die Äquivalenz i.a. von der Wahl des Stichtags abhängt: Stichtag = Tag der letzten Leistung! (oder ausdrücklich etwas anderes vereinbaren!)

Kaufmännische Diskontierung, Wechseldiskontierung *(≙ vorschüssige Verzinsung)*
(i_v: vorschüssiger Zinssatz, Diskontsatz; K_n: Endwert, Wechselsumme)

- Zinsen, Wechseldiskont Z_n: $\qquad Z_n = K_n \cdot i_v \cdot n$

- Barwert, Wechselbarwert K_0: $\qquad K_0 = K_n - Z_n = K_n \cdot (1 - i_v \cdot n)$

- äquivalenter nachschüssiger Zinssatz i: $\quad i = \dfrac{i_v}{1 - i_v \cdot n}$

Exponentielle Verzinsung *(Zinseszinsrechnung)* $\qquad\qquad$ *(nachschüssiger Zinszuschlag)*

(K_0: Anfangskapital, Barwert,
K_n: Endkapital nach n Zinsperioden,   i: Periodenzinssatz;
$q = 1+i$: Periodenzinsfaktor,   p: Periodenzinsfuß mit $q = 1 + i = 1 + \dfrac{p}{100}$)

i) $\quad$ Reine Zinseszinsrechnung: $\qquad \boxed{K_n = K_0 \cdot (1+i)^n = K_0 \cdot q^n} \qquad$ *(Aufzinsung)*

$\qquad\qquad \Leftrightarrow \qquad\qquad K_0 = K_n \cdot \dfrac{1}{q^n} = K_n \cdot q^{-n} \qquad$ *(Abzinsung)*

$\qquad\qquad \Leftrightarrow \qquad\qquad q = 1+i = \sqrt[n]{\dfrac{K_n}{K_0}} \qquad\qquad$ *(Zinsfaktor)*

$\qquad\qquad \Leftrightarrow \qquad\qquad n = \dfrac{\ln \dfrac{K_n}{K_0}}{\ln q} = \dfrac{\ln K_n - \ln K_0}{\ln q} \qquad$ *(Laufzeit)*

ii) $\quad$ Innerperiodischer *(„unterjähriger")* Zinszuschlag
$\qquad$ *(i: Jahreszinssatz, i_p: unterjähriger Zinssatz;   m gleiche Zinsperioden pro Jahr)*

$\qquad$ a) Wenn gilt: $i_p = \dfrac{i}{m}$, $\qquad\qquad$ so heißt i_p relativer *(unterjähriger)* Zinssatz zum
$\qquad\qquad\qquad\qquad\qquad\qquad\qquad\qquad\qquad$ nominellen Jahreszinssatz i.

Endkapital K_n nach n Jahren, d.h. nach m·n Zinsperioden:

$$K_n = K_0 \cdot (1+i_p)^{m \cdot n} = K_0 \cdot (1 + \frac{i}{m})^{m \cdot n}$$

b) Wenn gilt: $(1+i_p)^m = 1 + i$, so heißt i_p konformer *(wertgleicher)* unterjähriger Zinssatz zum effektiven Jahreszinssatz i.

Endkapital K_n nach n Jahren, d.h. nach m·n Zinsperioden:

$$K_n = K_0 \cdot (1+i_p)^{m \cdot n} = K_0 \cdot (1+i)^n \quad (!)$$

iii) Stetige Verzinsung

(i_s: stetige (nominelle) Wachstumsrate/Zerfallsrate pro Zeiteinheit)
(n: Laufzeit (in Zeiteinheiten); K_0, K_n: Anfangswert, Endwert)

stetiges Wachstum: $\quad K_n = \lim\limits_{m \to \infty} K_0 \cdot (1+\frac{i_s}{m})^{m \cdot n} = K_0 \cdot e^{i_s \cdot n}$

stetige Abnahme *(Zerfall)*: $\quad K_n = K_0 \cdot e^{-i_s \cdot n} \qquad$ *(e = 2,71828 18284 590...)*

Rentenrechnung **Fall a)** | *Rentenperiode = Zinsperiode*

(Rentenperiode := zeitlicher Abstand zwischen 2 Raten)
(R: Ratenhöhe (= const.!); n: Ratenanzahl der Rente („Terminzahl")

Für den Gesamtwert R_n einer
n-maligen Rente $\qquad R_n = R \cdot \dfrac{q^n - 1}{q - 1} \qquad$ **„Rentenformel"**
am Tag der letzten Rate gilt: $\qquad\qquad\qquad\qquad$ *(q = 1+i = const. ($\neq$1))*

Den Rentengesamtwert zu jedem anderen – beliebig wählbaren – Zeitpunkt („Rentenzeitwert") erhält man durch entsprechendes Auf-/Abzinsen von R_n. Dabei ist manchmal nützlich: Zwischen 1. und n-ter Rate einer Rente liegen genau n–1 Zinsperioden.

*Besondere **Stichtage:***

Endwert R_n einer „nachschüssigen" Rente: $\qquad\qquad$ *Stichtag = Tag der letzten Rate*

$$\text{d.h.} \qquad R_n = R \cdot \frac{q^n - 1}{q - 1}$$

Barwert R_0 einer „nachschüssigen" Rente: $\qquad\qquad$ *Stichtag = 1 Periode vor der 1. Rate*

$$\text{d.h.} \qquad R_0 = R \cdot \frac{q^n - 1}{q - 1} \cdot \frac{1}{q^n}$$

Endwert R_n' einer „vorschüssigen" Rente: $\qquad$ *Stichtag = 1 Periode nach der n-ten Rate*

$$\text{d.h.} \qquad R_n' = R \cdot \frac{q^n - 1}{q - 1} \cdot q$$

Barwert R_0' einer „vorschüssigen" Rente: $\qquad\qquad$ *Stichtag = Tag der 1. Rate*

$$\text{d.h.} \qquad R_0' = R \cdot \frac{q^n - 1}{q - 1} \cdot \frac{1}{q^{n-1}}$$

- Kontostand-Ermittlung *("Sparkassenformeln"):*

Prinzip: Kontostand *(am gewählten Stichtag)* =
           (aufgezinste) Leistung minus *(aufgezinste)* Gegenleistung

           (In den „Kontostand" gehen also nur solche Zahlungen ein, die bis
           zum Stichtag einschließlich geflossen sind!)

Insbesondere gilt für Spezialfälle *(Anfangskapital K_0, regelmäßige Raten R)*:

Werden zu *(von)* einem zunächst vorhandenen Anfangskapital K_0 nach jeder Zinsperiode R *[GE]* hinzugezahlt *(abgehoben)*, so lautet der Kontostand K_m am Tag der
m- ten Rate:

$$K_m = K_0 \cdot q^m \pm R \cdot \frac{q^m - 1}{q - 1} \qquad \begin{array}{l} \textit{(+R: Hinzuzahlung} \\ \textit{− R: Abhebung)} \end{array}$$

(Diese „Sparkassenformeln" sind nur dann gültig, wenn die 1. Rate genau eine
Zinsperiode nach der Wertstellung von K_0 gezahlt wird !)

Für den Fall der regelmäßigen **Abhebung** von R ergibt sich bei vollständiger Auf-
zehrung des Anfangskapitals K_0 nach Abhebung von n Raten ein Endkontostand
von „0", d.h. es gilt bei vollständiger Erschöpfung des Kontos *(unter der Vorausset-*
zung, dass die 1. Rate ein Jahr nach Wertstellung von K_0 abgehoben wird):

$$\textit{„Kapitalverzehrsformel":} \qquad 0 = K_0 \cdot q^n - R \cdot \frac{q^n - 1}{q - 1}$$

$$\Leftrightarrow \quad n = \frac{\ln \dfrac{R}{R - K_0(q-1)}}{\ln q} \quad \textit{(Terminzahl)} \quad \Leftrightarrow \quad R = K_0 \cdot q^n \cdot \frac{q - 1}{q^n - 1} \quad \textit{(Verrentung von K_0)}$$

$$\Leftrightarrow \quad R = K_n \cdot \frac{q - 1}{q^n - 1} \quad \textit{(Verrentung von K_n)}$$

- *Ewige Rente:*   Der *(Bar-)*Wert K_0^∞ einer „ewigen" Rente *(Stichtag: eine Zinsperi-*
  ode vor der ersten Rate R) ergibt sich zu *(mit $q = 1 + i > 1$)* :

$$K_0^\infty = \lim_{n \to \infty} R \cdot \frac{q^n - 1}{q - 1} \cdot \frac{1}{q^n} = R \cdot \frac{1}{q - 1} = \frac{R}{i} \qquad \Rightarrow \qquad R = K_0^\infty \cdot i$$

d.h. die Rate R einer „ewigen" Rente entspricht genau den Zinsen auf ein *(eine*
Periode vor der 1. Rate wertgestelltes) äquivalentes Kapital K_0.

Rentenrechnung   **Fall b)** | *Rentenperiode $\neq$ Zinsperiode*

i)   Falls zwischen 2 Raten m Zinszuschlagtermine *(Zinssatz jeweils i_p)* existieren:
     Mit $1+i = (1+i_p)^m$ Gleichheit von Rentenperiode und Zinsperiode herstellen,
     so dass dann die Rentenformel anwendbar ist.

Falls innerhalb des Jahres mehrere Zahlungen liegen:

ii) Die internationale ICMA-Methode führt zwischen je zwei unterjährigen Zahlungen eine Zinsperiode zum *konformen* unterjährigen *(notfalls Tages-)* Zinssatz ein, so dass dann die Rentenformel anwendbar ist.

iii) Die US-Methode führt zwischen je zwei unterjährigen Zahlungen eine Zinsperiode zum *relativen* unterjährigen Zinssatz ein   ⇒   Rentenformel anwendbar.

iv) Falls zwischen zwei Zinszuschlagterminen eine *(oder mehrere)* Zahlungen liegen, aber *keine* zusätzlichen Zinszuschlagtermine eingeführt werden dürfen *(d.h. innerhalb der Zinsperiode mit linearen Zinsen zu rechnen ist – 360-Tage-Methode !)* :

Mit linearer Verzinsung *(zum relativen Zinssatz)* alle dazwischen liegenden Zahlungen zum nächsten Zinsverrechnungstermin aufzinsen und den Gesamtwert als *(zinsperiodenkonforme)* Ersatzrate R* auffassen:

⇒ *(Ersatz-)* Rentenperiode = Zinsperiode   ⇒   Rentenformel anwendbar!

Für *besonders einfache* Fälle ergibt sich die Ersatzrate R* wie folgt:

Die Zinsperiode sei in m gleichlange Intervalle aufgeteilt, in jedem Intervall liege genau eine Rate der Höhe r. Dann lautet die Ersatzrate R*:

a) falls m **vorschüssige** Raten: $R^* = m \cdot r \cdot (1 + i \cdot \frac{m+1}{2m})$
    (d.h. 1. Rate zu Beginn des 1. Intervalls)

b) falls m **nachschüssige** Raten: $R^* = m \cdot r \cdot (1 + i \cdot \frac{m-1}{2m})$
    (d.h. 1. Rate am Ende des 1. Intervalls)

Renten mit veränderlichen Raten

- Endwert K_n einer *arithmetisch* veränderlichen Rente am Tag der n-ten Rate:
  (1. Rate = R;   2. Rate = R+d;   ...;   n-te Rate = R + (n-1)d)

$$K_n = R \cdot \frac{q^n - 1}{q - 1} + \frac{d}{q - 1} \cdot \left(\frac{q^n - 1}{q - 1} - n \right)$$

Barwert K_0 einer *ewigen* arith. veränderl. Rente 1 Zinsperiode vor der 1. Rate:

$$K_0 = \frac{R}{q - 1} + \frac{d}{(q - 1)^2}$$

- Endwert K_n einer *geometisch* veränderlichen Rente am Tag der n-ten Rate:
  (1. Rate = R;   2. Rate = Rc;   3. Rate = Rc^2 ;   ...;   n-te Rate = Rc^{n-1})

$$K_n = R \cdot \frac{q^n - c^n}{q - c} \qquad (q \neq c)$$

Barwert K_0 einer *ewigen* geom. veränderl. Rente 1 Zinsperiode vor der 1. Rate:

$$K_0 = \frac{R}{q - c} = \frac{R}{i - i_{dyn}} \qquad (q \neq c ; \ i_{dyn} = c - 1)$$

Tilgungsrechnung

A_t: *Annuität (tatsächliche Zahlung) am Ende der Periode t*

Z_t: *entstehende Zinsen am Ende der Periode t* $(= i \cdot K_{t-1})$
(ermittelt von der zu Beginn der Periode t vorhandenen Restschuld K_{t-1})

T_t: *Tilgung am Ende der Periode t.*

Es gilt stets: $\quad A_t = Z_t + T_t \quad$ *sowie* $\quad \sum_{t=1}^{n} T_t = K_0$

K_0: *Kreditsumme*

K_t: *Restschuld am Ende der Periode t* $(= K_{t-1} \cdot q - A_t = K_{t-1} - T_t)$

n: *Laufzeit (in Perioden) oder Anzahl der Annuitäten*

Spezielle Kreditformen:

- Ratentilgung: $\quad T_1 = T_2 = \ldots = T_n = \dfrac{K_0}{n} \quad (= T = const.)$

- Annuitätentilgung: $\quad A_1 = A_2 = \ldots = A_n = A = const.$

  - Es gilt die Sparkassenformel für Kapitalabbau *(unter den angegebenen Voraussetzungen)*: $\quad K_m = K_0 \cdot q^m - A \cdot \dfrac{q^m - 1}{q - 1}$

  K_m ist die Restschuldsumme unmittelbar nach Zahlung der m-ten Annuität, falls die erste Annuität genau eine Zinsperiode nach Kreditaufnahme gezahlt wird.

  - Für vollständige Schuldentilgung nach n Perioden gilt: $\quad K_n = 0$, d.h.

  $$0 = K_0 \cdot q^m - A \cdot \frac{q^m - 1}{q - 1} \quad \textit{(entspricht der o.a. „Kapitalverzehrsformel"!)}$$

  (äquivalente Umformungen: siehe oben unter „Kapitalverzehrsformel")

Näherungsverfahren *(„Regula falsi")* zur Nullstellenbestimmung einer *(stetigen)* Funktion f: $x \mapsto f(x)$

(geeignet zur Effektivzinsermittlung bei vorliegender Äquivalenzgleichung $f(q) = 0$)

Kennt man zwei Stellen x_1, x_2 mit $f(x_1) < 0, f(x_2) > 0$ *(oder umgekehrt)*, so liegt zwischen x_1 und x_2 eine Nullstelle $\bar{x}$ von f *(denn f ist stetig)*.

Dann ist die Zahl x_3 mit

$$x_3 = \frac{x_1 \cdot f(x_2) - x_2 \cdot f(x_1)}{f(x_2) - f(x_1)} = \frac{x_2 \cdot f(x_1) - x_1 \cdot f(x_2)}{f(x_1) - f(x_2)} \quad (*)$$

ein Näherungswert für die gesuchte Nullstelle $\bar{x}$.

Das angegebene Verfahren lässt sich iterativ fortsetzen, indem man den neu ermittelten Punkt $x_3/f(x_3)$ je nach Vorzeichen von $f(x_3)$ an die Stelle von $x_1/f(x_1)$ bzw. $x_2/f(x_2)$ setzt und zur Ermittlung des nächsten Näherungswertes x_4 erneut die Iterationsvorschrift (*) entsprechend anwendet usw.)

Kursrechnung

Prinzip: *(heutiger finanzmathematischer)* Kurs eines Wertpapiers *(≙ Gesamt-Preis des Wertpapiers, dirty price)* = mit Hilfe des geltenden *(effektiven)* Marktzinssatzes abgezinster *(ICMA)* Wert *aller* aus dem Papier zu erwartenden *zukünftigen* Leistungen.

(Börsenkurs (clean price) = finanzmathematischer Kurs minus Stückzinsen)

Spezialfälle:

a) C_0: *Emissionskurs, bezogen auf den Nennwert;*
   (= Preis eines Papiers im Nennwert 100 am Erstausgabetag)
   p^*: *nomineller Jahreszinsfuß (Jahreskupon), bezogen auf den Nennwert,*
   erster Zinskupon nach einem Jahr fällig ; $i^* - p^*/100$
   i: *Effektivrendite (bezogen auf die Gesamtlaufzeit);* $q = 1 + i$;
   C_n: *Rücknahmekurs, bezogen auf den Nennwert,*
   am Ende der Laufzeit von n Jahren)

   Damit gilt: $$C_0 = p^* \cdot \frac{q^n - 1}{q - 1} \cdot \frac{1}{q^n} + C_n \cdot \frac{1}{q^n} \qquad (**)$$

b) *Die Beziehung (**) bleibt gültig, wenn einige der vorkommenden Variablen folgende Bedeutung haben:*
   C_0 : *aktueller (Tages-)Kurs (= Stück-Preis bei Nennwert 100) am Stichtag ;*
   n: *Restlaufzeit des Papiers vom Stichtag bis zur Rücknahme;*
   erster – von n noch ausstehenden – Zinskupon(s), fällig nach einem Jahr;
   i : *Effektivrendite für die Restlaufzeit;*

c) *„Faustformel" für die Spezialfälle a) und b):* $i_{eff} \approx \dfrac{i^*}{C_0} + \dfrac{C_n - C_0}{n}$ *(i*, C_0, C_n dezimal!)*

d) Stückzinsen (SZ) = (linear-) anteilige Zins-(Kupon)-Höhe *(Anteil am folgenden Kupon)*, die *seit* der letzten Kuponfälligkeit *bis* zum aktuellen Stichtag aufgelaufen sind. *Beispiel:* Kupon = 8% p.a. (vom Nennwert), aktueller Bewertungsstichtag: 3 Monate vor Zahlung des nächsten Kupons ⇒ SZ = 8%·0,75 = 6% (vom Nennwert). Es gilt: Finanzmath. Kurs *(Preis)* = Börsenkurs + Stückzinsen

Investitionen

- Kapitalwert C_0: $$C_0(q) = \sum_{t=1}^{T} R_t \cdot q^{-t} = \sum_{t=1}^{T} e_t \cdot q^{-t} - \sum_{t=1}^{T} a_t \cdot q^{-t}$$

   (R_t = Rückfluss ; e_t = Einzahlung ; a_t = Auszahlung – Ende Periode t)
   $C_0(q)$ = abgezinste Endvermögens-Differenz zw. Investieren und Unterlassen
   $q = 1+i$ = Kalkulations-Zinsfaktor, i = Kalkulations-Zinssatz)
   Falls $C_0(q) > 0$ ⇒ Investition (absolut) lohnend *(Kapitalwertkriterium)*

- Äquivalente Annuität = über Laufzeit T verrenteter Kapitalwert: $A = C_0 \cdot \dfrac{q^T(q - 1)}{q^T - 1}$

- Interner Zinssatz r : Für $q = 1+r$ gilt: $C_0(q) = 0$ *(≙ eff. Zinssatz der Invest.)*

Äquivalenzprinzip der Finanzmathematik

Zwei Zahlungsreihen *(z.B. Leistung/Gegenleistung* oder *Zahlungsreihe A / Zahlungsreihe B)* dürfen **nur dann**

- verglichen *(im Sinne der Äquivalenz)*   oder
- saldiert $(\pm)$

werden, wenn **zuvor** sämtliche vorkommenden Zahlungen *(mit Hilfe einer zuvor definierten Verzinsungsmethode/Kontoführungsmethode)* auf **einen und denselben Stichtag** auf- oder abgezinst wurden.

Der dabei verwendete Zinssatz *(p.a.)* heißt **Kalkulationszinssatz** oder *(bei Äquivalenz von Leistung und Gegenleistung)* **Effektivzinssatz** *(Rendite, interner Zinssatz p.a.).*

Bei Anwendung der *(reinen)* **exponentiellen Verzinsung** *(Zinseszinsmethode)* gilt:

i)   Der **Zeitwert** K_t *(= Gesamtwert zu einem gewählten Stichtag)* einer Zahlungsreihe $K_1, K_2, ..., K_x$ darf bei exponentieller Verzinsung ermittelt werden durch **getrenntes** Auf-/Abzinsen jeder Einzelzahlung mit anschließender Saldobildung:

$$K_t = K_1 \cdot q^{n_1} + K_2 \cdot q^{n_2} + ... + K_x \cdot q^{n_x}$$

(gilt im Fall der Aufzinsung auch bei linearer Verzinsung)

ii) Beim Auf-/Abzinsen einer Zahlung *(bzw. eines zuvor nach i) ermittelten Zeitwertes)* auf einen gewählten Stichtag dürfen **beliebige Verzinsungsstufen** oder **-umwege** gemacht werden:

$$K_t = K_0 \cdot q^t = K_0 \cdot q^{n_1} \cdot q^{n_2} \cdot ... \cdot q^{n_x} = K_0 \cdot q^{n_1 + n_2 + ... + n_x} \quad (sofern\ t = n_1 + n_2 + ... + n_x)$$

(gilt nicht bei linearer Verzinsung!)

iii) Sind Leistungen (L) und Gegenleistungen (GL) *(oder: Zahlungsreihe A und Zahlungsreihe B)* bezüglich **eines** Stichtages *(=Zinszuschlagtermin, Zinsverrechnungstermin)* **äquivalent**, so auch bezüglich eines **beliebigen anderen** Stichtages.

Die Äquivalenzgleichung L = GL ist daher für **jeden beliebig wählbaren Stichtag** *(sofern Zinsverrechnungstermin)* in gleicher Weise geeignet, um festzustellen, ob oder unter welchen Bedingungen Leistung und Gegenleistung äquivalent sind.

(Somit ist bei Äquivalenzuntersuchungen „$L \stackrel{?}{=} GL$" mit Hilfe der (reinen) Zinseszinsrechnung der Stichtag beliebig wählbar – im Gegensatz zu linearer Verzinsung!)

Derjenige nachschüssige Jahreszinssatz i, für den *(bei Anwendung der jeweils vorgegebenen Verzinsungs- und Kontoführungsmethode)* die Äquivalenzgleichung L = GL wahr wird, heißt **„effektiver Jahreszins"** *(auch: Rendite, interner Zinssatz)* des zugrunde liegenden finanzwirtschaftlichen L/GL-Vorgangs *(z.B. Kredit, Investition, ...).*

Tatsächlich geleistete Zahlungen *(Leistung/Gegenleistung bzw. Zahlungsreihe A / Zahlungsreihe B)*, abgebildet als Soll-/Habenzahlungen in einem Tilgungsplan *(„Vergleichskonto" oder „Effektivkonto")*, führen bei Anwendung des korrekten Effektivzinssatzes stets zu einem Endkontostand von „Null" – das Vergleichskonto „geht auf".

Literaturhinweise

[Ade] *Adelmeyer, M., Warmuth, E.*: Finanzmathematik für Einsteiger. 2. Aufl., Braunschweig, Wiesbaden 2005

[Alt1] *Altrogge, G.*: Investition. 4. Aufl., München, Wien 1996

[Alt2] *Altrogge, G.*: Finanzmathematik. München, Wien 1999

[Ayr] *Ayres, F.*: Mathematics of Finance. New York 1979

[Bes1] *Bestmann, U., Bieger, H., Tietze, J.*: Übungen zu Investition und Finanzierung. 5. Aufl., Aachen 1992

[Bes2] *Bestmann, U.*: Börsen- und Finanzlexikon. 6. Aufl., München 2013

[Bei] *Beike, R., Barckow, A.*: Risk-Management mit Finanzderivaten. 3. Aufl., München, Wien 2002

[Bie] *Biermann, B.*: Die Mathematik von Zinsinstrumenten. 2. Aufl., München, Wien 2002

[Biz] *Bitz, M., Stark, G.*: Finanzdienstleistungen. 9. Aufl., München, Wien 2014

[Blo] *Blohm, H., Lüder, K., Schaefer, Ch.*: Investition. 10. Aufl., München 2012

[Bod] *Bodie, Z., Kane, A., Marcus, A.J.*: Investments. 5. Aufl., New York 2001

[Bos] *Bosch, K.*: Finanzmathematik. 7. Aufl., München, Wien 2007

[Bre] *Brealey, R.A., Myers, S.C.*: Principles of Corporate Finance. 6. Aufl. 2000

[Cap] *Caprano, E., Wimmer, K.*: Finanzmathematik. 7. Aufl., München 2013

[Däu] *Däumler, K. H., Grabe, J.*: Grundlagen der Investitions- und Wirtschaftlichkeitsrechnung. 13. Aufl., Herne 2014

[Frü] *Frühwirth, M.*: Handbuch der Renditeberechnung. München, Wien 1997

[Gro1] *Grob, H. L.*: Investitionsrechnung mit vollständigen Finanzplänen. München 1989

[Gro2] *Grob, H. L., Everding, D.*: Finanzmathematik mit dem PC. Wiesbaden 1992

[Gro3] *Grob, H. L.*: Einführung in die Investitionsrechnung. 3. Aufl., München 1999

[Grd] *Grundmann, W.*: Finanz- und Versicherungsmathematik. Stuttgart, Leipzig 1996

[Has] *Hass, O., Fickel, N.*: Finanzmathematik. 9. Aufl., München, Wien 2012

[Hax] *Hax, H.*: Investitionstheorie. 5. Aufl., Würzburg, Wien 1985

[Hul] *Hull, J.C.*: Options, Futures and other Derivative Securities, 5. Aufl., London 2002

[Ihr] *Ihrig, H., Pflaumer, P.*: Finanzmathematik. 11. Aufl., München, Wien 2009

[Kah] *Kahle, E., Lohse, D.*: Grundkurs Finanzmathematik. 4. Aufl., München, Wien 1998

[Kbl] *Kobelt, H., Schulte, P.*: Finanzmathematik. 8. Aufl., Herne 2006

[Kbr] *Kober, J., Knöll, H.-D., Rometsch, U.*: Finanzmathematische Effektivzinsberechnungsmethoden. Mannheim, Leipzig, Wien, Zürich 1992

[Köh]   *Köhler, H.:* Finanzmathematik. 4. Aufl., München 1997

[Kru1]   *Kruschwitz, L., Decker, R.:* Effektivrenditen bei beliebigen Zahlungsstrukturen.
         In: Zeitschrift für Betriebswirtschaft (ZfB) 1994, 619 ff.

[Kru2]   *Kruschwitz, L.:* Finanzmathematik. 5. Aufl., München 2010

[Kru3]   *Kruschwitz, L.:* Investitionsrechnung. 13. Aufl., München, Wien 2011

[Kru4]   *Kruschwitz, L.:* Finanzierung und Investition. 6. Aufl., München, Wien 2009

[Loc]   *Locarek, H.:* Finanzmathematik. 3. Aufl., München, Wien 1997

[Loh]   *Lohmann, K.:* Finanzmathematische Wertpapieranalyse. 2. Aufl., Göttingen 1989

[Lud]   *Luderer, B.:* Starthilfe Finanzmathematik. 3. Aufl., Wiesbaden 2011

[Nic]   *Nicolas, M.:* Finanzmathematik. 2. Aufl., Berlin 1967

[Per]   *Perridon, L., Steiner, M.:* Finanzwirtschaft der Unternehmung. 16. Aufl.,
         München 2012

[Pfe]   *Pfeifer, A.:* Praktische Finanzmathematik. 5. Aufl., Thun, Frankfurt 2009

[Rah]   *Rahmann, J.:* Praktikum der Finanzmathematik. 5. Aufl., Wiesbaden 1976

[Ren]   *Renger, K.:* Finanzmathematik mit Excel. 3. Aufl., Wiesbaden 2012

[Rol]   *Rolfes, B.:* Moderne Investitionsrechnung. 3. Aufl., München, Wien 2003

[Sbe]   *Schierenbeck, H., Rolfes, B.:* Effektivzinsrechnung in der Bankenpraxis.
         In: Zeitschrift für betriebswirtschaftliche Forschung (ZfbF) 1986, 766 ff.

[Sec1]   *Seckelmann, R.:* Zinsen in Wirtschaft und Recht. Frankfurt a.M. 1989.

[Sec2]   *Seckelmann, R.:* „Zins" und „Zinseszins" im Sinne der Sache
         In: Betriebs-Berater (BB) 1998, 57 ff.

[StB]   *Steiner, M., Bruns, C.:* Wertpapiermanagement, 10. Aufl., Stuttgart 2012

[StU]   *Steiner, P., Uhlir, H.:* Wertpapieranalyse. 4. Aufl., Heidelberg 2001

[Tie1]   *Tietze, J.:* Zur Effektivzinsermittlung von Annuitätenkrediten.
         In: Economia 1993, 43 ff.

[Tie2]   *Tietze, J.:* Einführung in die angewandte Wirtschaftsmathematik. 17. Aufl.,
         Wiesbaden 2014

[Tie3]   *Tietze, J.:* Einführung in die Finanzmathematik. 12. Aufl., Wiesbaden 2015

[Wag]   *Wagner, E.:* Effektivzins von Krediten und Wertpapieren. Frankfurt a.M. 1988

[Weh]   *Wehrt, K.:* Die BGH-Urteile zur Tilgungsverrechnung – Nur die Spitze
         des Eisbergs! In: Betriebs-Berater (BB) 1991, 1645 ff.

[Wes]   *Wessler, M.:* Grundzüge der Finanzmathematik. München 2013

[Wim]   *Wimmer, K.:* Die aktuelle und zukünftige Effektivzinsangabeverpflichtung
         von Kreditinstituten. In: Betriebs-Berater (BB) 1993, 950 ff.

[Wüs]   *Wüst, K.:* Finanzmathematik. Wiesbaden 2006